"十二五"国家重点图书出版规划项目

生命科学前沿

免疫的细胞社会生态学原理

吴克复 主编

科学出版社

北京

内 容 简 介

本书从细胞生态学和进化论的观点介绍与免疫相关的一些重要问题的最新进展，探讨它们在21世纪的发展方向和研究线索。本书还阐述了进化论的主要现代观点和方法；从超有机体的视角分析细胞社会；讨论免疫系统在细胞社会中的作用；用景观生态学观点探讨局部免疫；不仅有理论探讨和免疫机制的分子生物学、细胞生物学和系统生物学研究，也有紧密结合临床实际的移植免疫和白血病的免疫治疗探讨。

本书适用于从事与免疫和血液学相关的临床、科研、教学、生物工程、药物、畜牧、兽医等领域的科研工作者。本书从生态学和进化论视角考察和思考免疫现象，有助于生命科学和医学相关专业的高年级学生和研究生扩大视野和思路，是别具一格的参考书。

图书在版编目(CIP)数据

免疫的细胞社会生态学原理/吴克复主编. —北京：科学出版社，2012
（生命科学前沿）
ISBN 978-7-03-035199-9

Ⅰ.①免… Ⅱ.①吴… Ⅲ.①免疫学-研究 Ⅳ.①R392

中国版本图书馆CIP数据核字（2012）第171171号

责任编辑：罗　静　莫结胜　孙　青/责任校对：钟　洋　包志虹
责任印制：赵　博 /封面设计：耕者设计工作室

科学出版社出版
北京东黄城根北街16号
邮政编码：100717
http://www.sciencep.com

北京华宇信诺印刷有限公司印刷
科学出版社发行　各地新华书店经销

*

2012年8月第 一 版　　开本：787×1092　1/16
2018年1月第三次印刷　印张：28 1/2
字数：640 000

定价：128.00元
（如有印装质量问题，我社负责调换）

《免疫的细胞社会生态学原理》
编辑委员会名单

主　编　吴克复

编　者　（按姓氏汉语拼音排序）

敖　平　丛秀丽　范　开　冯四洲

马小彤　秘营昌　饶　青　宋玉华

王　敏　王建祥　吴克复　仉红刚

郑国光

序 一

1957年政府委托中国人民解放军总后卫生部在天津海光寺建立了我国第一所输血与血液学研究所（以下简称血研所），后隶属中国医学科学院。血研所的成立极大地推动了我国的血液病临床和血液学研究工作的开创和发展。血研所经历了55个春秋，历经辉煌、备战搬迁、回迁和科技体制改革发展，形成了当今适应我国目前国情的以血液病医院为主，由实验血液学国家重点实验室承担主要科研任务的科研与临床紧密结合的模式。

血研所自建立以来在血液病的临床和基础研究方面取得了丰硕成果，在国内享有盛誉，在国际血液学界占有一席之地。血研所的创始人邓家栋教授将该所命名为"血液学研究所"而不是"血液病研究所"的初衷，是期望能够从生命科学的视角更全面地理解和阐明血液病的发生、发展，更有效地治疗、预防血液病，从而加深对血液系统的认识。

《免疫的细胞社会生态学原理》一书从进化论和细胞社会生态学的观点探讨血液系统基本功能的重要方面——免疫。血研所的几代科研、医护人员积累了大量的临床和实验资料，多数已经以论文和著作的形式发表，还有许多感性认识和不成熟的资料有待深入研究和提高。该书作者是血研所科研人员的代表，他们综合近年来国内外相关研究的进展，表述了他们在血液系统免疫功能方面的一些相关工作和鲜为人知的一些心得、体会，有很强的探索性和新颖性。该书反映了血研所55年来科研工作的一个方面，相信对血液学同道、免疫学和相关学科的研究和临床工作者及学生有很高的参考价值。

常子奎
中国医学科学院血液学研究所
2012年春节

序　二

免疫是血液系统的主要功能之一，是中国医学科学院血液学研究所（以下简称血研所）的重要研究领域之一。血研所建所早期在血液免疫和微生物免疫方面开展了许多工作，为我国的输血事业提供了许多重要的基础性资料和方法；结合实验白血病的研究，对肿瘤疫苗和基因疫苗进行了探索性研究，取得了不少有价值的实验结果，为白血病和肿瘤的免疫治疗研究提供了重要线索。经过几代人的临床和实验研究，血研所的医护人员对再生障碍性贫血、特发性血小板减少性紫癜等常见的与免疫相关的血液病进行了长期的研究，因而有深刻的体会和独特的见解。血研所是国内最早开展骨髓移植和造血干细胞移植的单位之一，为白血病、再生障碍性贫血等恶性血液病的治疗提供了有效方法，而且正在开展移植免疫的研究。实验血液学国家重点实验室（以下简称重点室）建立初期在造血细胞抗原的单克隆抗体研制方面完成了许多开创性的工作，为后续的开发性研究奠定了基础。

该书主编吴克复教授是我国实验血液学界的前辈，毕业于北京协和医学院医学系，早年从师于著名细胞生物学家薛社普院士，后留学于澳大利亚昆士兰医学研究所，曾担任血研所副所长和中国实验血液学会常委。20世纪80年代，他与万景华、褚建新和尤胜国教授共同组建的实验白血病研究室代表了我国实验白血病研究的一个重要发展时期。当时我有幸在该研究室从事一年的研究生课题研究，几位老师的言传身教，为我后来的研究奠定了基础。吴老师在白血病细胞生物学、肿瘤微环境以及免疫调控因子和细胞等多方面有所建树，并培养了一批优秀科技人才。他主编并出版了《细胞生长调节因子》、《细胞通讯与疾病》、《肿瘤微环境与细胞生态学导论》等多部专著。其中《细胞生长调节因子》是我国在该领域出版的最早一部专著。吴老师几十年如一日，对科学有着无尽的追求，对于许多科学问题有独到见解。他严谨而不禁锢、秉承而不随流的学风对在当今社会形势下从事基础研究工作的学者颇有启迪之处。吴老师组织相关研究人员编写的《免疫的细胞社会生态学原理》是他治学风范的又一个很好例证。

该书结合国内外文献和他本人的工作，用进化论、生态学和细胞社会学的观点总结了21世纪初免疫学和相关学科的部分最新进展。从基础到临床学科跨度较大，编写者都是该领域的专家；有理论和作用机制的探讨，也有临床诊断、分型的研究和诊疗经验，从不同的视角探讨新的研究线索，根据自己的工作经验提出新的看法。该书介绍免疫和造血系统的普遍原理，而非百科全书式的概括，对进一步研究和理解血液系统的免疫功能有很高的参考价值；也为生命科学工作者参与生命科学研究揭示了新的研究视角。作为该书的一名读者和从事实验血液学研究和教育的工作者，我强烈推荐该书给血液学、免疫学和肿瘤学等相关领域的研究者、医生和学生。

程　涛

中国医学科学院血液学研究所

实验血液学国家重点实验室

2012年春节

前　言

19世纪三大发明（质量守恒定律、进化论、细胞学说）为近代人类认识世界和现代自然科学的发展奠定了基础；20世纪人类对自然界的认识摆脱了直观感觉的限制，从地球范围内牛顿力学的决定论发展到微观世界量子力学的测不准原理和宏观世界的相对论；从质量守恒定律拓展为质能守恒定律；系统科学导致科技"爆炸"式发展。进入21世纪不久，生命科学的一些突破性进展可能对自然的认识带来新的突破。

生命科学从三个层次研究生命现象：直观（介观，mesoscopy）、宏观（macroscopy）和微观（microscopy）。自古以来人类积累了大量的有关生物的知识（包括生态学知识），即直观的生物学观察和研究；达尔文根据他乘"贝格尔"号军舰5年环球航行考察到的生物学资料，以及他的地质学和古生物学造诣，开创了生命科学的时间和空间的宏观水平研究，于1859年发表了《物种起源》，完成了同时期一些生物学者持有的进化论学说，促进了生命科学的发展。1866年德国生物学家海克尔（Erst Haeckel）首次提出了生态学一词，开始了现代生态学研究。生态学是研究生物与其环境及生物间相互作用的科学。进化论强调生物进化，海克尔提出生态学概念强调生物与环境的相互作用及生物与环境的协调进化。在自然界生存最久的不是最强壮的生物，而是最能与其他生物共生并能与环境协同进化的生物，即适者生存，两者的观点完全一致，有人认为达尔文实际上是最早的生态学家。20世纪50年代以来生态学吸取了数学、物理学、化学、工程学诸多学科的观点和方法，融入系统论、信息论和控制论，紧密结合实际，已经渗入到生命科学的几乎所有领域，成为家喻户晓的大众科学；不仅有明确的实用性，也有很强的哲理性，对于研究和实践都有指导意义。近百年来随着科技的进步，生命的分子和细胞机制，即微观水平的分子生物学和细胞生物学研究，积累了大量的资料，其中巨额数据储存于计算机或由计算机处理。21世纪初的一些突破性研究进展表明对于生命奥秘的探索所见尚属冰山一角，还要从更多的角度分析探索、综合研究。本书结合三个水平的研究结果，从进化和生态学角度探讨免疫的分子和细胞机制——细胞社会生态学原理。

细胞生态学从细胞生物学角度研究细胞与其微环境间的相互作用。单细胞生物的生态学，即微生态学；多细胞生物形成了细胞社会，因而是细胞社会生态学。

社会是生物群体在进化过程中形成的生存机制，有竞争优势。多细胞生物是细胞社会构成的有机体，随着细胞间通信机制的发展，细胞社会的运行逐步完善。与其他社会不同，细胞社会有独特的内环境和微环境，所以细胞社会的运行有独特的生态学规律——细胞社会生态学。

免疫是生物进化过程中形成的细胞社会生态的稳定机制，随着进化发展出各种适合于不同细胞社会需求的取决于生物生存方式的免疫机制。动物的免疫机制比植物的免疫机制复杂，人类的免疫机制高度复杂，但是并不完善，还在进化发展。自从德国病理学家魏尔啸（Rudolf Virchow）提出"机体是细胞王国"这一名言的一个半世纪以来，许多临床医师和生命科学研究者阐述了细胞社会和细胞社会生态学的许多现象。近年来，人类微生物基因组计划的研究进展打破了我们对细胞社会的传统观念，使我们认识到共生和寄生微生物在细胞社会中的重要作用；引入了"超有机体"（super organism）的概念，对于免疫机制我们也应该以新的概念重新审视。2009年初英国皇家学会会刊《哲学学报》（*Philosophical Transactions of The Royal Society B Biological Sciences*）出版了《生态免疫学专刊》，发表了欧洲各国学者的11篇有关评述和专论，我们将多年来在工作中形成的观点以这些论文为蓝本或线索，收集相关资料编纂了本书，尝试在生物医学的研究中运用生态学和进化论的观点。

我国医学在维护民族的繁衍昌盛中起了重要的作用。中医的许多方剂、成药经受了数千年临床实践的考验，得到了现代医学的验证，说明中医学理论至少反映了某些客观实际，才能取得如此成绩。中医理论强调天地人合一，重视机体与环境的相互关系，有浓厚的生态学观念。近代医学也正在向这个方向发展，中医强调"上医治未病"，现代医学也越来越重视预防、养生。近年来，生物医学的研究将生态学和进化论的观点渗入临床和基础医学的各个领域，从时间、空间上更全面地审视研究对象，从而更全面、更深刻地理解疾病的本质和机制，不仅有理论意义，也将提高疾病的防治水平。

现代科技的发展给生物医学提供了许多测定生理参数的方法和技术（如芯片技术、流式细胞术）。面对大量的数据，研究者、医务工作者感到茫然，有的免疫学家无奈地说免疫学就是测高高、低低。现代生命科学缺乏能够将数据转变为知识的理论。进化论是理论生物学的核心，150年前进化论的确立推动了生物学的发展，达尔文对于未能用数学表述物种起源感到遗憾，后续的进化生物学家逐步弥补了他的遗憾，近年来由于生态学与系统论的融合以及进化博弈论等相关学科的发展，理论生物学的研究比较活跃，可能推动生命科学和生物工程及临床医学向定量精确科学的方向发展，出现更多能将数据转变为知识的定量生物学理论。希望本书能提醒读者对这种趋势的关注和投入。本书叙述了一些方兴未艾的领域或研究方向，难免有不妥之处，敬请读者指正！

2012年中国医学科学院血液学研究所（以下简称血研所）建所55周年。本书的编者或是血研所的工作人员或曾在血研所工作、学习多年（除敖平教授外）。我们作为"血研所人"衷心祝愿它兴旺昌盛，为血液学事业、为生命科学做出更多、更大的贡献！免疫是造血系统的主要功能之一，血研所在免疫学方面做过不少工作，取得了不少成绩。本书探索免疫系统的作用原理和造血系统功能的内涵，是我们在血研所长期工作的心得和体会，作为汇报和祝福奉献给血研所55周年庆。

致谢：本书出版由实验血液学国家重点实验室资助；本书编写得到下列基金项目资助：国家自然科学基金（30971111，30971290，81070389，81070426，81170511），天津市应用基础重点项目（11JCZDJC18000），天津市自然科学基金（11JCZDJC18200，

10JCYBJC13100),教育部新世纪优秀人才支持计划(NCET-08-0329),教育部博士点新教师基金(200800231133),重大血液病诊断规范化和治疗策略优化的研究(201202017)。

吴克复
中国医学科学院血液学研究所
实验血液学国家重点实验室
2012 年春节 天津海光寺

目　录

序一
序二
前言
第一章　进化论的现代观 ·································· 1
　第一节　达尔文进化论的数学物理表述 ················ 2
　第二节　达尔文进化动力学的热力学/统计力学分析 ············ 3
　第三节　生态反馈在宿主防御进化中的作用 ················ 4
　　一、位点模型 ··· 5
　　二、数量遗传模型 ···································· 6
　　三、博弈论方法（适应动力学）······················· 6
　第四节　展望 ·· 9
　参考文献 ·· 10
第二章　细胞社会的进化和超有机体 ························ 11
　第一节　细胞社会的进化和发展 ························ 11
　　一、细菌生物被膜的提示——细胞社会的生存优势 ········ 11
　　二、多细胞生物与细胞社会的进化 ···················· 13
　　三、细胞间通信与细胞社会的进化 ···················· 14
　第二节　细胞社会的性质和特征 ························ 16
　　一、基因组是细胞社会的基本法规 ···················· 16
　　二、细胞凋亡与细胞死亡——细胞社会的执法手段 ······ 17
　　三、细胞社会的空间结构和 n 维生态位 ··············· 17
　　四、细胞社会正常运行对温度的依赖性 ················ 18
　　五、细胞社会内环境恒定的重要性——细胞社会生态学 ··· 19
　　六、细胞社会发展的阶段性 ·························· 19
　　七、细胞的分化和社会分工 ·························· 20
　　八、人类细胞社会"自我"的形成和免疫系统的形成 ······ 20
　　九、细胞社会的"集体主义" ·························· 21
　　十、细胞社会状态 ···································· 21
　第三节　人体细胞社会是人类细胞与微生物的共进化产物 ········ 22
　　一、超有机体的含义 ································· 22
　　二、微生物的进化及与人类的共进化 ·················· 23
　　三、与人类共进化的其他生物及其对人体细胞社会的影响 ··· 38

四、"卫生假设"的启示 ··· 40
　　　五、人体细胞社会的运行 ·· 40
　第四节　超有机体中的共进化博弈 ··· 41
　　　一、共进化的普遍性及其意义 ··· 42
　　　二、人体超有机体中的共进化 ··· 42
　　　三、共进化博弈规律的研究 ··· 44
　　　四、疾病的进化观 ·· 45
　第五节　医学中的适合度及其意义 ··· 46
　　　一、医学中适合度的含义和测量方法 ·· 47
　　　二、医学中适合度的应用 ·· 47
　第六节　结语和展望——微观进化论 ··· 48
　参考文献 ·· 50

第三章　免疫的细胞社会作用

　第一节　免疫的进化 ·· 52
　第二节　微生物与免疫 ·· 53
　　　一、细菌持续性感染的博弈分析 ··· 54
　　　二、内源性逆转录病毒 ··· 56
　　　三、朊病毒蛋白 ·· 58
　　　四、载脂蛋白B编辑酶（APOBEC）··· 60
　第三节　肿瘤与免疫 ·· 63
　　　一、病毒与肿瘤 ·· 64
　　　二、肿瘤细胞的细胞内调控异常 ··· 69
　　　三、肿瘤干细胞研究的启示 ··· 72
　　　四、肿瘤微环境中的免疫反应 ··· 74
　　　五、机体抗肿瘤机制的研究 ··· 80
　第四节　妊娠与免疫 ·· 82
　　　一、妊娠的免疫学蕴涵 ··· 82
　　　二、妊娠期间细胞因子产生的Th2型转换 ·· 85
　　　三、妊娠期间表达的免疫调节分子 ··· 87
　　　四、对父本异基因抗原的获得性免疫反应 ·· 88
　　　五、微小嵌合体的作用和意义 ··· 89
　第五节　哺乳类动物个体免疫与昆虫社会免疫的相似性 ··· 89
　　　一、对入侵者的防范——边界防御 ··· 90
　　　二、躯体防御 ··· 90
　　　三、种系防御 ··· 91
　　　四、寄生物的发现和自我/非我的鉴别 ··· 91
　第六节　免疫系统中的权衡与平衡 ··· 92

一、寄生物对宿主的作用 …………………………………… 93
　　二、宿主免疫系统失调是发病的基础 …………………… 93
　　三、生活史特性间的权衡 ………………………………… 95
　　四、免疫衰退中的旺盛和虚弱 …………………………… 97
　　五、Toll样受体在代谢中的作用 ………………………… 97
　　六、葡萄糖在免疫细胞中的作用 ………………………… 99
　　七、进食量权衡不当导致的疾病——肥胖症、糖尿病和免疫紊乱 … 100
　　八、免疫的性别差异 ……………………………………… 101
　第七节　机体和病原体博弈的策略 ……………………………… 103
　　一、机体与病原体的时间差——"快感染"和"慢感染" …… 103
　　二、免疫逃逸的新策略——慢病原异步 ………………… 105
　第八节　造血系统分化的细胞社会生态观 ……………………… 106
　　一、红细胞免疫功能的启示 ……………………………… 107
　　二、吞噬专业化细胞——粒细胞和单核/巨噬细胞 ……… 107
　　三、淋巴样细胞与造血干细胞 …………………………… 109
　第九节　结语和展望 ……………………………………………… 111
　参考文献 …………………………………………………………… 112

第四章　局部免疫——景观生态学和微生态学 …………………… 114
　第一节　黏膜免疫 ………………………………………………… 115
　　一、分泌免疫 ……………………………………………… 115
　　二、黏膜上皮 ……………………………………………… 118
　　三、树突细胞在肠道黏膜免疫中的作用 ………………… 120
　　四、黏膜疫苗 ……………………………………………… 124
　第二节　内皮免疫 ………………………………………………… 127
　第三节　皮肤的免疫作用 ………………………………………… 130
　　一、作为神经免疫内分泌器官的皮肤 …………………… 131
　　二、细胞因子和趋化因子可作为皮肤感觉神经的配体 … 135
　　三、汗腺的微生态和免疫作用 …………………………… 136
　第四节　抗菌肽的免疫作用 ……………………………………… 138
　　一、抗菌蛋白结构和功能结构域 ………………………… 139
　　二、hCAP-18/LL-37 ……………………………………… 143
　　三、局部免疫中的防御素和LL-37与疾病 ……………… 145
　　四、抗菌肽的调节 ………………………………………… 147
　　五、黏膜表面机体细胞与微生物间的生态关系 ………… 149
　　六、人类抗菌肽的应用前景 ……………………………… 150
　第五节　细胞外基质的作用和意义 ……………………………… 151
　　一、细胞-细胞外基质黏附的机制 ……………………… 151

二、细胞外基质的蛋白酶 ································· 152
　　　三、细胞外基质蛋白的跨膜受体 ··························· 154
　　　四、透明质酸的作用 ··································· 154
　　　五、细胞外基质的功能和意义 ····························· 155
　　　六、间充质干细胞的免疫调节作用 ·························· 156
　第六节　结语和展望 ··· 158
　参考文献 ·· 159

第五章　淋巴循环与免疫 ··· 162
　第一节　淋巴循环的组成 ······································· 162
　　　一、组织液和淋巴液 ··································· 162
　　　二、淋巴内皮细胞生物学和淋巴管网的形成 ···················· 163
　　　三、淋巴循环 ······································· 166
　第二节　淋巴循环在维护机体稳态和内环境平衡中的作用 ···················· 167
　　　一、淋巴循环的生理意义 ······························· 167
　　　二、淋巴管新生和淋巴微循环障碍 ·························· 167
　　　三、病理性淋巴管和人类遗传性淋巴水肿综合征 ················· 169
　参考文献 ·· 171

第六章　固有免疫及其调控 ······································· 173
　第一节　固有免疫系统的受体间对话 ································ 174
　　　一、模式识别受体与微生物毒力蛋白 ························· 175
　　　二、宿主抑制性受体的选择 ······························ 176
　　　三、免疫抑制介质的诱导 ······························· 177
　　　四、"内向外"和"外向内"信号转导 ······················· 177
　　　五、TLR-TLR间的相互影响 ······························ 177
　第二节　自噬的固有免疫作用和调控 ································ 178
　　　一、作为自噬接头的新固有免疫受体——SLR ···················· 179
　　　二、自噬效应的调节 ··································· 179
　　　三、免疫相关GTP酶 ··································· 180
　第三节　参与Th2细胞因子反应的新型固有免疫细胞 ····················· 180
　参考文献 ·· 182

第七章　巨噬细胞生物学 ··· 183
　第一节　单核细胞和巨噬细胞的异质性 ······························ 183
　　　一、两类单核细胞 ··································· 183
　　　二、不同部位的巨噬细胞性质不同 ·························· 185
　　　三、巨噬细胞的免疫功能分型 ····························· 186
　第二节　单核细胞和巨噬细胞的功能调控 ····························· 190
　　　一、单核细胞分化为巨噬细胞的调控 ························ 190

二、细胞表面分子与巨噬细胞功能 ······191
　　三、单核细胞和巨噬细胞的命运调控 ······193
　第三节　结语和展望 ······194
　参考文献 ······195

第八章　免疫系统发育及机体免疫中的细胞运动与细胞极化 ······196
　第一节　细胞运动的概念、模式及分子机制 ······196
　　一、细胞迁移的概念、机制及生理意义 ······196
　　二、细胞迁移的模式、机制及分子开关 ······197
　第二节　细胞运动及极化在免疫系统功能及发育中的作用 ······199
　　一、细胞迁移及黏附在免疫系统中的作用 ······199
　　二、细胞迁移及极化相关分子在免疫系统中的作用 ······204
　参考文献 ······206

第九章　非编码 RNA（ncRNA）对造血和免疫的调节 ······209
　第一节　miRNA 的生物合成及作用原理 ······209
　　一、成熟 miRNA 的生物合成 ······210
　　二、miRNA 生物合成的调控 ······211
　　三、miRNA 的作用原理 ······212
　第二节　miRNA 对造血和免疫细胞的调控作用 ······212
　　一、miRNA 对造血干细胞的调控作用 ······212
　　二、miRNA 对固有免疫细胞的调控作用 ······215
　　三、miRNA 对获得性免疫细胞的调控作用 ······219
　第三节　miRNA 在血液免疫细胞肿瘤发生中的作用 ······222
　　一、miRNA 在白血病发生中的作用 ······222
　　二、miRNA 在淋巴瘤发生中的作用 ······224
　参考文献 ······226

第十章　免疫调控网络与免疫失衡 ······228
　第一节　适应性（共进化）网络 ······228
　　一、适应性（共进化）网络及其性质 ······228
　　二、免疫网络的适应性（共进化）网络特点探讨 ······229
　第二节　白细胞的免疫突触 ······230
　　一、免疫学突触 ······230
　　二、病毒学突触 ······232
　第三节　白细胞的功能性极化 ······234
　　一、淋巴细胞的功能多极化 ······234
　　二、巨噬细胞的功能多极化 ······236
　　三、树突细胞的多生成途径 ······238
　　四、白细胞多极化的作用和意义 ······240

第四节 免疫失衡与自身免疫性疾病 241
　　一、自身炎症性疾病 242
　　二、经典的自身免疫性疾病 247
第五节 炎症性疾病中的糖皮质激素耐受 253
　　一、糖皮质激素的抗炎症机制 253
　　二、糖皮质激素耐受的分子机制 255
　　三、糖皮质激素耐受的治疗策略 258
第六节 多向调节因子与免疫功能多向性 259
　　一、TGF-β 信号转导的多途径性 259
　　二、TGF-β 与肿瘤 260
第七节 展望 262
参考文献 263

第十一章　细胞的免疫机制与机体免疫的细胞机制 267
第一节 细胞凋亡——作为细胞免疫机制的分解代谢 267
　　一、细胞凋亡 269
　　二、坏死样凋亡 269
　　三、角质化 270
　　四、非典型细胞死亡方式 271
第二节 炎症中的宿主细胞死亡 272
　　一、炎亡 274
　　二、胀亡 275
　　三、细胞的程序性坏死 275
　　四、内亡 275
第三节 凋亡蛋白抑制物家族 277
　　一、凋亡蛋白抑制物家族成员的结构和功能 277
　　二、cIAP2 的作用 279
　　三、生存素的作用 280
　　四、Livin 的作用 280
　　五、IAP 及其内源性拮抗物的临床意义 281
第四节 Bcl-2 家族与凋亡调控 282
　　一、线粒体在凋亡中的作用 283
　　二、Bcl-2 家族的亲缘关系 283
　　三、作为治疗靶标的"仅有 BH3 蛋白" 284
第五节 炎症体——细胞的守护者 285
　　一、炎症体 286
　　二、NLRP3：细胞应激和感染的免疫感受器 287
第六节 免疫记忆 289

一、B 淋巴细胞和 T 淋巴细胞的细胞记忆 ……………………………… 289
　　二、免疫记忆的产生和作用 ……………………………………………… 290
　　三、免疫记忆的保持 ……………………………………………………… 292
　　四、影响细胞记忆的因素 ………………………………………………… 294
第七节　干细胞的免疫作用 …………………………………………………… 296
　　一、胚胎干细胞的免疫作用 ……………………………………………… 296
　　二、成体干细胞的免疫作用 ……………………………………………… 296
　　三、成体的胚胎干细胞样细胞的免疫作用——大病痊愈的机制 ……… 298
第八节　细胞膜囊泡的免疫作用 ……………………………………………… 299
　　一、细胞膜囊泡 …………………………………………………………… 300
　　二、膜泡的性质和分类 …………………………………………………… 300
　　三、膜泡的抗原递呈作用 ………………………………………………… 304
　　四、膜泡的作用机制 ……………………………………………………… 305
　　五、肿瘤细胞外释体的性质和作用 ……………………………………… 305
　　六、外释体与病毒感染 …………………………………………………… 308
第九节　细胞衰老及其免疫作用 ……………………………………………… 310
　　一、细胞衰老的表现和检测指标 ………………………………………… 310
　　二、细胞衰老的发生机制 ………………………………………………… 312
　　三、衰老细胞的体内作用及意义 ………………………………………… 313
第十节　细胞内的清除机制 …………………………………………………… 315
　　一、自噬是细胞内的抗微生物防御机制 ………………………………… 315
　　二、泛素/蛋白酶体系统 ………………………………………………… 316
　　三、免疫相关的 GTP 酶 ………………………………………………… 318
参考文献 ………………………………………………………………………… 318
第十二章　神经与免疫 ………………………………………………………… 322
　第一节　神经-免疫细胞的相互作用 ………………………………………… 323
　　一、神经-免疫细胞的通信 ……………………………………………… 323
　　二、免疫细胞与神经的相互作用机制 …………………………………… 325
　第二节　免疫系统的自主神经分布和调节 ………………………………… 326
　　一、免疫器官的交感神经分布 …………………………………………… 326
　　二、免疫细胞的神经递质受体表达 ……………………………………… 327
　　三、固有免疫的交感神经系统调节 ……………………………………… 327
　　四、获得性免疫的交感神经系统调节 …………………………………… 328
　第三节　迷走神经的免疫调节作用 ………………………………………… 328
　　一、免疫反射和炎症反射 ………………………………………………… 328
　　二、炎症的类胆碱能调节 ………………………………………………… 331
　　三、迷走神经免疫调节作用的证明和应用前景 ………………………… 331

第四节　哮喘的神经免疫调节 ………………………………………… 334
　　　　一、应激与哮喘 ……………………………………………………… 335
　　　　二、人类气道的神经支配 …………………………………………… 336
　　第五节　睡眠与免疫 ……………………………………………………… 338
　　　　一、睡眠的生理机制 ………………………………………………… 338
　　　　二、细胞因子与睡眠 ………………………………………………… 339
　　　　三、睡眠对免疫反应的影响 ………………………………………… 340
　　第六节　发烧的免疫调节作用及其分子机制 …………………………… 342
　　　　一、体温调节机制 …………………………………………………… 342
　　　　二、发热对免疫的调节 ……………………………………………… 344
　　　　三、热休克蛋白 ……………………………………………………… 347
　　　　四、趋化因子参与体温调节 ………………………………………… 350
　　第七节　免疫系统对中枢神经系统的影响和作用 ……………………… 351
　　　　一、细胞因子对神经干细胞的效应 ………………………………… 351
　　　　二、趋化因子及其受体在中枢神经系统的表达和作用 …………… 352
　　　　三、细胞因子信号抑制物在中枢神经系统的表达和作用 ………… 357
　　参考文献 …………………………………………………………………… 361

第十三章　免疫衰退和免疫损伤
　　第一节　年龄相关的获得性免疫系统变化 ……………………………… 364
　　　　一、胸腺和 T 细胞的年龄相关变化 ………………………………… 365
　　　　二、B 细胞的年龄相关变化 ………………………………………… 368
　　　　三、B 细胞衰退的可逆性 …………………………………………… 368
　　第二节　固有免疫系统的年龄相关变化 ………………………………… 369
　　　　一、粒细胞的老年相关变化 ………………………………………… 369
　　　　二、自然杀伤细胞、单核/巨噬细胞和树突细胞的老年相关变化 … 370
　　　　三、人类 Toll 样受体老年相关的功能失调 ………………………… 372
　　　　四、隐性感染对免疫衰退的影响 …………………………………… 373
　　第三节　免疫损伤及其临床意义 ………………………………………… 373
　　　　一、免疫损伤的含义 ………………………………………………… 373
　　　　二、免疫损伤的临床和流行病学意义 ……………………………… 374
　　第四节　肿瘤的发展与免疫编辑和免疫雕塑 …………………………… 374
　　参考文献 …………………………………………………………………… 376

第十四章　髓系白血病的免疫状态和免疫治疗
　　第一节　急性髓系白血病患者 T 细胞的作用 …………………………… 378
　　　　一、急性髓系白血病患者治疗前淋巴细胞的特点 ………………… 378
　　　　二、AML 患者化疗后淋巴细胞的变化 ……………………………… 379
　　　　三、AML 淋巴细胞的特征和功能 …………………………………… 379

四、调节 T 细胞与急性髓系白血病 ……………………………………………… 380
　　五、AML 患者的淋巴细胞在治疗中的意义 …………………………………… 381
　第二节　AML 的免疫耐受（immune surveillance） ………………………………… 382
　　一、AML 如何逃脱免疫控制 …………………………………………………… 382
　　二、AML 患者免疫系统的异常 ………………………………………………… 383
　第三节　AML 免疫治疗的发展 ……………………………………………………… 385
　　一、被动免疫治疗 ……………………………………………………………… 386
　　二、主动免疫治疗 ……………………………………………………………… 387
　第四节　慢性粒细胞白血病的免疫状态和免疫治疗 ……………………………… 388
　　一、不同治疗药物对 CML 患者免疫状态的影响 …………………………… 388
　　二、CML 患者的免疫治疗 ……………………………………………………… 391
　参考文献 ………………………………………………………………………………… 393

第十五章　异基因造血干细胞移植与免疫学 ………………………………………… 395
　第一节　组织相容性 ………………………………………………………………… 396
　　一、HLA 基因的结构和功能 …………………………………………………… 396
　　二、HLA 的命名及实验室检测方法 …………………………………………… 399
　　三、MHC 的特征：连锁不平衡（LD）及单倍体 LD ………………………… 400
　　四、HLA 在临床上的应用 ……………………………………………………… 402
　第二节　NK 细胞与 HSCT …………………………………………………………… 403
　　一、NK 细胞的受体 …………………………………………………………… 404
　　二、NK 细胞杀伤白血病靶细胞 ……………………………………………… 405
　　三、Allo-HSCT 后 NK 细胞的重建 …………………………………………… 406
　　四、NK-DC 细胞之间的相互作用 ……………………………………………… 406
　　五、临床研究 …………………………………………………………………… 406
　　六、NK 细胞的过继性治疗 …………………………………………………… 407
　第三节　移植物抗宿主病 …………………………………………………………… 408
　　一、急性 GVHD 发生的三个步骤 ……………………………………………… 408
　　二、慢性 GVHD ………………………………………………………………… 411
　　三、GVHD 预防 ………………………………………………………………… 411
　第四节　移植物抗肿瘤作用 ………………………………………………………… 414
　　一、Allo-HSCT 中的 GVT 效应特征 …………………………………………… 414
　　二、强化 GVT 应答的策略 ……………………………………………………… 416
　第五节　allo-HSCT 后的免疫重建 ………………………………………………… 418
　　一、移植后正常的淋巴系统的发育 …………………………………………… 418
　　二、影响免疫重建的因素 ……………………………………………………… 419
　　三、过继性细胞治疗 …………………………………………………………… 422
　　四、改善 HSCT 后免疫重建 …………………………………………………… 422

五、疫苗接种 …………………………………………………………………… 423
第六节　树突细胞在 allo-HSCT 中作用 …………………………………………… 423
　　一、几种树突细胞的特性 ………………………………………………………… 424
　　二、树突细胞的功能 ……………………………………………………………… 424
　　三、树突细胞对预处理的反应 …………………………………………………… 425
　　四、移植后稳态下的树突细胞 …………………………………………………… 425
　　五、树突细胞作为 HSCT 治疗中的靶细胞 ……………………………………… 427
参考文献 ………………………………………………………………………………… 428

第一章 进化论的现代观

人类对客观世界和对自身的认识受到科技发展水平的制约，望远镜和显微镜的发明使人类对宇宙和生命的认识从猜测发展到以观测为依据的分析和推论。现在人类对于宇宙的认识基于哈勃望远镜和普朗克望远镜等仪器观察的影像和数据；已有的资料表明：现在人类能够观测到的宇宙源于137亿年前的一次大爆炸，无数极高温度的恒星，抛出大小不同的行星，行星逐渐冷却并处于不同的物理状态，其中有些行星类似于地球（类地行星）。45亿年前地球形成了，并逐步演变成适宜生命生长繁衍的星球。生命是物质存在的一种形式，是一定条件下碳、氢、氧、氮等构成的复杂有机化合物的一种存在形式。从物理化学角度描述，生物是复相多态的胶体系统，存在于地球表面的理化条件下。地球上的生命物质经过漫长的地质年代，经历了数十亿年的演化（进化）成为当今的大千世界（图1-1）。

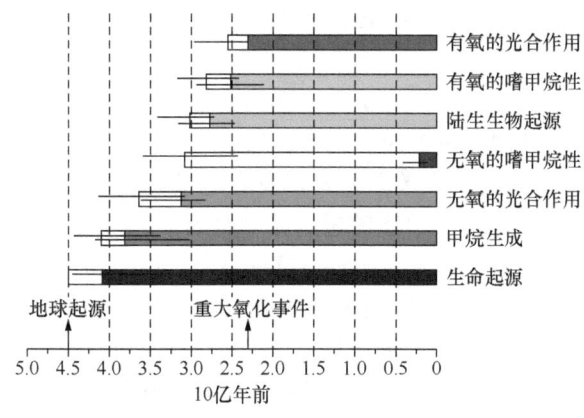

图1-1 地球上代谢类型变革时间表

生命起源在地球形成（45亿年前）之后；需氧光合作用存在时间限于重大氧化事件
（23亿年前）发生后。空白代表变革或事件发生时间区间；有色框表示存在时间。

生命物质的进化经历了多次飞跃：从非生命物质进化为能复制自身和有代谢功能的生命物质（分子生物）；从非细胞形式的生命物质（分子生物）进化为原核细胞（原核生物）；从原核生物（原核细胞）进化为真核生物（真核细胞）；从单细胞生物进化为多细胞生物，多细胞生物是由细胞构成的细胞社会。生物界处于不断的进化中，进化的核心是有增殖能力的个体，个体可以是分子、细胞、病毒、多细胞有机体或人。个体的适合度依赖于群体中表型的相对丰度。群体的结构影响进化的动力学。进化的群体由具有繁殖力的个体组成，它们是信息载体，在繁殖时传递信息，在此过程中出现错误就会出现变异。在资源有限时，变种以不同的频率增殖，自然选择就起决定性作用。

社会是多种生物群体生存的形式，有生存竞争优势，所以在进化过程中保存下来。

不仅个体生物能形成社会，单细胞生物进化为多细胞生物的过程中开始形成细胞社会的一些机制，构成独特的体内微环境，是细胞进化发展的必然趋势。随着生物进化，细胞社会不断改变，逐步完善。不同生物的细胞社会不尽相同。一些动物群体在进化过程中也形成了社会。人类在进化过程中形成的人类社会在生存竞争中发挥了决定性作用，逐渐产生人类文明，形成了不同于生物社会的独特规律，即人文科学研究的规律，这一规律受人类意识形态的影响很大，不在本书讨论的范畴。本书探讨不受人类意志控制的自然规律——生物和生物社会的客观规律，尤其是细胞社会的规律。无数的事实表明生物演化总的趋势是从简单到复杂，从低级到高级，所以称之为进化。本章讨论进化的动力学。

第一节 达尔文进化论的数学物理表述

一个半世纪前达尔文的《物种起源》发表，标志着"进化论"的诞生，被誉为19世纪三大自然科学发现之一，成为现代生命科学发展的基石；与达尔文同时代的魏尔啸从病理学角度宣称机体是"细胞王国"（细胞社会），成为现代医学的基本观念之一，与进化论一起影响着现代医学的发展。达尔文没有观察和研究细胞，魏尔啸弥补了达尔文的不足。

近百年来对进化论的研究也吸引了不少理论物理学家和数学家的参与，尤其在群体遗传学（数量遗传学）和博弈论方面有较大进展。

《物种起源》一书中没有一个数学公式，没有定量分析。达尔文之后出现了两个重要的基本概念，从而使进化动力学能够进行定量研究：一个是自然选择的 Fisher 定理（Fisher's fundamental theorem for natural selection），将变异与达到进化优势值的速度联系起来；另一个是 Wright 的适应景观（Wright's adaptive landscape）理论，用景观作为势函数叙述巨大的遗传空间中的有限选择。适合度（fitness）的景观（landscape）概念在现代遗传学和生态学研究中已被广泛采用。敖平将达尔文进化论的主要内涵用三个定律的形式进行数学物理表述。

达尔文进化动力学是高度复杂的，有变异、选择和适应。敖平采用由4个动力学因素组成的随机微分方程表述进化系统，称为第二定律。

$$[A(q) + T(q)]\dot{q} = \nabla \psi(q) + \xi(q,t) \tag{1-1}$$

正半确定对称优势矩阵 A（positive semi-definite symmetric ascendant matrix A）、反对称变换矩阵 T（anti-symmetric transverse matrix T）、纯量函数 Wright 进化势 Ψ（scalar function Wright evolutionary potential Ψ）、随机驱动 ξ（stochastic drive ξ）。进化是非线性的、不对称的、相互作用、随机的，但是是可控制的。

在随机驱动与优势矩阵之间附加下述关系：

$$(\xi(q,t)\xi(q,t')) = 2A(q)\delta(t-t') \tag{1-2}$$

即 Fisher 的自然选择基本原理，简称 Fisher 定理，记录适应和优化趋势。

进化过程中如果没有随机驱动，则达尔文进化动力学的方程（1-1）成为：

$$[A(q) + T(q)]\dot{q} = \nabla \psi(q) \tag{1-3}$$

这是近似值,因为实际上变异是广泛存在而且很难避免的。敖平将这种情况称为第一定律或亚里士多德(Aristotle)定律,可以视为第二定律的特例。该定律提供了必需的参考点,用于确定种类和其他相关量,强调进化动力学的确定论方面;因为确定参考点是最基本的,所以列为第一定律。用状态变异矢量 q 表述为:

$$\{q\} \rightarrow \{q_{\text{attractor}}\}$$

第三定律是关系定律,得以确定直观(mesoscopy)与微观(microscopy)及宏观(macroscopy)的关系。生物学中至少存在三个动力学领域:生态动力学、群体遗传学和基因调控网络的动力学,它们相互作用,互相影响。但是它们的时间尺度不同,后者较快,在一个世代中进行;前两者需多个世代才显效。第三定律反映了整个动力学的层次结构,在微观水平时间尺度和质量小,趋于零。

$$m \rightarrow 0$$

第二节 达尔文进化动力学的热力学/统计力学分析

达尔文进化动力学是真正的不平衡随机动力学理论,Ao(2008)对达尔文的进化动力学进行了统计力学和热力学分析。按照"进化是遗传变异和排除与选择的结果",加上 Fisher 定理和 Wright 的适应景观理论引入适当的时间尺度,达尔文的进化动力学可以用下述随机微分方程表述:

$$q = f(q) + N_I(q)\xi(t) \tag{1-4}$$

式中,f 和 q 是 n 维空间矢量,f 是 q 的非线性函数。第 i 个等位基因的遗传频率由 q_i 表述,在此用时间 t 的实时函数表述,依赖于当时的实况。q 的量在生态学中可以变换为 n 种。噪声 ξ 是独立的因素。

表面上看达尔文进化动力学与热力学没有联系,因为进化动力学是不平衡过程的终端,但通过仔细分析达尔文动力学却提示了主要的热力学内涵。用系统的 Wright 进化势函数和噪声强度的阳性参数可以测出达尔文进化动力学中有 Boltzmann-Gibbs 型的稳态分布,所以达尔文动力学蕴藏着类似于热力学零定律的规律,存在着类似于温度样的参数,用阳性参数 θ 代表。在此,"温度" θ 是绝对的,不依赖于系统的物质,是达尔文进化动力学的直接结果。温度是分子运动动能的量度,绝对零度时分子运动停止,热力学第三定律表明绝对零度是不可能的,即分子运动完全停止是不可能的。进化动力学中基因变异的频率可以作为阳性参数 θ,当基因变异的频率为 0 时该生物种系的遗传性状将绝对稳定。实际上在一个足够大的群体中基因完全不发生变异也是不可能的,即使在高度严格的实验室或生物工程单位,遗传漂移是不可避免的,菌种、毒种经过 3~5 次传代后必须重新鉴定、选育、纯化才能作为毒种继续使用。所以,热力学零定律在进化动力学中实际上有相应的意义。

热力学第一定律,即能量守恒定律可以有多种表述形式,用配分函数 Z_θ 可表述为下式:

$$F_\theta = -\theta \ln Z_\theta \tag{1-5}$$

也可用 Wright 进化势函数 ϕ 表述为:

$$U_\theta = \int d^n\boldsymbol{q}\phi(\boldsymbol{q};\lambda)\rho_\theta(\boldsymbol{q}) \tag{1-6}$$

用配分函数还可进一步定义为：

$$S_\theta = -\int d^n q\rho_\theta(\boldsymbol{q})\ln\rho_\theta(q) \tag{1-7}$$

三者的关系：$F_\theta = U_\theta - \theta S_\theta$

式中，F_θ 是自由能；U_θ 是结合能；S_θ 是熵。

温度 θ 是强度量（intensive quantity），在所有的部分都相同，因为它们都接触同一噪声源。热力学第一定律在达尔文进化动力学中也有意义。考虑到在 Wright 进化势函数中的无限过程和稳态的配分函数，自由能和结合能的基本关系也能用微分形式表述为：

$$dU_\theta = \bar{d}W + \bar{d}Q \tag{1-8}$$

即一般热力学教材中表述的热力学第一定律形式。其中熵的变化与"热"的变化相关：$\bar{d}Q = \theta dS$；而"功"的变化与 Wright 进化势函数相应：$\bar{d}W = \mu d\lambda$。

热力学第二定律也有多种表述方式，常见的一种表述形式是最小自由能表述，即在所给的势函数和温度下，如果是 Boltzmann-Gibbs 分布，则自由能最小。另一种是最大熵表述，即在 Boltzmann-Gibbs 分布和所给的势函数及其均值条件下，熵达到最大值。后一种表述在物理学和生物学中应用广泛，通常称为熵最大原理，用下式表述：

$$S(t) \equiv -\int d^n q\rho(q,t)\ln\rho(q,t) \tag{1-9}$$

根据 Ao（2008）的分析，除了热力学第三定律外，其他的热力学定律在进化动力学中都有意义，存在热力学关系：能量守恒、热机效率、温度和附加的广延量（extensive quantity）性质和含有 Boltzmann-Gibbs 分布。热力学探究稳态性状，Boltzmann-Gibbs 分布是决定性性状，在进化动力学中仅取决于 Wright 进化势函数和"温度"θ。在这个意义上热力学与统计力学是等同的。统计力学的这些基本原理不仅在物理学和化学中得到了广泛应用，近年来在材料科学和生命科学中也得到了重视和应用。

热力学的基本原理在生理学和生态学中已经被广泛应用。例如，计算每天的热量摄入已经成为维护健康的基本观念之一；能流和物流是研究生态系统的基本课题。后来人们发现热力学中的熵与信息论中的熵（下式）有明显的相似性。信息流也已成为生态系统的重要研究内容。

$$S_{r2}(t) \equiv -\int d^n q\rho_\theta(q)\ln\rho(q,t) \tag{1-10}$$

第三节　生态反馈在宿主防御进化中的作用

阐明寄生物与宿主共进化的机制是进化生物学的重要课题之一，尤其要阐明双方是如何产生和维持变异的。机体在进化过程中形成了多种防御机制，用于应付寄生物和病原体的感染以及环境的变化，维护机体内环境的平衡和细胞社会的稳态。机体的适合度与免疫系统提供保护、对抗寄生物和病原体的能力密切相关。然而，即使最简单的免疫系统也惊人地复杂，受机体的生态学因素磨合影响。原始的多细胞生物没有防御机制，不同细胞可以相噬，也可以相容；植物的进化产生了一些防御机制，如屏障机制、防御分子（如抗菌肽）等，与无脊椎动物的固有免疫机制类似。脊椎动物的防御机制发展成为功能性的免疫系统，在进化过程中形成了能应对未知感染物、未知抗原的获得性免疫系统，即通过基因重排和分子重组，再通过克隆选择产生可以应对未知新抗原的随机免疫系统。此类神奇的随机机制是如何形成的？现代分子细胞生物学研究开始阐明这些机制，同时进化生物学在群体水平的研究也提供了许多新的资料和信息。例如，近年来对群落免疫（community immunity）的研究不仅对昆虫社会有重要意义，而且为人类和畜禽流行病学的研究提供了新的思路和参考。对群落免疫概念进行思索可发现机体免疫与群落免疫的相似性（见第三章第五节），探索其机制必然导致对机体微观组成——细胞社会的研究。细胞社会遵循生物社会的主要共同规律，如机体免疫与群落免疫有相似性。然而，细胞社会有其特殊的规律和性质（见第二章第二节），形成了机体免疫的特有规律和性质，即本书探讨的主要内容。

防御机制的有效性从群体生态学（流行病学）的角度分析可以获得重要的信息，近年来一些学者从进化论的角度进行了理论分析。Boots 等对生态反馈在宿主防御进化中的作用进行了系统复习，并提出了他们的观点。进化博弈论方法的进展为进化论的现代研究开拓了新的途径。

一、位 点 模 型

在植物与寄生物的相互作用中惯用基因对基因模式。近年来在无脊椎动物疾病的研究中也采用"匹配等位基因"模型。在这些模型系统中，宿主与寄生物的关系完全取决于宿主基因是否能够抵抗寄生物，以及寄生物基因产物的感染毒力。此类模型的优点在于：它们属于纯基因结构，易于与实验资料进行比较，实验容易重复；此类模型的缺点是其表型与生态学参数无关，与生态学反馈无关，只适用于低等生物（表 1-1）。

表 1-1　基因-基因模式框架和匹配-等位基因模式框架相互作用结果

寄生物基因型	宿主基因型			
基因-基因模式				
1 个位点	1S	1R		
1A	感染	无感染		
1V	感染	感染		
2 个位点	1S2S	1R2S	1S2R	1R2R
1A2A	感染	无感染	无感染	无感染
1V2A	感染	感染	无感染	无感染
1A2V	感染	无感染	感染	无感染
1V2V	感染	感染	感染	感染

续表

寄生物基因型	宿主基因型			
匹配-等位基因模式				
1 个位点	1S	1R		
1A	感染	无感染		
1V	无感染	感染		
2 个位点	1S2S	1R2S	1S2R	1R2R
1A2A	感染	无感染	无感染	无感染
1V2A	无感染	感染	无感染	无感染
1A2V	无感染	无感染	感染	无感染
1V2V	无感染	无感染	无感染	感染

注：A：无毒；V：有毒；S：敏感；R：抵抗；宿主单位点（1）和双位点（1 或 2）组织与敏感（S）或耐受（R）等位基因相互作用的结果指示感染或无感染。

二、数量遗传模型

经典的基因对基因和匹配等位基因模型假设：只有少数的基因能够决定感染与否，实际上表型的进化影响群体生态学，反过来又影响进化历程，所以有许多基因影响感染。多位点的基因结构对耐受和毒力的小代价付出能促进等位基因的循环出现，当毒力付出增加时，若宿主有足够的抵抗等位基因则循环消失，否则宿主维持静态的多态性对抗完全无毒的寄生物。进一步拓展位点就产生了定量遗传学模型，该模型基于有性繁殖和表型特征的进化。在此系统中大量的位点形成一个特征，遗传变异包括许多这类特征的变化。与适合度函数比较，假设特征的分布是单峰，其平均特征值的变化 Δz^* 可由下式表述：

$$\Delta z^* = \frac{V_A}{W^*} \frac{\partial W}{\partial z}\bigg|_{z=z^*} \qquad (1\text{-}11)$$

式中，V_A 是特征的附加遗传变异；W^* 是平均适合度；$[\partial W/\partial z]_{z=z^*}$ 是适合度梯度，可以用群体的平均特征值估算。此特征值的分布仍然是单峰的，适用于随机交配、弱选择压和有许多独立位点的特征。该方法已用于表型的定量变化和宿主-寄生物系统中宿主防御的进化研究。

三、博弈论方法（适应动力学）

选择有两类：持续性的和频率依赖性的。持续性选择意味着个体的适合度值是常数，不依赖于种群的组成。频率依赖性选择的适合度值依赖于种群中各种类型的相对丰度（频率）。持续性选择可视为种群适应于固定的适合度景观，而频率依赖性选择提示种群变化改变适合度景观。对频率依赖性选择的研究导致了进化博弈论的产生。进化博弈理论源于对生态现象的解释，20 世纪 60 年代生态学家 Lewontin 就开始用进化博弈论的思想研究生态问题。生态学家从动植物进化的研究中发现，动植物进化结果在多数情况下都可以用博弈论的纳什均衡概念解释。然而，博弈论是研究完全理性的人类互动行为时提出的，为什么能解释非理性的动植物进化呢？能否舍弃经典博弈论中理性人假设的前提呢？70年代，生态学家Smith和Price提出了进化博弈论的基本均衡概念：进化稳定策略（evolutionarily stable strategy，ESS），标志着进化博弈论的诞生。此后，生态学家Taylor和Jonker在考察生态演化现象时首次提出了进化博弈理论的基本动态概念：模仿者动态（replicator dynamics）。博弈论开始解决生物进化的难题：利己的生物个体为什么会进化出合作行为？这是自然选择下形成的本能行为，连没有思考能力的单细胞生物也面临着合作还是欺诈的两难，如酵母菌以单糖为营养物，但是在没有单糖时也能利用其他糖，如蔗糖。酵母菌通过分泌转化酶先把蔗糖消化成单糖，这个消化过程发生在细胞外，产生的单糖扩散开来，其他酵母菌也能利用。有些酵母菌的转化酶基因发生突变不能分泌转化酶，但是它们能窃取其他酵母菌制造的单糖，节省进行消化的成本，成了"窃贼"，而那些耗费能量把蔗糖变成单糖的酵母菌成了"好人"。理性的选择却不能带来最佳的结果，利己行为可能会导致竞争对手之间的合作，这种现象在自然界和人类社会中广泛存在，但是粗看之下又似乎矛盾。研究者构建了很多博弈模型解释这类现象，诠释其中的原因，这些模型中最著名和常用的有"囚徒困境"（Prisoner's Dilema）、"雪堆博弈"（Snowdrift Game）和猎鹿博弈（Stag Hunt Game）。

博弈论方法（适应动力学）与定量遗传学方法有许多相似点，都假设有许多基因具有小的附加效应，进化的方向取决于适合度梯度。但是，由于概率分布和群体中许多株的密度很低，定量遗传学假设"突变"（遗传变异）的出现是含蓄的，进化的结果取决于该特征的性质和概率分布。在适应动力学中随机的变异出现含蓄，适应动力学采用无性模式处理和审查罕见的新变种入侵单一的群体。生态学时间尺度较进化时间尺度要快得多，所以变异株在被发现的情况下入侵群体，进化能向适合度最小化发展，从而产生进化分枝，在适合度最小处形成新的品种（图1-2）。反之，数量遗传学模型的生态学和进化时间尺度是相同的，进化的改变就如此发生。适应动力学分析的关键在于变异策略的适合度函数，这一函数用变异策略总数的生长率Y计算，由所在群体x的环境决定，用$Sx(Y)$表示；$Sx(Y)$为负数时突变体死亡；$Sx(Y)$为正数时突变体得以传播，成功的变异株取代原有的品系，从而改变环境。上述讨论指出：环境选择变异类型和进化影响（改变）环境的反馈作用。

Boots和Haraguchi提出的宿主防御模型可用式（1-12）表示：

$$\frac{dS_i}{dt} = r_i S_i - q S_i \sum_i (S_i + I_i) - \beta_i S_i \sum_i I_i ;$$

$$\frac{dI_i}{dt} = \beta_i S_i \sum_i I_i - (\alpha + b) I_i \quad (1-12)$$

式中，S是敏感群体的密度；I是感染群体的密度，动力学显示第i个宿主品系；参数是生长率γ（即出生减去死亡）；密度依赖性需经拥挤参数q修正。宿主自然死亡率为b，由于感染的死亡率为α，感染的传播率为β。他们研究了宿主抵抗力的进化并考虑宿主生长率γ和传播率β的权衡（trade-off）。式（1-12）可以测出试图侵入群体（$i=x$）

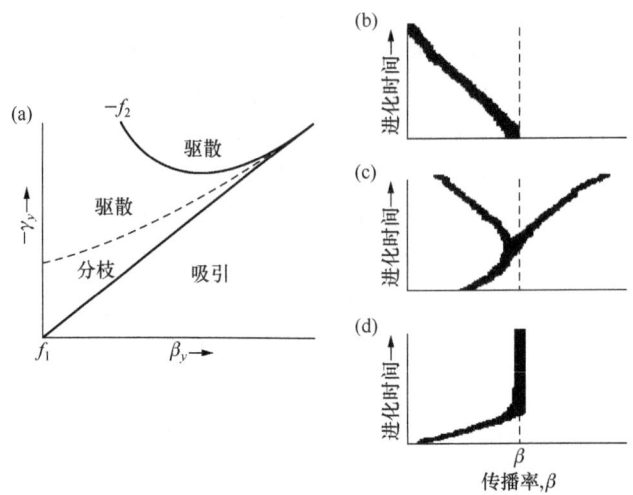

图 1-2 Boots 和 Haraguchi 所述模式系统的交替入侵图（TIP）

进化过程的模型显示传播系数 β 在进化过程中有不同的类型。进化过程可以用不同的交替形式表述：(b) 驱散，(c) 分枝或 (d) 吸引。

处于平衡状态 (S_x, I_x) 的罕见突变型 $(i=y)$ 的适合度。

$$S_x(y) = r_y - q(S_x + I_x) - \beta_y I_x = r_y - q\left[\frac{\alpha+b}{\beta_x} + \frac{\beta_x - q(\alpha+b)}{\beta_x(\beta_x+q)}\right] - \beta_y\left[\frac{\beta_x - q(\alpha+b)}{\beta_x(\beta_x+q)}\right]$$
(1-13)

当 $S_x(y) > 0$ 时，突变型 y 能侵入，而 $S_x(y) < 0$ 时不能。入侵边界 $S_x(y)=0$ 和 $S_y(x)=0$ 用于绘制交替入侵图（trade-off invasion plot，TIP）。此处，$S_y(x)$ 是 x 型试图入侵 y 型栖息地的适合度。后来 Boweers 等和 Hoyle 等将 TIP 图的侵入边界设为 $S_x(y) = f_1 = 0$ 和 $S_y(x) = f_2 = 0$，用于标绘进化动力学曲线，式 (1-12) 转换为下式：

$$r_y = f_1(\beta_y) = r_x \frac{q+\beta_y}{q+\beta_x} - \frac{(\beta_y-\beta_x)q(\alpha+b)}{\beta_x(q+\beta_x)};$$

$$r_y = f_2(\beta_y) = r_x \frac{q+\beta_y}{q+\beta_x} - \frac{(\beta_y-\beta_x)q(\alpha+b)}{\beta_y(q+\beta_x)}$$
(1-14)

当 (β_x, γ_x) 是进化的单个点时，侵入边界能用于区分可能的进化行为的区域（图 1-2）。在图 1-2 (a) 的 f_1 和 f_2 之间进化行为被虚线（f_1 和 f_2 在单点时的平均曲线）划分为不同区域：虚线以下区域为进化吸引（attractor），而虚线以上区域为进化驱散（repellor）；轻度折中（trade-off）的虚线和 f_1 之间的区域在进化上形成双向性或多态性。理论模型方程 (1-5) 指出传播系数 β 如何在不同类型的过程中起作用［图 1-2 (b) 驱散、图 1-2 (c) 分枝、图 1-2 (d) 吸引］。

普遍认为寄生物能影响宿主多样性，特别引人注意的是寄生物可能增加宿主的多样性。首先宿主对寄生物的耐受性就存在着多样性，寄生物通过不同途径能增加或减少耐受的多样性。理论分析表明寄生物有多种类型，可以选择宿主群体。负性频率依赖选择（negative frequency-dependent selection，NFDS）和分裂性选择（disruptive selection）都增加宿主的多样性；对耐受性的双向选择和稳定选择则减少宿主多样性。此外，有许多理论研究病原体耐药的进化原理,涉及生态反馈和频率依赖。所有模型都假设防御的代价,即在无病时降低适合度,理论和经验都支持这种代价的存在。

第四节 展 望

 这一个半世纪的进化论研究所积累的大量的事实和资料,表明了生物进化是客观事实。除了宗教原因的争议外,人们对于进化的具体过程和机制仍在探索过程中,这期间曾出现过不同的观点,有人将此称为对进化论的否定,这是言过其实。随着科学的发展,通过实验证明后这类争议会自然消失。任何理论在实践过程中都可能有修正,何况是高度复杂的生物体系。实际上生命科学研究中的不同观点都能通过实践证明解决,至今并没有出现能够否定进化论基本观点的客观事实,争论反而丰富了进化论的内涵。进化论的观点已从理论生物学渗入到生命科学的所有领域,近一个世纪来分子和细胞生物学的发展从微观水平丰富和发展了进化论。

 免疫学的发展从另一个侧面考验了进化论,并且通过生态学获得了正面支持和发展。已经有大量的理论工作强调生态反馈在宿主对感染性疾病防御机制进化中的重要性,按照这些理论宿主的生活史起关键作用。免疫的性别差异有其生理学机制,生活史理论能够解释免疫的性别差异,适应生殖的策略,尤其是雄性交配与免疫防御间的权衡(参看第三章第六节第八小节)。最近 Bacelar 等用进化生物学方法探讨生活史和交配系统选择,研究通过自然选择和生态反馈对雄性易患寄生物病(male biased parasitism)的机制。还有人从疾病系统显示流行病学反馈对于雄性易患寄生物病的机制。

 博弈论在经济学中取得了巨大成功,引起进化论研究者的关注,自觉地运用进化博弈论(evolutionary game theory)。两个参与者、两种策略的进化博弈动力学已经被深入研究并在许多生物学模型中使用(参见第三章第二节)。进化博弈论放弃了传统博弈论的完全理性假说,将参与者视为有限理性的博弈者,进化博弈论以参与者种群为研究对象,对于单种群,主要研究该种群内部个体之间行为的相互影响;对于多种群,主要研究种群与个体之间行为的相互影响及不同种群个体之间的相互影响。进化博弈不是一次性静态或有限次动态的博弈,而是无限重复进行的,需要漫长的进化过程才能达到均衡,也许永远达不到均衡,总是处在一个向均衡接近的过程中,系统有多个均衡时,欲达到哪个均衡则取决于进化的初始状态及进化路径(即进化的动态调整方程)。在博弈过程中,可能发生某些变异,个体有可能放弃按照博弈规则已得出的最佳策略,而采取其他策略,即使达到了稳定状态,也可能再次偏离。进化博弈论与现实状况更为接近,与传统博弈论中的纳什均衡产生的纳什均衡解相对应,进化博弈论也存在着均衡解,进化均衡下的均衡解是进化稳定策略。传统的纳什均衡策略与进化稳定均衡之间的关系:群体规模无限大时,进化稳定策略一定是纳什均衡策略,但是纳什均衡策略却不一定是进化稳定策略。在有限规模群体的情况下,进化稳定策略不是纳什均衡策略,在此种情形下,参与者并不选择其绝对收益最大化的策略,而是选择自己的收益和群体平均收益之差最大的策略。如果这样做能够更加损害对手的话,有可能出现参与者愿意损害自己。

达尔文进化动力学基于变异和选择，形成的核心数学模型用于生物学群体的适应和共进化，进化的结果往往不是最大适合度平衡，而是包含了摆动和混沌。为了研究依赖于频率的选择，进化博弈论比优化计算更实用。增殖和适应动力学叙述短期和长期的表型进化，已经在动物行为、生态学等领域获得应用，并期望在生命科学的更多领域应用这些理论生物学的研究成果，本书以进化论和生态学的观点探讨免疫机制的形成和发展，并在部分章节介绍近期文献报道的用进化博弈论的观点和方法处理的与免疫相关的一些课题。

（敖　平　吴克复）

参 考 文 献

Ao P. 2005. Laws in Darwinian evolutionary theory. Phys Life Rev, 2: 117-156

Ao P. 2008. Emerging of stochastic dynamical equalities and steady state thermodynamics from Darwinian dynamics. Commun Theor Phys, 49: 1073-1090

Bacelar F S, White A, Boots M. 2011. Life history and mating systems select for male biased parasitism mediated through natural selection and ecological feedbacks. J Theor Biol, 269: 131-137

Best A, White A, Kisdi E, et al. 2010. The evolution of host-parasite range. Am Nat, 176: 63-71

Boots M, Haraguchi Y. 1999. The evolution of costly resistance in host-parasite systems. Am Nat, 153: 359-370

Duffy M A, Forde S E. 2009. Ecological feedbacks and the evolution of resistance. J Anim Ecol, 78: 1106-1112

Gokhale C S, Traulsen A. 2010. Evolutionary games in the multiverse. Proc Natl Acad Sci USA, 107: 5500-5504

Hall-Stoodley L, Stoodley P. 2009. Evolving concepts in biofilm infections. Cell Microbiol, 11 (7): 1034-1043

Nowak M A, Sigmund K. 2004. Evolutionary dynamics of biological games. Science, 303 (5659): 793-799

Nowak M A, Tarnita C E, Antal T. 2010. Evolutionary dynamics in structured populations. Phil Trans R Soc B, 365: 19-30

Perc M, Szolnoki A. 2010. Coevolutionary games—a mini review. BioSystems, 99: 109-125

Revetta R P, Pemberton A, Lamendella R, et al. 2010. Identification of bacterial populations in drinking water using 16s rRNA-based sequence analyses. Water Res, 44: 1353-1360

Schulenburg H, Kurtz J, Moret Y, et al. 2009. Introduction ecological immunology. Phil Trans R Soc B, 364: 3-14

Traulsen A, Pacheco J M, Dingli D. 2010. Reproductive fitness advantage of BCR-ABL expressing leukemia cells. Cancer Lett, 294: 43-48

Traulsen A, Semmann D, Sommerfeld R D, et al. 2010. Human strategy updating in evolutionary games. Proc Natl Acad Sci USA, 107: 2962-2966

第二章 细胞社会的进化和超有机体

一个半世纪以来生物学家从宏观和直观水平阐明了多种动物、植物的进化关系，基本阐明了生物的进化机制；从微观水平阐明了生物有机体的细胞组成和分子结构，证明了机体作为"细胞王国"的细胞社会学基础，初步阐明了直观的生物有机体的微观细胞社会本质，正如直观的化学反应能够用微观的原子-分子论阐明其反应机制一样。但是对于细胞社会的进化历程尚缺乏系统探讨；细胞社会与动物社会和人类社会的差别有待深入分析、探讨。本章根据现有的资料探索细胞社会的进化和发展历程；并探讨细胞社会发展的高级形式——人体细胞社会的性质和特点。

第一节 细胞社会的进化和发展

社会的进化从简单到复杂、从低级到高级，逐步完善。细胞社会是在单细胞生物向多细胞生物进化的过程中逐步形成的，经过漫长的地质年代形成了多种形式的细胞社会——各种动物、植物。近年来对细菌生物被膜的认识和分析提供了从单细胞生物向多细胞生物过渡机制的研究模型。

一、细菌生物被膜的提示——细胞社会的生存优势

细菌生物被膜（或细菌被膜，bacterial biofilm，BF）是细菌附着于生物或非生物体表面，分泌多糖基质、纤维蛋白、脂质蛋白或多糖蛋白复合物并将其自身包绕其中形成的细菌聚集的复合物。细菌生物被膜不仅含有细菌分泌的大分子多聚物，还有吸附的营养物质和代谢产物以及细菌裂解的产物、大分子多聚物，如蛋白质、多糖、DNA、RNA、肽聚糖、脂肪和磷脂等。细菌生物被膜是细菌菌落形成的社区，是菌落间相互协调，以多细胞群体形式组成的复杂结构，是细胞社会的雏形。细菌生物被膜广泛存在于自然环境和我们生活的环境中，甚至机体内、各种生物置入材料表面及体内黏膜表面也能形成细菌生物被膜，由于它们具有极强的耐药性和对机体免疫清除的抵抗作用，因此是形成慢性感染的主要原因之一。

细菌生物被膜的功能有明显的异质性，处于细菌生物被膜不同部位的细菌有不同的基因表达模式，呈现不同的功能。细菌生物被膜由许多菌落组成，菌落之间有含水的通道，输送营养物和代谢物。细菌生物被膜由多个层面构成，不同层面的细菌 RNA 含量、呼吸活性和蛋白质含量不同。微环境的 pH 和氧化还原电势不同，细菌表现出不同的特征，导致同一细菌生物被膜中的细菌有不同的致病性。

细菌生物被膜的形成始于黏附，由细菌表面的黏附素识别宿主表面受体，具有选择性和特异性。黏附后调节基因表达，在生长繁殖的同时分泌大量的胞外多糖，黏

结单个细菌形成细菌团块,产生菌落,大量菌落与胞外基质构成细菌生物被膜的基础。成熟的细菌生物被膜结构是非均质的,围绕在菌落之间的输水通道成为原始的管道系统。

细菌生物被膜的形成过程受被膜内部群体感应系统(一类原始的细胞间通信系统)的调节。细菌通过密度感应系统监测其群体的细胞密度,调节其基因表达,保证被膜中营养物质的运输和废物的排出,避免细菌过度生长造成空间不足和营养物质缺乏。群体感应系统还能调节毒力和二次代谢物的产生。革兰氏阴性菌和革兰氏阳性菌的群体感应系统信号分子不同,革兰氏阴性菌的群体感应系统信号分子属于小分子化合物,革兰氏阳性菌的属短肽。革兰氏阴性菌大多以酰基高丝氨酸内酯(acyl-homoserine lactone,AHL)作为信号分子。例如,在铜绿假单胞菌被膜形成过程中 AHL 是细菌生物被膜内细胞间主要的信号传递分子,起关键性作用,控制必需基因的表达,调节细菌生物被膜的异质性和压力抗性等。实验证明,细菌群体感应系统健全的细菌产生完整的细菌生物被膜;群体感应系统有缺陷的细菌,不能形成完整的细菌生物被膜。在群体感应系统有缺陷的细菌中加入 AHL 能恢复细菌产生完整细菌生物被膜的能力。如果在群体感应系统健全的细菌中加入群体感应系统信号分子的拮抗剂,则形成稀松的不完整细菌生物被膜。

(一)细菌生物被膜与细胞内细菌社区

细菌生物被膜的形成是原核细胞对多数不良环境的适应功能,在生物进化的早期就出现了。人类在日常生活中与生物被膜进行不懈的斗争,洗衣被、清洗各种用具……主要就是清除沾在表面的细菌生物被膜。肥皂、洗涤剂的作用在于使细菌生物被膜易于从表面脱落、降解;有些病原菌通过形成细菌生物被膜抵抗宿主的免疫反应导致慢性炎症。细菌生物被膜通常是指表面相关的微生物社区,包裹着细胞外多聚体基质。近年来发现在宿主细胞内也能形成细菌生物被膜,称细胞内细菌社区(intracellular bacteria community,IBC)。细菌生物被膜的形成是微生物生存的重要策略,与慢性炎症和耐药菌株的形成有关。由于细菌生物被膜的异质性(不同微生物可以在同一被膜中生存),深入研究其性质难度较大。细菌生物被膜在口腔慢性炎症中起重要作用,牙斑是研究最多的临床标本。后来在呼吸道慢性炎症患者的标本(痰、气管或肺活检标本)中观察到细菌聚集,提示可能有细菌生物被膜的存在。近年来对尿路致病性大肠杆菌(uropathogenic *Escherichia coli*,UPEC)黏附于膀胱上皮细胞,形成细胞内细菌生物被膜导致慢性炎症的研究引起了人们的关注(图 2-1)。

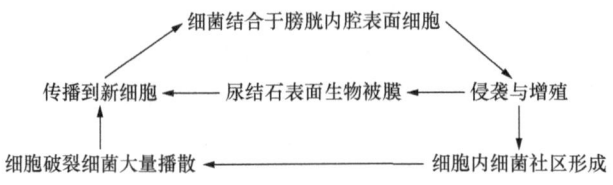

图 2-1 细胞内细菌社区的形成在慢性膀胱炎症中的作用

（二）细菌生物被膜和细胞内细菌社区的生存优势

UPEC 在尿路中的栖息生长有明显的时空性，形成细胞内细菌社区（IBC），成为能耐受抗生素和宿主免疫反应的"细菌天堂"，在此细菌能够长期存活；静息的细菌从中释出可以成为急性感染和复发的源泉。现已认识到许多慢性感染与细菌生物被膜有关，包括牙周炎、器械相关的感染、肺炎、慢性尿道感染、反复发作的扁桃体炎、慢性鼻窦炎、慢性中耳炎和慢性创伤性感染。许多细菌生物被膜感染发生于宿主的上皮组织，由致病菌或条件性致病菌在反复感染或长期抗生素治疗后形成。细菌生物被膜是带菌状态的根源，慢性炎症与带菌者有时难以区分，主要看有无临床症状，在临床诊断时引起困惑。现采用如下标准作为诊断细菌生物被膜感染的依据：①病原菌与表面相关；②感染组织中有带基质的聚集细菌；③感染发生于宿主的特定部位；④悬浮培养的相应病原菌对抗生素敏感；⑤细菌生物被膜内的细菌在血标本或抽吸物的常规培养呈阴性；⑥在非细菌生物被膜区域宿主的炎症细胞能有效清除此类病原菌。

牙垢中的细菌生物被膜是显微镜发明后最先观察到的微生物奇观。但是，到 20 世纪下半叶细菌生物被膜的真实意义才被逐步认识，细菌生物被膜是细菌在困难条件下形成的适应产物，以"细菌社会"的初步形式与不利环境抗争，保存下来的细菌在环境有利时复苏生长繁殖，有利于种系生存。能够形成细菌生物被膜的细菌与只能悬浮生长的细菌相比有明显的生存优势。

近 20 年来，经过激光共聚焦显微镜和原子显微镜等的活体观察，以及应用分子生物学等现代技术的研究，人们发现了细菌生物被膜的结构和动态变化，不仅获得了从单细胞生物向多细胞生物进化的研究模型，也为我们研究抗生素耐药性和抗感染治疗开辟了新的研究领域。

二、多细胞生物与细胞社会的进化

近年来的研究进展表明，人和动物的共同祖先是 5 亿年前出现的海绵，海绵的祖先是真菌。将细菌生物被膜与海绵比较，不难发现它们有许多相似性。海绵是两胚层动物：外层（又称皮层）由扁细胞和孔细胞组成；中胶层是没有成层的细胞；其中包括钙质或沙质的骨针和海绵丝，拥有原细胞、成骨针细胞和成海绵丝细胞；内层细胞有鞭毛，并有原生质领，称"领细胞"，起摄食和细胞内消化的作用。内层有入水孔和通入体内的沟道，再与领细胞组成的鞭毛室及出水口组成复杂的沟道系统。将海绵磨碎过筛，很快就能再结合形成海绵，显示出原始多细胞动物的特点，与体外培养的人类细胞系，经胰蛋白酶消化吹散后很快聚合类似。如果磨碎的海绵不再结合，则只能存活数天，相当于原生动物。

进化过程中神经系统的出现比较晚，海绵还没有神经系统，腔肠动物才出现神经系统。一般认为，腔肠动物起源于与浮浪幼虫相似的祖先，可能是属于鞭毛纲的群体。腔肠动物是辐射对称或两侧对称的两胚层多细胞动物。出现消化循环腔，有口无肛门，能进行细胞外消化和细胞内消化。外层细胞分泌石灰质或角质骨骼。形态可分为水螅型和水母型。生殖方式有无性生殖和有性生殖两种，有的还有世代交替现象。腔肠动物虽然有固定生活的习性，但是已经出现运动的趋势，出现了原始的肌肉组织、神经组织以及感觉器官，有特殊的刺细胞。海生腔肠动物有自由游泳的浮浪幼虫期。

动物的种类繁多，现存100余万种，其中脊椎动物仅约5万种，其余是无脊椎动物，占95%，分布于世界各地。无脊椎动物的分类有两种：按形态和按18S rRNA序列分类，包括海绵动物、腔肠动物、棘皮动物、软体动物、节肢动物、线形动物等，昆虫纲是节肢动物中种类最多的一个纲，其次是软体动物。无脊椎动物的出现至少早于脊椎动物1亿年。有人认为脊椎动物起源于软体动物，进化为鱼类，再进化为爬虫类，分支进化为鸟类和哺乳类。哺乳类动物是发展最完善的高等动物，人类是生物进化的顶端。

多细胞生物的微观机制是细胞社会，生物的进化伴随着细胞社会的进化。一个多世纪以来病理学家和实验医学家的辛勤工作提供了有关人体细胞社会和多种实验动物细胞社会的大量资料；但是，野生动物细胞社会的资料尚匮乏，虽然分析各类动物细胞社会的性质和特点对生物学家而言是一项艰巨的任务，然而，这是透彻理解每种生物的性质和功能的必由之路。由细胞社会的进化历程比较不同细胞社会的优缺点不仅有理论意义，也将提供防治各种疾病诊疗的新思路。

三、细胞间通信与细胞社会的进化

细菌生物被膜提供了从单细胞生物向多细胞生物过渡的研究模型；提供了细胞社会在生存竞争中具有明显优势的证据。细胞社会的进化是多向的，所以才有当今的大千生物世界，才有生物多样性。环境变化形成的选择和生物的变异是生物进化的动力学机制。然而，不同生物进化的历程快慢不一，不同的变异对于细胞社会发展的影响不同。近半个世纪的研究进展表明，细胞间通信的机制是影响细胞社会发展的重要因素。

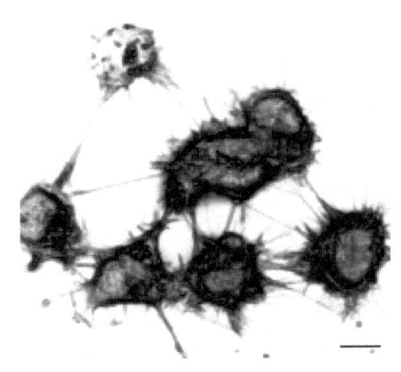

图2-2　小鼠神经元细胞（CAD）的细胞膜纳米管道

示CAD细胞的细胞纳米管道形成的三维结构网络，尺标，10μm。（Gousset et al., 2009）

个体间的信息交流——通信是形成社会的基础，通信方式及其发达程度决定社会发展的水平。无脊椎动物的神经系统还不发达，以化学信号通信为主。所以，嗅神经是最早出现的感觉神经，逐渐发展后出现了以光信号为基础的视觉，视神经是第二对脑神经，脊椎动物充分发挥了嗅觉和视觉的作用。但是，不同种类动物的嗅觉和视觉发达程度有差别。细胞社会的通信方式和水平与生物类型密切相关，细胞社会充分发挥了化学信号的作用，相邻细胞间的连接和通道在细胞间通信和物质运输中起重要作用，如间隙连接和近年来发现的细胞膜纳米管道（TNT，后详）（图2-2）以及离子通道，在细胞间通信中的作用均值得深入研究。神经系统的电脉冲与化学信号系统组合成的神经体液调节系统，成为细胞社会的主要通信系统，还有若干通信系统有待研究阐明，如经络。

化学信号分子是生物通信中最先出现的通信方式，细菌生物被膜的感应系统就是例证。化学信号分子在进化过程中形成多种类型的信号分子，大体上可分为小分子信号分子和多肽类信号分子，都有各自的受体。受体后信号转导途径随着生物进化不断完善，而且形成不同途径间的交叉和对话，最终通向基因表达调控机制和（或）其他效应细胞器。有的信号转导途径通过细胞膜蛋白（黏附分子、膜结合型细胞因子/膜受体）形成"从细胞外向细胞内"（outside in）和"从细胞内向细胞外"（inside out）的"对讲"机制，加强相邻细胞间的联系，也是细胞间接触性作用的一种机制。细胞间通信形成了高度复杂的调控网络，是当代生命科学的研究热点之一。笔者在《细胞通讯与疾病》一书中已有详细阐述，可以参阅该书，在此不再赘述。

神经系统的形成是生物进化中动物和植物的分水岭之一。神经系统不仅感受外环境的各种物理变化，也感受内环境的物理和化学变化。在细胞社会的进化过程中神经系统的出现较晚，到脊椎动物才形成发达的中枢神经系统，起整体调控作用（详见第十二章）。

化学物质作为信号分子传递信息，化学刺激物在生存竞争中起基础性作用，捕食者不仅追踪猎物的气息进行追捕，还能产生毒素将猎物置于死地而食之；有的被捕食者产生异味或奇味警示捕食者，称为化学防御，是神经生态学的研究课题。在人体细胞社会中还能见到这些作用的痕迹，人类作为捕食者在进食时可能受到化学防御的伤害（如河豚毒素）。人体细胞社会的亚细胞通信机制仍以化学信号分子为主，物理信号（如电脉冲）对在组织和器官间传递信息起快速调节作用；物理化学信号，如pH、渗透压、离子强度梯度等在细胞间起调节作用。

近年来的研究发现，小分子化合物除了可以通过细胞间连接在细胞间交换外，还有专门的管道连通，如隧道纳米管道或简称纳米管道（TNT）是由细胞膜形成的，直径50～200nm的细胞间管桥。最初从体外培养感染EB病毒的细胞系中发现，笔者实验室在20世纪70年代末就在人类白血病细胞系J6-1和J6-2中观察到此类结构。近年来有文献报道在体内的淋巴细胞、单核细胞和树突细胞中观察到TNT。现在用激光共聚焦显微镜观察，证明TNT广泛存在（图2-2）。文献报道TNT传送的物质除了小分子物质外，还有核酸、受体、细胞器（如溶酶体、线粒体等），细菌、病毒等微生物也能通过TNT传播。最近Gousset等证明外源性和内源性的朊病毒（PrP^{sc}）都能通过TNT在感染细胞和神经细胞系CAD细胞间传播；朊病毒蛋白存在于树突细胞或神经元的表面，经过内吞形成内吞小泡，通过TNT传递到连接的细胞，还发现标记的PrP^{sc}能从骨髓衍生的树突细胞通过TNT传递给神经元，在淋巴器官中树突细胞通过TNT与外周神经相互作用。

TNT的广泛存在提示它们有重要的功能。最近对肌肉组织的研究进展表明，骨骼肌纤维的表面有静止的卫星细胞，它们是肌细胞的干细胞，卫星细胞间以及与肌纤维间可以形成以F肌动蛋白为基础的TNT，在各种刺激作用下分裂和分化为成肌肉细胞（myoblast），修复或增殖肌纤维。卫星细胞适应其母细胞肌纤维的性质必定与母细胞纤维有细胞间通信，一旦 TNT 建立就可以有细胞内物质的输送，甚至细胞器（如线粒体）也可以交流。在体外培养的实验体系中，有肌细胞共培养的卫星细胞比无肌细胞共培养的卫星细胞出现 Pax-7 和 MyoD 分化标志早。而且若要维持原有的细胞亚型，就要有肌纤维与卫星细胞的接触，所以 TNT 是肌细胞通信的重要部分。

第二节　细胞社会的性质和特征

　　细胞社会经历了数亿年的进化历程，人体细胞社会是细胞社会的最高级形式，只有数十万年进化史的人类社会不能与细胞社会相提并论，因为细胞社会的组成个体是细胞，而人类社会的组成个体是人，人与细胞的智能、体能和功能都没有可比性。正如昆虫社会与人类社会有许多类似之处，但昆虫社会不可能进化成人类社会。生物社会（包括原始人类社会）遵从生态学规律；人类社会（文明社会）遵从人文科学规律。细胞社会是微观的生物社会，有其固有的性质和特点，研究时为了便于理解往往采用比喻或比较的方法，但是不能简单搬用人类社会或昆虫社会的规律于细胞社会，反之亦然。

　　本节主要讨论人体细胞社会的性质和特点。从进化角度考察，细胞社会也是从简单到复杂、从低级到高级多向发展的，不同类型的生物由不同类型的细胞社会组成。植物细胞社会的自主性比较强，动物细胞社会的中央集权性强，所以把自主性强的功能系统称为"植物性……"。例如，把交感/副交感神经系统称为植物神经系统；把失去大脑皮层控制的患者称为"植物人"。人体细胞社会是细胞社会发展的最高级形式。然而，与机体水平一样，从总体评价：人类是生物进化的顶峰。但是，就单项指标而言，人类在许多方面并非所有指标都是"冠军"。例如，比人的体力强的动物有很多，比人的听力、视力强的动物也有很多。人体细胞社会从总体评价是细胞社会进化的最高形式，表现在：人类的寿命最长，其他动物的寿命只有人类的几分之一。例如，体型大小与人类相近的猪、狗、羊等家畜和野生动物的寿命都远不及人类，提示它们的细胞社会结构和功能以及运行效率从总体上评价不如人体细胞社会。然而数千年的医学史和现代医学提示，人体细胞社会尚有许多不足之处，有待改善。

　　生命起源于水，所以生物离不开水。虽然陆生生物的外环境是气相和固相的，但是仍保留了对水的依赖，任何生物必须保持和补充水分。其内环境仍是以水为基础的多相胶体系统，与其他生物社会的生态环境不同，细胞社会在多相胶体系统中运行，细胞社会的能流、物流和信息流是在多相胶体系统中运行的。所以细胞社会的生态学不同于普通水生生物的生态学，也不同于普通陆生生物的生态学，有其独特的规律和意义。

　　下述细胞社会的性质和特点是恒温动物细胞社会共有的。

一、基因组是细胞社会的基本法规

　　细胞社会的组成和运行是生物进化的结果，基因组是细胞社会的基本法规。细胞社会的主要成员都有相同的基因组，都有相同的基因表达机制，基因组类似于人类社会的法规，由 DNA 记录在案。与人类法规的不同之处在于细胞基因组是每个个体成员体内携带的，基因组的表达（法规的实施）受细胞内、外环境的影响（调控）；而人类社会的法规主要是外来的，强制性的；昆虫社会的法规也是遗传基因，不同蚁群、不同蜂窝的基因组不同，其特殊之处在于昆虫社会的免疫系统可能在"执法"中起重要作用（见第三章第五节）。基因组的改变对于细胞社会有重要的、有时是决定性的意义。例如，当细胞基因转变为癌基因时细胞就可能转化为肿瘤细胞（见第三章第三节）；许多病毒通过改变或干扰细胞基因的表达导致机体罹患疾病（见第三章第六节）。

二、细胞凋亡与细胞死亡——细胞社会的执法手段

细胞凋亡是细胞"死亡"的一种方式，但是，其作用和意义有别于个体的死亡。细胞基因组的表达在细胞内执行，细胞社会通过细胞间通信调控基因表达。当细胞基因表达有误或细胞被入侵者侵占出现异常时，或在生长、发育过程中或创伤修复过程中组织重建时，有些细胞成为"残废"或"多余"，细胞社会就诱导（"下令"）该细胞凋亡（自尽）。这种机制只有细胞社会有，现代人类社会没有。昆虫社会有杀死伤残成员的例证报道；人类社会有调整机构的做法，将不合适的机构撤销、重组。细胞凋亡兼有以上两者的功能，是细胞社会的主要执法手段。近年来的研究进展表明，此类执法机制还有轻重、方式不同的区别。轻的使增殖细胞进入休止（G_0）期，或使其衰退（senescence），有的可使其无限期休止，如"痣"（良性黑色素瘤）细胞终身处于休止期，类似于人类社会司法中的无期徒刑。体内的凋亡细胞很快被邻近细胞吞噬，进入回收利用的物质循环中，不引起其他反应，与引起炎症反应的细胞"坏死"截然不同。虽然凋亡不引起细胞社会的紧急状态（炎症），但是，如果在短期内出现大量的细胞凋亡，对于细胞社会的稳定显然是不利的，所以出现不同"刑期"的"监禁"（衰退），逐步淘汰这些细胞，使细胞社会平稳过渡。凋亡机制在线虫就已出现，是细胞社会经过数亿年考验的执法机制，成为近20年生命科学研究热点之一（详见第十一章）。

三、细胞社会的空间结构和 n 维生态位

细胞社会以生物体为生存空间，空间结构的改变必然影响到功能，生态学用生态位作为空间与功能关系的参数，生态位是 n 维的。体内不同部位不同分化阶段细胞的生态位不同，随着细胞社会的进化和发展生态位的维数增多。多细胞生物的进化导致细胞群体的分工（分化）和多种结构、功能系统的产生，机体的一个系统就成为生态位的一维。例如，循环系统、呼吸系统、消化系统各自形成相对独立的空间，不能简单相通，否则后果严重。如果消化道或呼吸道与循环系统直接相通就成为消化道出血或呼吸道出血；胸腔、腹腔是相对独立的空间，不能轻易逾越，否则就形成疝。高等动物的体内空间利用率很高，在解剖学上几乎没有多余的空间；从微观水平分析，细胞社会的生存空间是十分复杂的，如果将一个系统作为一个空间，机体存在许多系统，不仅有解剖学意义的系统（有腔体或管道的空间系统，如消化系统、呼吸系统），还有功能系统和信号系统，如免疫系统、神经内分泌系统，形成了细胞社会更为复杂的多维空间。原始动物

海绵虽然形态多样，但尚无体腔，也无系统，其细胞生态位的维数并不多；消化系统是动物的生存基础，到腔肠动物开始有消化功能的体腔，但是有口无肛门，进出于同一口，整个机体出现辐射对称到两侧对称。两侧对称是脊椎动物的基本结构。但是，与物理世界一致，对称是相对的，生物体的对称也不守恒。空间结构的不对称性在生物界的直观、宏观、微观三个水平都有明显的影响。例如，人体的基本结构是两侧对称的，但是内脏不对称，心脏偏左，肝脏在右侧……大脑两半球基本对称，但多数人右利（左侧大脑半球占优势，语言中枢在左侧大脑半球），约10％的人左利（右侧大脑半球占优势），左利者其他方面与右利者无明显差异。地球是生物的生存环境，地球并非真正的球形，实际上形似土豆，有明显的地域差异。现在认为人类起源于非洲，迁移至各大洲，由于地域差异导致人种差异。微观水平空间结构的不对称对生物的影响有许多著名的例证，如人体只能利用L-型氨基酸；许多化学药物有明确的构型要求。例如，合霉素的药物活性只有氯霉素的一半；又如，开始时对早幼粒细胞白血病的治疗是用顺式维甲酸，后来发现反式维甲酸的疗效更佳。在细胞水平空间结构的不对称性有更基础性的作用，近年来的研究进展表明，干细胞分化与干细胞的不对称分裂相关。

进化论揭示了胚胎发育奇妙变化之谜，胚胎发育过程演示了脊椎动物的主要进化过程。饶有兴趣的是昆虫在成长过程中可以有完全变态，如卵、幼虫、成虫、蛹等完全不同的生存状态，其细胞社会也应该有相应的巨大变化，其生物学意义有待研究阐明。地球上的生物从数量上说最多的可能是原核生物，但是种类最多的是昆虫。由于昆虫体积小，生命周期短，有的能飞翔，适应性强而广泛分布。昆虫的智慧也是引人瞩目的，如遇到危险情景时有的昆虫以装死渡过难关。其中蚂蚁和蜜蜂数量最多，是著名的社会动物。蚁窝和蜂窝是蚂蚁和蜜蜂社会的生存空间，相当于人类社会的国家，昆虫社会有其独特之处（见第三章第五节）。

时间作为生态位多维空间的一维对于细胞社会有重要意义。细胞社会的运行有明显的周期性或节律性，地球上的多细胞生物都以地球自转和地球绕太阳公转的周期为时间参照，不同生物有各自的生物钟（周期/节律），即不同生物细胞社会有各自的运行周期。保持细胞社会运行的正常节律至关重要，如果人类社会各地的时钟紊乱或各部门不按规定时间办事，那么社会将一片紊乱，无法正常运行；细胞社会的各细胞、组织和器官若发生运行节律紊乱同样会发生严重后果。例如，洲际航行导致的时差、值夜班导致的生活规律紊乱等；又如，众所周知的肿瘤细胞的自律性生长和严重的心律失常可置人于死地等。时间生物学研究这些问题。

四、细胞社会正常运行对温度的依赖性

温度是分子运动平均动能的量度。地球上生物生存的温度区间十分狭窄，不同生物的适宜生存温度不尽相同，是生物进化自然选择的结果。比较不同生物的最适生存温度不难发现，随着生物的进化，高等生物的最适生存温度区间越来越狭窄，高等动物成为恒温动物。无脊椎动物体内没有调温机制，随外界温度的变化，代谢速度也发生变化，低于临界温度不能活动或死亡。直到高等的软骨鱼类，如鲨鱼才出现调温机制，成为温

血动物。但是，真正的恒温动物是鸟类和哺乳类，它们能维持躯体核心温度恒定，从而保证机体的正常功能。从微观角度分析，细胞社会的正常运行需要有一定的能量水平，就像人类社会的正常运行要有一定的能源供应，随着人类社会的发展，人们对能源供应的依赖性越来越强；随着细胞社会的进化，机体对温度的依赖也越来越强。人体细胞社会对于温度变化的敏感性极高，躯体核心部分的温度变化耐受性很低。温度是分子平均动能的量度，细胞社会正常运行要求细胞社会的成员——细胞和分子都以相同的能级运行，正如人类社会的正常运行有严格的时空和人文规范。虽然不同部位的体温有所不同，变化范围也有差异，但是，有恒定的正常躯体体温，临床上把躯体体温升高称为发热。发热可由多种原因引起，进化过程中体温升高（发热）成为机体免疫反应的重要部分。发热作为机体防御机制有重要的临床意义（详见第十二章第六节）。

人类躯体核心体温约为37℃，不同部位的正常温度有基本恒定的差异，局部的温度异常可以引起病症。例如，众所周知的局部寒冷容易引起关节炎；局部剧烈的温度变化引起烧伤、烫伤或冻伤等。还有一些不被人注意的缓和的局部温度异常也能导致病症，如隐睾症导致男性不育，精子的发育在睾丸中进行，正常情况下睾丸在温度较低的腹腔外阴囊中，其温度明显低于腹腔内；隐睾症患者的睾丸在腹腔中，温度比阴囊高很多，导致精子发育异常而不育。腹股沟疝患者对于这种温差很有体会，疝袋内的食糜、气体和乳胶状物对温度变化十分敏感，在腹腔内往往呈柔软的食糜；寒冷时阴囊中的疝袋内容物变硬，难以推回腹腔，必须在保暖软化后才能回入腹腔。温度对于复相胶体系统的影响可能更复杂、更灵敏，对机体调节系统尚不完善的新生儿影响更大，局部寒冷可引起新生儿硬脂症。

五、细胞社会内环境恒定的重要性——细胞社会生态学

上述例子说明内环境恒定的重要性。环境对人类社会和动物社会的影响是明显的，剧烈的变化导致"天灾"（自然灾害）。现代人类社会能够改造环境；动物社会也能营造自己的微环境（如蚁穴、蜂窝）；恒温动物的细胞社会内环境主要由血液循环组成，还有密切相关的淋巴系统和组织液（详见第五章）。中枢神经系统通过调节循环系统和代谢系统保持内环境基本恒定，细胞对内环境（包括理化因素和生物因素）的变化十分敏感；细胞对内环境的影响（通常是代谢产物或分泌物）有一定范围，超过域值可能导致内环境异常——病理状态。实际上，细胞社会的调控往往是通过改变机体内环境的各种因素进行的，所以细胞社会学主要是细胞作为社会的成员相互之间或与外来微生物之间的微生态学。

六、细胞社会发展的阶段性

细胞社会是总称，具体研究的任何一个细胞社会实际上都处于发展的某个阶段，因为任何生物都处于一生的某一阶段。人体细胞社会的发展，即从受精卵到胚胎发育成胎儿、再发育到成体，然后逐步衰老直至死亡的过程。成体又可分为婴儿—幼儿—青春

期—青壮年—更年期—老年等阶段。胚胎学研究从受精卵到足月胎儿的发育过程，反映了系统发育，简述了亿万年进化的关键过程。按照进化论的基本观点不难解释胚胎期的细胞社会学运行过程。儿科学的研究和临床实践提供了大量从新生儿到青春期的人类发育的生理和病理资料，为研究人体细胞社会发展奠定了基础。老年学研究的进展提出了许多新的概念，如男性更年期、免疫衰退等令人深思的新课题，它们的细胞社会学特点应该与青壮年的有所不同。我国民间有"73、84，阎王老爷不叫自己去"；还有"五十肩"（50岁左右易患肩关节周围炎）等说法，是千百年生活经验的总结，反映了人体的衰老过程。从死亡统计分析似乎也有每10年左右一周期的变化，提示人体结构的规律性改变。

细胞社会的进化向多个方向发展。按照进化树（系统）分析，昆虫与哺乳类动物的祖先很早就分道进化，所以称为侧生动物。昆虫能够兴旺发达必定有其优越之处。昆虫的一生经历多个形态结构不同的变态期。昆虫作为种系能够长期生存、大量繁衍，说明它们能适应地球表面的各种环境。昆虫中有多种社会动物有很强的生存优势。昆虫的变态与其顽强的适应能力有关。值得思索的是：为什么低等动物没有明显的衰老表现，为什么只有哺乳类和鸟类有衰老，其细胞社会学变化机制如何？从进化角度考虑有何意义？这些问题都有待研究。

七、细胞的分化和社会分工

纵观人类社会和动物社会，伴随着社会的发展出现社会成员的分工和重组。蚂蚁和蜜蜂有功能不同的工蚁（蜂）、兵蚁（蜂）……人类社会的分工即职业，随着社会发展而变化，而且种类增多或变化。随着生物的进化和个体发育，细胞分化的种类增加。根据细胞形态，人体有百余种细胞。近年来随着研究进展，采用不同的细胞标志，新的细胞亚群不断被发现，提示细胞社会有精细的分工。

社会分工越细，社会成员对社会的依赖性越强，细胞社会也遵循社会的这一共同规律。人胚肺细胞在体外培养可以成为适应体外环境生长的人二倍体细胞株。但是，除了肿瘤细胞外，正常成体分化的细胞难以培养成正常的人二倍体细胞株，因为随着成体细胞分化成熟，其增殖能力减退，终末分化细胞则停止分裂。干细胞研究的进展表明，在细胞社会中保留着小部分未分化的细胞，平时在特殊的微环境中（干细胞"龛"，niche），即干细胞生态位，通常处于静息状态。当处于创伤修复、感染等应激状态时则活化，自我更新、增殖、分化，补充损失的细胞，是维持细胞社会平衡的重要机制。干细胞是细胞社会特有的，其他社会没有相应的机制。

八、人类细胞社会"自我"的形成和免疫系统的形成

单个细胞的"自我意识"不强，在体外可以将不同种属的细胞混合培养；体内不同种属的细胞则难以和平共处，高等动物有移植反应。人体细胞社会的"自我"由人类组织相容性抗原——白细胞抗原HLA等多种抗原系统构成，不仅不同个体有不同的抗原

特异性，如红细胞 A、B、O 血型；不同组织也有不同的抗原特异性，即组织相容性抗原。所以作为整个机体的细胞社会形成了总体的"自我"——"大我"，各组织、器官的细胞社区形成了局部的"自我"——"小我"。"自我"的形成是产生免疫系统的基础，是分清敌、我、友的依据。细胞作为细胞社会一员的"自我"由遗传基因决定，在细胞社会运行中表达。正常细胞的自我服从细胞社会的"小我"和"大我"，是高度"集体主义"的。

九、细胞社会的"集体主义"

用人类社会的标准衡量，高等动物的细胞社会是高度集体主义的。按照基因组的指令和中枢神经系统的统一调控，高等动物细胞社会的运行秩序井然，违反这种秩序的细胞就被免疫细胞处以"凋亡"、"衰退"、"自噬"等处置，逐出细胞社会的运行机制。正常细胞都"自觉地"遵守细胞社会的"组织纪律"（基因表达调控）。如果众多细胞异常，不遵循细胞社会的规章制度，机体就可能患病。例如，转化细胞的凋亡机制失常，加上增殖功能增强就可能产生肿瘤细胞，若同时出现免疫系统功能失常，不能及时处置肿瘤细胞就能形成肿瘤。肿瘤细胞有自律性，即不听从细胞社会的调控，自行其是，成为"独立"的生长体系，类似于人类社会的"黑帮"或"黑社会"。

不同生物的细胞社会"集体主义"程度不同，构件生物（植物和珊瑚等低等动物）的再生能力很强，它们的整体性差，适应能力强，种系凭借繁殖能力强，得以延续；鸟类、哺乳类动物的中枢神经系统发达，整体性强，再生能力差，凭借个体的生存竞争能力在生存竞争中取胜，繁衍种系。

纵观细胞社会的进化历程，比较不同生物的生存竞争能力，不难得出这样的结论：整体性强，则个体竞争力强。整体性的细胞社会机制就是细胞个体服从整体利益，即集体主义。整体性的加强要求有快速、有效的细胞间通信和反应机制，导致神经系统和免疫系统高度发达。

十、细胞社会状态

与人类社会类似，细胞社会也有不同的状态。例如，炎症状态类似于人类社会的战争状态。但是细胞社会状态的改变更多的是由细胞社会生态变化引起的。例如，"细胞因子风暴"（cytokine storm）是由细胞因子浓度成百上千倍地猛增引起的细胞社会运行的剧烈变化，是继"休克"后发现的又一危重的病理生理综合征。以往的病理生理学研究了危重病症的综合征和应激状态（stress），即细胞社会的紧急状态。细胞社会状态概念的引入使我们能更系统、深入地思索和考察细胞社会的运行和动态，尤其是生理状态的一些功能，中医学在数千年的医疗实践中积累了大量的经验和体会，有的成了中国的民间谚语，如"跟着感觉走"，即重视感觉，感觉是机体（细胞社会）状态的一种反映。饿了就要吃；累了就要休息，否则就"积劳成疾"。这种浅显的常识尚缺乏深入的科学分析，实际上是各种细胞社会状态。产生饥饿感时细胞社会的血糖、营养物等食物因素有明显变化；劳累时细胞社会的代谢产物明显增多，各脏器的细胞需要补充合成代谢的原料……对于维护细胞社会的正常运行，这些都是重要的细胞社会状态。引起细胞社会状态变化的因素可分为两大类：一类是生态因素的异常，如上述的饥饿状态，包括缺氧；还有常见的是温度变化，细胞社会正常运行的温度范围很狭窄，内脏的温差耐受性更低。另一大类是精神神经因素的异常，也能引起人类细胞社会状态的异常，极度的悲伤、恐惧、愤怒、兴奋都可以成为致病因素，中医学有系统的分析和研究，现代医学和生命科学如何认识和处理这些课题有待研究。

第三节　人体细胞社会是人类细胞与微生物的共进化产物

直观的人体是一个完整的有机体。一个半世纪以来经过无数的生物学家和病理学家从微观水平观察研究，证明人体是由人类细胞构成的细胞社会。21世纪初人类微生物基因组的研究进展表明，与人类共生的微生物参与了人类细胞社会的构成及其进化历程，综合这两个水平的观察和研究结果，应该将人体视为超有机体（superorganism）。

一、超有机体的含义

超有机体是单个生物的集合体，具有通常意义的有机体的功能，最早出现在文献中是指社会动物的社会单位，其成员是高度分工的，脱离了社会个体就难以生存。这个概念是在对昆虫社会尤其是蚂蚁和蜜蜂的观察中建立的。超有机体意味着在一个系统中有许多具有有限智慧和信息的个体，汇集起来成为超有机体，成为具有较强潜能的生存竞争单位。多年来人们对"人体自身"的理解局限于由人类基因组编码的真核细胞组成的机体，或人类细胞的社会（细胞王国）。在组学技术（omics technology）和系统生物学时代这个概念应该扩展为以人类的细胞为核心，包括居住在机体内部的微生物的共同细胞社会。人类微生物基因组计划（human microbiome project，HMP）的研究进展表明：人体微生物的数目10倍于人类细胞的数目；人体微生物基因组的数目则百倍于人类基因组的数目。在这个意义上，人体应该定义为由人类细胞与微生物细胞构成的超有机体。人类微生物基因组计划的研究进展表明：不同的人有不同的微生物基因组。实际上早就认识到不同的个体有不同的"气味信息"（俗称人味）。肉食动物凭借这种气息追踪猎物，划定自己的领地；狗凭借气味信息识别主人和生人。

有些与宿主共进化的微生物实际上已经成为机体的一部分，具有一定的功能。例如，哺乳类动物消化道的正常菌丛实际上是正常消化功能不可缺少的一部分，它们参与消化食物（尤其是多糖复合物），合成维生素，调节脂肪储存和抵御病原体。肠道菌丛失调与多种疾病有关，如Crohn氏病、炎症性结肠病、变态反应性疾病、肥胖症，甚至某些肿瘤。人类微生物基因组计划的研究进展还揭示不同个体的共生微生物不尽相同，人类有共同的核心微生物组，还有因环境、习惯而异的其他多种微生物。其中包括致病的病原微生物和寄生的蠕虫和病毒。在长期生物进化过程中逐步形成了维持机体平衡、抵御病原微生物的免疫系统。

也可以从另一个侧面理解微观的人类细胞社会（超有机体）：人类社会是多种生物共生的社会，包含了数量极大的共进化生物。农业、林业、牧业、渔业包含的生物数量远远超过人口数，它们是与人类社会共进化的生物，人类是人类社会的主体，但是，如果没有这些生物，人类社会难以生存。人体细胞社会是以人类细胞为主体的多种生物共存的细胞社会，如果人体处于"无菌状态"，则难以健康生活。

按照人体细胞社会是超有机体的观点，人体有两套基因组：一套是人类基因组——由31 897个基因组成，源自人类受精卵；另一套是微生物基因组，来自出生后进入人体的与人类长期共生的微生物，由100万个以上的基因组成。人类微生物基因组中大部分是细菌，还有单细胞真核生物（如酵母）、寄生虫和病毒（包括噬菌体）。正常情况下这两套基因组相互协调、维持人体健康。但是，人体的发育、成长和功能的实现，尤其是免疫系统的"自我"是以人类基因组为依据的。

二、微生物的进化及与人类的共进化

传统的微生物学致力于分离单个微生物种，可是有许多微生物由于对微环境的特异性要求至今还未能分离培养。对于已经分离培养的微生物人们分析了它们的遗传性状、基因表达和代谢生理，但是，较少研究其种内或与宿主的相互作用。DNA测序技术的进展开拓了新的研究领域——元基因组（metagenomics），能够广泛地检测微生物群落，包括未能分离培养的微生物。元基因组研究可以从自然环境中收集微生物群落产生的遗传物质进行分析。人类微生物组计划采用这种方法和传统的基因测序对人体微生物群落进行研究，以期回答下述问题：不同个体是否共有一个核心的人类微生物组（core human microbiome）？阐明人类微生物组变化与人类健康的关系。要完成这类工作必须建立新的技术和生物信息学工具。人类微生物组研究可能会遇到一些伦理、法律和社会问题，所以实验动物模型的研究仍然很重要。

微生物对人体有两种意义：可以成为超有机体的成员，也可能成为病原微生物。病原微生物通常是指进入机体后能引起疾病的微生物，包括病毒、原核生物（细菌、原虫）、真菌等。病原微生物的概念是相对的，正常状态下只在机体的外环境表面（体表和黏膜表面）和内环境（呼吸道、消化道和泌尿、生殖道）的特定部位有微生物栖息，在正常情况下组织和实质性脏器内没有微生物存在，一旦出现会引起免疫反应，及时消灭。共进化过程中形成的共生微生物通常栖息于上述允许其生存的部位，一旦误入禁区，未能被及时消灭，繁衍后会损伤组织、器官，也能成为病原微生物。因此任何微生物都有可能成为病原微生物，关键在于栖息的部位和毒力（对组织、细胞的破坏性和代谢产物）。病原微生物经过机体改造或适应性变异、选择，也可能成为非致病的微生物。所以，探讨病原微生物的起源实际上就是探讨微生物的起源。原核生物是最原始的单细胞生物，原核生物中细菌占很大部分，虽然有了抗生素后细菌性感染和传染病已基本被控制，由于滥用抗生素和耐药菌株的产生，近年来又有耐受已有的所有抗生素的"超级细菌"传播，引起人们的恐慌。细菌仍然是人类疾病的主要病原体来源之一。

（一）原核细胞的起源与进化

人体的微生物群体是与人类共进化的复杂的微生物混合体。个体间微生物种群的不同是个体各种生态因子不同作用的结果，如饮食、基因型和生活史。人类与共生细菌间的共同进化选择出它们间的互生关系，对于人类健康至关重要，因为它们间的生态关系改变或遗传改变可能会导致疾病。

19世纪初人们开始认识到微生物可以引起人类疾病，从而改善人类的卫生状况，并且开始研制疫苗和抗菌药物，拯救了千百万人的生命。但是，大多数微生物对人类并不致病。至今对于微生物的认识主要靠体外培养，近年来用细菌16S核糖体RNA（16S rRNA）的PCR检测结果表明，能用体外培养分离的细菌仅占细菌的一部分。估计地球上的微生物有 $10^{30} \sim 10^{31}$ 个基因组。

直至20世纪末，对于人类体内外微生物谱的认识基于体外培养，工作量大而繁琐，而且可能有偏差和不完全。用16S rRNA基因序列分析检测微生物比培养法快速、有效。用这种方法可以将微生物分类到"门"，近10年来已在微生物生态学中应用（图2-3）。已有的资料表明对于人体微生物谱仅研究了小部分。近年来的研究表明人体微生物谱的个体差异很大，所有人（或绝大多数人）都有的人类微生物组称为核心人类微生物组。人体不同部位的微生物组差异也很大。可变人类微生物组是指特定部位不同个体的微生物，可以是不同因素综合的结果，如基因型、宿主的生理状态或病理状况（包括固有免疫和获得性免疫）以及宿主的生活方式和周围环境，还受短期内微生物群体状况的影响。

共生的微生物往往是多种微生物混合栖居的，它们具有很强的适应性，有许多特性能影响适合度，许多不同的特性联合产生局部最佳适合度（即适合度峰值）。微生物共生体的适合度依赖于环境的可变性状，如共生的微生物谱、宿主的食物，还有宿主的遗传性状，甚至个性也起重要作用（通过对食物的选择和嗜好、饮食和生活习惯等影响宿主的食物内容），所以适应性是动态的。通常，自然选择作用于精细的表型差异，将微生物推向适合度峰值。但是大的变化能将机体推至不同的适合度峰值（图2-5），所以有随机性。

非致病的共生微生物在环境变化时可能侵入宿主组织，通常由免疫反应消除。环境变化时微生物的高死亡率显示了强选择压；少数共生者得以生存，逃避了免疫识别或战胜免疫控制，有些后裔得以转移到新的宿主体内，即环境变化增加了非致病菌转移到新宿主的机会，减少了对原宿主环境的依赖。在这种情况下对共生物适合度的选择压较小，受制于对保护宿主适合度的需求；在某种情况下微生物可能向致病原改变。

人类的共生物能够适应新的宿主，这种适应性可能促使它们成为致病原。共生、互生和致病微生物的许多机制是相同的，如表面性质、与宿主的对话机制等。致病性并不阻碍微生物进化。病原微生物的毒力取决于它与宿主间的相互作用。低毒力或长期隐性感染促进病原体的传播。从进化角度判断病原体在宿主群体中的最适毒力是允许宿主生存足够长时间，保证病原体得以传播。按照这个原则与人类共进化的哺乳类动物有类似

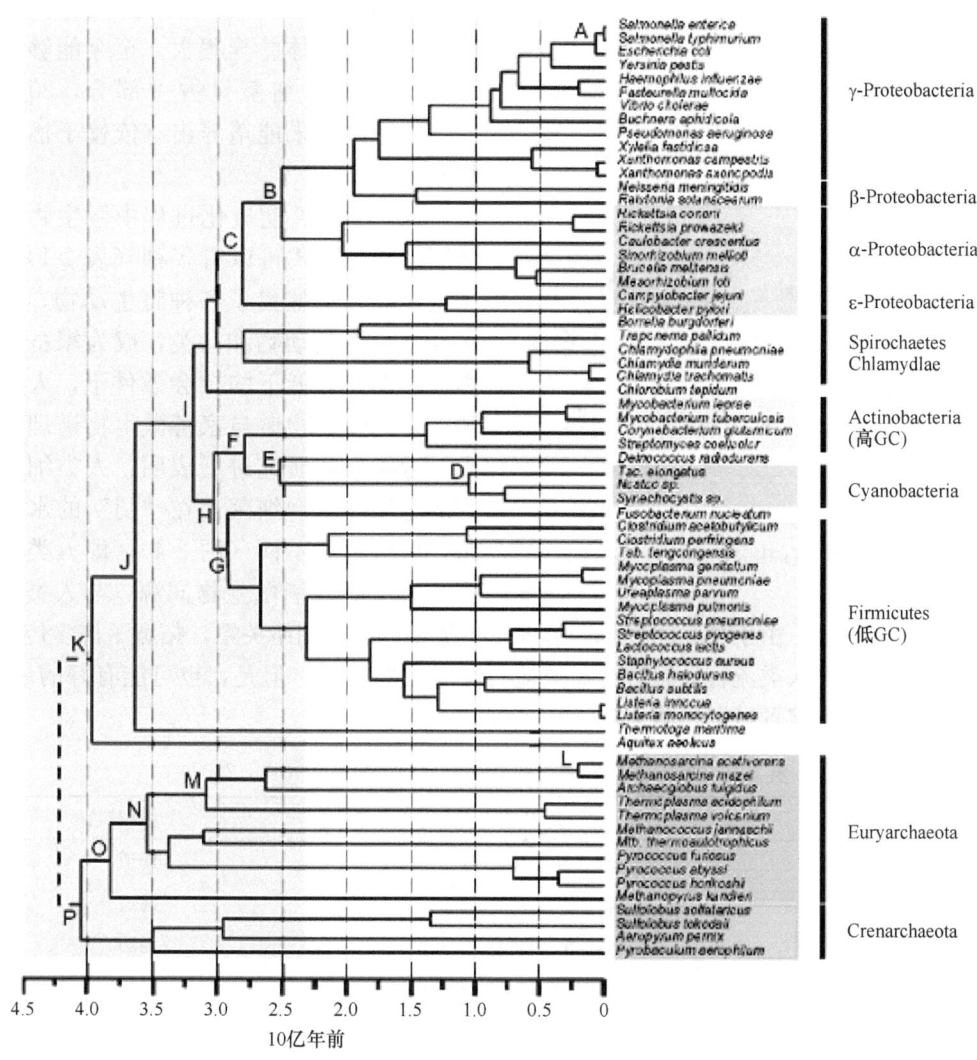

图 2-3 原核生物进化时间表

Battistuzzi 等根据对真细菌（eubacteria）和古细菌（archaebacteria）的 32 个蛋白（7597 个氨基酸）的测序结果获得的系统进化树。阴影部分代表无氧（厌氧）状态。进化系统树的顶端为 42.5 亿年前是推测的。（Battistuzzi et al.，2004）

的共生细菌谱系（图 2-4）。

　　健康人微生物谱中的位置特异性细菌类别繁多，根据 16S rRNA 基因序列分析地球上有 50 多个门的细菌类别，生存于不同的环境条件中。从人体中测出的细菌主要属于 4 个门：Firmicutes、Bacteroidetes、Actinobacteria、Proteobacteria，有些人还有属于其他门的细菌（9 个门：Chlamydiae、Cyanobacteria、Deferribacteres、Deinococcus-Thermus、Fusobacteria、Spirochaetes、Verrucomicrobia 和候选门 TM7、候选门 SR1）。不同人体的细菌谱不尽相同，有些部位的细菌谱系基本一致，如在结肠中以

Bacteroidetes 和 Firmicutes 占优势；阴道的细菌谱则个体差异很大。至今能够分离培养出的人体细菌只占一部分，20%～80%的种系尚未能培养出（依赖于栖息环境）。

在生物的长期进化过程中微生物与动物间的共生模式可以有多种（表2-1）。人类进化过程中捕猎了各种野生动物，驯化了部分哺乳类动物和鸟类，成为家畜和家禽。在生产力低下的社会条件下，人畜共栖，人类微生物谱与家畜微生物谱理应一致。近年来的研究进展表明：人类细菌谱与陆生脊椎动物细菌谱在"门"的水平一致，但科和属不同（图2-4），即人类与家畜、家禽的共栖微生物同源，与人类、家

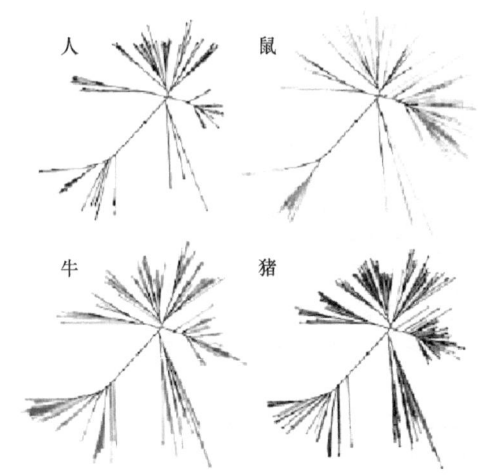

图 2-4　与人类共进化的哺乳类动物的细菌谱系 (Dethlefsen et al., 2007)

畜、家禽共进化，由于相互间接触，形成了更复杂的进化网络关系，拓宽了许多传染病的宿主范围，如人类流行性感冒与禽类流行性感冒的关系；但是，也可能有好的一面，如将牛痘给人类接种可以预防天花。

表 2-1　动物-微生物共生模式系统 (Dethlefsen et al., 2007)

共生类型	宿主/共生物	组织器官
高度复杂的共生	小鼠/*Mus musculus*	肠道
	斑马鱼/*Danio rerio*	肠道
	白蚁/*Microcerotermesm* spp. & *Reticulitemes* spp.	后肠
相对简单的共生	水蛭/*Hirudo medicinalis*	肠道
	蛀虫/*Lymantria dispar*	幼虫中肠
	果蝇/*Drosophila melanogaster*	肠道
单种共生	蚯蚓/*Acidovorax* spp.	排泄器官

对实验动物的研究已经阐明了肠道共生菌群对宿主功能的贡献，最明显的是消化一些宿主不能消化的食物，提供营养、能量和维生素。微生物对药物代谢有明显的影响。例如，对致癌物的解毒作用可能影响各种肿瘤的发病或治疗效果；对草酸盐代谢的影响与肾结石的发病有关，还有肠道上皮细胞的代谢和更新受肠道菌群和免疫细胞的影响，表现在肿瘤敏感性和黏膜创伤的修复能力。无菌动物的肠道上皮更新较慢，无菌动物的心脏也较小，肠道菌群对固有免疫和获得性免疫都有影响。在人类中也显示出肠道菌群与自身免疫性疾病有关，如炎症性结肠病和Crohn氏病。

（二）病原微生物在人群中的生存和演化

机体与微生物的长期相处除了共栖、互利共生外，还可以出现在个体中形成隐性和持续性感染，也可以在人群中传播，导致疾病流行。这些疾病与人类共进化，从而在人群中长期保存下来（表2-2）。

表2-2 人类历史中病原微生物的发生（Blaser et al., 2007）

时代（年前）	效应人群大小	微生物传递	免疫性质	举例	感染性质
古代（>5万）	孤立猎/采（<100）	母/家庭内	无效	幽门螺杆菌	活动性
中古（1万~5万）	交流猎/采（100~10 000）	长期携带	围堵不消除	结核、伤寒、水痘、带状疱疹	隐性
近古（<1万）	大型社会（>50万）	急性感染	终身免疫	麻疹	急性
近代（<200）	>1000万	急性感染	血清型特异	流感	急性

现代进化理论（见第一章）用适应的景观（landscape）方法形象地描述了动物体内病原微生物的进化历程（图2-5）；分子生物学和细胞生物学研究正在逐步阐明它们的作用机制；流行病学研究提供了病原微生物与宿主的宏观关系。综合三个方面的研究结果才能取得控制传染病流行的有效知识。

对宿主适应的微生物传播到新的宿主是微生物在人群中长期保存的基本性状。可以用下述流行病学方程表述：

$$R_0 = BN/(\alpha + b + v)$$

式中，R_0是在敏感人群中一次感染后引起的二次感染平均数，可以量化病原体的传播能力；B传播率是人群大小N的函数；α是感染病原体后的死亡率，可以作为毒力的度量；b是人群与病原体无关的死亡率，可以作为寿命度量；v是患者的康复率，即免疫力的度量。$R_0>1$意味着疾病在流行，$R_0<1$则流行病在消逝。在共进化过程中由于选择压，各参数可能发生变化，如高传播率（$B\to$增大）、持续性感染（$v\to 0$）、共栖（$\alpha\to 0$）或共生（$\alpha\to$负值）。早期人类的人口数N较少，病原导致的死亡率α高，与现代社会明显不同，所以对传播率B有很大的影响。

细菌持续性感染的嵌套式均衡

Blaser等认为持续性感染的细菌与机体的关系是通过嵌套式均衡（nested equilibria）达到总体的稳态（homeostasis）。幽门螺杆菌、结核菌和伤寒菌研究得比较透彻。

幽门螺杆菌（*Helicobacter pylori*）是革兰氏阴性细菌，人类的胃是其独特的栖息地，通过排泄物-口、口-口、呕吐物-口途径传播。在人群中已存在50 000年以上，全球分布，在发展中国家广泛传播，终身存在。同一宿主中有优势种系（占70%以上），但有多种幽门螺杆菌一旦感染往往发展成持续性感染，这些感染增加罹患胃癌和消化性溃疡的危险性；持续感染数十年后可以导致胃萎缩。幽门螺杆菌有许多特性有利于与其他微生物竞争胃作为栖息地，调节或减轻机体的免疫反应。幽门螺杆菌基因组有高度可

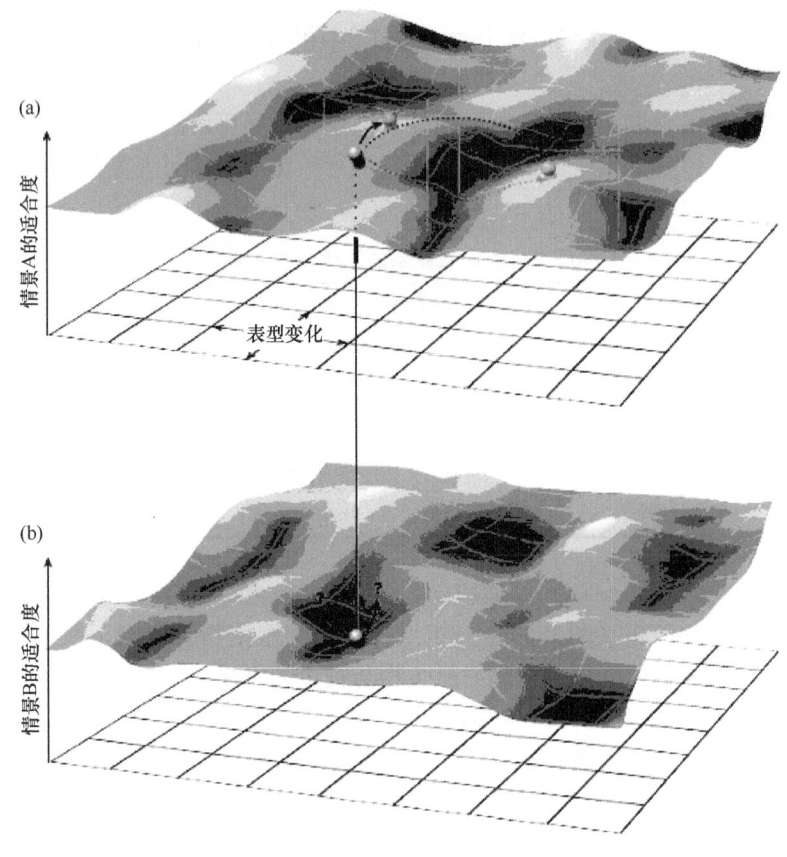

图 2-5 适应的景观（landscape）图解

平面代表微生物的多向表型，其上方的曲面代表在所给生态环境中相应表型的适合度（fitness）。在特定环境下［图（a）］对于影响小的突变其表型在自然选择下趋向较高的适合度，最终移向群体的平均表型达到局部的最佳适合度（实线）；影响大的突变（如横向转基因）能将表型转移到不同的适合度峰（虚线）。宿主能明显改变这类结果，从互生体变为病原体，如增强免疫反应，但是缺乏生存必需的适应。这类变化，如宿主饮食改变、共生的菌群改变或转移到新的宿主［图（b）］，对适合度可以产生微妙的影响。一种场合下近于适合度峰值的表型在另一种场合可能处于低谷。（Dethlefsen et al., 2007）

塑性，包括致病基因和偶发基因，提供了与宿主博弈的基础。一些毒力低的幽门螺杆菌株在年幼的宿主感染后可能成为共生菌，成年后也无症状。这些感染者不易罹患腹泻和哮喘，通过胃产生的激素（瘦素和 ghrelin）有利于代谢的调节。人群的结构影响幽门螺杆菌的传播。家庭是传播的中心，儿童早期就被感染；女孩长大成为母亲又成为传播者；作为晚期效应的胃萎缩和胃酸减少出现在老年期。毒力低的幽门螺杆菌早期传播和晚年传播的菌株明显不同。

伤寒杆菌（*Salmonella typhi*）通过粪便-口（通常由食物或水介导）途径传播，在卫生条件差的地区能够在大量人群中传播。多数自然感染者（约 80%）有持久的免疫力，从而敏感者很快消失。但是，无症状的带菌者（如著名的"伤寒玛丽"）成为伤寒菌的传播者。虽然体液免疫和细胞免疫都能消除伤寒菌，使宿主免患疾病，但是，在胆囊和胆管中难以清除它们，尤其是胆石症患者，胆石成为伤寒菌的特殊栖息地，可能终身带菌，成为独特的持续性感染。对伤寒菌基因组的分析提供了伤寒菌进化的信息。50 000年前人类离开非洲后至新石器时代（10 000年前）人群较小，生活方式比较恒定，伤寒菌的变异较少。随着人类的进化，人群扩大，沿着河流生存繁衍，伤寒菌得以传播，增加更换宿主的频率，经受新的毒力-免疫博弈，选择压加大，伤寒菌变异增加。

结核菌（*Mycobacterium tuberculosis*）通过咳嗽产生的带菌气溶胶传播，通常能在肺实质中形成病灶，但是大多数感染者终身隐性感染，只有少数人罹患结核病。结核菌持续存在的部位形成了肉芽肿：是由细菌和宿主的多核细胞以及感染的巨噬细胞形成的复杂结构，由激活的和未激活的巨噬细胞及T细胞包绕。肉芽肿中心有干酪样坏死核，其中隐藏着结核菌和死细胞。在此宿主细胞与结核菌可以终身相互作用，结核菌有限繁殖、生长。数学模型表明细菌有细胞内和细胞外两种生长方式（详见第三章第二节"一、细菌持续性感染的博弈分析"）。肉芽肿有特殊的生长率，给宿主细胞特殊的信号，有不寻常的巨噬细胞反应状态，并有T细胞和细胞因子的参与。这类持续性感染以低水平的细菌生长和有控制的组织损伤为特点，维持平衡。当宿主细胞与细胞内的细菌生长缓慢、信号相互作用时维护肉芽肿平衡，处于隐性感染状态；当肉芽肿不能有效控制结核菌生长时，疾病复发，结核菌的细胞内生长占优势，局部组织损伤和细菌播散暂时减少。所以共进化的结果是结核菌以其缓慢的生长和在巨噬细胞内生存为特征，而宿主以过强的免疫反应产生最小的组织损伤为特征。

但是由于衰老或其他免疫缺陷肉芽肿不能限制结核菌生长，细菌生长加速是最常见的复发方式。即使是数十年后的复发，通过咳嗽结核菌也能再次传播。

综合上述三类持续性感染模式，有其共性，Blaser等称为嵌套式均衡，即经典博弈论中的纳什均衡，为定量审视持续性感染奠定了基础（详见第三章第二节）。另外，持续性感染有其复杂的遗传学背景，有待深入研究。

（三）病毒引起的慢性感染

病毒是寄生于细胞内的分子生物，不能单独繁衍，只能借助于细胞增殖。病毒与细胞的关系是寄生物与宿主的关系，所以嵌套式均衡也是病毒与细胞可能形成的关系之一。这种关系在感染多细胞生物时也可能出现，从疱疹病毒、逆转录病毒的进化关系分析，综合人类微生物基因组的研究资料，人们推测病毒很早就参与动物的进化历程，参与细胞社会的进化。

病毒引起的长期慢性感染在进化过程中构成了人类元基因组中一组被人们了解得较少的基因组，它们源自慢病毒。这些慢病毒引起的免疫反应避免了持续性感染组织的免疫病理损伤。其结果呈亚稳态的感染，随着环境和机体状态的不同它们可以是有潜在危险性的、良性的或共生的。这些现象要求我们重新定义病因的概念，尤其是慢性炎症。现有的资料表明，人类的慢性病毒感染是广泛存在的（图2-6）。

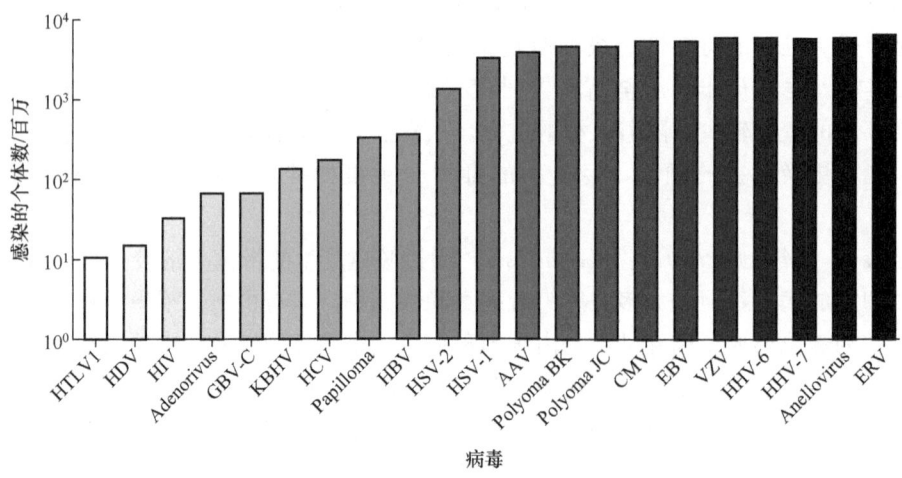

图 2-6 人类慢性病毒感染的频率分布

1. 病毒感染过程

病毒进入宿主体内,在急性期有一个起类始的不平衡时相,病毒与免疫系统争夺主导权。如果宿主存活,很快就进入决定点:清除病毒或变成慢性感染。决定点可以出现得很早,成为隐性感染,即持续地感染病毒但无症状、无免疫反应。如果机体痊愈则必须清除病毒,重建免疫稳态。如果进入慢性感染状态,病毒与宿主相互作用形成亚稳态,病毒复制受限,但未能清除(图 2-7)。

完整的细胞膜是细胞的防御屏障,病毒进入细胞要有切入口,即受体。在进化过程中病毒与细胞相互作用,病毒找出了适当的细胞膜蛋白作为切入口。例如,腺病毒以呼吸道上皮细胞的整合素($α5β3$)为受体,EB 病毒以 B 淋巴细胞的 CD21 为受体(表 2-3)。病毒的受体与细胞因子的受体或药物的受体含义不尽相同。病毒与其受体结合的作用是进入(穿入)细胞,不同病毒穿入细胞的机制也不同。例如,嗜菌体和流感病毒仅让病毒核酸进入细胞内,病毒外膜留在细胞外;艾滋病毒除了以 CD4 为受体,还需 CCR5 为辅助受体。

表 2-3 病毒的一些细胞膜受体

病毒	受体	感染细胞
腺病毒	整合素($α5β3$)	呼吸道上皮
EB 病毒	CD21	B 淋巴细胞
单纯疱疹病毒	蛋白糖(硫酸肝素)	口、生殖道上皮
流感病毒	糖蛋白(5Ac Neu)	口、鼻、咽上皮
呼吸道融合病毒	血凝素糖蛋白	呼吸道上皮
鼻病毒	细胞间黏附分子(ICAM)	鼻腔上皮
HIV-1、HIV-2	CD4	T 淋巴细胞

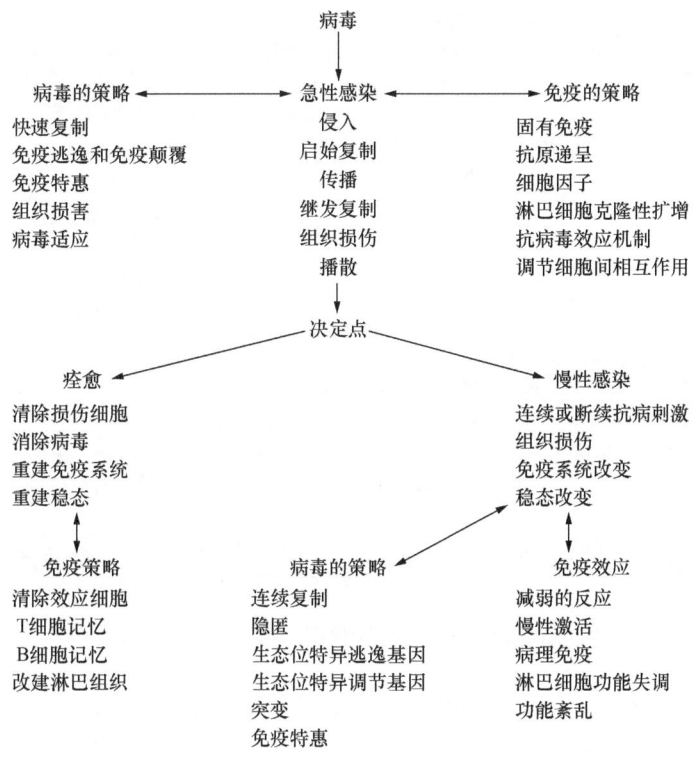

图 2-7 病毒感染机制与策略

病毒感染的结果取决于病毒的性质和机体（免疫）的状态，如果在急性期机体不能及时清除病毒，病毒持续复制产生病毒变种则可能进入慢性感染；或者病毒有隐性感染的机制（可以有多种不同的病毒基因表达程序）进入隐性感染，在适当时期可能再激活而复发感染（图 2-8）。

2. 病毒的免疫逃避和致病机制

逃避宿主免疫系统的作用是形成慢性病毒感染的主要条件之一。病毒有多种策略逃避免疫系统，从而能够在宿主体内长期存在。

（1）病毒基因组在宿主细胞中表达的限制性：如 HSV-1 在神经细胞中只表达一种基因，尽量减少病毒的痕迹。

（2）潜伏感染于免疫豁免区：如中枢神经系统。

（3）病毒抗原变异：如流感病毒的抗原不断变异。

（4）干扰宿主细胞的抗原递呈。

（5）产生细胞因子或细胞因子受体的类似物（virokine，viroceptor）干扰细胞因子的功能。

（6）干扰免疫应答。

（7）干扰 NKT 的 CD1d 识别机制。

不同的病毒发展了不尽相同的策略逃避 CD1d T 细胞的识别。HHV-8（Kaposis 肉

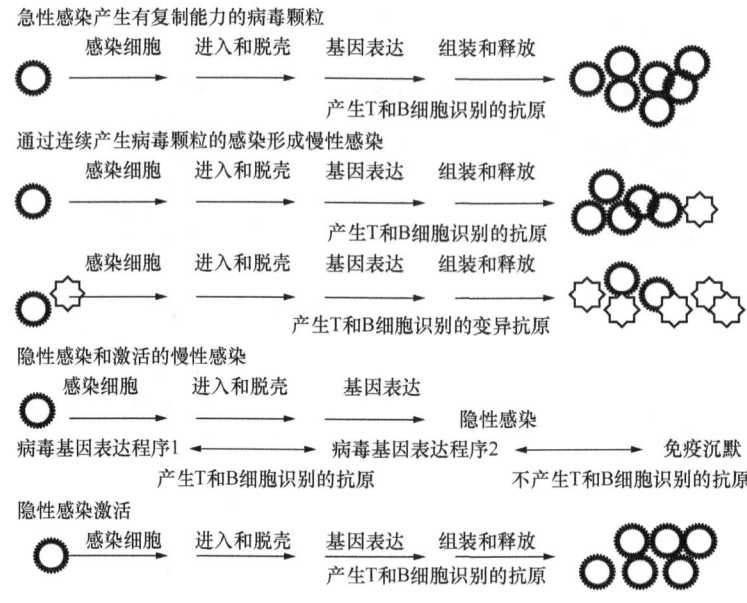

图 2-8 急性和慢性病毒感染机制（仿 Virgin et al., 2009）

瘤相关的疱疹病毒，KSHV）下调细胞表面 CD1d 的表达。该效应是两个病毒免疫识别调节物（MIR）蛋白的作用，使 CD1d 的胞质内末端泛素化，从而加速 CD1d 内吞。单纯疱疹病毒 1 型（HSV-1）感染导致 CD1d 从内涵体至细胞表面循环不足，因为 CD1d 在晚期内涵体间隔中被诱捕，结果减少了在细胞表面的表达。人类免疫缺陷病毒 1 型（HIV-1）以类似的方式下调 CD1d 表达：增加 CD1d 从细胞表面内吞，保留在高尔基氏体中。因为 CD1d 胞质内末端有酪氨酸为基础的基序与这些病毒的 Nef 蛋白相互作用。牛痘病毒和疱疹性口炎病毒通过改变细胞内信号转导途径抑制 CD1d 介导的抗原递呈。

人类 iNKT（invariant nature killer T, 不变的 NKT, 带有恒定的 TCRVα14 受体）细胞缺陷和病毒感染有关。临床研究表明有些遗传缺陷导致 iNKT 细胞发育不全，易于感染 EB 病毒。许多 X 染色体连环的淋巴增生性疾病患者缺乏 iNKT 细胞。

病毒在细胞内增殖及其对细胞的损伤，是病毒感染机体产生病理变化的重要原因。在某些病毒感染中，免疫反应是引起机体组织损伤的重要因素，近年来的甲型流感危重病例可能属于此类情况。小鼠淋巴细胞性脉络丛脑膜炎的实验研究证明，胎内感染淋巴细胞性脉络丛脑膜炎病毒的小鼠，虽然出生后持续存在病毒血症，但是没有任何异常，也不产生该病毒的特异性抗体，即形成了免疫耐受。健康小鼠初次感染该病毒，却多数因脑膜炎死亡。感染时用 X 射线照射、抗淋巴细胞血清或其他免疫抑制剂充分抑制细胞免疫和体液免疫，则病鼠带毒而不死亡，也无症状。

通常关注的是一个世代的宿主-病毒关系，可能大多数病毒对人类不致病。从现有的资料可以得到病毒与宿主在长期进化过程中共进化的一般规律：急性烈性传染病难以持久发生，只有转变为慢性或持续性感染才可能共生存/共进化，更长期的共进化结果可能是不致病共生或互利共生，进而发展为病毒融入宿主细胞成为细胞社会的组成部分，如内源性逆转录病毒（见第三章第二节）。

（四）免疫防御、寄生物逃避策略及与毒力的关系

寄生物与其宿主在进化过程中相互适应，共进化。寄生物与宿主的相互作用中寄生物的毒力是关键因素，往往决定致病性。寄生物在对抗宿主的免疫机制时形成了逃逸机制。寄生物不能总是呈现最强毒力作为寄生的策略，因为这样有可能在寄生物能够繁殖播散前就杀死了宿主，所以寄生物共进化的最佳策略是相互磨合，逐渐适应，最终成为逃避免疫无毒寄生，即形成新的基因型成为低毒或无毒亚种，临床标本中不难发现这类毒力不强的毒株，遗传稳定性好的可能用于减毒活疫（菌）苗的选育。寄生物还可能有另一种策略，即加快增殖，增强传播能力，杀死宿主，在宿主群体中传播，即形成了传染性强的强毒株，人类历史上经历过多种这类烈性传染病对人类的大屠杀。随着科技进步、社会发展，人类社会作为"超"超有机体用"社会免疫"（人工接种疫苗）对抗这类烈性传染病，已经初见成效，消灭了天花、脊髓灰质炎等广泛传播的烈性传染病。

1. 免疫逃逸机制的多样性

研究表明所有免疫逃逸的分子机制都是不同的，可分为被动逃逸和主动逃逸两大类。被动逃逸可以有多种途径。例如，①寄生物可以躲避在免疫豁免组织（如中枢神经系统、眼球等），有的寄生虫产卵在脂肪组织中，也是免疫监察薄弱的区域；②寄生物可以改变其表面成分或结构，从而不被免疫系统识别；③寄生物暂时进入静息状态逃避药物或免疫的作用。

寄生物干扰宿主的免疫反应是主要的主动免疫逃逸机制，寄生物通过干扰免疫调控网络扰乱免疫反应。寄生物产生（在病毒是编码）某些产物阻碍或改变宿主免疫反应的某些步骤，影响细胞功能（如运动）和免疫反应；有些产物改变或产生新的功能（如使细菌易于黏附）。在共进化过程中有些寄生物（尤其是病毒）从宿主细胞捕获基因，稍加改变成为"假冒、伪劣"的基因，将细胞因子（cytokine）改变为病毒性细胞因子（virokine），宿主受体（receptor）改变为诱骗受体（viroceptor），从而阻滞免疫反应。

按免疫防御的机制分类，寄生物在每一步都可能有对策。例如，第一步是抗原识别，如上所述，可通过改变或遮蔽寄生物相关的分子模式；血吸虫能产生C型凝集素遮蔽识别位点；小鼠巨细胞病毒的产物能结合MHC I 分子阻止识别过程；有些病毒能产生假的MHC I 分子干扰抗原识别。寄生物还能产生已清除的虚假信号蒙骗宿主免疫系统。获得性免疫系统在获知感染后首先激活补体杀灭入侵的病原体。寄生物有三种生化途径对抗补体：利什曼虫用降解的宿主蛋白或激活释放信号分子抑制补体的级联反应；丙型肝炎病毒产生特殊的产物结合补体和T细胞；链球菌通过干扰补体复合物阻止其结合菌体膜。吞噬细胞通过吞噬杀灭入侵者，寄生物也有对策。例如，金黄色葡萄球菌抑制蛋白质结合中性粒细胞的受体阻止吞噬；肺炎双球菌能产生核酸内切酶破坏中性粒细胞产生的胞外DNA，逃逸吞噬杀灭。有些寄生物能通过减少TNF-α或相关趋化因子受体的产生阻止中性粒细胞在感染部位募集。在共进化过程中寄生物还形成各种机

制逃逸巨噬细胞和其他免疫细胞的作用,通过改变宿主细胞的细胞骨架阻滞其吞噬功能,如耶尔森菌(*Yersinia pestis*)以 Yops 蛋白干扰巨噬细胞,Shigella 以蛋白诱导巨噬细胞凋亡并影响宿主细胞的形状。许多病毒(如黏液瘤病毒、腺病毒、牛痘病毒)通过干扰宿主细胞的凋亡影响宿主的防御机制。细菌能够抵御被送入溶酶体,或者通过释放打孔蛋白(pore-forming protein)从溶酶体进入细胞质,避免被溶酶体消化,并能在细胞间传播。寄生物也能通过截止宿主的关键性信息防止免疫细胞融合,如结核菌能阻止吞噬体的发展,逃逸其抗微生物效应,延长结核菌在细胞内的生存期。沙门菌能阻止氧化酶注入液泡,防止后续的免疫反应。

免疫反应取决于由细胞因子、趋化因子等构成的信号调控网络,这些因子由各种细胞产生,寄生物通过多种途径干扰这些信号。例如,耶尔森菌下调 TNF 的表达抑制炎症反应;利什曼虫抑制树突细胞和巨噬细胞表达 IL-12,诱导 IL-10 表达,避免宿主细胞的清除作用。有的病毒改变自然杀伤细胞的细胞因子阻碍其杀伤效应。由于脊椎动物发展了获得性免疫,其免疫系统的效率明显提高,树突细胞在固有免疫和获得性免疫中都起重要作用。一些高致病性的病原菌能抑制树突细胞的细胞因子释放,阻止树突细胞分化成熟,使其丧失功能。有的细菌能阻止 MHC II 表达,阻碍抗原递呈。病毒通过降解宿主细胞的蛋白质或信号传递干扰 MHC I 表达,削弱 $CD4^+$ T 细胞和自然杀伤细胞的活性,从而抑制细胞因子的作用。有讽刺意味的是许多寄生物能寄生在吞噬细胞中。有些细菌(如金黄色葡萄球菌)能产生"超抗原"(superantigen)引起表达过量的炎症细胞因子,导致全身反应,同时阻止细胞增殖和削弱抗体的产生,致病性强。

不同寄生物的免疫逃逸机制有不同程度的相似性。例如,锥虫和真菌用同样的宿主细胞靶点,从类似的途径传递调节因子;不同的细菌可以靶向同一个宿主,调节级联反应的靶点(如 Rho 蛋白),影响促炎症细胞因子、吞噬和细胞增殖;不同的寄生物也能伪造同一个宿主蛋白酶作为干扰因子。

2. 毒力与致病性

寄生物对机体的危害包括毒力和致病性两个方面。寄生物的毒力由多种因素组成,免疫逃逸是毒力的主要因素之一;在体内生长繁殖损耗资源也是重要的毒力因素;寄生物在生长繁殖过程中对细胞组织的破坏性萃取也是一种毒力因素。然而,并非所有的免疫逃逸都能导致发病,毒力仅构成致病机制的一部分(图 2-9)。

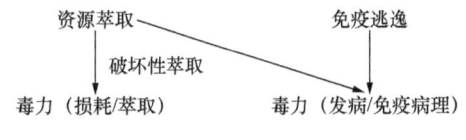

图 2-9 毒力的主要成分

有的寄生物在体外实验中呈现很强的毒力,但是在体内并不致病,如泡沫病毒可使培养的细胞产生泡沫样细胞病变,但在体内并不致病。毒力的进化生态学含义是感染寄生物后宿主的适合度降低,狭义的"毒力"用宿主死亡率的增加衡量。这个定义实际上包含了致病性,在实际应用中体内试验采用半数致死量(LD_{50}),组织培养中用半数致细胞病变滴度的对数(TCD_{50})。经典的微生物学采用了许多血清学指标作为病原微生物毒力的参考指标,如红细胞凝集、补体结合能力等,在深入研究机制时仍有参考价值。致病性是基于生理、生化或分子机制导致对宿主有害的效应，如资源损耗、组织破坏、功能或行为变化、生育能力减弱甚至早死等。致病过程中寄生物的毒力得以发挥。致病机制是多种多样的，表2-4罗列了常见的致病机制，毒力因子在致病性中的作用显著。这些由遗传决定的因子在细菌和病毒研究中较多，它们是基因编码的蛋白质或细菌的细胞壁成分，有助于病原侵袭组织在体内播散。毒力因子的作用机制可以是黏附性的，有利于寄生物黏附在宿主表面；也可以是生存、增殖性的，有利于寄生物在宿主的特殊艰难环境中生存，如能引起胃溃疡和肿瘤的幽门螺杆菌产生脲酶能在胃酸中生存，不同菌株产生脲酶的能力不同，与致病性相关；侵袭性因子有助于寄生物在组织间（细胞外）播散；毒素的作用更广泛，可以是酶或特异地作用于某些细胞。

表2-4 寄生物的致病机制

分类	机制	备注或例证
削弱功能	导致功能丧失；组织损伤不重	吸虫寄生于鱼鳃导致呼吸障碍
组织破坏	破坏关键或大量组织，器官衰竭	出血热病毒引起血管坏死
毒力因子	主要源自细菌、病毒；原虫、真菌也有	多种机制：破坏细胞骨架，细胞因子信号转导，对抗宿主的防御；通常伴有严重的组织坏死和炎症；毒力因子与致病效应相关
毒素	分泌蛋白（外毒素）或菌壁（内毒素、肠毒素）使病原体能侵袭和播散	细胞毒素导致细胞凋亡和组织坏死；破坏细胞因子功能；脓毒性休克
蛋白酶	所有寄生物都有，破坏组织、细胞膜	与毒素类似，有抗原性，诱导炎症和其他严重的致病效应
反应衰竭	主要机制：抗原变异	宿主疲于连续反应不断改变的抗原，终于崩溃而发病。许多病例对继发感染反应微弱导致严重疾患
免疫病理（自我损伤）	寄生物引起的宿主免疫反应伤害组织	细胞毒淋巴细胞的免疫反应破坏未感染的组织，连续破坏而致病

致病机制往往能追踪到抑制或操纵宿主免疫机制的分子，逃避宿主的免疫反应。例如，导致脓毒性休克的细菌感染主要的致病机制是误导宿主的细胞因子、补体成分和凝血机制。革兰氏阴性菌或阳性菌都能导致脓毒性休克，虽然后者没有内毒素，但是肽聚糖片段和其他分子也能诱导同样的反应。寄生物产生的酶有助于它们穿越组织屏障，降解血液蛋白逃避宿主的免疫效应机制，也影响炎症和致病机制。致病性大肠杆菌引起的致死性腹泻与细菌的黏附因子有关。假单胞菌（$Pseudomonas\ aeruginosa$）分泌一种酶（也是毒素）降解细胞外分子，促进细菌侵入组织导致坏死，许多毒素有打孔作用使细胞溶解。

3. 毒力和致病性的定量研究

寄生物从宿主清除是个极限过程，免疫逃逸也有临界值，往往与长期的或慢性感染相关，由此衍生出免疫耐受的概念。免疫耐受是指宿主减少或缓解感染对宿主适合度

（如体重或生育力）的影响；也可以理解为寄生物免疫逃逸的成功，能够持续地在宿主体内生存和传播；也是宿主免疫反应的另一种选择，在长远的进化过程中形成的新机制还有待深入研究。

毒力与致病性的辩证关系称为毒力进化理论，即毒力过强导致宿主很快死亡，不利于寄生物的繁衍和播散，经过寄生物与宿主在进化过程中的相互适应和磨合，有的发展为慢性感染，有的成为不致病寄生，也有的成为共生。人类免疫逃逸效应的毒力进化理论采用流行病学的基本方程，如下式：

$$R_0 = \frac{\beta(v)N}{\mu + \alpha(v) + c}$$

式中，R_0 是寄生物的增殖率；v 是毒力水平；N 是宿主群体的敏感人数；μ 是不依赖寄生物的宿主死亡率（背景）；$\alpha(v)$ 是寄生物导致的宿主死亡率；c 是寄生物被宿主的清除率；$\beta(v)$ 是寄生物向新宿主的传播率。只有 $\alpha(v)$ 和 $\beta(v)$ 与寄生物的毒力有关。近年来考虑到寄生物引起的清除率的改变，将 $\beta(v)$ 扩展为 $\alpha(\varepsilon, c)$，包括宿主资源损耗产生的毒力效应 ε，以及免疫病理产生的清除率改变 $c(v)$，方程扩展为下式：

$$R_0 = \frac{\beta(v)N}{\mu + \alpha(\varepsilon, c) + c(v)}$$

病原体感染剂量与致病性的关系尚无精确的感染-剂量曲线报道，但是已有较多的实验研究和临床流行病学资料，提示感染的有效剂量可能很小。例如，用小鼠实验感染流感病毒空气中只需 100～200 个病毒/L，即可感染发病。用小鼠、猪和鸟类感染细胞做传染实验也只需数百个病毒；人类和小鼠感染蠕虫和原虫也只需低剂量病原即能感染；流行病学资料也表明许多病毒、细菌只需传播媒体中有低剂量的病原就能引起疾病的流行。对植物病的研究发现，用病原适应株做实验时感染率与剂量无关，用非适应株做实验时感染率与剂量相关。

临床实际往往出现合并感染或多病原体感染（multiple infection），不同菌株或不同寄生物的免疫逃逸机制互补，综合的免疫逃逸机制更复杂，对机体的侵袭力更强，尚停留于实验研究阶段。

4. 抗毒素治疗

21 世纪的医学难题之一是随着对抗生素的大量使用（不仅医学领域，畜牧、兽医和渔业用量更大），产生各种耐药菌株和新的感染性疾病，人们正在寻找更多的治疗方法，针对微生物毒力的抗毒素治疗是研究较多的途径。制备抗细菌毒素的抗体是最受关注的领域，已经有 6 个抗体进入临床试验，这些抗体的研究成功主要靠研究经验。例如，抑制毒素转录是抑制毒素介导的毒力的途径之一，在霍乱菌取得成功；中和毒素的酶活性或防止毒素在靶细胞内迁移是抑制毒素损伤宿主的常用策略；对抗毒素的深入研究要求多学科的协作，在阐明机制的基础上才能取得更高的成功率。

（五）物种起源的新观点

传统的进化概念是渐变，在地质年代过程中形成新物种。但是越来越多的事实表明物种的形成存在间断的均衡现象（punctuated equilibria），即可能存在短期内快速形成新物种的现象，通常称为突变。近年来分子遗传学的研究进展阐明了突变的一些可能机制。

可移动性元件是新基因的源泉，参与遗传调控网络

随着基因组测序研究的大量开展，证明可移动性元件（transposable element，TE）是真核细胞中普遍存在的多样而丰富的元件，占植物细胞核DNA的80%，真菌的3%～20%，多细胞动物的3%～52%。这些可移动的遗传元件能插入新的染色体位点，在移位过程中复制自己。TE是基因组大小的主要决定因素，往往形成比编码蛋白基因更多的序列。尽管有数千种TE，但大体上可分为两类（图2-10）。

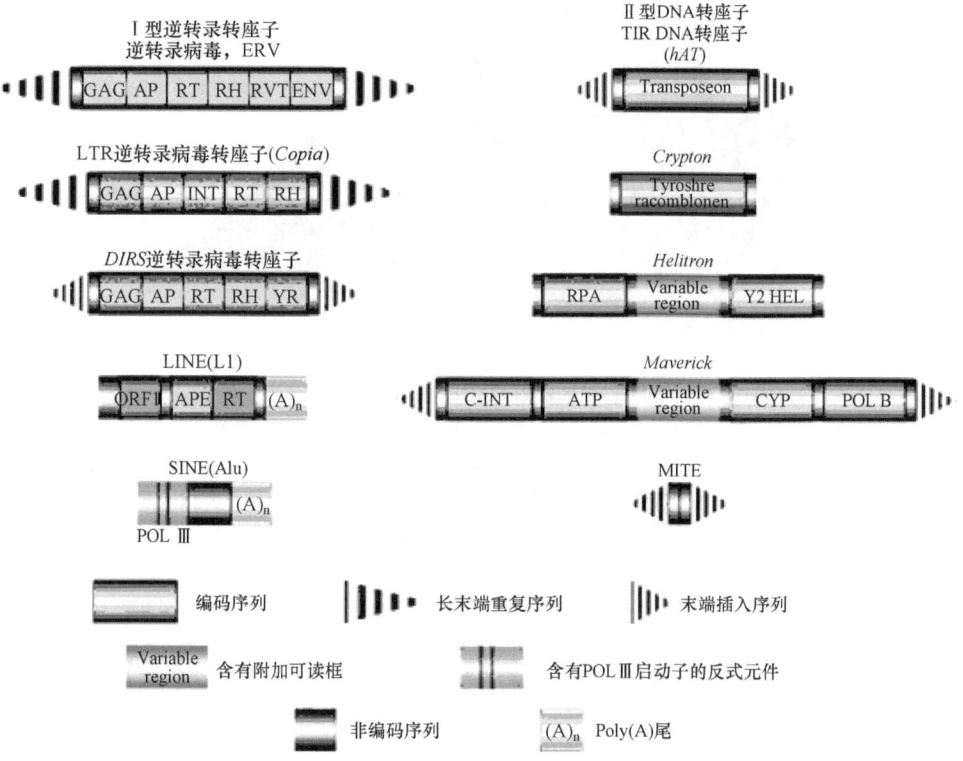

图2-10 可移动性元件（TE）的代表性例证——结构和分类

AP：天门冬氨酸蛋白酶；APE：脱嘌呤内源性核酸酶；ATP：包装ATP酶；C-INT：C-整合酶；CYP：半胱氨酸蛋白酶；ENV：包膜蛋白；GAG：衣壳蛋白；HEL：helicase（蜗牛酶）；ORF：可读框；POL Ⅲ：RNA聚合酶Ⅲ；POL B：DNA聚合酶B；RH：RNA酶H；RPA：复制蛋白A；RT：逆转录酶；YR：酪氨酸重组酶；Y2：带有YY基序的酪氨酸重组酶。（Zeh et al.，2009）

逆转录转座子（Ⅰ型或2类TE）通过"复制和粘贴"机制转座，其mRNA作为中介在宿主细胞中表达，逆转录作为互补DNA拷贝插入宿主基因组。Ⅰ型TE由内源性逆转录病毒组成，与长末端重复序列（LTR）逆转录转座子密切相关；非LTR－逆转录转座子包括长的和短的分散的核元件（LINE和SINE），还有近期发现的中长度重复序列元件（DIRS）。DNA 转座子（Ⅱ型或1类 TE）不借助 RNA 的中介转移到新的染色体位点，包含末端反向重复序列（TIR）转座子经典的"切割和粘贴"，还有缺乏末端重复序列的 *Crypton* 和 *Helitron*，以及至今发现的最大、最复杂的转座子 *Maverick*（又称 *Polinton*）。Ⅰ型和Ⅱ型 TE 都包含编码转位所需蛋白质的自主元件和非自主元件，如 SINE 和缩微的插入重复转位元件（MITE），它们与自主性 TE 的复制能力相关。环境的变化通过表观遗传学机制影响转座子的释放，进而影响进化（图 2-11）。

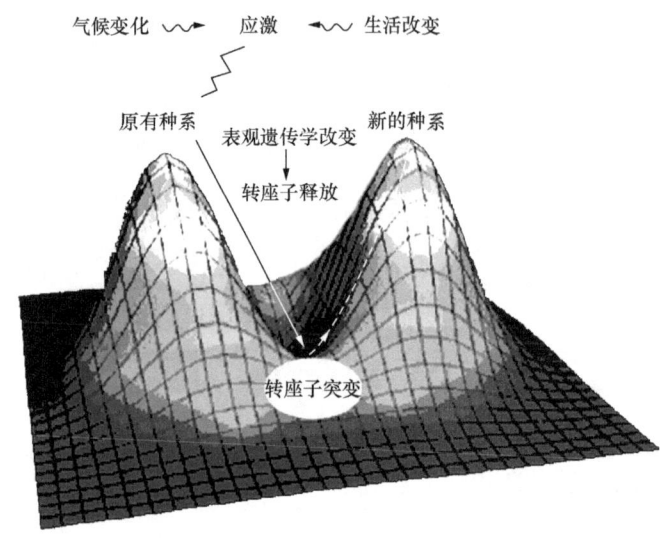

图 2-11 物种起源间断性均衡的表观遗传学-转座子假设

原有种系由气候变化或生活变化导致的生理应激破坏了表观遗传学调控并释放转座子。随着它们驾驭非适应宿主进化的能力，移动的 TE 重新组织基因组将进化上停滞的群体从适合度景观图的适应高峰取代为快速进化的表型，在自然选择的驱使下逐渐攀登上适合度的新峰，形成新种。由于宿主基因组与寄生序列共进化，表观遗传学调节机制重新控制 TE 可遗传的变异减少，新的物种又趋于稳定。（Zeh et al., 2009）

三、与人类共进化的其他生物及其对人体细胞社会的影响

自然界生物间的关系复杂，两种生物一起生活的现象，称为共生（symbiosis）。在共生现象中根据两种生物间的利害关系又分为共栖、互利共生和寄生等。

共栖（commensalism）是指两种生物在一起生活，其中一方受益，另一方既不受益，也不受害。人类体表携带的大量、多种微生物属于共栖之列；人类与大部分周围的生物处于共栖关系，如屋檐下的燕子，通常情况下对人无害，但是在某种情况下可能对人类有害，作为候鸟可能携带和传播禽流感病毒。

互利共生（mutualism）是指两种生物在一起生活，在营养上互相依赖，长期共生，对双方都有利。哺乳类动物肠道中的益生菌是互利共生的典型例证，对无菌动物和悉生动物的研究证明了肠道益生菌对宿主的重要作用。内源性逆转录病毒是否由长期互利共生进而溶入宿主细胞？值得探讨。

寄生（parasitism）是指两种生物在一起生活，其中一方受益，另一方受害，后者给前者提供营养物和栖息地。受益的一方称为寄生物（parasite），受损害的一方称为宿主（host）。若寄生物为无脊椎动物或单细胞的原生生物则称为寄生虫。

寄生虫病仍是普遍存在的卫生问题。世界上约有7亿人的体内有寄生虫。在发展中国家，尤其在热带和亚热带地区，寄生虫病依然广泛流行，危害人的健康甚至威胁生命。联合国开发计划署/世界银行/世界卫生组织联合倡议的热带病特别规划要求防治的6类主要热带病中，除麻风病外，其余5类都是寄生虫病，即疟疾（malaria）、血吸虫病（schistosomiasis）、丝虫病（filariasis）、利什曼病（leishmaniasis）和锥虫病（trypanosomiasis）。疟疾是热带病中最严重的寄生虫病。据估计约有21亿人生活在疟疾流行地区，每年有1亿临床病例，死亡100万~200万人。此外，肠道原虫和蠕虫感染，如全球性的阿米巴病、蓝氏贾第鞭毛虫病、蛔虫病、鞭虫病、钩虫病、蛲虫病等仍然威胁着人类健康。还有一些地方性肠道蠕虫病，如猪带绦虫、牛带绦虫等。肠道寄生虫病的发病率已被认为是衡量一个地区经济文化发展的基本指标。有人称寄生虫病是"乡村病"、"贫穷病"，它与社会经济和文化的落后互为因果。然而，在经济发达国家，寄生虫病也是公共卫生的重要问题。例如，阴道毛滴虫的感染人数估计美国有250万、英国有100万；蓝氏贾第鞭毛虫的感染在前苏联特别严重，美国也几乎接近流行。许多人兽共患的寄生虫病给经济发达地区的畜牧业造成很大损失，也危害人类的健康。此外，一些本来不被重视的寄生虫病，如弓形虫病（toxoplasmosis）、隐孢子虫病（cryptosporidiosis）、肺孢子虫病（pneumocystiasis）等与艾滋病有关的原虫病，在一些经济发达国家，包括日本、荷兰、英国、法国与美国等开始出现流行迹象。

寄生虫对人类危害的严重性还表现在出现抗药株、媒介昆虫抗药性等问题。人类活动范围的扩大，将许多本来和人类极少接触的寄生虫从自然界带到居民区；随着交往频繁，别国的寄生虫病或媒介节肢动物输入本国，并在一定条件下传播流行；工农业建设造成的大规模人口流动和生态环境平衡的破坏，也可能引起某些寄生虫病的流行；有些医疗措施，如长期使用免疫抑制剂能够造成医源性免疫损伤，导致条件致病性寄生虫异常增殖和致病力增强，形成新的病原。

随着人类社会的进步、科技的发展、文明程度的提高，人类耗费大量的人力、物力改善生存条件，其中广义的"卫生"就是清除和防御周围的各类微生物、寄生虫和其他生物。有些卫生"习惯"虽然简单，却很重要，是从历史经验和教训中总结出来的。例如，"饭前便后要洗手"对于防止肠道传染病是基本的守则，除了流行病学中著名的"伤寒玛丽"，还有一则轶事：美国的一个犹太人社区发现了猪绦虫病，而信仰犹太教的人是不吃猪肉的，后来查出是雇佣的家政人员传播的。

但是，寄生物对人类可能具有有益的一面。例如，异体抗原有免疫调节作用，在生长发育过程中如果没有异体抗原的刺激，像无菌动物那样，免疫系统就发育不良，成年后易罹患哮喘等过敏性疾病（见"卫生假设"）。此外，寄生虫为了自身生存，会分泌一些化学物质，降低人体的免疫反应。有人用寄生虫制备免疫抑制剂，使用间期长（3周一次），效果较好，值得进一步研究。

四、"卫生假设"的启示

工业革命、科技进步和社会发展导致人类生活方式的巨大改变，卫生状况有了明显改善，随着感染性疾病的减少，变态反应和自身免疫性疾病增加，发病率与社会经济状况呈明显的负相关。1989年Strachan根据他对17 000多名1958年在英国出生的枯草热患者和同龄对照者分析的结果，提出了"卫生假设"（hygiene hypothesis），即变态反应和自身免疫病的流行是由于人类与共进化的微生物相互作用的生态关系改变，导致免疫反应改变所引起的。尤其在免疫系统尚未发育完善的小儿时期，病毒感染和寄生虫感染与经典的自身免疫性疾病有明显的相关性（见第十章第四节）。近半个世纪以来感染性疾病明显减少，发达国家的变态反应病，如哮喘、过敏性鼻炎、过敏性皮炎的发病率有明显增加的趋势，甚至成为"流行病"。经济发展快的发展中国家也有类似的趋势。自身免疫性疾病，如1型糖尿病、多发性硬化等的发病率也有明显增加的趋势。所以，20多年来"卫生假设"受到研究者的关注，成为研究热点。支持或质疑"卫生假设"正反两个方面的资料都有报道。

"卫生假设"是依据流行病学资料提出的，在一些动物实验模型中获得支持，有人用寄生虫制备疫苗防治一些自身免疫和变态反应性疾病，说明有内在的科学依据；但是，有些流行病学资料不能简单地用"卫生假设"解释，说明事件，有待深入研究，使假设更完善。然而"卫生假设"和感染与自身免疫性疾病的复杂关系提供了更深层次的启示：微生物（寄生物）作为超有机体的组成部分，所起的作用远比过去认识的复杂，人类对于体内外大部分微生物作用的认识有待深入、积累，只有经过深入研究才能真正阐明超有机体的作用。

五、人体细胞社会的运行

人体细胞社会的运行有4个主要的功能：代谢、生殖、免疫和人类社会活动功能的细胞社会基础，它们相互作用构成适应性（共进化）网络（见第十章第一节）。代谢系统包括从外环境摄入食物和氧气，消化、吸收，排除食物残渣和代谢产物，从器官、组织、细胞到分子水平，涉及消化、呼吸、泌尿系统，相当于人类社会的经济活动，是社会生存和运行的基础。生殖是维持种系生存和延续的重要生物学活动，有基本的生物学意义。但是，就个人而言，生殖对于生存并非是必需的，尤其是幼年和老年期（表2-5）。然而，从代谢和分子机制考虑，生殖（如妊娠期）和性活动对细胞社会其他三个方面的运行和状态有重大影响。人类社会没有细胞社会此类运行的相应性质。免疫是细胞社会生存和正常运行的保障，相当于人类社会的国防和公安。人体细胞社会的运行受人类社会活动的极大影响，尤其青年和中年人的生活规律受制于人类社会的运行规律，所以不同年龄段人体细胞社会的运行性质和功能侧重有明显的不同（表2-5）。

表 2-5　人体细胞社会各生理体系的年龄段变化

生理体系	幼年	青年	中年	老年
代谢（植物功能）	++++	+++	++	+
生殖（维持种系）	−	++++	+++	±
免疫（细胞社会生存）	++++	++++	+++	+
人类社会活动（人类社会功能）	±	++++	++++	++

新生儿刚离开母体，首先要适应外环境，建立自己的进食（消化）、呼吸系统，其细胞社会运行以代谢为主，同时随着与外环境的接触，各种微生物入住体表和腔道出入口，入侵消化道建立正常肠道菌丛（详见第四章），逐渐形成人类细胞与微生物组成的超有机体。幼年期的生命活动以代谢和免疫为主，但是人类社会活动对其成长有重要的诱导作用。媒体报道的被母狼、母豹喂养，在动物群体中长大的狼孩、豹孩超过一定年龄后则难以健康成长为正常人。随着年龄的增长，幼儿的人类社会活动的重要性越来越突出，其细胞社会的运行也逐步转为由人类社会主导。中青年的细胞社会运行实际上受制于人类社会活动，尤其是受制于职业、工作和生活环境；个人的生活方式和习惯，如不良嗜好、纵欲等起很大作用，有时有决定性作用。退休后的老年人生活由自己安排，生活方式和习惯对其细胞社会运行影响很大，也影响其寿命。

社会运行伴随着物质流动（物流）、能量流动（能流）和信息流通（信息流）。细胞社会运行也伴有这三流。但是，不同的方面侧重不同的流通。代谢过程以物流为主要过程，伴有能流和信息流的内涵；生殖以物流保证世代间信息的正确传递和延续；免疫兼有三流，由机体各组织、器官综合三流完成；人类社会活动对细胞社会运行的影响机制复杂，以信息流为主。

细胞社会的物质、能量储存和运行的物流、能流是有限的。在同一个时间段内细胞社会的运行只能以一个方面为主。例如，睡眠时以代谢为主，此时的细胞社会在植物神经系统控制下完成各层次的代谢活动，其他方面的细胞社会活动处于休止状态；进行工作、学习等人类社会活动时其他三个方面的细胞社会活动处于休止状态或低度运行。疾病状态时免疫功能处于首要地位，其他细胞社会活动必须减少或休止。如果逆此规律运行将损伤机体/细胞社会，导致疾病的发生、发展。

第四节　超有机体中的共进化博弈

人体作为超有机体是地球上生命物质长期进化的结果，除了人类细胞外还有大量的微生物和寄生物共进化，有的在共进化过程中融入人类细胞成为超有机体中具有重要功能的一部分。近半个世纪来进化博弈论的研究逐步阐明了共进化的机制，合作（cooperation）可能是共进化博弈的基础，是继变异、选择后的第三个进化要素，从整个生物界的进化考虑有更深层次的作用和意义。

一、共进化的普遍性及其意义

　　进化或演化（evolution）是指在变异和自然选择作用下生物发生的演变发展、物种淘汰和物种产生的过程。一个群体的进化与其他群体的进化相互影响，这种变化发展过程称为共进化。共进化现象在自然界中普遍存在。相依为命的生物，如有花植物和采粉的动物、寄生物和宿主、捕食者和被食者，一方成为另一方的选择者，发展了互相适应的特性。这种互相适应而进化的现象称为协同进化或共进化（co-evolution）。在分子水平，核酸与蛋白质序列的突变通常呈中性，突变基因的功能和最终结局取决于突变和漂变的情况。不过一些功能关联基因的进化不同于正常的方式，在特定的时间内相互影响，相互适应，协同变化，称为分子共进化。分子共进化体现了功能关联的基因经历相似的进化历程，具体特征可以表现在不同的方面。分析目标基因的共进化特征可以促进相应的基因功能研究。基因组水平的分子共进化特征分析已经在原核生物基因研究中得到应用；高等真核生物基因组结构与原核生物差别很大，分子进化树比较分析更适用。

　　下述两个著名的生态学例子说明合作或共进化是进化的重要基本机制。19世纪末，挪威为了保护雷鸟，大力捕杀雷鸟的天敌。结果事与愿违，雷鸟在20世纪初大量死亡。深入研究发现，雷鸟天敌捕食的大多是体弱或有病的雷鸟，有阻止雷鸟群体疾病传播的作用，还能降低对栖息地的竞争，雷鸟群体得以健康发展。天敌被捕杀后，疾病在雷鸟中蔓延，导致雷鸟大量死亡。可见在长期的自然选择过程中，捕食者和被捕食者之间发展成为相互依赖的关系，促进双方的进化，即共进化。宿主与寄生物之间同样存在共进化现象。例如，从欧洲引入澳大利亚的24对兔子由于没有天敌和竞争者，迅速繁殖，破坏草场和庄稼，成为畜牧业和农业的灾害。后来人工播放能使兔子患黏液瘤病的病毒，收效显著。第一年就杀死98%的兔子，第二年死亡率降到90%，第三年降到50%，表明兔子对该病毒产生了很强的耐受性。实验证明，兔子的抗性增强，同时病毒的毒性减弱。由于抵抗力弱的兔子感染后很快死亡，抵抗力强的兔子生存下来，产生后代。选择的结果：生存的兔子都具有很强的抗性；对于病毒也有选择：毒力强的感染后兔子很快死亡，不能在兔子间传播而被淘汰；毒力弱的病毒，在兔子体内长期生存增殖，利于蚊子传播病毒。这样弱毒株就保存下来。选择的结果朝相互适应的方向发展，兔子和病毒得以共进化，获得了弱毒病毒和抵抗力强的兔子。类似的情景在自然界的植物种群中也广泛存在，病原菌与宿主植物不仅在个体发育层面相互作用，也在系统发育层面相互作用，结果是病原菌与宿主植物共进化。

　　共进化现象在自然界广泛存在，形成了不同生物间的复杂关系，使不同生物相互作用、相互依赖；共进化不仅存在于直观层次的生物间，构成多细胞生物的超有机体内也存在共进化机制。

二、人体超有机体中的共进化

　　人体细胞社会作为超有机体，充满了共进化博弈。人体是宏观世界和微观世界长期进化的结果。人的一生只有数十年,但是,组成超有机体的成员间始终存在着持续的共进化博弈过程,对个人的健康和生活有决定性的影响。人体中的共进化博弈方式很多,研究较多的有以下几种。

(1) 共进化博弈方式一:共生。人类体表共栖着大量的细菌和其他微生物,日常生活中的洗漱主要是清洗掉衰老脱落的角质化表皮和共栖微生物。体表微生物与皮肤、黏膜形成了复杂的微生态关系,详见第四章。

人类消化道中存在无数的细菌,不同部位栖息不同的菌丛。最重要的是肠道菌丛,没有它们就不能完全消化、吸收食物。这是在系统发育过程中形成的人体正常菌丛(益生菌)。细菌通过人体获得稳定的食物供应,是互利共生的典型例证(见第四章)。服用抗生素后消化道的共生细菌被杀死,消化能力降低。恢复消化力要等共生菌重新繁殖起来。

人类的寄生物有病毒、立克次体、支原体、细菌、真菌、寄生虫等。进化过程中形成了相应的免疫系统。其中慢性、持续性或隐性感染是宿主与寄生物共进化博弈的重要方式。

(2) 共进化博弈方式二:慢性(持续性或隐性)感染,见第三章第二节。

(3) 共进化博弈方式三:"与瘤共舞"。正常情况下体内细胞有 10^{-6} 突变率,所以进化过程中形成了抗变异细胞的机制,消除异常细胞是免疫系统的基本功能之一。但是免疫细胞也有 10^{-6} 突变率,即免疫细胞有百万分之一的差错概率,所以体内出现异常转化细胞是很难避免的。瘤细胞即体内异常转化的细胞,未被免疫系统清除,增殖后形成体内新生物,这类新生物几乎每个人都有。"胎记"就是胚胎时期形成的新生物;出生后形成的更多,随着年龄的增长会越来越多;"老年斑"是几乎每个老人都有的黑色素瘤,只是各人多少不同。这些良性肿瘤除美容外不会引起人们的重视;越来越多的尸检资料表明,实际上有许多微小的肿瘤病灶并未发展为恶性肿瘤,对非肿瘤致死者的尸检资料发现:20~54 岁女性 20%~39% 有微小乳腺癌病灶,但是此年龄组的临床乳腺癌诊断率仅为 1%;男性 30%~40% 有前列腺癌病灶,临床诊断率也仅为 1%;3 个月以下死婴的微小成神经细胞瘤病灶是预期的 40~50 倍;尸检发现绝大多数人体内有甲状腺肿瘤微小病灶。上述现象的生物学意义值得关注,是人体细胞社会——超有机体共进化博弈的重要模式,如果能将恶性肿瘤引导为良性肿瘤或使其不继续发展,使其对机体无害,则不影响健康,即与肿瘤共生。这种治疗策略已经在临床上采用,在多种实体瘤的治疗中取得了明显的效果,正在被人们深入研究中。

慢性淋巴细胞白血病(CLL)和慢性髓系白血病(CML)是生存期较长的血液肿瘤。西方国家的 CLL 发病率高,用维持化疗可以长期生存一二十年,我国少见;CML 相反,我国多见,白种人发病率较低,提示这两类白血病有遗传背景。现在用造血干细胞移植和用酪氨酸激酶抑制剂可以有效治疗 CML,但是价格昂贵,许多患者负担不起。国内报道有些血液科医师采用普通化疗药物用早期治疗、长期维持的策略,虽然不能彻底根除白血病细胞,但是能够使患者长期缓解、正常生活,也能达到长期生存的目的。最近有报道称有一例 79 岁的 CML 患者,已维持治疗 26 年,还在继续维持治疗中。这些 CML、CLL 患者长期缓解,即体内一直有少量白血病细胞与正常细胞共存,为"与瘤共舞，共进化博弈"的研究提供了例证。

三、共进化博弈规律的研究

人体超有机体高度复杂，在短暂的数十年历程中经历了胎儿—童年—青春期—青年—壮年—老年等不同时期，结构和功能经历了巨大的变化。胎儿发育历程反映系统发育——生物进化历程的缩影；出生后的成长、发育，直至衰老都是超有机体与环境相互作用下，人体细胞社会各组分共进化博弈的历程。虽然只有数十年，却同样遵循共进化博弈的规律。

进化博弈论的经典框架仍然是微分方程，它们表述充分均匀的无限大的群体，其核心是"复制方程"(replicator equation)，与纳什均衡相关，严格的纳什均衡则与进化稳定策略 (evolutionarily stable strategy, ESS) 类似。无限大而充分均匀和确定性动力学机制是理想化的，现实群体都是由有限和不均匀个体组成的。实际上两个个体相互作用的概率是不相等的，如相邻个体与远方个体的作用概率就不同。从解决现实问题出发出现了许多进化博弈论方法或分支。在有限大小群体中的进化动力学不是确定性的，而是随机的。即使两个适合度相等的变种，在有限的群体中一个终将占据全部而另一个灭绝。适合度不等的两个变种，优势变种有较高的获胜概率，但是不一定必胜，有时劣势变种能穿过适合度低谷而取胜。进化博弈论的基础之一是"合作"(cooperation)。进化博弈论证明了"合作"是生物进化中继"变异"、"选择"后第三个基本机制。合作在非均匀混合的群体，即结构性群体 (structured population) 的进化动力学中起重要作用。

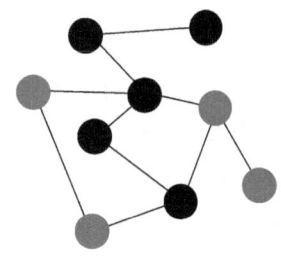

图 2-12　进化图论
结点代表种群，折线代表相互作用：生殖竞争的得益。此图涉及两种策略（规则）：A（深）和 S（浅）。图示的进化动力学取决于修正的规则。

古人没有如此明确的博弈论理论体系，但是有类似的认识，如有人认为"孙子兵法"就是最早的博弈论著作；中医的阴阳五行与 Nowak 等用图论和群论叙述共进化博弈论也有相似之处（图 2-12～图 2-14）。

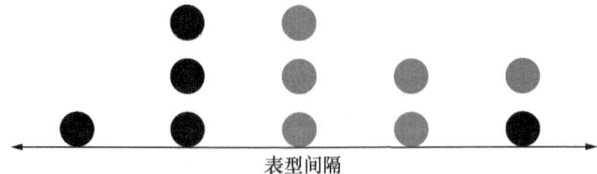

图 2-13　一维空间不连续表型

单个个体的表型是一个整数 i，其后代是表型 $i-1$、i、$i+1$，其概率为 v、$1-2v$、v，此处 v 是表型突变率。后代以某种突变率从其亲代遗传策略（规则）（深色或浅色）。每个个体与其他表型相互作用产生得益。种群通过表型空间漂移策略（规则）趋于成丛。此类模型代表一种简单的标签合作 (tag-based cooperation)。

从生命物质开始出现就有生物进化，进化历程无止境。人体超有机体的一生始终贯

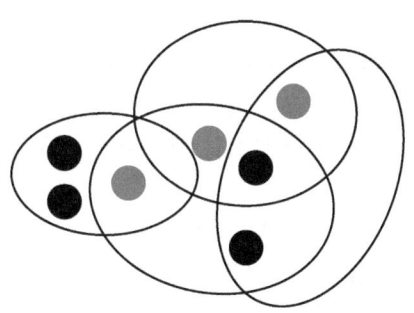

图 2-14 进化群论

进化群论是动态图论,其中的个体可以跨群分布,同一群内的个体相互作用。如果两个个体属于若干群,它们可以相互作用若干次。从进化博弈论的观点相互作用导致得益。成功个体的策略和群的成员关系是效仿的,所以有策略变异率和群变异率。在群变异率很低或很高时种群结构就有效混合,中等变异率时个体聚集最盛。种群结构改变是进化更新的结果。

穿着共进化博弈,人类通过改变生活方式等"策略"影响自己的共进化博弈历程,即养生之道。我国悠久的文明史积累了大量的生活经验,包括养生之道,为共进化博弈论研究提供了宝贵线索,有待深入研究。

四、疾病的进化观

从细胞社会的视角考量,疾病是细胞社会的非常状态,由于外敌入侵或内部的违规、失调,导致细胞社会运行紊乱或某些部分缺损,需要进行细胞社会的调整或重组。疾病伴随着生物进化而发生,通过选择被淘汰或存留。随着人类及其共生、寄生物的进化和人类社会的发展可能出现新的疾病。从进化论的观点审视这些疾病,有利于理解这些疾病的本质,从而更恰当地防治。例如,"卫生假设"可以用进化论的观点解释,超有机体的运行机制受遗传基因——种系长期进化历程结果的影响和调控。人类进化过程中形成的免疫机制适合于与各种共生物、寄生物(病原体)构成的超有机体,如果个体发育过程中缺乏这些共生物或寄生物,免疫系统的发生发展就会出现异常,如无菌动物的免疫系统很不发达。人类不可能在无菌状态下长期生活,但是,在成长过程中缺失人类进化过程中常见的超有机体成员就可能导致免疫系统的某些异常,甚至易患自身免疫性疾病。从这个意义上说,超有机体的成员应该包括进化过程中常见的所有共生物和寄生物。

第一章第二节对达尔文进化动力学进行了热力学/统计力学讨论,有医学生物学意义。资深的职业病医生告诉我们:现代社会中铅、汞等重金属离子是广泛存在的;生化教科书告诉我们:早期生物进化时铁、镁等金属离子就普遍存在于地球表面,所以成为生物机体的组成成分。这些事实提示自然界的物质遵循热力学定律无序扩散,不仅无机物如此,有机物和生物也如此。遗传漂变是遗传学证明的事实,病原体的产生可能也符合这一规律:由于无机物在地球表面的不均匀分布,在经济不发达时代的边缘山区,往往出现由于缺乏某些微量元素导致的地方病，如碘缺乏引起的地方性甲状腺肿。21世纪初发现了大量未知的微生物，提示在生物进化初期形成的原始生物向不同方向进化，有些进化为不同水平的高等生物，有的仍停滞在原始生命阶段，它们大多数对人类无害，有些在某种情况下进入人类社会和人体细胞社会，可能成为病原体，如艾滋病病毒、SARS病毒。

验证"卫生假设"（本章第三节"四、卫生假设的启示"）有一定的难度。但是，仔细询问和分析过敏性疾病患者和无过敏性疾病正常人的生活史，会发现"卫生假设"惊人的真实性，后者往往在婴幼儿期曾经在农村生活过；前者婴幼儿期往往生活在相对闭塞的生活环境中。我国民俗：育儿要"穿百家衣；吃百家饭"，意思是：穿邻居、亲友孩子的旧衣服（或用各家的旧布拼起来做成"百家衣"），多串门来往的孩子身体健康。用超有机体概念和进化论观点解释是：在个体发育的一定阶段（时期）需要相应的共生和（或）寄生物的参与，否则就不能正常（健康）发育。例如，无菌动物由于缺乏共生生物，免疫系统不能正常发育；人类进化过程中常见的传染病、寄生虫病的病原体是婴幼儿期的"常客"，在免疫系统发育过程中起重要作用，缺乏这些"常客"形成的免疫系统使人类易患过敏性疾病。这类情景在人类进化过程中并不罕见，如内源性逆转录病毒就成为许多重要基因的来源。人类是社会动物，人体细胞社会的成员除了人类的细胞外含有大量微生物和寄生物，这些外源生物群体不仅存在于一个世代的人体中，还作为生物种世代流传于人类社会中，所以人类个体要正常生长必须在人类社会中生活。然而，土生土长的农民也有过敏反应，尤其在食用野生动物、植物后，也会出现荨麻疹等病态反应，提示机体免疫系统的局限性。本章还对慢性炎症从病原体与机体的共进化博弈角度进行了探讨（本章第三节"二、微生物的进化及与人类的共进化"和第三章第二节）。肿瘤可以从新生物与机体共进化博弈的角度进行探讨（详见第三章第三节）。

第五节　医学中的适合度及其意义

"适者生存"是达尔文进化论的核心，进化生物学和理论生物学用适合度（fitness）定量表述。适合度的概念源自群体遗传学（数量遗传学），是指在某种环境条件下，已知基因型的个体将其基因传递到后代基因库中的相对能力，是衡量个体存活和生殖能力的尺度，通常用相同环境中不同个体的相对生育率（fertility）衡量。适合度越大，存活和生殖的概率越高。随着进化论观点在生命科学研究和应用中的深入和传播，适合度概念逐渐渗入到生命科学，甚至人文科学和企业管理等应用学科的诸多领域，如"能量"、"信息"等逐渐成为常用术语。医学领域中机体适合度的内涵由以生殖为主转移为以个体生存为主，成为机体生存活力的指标，在临床医学和保健、运动医学的文献中已经广泛使用；基础医学和实验研究中"适合度"概念也频频出现，增加了研究的深度和广度。但是，不同作者对适合度内涵的理解不尽相同，本节结合相关文献报道探讨医学研究中适合度的内涵和意义。

一、医学中适合度的含义和测量方法

医学中的适合度概念有两大类：机体（宿主）的适合度可以作为个体生存能力强弱的尺度，临床和运动医学采用多种方法和指标，如体力适合度可以用客观的功能代谢指标测量，也有用答题评估。细胞或寄生物的适合度是指在类似的微环境中细胞或寄生物传递已知基因型给后代的能力，即细胞克隆的生存和增殖能力，或寄生物的生存和增殖能力；肿瘤和病原微生物的适合度可以归结为"毒力"，与致病力相关（下详）。细胞适合度可以用定量 PCR 方法测定端粒长度作为参数。最近 Lauring 等报道可用条纹码芯片法测定 RNA 病毒的适合度。

在医学研究中可以根据实验的需要测定某个因素对适合度的影响。例如，Traulsen 等测定了 BCR-BCR-ABL 表达对白血病细胞适合度的影响，证明了 BCR-ABL 在慢性髓细胞白血病发生、发展中的作用。随着研究技术的进步会有更多的指标用于适合度的研究和测定。

二、医学中适合度的应用

1. 适合度在疾病中的预后意义

部分临床医学和运动医学已经广泛使用适合度的概念。例如，临床观察发现细胞端粒长度是冠心病的独立预后指标。最近 Krauss 等对 944 例门诊冠心病患者的体力适合度、问卷调查和外周血白细胞端粒的长度同时进行测定，结果表明：客观测定的体力适合度（代谢指标）和问卷调查的结果与外周血白细胞端粒长度测定的结果一致，值得我们深入研究，或许能找出更简易、可靠的预后指标。

2. 造血干细胞、祖细胞的适合度与白血病

衰老伴随着细胞、组织和器官功能的减退，即适合度降低，同时伴随着肿瘤发生频率的增加（文献报道约 80% 的肿瘤是在 50 岁以后发现的）。现在公认的肿瘤发生理论认为肿瘤源自一个癌变细胞，称单克隆学说。在肿瘤发展过程中由于变异，产生了亚克隆，导致肿瘤的异质性（heterogeneity），即存在多种表型不尽相同的肿瘤细胞后裔，它们的细胞适合度不同，如不同的亚克隆产生不同的自激生长因子、血管生长因子等。随着肿瘤的生长在有限的微环境中它们之间有生存竞争，也有合作进化。干细胞、祖细胞可以用适合度景观（fitness landscape）寻找共进化点，研究表明干细胞池的适合度景观在临床和研究中都有重要意义。哺乳类动物造血系统功能的减退研究得比较深入，Henry 等用小鼠实验模型进行的研究表明：淋巴祖细胞适合度的降低明显增加衰老相关的致白血病性。最近 Porter 等根据他们多年的研究也认为造血祖细胞的相对适合度影响白血病的进程。

3. 适合度与肿瘤及慢性感染的防治策略

感染和肿瘤是危害人类健康的主要疾患。如果把肿瘤视为内源性的寄生物，肿瘤和慢性感染可以归为同一大类慢性疾病，遵循类似的发生、发展规律。人体作为由人体细胞与体内外寄生物组成的细胞王国（细胞社会），人类个体的一生就是它们的共进化过程。其适合度取决于机体的适合度和共生生物的适合度，寄生物的适合度主要取决于其毒力。进化生物学家对毒力的定义是寄生物感染导致的宿主适合度减少，即宿主死亡率的增加。肿瘤作为内源性寄生物，进化的转归与其他病原寄生物不同：宿主死亡意味着肿瘤也死亡。毒力还可以从另一方面理解，即寄生物降低宿主的生育能力和有限杀伤宿主（obligate killer），这种情况下毒力与寄生物的数量和质量相关，Little 等采用式（2-1）表达这种关系。

$$\text{毒力} = I\alpha \tag{2-1}$$

式中，I 是寄生物在宿主体内的密度，取决于寄生物的繁殖率和宿主对它们的杀伤率；α 是单个寄生物导致的损伤程度，由寄生物的毒力因素（如毒素）和宿主的对抗因素（如抗毒素）决定。

从共进化博弈的观点分析，寄生物和宿主按照式（2-1）能取得最优化毒力，使寄生物和宿主在一定条件下都能生存，所以宿主的适合度必须考虑。Little 等采用式（2-2）表达这种关系。

$$\text{宿主适合度} jn = \omega\, on - I\, jn\, \alpha\, jn \tag{2-2}$$

即实时的宿主适合度是宿主正常状态下的适合度 ωon 减去毒力引起的适合度降低。n 是宿主的第 n 个基因型，j 是寄生物的第 j 个基因型。式（2-2）是实际宿主适合度，但是并非所有的研究都如此全面考虑，临床上往往将式（2-2）简化，有的将毒力 I 假设为常数，也有将毒力 I 假设为仅取决于寄生物（肿瘤）的基因型；也有将正常状态下的适合度 ωon 视为常数，即原有的健康状况。

从实际应用考虑，把宿主的适合度作为宿主生存能力的量度，式（2-2）给出了简明的关系，有明显的临床意义。正常状态下的适合度 ωon 可以理解为中医治则"扶正固本"中的"正"和"本"；$Ijn\, \alpha jn$ 是寄生物（包括肿瘤）导致的宿主生存能力的降低。显然，治疗的策略应该是增加前项，减少后项。然而，实际治疗中难免牺牲前项降低后项，如化疗、放疗、手术治疗在降低后项的同时都会减少前项；中医治则考虑得比较全面，在"扶正固本"增加后项的同时，考虑到不能同时"补邪"导致后项的增加。中医还强调"治未病"，如"夏病冬治"，"冬病夏治"，即在慢性病发作间期给予治疗措施增加前项，降低后项。近年来国内盛行"三伏贴"、"三九贴"（在三伏天或三九天季节，按患者病患在相关经络穴位外敷中药）治疗哮喘等慢性病，受到广大患者的欢迎，说明有一定的疗效，值得深入研究。

第六节 结语和展望——微观进化论

生命是物质存在的一类形式。地球形成后逐步形成产生生命物质的条件，在漫长的地质年代中逐步形成了原始的生命，经过 40 多亿年进化到当今的大千世界，这就是宏观进化（macroevolution）的过程。一个多世纪来细胞生物学和分子生物学的发展，将我们对生命的认识从直观（肉眼所见）水平扩展到微观——显微和亚显微水平，思索的范畴从物种起源扩展到生命起源。21 世纪对宇宙的认知改变了问题的内涵，20 世纪对于生命起源的考证仅限于地球上生命的起源，普遍认为生命起源于水。近年来天文学研究进展表明水资源在宇宙中广泛存在，从陨石中测出生命物质的小分子前体，提示其他星球上生命存在的可能性，拓展了宏观进化理论的课题。

现有的生物学资料也向传统的生物学概念提出了挑战。最新版的微生物学教科书将类病毒（viroid）和朊病毒（prion）列为已知的最小病原微生物。类病毒是环状单链 RNA 分子，由 246~399 个核苷酸组成，能使多种植物致病，对动物不致病。然而，近年来的研究表明，丁型肝炎病毒（HDV）是类病毒，HDV 单独不致病。但是，在乙型肝炎病毒（HBV）表面抗原阳性的患者再次感染 HDV 后，会罹患丁型肝炎——最严重、预后很差的肝炎。HDV 是 HBV 的卫星病毒。类病毒按作用机制分类是一种调节 RNA，其复制完全依赖于宿主的功能，通过昆虫或其他机械损伤形成的伤口进入宿主体内。显然，超有机体/细胞社会中也应该包含类病毒、朊病毒等分子生物。

内源性逆转录病毒占人类基因组 DNA 8％的事实报道后引起了研究者的震惊。近年来的研究进展表明可能还有别的病毒整合到人类基因组中，成为化石病毒。例如，负链 RNA 病毒 bornavirus，可引起马和绵羊致死性神经系统疾患，有人怀疑一些人类的精神疾患可能与此病毒相关。近年来的研究进展表明，约 4000 万年前 bronavirus 的基因 DNA 片段就已经进入人类基因组，正常状态下不致病，可能有某些正常功能；在某些异常状态下异常激活，引起某些疾病。人类疱疹病毒普遍感染，广泛传播，多数人终身隐性感染，某种情况下激活，与一些疾病相关。约有 1％ HHV-6 感染者的 HHV-6 DNA 整合到染色体中，但是仍然不致病，提示病毒整合到基因组中的进程仍在不断进行中。

达尔文的进化论从宏观和直观水平阐明了物种起源，变异和选择是进化的主要机制。近百年来对生命体系的微观水平研究展示了达尔文时代未能研究的侧面，尤其对医学生物学的深入探讨，逐渐形成了微观进化（microevolution）的观点，即在多细胞有机体数十年的生活史中，机体细胞与微生物、寄生物共处于一个生态系统中。胚胎发育过程中个体发育反映了系统发育，出生后成体生长、发育、衰老、死亡的过程实际上是超有机体中机体细胞与微生物等的共进化博弈过程，具有时间和空间都是微缩的进化过程。其中也有变异和选择，但是，更多、更重要的是共进化博弈，如隐性和（或）持续性感染、带（细）菌、带（病）毒、带（肿）瘤生存；耐药性、毒力变异、转移浸润等。许多疾病是机体与寄生物的共进化博弈过程，急性感染性疾病机体战胜病原体则痊愈，否则机体死亡；如果机体和病原体都不能全胜，即进入慢性感染或持续性感染状态，即共进化博弈状态。一生中可以经历多次此类感染。肿瘤作为内源性寄生物与机体处于共进化博弈状态。

基因组在超有机体的生活中起主导作用，但机体的实际状况取决于共进化博弈的结局。依据达尔文进化论可以画出物种进化的"系统树"；但是不存在微观进化系统树，因为时间短暂，生命到此为止。孪生兄弟或姐妹、纯系动物可以有不同的命运。但是宏观进化和微观进化的结果都是混沌的,初期的微小差别都可以引起往后的巨大差异,在微观进化过程中共进化博弈显得更为重要。

(吴克复)

参 考 文 献

马迪根 MT,马丁克 JM,等. 2009. Brock 微生物生物学(原书第 11 版). 李明春、杨文博译. 北京:科学出版社

钱其军,刘新垣. 2011. 肿瘤休眠细胞:复发根源和治疗靶标. 中国肿瘤生物治疗杂志,18:115-125

吴克复,郑国光,马小彤,等. 2011. 白血病复发的机制:老问题,新视角. 中国实验血液学杂志,19(3):557-560

吴克复. 2006. 细胞通讯与疾病. 北京:科学出版社

Amdam G V, Seehuu S C. 2006. Order, disorder, death: lessons from a superorganism. Adv Cancer Res, 95: 31-60

Axelrod R, Axelrod D E, Pienta K J. 2006. Evolution of cooperation among tumor cells. Proc Natl Acad Sci USA, 103 (36): 13474-13479

Bagby G C, Fleischman A G. 2011. The stem cell fitness landscape and pathways of molecular leukemogenesis. Front Biosci (Schol Ed), 3: 487-500

Battistuzzi F U, Feijao A, Hedges S B. 2004. A genomic timescale of prokaryote evolution: insights into the origin of methanogenesis, phototrophy, and colonization of land. BMC Evol Biol, 4: 44-50

Bay D C, Turner R J. 2009. Diversity and evolution of the small multidrug resistance protein family. BMC Evol Biol, 9: 140 doi: 10.1186/1471-2148-9-140

Blaser M J, Kirschner D. 2007. The equilibra that allow bacterial persistence in human host s. Nature, 449: 843-850

Boller K, Schonfeld K, Lischer S, et al. 2008. Human endogenous retrovirus HERV-K113 is capable of producing intact viral particles. J Gen Virol, 89: 567-572

Boots M, Best A, Miller M R, et al. 2009. The role of ecological feedbacks in the evolution of host defence : what does theory tell us? Phil Trans R Soc B, 364: 27-36

Capri M, Monti D, Salvioli S. 2006. Complexity of anti-immunosenescence strategies in humans. Artif Organs, 30 (10): 730-742

Cegelski L, Marshall G R, Eldridge G R, et al. 2008. The biology and prospects of antivirulence therapies. Nat Rev Microbiol, 6 (1): 17-27

Chen B S, Chang C H, Chuang Y J. 2008. Robust model matching control of immune system under environmental disturbances: dynamic game approach. J Theo Biol, 253: 824-837

Cunningham J J, Gatenby R A, Brown J S. 2011. Evolutionary dynamics in cancer therapy. Mol Pharm, 2011, 8 (6): 2094-2100

Davenport M P, Belz G T, Ribeiro R M. 2008. The race between infection and immunity: how do pathogens ste the pace? Trend Immunol, 30 (2): 61-67

Dethlefsen L, McFall-Ngai M, Relman D A. 2007. An ecological and evolutionary perspective on human-microbe mutualism and disease. Nature, 449: 811-819

Dietrich C, Kaina B. 2010. The aryl hydrocarbon receptor (AhR) in the regulation of cell-cell contact and tumor growth. Carcinogenesis, 31 (8): 1319-1328

Dowling D K, Simmons L W. 2009. Reactive oxygen species as universal constraints in life-history evolution. Proc R Soc B, 276: 1737-1745

Feschotte C. 2010. Virology: bornavirus enters the genome. Nature, 463 (7277): 39-40

Gerlinger M, Swanton C. 2010. How Darwinian models inform therapeutic failure initiated by clonal heterogeneity in cancer medicine. British Journal of Cancer, 103: 1139-1143

Gousste K, Zurzolo C. 2009. Tunnelling nanotubes: a highway for prion spreading? Prion, 3: 94-98

Hagberg L, Cinque P, Gisslen M, et al. 2010. Cerebrospinal fluid neopterin: an informative biomarker of central nervous system immune activation in HIV-1 infection. AIDS Res Ther, 7: 15-27

Heinrich A, Adamaszek M. 2010. Anti-Borna disease virus antibody response in psychiatric patients: long-term follow up. Psychiatry Clin Neurosci, 64 (3): 255-261

Henry C J, Marusyk A, DeGregori J. 2011. Aging-associated changes in hematopoiesis and leukemogenesis: what's the connection? Aging, 3 (6): 643-656

Henry C J, Marusyk A, Zaberezhnyy V, et al. 2010. Declining lymphoid progenitor fitness promotes aging-associated leukemogenesis. Proc Nat Acad Sci USA, 107 (50): 21713-21718

Javier R T, Butel J S. 2008. The history of tumor virology. Cancer Res, 68 (19): 7693-7706

Krauss J, Farzaneh-Far R, Puterman E, et al. 2011. Physical fitness and telomere length in patients with coronary heart disease: findings from the heart and soul study. PLoS ONE, 6 (11): e26983doi: 10. 1371/journal. pone. 0026983

Kurth R, Bannert N. 2010. Beneficial and detrimental effects of human endogenous retroviruses. Int J Cancer, 126 (2): 306-314

Lauring A S, Andino R. 2011. Exploring the fitness landscape of an RNA virus by using a universal barcode microarray. J Virol, 85 (8): 3780-3791

Lazzaro B P, Little TJ. 2009. Immunity in a variable world. Phil Trans R Soc B, 364 (1513): 15-26

Lee H K, Silva A S, Concilio S, et al. 2011. Evolution of tumor invasiveness: the adaptive tumor microenvironment landscape model. Cancer Res, 71 (20): 6327-6337

Linden R, Martind V R, Prado M A M, et al. 2008. Physiology of the prion protein. Physiol Rew, 88: 673-728

Little T J, Shuker D M, Colegrave N, et al. 2010. The coevolution of virulence: volerance in perspective. PLoS Pathog, 6 (9): e1001006

Nowak M A, Tarnita C E, Antal T. 2010. Evolutionary dynamics in structured populations. Phil Trans R Soc B, 365: 19-30

Porter C C, Baturin D, Choudhary R, et al. 2011. Relative fitness of hematopoietic progenitors influences leukemia progression. Leukemia, 25: 891-895

Schulenburg H, Kurtz J, Moret Y, et al. 2009. Introduction. Ecological immunology. Phil Trans R Soc B, 364: 3-14

Taanila H, Hemminki A J, Suni J H. 2011. Low physical fitness is a strong predictor of health problems among young men: a follow-up study of 1411 male conscripts. BMC Public Health, 25; 11: 590

Tomonaga K. 2010. Living fossil or evoling virus? EMBO Rep, 11 (5): 327

Traulsen A, Pacheco J M, Dingli D. 2010. Reproductive fitness advantage of BCR-ABL expressing leukemia cells. Cancer Letters, 294: 43-48

Virgin H W, Wherry E J, Ahmed R. 2009. Redefining chronic viral infection. Cell, 138: 30-51

Wedemeyer H, Manns M P. 2010. Epidemiology, pathogenesis and management of hepatitis D: update and challenges ahead. Nat Rev Gastroenterol Hepatol, 7 (1): 31-40

Xaviera J B. 2011. Social interaction in synthetic and natural microbial communities. Mol Syst Biol, 7: 483-492

Xu D, Ondeyka J, Harris G H, et al. 2011. Isolation, structure, and biological activities of Fellutamides C and D from an undescribed Metulocladosporiella (Chaetothyriales) using the genome-wide candida albicans fitness test. J Nat Prod, 74: 1721-1730

Zeh D W, Zeh J A, Ishida Y. 2009. Transposable elements and an epigenetic basis for punctuated equilibria. BioEssays, 31: 715-726

Zimmer R K, Ferrer R P. 2007. Neuroecology, chemical defense, and the keystone species concept. Biol Bull, 213: 208-225

第三章 免疫的细胞社会作用

免疫是机体抵御入侵者、清除异己、维持机体平衡和稳态的功能，其执行机制称为免疫系统。近年来对免疫的研究已经提高到哲学高度，认为免疫机制本质上就是识别自我，排斥异己。然而，免疫有重要的生物学功能，是高等动物生存的基础之一。本章从微观水平、细胞社会生态学视角，探讨免疫的细胞分子生物学机制、免疫的细胞社会生态学原理，即从细胞社会的微生态角度探讨免疫系统的发生、发展，以及免疫相关疾病的一些发病机制。

第一节 免疫的进化

免疫系统是细胞社会进化到高级阶段形成的功能系统。与机体的其他系统不同，免疫系统的组成成分不一定连续成一体，可由分散的免疫器官、免疫细胞和免疫分子构成，主要组成部分属于造血系统，在造血系统中占主要份额。经过长期进化，免疫成为血液循环系统的主要功能之一。无脊椎动物不一定有循环系统，如刺胞动物、扁形动物、缓步动物和线形动物都没有循环系统；有循环系统的无脊椎动物又有不同进化水平的循环系统。例如，可能是脊椎动物祖先的软体动物有开管式循环系统，一些快速游泳的无脊椎动物，则为闭管式循环，它们的血液无色，含有变形虫样的细胞。有些种类的软体动物血浆中含有血红蛋白或血清蛋白，故血液呈红色或青色。头足动物的循环系统有向闭合式循环进化的趋向。环节动物有闭合式循环系统。但是，即使都是闭合式循环系统，不同进化水平动物的血液循环系统仍然不同。例如，昆虫和蜘蛛等循环的是血淋巴，主要功能是运输，将呼吸系统的氧气和消化系统的营养物质运输到体内其他部分，将二氧化碳和代谢废物运输到排泄器官，只有初级免疫功能。

免疫系统是生物进化中出现最晚的功能系统，物种发展到脊椎动物才逐渐演化出完整的免疫系统。人类的免疫系统是体内广泛分布的功能系统，由多个器官共同协调运作，包括骨髓、胸腺、脾脏、淋巴结、扁桃体、小肠集合淋巴结、阑尾、胸腺等脏器；免疫细胞则包括淋巴细胞、单核/巨噬细胞、中性粒细胞、嗜碱性粒细胞、嗜酸性粒细胞、肥大细胞、血小板等；涉及的免疫分子有补体、免疫球蛋白以及干扰素、白细胞介素、肿瘤坏死因子等细胞因子。免疫系统的各个组分广泛分布，错综复杂，只有少数器官有免疫赦免区。免疫细胞和免疫分子不断产生、更新。免疫系统具有高度的分辨力，用于识别自己和非己物质，维持机体稳态；接受和记忆免疫信息；针对免疫信息产生正或负的免疫应答，并不断调整其应答性。与其他功能系统一样，虽然参与免疫系统与功能的细胞与分子众多，但综合功能是统一专职的，就是识别自我与排斥异己，维持细胞社会的治安和稳定。免疫系统的分散性和无处不在有利于其功能的执行，类似于人类社会公安部门的分散分布和警察的巡逻、维持治安。

近年来随着固有免疫系统研究的快速发展，人们对于免疫系统的认识有所扩展，并认识到屏障机制的重要免疫作用。屏障机制是由上皮细胞、内皮细胞、成纤维细胞、平滑肌细胞等非免疫细胞构成的，然而它们却是固有免疫的基础性结构，这些细胞也能产生抗菌肽和肿瘤细胞生长抑制因子。自然杀伤细胞（NK）等固有免疫细胞在抗病毒和抗肿瘤机制中起重要作用，日益受到临床医学的重视。虽然人类的固有免疫系统与获得性免疫系统在功能上密切联系，形成了调控网络，但是，有些固有免疫系统的免疫细胞源于多细胞生物的进化早期。植物也能产生抗菌肽，也有广泛的屏障机制，所以植物也有固有免疫系统。实际上，昆虫产生的抗菌肽早已成为一个受到广泛关注的研发领域。童言无忌，中小学生在接受自然科学知识的早期就问：苍蝇自幼生长在肮脏的地方，它们为什么不得病？沿着这个思路，防御素的研究得到快速发展；近年来转向从蟑螂寻找抗肿瘤的天然药物。按照类似的思路和逻辑，无脊椎动物应该有免疫系统的雏形，已有的研究资料表明，虽然无脊椎动物没有获得性免疫系统，但是有些无脊椎动物具有形成免疫系统的基础，如造血系统的雏形和淋巴；实际上各种无脊椎动物有各自独特的固有免疫系统，因为生存竞争不仅在直观水平，也在微观水平发生，即无脊椎动物不仅要与直观水平的天敌斗争，还要与微生物斗争，如果没有适当的免疫系统怎么能生存、繁衍？所以，无脊椎动物的免疫系统应该深入研究。

广义的免疫系统涉及机体各个部分。各种组织、器官具有局部的免疫机制，不仅有形态机制，还有功能机制，如咳嗽、呕吐、发热等都是机体的保护性病理生理反应，有整体免疫作用。因此，应该从细胞社会和超有机体的视角研究免疫，探讨免疫的细胞社会生态学原理。

免疫系统是生物在长期进化过程中、在与各种致病因子的不断斗争中逐步形成的，具有明显的多样性和复杂性；有讽刺意味的是在个体发育中免疫系统需要有异体抗原的刺激才能发育完善，近年来的实验研究结果证明无菌动物的免疫系统发育不良。人类的疾病绝大多数与免疫系统相关，免疫学知识不仅是防治疾病的基础，免疫学研究也与疾病的发生发展机制相关，有重大的理论意义。

纵观免疫的进化，免疫系统主要是在与微生物的抗争以及维护细胞社会的平衡和稳态中形成和发展的，随着生物的进化逐步完善。对于物理、化学致病因素虽有一些防御、抗争机制，但作用相对微弱而有限，主要靠人类社会的防御和抗争作用。昆虫（蚂蚁、蜜蜂）社会有社会免疫机制（见本章第五节），人类社会有公安、医院、防疫站、卫生部等专职的社会免疫机构，弥补了人体免疫系统的不足。

第二节 微生物与免疫

微生物对于多细胞生物有机体而言是微小的入侵者，但是，进入机体后若能长期共存，则可能成为细胞社会的一员，犹如人类社会涉及数量巨大的多种动物、植物和微生物。本节讨论导致人类疾病的病原微生物，因为微生物免疫是免疫系统形成的基础，从一定意义上讲"没有微生物就没有免疫系统"。

一、细菌持续性感染的博弈分析

微生物免疫是免疫学中研究最早、最深入的领域。半个多世纪以来由于抗生素的发展和应用,大多数急性细菌性感染都能很快控制并治愈;与急性细菌性感染不同,持续性细菌感染则仍然治疗困难,如结核菌、幽门螺杆菌、伤寒菌等引起的持续性感染,不仅需要较长时间的治疗,而且预后较差,死亡率高,因为这些细菌不仅有多种逃避和对抗免疫功能的机制,能够在细胞外生长,还能在细胞内生长、繁衍。其中细菌的生存部位,即微环境起关键性作用(表3-1)。

表 3-1 持续性感染中细菌对抗宿主反应的机制

种类	原理	举例
秘密行动	细胞内存活	衣原体
	隔离(形成异质体)	金黄色葡萄球菌
	分子模拟	大肠杆菌(K1荚膜)
	低抗原性(表面抗原)	密螺旋体
	对固有免疫反应刺激物低表达	伤寒菌(Vi)
	抗原掩蔽	奈瑟菌(淋球菌)
变异	表面抗原变异	类杆菌
抗防御机制	吸收抗体	金黄色葡萄球菌(A蛋白)
	IgA蛋白酶	嗜血性流感杆菌
	抑制吞噬	金黄色葡萄球菌
	对吞噬杀伤耐受	沙门菌
	消除巨噬细胞警戒	耶尔森菌
	杀伤巨噬细菌	结核菌
	消除T细胞警戒	幽门螺杆菌

资料来源:Blaser 和 Kirschner(2007)。

当两个有机体居于同一栖息地时两者可能发生冲突,也可能妥协,有时两者兼有,处于"冷战"型冲突或"和平共处"。机体内部有更复杂的宿主与微生物的相互作用,在共进化过程中形成相互适应、相互斗争的多层次的各种机制,形成了非线性的相互关系。机体与病原体间的斗争,当"魔高一尺,道高一丈"时机体康复;若"道高一尺,魔高一丈"时机体患病。所以宿主与微生物间处于博弈状态。Blaser等根据对结核菌、幽门螺杆菌和伤寒菌的持续性感染的研究提出机体与微生物间的稳态关系是嵌套均衡,与博弈论中的纳什均衡一致。

最近Eswarappa对细菌生存部位在持续性感染中的作用进行了博弈论分析。虽然方法比较简单,但是结果清晰,值得深入探讨。

在此研究系统中病菌与宿主有截然相反的得益:病菌谋取在宿主体内尽可能大的增殖和生存,并传播到新的宿主体内;宿主则最大限度地限制病菌繁殖,谋求消灭病菌。病菌有两种基本的生存场所:细胞内和细胞外。宿主对于细胞外的病菌有多层次的防御机制，如抗菌肽、补体系统和抗体；对于细胞内的病菌有反应氧、氧化氮及溶酶体作为细胞内防御机制。持续性感染即宿主与病原间达到纳什均衡。在博弈中，如果没有参与者能够提出更好的策略赢得胜利，则采取各方都未获胜，而且各方都可接受的折中方案（和局），博弈论中称为纳什均衡。Eswarappa 对持续性感染进行了如下的分析：

博弈定义

(1) 参与者（players）——宿主（H）和病菌（P）。

(2) 策略（strategies）。

(i) 病菌的策略——细胞外繁衍（P_{extra}）；细胞内繁衍（P_{intra}）。

$X=(x_1, x_2)$ 是病菌的混合策略，即病菌以概率 x_1 进行 P_{extra}，以概率 x_2 进行 P_{intra}，这样 $x_1+x_2=1$。

$X^*=(x_1^*, x_2^*)$ 是病菌在纳什均衡情况下的混合策略，即在纳什均衡期间，病菌以概率 x_1^* 进行 P_{extra}，以概率 x_2^* 进行 P_{intra}，这样 $x_1^*+x_2^*=1$

(ii) 宿主的策略——用细胞外防御机制（H_{extra}）和细胞内防御机制（H_{intra}）对抗病菌。

$\gamma=(y_1, y_2)$ 是宿主的混合策略，即宿主以概率 y_1 进行 H_{extra}，以概率 y_2 进行 H_{intra}，这样 $y_1+y_2=1$。

$\gamma^*=(y_1^*, y_2^*)$ 是宿主在纳什均衡情况下的混合策略，即在纳什均衡期间，宿主以概率 y_1^* 进行 H_{extra}，以概率 y_2^* 进行 H_{intra}，这样 $y_1^*+y_2^*=1$。

(3) 得益或效应（Payoff or utility）。每个参与者的得益由下述矩阵定义：

	H_{extra}	H_{intra}
P_{extra}	$(a, -k_1 a)$	$(b, -k_1 b)$
P_{intra}	$(c, -k_2 c)$	$(d, -k_2 d)$

a, b, c, d 是病菌在 4 种可能的纯策略下的得益；$-k_1 a, -k_1 b, -k_2 c, -k_2 d$ 是宿主的相应得益。k_1 和 k_2 是均衡常数。

宿主的得益（U_H）由下式给出：

$U_H(X,Y) = -\{x_1 y_1 [k_1(a-b) + k_2(d-c)] + x_1(k_1 b - k_2 d) + y_1 k_2(c-d) + k_2 d\}$

按照 Blaser 等的假设，细菌的持续性感染是嵌套均衡（nested equilibria），与纳什均衡一致。在持续性感染期间能够按照纳什均衡的定义进行计算：

$$U_P(X^*,Y^*) \geqslant U_P(X,Y^*) \text{ 和 } U_H(X^*,Y^*) \geqslant U_H(X^*,Y)$$

获得了三种可能的纳什均衡：

(1) $X^* = (x_1^*, x_2^*) = (1,0)$ $Y^* = (y_1^*, y_2^*) = (1,0)$；

(2) $X^* = (x_1^*, x_2^*) = (0,1)$ $Y^* = (y_1^*, y_2^*) = (0,1)$；

(3) $X^* = (x_1^*, x_2^*) = \{[k_2(d-c)]/[k_1(a-b)+k_2(d-c)],$
$[k_1(a-b)]/[k_1(a-b)+k_2(d-c)]\}$；

$Y^* = (y_1^*, y_2^*) = \{(d-b)/[(a-b)+(d-c)], (a-c)/[(a-b)+(d-c)]\}$；

第一种纳什均衡，当 $x^*=1$，$y^*=1$ 是可能的，即

$$y_1^*(a-b-c+d) > (d-b) \text{ 和}$$
$$x_1^*[k_1(a-b)+k_2(d-c)] < k_2(d-c)$$

获得 $a>c$ 和 $a<b$。

'a' 是病菌仅在细胞外间隙繁衍，宿主仅用细胞外防御机制时病菌的得益；'b' 是病菌仅在细胞外环境繁衍，宿主仅用细胞内防御机制时病菌的得益，所以 $b>a$ 是生物学可能的。'c' 是病菌仅在细胞内繁衍，而宿主仅用细胞外防御机制的得益。所以 $a>c$ 不是生物学可能的情况，即第一种纳什均衡没有生物学意义。

第二种纳什均衡，当 $x^*=0$，$y^*=0$ 是可能的，即

$$y_1^*(a-b-c+d) < (d-b) \text{ 和}$$
$$x_1^*[k_1(a-b)+k_2(d-c)] > k_2(d-c)$$

获得 $d>b$ 和 $c<d$。

'c' 是病菌仅在细胞内繁衍，而宿主仅用细胞外防御机制时病菌的得益；'d' 是病菌仅在细胞内环境中繁衍，而宿主仅用细胞内防御机制时病菌的得益，所以 $c>d$ 是生物学可能的。'b' 是病菌仅在细胞外间隙中繁衍，而宿主仅用细胞内防御机制时病菌的得益。所以 $d>b$ 不是生物学可能的，即第二种纳什均衡没有生物学意义。

第三种纳什均衡是无条件的：

$$X^* = (x_1^*, x_2^*) = \{[k_2(d-c)]/[k_1(a-b)+k_2(d-c)],$$
$$[k_1(a-b)]/[k_1(a-b)+k_2(d-c)]\}$$
$$Y^* = (y_1^*, y_2^*) = \{(d-b)/[(a-b)+(d-c)],$$
$$(a-c)/[(a-b)+(d-c)]\}$$

适合于细菌的持续性感染。

1. $0 < x_1^* < 1$
2. $0 < x_2^* < 1$
3. $0 < y_1^* < 1$
4. $0 < y_2^* < 1$

即在持续性感染时病菌存在于细胞内和细胞外，而宿主对抗病菌采用细胞内和细胞外两种防御机制。

病菌在体内的定位是致病的关键。如果该细菌具有对抗细胞内防御机制的性能，可以安逸地生存繁衍直至细胞死亡，导致持续性感染，但是不能向外传播后代；细胞外的病菌则容易传播至新的宿主，所以病菌面临"安逸"与"传播"的权衡。实际上持续性感染时病菌在细胞内、细胞外都有，细胞内、细胞外病菌的多少与宿主的免疫力相关。

二、内源性逆转录病毒

细菌的持续性感染是在一个世代的机体中的共栖；在长期生物进化过程中有些逆转录病毒整合到宿主细胞中，世代相传成为内源性逆转录病毒，并成为细胞社会的组成部分，有的基因有重要功能，如 *Fms* 编码巨噬细胞集落刺激因子的受体，有重要的免疫作用；其突变基因是重要的癌基因，在髓系白血病、乳腺癌、肝癌、卵巢癌等恶性肿瘤

的发生、发展中起重要作用。

内源性逆转录病毒（endogenous retrovirus，ERV）是古代人类、哺乳类和其他脊椎动物的种质细胞（germ cell，产生精细胞或卵细胞的生殖细胞）感染病毒衍生的逆转录病毒，它们的原病毒（provirus）传给后代，持续至今仍存在于基因组中。逆转录病毒能将它们的 RNA 逆转录成 DNA 整合到宿主基因组中（形成原病毒）。大多数逆转录病毒（如 HIV-1）感染体细胞，有的能感染种质细胞，一旦种质细胞感染这些病毒并按照孟德尔规律遗传给后代就成为内源性病毒。

逆转录病毒按照它们的传播方式分为外源性和内源性两大类。通常认为源自宿主的内源性逆转录病毒不致病，但是，近年来发现有些可能也致病。例如，从前列腺癌或慢性疲劳综合征患者中发现的 γ 逆转录病毒，这些病毒与嗜异性小鼠白血病病毒（X-MLV）关系密切，称为嗜异性白血病病毒相关病毒（XMRV），其来源和传播途径尚未明确。可能源自啮齿类动物的内源性逆转录病毒，因为野鼠和纯系小鼠都有 X-MLV。

哺乳类动物的基因组含有大量的逆转录元件（retroelement），即扩增时需要逆转录的可移动序列。相当大部分的这类元件源自逆转录病毒，有数千个序列类似感染性逆转录病毒的整合形式，以两个长末端序列为边界框，内含 *gag*、*pol* 和 *evn* 基因的同源序列。这些元件称为内源性逆转录病毒（ERV），是古代哺乳类动物的生殖细胞感染逆转录病毒的残存物，按照孟德尔方式传递。有些哺乳类动物的 ERV 已经被系统研究，按照同源性分为 10～100 个族，每个族有数百个元件。对 *pol* 或 *evn* 基因的系统发生分析表明：ERV 与现代的逆转录病毒高度同源，说明它们有共同的进化历史。大多数内源性逆转录病毒是古老而静止的，但是，它们的可读框已被破坏，仅少数原病毒还有完整的基因及相应的蛋白质表达。有些元件仍含有 *gag* 和 *pol*，能合成病毒颗粒，其包膜基因产物参与同源或异源病毒颗粒。

泡沫病毒（foamy virus，FV）是一类复杂的 RNA 逆转录病毒，有其独特的基因结构、调控方式及生活周期特征，分类时将泡沫病毒属（*Spumavirus*）单独列为泡沫病毒亚科（*Spumaretrovirinae*），其他 6 个逆转录病毒属归入正逆转录病毒亚科（*Orthoretrovirinae*）（表 3-2）。泡沫病毒最早在猴肾细胞培养中发现，引起细胞内质网肿胀，

表 3-2 已知的逆转录病毒分类

单链 RNA 逆转录病毒	
Orthoretrovirinae	
α retrovirus	禽肉瘤白血病病毒，Rous Sarcoma 肉瘤病毒
β retrovirus	小鼠乳腺癌病毒
γ retrovirus	小鼠白血病病毒，Abelson 小鼠白血病病毒，猫白血病病毒嗜异性小鼠白血病相关病毒，
δ retrovirus	人类嗜 T 细胞病毒（HTLV-1、HTLV-2），牛白血病病毒
ε retrovirus	鱼肉瘤病毒
Lentinvirus	人、猿猴、猫、牛免疫缺陷病毒
Spumaretrovirinae	
Spumavirus	SFV，HFV（泡沫病毒原型，PFV）
双链 DNA 逆转录病毒	Hepadnaviridse（乙型肝炎病毒）
其他	内源性逆转录病毒

产生泡沫状结构，形成大量合胞体因而得名。泡沫病毒宿主范围广泛，分布于多种脊椎动物。1971年人泡沫病毒（HFV 后称 prototypic foamy virus，PFV）首次发现于鼻咽癌细胞培养中，经过40多年研究尚未证实 PFV 与疾病相关。泡沫病毒可在种间传播，如非人灵长类的 SFV 可传给人，使人处于持续性感染状态，但不引起疾病。

哺乳类动物的内源性共生性逆转录病毒

在哺乳类动物妊娠期间 ERV 是激活的，胚胎植入时大量产生 ERV。现已证实这些病毒有免疫抑制作用，保护胚胎免受母体免疫系统的作用。病毒融合蛋白引起胎盘合胞体的形成，防止胎儿与母体间过度细胞交换。人类内源性逆转录病毒（HERV）种类很多，现在已知的有代表性的如表3-3所示。

表3-3　有代表性的人类内源性逆转录病毒家族

HERV 家族	拷贝数	可能的功能
Ⅰ类（γ retrovirus）		
HERV-E	250（1000）	Opitz 综合征
HERV-W	40（1100）	胎盘形成
HERV-FRD	50（2000）	胎盘形成
HERV-H	1000（1000）	基因表达
Ⅱ类（β retrovirus）		
HERV-K（HML-2）	60（2500）	可能参与致癌过程
Ⅲ类（Spumaviral）		
HERV-L	580（600）	Fv-1 限于小鼠

注：括号内是 solo LTR 拷贝数。

内源性逆转录病毒能长期存在于宿主基因组中。只有在复制获得"剔除"突变时才在短期内有传染性，也可以在重组性缺失时脱离基因组。它们在进化中起重要作用；初步研究发现 HERV 具有重要的有益功能，如产生新基因、使多基因家族（如 MHC 和 TCR）保持多样性等，部分人类 ERV 与一些自身免疫病和肿瘤相关。但更多的作用有待研究阐明。

人类基因组计划发现有数千种 ERV，分为24属（表3-3），占人类基因组 DNA 的8%，由98 000个元件和片段构成。所有的 HERV 都是有缺陷的（有人称其为化石病毒），含有无义突变或缺乏，不能产生有感染性的病毒颗粒，至今只发现一种人类内源性逆转录病毒 HERV-K 能形成传染性病毒颗粒。

三、朊病毒蛋白

至今尚未认识的微生物中可能有些有重要的生理和病理作用。例如，朊病毒（prion），实际上并非病毒，是一种只有蛋白质没有核酸的分子生物，有传染性。因为朊病毒是蛋白质，它对蛋白质强变性剂，如苯酚、尿素等的处理没有耐受性，但却有不同于一般蛋白质的特征，即耐高温性和抗蛋白酶性。朊病毒在细胞内复制，分子质量 27～30 kDa，又称朊病毒蛋白（prion protein，PrP），朊病毒蛋白是人和动物正常细胞基因的编码产物（人的 PrP 基因位于第 20 号染色体短臂）。PrP 分两种：正常细胞内的（PrP^C）与致病的（PrP^{SC}），它们的区别在于蛋白质构型不同，前者为 4 个 α 螺旋结构，后者有 2 个 α 螺旋结构异构为 β 折叠片样结构，由于 β 折叠的存在，后者溶解度低，且抗蛋白酶解，沉积在组织中，免疫系统不能识别两者的差别，不能产生抗体消除 PrP^{SC}。引起人和动物的 30 多种传染性海绵状脑病，如疯牛病和 Creutzfeldt-Jakob 病（克雅氏综合征）。人类格斯特曼综合征和致死性的家族性失眠症已确定是由于编码 PrP 的基因突变，这些突变使编码的蛋白质结构不稳定，由 PrP^C 转变为 PrP^{SC}。10%～15% 的克雅氏综合征患者由基因突变所致。

PrP 不含核酸却能复制，是由于 PrP^{SC} 胁迫 PrP^C 转化为 PrP^{SC} 实现自我复制，并产生病理效应。剔除朊病毒基因的小鼠，即使导入朊病毒也不会感染。所以 PrP 对没有 *PrP* 基因的动物不致病。带有 *PrP* 基因的动物可通过基因突变导致细胞型 PrP 中的 α 螺旋结构不稳定，至一定量时产生自发性转化，β 片层增加，最终变为 PrP^{SC} 型，并通过多米诺效应倍增加而致病。虽然朊病毒的发现两次获得诺贝尔生理学或医学奖，但是对它们仍然知之甚少，因为它们的行为和性质的许多方面与传统的分子生物学理论相悖，正在深入研究中。近年来的研究显示 PrP^C 可能有正常的生理功能，从朊病毒蛋白的表达和分布推测，它们可能是在进化过程中相关微生物共进化融入的共生生物（表 3-4）。

表 3-4 朊病毒蛋白的表达和分布

种属	器官/组织	细胞分布	检测方法	表达和调节
人	脑	突触前非胞体内	WB, IHC, EM	
	小脑	神经元	IHC	低水平表达
	胃，肾，脾	分泌小球	IHC	
	骨骼肌	突触下肌浆	IHC, EM	
	血液	淋巴、单核细胞	FC	激活时上调
	血液	CD34$^+$ 细胞 巨核细胞，血小板	WB, IHC, EM, FC	血小板激活时表面 PrPc 增加
小鼠	脑，嗅球，外周神经系 骨髓，淋巴网状系统 消化道，肺，肾，睾丸	轴突，神经元胞体 造血祖细胞，巨核， 单核细胞，淋巴细胞 树突细胞	IHC, ISH	不同器官和组织 不同，有分散的 细胞高表达 PrPc
牛	胚胎脑，脊髓，神经 卵巢 血，脾，淋巴结	神经元，非神经细胞 卵巢滤泡 滤泡树突细胞，单核 B 细胞，中性粒细胞	ISH 芯片，WB IHC, FC	发育调节 鞘细胞表达高 单核、中性粒低 B 细胞高

种属	器官/组织	细胞分布	检测方法	表达和调节
羊	血	B、T、单核细胞 血小板	FC, RT-PCR	血小板有 mRNA 表面没有蛋白表达 瘙痒症易感者 B 细胞高表达 PrPc

注：EM：电镜检测；FC：流式细胞术检测；IHC：免疫组化检测；ISH：原位杂交检测；RT-PCR：逆转录聚合酶链反应检测；WB：蛋白质印迹试验。

资料来源：Linden 等（2008）。

四、载脂蛋白 B 编辑酶（APOBEC）

生物进化是在生存竞争中进行的，细胞与病毒的斗争也不例外。半个多世纪前发现的干扰素作为天然抗病毒机制已经进行了深入的研究，其提取物和基因工程产品作为抗病毒药物已经在临床上广泛应用。近 10 年来一类新的细胞内抗病毒制剂——载脂蛋白 B 编辑酶 APOBEC 家族的限制因子（restriction factor）引起研究者的关注，有的已进行体内研究。

逆转录病毒的种间传播对哺乳类动物形成威胁，可能引起致命性的疾病。哺乳类动物有多层次的抗病毒机制，包括细胞内的抗病毒机制，属于固有免疫系统的一部分。载脂蛋白 B mRNA-编辑酶催化肽 3G（apolipoprotein B mRNA-editing enzyme catalytic-polypeptide 3G，APOBEC3G）家族是研究较多的细胞内抗病毒机制。除了有广泛的抗逆转录病毒作用外，近年来发现在干扰素作用下肝细胞的 APOBEC 表达上调，有抗肝炎病毒作用。

尿嘧啶是 RNA 的天然成分，出现在 DNA 中是 DNA 最常见的损伤之一。多聚核苷酸 DNA 和 RNA 编辑酶能够改变核酸序列，从而调整编码的信息内容。有两组主要的多聚核苷酸编辑酶：AID/APOBEC 胞嘧啶核苷脱氨酶（催化胞嘧啶脱氨为尿嘧啶）和作用于 RNA 的腺苷脱氨酶（ADAR，使腺苷脱氨为次黄腺苷），这些酶作用于固有免疫和获得性免疫途径，以宿主或病原体为靶，参与宿主的多种免疫机制。胞嘧啶核苷脱氨基酶（AID）编辑 DNA，介导免疫球蛋白的高变异性和类型的重组转换，提供了抗体反应的可变性和多样性，用于对付病原体的挑战——几乎无限的可变性和快速适应性。作为 AID 的进化产物，胞嘧啶核苷脱氨基酶 APOBEC3 通过编辑逆转录病毒基因组限制逆转录病毒感染。腺苷脱氨基酶（ADAR）通过修改编码宿主的免疫效应器和调节器的转录本改变固有免疫反应。比较生物学研究表明灵长类动物的 APOBEC3 基因扩增，可能与防止内源性遗传不稳定性有关。已知人类的 AID/APOBEC 如表 3-5 所示。

人们推测在进化早期尿嘧啶可能是构成遗传信息的主要分子之一，是早期生命的正常成分之一，后来被胸腺嘧啶代替，所以有些 DNA 病毒的遗传物质中仍然保留了尿嘧啶而不是胸腺嘧啶。在现代生物的体细胞中，DNA 中出现尿嘧啶是致变异原，也能修改 DNA 使其有多样性或降解。

表 3-5 人类的 AID/APOBEC

名称	基因定位	外显子	脱氨结构域	表达	细胞定位	编辑活性	靶标
AID	12p13	5	1	B细胞、睾丸	质，核内作用	DNA	Ig基因
APOBEC1	12p13.1	5	1	小肠	质/核、核作用	DNA, RNA	载脂蛋白B mRNA
APOBEC2	6p21	3	1	骨骼肌、心	质/核	未知	未知
APOBEC3A	22q13.1	5	1	角质细胞、血	核	DNA	腺病毒相关病毒，逆转座子
APOBEC3B	22q13.1	8	2	小肠、子宫、乳腺、角质细胞等	质/核	DNA	逆转录病毒 逆转座子 乙肝病毒
APOBEC3C	22q13.1	4	1	多种组织	质/核	DNA	逆转录病毒 逆转座子 乙肝病毒
APOBEC3DE	22q13.1	7	2	甲状腺、脾、血	未知	DNA	逆转录病毒
APOBEC3F	22q13.1	8	2	许多组织	质	DNA	逆转录病毒 逆转座子 乙肝病毒
APOBEC3G	22q13.1	8	2	多种组织、T细胞	质	DNA	逆转录病毒 逆转座子 乙肝病毒
APOBEC3H	22q13.1	5	1	血、胸腺、甲状腺、胎盘	未知	DNA	逆转录病毒
APOBEC4	1q25.3	2	1	睾丸	未知	未知	未知

由于胞嘧啶核苷酶的催化脱氨基作用导致U：G失衡，这种结果具有致癌性，所以这个过程必须严格调控以防致癌。脱氨过程的失调是B细胞淋巴瘤的重要发生机制，有些促癌基因的突变点有许多AID的变异序列。近年来的一些研究报道表明，约40%的多发性骨髓瘤患者有异常的型别转换（class switching，CSR）和体细胞高突变性（somatic hypermutation，SHM），导致免疫球蛋白基因移位，从而使周期素D基因、MYC、RAS表达异常，对白介素-6等的增殖刺激更敏感，成为B细胞淋巴瘤形成的早期事件。

人类外源性γ逆转录病毒（XMRV）已由前列腺癌和慢性疲劳综合征患者分离出。最近研究报道XMRV对人类APOBEC3B、APOBEC3C和APOBEC3F耐受，但是对APOBEC3G高度敏感。

AID 的免疫和致癌作用

经过多年研究，人们已确认激素与有些肿瘤相关，如雌激素与乳腺癌的发生发展有关，但对其作用机制知之甚少。近年来的研究表明，雌激素通过激活 DNA 脱氨酶导致 DNA 损伤，与其致癌作用有关。如上所述，DNA 中的胞嘧啶核苷转化为尿嘧啶核苷在免疫系统中起重要作用。体液免疫反应中，在抗原刺激下主要存在于细胞质中的 AID，激活后进入细胞核内，作用于免疫球蛋白位点，对单链 DNA 进行编辑，使胞嘧啶核苷转化为尿嘧啶核苷，通常通过 DNA 损伤修复可以变回胞嘧啶核苷，但是在免疫球蛋白位点导致 DNA 突变和 DNA 重组，产生抗体基因多样性，即型别转换（CSR）和体细胞高突变性（SHM）。SHM 期间在免疫球蛋白位点引起的 DNA 单点突变，扩增、选择出适合抗原结合的氨基酸改变。CSR 期间 AID 靶向免疫球蛋白位点的不变区，允许 DNA 同源区重组，使干扰序列呈环形，从而形成不同的活化位点。这些变化使抗体获得不同的效应功能，包括以膜结合型为主的 IgM 转换为以分泌型为主的 IgE。这两种变化是自然发生的蛋白质引起 DNA 的改变，而不引起 DNA 修复，即在体细胞中引起了 DNA 的改变，似乎是违背中心法则的。AID 的许多功能在提供抗体多样性方面是独特的。

在雌激素诱导下 DNA 脱氨酶产生增加，不仅增强免疫反应也增加突变和致癌性转换。AID 的致癌性在转基因小鼠获得证明，AID 在肺、淋巴结和肝脏等多种组织产生肿瘤。近年来发现 Burkitt 淋巴瘤的 c-myc/IgH 的转位需要 AID 参与。在转位过程中 c-myc 的启动子与免疫球蛋白位点重组，导致 *c-myc* 基因的致癌性表达。除了 *c-myc* 基因的作用外，SHM（或 AID）可以在免疫球蛋白位点以外发生，导致 DNA 脱氨酶引起的肿瘤抑制基因或原癌基因的突变。值得注意的是，DNA 脱氨酶引起的致癌性和 DNA 突变性不是由于蛋白质的遗传缺陷，而是它们的正常功能失调引起的。所以阐明 AID 的调节机制对于认识免疫机制和致癌机制都有重要意义。雌激素能刺激细胞 AID 的产生，伴有免疫球蛋白型别的转换和体细胞高变异性，最明显的变化是致癌性 c-myc/IgH 转位增加，也能观察到 APOBEC3 家族的表达增强，提示激素反应是古老而保守的。

研究发现，细胞经雌激素处理后雌激素受体跃进至 AID 启动子区，募集转录激活复合体，从而转录 AID 基因。在同时刺激雌激素和 NF-κB 途径时，观察到 NF-κB 对启动子结合增强，从而增加 AID mRNA 的产生，比单独刺激时产生得多，可能有免疫学意义，即在免疫反应中雌激素刺激增加 AID 的产生，会导致高反应性体液免疫反应。有大量的资料证明女性在感染中有更显著的免疫反应，可以从免疫球蛋白的水平观察到；这种性别差异在依赖抗体的免疫性疾病中也有表现，如系统性红斑狼疮的女性患者比男性多 10 倍。雌激素增加或高度激活 AID 产生的能力可以部分解释某些自身免疫病的发病机制，即通过 AID 的作用促进抗体产生。

虽然男性也有雌激素作为其内分泌系统的一部分，但是男性的雌激素水平远低于女性。推测 AID 源自抗外来 DNA 的"基因组卫士"，该酶能作用于移动的 DNA 元件，通过脱氨基作用使其变异。这种假设有三个依据：①AID 能部分抑制逆转录病毒感染；②APOBEC3 蛋白有抑制逆转录病毒感染和逆转录元件移动的作用；③Ig 基因及其重组物是从逆转录元件进化来的。所以 AID 的活性与入侵的 DNA 相关，作为基因组的保护者应该在逆转录元件入侵的最敏感阶段——卵母细胞表达。实验证明小鼠卵母细胞和胚胎生殖细胞确有 AID 表达；近年来的实验证明雌激素能使卵巢原代细胞的 AID mRNA 表达增高 20 倍。更多的实验证明 AID 诱导的脱氨基作用不仅限于 B 细胞，从乳腺、胎盘和前列腺来源的细胞系在雌激素作用下 AID 的表达都上调。各种组织来源的细胞系经雌激素处理后，其他 DNA 脱氨酶（APOBEC3 家族成员）也被激活。对于 AID 及其进化衍生的 DNA 脱氨酶如何灭活外源性 DNA 的确切机制尚未完全阐明。除了将可移动性元件中的胞嘧啶核苷突变外，可能还通过 5-甲基-胞嘧啶核苷（5meC）的脱氨基作用。5meC 在 CPG 岛中能灭活 DNA 元件的移动性，但是有些元件有抗性。已经有遗传学资料表明 AID 与 CpG DNA 的去甲基化有关，所以雌激素引起的 CpG 变异可能与 AID 的异常表达有关。

第三节　肿瘤与免疫

免疫功能对外防御外敌入侵，对内维持细胞社会平衡稳定。肿瘤细胞是由机体细胞转化变异形成的新生物，是细胞社会的异己分子。正常细胞的突变率为 10^{-6}，理化和生物因素都能引起此类变异。肿瘤的发病机制是基因突变和免疫功能紊乱，两者缺一不可。病毒是研究较多的致癌因素，20 世纪中期是肿瘤研究的核心，证明了一些病毒诱发的动物肿瘤，加深了对致癌分子机制的认识。后续研究证明部分人类肿瘤与传染因素有关。例如，儿童白血病的流行病学研究表明，急性淋巴细胞白血病（ALL）的发病率在全球范围有明显的差别（表 3-6）。

表 3-6　儿童白血病发病率的国际比较　　　　　　　　　　（单位：%）

国家或地区（时期）	白血病	急性淋巴白血病	淋巴瘤
丹麦（1983～1991 年）	53.0	42.8	11.8
澳大利亚（1982～1991 年）	49.9	39.9	13.3
瑞典（1983～1989 年）	48.7	40.1	12.9
美国（白人）（1988～1992 年）	46.9	38.0	15.1
美国（黑人）（1983～1992 年）	29.4	20.8	10.6
英国（1981～1990 年）	40.8	32.8	11.2
卡里（哥伦比亚城市）（1982～1992 年）	42.8	31.5	23.3
日本（1980～1992 年）	38.5	22.6	10.6
以色列（犹太人）（1980～1989 年）	25.7	18.6	20.9
以色列（非犹太人）（1980～1989 年）	27.8	16.2	28.7
保加利亚（1980～1989 年）	33.2	18.5	18.4
孟买（印度）（1980～1992 年）	25.4	16.0	11.0
依巴登（尼日利亚）（1985～1992 年）	8.3	2.6	27.1

资料来源：Eden，2010。

随着社会经济的发展，儿童急性淋巴细胞白血病发病率的年龄高峰为2～6岁，男性略多（儿童急性髓系白血病无此现象）；有些报告显示发病有时空聚集性，有的报道认为发病有季节性；群体的混杂（感染/免疫）有某种影响；有些国家社会经济低下则儿童患 ALL 的风险减少（表3-6）。流行病学研究还揭示富裕国家的前 B 细胞急性淋巴细胞白血病的发病率以每年约 1% 的速度增加。近年来众多研究者报道的儿童急性淋巴细胞白血病发病的流行病学时间和空间聚集现象引起了关注，提示环境因素的作用。

已知与儿童白血病有关的致病因素有：遗传易患病体质和遗传敏感性；引起关注的环境因素有：电离辐射、非电离性电磁场、电场、化学物质/细胞毒物、父母吸烟、围产期和分娩因素、感染及炎症反应。易患病体质是指有高外显率的基因，它们的突变增加家族患癌频率。带有这些突变基因的个体稍加环境因素的作用即罹患肿瘤或白血病。但是，估计只有不足 5% 的白血病病例与这些基因（*TP53*、*NF1*、*AT* 等）有关，AML 比 ALL 的相关性高。Down 氏综合征患者易患 ALL 和 AML；同卵双胎并不增加患白血病的概率，但是其中一个早期患白血病，另一个患白血病的概率明显增加。

代谢的多态性变异，免疫反应和修复基因可能与白血病发生有关。近年来高通量的基因和蛋白质芯片测定发现了许多可能的敏感基因。大剂量的电离辐射可以导致白血病，本底辐射与儿童白血病无关。敏感性基因是指外显率低的基因有多态性变异，各个体对环境因素的反应（如对化学物或毒物的代谢）或对 DNA 损伤反应不同，带有这类基因的个体很少有肿瘤家族史。

一、病毒与肿瘤

按照现在的估计全世界有 15%～20% 的人类肿瘤与病毒相关。研究资料表明许多肿瘤病毒有病因学作用，病毒对于所有的人类恶性病都有展显机制，即病毒能影响所有人类恶性病的进展。

研究较多的与人类肿瘤相关的病毒有人类乙型肝炎病毒（HBV）和人类丙型肝炎病毒（HCV），通常它们引起肝炎，慢性肝炎可以发展为肝癌。现在已将肝炎疫苗作为预防肝癌的疫苗使用。EB 病毒（Epstein-Barr virus, EBV）最早在 Burkitt 淋巴瘤发现，后来我国学者证明它在鼻咽癌高表达，用 EBV 相关的血清 IgA 抗体作为鼻咽癌早期诊断指标，后来发现 EBV 在 Hodgkin 淋巴瘤有高表达，有明显的相关性。人类疱疹病毒-8（HHV-8）与卡波氏瘤明显相关。人类乳头状瘤病毒（HPV，高危型）是子宫颈癌的病因，已经制备疫苗用于预防子宫颈癌。HTLV-1 与人类 T 细胞淋巴瘤的关系早已确认，是地方性流行病。有待进一步证实的人类肿瘤病毒有：腺病毒 B、C、D 组，人类乳头状瘤病毒（其他型），SV40，人类内源性逆转录病毒（HERV），人类乳腺肿瘤病毒（HMTV）。

对肿瘤病毒的深入研究发现，肿瘤病毒的致癌作用在于它们含有各种致癌基因，编码细胞间通信的关键性蛋白质分子：生长因子及其受体、信号转导途径的重要激酶以及调控基因表达的转录因子（表3-7）。这些癌基因是相应正常细胞基因（称为原癌基因）

的变异体，导致细胞间通信的异常和基因表达的异常，经过多年研究已经阐明了它们的作用机制，在肿瘤的诊断治疗中得到应用。

表 3-7 从肿瘤病毒发现的癌基因

普通分类	癌基因	蛋白质产物	发现的病毒
生长因子	*sis*	血小板衍生长因子	猿猴肉瘤病毒
受体蛋白酪氨酸激酶	*erbB*	表皮生长因子受体	禽红白血病病毒，Rous-相关病毒 1
	fms	巨噬细胞集落刺激因子受体	McDonough 猫肉瘤病毒 Friend 小鼠白血病病毒
	kit	干细胞因子受体	Hardy-Zuckerman-4 猫肉瘤病毒
非受体蛋白酪氨酸激酶	*abl*	酪氨酸激酶	Abelson 小鼠白血病病毒
	src	酪氨酸激酶	Rous 肉瘤病毒
丝氨酸/酪氨酸蛋白激酶	*raf*	丝氨酸/酪氨酸激酶	小鼠肉瘤病毒 3611
	akt	丝氨酸/酪氨酸激酶	AKT8 小鼠白血病病毒
G 蛋白	*H-ras*	GDP/GTP 结合	Harvey 小鼠肉瘤病毒
	K-ras	GDP/GTP 结合	Kirsten 小鼠肉瘤病毒 Friend 小鼠白血病病毒
转录因子	*erbA*	甲状腺激素受体	禽红白血病病毒
	ets	转录因子	禽髓白血病病毒 E26 Moloney 小鼠白血病病毒
	myc	转录因子	MC29 髓细胞瘤病毒 Moloney 小鼠白血病病毒 Rous-相关病毒 1
	rel	转录因子	网状内皮细胞病毒

肿瘤病毒也可以通过其癌蛋白与细胞通信、代谢、凋亡调控等关键性细胞蛋白结合或作用起致癌作用，如 SV40 产生的大 T 抗原、人乳头状瘤病毒产生的 E6 和腺病毒产生的 EIB-55K 都能够结合抑癌蛋白 p53，削弱机体的抗癌机制，促进肿瘤的生长（表 3-8）。

疱疹病毒是一大类能够广泛传播，形成隐性感染或持续性感染的 DNA 病毒。在生物进化过程中很早就出现，有的与肿瘤相关，如蛙类的肾癌可以由疱疹病毒引起；20 世纪下半叶在欧洲、美洲流行过的禽类流行性淋巴瘤（Marek 病）也是由疱疹病毒引起的，在毛囊上皮感染产生病毒，在内脏淋巴结形成淋巴瘤，死亡率高，后来用该病毒的减毒活疫苗有效控制了养鸡场的 Marek 病流行。

表 3-8 病毒与逆转录病毒复合体癌蛋白对细胞蛋白的作用

病毒	病毒癌蛋白	细胞靶点
SV40	大 T 抗原	p53，Rb
	小 t 抗原	蛋白磷酸酶 2A
腺病毒	EIA	Rb
	EIB-55K	p53
腺病毒 9 型	E4-ORF1	PATJ，Dlg1，ZO-2，MAGI-1，MUPP-1
人乳头状瘤病毒	E6	p53，PATJ，MAGI-1，MUPP-1，乱码
	E7	Rb
HTLV-1	Tax	NF-κB，p300/CBP，Dlg1，乱码
牛乳头状瘤病毒	E5	PDGFβ 受体
EBV	LMP1	肿瘤坏死因子受体相关因子

已知的人类疱疹病毒（HHV）有 8 种，其中 EBV（HHV4）是研究最多的肿瘤相关病毒，在人群中普遍感染、传播。通常在婴幼儿时期感染，引起感冒样小病而自愈，可以持续感染或带毒。EBV 可以在初次感染较晚者引起传染性单核细胞增多症。大量的临床和实验资料表明 EBV 与多种肿瘤相关，如 Burkitt 淋巴瘤、Hodgkin 淋巴瘤、鼻咽部 T/NK 细胞淋巴瘤、未分化型鼻咽癌、胃腺癌。免疫损伤者的 B 细胞淋巴瘤，尤其是移植后淋巴瘤，用抗病毒措施治疗有效。

1964 年 Epstein 和 Barr 在 Burkitt 淋巴瘤细胞中发现了 EB 病毒，开始认为它就是引起 Burkitt 淋巴瘤的病原，后来发现了不带 EB 病毒的 Burkitt 淋巴瘤，经过近半个世纪的深入研究发现 EB 病毒的致癌机制十分复杂。人类在进化过程中与 EB 病毒共进化导致了 EB 病毒感染的多种形式。EB 病毒在人群中广泛传播，多数呈隐性感染。EB 病毒隐性感染有以下 3 种类型。

Ⅰ型 EB 病毒隐性感染——仅有 EB 病毒的 3 个隐性基因表达：*EBNA1*、*BART* 和 *EBER*。Burkitt 淋巴瘤细胞是此类感染的典型。

Ⅱ型 EB 病毒隐性感染——*EBNA-1*、*LMP-1*、*LMP-2A*、*LMP-2B* 和 *EBER*。

Ⅲ型 EB 病毒隐性感染——有 EB 病毒的 12 个隐性基因表达：*EBNA-1*、*EBNA-2*、*EBNA-3A*、*EBNA-3B*、*EBNA-3C*、*EBNA-LP*、*LMP-1*、*LMP-2A*、*LMP-2B*、*BART*、*EBER1*、*EBER2*。EB 病毒体外感染休止期的 B 淋巴细胞，培养形成转化的类淋巴母细胞系（lymphoblastoid cell line，LCL）是此类隐性感染的典型。

近年来的研究表明 EB 病毒编码的小分子 RNA（Epstein-Barr virus encoded small RNA，EBER），在所有隐性感染 EB 病毒的细胞中都高表达（$>10^7$ 拷贝/细胞），由 RNA 多聚酶 III 分别转录为无帽的多聚-A、非编程、不翻译的 167 个和 172 个核苷酸。EBER 形成重要的二级结构，在不同的 EB 病毒分离物中都有保守的序列和结构，与双链 RNA-激活的蛋白激酶（PKR）、核糖体蛋白 L22、红斑狼疮相关抗原及维甲酸诱导的基因-Ⅰ结合形成复合体发挥其生物学作用。EBER 在淋巴瘤细胞中诱导 IL-10 表达；在上皮细胞中诱导胰岛素样生长因子表达；在 T 淋巴细胞诱导 IL-9 表达。这些细胞因子都成为这些细胞的自激性（autocrine）生长因子。EBER 结合 PKR 抑制其磷酸化，导致 Burkitt 淋巴瘤细胞耐受 α 干扰素诱导的凋亡；胃腺癌细胞耐受 Fas-介导的凋亡；鼻咽癌细胞对凋亡刺激耐受。EBER 在 Burkitt 淋巴瘤的恶性表型中起关键作用；在 EB 病毒-感染的 B 淋巴细胞转化生长中起关键性作用。尽管 EBER1 和 EBER2 的二级结构很相似（图 3-1），它们的生物学活性有差别。最近有实验证明，带 *EBER2* 基因的重组 EBV 转化的类淋巴母细胞系（LCL）的生长能力，比带 *EBER1* 基因的 LCL 的生长能力强。这些性质提示在 EBV 介导的致癌机制中，小分子的非编码 RNA 起重要作用。

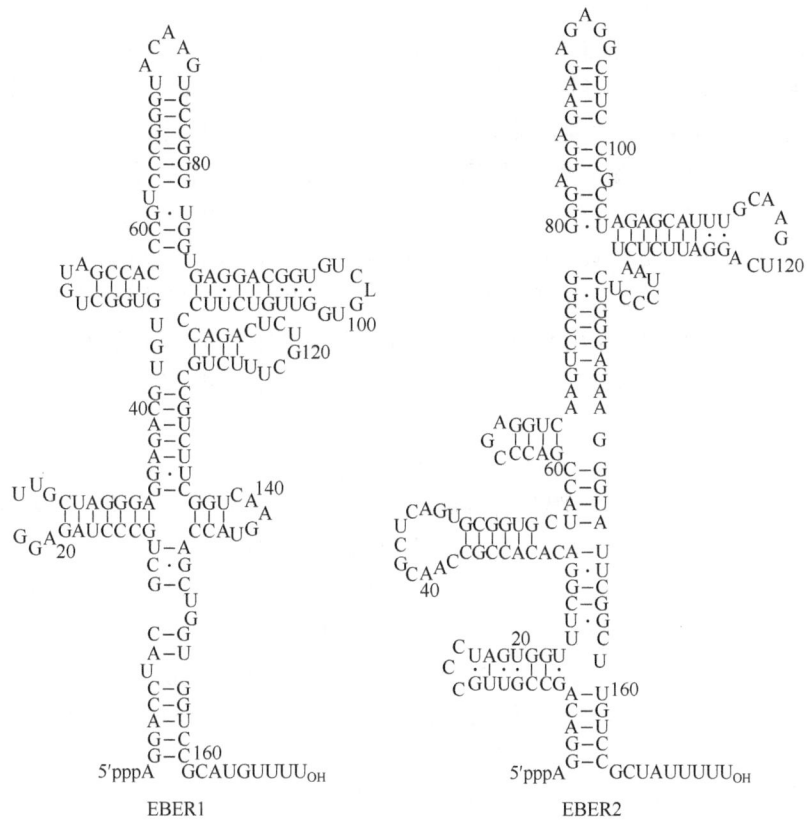

图 3-1　EBER 的二级结构

EB 病毒的 EBER1 和 EBER2 的一级结构是高度保守的，但是 EBER1 和 EBER2 只有 54% 的核苷酸序列同源性，然而两者都由碱基配对形成了含有短杆-环（stem-loop）相似的二级结构。推测在体内，二级结构的单链区（环）能与其他的 RNA 碱基配对。EBER2 的单链区比 EBER1 的单链区长些，可能导致两者的功能差异。

虽然 EBER 已发现 30 多年，但是它们的生物学功能尚未完全阐明，可以确定的是它们能增加对凋亡的耐受和诱导促生长细胞因子的产生，这样可能导致在所有隐性感染 EB 病毒的细胞都表达 EBER。

近年来发现 EBER 与抗病毒的固有免疫中起作用的细胞蛋白相互作用。它们与依赖 RNA 的蛋白激酶（protein kinase RNA-dependent，PKR）结合，抑制它们激活，导致对 PKR 介导的凋亡耐受。实验证明 EBER 与维甲酸诱导基因-Ⅰ（RIG-I）结合，并激活其下游信号传递，诱导Ⅰ型干扰素表达。EBER 在 Burkitt 淋巴瘤细胞中通过 IRF3，而不是激活 NF-κB 诱导 IL-10，提示 EBER 在 EBV 致癌机制中的作用是通过改变固有免疫信号转导途径实现的。最近报道感染 EB 病毒的细胞产生的 EBER 可被 Toll 样受体 3（TLR3）识别，诱导产生Ⅰ型干扰素和促炎症细胞因子，引起炎症反应。EB 病毒感染疾病患者血清中测出 EBER1，提示 TLR3 信号转导系统的激活，可能与 EB 病毒感染疾病的发病机制有关。

EBER 在传染性单核细胞增多症和许多别的相关疾病中表达。在有些肿瘤中异常高表达，可以作为检测的可靠指标，如在 Hodgkin 淋巴瘤的临床标本中可用原位杂交检测 EBER 作为 EBV 感染的指标。但是，对于非洲的 Burkitt 淋巴瘤不能用此法检测出 EB 病毒感染。虽然有 EB 病毒相关的鼻咽癌和胃癌，与淋巴细胞相反，体外上皮细胞对 EB 病毒感染有很强的耐受性。用 EBER 原位杂交法检测日本胃癌患者 EB 病毒只有 6.9%（69/999）呈阳性（世界范围阳性率为 5%～10%）。胃癌细胞的 EB 病毒基因表达方式与 Burkitt 淋巴瘤类似：总有 EBNA1、BARF0 和 EBER 表达，43% 的胃癌标本表达 LMP2A。鼻咽癌组织中的 EBER 仅出现在非分化区。有些乳腺癌标本可以测出有 EBER 的表达。但是，值得注意的是，复制病毒颗粒的 EB 病毒感染细胞通常没有 EBER 的表达，如口腔黏膜白斑病、Sjogren 综合征、唾液腺淋巴瘤或口腔淋巴瘤都未检出 EBER。

近年来病毒感染与固有免疫间的关系备受关注，宿主发现感染后引发固有免疫限制入侵的病原。细胞表达数量有限的有种质细胞（germ line）编码的模式识别受体（pattern recognition receptor，PRR），它们能够特异性识别微生物病原相关的分子模式（pathogen associated molecular pattern，PAMP）。维甲酸诱导基因（retinoic acid inducible gene，RIG）-I 样受体（RLR）包括 RIG-I、黑色素瘤分化相关基因（melanoma differentiation associated gene，Mda）-5 和 LGP2，都是能识别病毒的细胞质蛋白。RLR 是已知的诱导干扰素抗病毒效应的关键分子，是病毒与机体共进化过程中机体产生的抗病毒机制，成为固有免疫的重要组成部分。Toll 样受体（TLR）是不同于 PRR 的另一类固有免疫反应机制，它们通过含 TIR 结构域的接头识别病毒核酸，激活信号转导级联反应。TLR3 在 EB 病毒感染中的作用已经深入研究（图 3-2）。

研究资料表明，病毒不仅可以诱导肿瘤，有些病毒也可以成为抗肿瘤的治疗手段。除了作为基因治疗的载体外，溶肿瘤病毒能杀死肿瘤细胞而对正常细胞无损，包括牛痘、单纯疱疹 1 型、呼吸道肠道孤儿病毒（reovirus）、麻疹疫苗病毒和新城鸡瘟病毒。近年来，对溶肿瘤腺病毒变种 Onyx-015 的研究令人鼓舞。腺病毒在正常细胞中的复制和溶解细胞能力依赖于病毒的 *E1B* 基因，该基因启动产生病毒所需的晚期基因表达。Onyx-015 有突变的 *E1B* 基因，不能使正常细胞溶解，选择性地在肿瘤细胞中复制，溶解肿瘤细胞。临床Ⅱ期试验中 Onyx-15 瘤内注射联合系统化疗使 19/30 头颈部肿瘤缩小 50% 以上，其中 8 例消失。21 世纪中应该解决应用病毒作为治疗手段的障碍，使病毒能够用于临床治疗肿瘤。

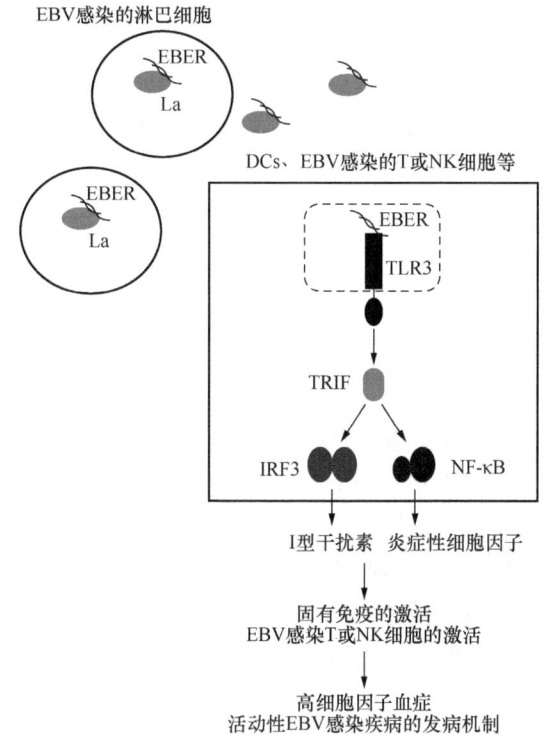

图 3-2 TLR3 在 EB 病毒感染中的作用

在活动性 EB 病毒感染期间，大多数 EBER1 从感染 EB 病毒的淋巴细胞以与红斑狼疮抗原（La）结合的复合体形式释放。外周血循环中的 EBER 通过 TLR3 信号转导途径激活 IRF3 和 NF-κB 诱导 I 型干扰素和炎症细胞因子产生，导致树突细胞（DC）成熟，再诱导 T 和 NK 细胞活化和系统性释放细胞因子。再进一步，更多的表达 TLR3 的 T 和 NK 细胞（包括感染了 EB 病毒的 T 和 NK 细胞）被 EBER1 通过 TLR3 和产生的炎症性细胞因子活化。通过这个途径，活动性 EB 病毒感染可以引起免疫病理性疾病，其中 T 和 NK 细胞激活及高细胞因子血症起重要作用。（Iwakiri and Takada，2010）

二、肿瘤细胞的细胞内调控异常

与正常细胞相比肿瘤细胞的代谢和通信调控有明显的异常。例如，在正常细胞中，对 MAP 激酶及肿瘤抑制物 p38 和细胞周期素依赖的激酶抑制物（CDKI）$p16^{INK4A}$ 和 $p19^{ARF}$ 有激活效应。这些肿瘤抑制物影响正常成体细胞的衰退；此外磷酸化的 p38 抑制 $p16^{INK4A}$ 和 $p19^{ARF}$ 的表观遗传学抑制物 BMI1，活化的 p38 作为其他肿瘤抑制物的去抑制物起作用[图 3-3（a）]。BCR-ABL 引起 p38 去磷酸化从而抑制了 p38 的正常抑制作用活性。由于 p38 活性下调，失去对 BMI1 的正常抑制作用，而 BMI1 对 $p16^{INK4A}$ 和 $p19^{ARF}$ 有很强的抑制作用，总的效应是细胞不再衰退，不再朝向恶性生长和演变[图 3-3（b）]。

对人类胰腺癌的研究发现了具有肿瘤干细胞性质的肿瘤细胞亚群，具有 CD44、CD24 和上皮细胞抗原，占胰腺癌细胞的 0.5%~1%。在这些细胞中与自我更新相关的

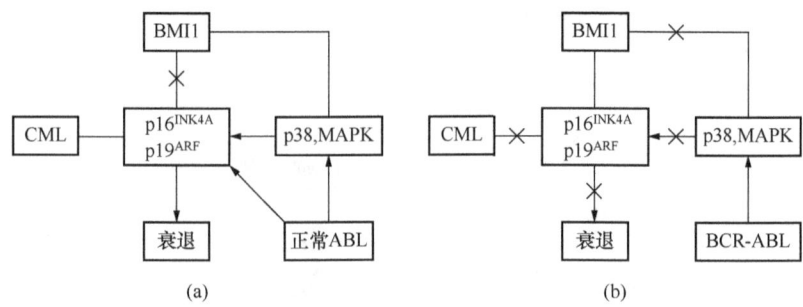

图 3-3 正常 Ableson 激酶（ABL）细胞与破裂点聚集区（BCR）融合蛋白细胞
表观遗传学介导的生长-衰退途径

SHH 和 $BMI-1$ 基因以及与转移相关的基因上调。

成神经管细胞瘤（medulloblastoma）的大部分细胞呈未分化的干细胞或祖细胞状态。可测出能向神经原、神经胶质细胞或其他细胞分化的潜能，有干细胞性质，早就认为它起源于中枢神经系统的神经干细胞，近年来的研究资料表明它可能源自小脑的神经干细胞。另一种胚胎性脑瘤原始神经外胚层肿瘤（primitive neuroectodermal tumor, PNET）也源自脑的神经干细胞群。有关成神经管细胞瘤起源于小脑神经干细胞的证据主要依据用小鼠做的实验，而人类的相关证据尚少。小脑的两个起始胚芽上皮是深层的脑室区（ventricular zone, VZ）和表层的外芽层（external germinal layer, EGL）（图 3-4）。

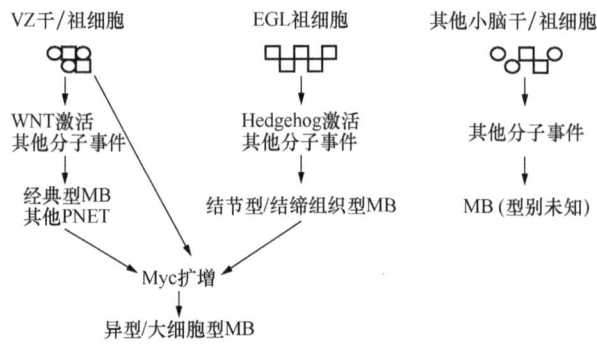

图 3-4 不同亚型成神经管细胞瘤（MB）的起源

业已阐明经典型 MB 源自脑室区（VZ）的干/祖细胞，WNT 突变激活是其关键性分子事件之一；外芽层（EGL）祖细胞的 Hedgehog 途径形成结节型/结缔组织型 MB；其他小脑的干/祖细胞可能形成其他类型的 MB。

1. BCR-ABL 基因导致的白血病细胞的增殖适合度优势

产生肿瘤可能是多细胞生物难以避免的事件。健康的机体要求细胞社会所有分化的细胞遵循基因组决定的规律生长。但是基因突变是不可避免的，即违规生长的细胞是必然会出现的，所以有相应的免疫机制，出现了选择压。通常，突变是有害的，导致细胞死亡，但是有些变异可以使细胞获得适合度优势，变异细胞克隆性扩增形成肿瘤。所以肿瘤的发生是机体内的微观演化过程。

癌基因变异提供了肿瘤细胞的增殖适合度优势，使其得以克隆性扩增。但是，实验测定实际的适合度优势很困难。因为肿瘤表型往往是由多个癌基因变异形成的；而且很难复制体内的肿瘤微环境。慢性髓细胞白血病（CML）的慢性期是由 *BCR-ABL* 单个基因提供白血病细胞的增殖优势。*BCR-ABL* 基因是经过系统、深入研究的癌基因，针对其发病原理研制的酪氨酸激酶抑制剂 imatinib，临床应用证实其有效性。Traulsen 等以这些病例为研究模型测出了 *BCR-ABL* 基因的增殖适合度优势。

Traulsen 等采用的数学模型是经典的"造血是金字塔形的多系列增殖分化过程"。在 k 个系列以速率 Rk 增殖时可以获得 Nk 个细胞。子细胞通过有丝分裂、分化产生，形成概率为 ε，迁移至下游细胞池 $k+1$。仍在细胞池 k 的子细胞以 $1-\varepsilon$ 概率自我复制。正常造血处于稳定的动态平衡；CML 患者 *BCR-ABL* 的表达改变了 CML 细胞的 ε 值，增强了变异前体细胞的自我复制潜能（图 3-5）。

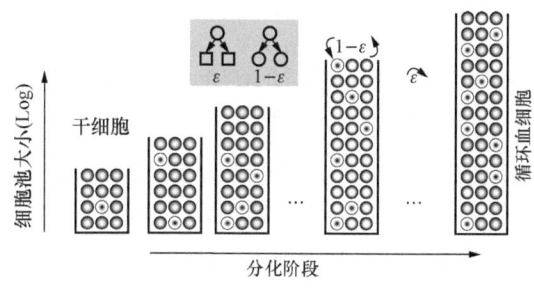

图 3-5 正常和 CML 造血的多细胞池金字塔式模型

除干细胞外，细胞分裂以概率 ε 进行子细胞分化和迁移至下游细胞池，概率为 $1-\varepsilon$ 的细胞自我复制并保留在同一细胞池内。由于分化而丢失的细胞从上游细胞池补充，干细胞不对称分裂维持下游细胞池的功能。CML 干细胞的出现导致病态。干细胞池的下游 CML 细胞有更高的自复制概率，使它们有增殖优势。（Traulsen et al., 2010）

Imatinib 治疗影响 CML 细胞，改变它们的自我复制能力，但是 BCR-ABL 的表达不影响白血病干细胞的自我复制能力，也不影响终末分化细胞的增殖能力。Traulsen 等用分化概率 ε_j 测定细胞的相对增殖适度 f_j，其中 j 可以设定为正常、CML 或 imatinib 治疗的。由于 $n-1=\rho$，可以用 ε_j 计算 f_j，当 $\varepsilon_j > \varepsilon_0$ 时，$f_j > 1$，$\varepsilon_i < \varepsilon_0$ 时，$f_j < 1$；

$$f_j = \frac{\rho_j}{\rho_0} = \frac{1-\varepsilon_j}{1-\varepsilon_0} \frac{\varepsilon_0}{\varepsilon_j}$$

Traulsen 等对 CML 细胞、正常细胞和 imatinib 治疗的细胞的测定结果如图 3-6 所示。

2. 芳基烃受体（AhR）

对现代人类肿瘤致癌因素的流行病学分析表明，约 80% 的肿瘤与环境的物理化学致癌因素相关。不同的理化因素有不尽相同的致癌作用，本节以芳基烃为例简述其致癌机制——芳基烃受体。

芳基烃受体（aryl hydrocarbon receptor，AhR）属于碱性螺旋－环－螺旋/Per-

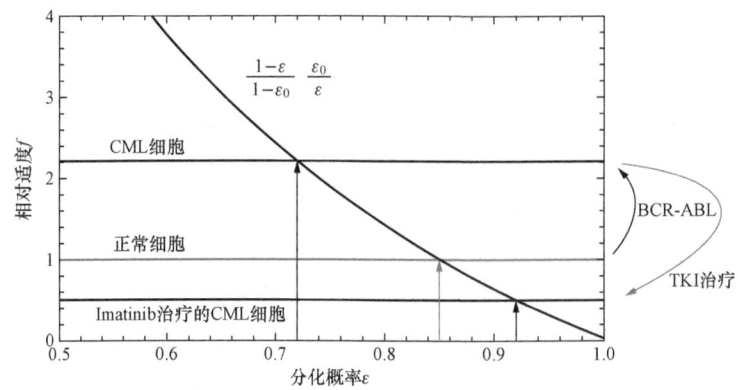

图 3-6　BCR-ABL 在细胞中表达的相对增殖适合度

相对适合度是自我复制概率 ε 的函数，可以用 ε_{CML}、ε_0、ε_{IMT} 估算，imatinib 将 CML 细胞的适合度降至正常细胞的适合度水平之下，正常细胞的相对适合度为 1；表达 *BCR-ABL* 的 CML 细胞的相对适合度为 2.2；imatinib（酪氨酸激酶抑制剂）治疗（TKI 治疗）将 CML 细胞的相对适合度降至 0.72。减轻了肿瘤负荷，使正常造血占优势。（Traulsen et al.，2010）

ARNT-SIM 家族，该家族成员中 AhR 是唯一需要配体激活的转录因子，被一大组环境污染物激活，包括多环芳香烃、二氧杂芑和聚氯联苯。配体结合导致 AhR 与 ARNT 的二聚化和转录激活一些异生物 I 相和 II 相的代谢酶，如 CYP1A1 及谷胱甘肽-硫-转移酶。由于 I 相酶将惰性的致癌物转换为活化的基因毒素，AhR 在起始癌变中起关键作用。近年来证明 AhR 在促进肿瘤发展中也起作用。但是尚未阐明肿瘤促进和发展的确切机制，推测与细胞间接触抑制的丧失有关。体内、体外实验表明细胞间接触是细胞增殖、分化和运动的关键性调节因素。

文献报道至今已经鉴定了 400 多个外源性 AhR 的配体，食物中存在的吲哚类和类黄酮可能成为 AhR 的增效剂；cAMP 和色氨酸的紫外线产物也能活化 AhR。AhR 的表达在浸润性肿瘤细胞高于非浸润性肿瘤细胞；AhR 的表达水平与肺肿瘤的恶性度相关。泌尿系上皮肿瘤的细胞核 AhR 表达上调则浸润性增加，预后不良。

三、肿瘤干细胞研究的启示

多数急性髓系白血病患者化疗缓解后复发。这是由于白血病干细胞群对化疗药物耐受，发展成为微小残留病复发。要根除白血病干细胞，就必须对白血病干细胞的性质和后续的各种病理损伤有更清楚的了解。急性髓系白血病是造血干细胞和祖细胞的疾病，早期研究证明人和小鼠白血病细胞可以从癌基因诱导造血干细胞转化发生，近期研究表明比较分化的祖细胞也能转化为白血病细胞。白血病在动物中连续传代依赖于白血病干细胞，它们具有自我更新能力，但是与正常造血干细胞不同，分化能力丧失或很低。研究表明 $CD34^+/CD38^-$ 的白血病干细胞对化疗药物耐受，较分化的 $CD34^+/CD38^+$ 的白血病细胞则对化疗药物敏感。所以 $CD34^+/CD38^-$ 的白血病干细胞成为化疗缓解后复发的微小残留病的根源。

靶向白血病干细胞治疗的基础是阐明白血病干细胞与正常造血干细胞的异同点，选择性杀伤白血病干细胞，可以白血病干细胞的异常表达抗原或基因为靶标。例如，IL-3受体的α亚单位（CD123）在AML高表达，有人用DT_{388}毒素与IL-3连接以白血病干细胞、祖细胞为靶标，已进入临床试验。用单抗结合毒素进行的抗白血病干细胞、祖细胞治疗只有轻度作用，如以CD33抗原为靶点的临床Ⅱ期试验结果仅26%的复发患者缓解。推测白血病干细胞的特异性表面标志可能与白血病特异的融合基因有关。例如，表达CALM-AF10（clathrin装配的淋巴-髓系白血病-AF10）的AML预后很差。目前尚无令人满意的白血病干细胞、祖细胞治疗靶标，可能问题在于肿瘤干细胞的异质性，尚未找到细胞群体中所有肿瘤干细胞都有、而正常细胞没有的靶点。

常规化疗和靶向治疗能清除外周血的恶性细胞，但是，能够形成微小残留病导致复发的白血病细胞仍在骨髓和组织中存在。可以将白血病干细胞的特异微环境作为治疗靶标。临床资料表明，AML白血病细胞高表达CXCR4是AML复发和生存的不利指标，在小鼠实验中用抗体中和CXCR4或SDF-1都能限制白血病细胞的存活和移植。用SDF-1的小分子拮抗剂RCP168可以抑制基质介导的AML白血病细胞存活。看来SDF-1/CXCR4可能成为新的治疗靶点。CD44是跨膜糖蛋白，参与细胞黏附和迁移，在AML白血病细胞与微环境的相互作用中起重要作用。与正常髓系造血细胞不同，AML白血病细胞高表达CD44，是不良预后的指标，可能成为新的治疗靶点。

HOX（homeobox）基因异常表达的共同特点是：干细胞的自我更新和向造血系分化都伴随着这些基因的下调，是重要的治疗靶点。末端的HOX转录因子2（COX2）是胚胎期HOX基因表达的调节者，在90%的患者异常表达，而正常造血干细胞、祖细胞则不表达。RNA干扰实验表明COX2沉默抑制AML白血病细胞系的生长和集落形成，提示COX2可能成为新的治疗靶点。

组蛋白甲基化也能影响转录调控，尤其组蛋白H3和H4末端的赖氨酸或精氨酸的甲基化，往往出现在肿瘤基因表达失调中，如属于组蛋白甲基转移酶（HMT）的MLL参与白血病发病相关的基因移位，结合许多位点HOX，在急性髓细胞白血病和急性淋巴细胞白血病中MLL结合50多种不同的基因。被MLL融合形成的转化能上调HOX基因，如HOXA7和HOXA9。组蛋白甲基化由组蛋白甲基转移酶和去甲基化酶平衡，两者都可能成为治疗靶点。已经研发了少数HMT抑制剂，如BIX-01294，在体外实验中有选择性抑制活性，有待深入研究。

研究化疗后残存白血病细胞的性质有助于阐明耐药机制，近年来用芯片技术将化疗敏感的白血病细胞和残存的白血病细胞进行了比较分析，约有20个基因与耐药或复发相关。其中晶体上皮衍生的生长因子/p75在AML复发细胞组成性表达，并有抗正定霉素诱导凋亡的作用。不同患者不同化疗方案的结果不尽相同，深入研究将为阐明耐药和复发机制提供更多资料和线索。

从胚胎发生开始造血干细胞就有迁移能力，造血干细胞是时相和空间条件依赖的，有独特的生态位（niche）——干细胞巢。不同时期有不同的干细胞巢，早期胚胎的造血干细胞能分化为红系和淋巴系列的细胞,在胚胎第 7 天前后造血干细胞巢在卵黄囊和大动脉-性腺-中肾区(aorta-gonad-mesonephros,AGM),至 10.5 天龄时源自 AGM 的细胞迁移至胎肝,胎儿后期迁移至骨髓,所以正常成体造血干细胞栖居于骨髓。在病理生理状态下造血干细胞能迁移至外周干细胞巢:局部缺血形成的微环境、肿瘤血管新生形成的微环境和肿瘤转移前夕形成的微环境都成为适宜造血干细胞生存、增殖的生态位——干细胞巢(图 3-7)。

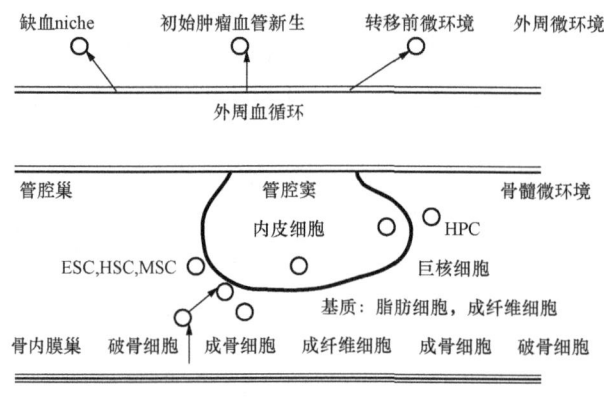

图 3-7 造血干细胞生态位与微环境

四、肿瘤微环境中的免疫反应

细胞癌变发展成肿瘤需要有适宜的微环境,即肿瘤微环境,它是肿瘤细胞与机体免疫功能低下的共同产物。在肿瘤微环境中免疫反应异常,免疫细胞转化为"肿瘤相关的免疫细胞",甚至成为提供肿瘤生长所需因子的"帮凶"。所以肿瘤微环境已成为抗肿瘤治疗的重要靶标。

(一)肿瘤免疫抑制网络和肿瘤相关的自身免疫状态

随着肿瘤免疫抑制的发展,从肿瘤原发灶到相关的淋巴器官和周围血管,由肿瘤产生的 IL-10、TGF-β、VEGF 等可溶性因子介导形成了免疫抑制网络。肿瘤的发展,肿瘤产生的可溶性细胞因子诱导不成熟髓细胞和调节性 T 细胞产生,结果抑制树突细胞成熟和肿瘤特异性免疫反应中 T 细胞的活化。肿瘤细胞在促炎症性(pro-inflammatory)微环境中生长,而免疫细胞则由处于抗炎症状态的肿瘤产生的细胞因子调控,这种状态是由于凋亡细胞清除机制损伤所引起的,巨噬细胞释放 IL-10、TGF-β 和前列腺素 E2(PGE2)。凋亡细胞的积累导致抗 DNA 自身抗体的产生,直接攻击自身抗原,类似于伪自身免疫状态。看来清除凋亡细胞机制的削弱能引起肿瘤和自身免疫病各种免疫功能的紊乱(图 3-8)。

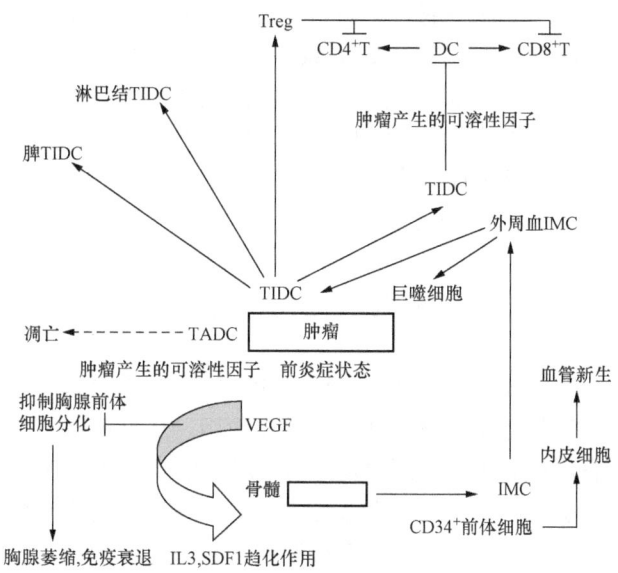

图 3-8 肿瘤微环境的免疫状态

DC：树突细胞；IMC：不成熟髓细胞；TADC：肿瘤相关的树突细胞；TIDC：肿瘤诱导的树突细胞；Treg：调节 T 细胞；VEGF：血管内皮细胞生长因子；SDF1：基质衍生的细胞因子 1。（Kim et al.，2006）

（二）肿瘤相关的不成熟树突细胞和肿瘤相关的巨噬细胞的免疫抑制作用

一个有效的肿瘤免疫反应是由激活的树突细胞引发的，在二级淋巴器官（如哨兵淋巴结和脾）交叉启动下，将肿瘤抗原递呈给初始 T 细胞。肿瘤细胞产生的是强趋化剂，能从骨髓募集不成熟的髓细胞到外周血，在趋化因子及其受体进一步募集下进入肿瘤微环境，形成不成熟的树突细胞和不成熟的巨噬细胞，经肿瘤微环境培训成为肿瘤相关的树突细胞（TIDC）和肿瘤相关的巨噬细胞（TAM），TIDC 和 TAM 再传播到局部淋巴结、脾脏和外周血管，形成免疫逃逸机制，成为肿瘤发展和转移的基础，在乳腺癌、头颈部肿瘤和肺癌患者的外周血和前哨淋巴结能够观察到不成熟髓细胞的增多。

免疫抑制的不成熟髓细胞和反应氧（ROS）浓度的增加抑制抗肿瘤免疫反应中 T 细胞的活化。不成熟髓细胞的免疫抑制活性表现在吲哚胺 2,3 加双氧酶（IDO）和精氨酸酶Ⅰ（ArgⅠ）活性增加，产生 ROS 抑制 T 细胞增殖并导致其凋亡。肿瘤产生的 IL-10 和 TGF-β 增强 TAM 中 ArgⅠ 的活性，PGE2 增强 IDO 在肿瘤微环境中的活性。IDO 是色氨酸代谢的酶，为 T 细胞增殖所需。而 ArgⅠ 是精氨酸代谢产生鸟氨酸和尿素的酶，鸟氨酸多胺氧化下调 IL-2 的产生，从而抑制 T 细胞增殖。此外，精氨酸代谢也产生氧化氮，诱导氧化氮合成酶羟化也抑制 T 细胞增殖。肿瘤相关的不成熟树突细胞和肿瘤相关的巨噬细胞表达这些代谢酶，使原位肿瘤呈现免疫抑制活性。

在细胞增殖过程中清除死细胞和不必要的细胞对于维持细胞群体的动态平衡至关重

要,但是在肿瘤这种作用明显减弱。例如,可溶性磷脂酰丝氨酸(sPS)是肿瘤产生的可溶性因子之一,它能削弱凋亡细胞的清除。肿瘤产生的 sPS 与树突细胞及巨噬细胞的磷脂酰丝氨酸受体结合,抑制了这些免疫细胞清除死亡细胞的作用,还促使巨噬细胞释放抗炎症因子,如 IL-10、TGF-β 和 PGE2,使免疫细胞转换成抗炎症状态。凋亡细胞清除的削弱导致产生自身抗体,有利于肿瘤细胞的前炎症状态;还促进调节 T 细胞(Treg)的产生,导致 T 细胞的功能抑制。

(三)肿瘤患者的伪自身免疫状态

凋亡细胞清除机制的削弱产生肿瘤微环境的伪自身免疫状态,表现在:前炎症反应促进肿瘤生长,前炎症状态在肿瘤发展中起重要作用。免疫细胞,如树突细胞和巨噬细胞则处于抗炎症状态,抑制了 T 细胞的功能,使肿瘤细胞得以免疫逃逸。肿瘤患者的自身免疫状态已有较多的相关报道,在多种类型的肿瘤患者检测出抗 p53 蛋白、抗生存素等自身抗体,而且在肿瘤发展的患者有抑制性细胞浓度的增加。肿瘤和自身免疫病的免疫反应功能失调都起始于凋亡细胞清除机制受损,但发病机制和途径不同。肿瘤患者的伪自身免疫状态与自身免疫病患者的免疫反应是有区别的,有的作用机制是相反的,总结如表 3-9 和图 3-9 所示。

表 3-9 肿瘤与自身免疫病的免疫反应比较

作用	肿瘤	自身免疫病
清除凋亡细胞机制减弱	肿瘤细胞产生可溶性磷脂酰丝氨酸竞争性抑制巨噬细胞吞噬	补体缺陷巨噬细胞障碍导致吞噬功能削弱
抗原递呈效应	抗炎症反应,TGF-β, IL-10, PGE2	促炎症反应,TNF-α, IL-6
诱生自身抗体的抗原	肿瘤抗原	自身抗原
$CD4^+CD25^+$ 调节 T 细胞	随肿瘤进展增加	减少或功能失调
免疫耐受	持续	受损

(四)肿瘤的免疫逃逸机制

肿瘤细胞逃逸免疫系统识别和杀灭有 6 种机制:①改变免疫细胞的抗原加工机制;②肿瘤细胞转移;③产生可溶性免疫抑制因子;④细胞融合;⑤肿瘤反击免疫系统;⑥肿瘤产生外生体(exosomes)和微泡(microvesicles)。

1. 改变抗原加工机制

丧失或下调抗原分子是人类肿瘤普遍存在的现象,在逃逸免疫识别中起重要作用。肿瘤细胞抗原分子(尤其是主要组织相容性抗原Ⅰ型)的改变使免疫系统难以识别它,成为"隐形"的新生物。在人类肿瘤主要是 HLA Ⅰ型重链和 β2-微球蛋白的改变。涉及抗原加工机制(antigen processing machinery, APM)改变的人类肿瘤很多,如黑色

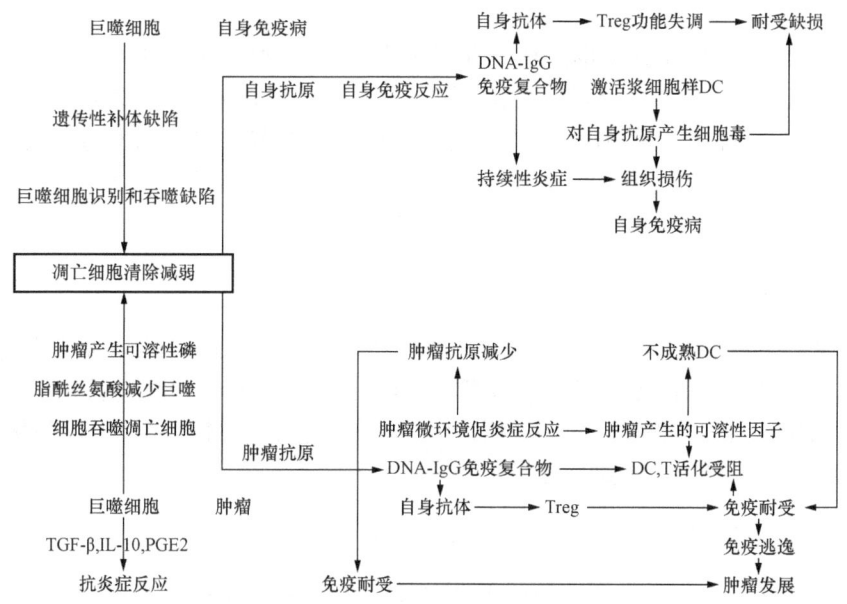

图 3-9 肿瘤和自身免疫病的发病机制比较

肿瘤和自身免疫病都有巨噬细胞清除凋亡细胞机制的削弱，但是免疫反应紊乱的途径不同。自身免疫病的凋亡清除机制缺损导致 DNA-IgG 免疫复合物的积蓄，通过 Toll 样受体 9（TLR9）引起免疫反应，导致组织损伤；调节 T 细胞（Treg）减少且功能失调。相反，凋亡清除机制的削弱在肿瘤产生自身抗体，从而增加调节 T 细胞和抑制 T 细胞活化，产生免疫耐受。免疫耐受是由肿瘤产生的可溶性细胞因子和不成熟树突细胞引起的，它们抑制树突细胞和 T 细胞活化，特别是抑制 DNA-IgG 免疫复合物引起的促炎症反应。免疫无知是由肿瘤抗原水平降低所致。

素瘤、结肠直肠癌、膀胱癌和前列腺癌完全丧失 HLA Ⅰ型的表达，乳腺癌丧失 50％以上。黑色素瘤、乳腺癌和宫颈癌 TAP 和 HLA Ⅰ型抗原的表达与分化程度相关，增加异倍体频率，减少生存期（详见第十三章第四节肿瘤的发展与免疫编辑和免疫雕塑）。

2. 肿瘤细胞转移

肿瘤细胞从原发灶分散到其他器官或组织，进入休止状态或演变为次生肿瘤，能成功地逃逸免疫系统的作用。转移的起始有 3 种理论：①早期遗传变异导致其易于浸润、转移；②环境因素，如趋化因子、神经传递介质启动其迁移功能；③肿瘤细胞通过细胞融合获得转移潜能。有人认为转移瘤的形成不仅有新的脉管系统，还有神经细胞的生长，即有新的神经支配。

3. 产生可溶性免疫抑制因子

在实验诱发肿瘤的动物和肿瘤患者都呈现免疫衰退现象。肿瘤患者免疫功能损伤机制是多方面的，肿瘤细胞产生可溶性免疫抑制因子是重要的方面，许多肿瘤患者有免疫抑制细胞因子 IL-10 和 TGF-β 的大量增加。肿瘤细胞也能分泌神经内分泌因子，如爆炸素样多肽（bombesin-like peptide），它能抑制树突细胞成熟，并在肿瘤微环境中长期存在。

免疫系统的负调节机制也产生大量的免疫抑制细胞因子，如 CD4$^+$ 自然杀伤 T（NKT）细胞对于抗肿瘤反应有负调节作用。CD4$^+$NKT 细胞能产生大量的细胞因子包括 INF-γ、TNF-α、IL-13、IL-4。又如，CD4$^+$CD25$^+$ 调节 T 细胞（Treg）是机体耐受自身抗原和异体抗原的主要调节机制，Treg 的减少可导致自身免疫病；肺、乳腺和胰腺肿瘤能产生较多的 Treg 抑制杀伤性 T 细胞的功能。

4. 细胞融合

细胞融合的概念并不新，但是，近年来对于细胞融合在肿瘤发生发展中的作用有新的看法，有人认为肿瘤干细胞起源于干细胞的转化或干细胞与转化细胞的融合。干细胞能被炎症或组织再生的信号募集到肿瘤组织中，与其他细胞融合后成为较分化的状态，有强的增殖、迁移能力，能逃逸免疫机制。

5. 肿瘤反击免疫系统

已有文献报道多种人类肿瘤细胞表达 FasL，包括黑色素瘤、结肠癌、乳腺癌和食道癌。意味着这些肿瘤对 FasL 诱导的细胞死亡耐受（如细胞毒 T 细胞引起的凋亡），也意味着肿瘤细胞产生攻击杀伤浸润肿瘤的 T 细胞，称为肿瘤反击（tumor counterattack）。

6. 产生外生体和微泡

20 世纪 80 年代初发现肿瘤细胞释放带有肿瘤细胞标志的膜微泡（microvesicles）或外生体（exosomes）。后来证明还含有肿瘤相关抗原 FasL、APO2/TRIL 和 MHC Ⅰ 型抗原，可以解释它们参与免疫抑制，有些肿瘤患者体液中含 FasL 而出现自发性的细胞凋亡。除了肿瘤细胞外，非恶性细胞，如上皮细胞、淋巴细胞、血小板和树突细胞也能产生微泡和外生体，参与免疫细胞间通信和执行功能。

（五）新蝶呤作为肿瘤患者的预后指标

新蝶呤是炎症和自身免疫病的重要生物指标，近年来还发现其能作为许多肿瘤患者的预后指标，提示免疫反应对肿瘤转归的重要性。新蝶呤最早是从人尿中发现的，后来从肿瘤患者的尿中得到证实，进一步研究发现与免疫状态有关。肿瘤采取多种策略逃避免疫监视，在早期肿瘤发生和发病中起重要作用。这些逃逸机制的最终结果是使宿主免疫系统在肿瘤晚期不能对肿瘤相关抗原起反应。但是在肿瘤早期，仍然有固有免疫和获得性免疫协同的抗肿瘤反应在肿瘤微环境或外周血测出。调节免疫的细胞因子是宿主对肿瘤细胞起反应的关键性介导物，Th1 细胞因子 γ-干扰素与抗肿瘤反应密切相关，刺激多种在巨噬细胞、树突细胞和肿瘤细胞中的抗增殖及致癌途径。其中蝶啶类物质 $1',2',3'$-D-红-三羟丙基蝶呤（neopterin，新蝶啶）的生物合成产物对肿瘤患者有预后意义。

新蝶呤是鸟苷三磷酸途径的代谢产物，有细胞特异性和免疫-炎症诱导性，只有人类和灵长类动物才有高浓度的新蝶啶表达，是单核细胞衍生的巨噬细胞和树突细胞对 γ-干扰素反应的产物。Th2 型细胞因子（包括 IL-4 和 IL-10）减少新蝶呤的产生。细胞因子诱导的新蝶呤形成是巨噬细胞抗微生物和抗肿瘤作用的一部分。因为新蝶呤能扩大各种细胞系统中游离基的损伤效应，是激活的免疫系统促炎症和杀细胞机制的一部分。在同种移植免疫反应、病毒感染、自身免疫性疾病、心血管疾病和神经退行性疾病以及恶性肿瘤患者的体液中都能测出新蝶呤水平升高。临床观察表明，新蝶啶可以作为血液系统肿瘤、妇产科肿瘤、呼吸道和消化道肿瘤患者的独立预后指标，与复发和生存期相关（表 3-10）。

表 3-10　诊断时血清或尿新蝶啶水平升高的患者百分率

新蝶啶升高/%	肿瘤
80～100	慢性髓细胞白血病、慢性淋巴细胞白血病、非 Hodgkin 淋巴瘤、Hodgkin 淋巴瘤、卵巢癌
60～80	子宫肉瘤、多发性骨髓瘤、胰腺癌、口腔癌
40～60	支气管瘤、子宫颈癌、胃癌、直肠癌、肝癌
20～40	恶性黑色素瘤、前列腺癌、头颈部癌、乳腺癌

资料来源：Sucher 等，2010。

新蝶呤代表了未结合的蝶啶，由鸟苷三磷酸腺苷（GTP）通过环状脱氢酶 I（GCH I）途径产生，从而使 GTP 在 GCH I 催化下转变为 7,8-二氢新蝶呤三磷酸盐，进一步形成 5,6,7,8-四氢生物蝶呤（BH4）（图 3-10）。

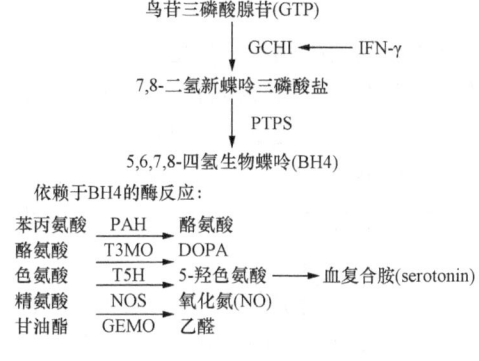

图 3-10　蝶啶的生物化学

促炎症刺激（如 γ-干扰素）诱导鸟苷三磷酸腺苷-环化脱氢酶 I（GCH I），将 GTP 转变为 7,8-二氢新蝶呤三磷酸盐作为中间产物，进一步被丙酮酸四氢蝶呤合成酶（PTPS）转变为 5,6,7,8-四氢生物蝶呤（BH4）。BH4 是一些单氧化物酶的必需辅助因子：苯丙氨酸羟化酶（PAH），酪氨酸-3-单氧化物酶（T3MO），色氨酸-5-羟化酶（T5H），氧化氮合成酶（NOS）和甘油酯单氧化物酶（GEMO）。

BH4 是许多生化反应中重要的辅助因子。例如，是芳香族氨基酸羟化酶的必需辅助因子，也为氧化氮合成所必需。虽然至今对于新蝶呤的生理功能尚不清楚，但是大量

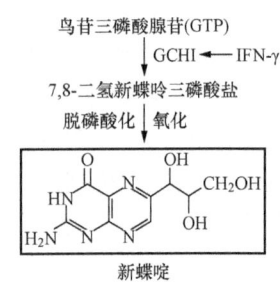

图 3-11　人类单核细胞中新蝶呤
形成的特殊生化途径

Th1 型细胞因子（IFN-γ）诱导 GTP-环化脱氢酶 I（GCH I），但是，由于人类单核细胞衍生的巨噬细胞和树突细胞中丙酮酸四氢蝶呤合成酶（PTPS）的相对缺乏，所以几乎没有蝶呤衍生物的生物合成，导致 7,8-二氢新蝶呤积蓄，随后在次氯酸（HOCl）作用下脱磷酸化和氧化，形成新蝶呤。

的临床资料表明新蝶呤与炎症、免疫、肿瘤密切相关，可能与单核/巨噬细胞的独特的蝶啶代谢异常有关。人类的单核细胞及其衍生细胞没有该途径的后续酶系（如 6-丙酮酰-四氢蝶呤合成酶），结果导致 7,8-二氢新蝶呤三磷酸盐脱磷酸和氧化形成新蝶呤（图 3-11）。

炎症和免疫受细胞因子的调控，理论上讲细胞因子水平能够作为炎症和免疫的指标。但是，细胞因子化学稳定性差，体内半衰期短，不是理想的生物标志物。新蝶呤由 Th1 细胞因子诱导产生，新蝶呤的化学性质稳定，由肾脏排出，尿和血清的新蝶呤含量相关性强。新蝶呤已经作为指标在多种炎症性疾病作为病情指标，近年来的研究进展表明，新蝶呤也可能成为一些肿瘤的独立预后指标，但其机制有待研究，可能从中找出新的治疗途径。

五、机体抗肿瘤机制的研究

生物进化的基本机制是变异的选择。变异在生物界广泛存在，变异的基本机制是基因的改变，即构成基因的核酸结构的改变。自然界能改变核酸结构的因素广泛存在（如电离辐射、许多化学物质），所以生物的变异广泛存在。低等生物变异的结果往往是经过自然选择产生新物种；高等生物尤其是脊椎动物情况复杂，种细胞变异可能出现新物种，体细胞变异则可能形成体内的新生物——肿瘤。

从多细胞生物形成就有抵御外界微生物入侵的问题，低等生物就有相应的免疫机制，即固有免疫的雏形。体细胞变异导致细胞社会平衡和稳态的破坏，是脊椎动物的新问题，机体逐渐形成了相应的免疫机制。与抗微生物免疫机制相比，人们对于抗肿瘤免疫机制的认识相对滞后，主要在诱导凋亡方面研究较多（详见第十一章）；对于抗肿瘤的固有免疫机制了解尚浅，有待深入研究。

在增殖旺盛的组织，细胞分裂可能引起变异甚至产生肿瘤。长期生物进化的结果，机体相应形成了防止肿瘤发生、发展的策略和机制，即抑制肿瘤的机制。抑制肿瘤的机制大体上分为两大类：防止变异的 DNA 修复机制——管理者肿瘤抑制基因（caretaker tumor suppressor）和凋亡或"衰退"（cell senescence）机制——守门人肿瘤抑制基因（gatekeeper tumor suppressor）。由于变异不仅可以引起肿瘤，也间接促进衰老，所以管理者肿瘤抑制基因也是与长寿相关的基因；而守门人肿瘤抑制基因有抗肿瘤和促进衰老的双重效应。

1. 自身抗原耐受机制

移植免疫与抗肿瘤免疫是对立的两个方面，又分别与自身免疫密切相关，因此结合三个方面的知识有助于更深层次地认识肿瘤。肿瘤细胞源于自身细胞，所以对自身抗原的耐受和识别与肿瘤的发生发展密切相关，不少肿瘤患者曾有自身免疫性疾患的病史。

获得性免疫系统已经进化到能产生任何可能形成的致病性结构蛋白的抗体。但是，其中有些蛋白质有自身反应性，能引起自身免疫病。健康个体有半数以上的新生 B 细胞是多向反应的，能结合自身抗体，只要有小部分进入成熟 B 细胞池表现出自身免疫病。这种自身耐受机制是由细胞发育分化过程中的各个检测点控制的。有些检测点调控细胞的生长和死亡，有许多是抗原特异性的。每个检测点进化到发生自身免疫的临界状态与抗病原感染的平衡点。现在临床上将这些知识用于移植治疗。

有人将肿瘤列为老年病之列，因为多数肿瘤出现在老年期，或随着年龄的增长发病率增高。老年期不仅有体细胞衰退、损伤积累等易于癌变的细胞生物学基础，还有免疫衰退、对转化细胞监测能力降低等多方面的免疫学基础。免疫衰退（immunosenescence）以 T 细胞亚群、细胞和分子水平的变化和胸腺萎缩为特征，结果是 T、B 细胞功能减退。这些变化伴有识别"自我"和"外源"抗原能力的丧失，从而发生自身免疫反应，如产生自身抗体。现在认为是由于胸腺萎缩继而发生的初始 T 细胞的减少和衰老过程中抗原克隆性 T 细胞的积累所致（详见第十三章）。凋亡的变化和 T 细胞平衡的改变促进慢性炎症状态，形成危险免疫表型。衰老过程有多种理论：有的认为衰老是由自由基、糖基化还有内源和外源的因子引起功能障碍所致。还有认为衰老是由遗传决定，由细胞周期调控的改变、端粒缩短、复制停止所致。从整体考虑，老年人免疫功能的减退是识别"自我"和"外源"能力的减退。

2. 重新编程细胞系的启示

克隆动物研究中，核重新编程（nuclear reprogramming）和核转移（nuclear transfer）是常用的术语，核转移是操作技术，指的是将外源细胞核导入去核的卵细胞；核重新编程是核转移后发生的复杂的表观遗传学过程。已经分化的体细胞核也能通过细胞融合，或者经过其他细胞的细胞质提取液培育发生重新编程。近年来在成纤维细胞、B 淋巴细胞、胰脏的 β 细胞等分化的体细胞中用病毒载体转染一些转录因子（OCT4、SOX2、cMYC 和 KLF4 或 NANOG 和 LIN28），使它们异位表达，在胚胎干细胞的培养条件下可以发生重新编程，培养出诱导的多潜能干细胞系。近年来用重新编程研制诱导性多潜能干细胞系（iPS），给肿瘤干细胞研究很大的启示，取得了明显进展。有报道在实验小鼠用转录因子诱导造血祖细胞产生急性髓细胞白血病，不仅丰富了白血病干细胞来源的实验证据，对于癌变的多步理论也有了更具体的理解和阐明。

对部分重新编程细胞系的分析揭示了在重新编程的晚期阶段发生的细胞和分子事件。例如，MCV8 细胞表达一些多潜能标志，20%～30% 细胞表达阶段特异性胚胎抗原-1（stage-specific embryonic antigen, SSEA-1），但是，关键的多潜能基因 *Sox2*、*Oct4* 和 *Nanog* 仍未活化。体细胞的 *Oct4* 和 *Nanog* 启动子都甲基化，iPS 细胞和 ES 细胞的相应基因都已去甲基化，部分重新编程细胞的大部分基因仍甲基化，提示关键性多潜能基因的去甲基化发生在重新编程的末期（图 3-12）。

重新编程可以形成肿瘤干细胞，肿瘤干细胞能否通过重新编程转为非肿瘤细胞？这

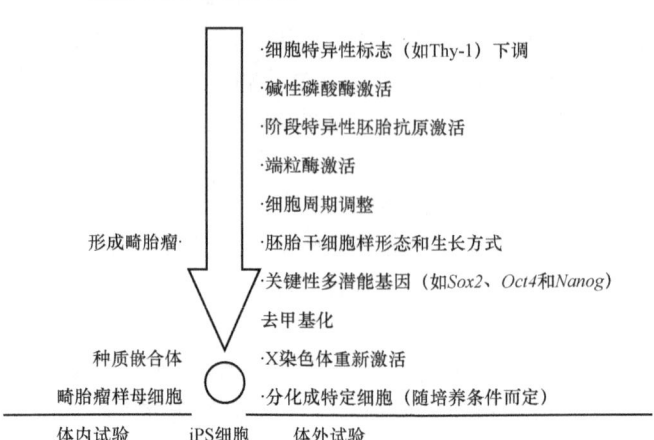

图 3-12 体细胞重新编程为 iPS 过程中的细胞和分子变化

是重新编程与肿瘤干细胞关系研究的另一方面，许多实验证明在适当条件下肿瘤细胞的表型可以完全逆转，可能通过3种途径重新编程：改变细胞外基质；调节细胞内信号转导途径和表观遗传学性质的改变，这几方面的研究正在进行。

第四节 妊娠与免疫

哺乳类动物把胚胎植入母体的子宫内，保证了胎儿的营养供应和免受外敌侵害。但是产生了免疫学问题，胎儿有一半基因源自父本，对于母体实际上是"半异基因移植物"，仍然有异基因免疫问题。人类妊娠也可视为自身种质细胞衍生的新生物，或视为半匹配异基因移植，与移植免疫和肿瘤免疫有诸多相似之处。对妊娠过程的免疫学研究为再生医学和肿瘤学研究提供了许多有益的线索和新的思路，是全面认识免疫功能的重要方面。

一、妊娠的免疫学蕴涵

妊娠期间母亲处于胎儿的异基因抗原攻击之下，必须建立对这些抗原的耐受，以防对胎儿的排斥。黄体酮水平的增高使妊娠期间母体免疫反应性减少。胚胎滋养层合成许多免疫活性分子抑制胎盘与母体面之间的免疫反应。最重要的是母体在妊娠早期就产生调节T细胞（Treg），维持对胎儿异基因抗原的耐受。

1. 胎盘的免疫学作用

胎盘由母体细胞和胎儿细胞组成，母体面由子宫内膜（蜕膜）组成，进一步分成蜕膜基层（有胎儿组织浸润）和蜕膜囊或壁（与胎儿组织不密切接触）。胎儿面由绒毛膜的茸毛组成，由茸毛外细胞滋养细胞附着于蜕膜基层，进而浸润子宫，与母体血液供应建立联系。这些细胞表达 HLA-G 和 CD95 配体。绒毛膜茸毛组成的合胞体滋养细胞层不表达 HLA I 或 HLA II 抗原，含有胎儿血管。胎盘植入和形成是动力学过程，由高度浸润性的滋养层细胞穿入蜕膜内皮层，产生多种蛋白酶和胶原酶降解组织和细胞外基质，在迁移过程中还会遭遇母体的白细胞。

胎儿-胎盘不被母体排斥的原因之一是因为胎盘不表达可变的组织抗原 HLA-A 和 HLA-B，而表达非可变的组织抗原 HLA-E、HLA-F 和 HLA-G。胎儿仍然处于母体的细胞毒 T 细胞和 NK 细胞的威胁之下，由 Treg 细胞控制。NK 细胞能破坏滋养层，但是这些细胞有 NK 受体能破坏 NK 细胞。还有多种附加的机制参与，如优先募集胎儿特异性 Treg 至胎儿-母体界面，降低局部的母体胎儿特异性反应。胎儿组织和胎盘组织中有细胞毒 T 淋巴细胞相关抗原 4（CTLA4），具有多态性，有的引起自发性流产。母体蜕膜和胎儿滋养层中的 Fas 配体（FasL）也参与胎儿和胎盘的保护机制。看来 FasL 能识别从父本遗传来的免疫反应细胞克隆。滋养层表达减少与胎儿生长受限有关，妊娠后期能观察到大量的滋养层细胞脱落。母体免疫系统细胞因子的遗传变化可能增加胎儿的险情。有些变化增加干扰素的产生，可能导致早产。胎儿 TNF-α 的一种变异（−308G）与绒毛膜羊膜炎相关；母体 IL-6 启动子区的变异导致 TGF-β 表达下降，致使母体的中性粒细胞浸润绒毛膜羊膜，也会导致早产。固有免疫系统的大量细胞进入蜕膜对于妊娠反应有重要影响。妊娠早期引起炎症反应，当胚胎植入时导致早孕反应；妊娠中期细胞因子产生相对减少，孕妇感觉改善；妊娠末期胎儿娩出免疫细胞浸润子宫肌层，产生更多细胞因子进入产褥期。

妊娠期间母体的免疫系统既是对胎儿的威胁，又是胎儿防御外界侵害的保护者。近年来，发育毒物学的研究发现产前和新生时期环境变化对胎儿和新生儿发育的影响是长期的，甚至影响终身，即孕妇受到的环境变化和应激能影响胎儿的个体发育；早期新生儿受到的应激也能影响生长和生理功能。这种现象称为"胎儿设计"（fetal programming）或"胎教"（fetal imprinting）。提示妊娠期卫生的重要性，是优生优育的基础。通过流行病学调查和动物实验得到图 3-13 的概念。

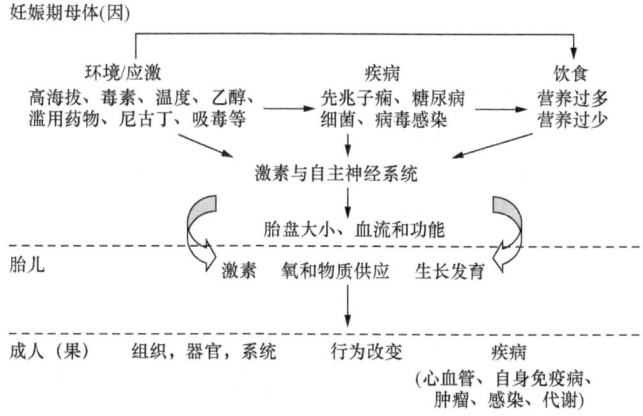

图 3-13　胎教的因和果（Bellinger et al., 2008）

2. 妊娠的激素调节

激素在调节生长中起主要作用，如胰岛素、甲状腺素和胰岛素样生长因子；甲状腺素和类固醇激素对胎儿的发育起重要作用。对于成人，应激改变其内分泌功能，使血浆的激素水平发生改变。母体的激素水平变化可以直接调节胎儿的基因表达，或者改变胎盘代谢。胎盘是相对封闭的屏障，但是某些激素，尤其是脂溶性的和小分子的激素可以通过胎盘。应激激素和促肾上腺皮质激素不能通过胎盘。促炎症细胞因子能介导一些早期胎儿的应激免疫效应，应激增加血浆 TNF-α 和 IL-6 水平，降低母体 IL-10 水平，严重时导致流产。

新生儿溶血症是最早认识的妊娠免疫并发症。经研究阐明母体对胎儿的红细胞抗原——恒河猴因子产生抗体是基本的发病机制，开创了对母体-胎儿关系的免疫学研究。半个多世纪前 Medawar 等提出的母体-胎儿的免疫学关系至今仍被广泛采用，即胎儿与母体的物理性隔离；胎儿组织的抗原不成熟性和母体的免疫惰性。近年来的研究集中在胎儿与母体的界面（胎盘）的免疫调节，母体与胎盘组织间的关系引出了饶有兴趣的免疫学课题。胎盘组织含有父体抗原，正常情况下胎儿和胎盘都不受母体免疫系统的攻击。引人注意的是对于胎儿抗原的耐受是在大量母体的固有免疫系统的细胞存在下发生的。

对于胎儿的免疫耐受是胎儿在妊娠期存活的前提。胎儿表达的半异基因移植抗原能被母体细胞识别，在应激或感染情况下异常的免疫反应能够损伤胎儿和（或）母亲，甚至导致死亡。母体早在受精时期就开始接触非母体抗原，需要有相应的机制处置这些抗原。必须有连续的交叉调节机制才能保证正常妊娠，许多免疫细胞参与这些机制。巨噬细胞是蜕膜中最多的细胞之一，占 20%~30%，由基质细胞和滋养层细胞募集，在整个妊娠期间都如此，有特殊的表型，维持蜕膜的稳态和胎盘的发展，以及对滋养层细胞的耐受。巨噬细胞的异常可导致从先兆子痫到胎儿生长受限，甚至胎儿死亡的各种妊娠病理过程。树突细胞在维持正常妊娠和保护胎儿中起独特的作用，蜕膜树突细胞的表型和功能已在小鼠和人类妊娠过程中初步研究，证明树突细胞的功能对于妊娠起重要作用。

几乎所有的蜕膜白细胞都属于固有免疫系统，实际上没有 B 细胞，只有少数 T 细胞。在妊娠早期子宫 NK 细胞约占 70%，后来在滋养层细胞浸润下普遍凋亡。子宫内 NK 细胞的功能研究还不多，它们的活性、性质和丰度，表明它们参与蜕膜形成，与黏膜完整性及动脉功能有关，并参与对滋养层细胞浸润的调控。在每次月经周期中蜕膜化过程诱导子宫 NK 细胞，子宫 NK 细胞（CD56^{hi}）是非细胞毒的，看来有不同的功能，子宫 NK 细胞往往出现在血管再生处，尤其在妊娠 16~20 周期间。NKT 细胞是不寻常的 T 细胞亚群，表达 T 细胞和 NK 细胞的双重标志，能产生 Th1 和 Th2 两类细胞因子，对固有免疫和获得性免疫都有调节作用。通常 αβT 细胞识别肽链是通过 MHC 分子，NKT 细胞通过 MHC Ⅰ 样分子 CD1d 识别糖脂。近年来报道母体-胎儿界面存在 NKT 细胞和 CD1d。虽然 NKT 细胞在蜕膜中的确切作用尚不清楚，小鼠实验表明 NKT 细胞的活化明显影响妊娠。文献中报道的许多与感染和促炎症因子引起的流产可能与NKT细胞有关。

3. 调节T细胞的作用

过去20年对外周耐受的主要研究进展是阐明了调节T细胞（Treg）的性质。1990年之前假设的抑制T细胞概念由于找不出相应的基因而废弃，妊娠时产生的特殊调节T细胞是维持妊娠期母体与胎儿间免疫平衡的关键性因素（表3-11、表3-12）。调节T细胞主要积聚在蜕膜，也出现在母体血循环中。实验研究表明Treg在妊娠子宫内的浸润与Foxp3（TNF受体超家族成员18）转录本的升高有关。缺乏$CD4^+CD25^+$ T细胞会导致早期流产，多数情况下是极早期，少数可导致中期流产。

表3-11 主要调节T细胞的性质

细胞类型	标志	来源	性质
天然Treg细胞	CD4，CD25，CD28，FoxP3	胸腺选择，外周发育	通过细胞因子或细胞溶解抑制靶T细胞；抑制抗原递呈细胞功能
诱导Treg1	CD4，CD40L，CD28，CD69 CTLA-4，HLA-DR	成熟T细胞*	产生IL-5，IL-10，TGF-β；抑制对非特异性抗原的反应
Th2	CD4	口服抗原诱导	通过IL-10或TGF-β抑制T细胞反应
$CD8^+$ Treg细胞	CD8，CD25，CD28	受骨髓间质细胞刺激产生	异基因抗原刺激表达CD103；表达低水平的FoxP3 mRNA

注：CTLA-4：细胞毒T淋巴细胞抗原4；FoxP3：叉头盒P3；Treg：调节T细胞。*由亚免疫原抗原刺激产生；或由抑制性细胞因子激活。

资料来源：Weetman，2010。

表3-12 三种主要辅助细胞的性质

细胞类型	分泌的细胞因子	激活者	抑制者	主要功能
Th1	IFN-γ，TNF-α，TNF-β IL-2，IL-3，GM-CSF	IL-2，IFN-γ	IL-10，TGF-β	细胞介导的免疫反应；抗病毒和细胞内病原体
Th2	IL-3，IL-4，IL-5，IL-10 IL-13，IL-15，TGF-β GM-CSF	IL-4	IFN-γ，IL-12	激活B细胞产生抗体；变态反应；抗原虫
Th17	IL-6，IL-17，IL-22	TGF-β，IL-6 IL-23	IFN-γ，IL-4	促炎症；抗某些细菌和真菌

资料来源：Weetman，2010。

二、妊娠期间细胞因子产生的Th2型转换

有研究报道，妊娠期间有外周血单核细胞数和粒细胞数的升高，因而将妊娠视为一种"变更的免疫活性"（altered immune competence）状态，包括外周血单核细胞、粒

细胞活化和促炎症细胞因子减少。因为妊娠期间不论是整体或母体-胎儿界面细胞因子的产生趋势是从 Th1 型转为 Th2 型。这种免疫方式的转换可能有利于防止炎症细胞因子引起的母体对胎儿的排斥，但是对于由细胞因子介导的自身免疫病有明显影响。例如，妊娠易导致 Th2 型细胞因子介导的系统性红斑狼疮复发；减轻 Th1 型细胞因子介导的类风湿性关节炎的病情（图 3-14）。

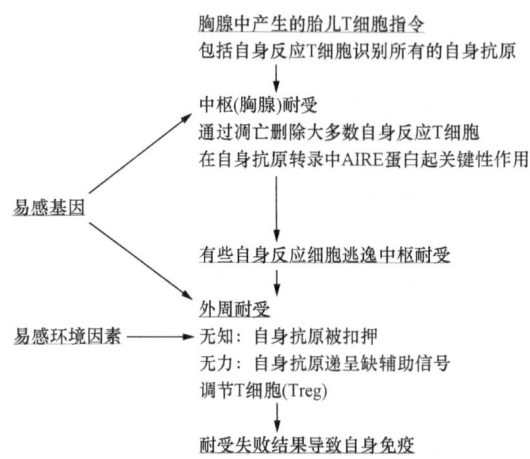

图 3-14　建立和维持对自身抗原耐受的基本机制

妊娠期间 Th2 型转换的机制尚未完全阐明。但是，业已证实单核细胞活性的激素调节、孕酮和雌激素刺激 Th2 型细胞因子，如 IL-4 和 IL-10，也刺激肾上腺产生糖皮质激素，这些细胞因子和激素都是很强的免疫抑制分子，抑制环氧化酶-2 的活性和抑制巨噬细胞及 T 细胞分泌炎症细胞因子，如 IL-1、IL-2、IL-3、IL-5、IL-8、γ-干扰素和 TNF-α。另有研究报道人类绒毛膜促性腺激素也能减少单核细胞产生炎症细胞因子。妊娠期间这些激素的增加在整体和局部抑制 Th1 型细胞因子的产生，诱导 Th2 型细胞因子的产生。此外，蜕膜、胎盘和其他组织也能抑制局部免疫反应。白血病抑制因子（LIF）不仅在免疫抑制微环境的形成中起重要作用，也参与 Th1/Th2 平衡的调节。先兆子痫和自发性流产都与从 Th2 向 Th1 转换有关。

正常机体的眼睛、睾丸和脑都处于免疫赦免之下，其解剖结构和生理机制都阻止免疫细胞通过，表达多种因子促进固有免疫和获得性免疫系统的细胞处于非特异性抑制的"免疫无能"状态。图 3-15 是小鼠胎儿的部分耐受机制。

T 细胞对局部色氨酸浓度的变化特别敏感，色氨酸浓度下降能抑制 T 细胞增殖。有些组织巨噬细胞以产生吲哚胺加双氧酶（IDO）应对 γ-干扰素反应，引起局部色氨酸浓度下降，消除局部的 T 细胞反应。母体的子宫内膜（蜕膜）和胎儿的合胞体滋养层也能产生 IDO。胎儿逃避局部免疫的另一个机制是表达 CD95 配体（CD95L），促进表达 CD95 受体的活化淋巴细胞凋亡。实验证明，补体沉积于胎儿-母体界面就会导致流产。人类没有小鼠 Crry 的对应物，但是有其他的抑制补体机制。

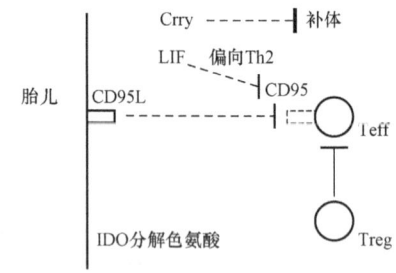

图 3-15　小鼠母体-胎儿耐受的调节机制
Crry 调节补体沉积；白血病抑制因子（LIF）影响 Th1/Th2 比例；CD95⁺效应 T 细胞（Teff）由 CD95L 和调节 T 细胞（Treg）核查；吲哚胺加双氧酶（IDO）消除色氨酸，由此降低局部的 T 细胞反应

三、妊娠期间表达的免疫调节分子

蜕膜和胎盘细胞产生多种分子抑制局部的免疫反应,促进妊娠进程。其他组织包括精(液)浆在调节母体的免疫系统和促进对胎儿(父本)抗原的耐受中起重要作用。表 3-13 列出了已知的有免疫调节作用的妊娠相关分子。

表 3-13 妊娠中的免疫调节分子

分子	来源	功能
Annexin V	合胞体滋养层细胞	磷脂结合蛋白;抗凝;降低前列腺素/白三烯合成
B7-H 族	合胞体滋养层细胞 绒毛外滋养层细胞	抑制淋巴活化促进凋亡;抑制补体活性;激活 Th2 免疫
CD59MCPDAF (Crry)	合胞体滋养层细胞 细胞滋养层细胞	抑制补体活性
D6	合胞体滋养层细胞 绒毛外滋养层细胞	趋化因子诱骗受体
FasL	合胞体滋养层细胞 细胞滋养层细胞	促进带有 Fas 受体的活化淋巴细胞凋亡
Galectin 1	子宫内膜/蜕膜 子宫 NK 细胞	对抗白细胞活化;减少 Th1 型炎症细胞因子;增加 Treg 细胞释放 IL-10
HLA-C	绒毛外滋养层细胞	结合 NK 细胞上的 KIR
HLA-G	绒毛外滋养层细胞	抑制细胞和细胞毒细胞的增殖和细胞溶解;调节外周血单个核细胞的细胞因子产生
吲哚胺加双氧酶	巨噬细胞,树突细胞,Treg 合胞体滋养层细胞	抑制淋巴细胞激活和增殖;抑制补体活性
IL-10	细胞滋养层细胞,uNK 巨噬细胞,树突细胞	白细胞去活化;抑制细胞因子产生
胆碱磷酸共轭物(Neurokinin B)	合胞体滋养层细胞	抑制 B 和 T 细胞活化;抑制 Th1 型免疫和促进 2 型免疫
胎盘蛋白 4 (glycodelin)	子宫内膜,蜕膜	抑制单核细胞和 T 细胞活化及增殖
妊娠糖蛋白	合胞体滋养层细胞	诱导单核细胞分泌 IL-6,IL-10,TGF-β 诱导转换为 Th2 型细胞因子免疫
前列腺素 E2	蜕膜,巨噬细胞,精浆	防止巨噬细胞和 T 细胞激活;抑制 1 型细胞因子
sMIC-A	合胞体滋养层细胞	MHC 样链相关蛋白 A 的可溶性转录本降低 MKG2D 表达和 NK 细胞的溶解
TGF-β	蜕膜,巨噬细胞,精浆	募集并抑制白细胞的活性;抑制 Th1 型细胞因子的产生;参与对父本抗原的耐受

资料来源:Renaud 和 Graham,2008。

表 3-13 列出的妊娠相关分子中有许多是抑制蜕膜中的巨噬细胞和 T 细胞的 Th1 型活化，抑制组织中有细胞毒作用 T 细胞的活性和增殖。但是合胞体滋养层细胞和滋养层细胞衬套螺旋小动脉，分泌许多这类分子进入母体血流，可以影响全身免疫反应，在妊娠期 Th2 型细胞因子转换中起作用（图 3-16）。动物实验证明用基因剔除技术导致这类分子的缺失可使胎儿严重生长不良或死亡；临床资料也证明，这些因子的缺乏导致多种妊娠病理状态。

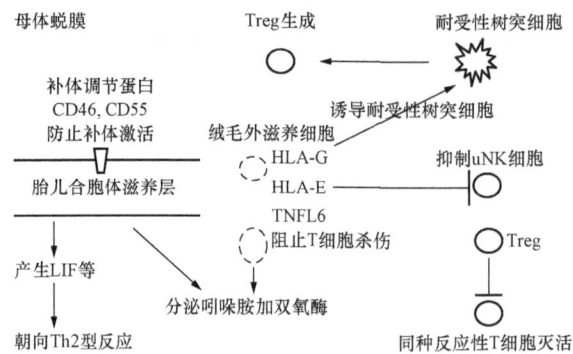

图 3-16　母体对胎儿半自体抗原耐受的机制

胎儿合胞体滋养层和绒毛外细胞滋养层表达多种分子，如吲哚胺、白血病抑制因子（LIF）、CD95L 和补体调节蛋白等，非特异性地防止胎儿同种移植物排斥。通过 HLA-G 和 HLA-E 的表达防止母体的子宫 NK 细胞（uNK）杀伤胎儿细胞；还刺激树突细胞产生 Treg 细胞防止同种移植反应。

四、对父本异基因抗原的获得性免疫反应

在受精后数小时就启动蜕膜反应，通常持续 24～48h，精子产生的 TGF-β 刺激雌激素启动的子宫上皮细胞产生大量的 GM-CSF、IL-8 和 IL-1β 等髓系前体细胞所需的炎症介质。从子宫髓系前体细胞分化成熟的树突细胞与巨噬细胞和中性粒细胞进入宫腔，清除死亡的精子、父本白细胞和来自父本的任何病原体。蜕膜反应可能吸引树突细胞递呈父本抗原至母体生殖道的淋巴结，所以母体从受精后不久就开始对父本抗原起免疫反应。有多种机制防止母体对父本抗原起反应。除了精液中有 TGF-β 和白三烯等免疫调节物外，阴道上皮也释放 TGF-β 并抑制抗原特异性 $CD4^+$ T 细胞的增殖。

虽然滋养层细胞是胎儿组织与母体组织的主要接触者，隔离了胎儿与母体。但是，滋养层细胞并非铁板似的物理屏障，实际上从孕妇外周血能测出胎儿细胞，从胎儿甚至成体可以测到母体细胞，即存在着微小嵌合体。滋养层细胞本身脱落许多碎片和微小嵌合体进入母体血流，胎儿组织改造产生的凋亡细胞是细胞碎片的另一来源，它们都可能被母体的吞噬细胞清除，其中包括母体的抗原递呈细胞。尽管使用了各种免疫逃逸策略，实际上母体的获得性免疫系统"知道"父本异基因抗原的存在，可能由于在整个妊娠期间抗异基因抗原 T 细胞的某种无能性，所以并不排斥带有父本抗原的胎盘和胎儿。

五、微小嵌合体的作用和意义

业已确定,在正常妊娠过程中母体中会出现和持续存在胎儿的微小嵌合体细胞。有的经产妇在 20 多年后在外周血或组织中还能测出儿子的微小嵌合体细胞。微小嵌合体细胞可以增加母亲罹患自身免疫病的概率。然而,多年的肿瘤流行病学和移植生物学资料提示,胎儿微小嵌合体也能减少母亲罹患肿瘤的概率,减少经产妇的 Hodgkin 淋巴瘤、非 Hodgkin 淋巴瘤、髓系白血病、慢性淋巴细胞白血病以及膀胱癌、乳腺癌、卵巢癌、胰腺癌和脑肿瘤的发病率。胎儿的微小嵌合体细胞可能成为母亲体内的抗肿瘤新机制。

最早的胎儿微小嵌合体细胞报告出现在 20 世纪 80 年代初,在妊娠妇女的外周血用常规方法就测出胎儿的遗传物质,数年后报道在一名产后 27 年的妇女血中有男性胎儿细胞。早期的研究报告中许多作者发现外周血单个核细胞中有胎儿的微小嵌合体细胞,在免疫活性细胞中的比例相当高:T 细胞 30%~58%;B 细胞 45%~75%;NK 细胞 44%~62%;抗原递呈细胞 26%~58%。在内脏器官和造血组织中也发现胎儿微小嵌合体细胞。值得注意的是微小嵌合体细胞并非总是表达造血细胞表型,有的表达不同组织细胞的标志,如肝细胞标志。后来在动员的外周血造血干细胞和骨髓的间充质干细胞中也发现有微小嵌合体细胞。

由于早已注意到产后妇女自身免疫病发病率高。胎儿的微小嵌合体细胞在自身免疫病中的作用已有较多研究,微小嵌合体细胞可能有三个方面的作用:①作为异基因反应的效应细胞,已在硬皮病患者找到证据;②胎儿的抗原递呈细胞将母体抗原显示,导致母体免疫系统起反应,已在甲状腺炎、狼疮等多种自身免疫病患者发现组织分化胎儿微小嵌合体细胞;③胎儿细胞可以作为内源性的异基因祖细胞参与炎症的组织修复,已有小鼠实验模型证实。

早年文献报道,母体细胞也能进入胎儿,持续多年。甚至有报道母体的肿瘤细胞转移至胎儿。推测母体的微小嵌合体细胞也影响其子女的肿瘤患病率。

第五节 哺乳类动物个体免疫与昆虫社会免疫的相似性

早在 20 世纪初就有研究者发现昆虫群落与多细胞有机体的相似性,称其为超有机体(superorganism)。Cremer 和 Sixt(2009)系统地比较了多细胞有机体与昆虫社会的免疫防御机制(图 3-17),可能有助于揭示寄生物和宿主相互作用影响选择压的共进化原理。个体和社会都要快速发现和适当处理入侵的寄生物,阻止其播散和侵犯增殖细胞或成员,维护机体或社会的稳定和正常运行。所以,免疫机制变异应该影响适合度。

社会免疫(social immunity)是指群落(colony)水平的抗寄生物机制,是群落全体成员协作达到的集体避免、控制或消除寄生物感染。从单个成员显现不出这种防御机

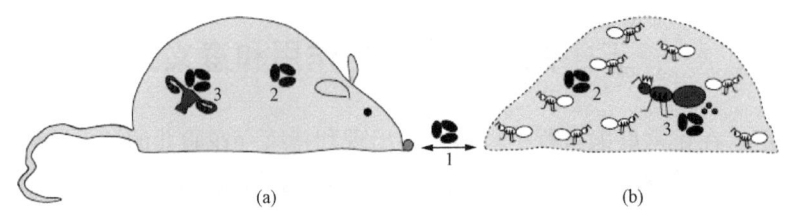

图 3-17 哺乳类动物个体（a）和昆虫社会（b）的感染和防御
1 边界防御：寄生物（黑色卵圆形）被机体或群落入口处的生理性防御机制（上皮细胞、固有免疫机制）或阻挡行为阻止；2 体防御：机体组织（机体免疫细胞或兵蚁、兵蜂）对感染的抵御功能；3 种系和后裔防御：生殖组织（卵巢等）和后蚁、后蜂有特殊的免疫机制防止后裔感染。（Cremer and Sixt, 2009）

制的有效性，需有两个以上成员的协作才能有效。个体免疫和社会免疫都有卫生行为和生理防御两部分，社会免疫还加上空间组织和接触频率调节机制。

一、对入侵者的防范——边界防御

人和动物都有防御寄生物的行为，如直觉地避免进食腐败或排泄物的能力；呕吐是对吃进有害物的防御反应；人类的生活有大量的卫生行为：洗涤、更衣……动物也有类似的行为，如猴和一些鸟类在皮肤、羽毛涂毒物（如蚁酸）防止寄生物；狗、猫有添毛、清洁皮肤的习惯；大象有定期洗澡的习惯。动物不仅能收集和应用抗菌物质，皮肤和黏膜也能产生抗菌物质，表皮和上皮细胞形成屏障抵御微生物（详见第四章）。

昆虫群落中有明确的虫体分化和分工，类似于多细胞有机体的不同器官。只有部分年老的个体外出觅食，年轻的经管巢内食物储存、孵卵和喂养幼虫。在巢外劳动致病的概率不高。巢内对外来入侵或感染有特殊的防御机制。例如，蜜蜂有专职的蜂巢卫士，监控入口，阻止已经感染的成员进入巢内；白蚁在发现有寄生物入侵时就发出震颤信号；在巢入口处发现真菌孢子时就关闭入口；有的近亲入侵者能成功进入巢内掠夺财物，奴役其工蚁或占有巢穴；原巢的蚁群则尽力封堵巢的入口处，类似于用血栓堵塞伤口血管。对于防止微生物污染也有特殊的机制：工蚁每天收获大量叶子，除了防止虫卵生长，还要消除霉菌孢子。蚂蚁和蜜蜂能收集一些抗菌物质（如树脂）保存在巢内减少细菌、霉菌生长，减少成员的感染率。巢内成员还将它们的腺体产生的抗菌物质撒在巢内，抵御微生物感染。

二、躯 体 防 御

一旦寄生物进入多细胞有机体内或突破昆虫群落的堡垒，抗寄生物机制能够减少寄生物引起的损伤，躯体组织或昆虫群落成员的任务是抵御入侵、控制感染保证宿主的生存。通常就地战斗阻止入侵者进入和在细胞间或个体间传播，严重时全系统反应（总动员）。个体免疫反应在多层次防止寄生物播散，逐级扩大导致系统反应同时影响大部分组织。每个涉及面不论感染与否都快速募集固有免疫细胞，直接杀伤或吞噬入侵者。此时正确识别自身组织、细胞与入侵者至关重要。如果不能及时消灭入侵者，得以持续存在，则形成肉芽肿，将入侵者限止于局部。此时吞噬细胞往往呈现上皮样性质，分泌细胞外基质封闭感染，有的病例能出现钙化灶。昆虫群落的防御机制也有局部和系统两类。蜜蜂在蜂巢中也能用蜂胶在入侵的寄生物周围构筑小的监狱，类似于肉芽肿限止入侵者活动、播散。也能通过聚集许多工蜂形成球形密闭层，使入侵者闷热窒息而死。蜜蜂能同时振动翅膀产热，使蜂巢的温度升高多度，不利于入侵的霉菌生长。昆虫群落的卫生工作包括垃圾处理和感染个体的处理，通常将污物丢弃在巢穴下游远处，以免雨水污染巢穴。蜂巢中有专职的工蜂巡视，发现感染的成员即处死、丢弃。多细胞有机体和昆虫群落都采取牺牲感染的细胞或个体，维护整体的安全策略。

三、种系防御

边界防御和躯体防御都不保障宿主的适合度，进化的成功取决于后裔的数量和基因两个方面。多细胞有机体和昆虫社会都有保护生殖系统和后（王）的机制，用以保证孕育出健康的后裔。脊椎动物的种质细胞在生殖器官中都有血-卵巢/睾丸屏障和大量免疫细胞包绕。与血脑屏障相比，血-卵巢/睾丸屏障研究较少，有关种质细胞的许多保护机制有待阐明。哺乳类动物通过胎盘母体将免疫球蛋白传递给胎儿；母亲通过乳汁将黏膜免疫球蛋白传递给婴儿。昆虫群落中的后和王通常在巢穴的中央，白蚁甚至有硬壳的皇室，由从不外出的年轻成员饲养，所以感染的机会很少。一旦发现周围成员有感染者立即调离。对于虫卵和幼虫往往有特别的保护，如火蚁将含有抗菌肽的蛇毒洒在巢穴中。这类隔离的保护作用可以提高种系的适合度。

四、寄生物的发现和自我/非我的鉴别

脊椎动物体内识别入侵者与自我组织有4条相互依赖的原则：①以模式识别受体（外源性信号）检出保守的寄生物模式；②检测组织损伤（内源性信号）的存在；③检测不存在自我结构（天然杀伤细胞和补体系统）；④检测存在非我结构（获得性免疫系统）。获得性免疫系统的识别受体在进化中是最先进的，能鉴别特异性病原，主要是T和B细胞受体的重排，几乎有无限的变化特异性。

粗浅地考虑，"自我"的含义大概是"非危险的"代名词，因为除了肿瘤相关抗原外，自我抗原是无害的。耐受自我，与非我战斗以防御所有可能的入侵者。但是在实际生活中"非我"只有少数是危险的，体表和肠道有大量非危险、非自我的共生微生物和食物抗原，必须耐受；如果对它们攻击可能导致变态反应或其他免疫病。为了避免过度反应，T细胞从不在首次识别后发起攻击，而是在树突细胞上的主要组织相容性抗原（MHC）分子控制下，第二次与抗原相遇时发起攻击。树突细胞根据周围情况和有无内源性危险信号或外源性危险信号，决定T细胞成为起反应的各种效应细胞或不起反应。通常获得性免疫反应只有在主要组织相容性复合体分子呈现病原产生的多肽给T细胞

后才启动。每个 MHC 分子只能呈现与其多肽结合槽匹配的多肽,似乎应该有尽量多的不同 MHC 分子才能抵御更多的不同病原,虽然 MHC 基因是脊椎动物中最多态性的基因,但是,每个个体的 MHC 多样性还是小的,这是进化中的矛盾。

多细胞有机体的免疫系统终身学习自我和非危险模板,鉴别危险的入侵者;与此类似,昆虫社会的成员也始终、经常更新有关自我的信息——群落气味。细胞表面带有表面标记分子,昆虫体表的碳氢化合物有气味,是昆虫社会的主要识别标志,有群落特异性。气味分子由遗传基因决定,所有成员都有,但是受摄入的食物和环境影响可以有所变化。从群落分离出去的成员不能继续更新气味信号,经过较长时期后不再被其他成员接受。不仅气味的化学成分能连续改变,成员的接受方式和作为自我标志的模式也随着群落组成的变化发生改变。与免疫细胞类似,社会昆虫终身学习免疫耐受。感染、死亡成员的气味和入侵者作为危险信号起重要作用。实际上入侵者往往是立即被发现的,很快导致暴露成员和未感染组成员行为的变化。昆虫社会也显示出"集体的免疫记忆",在第二次入侵者入侵时全体成员快速进入抵御状态,其机制有待研究。

第六节 免疫系统中的权衡与平衡

权衡(trade off)和平衡是免疫系统运行的基本策略,生物体在一生中经历无数次的争斗和变化,免疫系统经受无数次的权衡和平衡,一边倒似的胜利不多,更多的是权衡处理,以求体内平衡。

适者生存是生物进化的基本规律,适合度(fitness)是遗传学中采用的适应能力的量度。通常采用不同的基因型在同一环境条件下存活的百分率表示,即同一个体产生的能存活后代的比例数,是对未来世代有影响能力的指标。群体中适合度高的比适合度低的个体产生更多的后裔,即基因型能存活并留下后代的相对能力。机体的适合度依赖于免疫系统提供对病原侵犯的保护能力。可是,即使是最简单的免疫系统也惊人地复杂,而且受机体的生态学因素的影响。近 10 年来科学和技术的发展将生态学和免疫学联系起来,形成生态免疫学(ecological immunology)这一新的研究领域。生态免疫学的研究涉及影响免疫系统进化的生态学因素和产生的免疫学变化两个方面(图 3-18)。

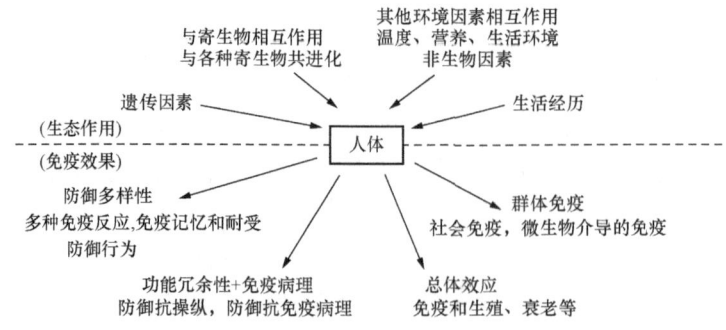

图 3-18 生态与免疫(Schulenburg et al., 2009)

一、寄生物对宿主的作用

进化过程中寄生物与宿主相互作用，相互适应，通常寄生物的适应速度比宿主的适应快得多，正如俗话所说"船小好掉头"。因为微生物的增殖周期短，群体数量大，通常为单倍体，在演化中产生最强的选择压。所以变异快的病原微生物有强大的进化优势，对宿主群体造成巨大的危害，如流感病毒和艾滋病病毒由于容易变异，形成新的变种在人群中传播，并导致免疫系统变化。寄生物的多样性（包括种属和种内的多样性）是影响免疫系统的另一个重要因素。例如，不同株的大肠杆菌可以有不同的生物学性状，致病性大肠杆菌可以引起严重的流行病。寄生物对宿主的作用是多方面的。例如，有各种逃避免疫机制的措施：逃避免疫识别可以改变表面分子，还能攻击或干扰防御机制。

二、宿主免疫系统失调是发病的基础

流行病学资料表明，即使烈性传染病，一次大流行总有一部分人发病，一部分人不发病。影响发病的因素很多，机体免疫系统的功能状态是主要影响因素。本节以巨噬细胞功能失调在免疫衰退中的作用为例，讨论免疫系统功能状态的发病学意义。

巨噬细胞是固有免疫的主要成员，在体内广泛存在，不同组织的巨噬细胞有不尽相同的性质和功能（表 3-14，图 3-19），但是都担负着一线防御功能，连接固有免疫与获得性免疫，在防御入侵和维护细胞稳态中起极其重要的作用。近年来的研究进展表明，巨噬细胞功能失调在免疫衰退中起重要作用，还可能与机体衰老有关。

表 3-14 不同组织来源巨噬细胞的功能和表型

性质	腹腔 MΦ	肺泡 MΦ	Kupffer 细胞	血源 MΦ	小胶质细胞
CD11b	高	低	高	微量	微量
CD14	低	低	微量	高	微量
CD68	高	高	高	高	高
FcγR	高	低	低	低	低
MHC II	高	低	微量	低	低
抗原递呈	高	低	低		有
脂酶	低	高	低	低	微量
吞噬	高	低	高	低	低
IFN-γ	高	低	低		有
TNF-α	高	低	低		有
IL-1	高	低	低		有
IL-6	高	低	低		有
MIP-1	低	高	低		有
MCP-1	高	低	低		有
IL-10	高	?	微量		有

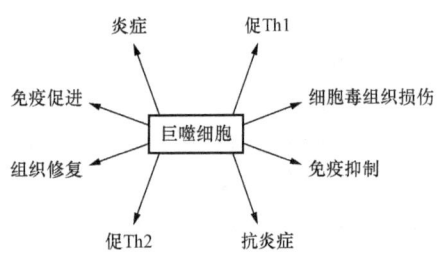

图 3-19 正常巨噬细胞的功能与和谐平衡作用

早已认识到单核/巨噬细胞系列的细胞异质性，反映在微环境各种信号作用下的功能多样性和可塑性。极化的 M1 和 M2（又称选择性激活的）巨噬细胞是连续变化功能状态的两个极端。肿瘤微环境中的免疫细胞出现的功能极化反映出免疫学权衡的作用，浸润在肿瘤组织中的巨噬细胞在肿瘤产生的和 T 细胞产生的细胞因子调节下呈现为极化的 M2 表型。肿瘤相关的巨噬细胞是极化的 M2 单个核吞噬细胞的范例（表 3-15）。

表 3-15 极化巨噬细胞 M1 和 M2 的表型

M1	M2
膜受体	
*TLR2，TLR4	清道夫受体 A@
*Fcγ-RI，II，III（CD16，CD32，CD64）	清道夫受体 B@
*CD80，CD86	CD163#
	甘露糖受体 $
	CD14@
	FcεRII（CD23）#
细胞因子	
*TNF-α	IL-1ra $
*IL-1	IL-10#
*IL-6	
*IL-12	
*Ⅰ型干扰素	
细胞因子受体	
*Ⅰ型 IL-1R	诱骗Ⅱ型 IL-1R#
趋化因子	
*CXCL9，10，11	CCL17，22，24#
*CCL2，3，4，5	CCL16@，
*CXCL8	CCL18 $
趋化因子受体	
*CCR7	CCR2@
	CXCR1，2#
效应分子	
*诱导性氧化氮合成酶	精氨酸酶 $
*反应氧媒介	

＊在 IFN-γ 和 LPS 诱导下 M1 高表达而 M2 低表达的分子；@在 IL-10 诱导下 M2 高表达而 M1 低表达的分子；# 在 IL-4 和 IL-13 诱导下 M2 高表达而 M1 低表达的分子；$ 在 IL-4、IL-10 和 IL-13 诱导下 M2 高表达而 M1 低表达的分子。

树突细胞（DC）在肿瘤组织中出现积聚和分化。肿瘤细胞或基质细胞产生的细胞因子 M-CSF、IL-10、IL-6 促进单核细胞分化为巨噬细胞而不是 DC；IL-10、IL-6、TGF-β、VEGF 抑制单核细胞和髓性 DC 向成熟 DC 分化。所以肿瘤微环境中存在髓性和浆细胞样 DC，还有肿瘤相关的巨噬细胞（TAM）。

近年来的研究进展表明免疫衰退和巨噬细胞功能的可塑性可能有关，与年龄相关的微环境改变可以引起巨噬细胞功能失调，即老年巨噬细胞功能失调可能是适应老年相关的组织微环境变化引起的。其结果是巨噬细胞丧失多功能协调能力。如果能保持巨噬细胞多功能性，可能恢复（增强）固有免疫和获得性免疫。恢复巨噬细胞多功能性可能是细胞因子治疗的新靶点。

三、生活史特性间的权衡

进化论的基础是生活史特性间的权衡，近年来的研究集中于这些权衡的生理学机制。生活史理论（life-history theory）的基本原则是：适合度相关特性的进化受制于它们间的权衡，即一种特性的表达增强往往导致另一种特性的负面变化。这样的权衡在自然界普遍存在，通常用资源有限解释。按照生活史理论有两类生存和繁衍策略。一类是在良好的环境中生活：个体增大，寿命延长，生殖率降低，如人类、鲸和象。另一类是在不良环境中生存：个体减小，寿命缩短，生殖率增加。近年来随着对一些权衡现象生理机制的阐明，发现有些权衡与资源或能量无关，如反应氧（reactive oxygen species, ROS）等信号分子和激素的调节作用。

ROS 是生命进化的基础性制约机制

免疫系统是多向性的，不同分支间可能出现权衡，如炎症反应中 Th1 与 Th2 的平衡。总的分工，Th1 反应是抗微小寄生物的（细菌、病毒、原虫），Th2 是抗寄生虫的（如蠕虫）。当两类寄生物同时出现时，机体免疫系统该如何反应呢？虽然尚未阐明 Th1/Th2 的拮抗机制，但是机体不能在局部同时出现两种强烈反应，机体的 T 细胞库有限，只能用一种反应对付两者。Th1/Th2 的关系与其效应分子氧化氮合成酶（NOS）和精氨酸酶相关，在巨噬细胞中 Th1 型细胞因子诱生 NOS 而抑制精氨酸酶，Th2 型细胞因子则反之。这样 Th1 和 Th2 免疫反应竞争同一底物（L-精氨酸），在 NOS 和精氨酸酶之间建立平衡。

氧化氮合成酶是一组能产生反应氮（reactive nitrogen species, RNS）的酶，有广泛的生物学作用。但是 RNS 并非唯一的酶反应副产物分子，ROS 是与 RNS 类似的游离基，它们不仅为各种生物学过程所需，也有损害机体的效应，受到权衡研究者的关注。

氧气的出现和大量生成是生物进化过程中的重大事件，是高等生物生成的前提。氧气是高等动物、植物生存的基本环境因素之一。氧化还原（REDOX）反应是代谢的主要机制之一，ROS 是氧化还原反应的副产品，低浓度的 ROS 是重要的信号分子。例如，在植物中促进一系列的基础生物学过程，包括免疫防御、生长和发育、种子发芽、程序性细胞死亡和对环境（水土）的适应。动物的代谢、免疫机制、衰老过程和生殖（性征和精液、精子的质量）都与 ROS 密切相关。

然而 ROS 的效应是剂量依赖的，高浓度的 ROS 对细胞是氧化应激，能引起基因表达发生深刻的变化，如果不能及时纠正，积累的氧化损伤将危及细胞内的 RNA、DNA 和蛋白质。线粒体是产生 ROS 的主要场所，大部分能量的产生通过氧化磷酸化，由 5 组酶复合体承担。复合体 I~IV（电子传递链）包括通过系列蛋白质的氧化还原反应进行的电子传递，最终将电子传给氧分子。正常情况下氧在复合体 IV 内转化为水，在质子梯度下将能量储存在复合体 V 形成的 ATP 中。但是，在此过程中有小部分氧被线粒体在复合体 IV 中消耗，转变为若干 ROS（如超氧阴离子、过氧化氢或羟基游离基），而不是水。所以在真核细胞的基本生命过程——氧化磷酸化中就出现了这类矛盾现象。

ROS 也能通过其他的氧化还原反应产生，如防御反应中抗病原体的 NADPH 氧化酶。在这些酶复合体中 ROS 产生的很快，作为氧化爆破杀伤入侵的微生物。但是，ROS 是非靶向分子，如果不及时清除过剩的 ROS，氧化爆破也杀伤自身细胞、组织，形成自身免疫。针对这些危险因素，真核细胞有机体有酶和非酶机制应对不需要的 ROS 积蓄。例如，能清除过氧化氢的过氧化物歧化酶；非酶机制有多种抗氧化剂，如有细胞氧化还原缓冲剂抗坏血酸和谷胱甘肽、生育酚、类黄酮、生物碱及类胡萝卜素。

衰老（ageing）是机体的生理性退化，伴随着生殖能力减退、对环境适应能力降低和死亡概率的增加。半个多世纪前就提出衰老的游离基假说，认为衰老与 ROS 等游离基的积累有关。该理论得到广泛支持，因为氧化酶复合体在生物体内普遍存在，产生不需要的 ROS 对于组织 DNA、RNA、蛋白质、脂肪形成不可逆的损伤积蓄导致衰老，是衰老的主要机制。该理论的修正版是衰老的线粒体理论，因为线粒体是通过氧化磷酸化产生 ROS 的主要场所。根据这个理论线粒体 DNA 是游离基袭击的主要靶点，因为它在线粒体内，首当其冲。经过氧化应激线粒体 DNA 降解，氧化磷酸化功能受损，形成更多 ROS 进一步损伤线粒体 DNA，如此螺旋式作用导致衰老。

衰老的游离基理论与衰老的生活率理论（rate-of-living theory）很容易结合。后者认为衰老与代谢率有关，"活得快-死得早"（live fast-die young）是代谢的权衡，由 ROS 的产生和损伤介导。经验表明：代谢率高和繁殖快的个体或种属衰老快，因为代谢快的产生 ROS 也多。虽然不难找出例外，近年来的研究进展对一些例外已经找到了解释：细胞膜倾向于脂质过氧化反应，即细胞膜由于游离基侵袭而氧化降解，不同种属生物的细胞膜的脂肪酸成分不同，对脂质过氧化反应的敏感性不同，有的种属更易于在氧化应激下产生自身免疫，影响寿命。老年医学中有一条著名的规律：限制饮食能延长寿命。通常归结于热量限制。近来用果蝇进行的实验表明，是营养而不是热量在调整寿限中起主要作用。用大鼠进行的实验表明，食物中蛋白质与碳水化合物的比例对于线粒体产生 ROS 有明显的影响，继而影响线粒体 DNA 的损伤。所以，饮食与寿命的关系实际上与 ROS 的产生多少有关。代谢、ROS 的产生和寿命之间的关系是复杂的，有待深入研究。

对昆虫和其他动物的研究表明，ROS 在寿命、代谢率和适合度间的调节权衡作用可能与生殖的代价（cost of reproduction）有关。生殖的代价是生命史权衡的最重要的基础之一。生物体为生殖付出很大的代价，对于现时的繁殖必须权衡将来的繁衍和生存。从动物的进化过程得到的规律是：由低等动物的大量、快速繁殖进化到高效的少而精；从雌雄同体进化到雌雄异体，雌雄个体大致相同；从卵生到胎生，灵长类动物有月经周期为生殖做周密的准备。有时为了后代而牺牲。从生命史理论考察生物的生存是为了种系的生存、繁衍，从根本上说是为了种系的，所以在不利的生存环境下权衡时往往牺牲个体生存，保证生殖繁衍。从而出现了违背能量权衡的现象，如激素和信号分子的强烈的调控效应。

对各种动物和人类的观察表明ROS对生殖的影响贯穿于生殖过程全程，从性征和副性征的表达到交配、生育，ROS和氧化应激都起重要作用。ROS不仅是氧化磷酸化的副产品，也是固有免疫的防御武器。NADPH氧化酶在生殖生理中起重要作用。此外，黄嘌呤氧化酶、葡萄糖氧化酶等也起重要作用。对于人类精液的观察表明，精子中的线粒体通过氧化磷酸化产生精子游动所需的能量，同时产生ROS；睾丸是精子生成之处，也产生作为细胞代谢副产物的ROS；白细胞参与精液的组成，也是ROS的来源，所以射精过程产生大量的ROS，精子暴露于ROS中。近年来对精液的蛋白质组学测定发现11%的人类精子蛋白质参与抗氧化损伤、凋亡和细胞周期调节。但是精子有高度多聚不饱和脂肪酸成分，易于产生脂质过氧化反应。还有一些体细胞具有的细胞质抗氧分机制。精液蛋白和睾丸特异性蛋白以及精液的高度抗氧化能力弥补精子的抗氧化机制不足。进化过程中机体对ROS的免疫防御作用与精子的质量保障进行了适当的权衡。

四、免疫衰退中的旺盛和虚弱

脊椎动物的获得性免疫系统已经进化到能够适应每个个体一生的感染史，由复杂的、异质性的T和B淋巴细胞组成，这些细胞来源于骨髓干细胞，在淋巴结中增殖。它们有甄别自我和非我抗原的能力，并将非我因子清除。识别自我和非我是通过结合特异性受体进行的：T细胞的T细胞受体和B细胞的膜结合受体。这些受体是由基因片段随机组合的，形成初始细胞群，其中每一种组合有不同的结合特异性。基因的随机组合赋予免疫系统对于许多致病原产生不同反应细胞的能力，在感染中能识别抗原的细胞得以增殖，并分化成能清除抗原的效应细胞和长期生存的记忆细胞。记忆细胞在该抗原再次出现时能给出快速和有效的反应。但是，由于淋巴细胞群的平衡调节，记忆细胞的生长减少了初始细胞群体。久而久之增加了对新感染的易感性。

五、Toll样受体在代谢中的作用

脂质是人类营养素中的主要因素之一。在经济不发达的情况下脂质摄入不足，导致营养不良；经济发达后脂质摄入过多，营养过剩导致代谢综合征。审视动物进化进程，胆汁、胆囊与脂质消化、吸收密切相关。但是，有的动物没有胆囊，提示脂质在动物进化的历程中是有"争议"的，机体如何权衡脂质的益处和弊端？近年来对脂肪组织和

Toll 样受体的研究提供了新的线索。

有些 Toll 样受体通过对脂肪组织的作用参与能量代谢的调节，从而与肥胖、胰岛素耐受和动脉粥样硬化相关。Toll 样受体能识别脂质的一些成分，如 TLR2 识别脂蛋白、TLR4 识别脂多糖。

近年来认识到脂肪组织是免疫活性组织，脂肪细胞是固有免疫系统的组成部分。脂肪细胞产生多种炎症分子，如 IL-6、TNF-α 等。瘦素（leptin）是脂肪细胞特异性因子，在固有免疫和获得性免疫中起重要作用。近年来证明脂肪细胞和巨噬细胞源自共同的祖细胞，并有一些共同的特征。例如，巨噬细胞表达一些脂肪细胞的特异性基因产物，如 ap2；脂肪细胞表达一些巨噬细胞的特异性基因产物，如 IL-6 和 TNF-α。这些共同的基因表达结果形成了某些相似的功能，如巨噬细胞在动脉粥样硬化病理损伤部分形成脂质积蓄；脂肪细胞能够吞噬某些病原体。这两类细胞在固有免疫反应中呈现出明显的协作性。

脂肪细胞与巨噬细胞另一重要类似性是都表达 TLR4——对脂多糖（LPS）敏感的受体。用 LPS 处理小鼠前脂（preadipose）细胞系 3T3-L1 能增加 TNF-α 的分泌，并表达高水平的 TLR2。已经证明人类皮下脂肪组织的脂肪细胞有 TLR2 和 TLR4 的表达和功能，产生 TNF-α 或 IL-6 以及趋化因子 CCL2、CCL5 或 CCL11。剔除（或缺失）TLR4 基因的小鼠对 LPS 或饱和脂肪酸没有上述细胞因子升高的反应。遗传性（ob/ob 或 db/db）肥胖小鼠或饲养进食过度的肥胖小鼠都呈现 TLR 表达升高，受刺激后细胞因子产生升高。

肥胖症患者的脂肪组织中观察到明显的巨噬细胞浸润。将从肥胖小鼠分离的脂肪细胞与缺失 TLR4 的巨噬细胞共培养，出现脂质分解和促炎症细胞产生减少；与表达 TLR4 的野生型巨噬细胞共培养则无此效应。饱和脂肪酸加上 TLR4 可能对肥胖症时炎症的增强有关，形成恶性循环：高脂饮食和脂肪细胞的脂解使饱和脂肪酸增加，作为 TLR4 的配体活化脂肪细胞和巨噬细胞产生促炎症介质，最终导致代谢综合征。脂质与免疫反应的关系是复杂而多因素的，还与遗传因素有关。对小鼠的深入研究获得了重要启示，发现了一种有 TLR4 和 CD14（TLR4 的辅助受体）遗传缺陷的小鼠，被称为"理想体形"。在喂养普通饲料时其骨质中的矿物质成分增加，骨大而壮，体脂减少。与普通实验小鼠不同，"理想体形"小鼠在年老时不出现肥胖症。仔细观察，不难发现在我们周围也有"吃不胖"的人和"喝水也长胖"的人。已经有人注意到 TLR4 多态性与血管炎症、动脉粥样硬化及糖尿病的相关性。

近年来另一个受体：老年性糖基化终末产物受体（receptor of advanced glycation end product，RAGE）受到关注，RAGE 与其配体：老年性糖基化终末产物（AGE），如氧化应激和高血糖症的产物脂质和核酸激活，导致促炎症因子转录。虽然它们与肥胖症的关系尚待证实，AGE 在糖尿病和暴饮暴食后在组织中积蓄，而且在多种慢性炎症性疾病（如动脉粥样硬化和糖尿病）中出现。

通常将饱和脂肪酸作为"坏脂肪"的代表，与总胆固醇增加、炎症及心血管病有关；反之，不饱和脂肪酸，尤其是 Ω-3 脂肪酸是"好脂肪"，降低胆固醇，防止代谢综合征发展。近 20 年来的动物实验研究表明，肥胖和高脂饮食尤其是高饱和脂肪酸饮食抑制固有免疫和获得性免疫，影响免疫细胞（巨噬细胞、树突细胞和淋巴细胞）的活性，增加罹患肿瘤和感染的危险性。

除了通过免疫细胞表面的 Toll 样受体调节免疫反应外，脂质还是免疫细胞的能量供应者和细胞膜的重要组成成分。脂质有两个来源：白色脂肪组织和食物营养。当机体受到侵袭时，免疫反应需要快速提供能量，白色脂肪组织能快速提供脂肪酸作为免疫细胞的能源和脂质信号分子。花生四烯酸和廿二碳六烯酸是两个多不饱和脂肪酸，是固有免疫反应的关键性因子——前列腺素和白三烯的前体。这个事实也许能够解释，为什么淋巴结都埋在脂肪组织中——保证免疫系统与其他组织竞争能源时处于优先位置。在体内可以观察到，随着局部免疫反应的发生，淋巴结周围的脂肪细胞出现脂解，表明这些脂肪细胞参与局部免疫反应。脂肪组织与淋巴结的关系在一些慢性炎症获得验证：能够看到淋巴结周围脂库的选择性扩增，而无炎症淋巴结周围的脂库减少。例如，Crohn 氏病是肠道慢性炎症性疾病，可见到肠系膜淋巴结的脂库扩增。经过长期治疗的艾滋病患者出现 HIV 相关的脂肪重分布综合征可以用淋巴结周围脂肪组织长期激活，扩增了含有淋巴结的脂库解释。

脂质是细胞膜的主要成分，由多种不同的脂质构成，导致细胞膜成分的异质性，形成称为"脂筏"（raft）的微结构域。脂筏成分和结构的不同与免疫细胞信号转导及免疫突轴（synapse）的形成相关。业已证实 Th1/Th2 细胞的分化与脂筏成分密切相关，淋巴结中树突细胞的细胞膜脂筏成分受邻近淋巴结周围脂肪细胞的明显影响，即食物的脂质成分对免疫细胞的细胞膜脂筏有直接影响。

然而，营养对免疫的影响不仅表现在脂质消耗方面，葡萄糖和微量元素也深刻地影响免疫状况。例如，锌缺乏影响 B 淋巴细胞增殖和胸腺萎缩，进而导致外周血 T 淋巴细胞减少。

六、葡萄糖在免疫细胞中的作用

免疫细胞对任何类型的免疫反应都要消耗大量的生物能源，除了谷胺酰胺、酮体和脂肪酸外，葡萄糖是免疫细胞在数量上使用最多的燃料。早期研究用淋巴细胞在各种丝裂原刺激进行的体外实验表明，淋巴细胞在增殖、合成和分泌活性物质时需要摄入大量的葡萄糖。乳酸是葡萄糖代谢的主要产物，其他途径也有，如淋巴细胞在刺激后 48 小时戊糖磷酸化途径可达高峰，与蛋白质和 RNA 合成的极大值一致。后来在巨噬细胞和中性粒细胞也观察到了类似的结果，这两类细胞是终末分化细胞没有增殖能力，但是有很强的吞噬功能，需要高效的脂质转换和合成，并有分泌活性，都需要葡萄糖参与。T 淋巴细胞分化过程中的葡萄糖代谢经过详细研究，胸腺中 Notch 和 IL-7 受体途径在促进和维持胸腺细胞分化中起重要作用，与葡萄糖代谢密切相关，特别是通过 Akt/PKB 激活。休止的细胞后来就进入外周血成为小的静息细胞，它们对葡萄糖和其他营养物的消耗率很低，足以维持正常的基础性的"看家"（housekeeping）功能。休止的 T 细胞一旦受到丝裂原或抗原刺激就进入活化状态，细胞体积加倍，快速分化和增殖，快速分泌活性物质，活化的 T 细胞消耗大量的葡萄糖。近年来报道，增加细胞外葡萄糖浓度能够防止中性粒细胞凋亡,与细胞对葡萄糖的利用相关。该效应能解释临床上输注葡萄糖盐水对感染患者的普遍治疗效应。

近年来对葡萄糖在免疫细胞中作用的分子机制研究有较大进展。免疫细胞都表达葡萄糖转运蛋白(GLUT)和胰岛素受体(InsR),它们都有功能,因为对免疫刺激和胰岛素都有反应。不同类型免疫细胞的 GLUT 上调模式不同。例如,从单核细胞分化为巨噬细胞伴随着 GLUT3 和 GLUT5 表达的增加;胰岛素刺激葡萄糖转运,生理浓度的胰岛素导致单核细胞和 B 淋巴细胞的 GLUT3 和 GLUT4 表达增加;反之,尽管胰岛素信号转导途径已经激活,胰岛素不影响中性粒细胞和 T 淋巴细胞的 GLUT 表达。不过,体外实验表明用丝裂原或 LPS 刺激免疫细胞能增加细胞膜 GLUT1、GLUT3 和 GLUT4 的表达。这些 GLUT 都对葡萄糖有高亲和力,能提高免疫细胞在低葡萄糖浓度的环境中有较强的竞争力,尤其是对于能量储存低的淋巴细胞有重要意义。GLUT1 是所有细胞都表达的,可以保证基础代谢所需的葡萄糖供应。胰岛素撤除也能引起免疫细胞 GLUT 表达的改变,尤其是 GLUT3 和 GLUT4。胰岛素受体的表达与免疫细胞的分裂、生长和生存相关,IL-7 参与此过程。用磷酸肌醇 3-激酶(PI3-K)抑制剂处理 B 或 T 淋巴细胞能阻止细胞生长,提示可能作用于监测点,支持葡萄糖代谢在免疫细胞中的关键性作用。在 T 细胞内,辅助受体 CD28 的配体化激活 PI3-K/Akt 途径,类似于胰岛素与其受体的结合作用。所以 CD28 是调节细胞代谢的关键之一,在 CD28 受刺激后 T 细胞的 GLUT 表达增加,葡萄糖摄入,进行糖酵解,所有这些都有赖于 PI3-K 的活性。抑制性受体 CTLA-4 能抑制 CD28 诱导的葡萄糖代谢增高,对抗 T 细胞激活的效应。PI3-K 和雷帕霉素的哺乳类动物靶(mammalian target of rapamycin,mTOR)能刺激细胞代谢,并被各种生长刺激因素(如葡萄糖、胰岛素和 IL-7)激活,PI3-K 及其下游信号分子 Akt 能促进葡萄糖摄入和代谢,mTOR 是促进蛋白质合成和抑制蛋白质分解的关键。体外实验表明 IL-7 是维持 T 细胞生存、生长和活化的免疫细胞因子,维持葡萄糖代谢在正常水平,IL-7 的功能需要 PI3-K 和 mTOR 的参与。

七、进食量权衡不当导致的疾病
——肥胖症、糖尿病和免疫紊乱

个人健康取决于遗传基因、环境、饮食、生活方式和共生微生物组的相互作用,其中任一因素异常都可能导致疾病。对于每一因素的数量变化权衡利弊至关重要。以上在分析营养成分的免疫效应中指出营养缺乏的严重后果,随着经济发展,严重营养不良仅见于个别病例(减肥过度或继发于其他疾病),营养过剩者迅速增多。社会的发展导致城市化生活方式,天然食品越来越少,加工食品成为人类的主要食物。加工食品往往含高脂高糖,所以高脂高糖成为普遍的饮食习惯,加上不当的生活方式,代谢综合征的发病率明显上升。本节探讨由于饮食中脂、糖摄入量不当导致的肥胖症、糖尿病和免疫紊乱。

肥胖症及其相关疾病的基本症结在于摄入的热量(卡路里数量)超过其能量消耗。饮食必须与其生活方式匹配。牧民的肉食比例高,但其热量消耗大,并无代谢综合征的困扰。现代城市的白领们若长期以汉堡包、薯条为主要食物，没有适当的运动势必罹患代谢综合征。进食后，大量脂肪酸和葡萄糖进入血流影响免疫平衡和反应性。肥胖症患者脂肪和葡萄糖过剩必然影响免疫反应。从肥胖小鼠白色脂肪中分离的巨噬细胞呈现明显的免疫功能损伤：吞噬功能减弱和氧化爆发能力缺失。流行病学资料表明，肥胖症患者的系统感染敏感性增高，手术后易患感染并发症，体重指数（体重千克数除以体表面积平方米数）与感染率呈正相关，尤其容易在医院感染。半数肥胖症患者有皮肤感染，而且创伤愈合能力减弱。纵向研究表明，肥胖婴儿的下呼吸道感染率明显高于正常婴儿；肥胖儿童、肥胖青春期少年和肥胖成人的体内、体外细胞免疫功能都有不同程度的损伤；中性粒细胞的胞内杀菌能力减弱。在肥胖动物也观察到类似的免疫损伤。肥胖症的细胞因子调控网络平衡也受到干扰，处于一种低度的炎症状态。炎症细胞因子 IL-6、IL-1 和 TNF-α 异常升高，主要由浸润于白色脂肪组织中的活化巨噬细胞产生。所以可以将肥胖症视为炎症性疾患，称为"肥炎"（obesitis）。

有关树突细胞在肥胖症中作用的报道不多。对缺失瘦素的肥胖小鼠（ob/ob）的观察表明，这些小鼠存在免疫缺陷，其中有树突细胞的功能损伤，在递呈抗原至 T 细胞时有明显的障碍。

脂质代谢与葡萄糖水平调控是相连的，肥胖者呈现胰岛素耐受然后罹患糖尿病，由于缺少胰岛素，葡萄糖摄入和产生的功能都受损。葡萄糖是免疫细胞的主要燃料，血糖浓度的任何变化都影响免疫反应。急性、短期的高血糖症影响固有免疫和获得性免疫的所有成分，导致抗感染能力的下降，启动病理性的级联反应激活 NF-κB。糖尿病患者的胰岛素活性和功能是有缺陷的，处于慢性高血糖状态，T 细胞的免疫功能受损，产生 IL-2 的能力下降，对丝裂原和抗原刺激的反应降低。中性粒细胞的呼吸暴发活性受损。经过胰岛素治疗后上述免疫指标改善，感染率明显下降。

八、免疫的性别差异

保证种系繁衍是生物学结构和功能的核心，从根本上讲免疫是保证种系繁衍的机制之一。免疫系统随着年龄的增长有着深刻的变化，尤其是随着生殖功能发生的年龄变化，更年期前后人类的免疫功能有更明显的变化。不仅女性有更年期（绝经期），实际上，男性也有更年期。

人类寿命和免疫活性的性别差异早已确证，妇女不仅平均寿命长于男性，对传染病和部分非感染性疾病的抵御能力也比男性强。但是自身免疫病比男性多，说明女性的免疫活性（immunocompetent）比男性的免疫活性强。免疫的性别差异在脊椎动物和部分无脊椎动物普遍存在。通常雌性的免疫活性较雄性强。一般用两性的生活史差异和睾丸激素的免疫抑制作用解释。近年来 Nunn 等发现雌性哺乳类动物的外周血白细胞数较雄性高，寿命也长于雄性，提示雌性动物对免疫系统的"投资"多。对于睾丸激素的免疫抑制作用也有争议，因为昆虫没有性别差异的激素，但是可以有免疫的性别差异。看来生活史（生活方式）起重要作用，雄性通过交配率提高适合度，雌性则通过提高免疫功能延长寿命，通过增加繁殖率提高适合度。血清免疫球蛋白的水平与性别有关，雌性动物的免疫球蛋白水平比雄性高。实验表明，雌鼠的抗原反应强，产生的 IgG、IgM、IgA 效价比雄鼠高。雌激素能加强抗体反应，调节子宫 IgG、IgA 的合成。雌鼠在动情周期中 Ig 水平升高是雌激素作用于子宫的结果。调节 T 细胞抑制 B 细胞产生抗体，辅助 T 细胞促进 B 细胞产生抗体。雌激素抑制调节 T 细胞，刺激辅助 T 细胞，从而促进 B 细胞抗体的产生。

生殖激素与免疫系统的相互作用

性腺激素调节免疫功能的主要表现有：免疫反应存在性别差异；性腺切除和性腺激素置换改变免疫反应；妊娠期孕酮水平上升能改变免疫反应；免疫器官和免疫细胞上有性激素受体；性腺激素对体液免疫和细胞免疫都有调节作用。

早在 19 世纪末就观察到性成熟前去势的兔胸腺比对照兔的胸腺大，意义和机制不明。20 世纪下半叶开始系统研究生殖激素与免疫系统的相互作用。初生小鼠胸腺切除实验表明，胸腺对生殖激素有调节作用。出生后 3 天切除胸腺的小鼠初情期延迟，卵巢发育不全，表现为卵泡有淋巴细胞浸润，卵巢间质过多，卵母细胞数减少；血清孕酮、雌激素、促黄体素（LH）、促卵泡素（FSH）等激素水平下降。下丘脑-垂体灌流系统试验显示，胸腺素 5 和 β4 刺激下丘脑分泌促性腺激素释放激素（gonadotropin releasing hormone，GnRH），而 GnRH 刺激垂体促性腺激素分泌。解释了胸腺切除导致卵巢发育不全的原因。切除胸腺导致卵母细胞减少的另一种机制是，切除胸腺的初生小鼠有辅助 T 细胞，无抑制性 T 细胞。在缺乏抑制性 T 细胞，但有辅助 T 细胞存在时，B 细胞产生卵母细胞自身抗体。体外实验表明，在免疫因素刺激下，淋巴细胞具有合成和分泌促性腺激素的功能，表达促乳素（PRL）mRNA，转化的人 B 淋巴细胞表达 PRL 样蛋白。炎症细胞因子，如 IL-1 对生殖激素的分泌有明显影响。在丘脑中有对 IL-1 起免疫反应的细胞和神经纤维。下丘脑视前区（preoptic area，POA）富含 GnRH 分泌细胞，有 IL-1 结合部位。在淋巴细胞，包括胸腺细胞和脾细胞上，发现了 GnRH 和促性腺激素受体，这些激素对淋巴细胞的功能有调节作用。由于转化的 B 淋巴细胞具有合成 PRL 样蛋白的能力。PRL 抗血清能抑制脾细胞增殖。

小鼠切除性腺后皮肤移植排斥时间缩短。切除性腺导致血液中性腺激素浓度降低，提示性腺激素（如雌激素）抑制 T 细胞功能。切除性腺导致外周淋巴结、脾、胸腺重量增加，而且其组织结构也发生改变，表现为皮质和髓质体积增大，细胞密度增加，淋巴细胞增加，用性腺激素处理，则导致胸腺小叶萎缩，脂肪含量增加，淋巴细胞破坏。这些效应都是通过胸腺细胞上的多种受体介导的，胸腺细胞有雌激素、雄激素和孕激素受体。免疫细胞上都存在不同的神经递质和内分泌激素受体。

存在一个下丘脑-垂体-性腺-胸腺轴。下丘脑分泌的 GnRH 刺激垂体分泌 LH，LH 则刺激性腺产生性腺激素，性腺激素通过负反馈机制使下丘脑 GnRH 分泌量降低，垂体 LH 的分泌量减少。性腺激素水平上升抑制胸腺分泌胸腺素，而性腺激素水平降低则加速胸腺素的分泌。最后，各种不同的胸腺素通过刺激辅助 T 细胞或抑制性 T 细胞的成熟，调节 T 细胞功能。其他垂体因子（如 PRL 和生长激素）也可能直接调节 T 细胞功能。

第七节 机体和病原体博弈的策略

炎症是细胞社会的战争,这种比喻已经普遍接受和采用,因为有内在的相似性。《孙子兵法》的许多策略可以运用于治疗和保健。本节探讨炎症的生物学方面,机体和病原体博弈的策略。

一、机体与病原体的时间差——"快感染"和"慢感染"

感染与免疫间的博弈是基础免疫学的课题之一。不同生物的时钟不同步,有各自的生物节律,成为影响发病机制和免疫机制的重要因素,也是免疫接种预防疾病的基本原则。许多病原体繁殖极其迅速,有的病原菌 1h 倍增一次;但是 T 细胞的倍增时最快也要 5~6h;初始感染时仅有数量很少的抗原特异性 T 细胞,增殖、分化成为效应细胞需要很长时间。所以在感染初期快速繁殖的病原体能逃逸增殖缓慢的淋巴细胞的免疫反应。最终控制感染实际上发生在免疫反应捕捉病原体并将它们清除以后。免疫接种就是使免疫系统在"赛跑"中"抢跑",或先发制人,使之很快控制感染。

竞赛的比喻使人误解为生长缓慢的病原体容易被免疫系统控制。实际上有许多慢性持续性感染,如在猴体实验模型中,HIV 和丙型肝炎病毒的增殖约需 10h;乙型肝炎病毒的增殖需 2~3 天;结核杆菌的倍增需 28h;锥体虫倍增时超过 18h……因为这些病原体增殖缓慢,免疫系统何时才能捕获它们?正是这些"慢赛"损伤了免疫反应。关键在于病原体生长缓慢延缓了 T 细胞活化。T 细胞激活需要树突细胞递呈抗原,不仅要有一定数量的感染细胞,更要有足够的递呈抗原的树突细胞。树突细胞也需要激活、迁移到淋巴结和成熟才能给 T 细胞递呈抗原。通常树突细胞活化和成熟是通过固有免疫识别病原或损伤的组织后启动的。对感染早期的抗原递呈动力学研究表明,递呈抗原的树突细胞数量增加与淋巴结肿大的峰值一致。将单纯疱疹病毒注入小鼠足垫能提早出现淋巴结肿大和抗原递呈,提示病原体和损伤组织只有在达到一定数量后才能启动固有免疫反应,继而导致树突细胞募集和淋巴结肿大。在感染结核杆菌的淋巴结也观察到类似的现象,只有达到一定数量的病原体才能最终导致 T 细胞活化。病原和组织损伤的临界水平延缓了生长缓慢病原体感染的免疫反应启动。而且,结核杆菌细胞壁的活性很低,激活免疫反应所需的细菌数更高。其他生长缓慢的病原,如巨细胞病毒有直接阻止树突细胞募集的机制;有的能干扰抗原加工和抗原递呈途径,防止抗原与主要组织相容复合物(MHC)分子结合。生长缓慢的病原通过对固有免疫刺激减弱,特异性的机制抑制抗原递呈从而延缓和减少成熟的抗原递呈细胞形成。

是否慢的树突细胞募集应对低水平的抗病递呈?体外实验证明,一个 T 细胞至少要有最低密度的活化的抗原递呈细胞(APC)表面的肽-MHC 分子激活;推测体内的 T 细胞群体可能也要求有最低数量的 APC,保证所有前体细胞有较高的概率不仅活化而且在扩增过程中持续受到 APC 刺激,即要求有最低水平以上的 APC 数。在休止的淋巴结里仅有缓慢的非活化的树突细胞周转,没有抗原递呈细胞的形成。对急性感染的研究证明，在初始感染时快速生长的病原体导致快速的树突细胞募集至淋巴结，结合抗原后成为有效的抗原递呈细胞，由于 APC 的快速积累大部分细胞同时达到反应峰值，可达到约 1000 个 APC，数天或数周后凋亡，半衰期 1～2 天。慢感染中只有缓慢地淋巴结肿大，APC 的产生缓慢。缓慢生长的病原体感染仅微弱地激活和募集树突细胞，缓慢地渗入淋巴结，APC 峰值出现在某一时间但是数值很低，持续一段时间然后凋亡，慢感染 APC 的半衰期短，意味着要更长的时间才能积累到反应所需的最低水平。由于慢感染的抗原递呈被拖延和破坏，所以 T 细胞的激活"太少、太晚"，难以激活早期免疫反应（图 3-20）。

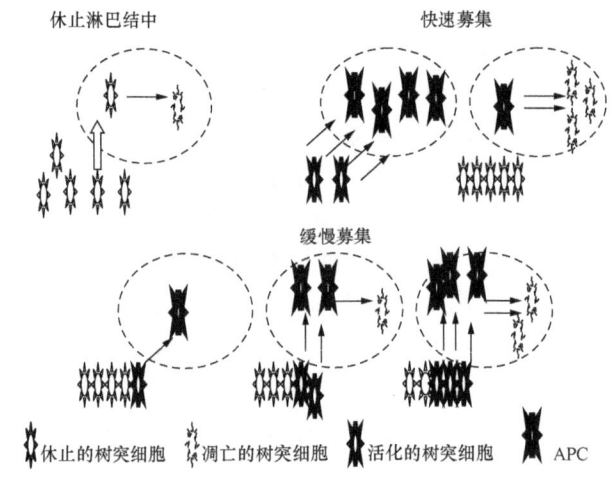

图 3-20 对生长缓慢病原体的固有免疫反应

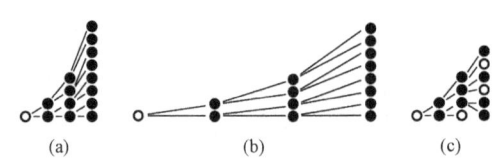

图 3-21 T 细胞慢增殖的机制

快速感染时多数细胞每 5～6 小时分裂一次（a）；T 细胞慢增殖的机制尚不清楚。可能所有细胞的增殖周期时间延长（b）；也可能增殖速率不减，死亡率增加，降低了群体生长率，在结核杆菌卡介苗接种时观察到这种现象（c）。

急性感染时 T 细胞能快速增殖（图 3-21），足以应对病原体增殖所需的免疫反应；看来慢病原生长刺激 T 细胞数慢速增长，如感染 HIV 的猴子其 T 细胞的倍增时达 18～24h，与病毒缓慢载入平行；结核、锥虫、弓浆虫感染过程中 $CD4^+$ T 和 $CD8^+$ T 细胞反应与此相似，机制尚不清楚，推测该群体中所有 T 细胞的增殖周期时间延长，因为 T 细胞生长率与病原生长率平行提示"抗原量限止"，T 细胞生长水平受病原体水平的制约。T 细胞慢速生长对其功能和生存的影响尚不清楚，如果是由于细胞死亡率增加（与增殖率同步），可能直接影响反应 T 细胞的表型和功能，并导致衰退，从感染早期开始就直接影响 T 细胞的免疫效应。

病原体与宿主间的斗争是狡诈而多变的，除了"快感染"和"慢感染"之外还有持续性感染。快感染的病原体在急性期强烈的免疫反应下达到"灭菌免疫"；反之，慢感染的病原体能够在体内持续存在，引起慢性感染和慢性免疫反应。病原体是如何调整自己的生活史导致持续感染的？关键在数量，快感染中有效的细胞毒T淋巴细胞（CTL）的数量大大超过快速生长的病原体数量，到感染后期，高T细胞/病原体比例促进清除病原体。慢感染中T细胞与病原体的平行生长动力学导致平衡状态，CTL的数量刚够控制病原体，平衡状态导致病原体的持续存在和慢性感染。与急性感染清除病原体后的不依靠抗原的记忆T细胞不同，慢感染的往往是依赖抗原的。抗生素治疗往往导致病原体和T细胞反应双双崩溃，对HIV和锥虫感染的治疗就有这种教训。所以，在持续性感染中抗原是维持T细胞水平和推测的"宿主-抗原平衡"所必需的，这种平衡包括对T细胞的慢性激活，最终导致它们耗尽或衰退。

二、免疫逃逸的新策略——慢病原异步

病原有多种逃逸免疫机制的策略，包括削弱抗原递呈和固有免疫反应或改变抗原性逃避获得性免疫反应。慢病原有免疫逃逸的新策略——慢病原异步（slow pathogen pace）（或称"比赛策略"），因为早期感染时病原生长缓慢是持续存在的重要因素。问题在于生长缓慢是该病原的固有属性还是应对强大的固有免疫反应的暂时性平衡反应，至少有些病原是固有属性，如结核杆菌即使在体外培养体系中也生长缓慢。反之，如果生长缓慢是对强固有免疫反应的对策，那么生长缓慢的病原体在直接大量接种后应该有更强的炎症反应，但是用结核杆菌进行的实验结果并非如此。

不同病原体的"比赛策略"可以有不同的幅度，分为两大类，快病原以快速生长达到峰值超越免疫反应在人群中传播，如各种急性传染病早期病原体大量繁殖，传染性强。反之，慢病原的"比赛策略"是避免与免疫反应面对面的竞争，采取迂回、躲避的战术，避开免疫反应。将其生长缓慢的劣势变为拖缓免疫反应的优势，使其能在宿主体内持续存在，在人群中以"蜕落式"（shedding）方式传播（表3-16）。仔细分析不同慢病原感染的临床和流行病学有其独特的策略，对人类的危害方式不同，需要采用不同的治疗和预防措施。例如，结核病近年来又有流行趋势而受到关注，结核杆菌的致病策略是否又有细微的改变还有待研究。

表3-16 快和慢病原体的传播

宿主内活动	宿主间活动
"快"病原（如流感病毒、牛痘病毒、李斯特菌等）	
感染早期病原生长率超过免疫系统，达到高峰	感染宿主中短期内呈高病原负载
早期就启动免疫系统并快速分裂	需有快速传播途径（如呼吸道传播）
免疫反应超越病原生长清除病原体	有效接种率高者早期有传播的株间竞争
数天或数周后病原体被清除	
有效的免疫记忆能预防同一毒株再感染	
对许多病原体有疫苗	
炎症反应过强损伤组织严重导致纤维化（SARS）	

续表

	宿主内活动	宿主间活动
"慢"病原（如丙型肝炎病毒、艾滋病毒、结核菌等）		
	病原生长缓慢（增殖率低）	病原在感染的宿主体内持续存在
	对固有免疫和获得性免疫的活化延迟	以慢模式传播（性、血源、纵向传递）
	免疫反应的缓慢模式	传播效率低
	病原长期存在感染与免疫呈平衡态	
	控制感染耗时很久	
	常规疫苗无效	

传统的疫苗使免疫系统在"比赛"中"率先"（head start）产生高滴度抗体或高数量、高质量的反应细胞。实际上真正起防御功能的是感染后引发的二次反应，记忆细胞快速激活，引起免疫反应控制感染。这种预防策略在"疾跑"（sprint race）赛中奏效，即病原和宿主都快速生长和反应，如对病毒特异性的抗体水平足够高，因此病毒繁殖受抑，免疫反应在"比赛"中获胜。但是这类免疫"先行"策略在许多慢病原感染中失败。因为免疫激活受制于病原体数的临界水平，病原体缓慢增殖延缓免疫反应活化，在此期间形成隐性感染细胞成为持续感染的根源。同样，由于T细胞的生长受制于抗原，缓慢生长的病原体会导致T细胞生长减慢。慢病原的策略就是用减慢生长逃逸免疫机制，误导记忆细胞。卡介苗预防结核病的实际效果不佳，可能就是这类机制。

动物实验表明接种疫苗对于慢病毒感染的有效作用是在接种后一周，因而提出了用疫苗防治慢感染的三个策略：①用减毒活疫苗持续激活T细胞，绕过感染激活记忆细胞的一步；②通过降低抗原递呈细胞的有效临界数，增加T细胞反应的亲和性，使之在早期就能识别病原；③采用更强的固有免疫策略加速抗原递呈细胞的产生提高免疫识别能力。

肿瘤的缓慢生长与慢感染相似，慢病原导致的持续性感染与肿瘤的发生发展有相似之处。看来病原体利用生态位的差异作为致病手段是一种重要的策略，除了不同生物生活周期的时间长短不同，还有不同生物生长最适温度的温度差也是重要的发病学因素，所以不同季节有不同的传染病；体表霉菌在不同部位引起的不同癣症都与温度有关。

第八节 造血系统分化的细胞社会生态观

个体发育反映系统发育是进化论的基本观点。本节按照这种观点探讨造血系统的分化和来源。血液循环是细胞社会的内环境，主要的运输系统，也是微生物、寄生物、肿瘤细胞的重要播散途径，即免疫系统防御、抗击入侵者的重要战场，其中有大量的免疫细胞和免疫分子。血液的主要细胞成分源自造血干细胞，正常情况下在骨髓和淋巴器官中形成，成熟后才进入血液循环。

造血系统在无脊椎动物是不完善的，但是可以找到造血系统的雏形。例如，有些软体动物有红细胞和血循环，有变形虫样的白细胞。看来红细胞在进化过程中是最早出现的血细胞，在胚胎发育过程中也是最早出现的。红细胞是血液中数量最多的血细胞，其主要功能是运载和输送氧和二氧化碳，维持内环境的有效气体交换。近半个世纪来随着科技的进步，认识到红细胞有更多的功能，红细胞的免疫功能是其中重要的一个方面。

一、红细胞免疫功能的启示

红细胞是气体的主要运输者。但是，红细胞膜上的补体受体具有免疫黏附、携带及清除血循环抗原异物的功能，即清除循环免疫复合物。已经证实，红细胞有许多与免疫相关的物质，如补体受体（CR-1/CR-3）、淋巴细胞功能抗原3（LFA3）、降解加速因子（DAF）、超氧化物歧化酶（SOD）、NK细胞增强因子（NKEF）、CD58、CD59等，红细胞还具有β-内啡肽受体、肾上腺素β受体等。所以，红细胞具有识别、黏附、杀伤抗原、清除循环免疫复合物（CIC）、参与机体免疫调控等多种免疫功能。

红细胞对细胞免疫和体液免疫都有调节作用。外周血中加入自身红细胞可增加淋巴细胞转化率和IgG、IgA的水平，增强抗体应答，这种功能可能与红细胞表面的淋巴细胞功能抗原3（LFA-3）有关。LFA-3与T淋巴细胞膜上的CD2结合，促进T细胞分化，增加IL-2R的表达和细胞因子的分泌。红细胞对吞噬细胞和淋巴细胞也有调节作用。完整的红细胞能增强NK细胞对肿瘤细胞的杀伤活性。向含有红细胞的淋巴细胞悬液中加IL-2刺激诱导产生的LAK细胞活性比不含有红细胞的淋巴细胞悬液中的LAK细胞的杀伤力更强。红细胞对细胞因子也有调节作用。红细胞能增加T细胞产生γ-干扰素，促进单核细胞产生肿瘤坏死因子和白介素-6。

红细胞在进化过程中是由于输送氧气和二氧化碳而产生的专业细胞，随着进化，结构和功能的复杂化，红细胞兼有免疫功能，提高了细胞社会的结构和功能的效率。但是，不同动物的红细胞不尽相同，哺乳类动物的红细胞在成熟过程中脱核，细胞内没有细胞器、没有DNA，只剩血红蛋白，细胞形状也由球形变成双凹的盘状，都是为了增加携氧能力；鸟类的红细胞则保留细胞核和细胞器，维持普通的细胞形态，可能与鸟类的生活环境中氧分压高有关。

红细胞的进化展示了生态环境（包括细胞的生态环境）对细胞、组织、器官、系统结构和功能的深刻影响。随着动物的进化，免疫细胞在血液中的份额逐渐增加，随着共进化微生物（尤其是病原微生物）在宿主群体中传播的种系传递，免疫细胞的功能也趋于专业化。

二、吞噬专业化细胞——粒细胞和单核/巨噬细胞

吞噬是细胞的基础功能之一，不同细胞有强弱不等的吞噬能力。显然，免疫细胞应该有强吞噬能力。昆虫的血淋巴中就有较多的吞噬细胞。人体内的专职吞噬细胞分两类：小吞噬细胞即中性粒细胞；大吞噬细胞即外周血的单核细胞和组织中的巨噬细胞（两者构成单核/巨噬细胞系统）。

中性粒细胞是外周血液中数量最多的白细胞，来源于骨髓粒-单系祖细胞，成熟后

进入血循环，产生速率高，每分钟约为 10^7 个，但存活期短，在血管内停留 6~8 小时，很快穿过血管壁进入组织，在结缔组织中存活 2~3 天，不再返回血液。血管中的中性粒细胞，有一半随血流循环，另一半附着于小血管壁。骨髓中储存了约 25 000 亿个成熟中性粒细胞，需要时动员进入血液循环。成熟中性粒细胞在骨髓、血液和组织中的分布比例是 28∶1∶25。

中性粒细胞有活跃的变形运动和吞噬功能，以吞噬细菌为主，也吞噬异物。吞噬、处理了细菌后，自身也死亡，成为脓细胞。由于中性粒细胞能通过糖酵解产生能量，所以在肿胀、血流不畅的缺氧状态下仍能生存并履行其职责。中性粒细胞的细胞膜能释放花生四烯酸，在酶的作用下，再进一步生成一组旁分泌激素，如血栓素和前列腺素等，调节血管通透性，并引起炎症反应和疼痛，还影响血液凝固。中性粒细胞内含许多特有颗粒，其中含有髓过氧化物酶、酸性磷酸酶、吞噬素、溶菌酶等。髓过氧化物酶为中性粒细胞特有，可以作为中性粒细胞的标志。

中性粒细胞的片状胞质与异物接触后形成隆起即伪足，接触部位的细胞膜下凹，将异物包围，形成含有异物的吞噬体或吞噬泡。中性粒细胞膜表面有 IgG Fc 受体和补体 C3 受体，可加速吞噬作用。吞噬作用导致细胞膜紊乱引起呼吸爆发，细胞耗氧量增加，产生 ROS，在 IFN-γ 和 TNF 刺激下，可产生更多的过氧代谢阴离子，杀死胞外寄生虫。中性粒细胞在细菌产物、抗原抗体复合物等作用下释放颗粒内容物，释出的酸性蛋白酶和中性蛋白酶，可以分解血管基膜、肾小球基膜、结缔组织的胶原蛋白和弹性蛋白，以及血浆中的补体 C5、C15 和激肽原等。中性粒细胞释放的物质中，还有嗜酸性粒细胞趋化因子、中性粒细胞抑制因子（NIF）、激肽酶原、血纤维蛋白溶解原、凝血因子、白三烯等。在感染中起防御作用，引起炎症反应；中性粒细胞也参与寄生虫感染引起的变态反应，导致免疫病理损伤。

临床上中性粒细胞增多常见于急性感染、严重的组织损伤及大量血细胞破坏、急性大出血、急性中毒、白血病、骨髓增殖性疾病及恶性肿瘤等；中性粒细胞减少常见于感染、血液系统疾病、物理化学因素损伤、单核/巨噬细胞系统功能亢进、自身免疫性疾病等。

单核/巨噬细胞包括血液中的单核细胞和组织中的巨噬细胞，都有吞噬作用。单核细胞来源于粒/单系祖细胞，在骨髓中分化为单核细胞，成熟后由骨髓释放入血，在血中 3~4 天后进入组织和浆膜腔成为巨噬细胞，如肝脏的 Kupffer 细胞、肺脏的尘细胞、结缔组织的组织细胞、神经组织中的小胶质细胞、脾和淋巴结的巨噬细胞、骨质的破骨细胞等。游走巨噬细胞大于单核细胞数倍，寿命较长，在组织中可存活数月。单核细胞进入组织成为巨噬细胞后，不返回循环血液。巨噬细胞虽有增殖潜能，但很少分裂，组织的巨噬细胞由血液的单核细胞补充。单核/巨噬细胞的功能通过受体调控，如通过 Fc 受体和补体分子的受体（CR）促进巨噬细胞的活化和吞噬。但是单核/巨噬细胞没有抗原识别受体，不具有特异性识别功能，所以是固有免疫系统的组成部分，起非特异性防御作用。在病原体入侵后、激发免疫反应前，就可能被单核/巨噬细胞清除，但是有些病原体能在其胞内繁殖。此外，单核/巨噬细胞不需激活就能清除外来细胞，起非特异性免疫监视作用。然而，巨噬细胞能与淋巴细胞分泌的许多免疫因子结合，如巨噬细胞活化因子（MAF）、巨噬细胞移动因子（MIF）、干扰素以及某些白细胞介素等，所以单核/巨噬细胞与获得性免疫系统有密切联系。当外来抗原进入机体后，首先由单核/巨噬细胞吞噬、消化，将抗原决定簇和 MHC II 类分子结合成复合体，被 T 细胞识别，从而激发免疫应答，即起抗原递呈作用。此外，单核/巨噬细胞分泌多种介质，如 IL-1、干扰素、补体（C1、C4、C2、C3、C5、B 因子）等，与免疫调控网络有广泛的联系。

三、淋巴样细胞与造血干细胞

淋巴细胞是形态相似的一类异质性细胞群体，在无脊椎动物的血液中就有淋巴样细胞。例如，在一种海螺 *Busycon caria* 的血液中有三类细胞。①淋巴样细胞：通常为圆形，很像高等动物的淋巴细胞，具有少量嗜碱性细胞质，能做微弱的变形运动；②巨噬细胞：能做剧烈的变形运动，细胞质丰富，含有细颗粒，细胞质中常见液泡；③嗜伊红颗粒白血细胞：含有大的嗜伊红颗粒，核偏位，有微弱的吞噬能力。值得注意的是：脊椎动物的造血干细胞从形态上看也是淋巴样细胞，与小淋巴细胞在形态上难以区别。

淋巴细胞是白细胞的一种，是免疫应答的重要细胞成分。免疫学家认为淋巴细胞由淋巴器官产生。淋巴器官分为中枢淋巴器官（又名初级淋巴器官，包括胸腺、鸟类的腔上囊或哺乳类的骨髓）和周围淋巴器官（又名次级淋巴器官，包括脾、淋巴结等）两类。前者不需抗原刺激即可不断产生淋巴细胞，成熟后将其转送至周围淋巴器官。成熟淋巴细胞在抗原刺激下分化、增殖，发挥其免疫功能。

光学显微镜下淋巴细胞按直径分为大（$11\sim18\mu m$）、中（$7\sim11\mu m$）、小（$4\sim7\mu m$）3 类。血液中主要是中、小型淋巴细胞。淋巴细胞在免疫反应中起重要作用。根据生理功能可分为若干细胞群及亚群。按照在体内分化、成熟途径的不同，分为 T、B 细胞两大类。依赖于胸腺的称 T 淋巴细胞，专司细胞免疫功能；不直接依赖于胸腺的叫 B 淋巴细胞，专司体液免疫功能。B 淋巴细胞可被抗原激活，形成浆细胞，产生免疫球蛋白（抗体）进入血液，通过血液或体液，抗体与抗原发生作用，参与体液免疫反应。而 T 淋巴细胞受抗原刺激，形成具有免疫活性的致敏淋巴细胞，产生免疫活性物质，T 细胞随血液迁移至抗原所在处，与抗原、抗体接触发挥 T 细胞免疫作用。主要的 T 细胞亚群有：①细胞毒性 T 细胞，是排斥同种异体移植物、杀伤病毒感染细胞和肿瘤细胞的效应细胞；②辅助 T 细胞，即辅助 B 淋巴细胞产生抗体；③调节 T 细胞，与辅助 T 细胞作用拮抗，起调节作用。还有非 T、非 B 细胞，杀伤淋巴细胞与自然杀伤细胞，有不同的免疫作用。T、B 淋巴细胞互相协调，完成免疫反应。

淋巴细胞数增高可见于病毒感染及某些细菌感染（百日咳、结核病等）、肾移植术后、淋巴性白血病（有确诊意义）等。淋巴细胞减少常见于接触放射线或应用肾上腺皮质激素等，除数量异常外，更有细胞形态的改变。

自然杀伤（NK）细胞属于粒状淋巴细胞，是一类重要的淋巴细胞样的固有免疫细胞。由于 NK 细胞的杀伤活性无 MHC 限制，不依赖抗体，因此称为自然杀伤活性。NK 细胞的胞质丰富，含较大的嗜天青颗粒，颗粒的含量与 NK 细胞的杀伤活性呈正相关。NK细胞的靶细胞主要有某些肿瘤细胞、病毒感染细胞、某些自身组织细胞、寄生虫等，因此NK细胞是机体抗肿瘤、抗感染的重要免疫细胞，也参与第Ⅱ型超敏反应和移植物抗宿主反应。

NK细胞主要分布于外周血中，占单个核细胞的5%～10%，淋巴结和骨髓中也有NK活性，但其活性较外周血NK低。NK细胞的确切来源尚待研究确定，一般认为在骨髓中生成。但是，体外实验表明，胸腺细胞在IL-2等细胞因子培养条件下也可诱导出NK细胞。小鼠脾脏在体内IL-3诱导下可促进NK细胞的分化。与T细胞、B细胞相比，NK细胞表面标志的特异性是相对的，由于NK细胞具有部分T细胞分化抗原，一般认为NK细胞与T细胞在发育上关系更密切。目前常用检测NK细胞的标记有CD16、CD56、CD57、CD59、CD11b、CD94和LAK-1。NK细胞可通过多种途径活化，包括CD2、CD3和多种细胞因子。IL-2、IL-12、IFN-α、TNF-α及白细胞调节素（leukoregulin，LR）对NK细胞的活化和分化有正调节作用，前列腺素（PG）E1、E2、D2和肾上腺皮质激素等对NK细胞的活性有抑制作用。

活化的NK细胞可合成和分泌多种细胞因子，发挥免疫调节以及直接杀伤靶细胞的作用。活化的NK细胞可释放穿孔素、NK细胞毒因子和TNF-α及TNF-β，直接杀伤靶细胞。NK细胞通过自然杀伤和抗体依赖的细胞毒作用（ADCC）在抗病毒感染、免疫监视中起重要作用。此外，感染病毒的细胞表面有病毒抗原和其他表面分子的变化使其对NK的杀伤细胞作用变得更加敏感。NK细胞在免疫监视和杀伤肿瘤细胞中的作用可能比T细胞更重要，如Chediak-Higashi或X性联淋巴增殖综合征患者，由于NK功能缺陷对恶性淋巴细胞增殖疾病特别敏感。近年来的临床研究表明，NK细胞参与骨髓移植后移植物具有抗白血病效应。体外实验证明NK细胞可杀伤某些白血病细胞；骨髓移植后数周内，供体的NK细胞在外周血中占相当高的比例。

通常认为构成机体免疫系统的淋巴细胞有三种：由胸腺产生的T细胞，由骨髓分化而来的B细胞，自然杀伤细胞（NK细胞）。近年来发现还有第四种淋巴细胞——自然杀伤T（netural killer T，NKT）细胞。

NKT细胞是一群既有T细胞受体TCR，又有NK细胞受体的特殊T细胞亚群。T细胞识别的抗原是蛋白质，而NKT细胞识别的抗原是α-Gal-Cer即糖脂质，是其重要的特点。经典NKT细胞一般为CD4$^+$和DN NKT细胞。其中NK1.1是NKT细胞最主要的表面标记。NKT细胞受到刺激后，可以分泌大量的IL-4、IFN-γ、GM-CSF、IL-13和其他细胞因子及趋化因子，发挥免疫调节作用，NKT细胞是联系固有免疫和获得性免疫的桥梁之一。NKT细胞活化后具有NK细胞样细胞毒活性，可溶解NK细胞敏感的靶细胞，主要效应分子为穿孔素，Fas配体以及IFN-γ。NKT细胞不但能分泌Th1和Th2细胞因子，同时还具有CD8$^+$T细胞（CTL）的杀伤靶细胞作用。与NKT细胞相关的疾病颇多，可能与自身免疫性疾病、变态反应、肿瘤及寄生虫感染等的发病机制有关。对自身免疫病模型研究的结果提示，NKT细胞可能有调节T细胞的功能。

对于淋巴细胞亚群的研究似乎令人困惑。随着研究的深入，不同的免疫学教科书从不同的角度得出不尽相同的淋巴细胞分类。其中有些分歧经过实验验证不难得到统一；

有些分歧与分类标准有关，有些则与细胞状态、检测方法有关。对于免疫细胞的分类类似于人类社会对军、警的分类：通常根据制服的颜色很容易区分海、陆、空军人与警察；正如根据细胞形态很容易区分粒细胞、淋巴细胞、单核细胞和红细胞。但是，要进一步分清军人的兵种或武警、民警还是交通警、消防警则需要更细的标志；在免疫细胞分型中也采用更多更细的表面标志。涉及功能时分型更复杂：武警是军人，但功能是地方治安；T淋巴细胞也有类似情况：γδT细胞属于T细胞，但其功能属于固有免疫系统。这种复杂情况是生物进化和发育分化的结果，从个体发育追溯到干细胞-造血干细胞（淋巴样细胞），反映了生物进化中淋巴样细胞的作用。人类社会与细胞社会有诸多相似的结构和功能原则，是比喻、类比的基础。但是，也有本质的区别，人类社会在进入文明社会后以人文科学为主导，深受政治、经济、宗教的影响；细胞社会则仍然以生物社会的生态因素为主导，并有不同于其他生物社会的微观生态原则和规律，所以用细胞社会生态学的观点能够比较贴切地理解免疫系统的复杂结构和功能，本章进行了初步尝试。

第九节　结语和展望

免疫系统是生物进化过程中出现较晚的功能系统，人们对免疫系统的认识也较晚而不完善。免疫是机体防御的一部分，动物整体的防御（和攻击、捕食）由骨骼、肌肉、皮肤等构成了机体的大部分，由神经系统控制。免疫学研究的是微观的细胞社会的防御（和攻击、捕食）。现代免疫学教科书阐述的免疫系统及其功能可能是人体免疫系统的一部分，还有重要的功能系统有待阐明，如经络系统。现代医学的发展拯救了许多人的生命。但是，具体到每个病例，真正能否康复则取决于患者的"体质"或"免疫力"，即机体的自我修复能力。我们对这部分知识知之甚少。例如，为什么辛劳一天后只要睡个好觉，次日起身就神清气爽，精力充沛？为什么生了病必须"休息"，否则就会加重（"小洞不补，大洞吃苦"）？近年来的研究找到了线索（见第十二章），提示机体有复杂的自我修复的调控机制，深入研究将为人类的健康长寿，为疾病的治疗拓展新的思路和方法。

现代科技飞速发展，从衣、食、住、行各方面弥补了人体进化的不足。人类"改造了周围世界"，现在认识到要保护环境，爱护地球；人类能否掌握自身的进化，今后人类的进化方向如何？怎样使人类进化得更完善？

与自然界类似，生物界也是由微观、直观和宏观世界组成的，它们相互影响，相互作用。机体的免疫机制以细胞社会作用为基础，即直观的机体免疫机制有其细胞社会生态学原理，还对宏观的生物群体——生物（人类）社会的免疫状况产生重大的影响，影响种系的生存和繁衍甚至进化的历程。人类社会对特异性传染性病原体的防御超越了个体的免疫状态简单的总和，延伸出新的学科，称为群体免疫（herd immunity）。与个体免疫类似，社区的免疫水平可以是完全保护。群体免疫是自然选择的结果，实际上是两个生物种间典型的捕食-被食者（predator-prey）系统。这个术语在20世纪20年代就已出现，现在的文献中，不同的作者使用不尽相同的术语和概念，如群体保护（herd protection)、群体效应(herd effect)和社会免疫(community immunity)。这是一个成长中的学科领域,因为从概念到方法还有许多难题有待解决。例如,随着社会的发展,科技的进步对于群体的大小越来越难以界定;又如,人畜互传的疾病不断增多,如何定义其群体?目前在选择疫苗和免疫策略中使用其研究成果,有人将其列为理论流行病学的一部分,有待开拓和研究。

(吴克复)

参 考 文 献

吴克复. 2009. 肿瘤微环境与细胞生态学导论. 北京:科学出版社

Albin J S, Harris R S. 2010. Interactions of host APOBEC3 restriction factors with HIV-1 in vivo: implications for therapeutics. Expert Rev Mol Med, 12: (e4): 1-26

Bellinger D L, Lubahn C, Lorton D. 2008. Maternal and early life stress effects on immune function: relevance to immunotoxicology. J Immunotoxicol, 5 (4): 419-444

Blaser M J, Kirschner D. 2007. The equilibra that allow bacterial persistence in human hosts. Nature, 449: 843-850

Boyson J E, Aktan I, Barkhuff D A, et al. 2008. NKT cells at the maternal-fetal interface. Immunol Invest, 37: 565-582

Conticello S G. 2008. The AID/APOBEC family of nucleic acid mutators. Genome Biol, 9: 229-239

Cremer S, Sixt M. 2009. Analogies in the evolution of individual and social immunity. Phil Trans R Soc B, 364: 129-142

Davenport M P, Belz G T, Ribeiro R M. 2008. The race between infection and immunity: how do pathogens set the pace? Trend Immunol, 30 (2): 61-67

Eden T. 2010. Aetiology of childhood leukemia. Cancer Treat Rev, 36: 286-297

Eswarappa S M. 2009. Location of pathogenic bacteria during persistent infections: insights from an analysis using game theory. PLoS ONE, 4 (4): e5383 dot: 10: 1371/joural. pone. 0005383

Flavell R A, Sanjabi S, Wrzesinski S H, et al. 2010. The polarization of immune cells in the tumor environment by TGF-β. Nature Rev Immunol, 10: 554-568

Gadi V K. 2009. Fetal microchimerism and cancer. Cancer Lett, 276: 8-13

Hamilton C E, Papavasiliou F N, Rosenberg B R. 2010. Diverse functions for DNA and RNA editing in the immune system. RNA Biol, 7: 220-228

Hanson L A, Silfverdal S A. 2009. The mother's immune system is a balanced threat to the foetus, turning to protection of the neonate. Acta Paediatrica, 98: 221-228

Henriet S, Mercenne G, Bernacchi S, et al. 2009. Tumultuous relationship between immunodeficiency virus type 1 viral infectivity factor (Vif) and the human APOBEC-3G and APOBEC-3F restriction factors. Misrobiol Mol Biol Rev, 73: 211-232

Iwakiri D, Takada K. 2010. Role of EBERs in the pathogenesis of EBV infection. Adv Cancer Res, 107: 119-136

Kammerer U, Kruse A, Barrientos G. 2008. Role of dendritic cells in the regulation of maternal immune response to the fetus during mammalian gestation. Immunol Invest, 37: 499-533

Kim R, Emi M, Tanabe K. 2006. Cancer immunosuppression and autoimmune disease: beyond immunosuppressive networks for tumor immunity. Immunol, 119: 254-264

Koch C A, Platt J L. 2007. T cell recognition and immunity in the fetus and mother. Cell Immunol, 248: 12-17

Lang K, Entschladen F, Weidt C, et al. 2006. Tumor immune escape mechanisms: impact of the neuroendocrine system. Cancer Immunol Immunother, 55 (7): 749-760

Lazzaro B P, Little T J. 2009. Immunity in a variable world. Phil Trans R Soc B, 364: 15-26

Linden R, Martind V R, Prado MAM, et al. 2008, Physiology of the prion protern. Physiol Rew, 88: 673-728.

Malim M H. 2009. APOBEC proteins and intrinsic resistance to HIV-1 infection. Phil Trans R Soc B, 364: 675-687

Nunn C L, Lindenfors P, Pursall E R, et al. 2009. On sexual dimorphism in immune function. Phil Trans R Soc B, 364: 61-69

Petersen-Mahrt S K, Coker H A, Pauklin S. 2009. DNA deaminases: AIDing hormones in immunity and cancer. J Mol Med, 87: 893-897

Renaud S J, Graham C H. 2008. The role of macrophages in utero-placental interactions during normal and pathological pregnancy. Immunol Invest, 37: 535-564

Samanta M, Takada K. 2010. Modulation of innate immunity system by Epstein-Barr virus-encoded non-coding RNA and oncogenesis. Cancer Sci, 101: 29-36

Schmid-Hempel P. 2009. Immune defence, parasite evasion strategies and their relevance for "macroscopic phenomena" such as virulence. Phil Trans R Soc B, 364: 85-98

Schulenburg H, Kurtz J, Moret Y, et al. 2009. Introduction. Ecological immunology. Phit Prans R Soc B, 364: 3-14

Seavey M M, Mosmann T R. 2008. Immunoregulation of fetal and anti-paternal immune responses. Immunol Res, 40: 97-113

Sousa M L, Krokan H E, Slupphaug G. 2007. DNA-uracil and human pathology. Mol Aspect Med, 28: 276-306

Stieler K, Fischer N. 2010. Apobec 3G efficiently reduces infectivity of the human exogenous gammaretrovirus XMRV. PLoS ONE. www.plosone.org, 5 (7): e11738

Stromberg S P, Carison J. 2006. Robustness and fragility in immunosenescence. PLoS Computational Biology, 2 (11): 1475-1481

Sucher R, Schroecksnadel K, Weiss G, et al. 2010. Neopterin, a prognostic marker in human malignancies. Cancer Lett, 287: 13-22

Tanaka Y, Marusawa H, Seno H, et al. 2006. Anti-viral protein APOBEC3C is induced by interferon—α stimulation in human hepatocytes. Biochem Biophys Res Commun, 341: 314-319

Traulsen A, Pacheco J M, Dingli D. 2010. Reproductive fitness advantage of BCR-ABL expressing leukemia cells. Cancer Lett, 294: 43-48

Trowsdale J, Betz A G. 2006. Mother's little helpers: mechanisms of maternal-fetal tolerance. Nature Immunol, 7: 241-250

Ulrike K, Kruse A, Barrientos G, et al. 2008. Role of dendritic cells in the regulation of maternal immune responses to the fetus during mammalian gestation. Immunol Invest, 37: 499-533

Virgin H W, Wherry E J, Ahmed R. 2009. Redefining chronic viral infection. Cell, 138: 30-51

Weetman A P. 2010. Immunity, thyroid function and pregnancy: molecular mechanisms. Nature Rev Endocrinol, 6: 311-319

Wolowczuk I, Verwaerde C, Viltart O, et al. 2008. Feeding our immune system: impact on metabolism. Clin Dev Immunol, 2008: 639-803

Zhang H G, Mehta K, Cohen P, et al. 2008. Hyperthermia on immune regulation: a temperature's story. Cancer Lett, 271: 191-204

第四章 局部免疫——景观生态学和微生态学

人体是一个完整的统一体，在神经体液协调下构成多层次的复杂系统，免疫系统是其中的一部分，免疫学从防御外敌和维持机体稳态的角度将机体的这一部分功能独立研究。传统的免疫学以系统免疫为核心研究免疫系统的结构和功能，医学生和医务工作者经过学习在临床实践中逐步领会其精髓，解决有关问题，有系统问题也有局部问题。正如在校学习的是系统解剖学和生理学，临床实际则有许多局部解剖和生理问题。本章试图用景观生态学的观点探索"局部免疫"的细胞社会生态学原理。

景观生态学是地理学与生态学间的交叉学科，研究空间格局和生态过程的相互作用。从全局看局部，在战场上对景观的深刻了解是克敌取胜的必需条件。按照这个内涵，不难发现病理学家也用类似的观点研究机体的许多发病机制。例如，对病理切片的观察顺序：先用肉眼观察大致确定该标本所属的器官和状态，然后用低倍镜，再用高倍镜观察其组织变化和细胞成分，必要时用油镜观察细胞内部的改变。景观生态学观点是联系大体解剖与组织学的桥梁。近年来对人体微生物基因组的研究，从景观生态学角度对人体表面的菌丛分布进行了分析，阐明了许多人的生活经验和体会，如各种体癣分布的微生态学基础和防治对策；"狐臭"的发生和处理等。提示可以用景观生态学的观点探讨局部免疫的一些问题。

机体与环境的交界处有表皮（皮肤）、上皮（黏膜）与内皮（血管）为界限和屏障。由于局部结构的不同，局部免疫状态和机制有所不同，即局部的景观生态学不同。例如，口腔和鼻咽部虽然相连，但是它们的景观生态学结构不同，免疫机制差别很大；上、下消化道和上、下呼吸道有的有正常菌丛，有的近于无菌。皮肤的菌丛分布取决于体表的景观生态学和人类遗传基因，不同部位有不同的菌丛，不同人有不同的菌丛，有的人腋窝内居住的菌丛与皮肤分泌物相互作用产生"狐臭"；同时腋窝的湿度受汗腺分泌的影响，而汗腺分泌受神经调节，不同个体的神经类型不同，由遗传基因决定。

大体解剖、组织的景观生态学特点加上局部免疫机制的缺陷往往成为疾病的好发部位。例如，右肺尖的血液循环、通气效果较差是初始浸湿性肺结核的好发部位；牙周与牙齿连接处易于形成牙斑（生物被膜）导致牙周炎；鼻窦引流不佳，上呼吸道感染容易导致鼻窦炎；脚趾间通风不畅，适合真菌栖息，是脚癣的好发部位。物流和能流是重要的生态因素，在细胞社会生态系统中也起重要作用。例如，湿度和温度对于皮肤和呼吸道的状态影响，极端的湿度和温度是重要的致病因素。近年来 North 等用斑马鱼胚胎发育中的造血系统的发育过程证明血流是造血干细胞发育的调控因素。业已证明化学血流调节物能够调控造血干细胞的发育，斑马鱼胚胎的寂静心脏（silent heart，sih）使其胚胎没有心跳和血液循环，呈现严重的造血干细胞减少。心脏启动后，加上调节血流的药物能够影响造血干细胞的发育，证明血流是造血系统干细胞正常发育的基础性调节因素。所以人体的景观生态学是动态的、受人类细胞遗传基因影响的特殊景观生态学，有其特殊的规律，有待研究。

第一节 黏膜免疫

机体与外环境有多种界面，包括气道、消化道的黏膜和皮肤。皮肤是包裹机体的最外层，即机体与外界的直接界面。黏膜总面积比皮肤大得多，包括呼吸道、消化道、泌尿生殖道等的管道黏膜以及眼眶、口腔等黏膜。消化道黏膜与食物抗原及微生物相互作用为摄食所需。与外环境的相互作用必须通过黏膜上皮，上皮细胞形成屏障。与密闭的皮肤屏障不同，大部分黏膜屏障是通透的，保证代谢物和液体的交换。黏膜的通透性受多种细胞外刺激的调节，包括营养物、细胞因子和细菌。呼吸道上皮有巨大的表面（估计成人的呼吸道上皮表面有网球场那么大），肺泡上皮特别细薄，所以能够在血液和空气间交换气体。这些黏膜必须有防御感染和毒物的固有免疫机制，主要是防御素和LL-37（详见本章第四节）。

黏膜的免疫机制主要由分泌免疫、黏膜上皮和"黏膜相关淋巴组织"（mucosa associated lymphoid tissue，MALT）组成。至今对肠道黏膜的研究最多，本节以肠道黏膜为例讨论黏膜免疫的机制。

估计一个成人作为超有机体含有 10^{14} 个微生物，人类肠道中有约 10^{13} 个微生物（数目与人类细胞数相当），分属于 15 000 株，每克人类的粪便含约 10^2 个细菌。它们的产物不仅参与代谢，对于免疫反应也有重要的影响，形成了复杂的细胞社会的生态系统，研究人类肠道微生物的生态学和分析微生物社会的复合代谢还要研究宿主细胞与微生物的相互作用，尤其是微生物与肠道上皮细胞的作用，是理解微生物对人类健康和疾病影响的基础。

黏膜 T 和 B 淋巴细胞的诱导位点由肠道相关淋巴组织（gut associated lymphoid tissue，GALT）组成，如有 B 细胞滤泡和 M 细胞的 Peyer 斑，通过上皮细胞和专职抗原递呈细胞递交抗原激活，初始 T 和 B 细胞变成记忆/效应细胞从 GALT 迁移到肠系膜淋巴结，其中经过传出淋巴通过胸导管入血循环，然后溢出于黏膜效应部位。这个过程由微脉管系统表面的黏附分子和趋化因子决定，内皮细胞起守门人的作用（gate-keeper function）。黏膜固有层是效应位点，有各种免疫细胞包括 B 细胞、浆细胞和 $CD4^+$ T 细胞，还有上皮细胞内淋巴细胞（主要是 $TCR\alpha/\beta^+$ $CD8^+$ 和一些 $\gamma\delta^+$ T 细胞）（图 4-1）。

一、分 泌 免 疫

人类的呼吸道和口腔都属与外界环境交界的黏膜表面，经常接触各种微生物。当病原微生物栖居其表面可以导致疾病。呼吸道应该是无菌的环境，口腔则有数百种细菌居住，其中许多是共生菌。固有免疫是防御病原体的初始机制，是黏膜上皮的第一道防线，分泌免疫（secretory immunity）在此起主要作用。

成人的黏膜有数百平方米，比皮肤大 200 倍。黏膜表面最易受微生物和物理化学因

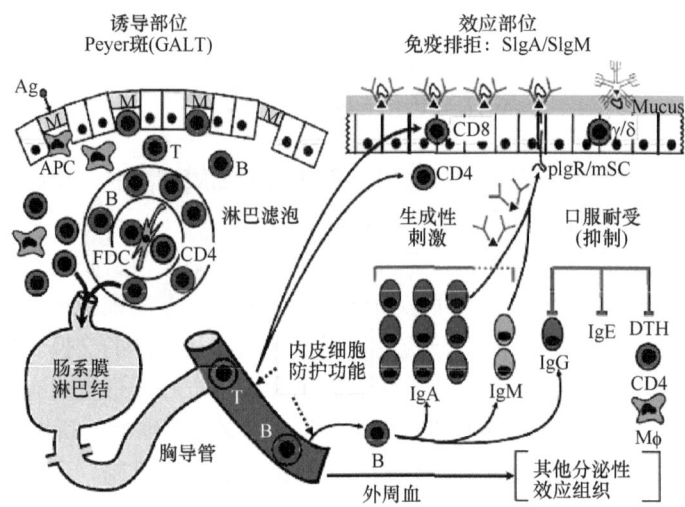

图 4-1 肠道免疫系统图解

T 和 B 淋巴细胞的诱导部位由肠道相关淋巴组织（GALT）组成，如含有 B 细胞滤泡的 Peyer 斑和含有 M 细胞滤泡的相关上皮，抗原 Ag 通过上皮激活传到抗原递呈细胞（包括树突细胞 APC、巨噬细胞和滤泡树突细胞 FDC）。经过启动后，初始 T 和 B 细胞变为记忆细胞或效应细胞并从 GALT 向肠系膜淋巴结迁移，通过输出淋巴管，然后经过胸导管到外周血，在黏膜效应部位渗出。这个过程受微管道中的黏附分子和趋化因子调节，所以内皮细胞在黏膜免疫中起"门卫"作用。

素损伤，全世界每年有上千万 5 岁以下的儿童死于黏膜感染的疾病。大多数感染与黏膜相关，所以阐明黏膜的防御机制——黏膜免疫有重要的理论和实际意义。黏膜疫苗接种方便，利于进行大规模免疫，多数能达到有效地免疫排斥，即不通过炎症产生的抗体，通过分泌型免疫球蛋白（SIgA）将病原体拒之体外。希望采用黏膜疫苗通过恰当地诱导分泌型免疫球蛋白解决多种全球性的健康问题。但是成功的还不多，最成功的是脊髓灰质炎减毒活疫苗，为在全球消灭脊髓灰质炎奠定了基础。后来霍乱减毒活菌苗、伤寒减毒活菌苗也已使用。近 20 年来轮状病毒减毒活疫苗在一些国家使用。军队中有人用腺病毒减毒活疫苗预防腺病毒感染。经鼻腔接种的流感病毒减毒活疫苗正在积极研制中。

经过数十年的研究证明黏膜表面有特异性的获得性免疫抗体加强防护作用，在向体外分泌的液体，如泪水、鼻涕、唾液、肠液和乳汁中都存在分泌性 SIgA 抗体，它们有明显的抗微生物效应（表 4-1）。

表 4-1 分泌性 SIgA 抗体的抗微生物效应

SIgA 是二聚体/多聚体，能有效地使细菌凝集，中和病毒
SIgA 通过抑制上皮细胞黏附，排斥病原的侵袭
SIgA 有固有免疫样的交叉反应活性，有交叉保护作用
SIgA（尤其是 SIgA2）十分稳定，作用时间长
SIgA 有嗜黏膜性和植物凝集素结合的性质

肠腔内排出的抗体主要是 IgA 的二聚体（pIgA），由局部的浆细胞在抗原刺激下产生。早期认为 SIgA 与上皮的糖蛋白形成复合物，称为分泌成分（secretory component，SC），后来认识到膜上的 SC 是多聚 Ig 受体（pIgR）。肠道 B 细胞存在于肠道相关淋巴组织中；呼吸道的 B 细胞存在于咽喉相关淋巴组织中（详见下节"黏膜疫苗"），与肠道细胞有不同的归巢受体。淋巴细胞的区域划分为黏膜疫苗提出了新的课题。

分泌性抗体的产生是在生物进化过程中形成的，分泌性免疫球蛋白系统代表了机体的抗体依赖的防御系统，有明显的量效关系。用免疫组织化学方法估算，机体产生的抗体 80% 是由肠道固有层浆细胞分泌的，主要以二聚体 IgA 由 pIgR 介导排至消化道，成人每天排出约 3g SIgA，比每天产生的 IgG 总量还多。在这个意义上肠道是产生抗体最多的免疫器官。与 IgG 不同 SIgA 对微生物的调理作用很小，主要功能是结合毒素或致病蛋白的激活区，属于中和抗体，能阻止菌体黏附于黏膜上皮，通过吸收可溶性和颗粒抗原维持肠道稳态。SIgA 抗体在现代人类生活中的重要性可以从流行病学数据看出：每天全世界有 4 万名 5 岁以下的儿童死于肠道或呼吸道感染。母乳中的 SIgA 对于防止婴儿肠道感染是最有效的，母乳喂养的婴儿腹泻死亡率仅为非母乳喂养的 1/20。

机体维持肠道稳态发展了两套机制：①SIgA 抗体在肠腔中排斥微生物，使其不接触或不能侵入上皮；②免疫抑制机制-抑制对肠腔内无害抗原的过度反应，即口服耐受机制。肠系膜淋巴结在树突细胞提供的抗原刺激下产生大量调节 T 细胞，降低对食物抗原和共生菌的免疫反应。

肠腔中的微生物受二聚体 IgA 和五聚体 IgM 形成的分泌型抗体（SIgA 和 SIgM）作用，还受多聚 Ig 受体（pIgR）作为上皮细胞膜分泌成分（mSC）的作用。J 链在 IgA 和 IgM 的多聚化中起重要作用。SC 和 J 链以"钥匙和锁"的机制在上皮细胞的多聚免疫球蛋白摄取中起作用。虽然 70%～90% 的黏膜产生 IgG 的浆细胞都产生 J 链，但是 J 链并不连接 IgG，在细胞内降解为（±J）（图 4-2）。

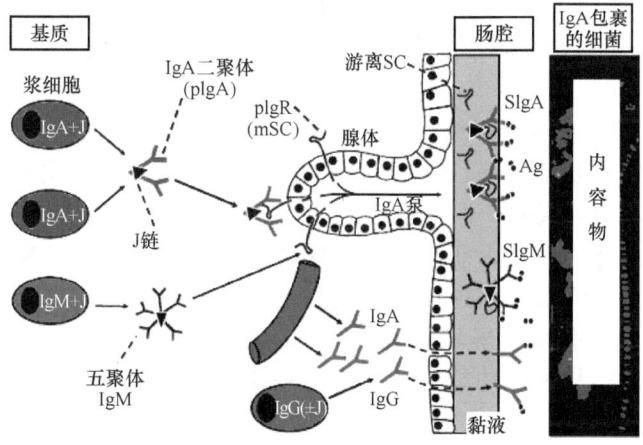

图 4-2 肠道黏膜表面的抗原免疫排斥功能图解

5 聚体的 IgM 和 2 聚体的 IgA 提供分泌型抗体（SIgM 和 SIgA），在黏膜表面排斥抗原（Ag）。分泌型上皮细胞分泌多聚受体（pIgR）与黏膜浆细胞产生的结合 J 链的 Ig 作用，穿越黏膜上皮进入肠腔黏液与抗原结合。(Brandtzaeg, 2009)

二、黏膜上皮

黏膜表面有上皮细胞作为外环境的屏障，上皮细胞组成的屏障在皮肤是密封的，黏膜上皮则是通透的，黏膜还吸收营养物和分泌代谢产物，要求屏障有选择性通透性。黏膜的通透性受细胞外刺激的影响，如营养成分、细胞因子、细菌等的调节。这种功能使黏膜上皮成为黏膜免疫系统与管腔内容物相互作用的核心。极化的上皮细胞能制止来自肠腔微生物的模式识别受体（pattern recognition receptor，PRR）的信号传递。但是，当细菌侵入黏膜上皮后细菌产生的PRR信号能导致高水平的NF-κB激活，促进防御素释放，抵御感染。

肠道黏膜上皮细胞是一类特殊的上皮细胞，能将抗原直接递呈给上皮内淋巴细胞和上皮下淋巴组织，这个过程是通过能够穿越上皮的小泡转运的。

黏膜屏障的结构特殊，大部分黏膜表面覆盖了一层由黏液素（mucins）形成的含水凝胶，黏液素由特殊的上皮细胞分泌（如胃小凹的黏液细胞和肠道杯状细胞）形成屏障防止颗粒物直接接触上皮细胞层。黏膜凝胶水化层的重要性从胆囊纤维化症可以看出，还在多种肺、肠道和胰腺疾病中出现。

虽然小分子物能够通过高度糖基化的黏液层，由于上皮表面基于对流混合力，形成了一层"非搅动层"（unstirred layer）限止大量液流的直接冲击和作用，离子和小分子物的扩散作用减缓。胃黏膜表面的非搅动层与上皮细胞分泌重碳酸盐形成了黏膜表面相对碱性的区域。小肠的非搅动层减缓了营养物的吸收，使其能够到达富含转运蛋白的微绒毛刷区，而小分子营养物在肠腔中为消化酶消化。

黏膜免疫是局部免疫的主要组成部分之一，然而，不同部位的黏膜相互联系也有系统性。例如，推测的B细胞迁移从诱导部位到效应部位，即由鼻咽部淋巴组织（NALT，以扁桃体、腺体为代表）、支气管相关淋巴组织（BALT）和肠道相关淋巴组织（GALT，以Peyer氏斑、阑尾和结肠-直肠孤立淋巴滤泡为代表）等诱导部位向效应部位迁移。效应部位的组织、细胞表面有归巢受体和黏附分子/趋化因子与细胞直接作用（图4-3）。

紧密联结（tight junction）维持黏膜平衡，但是，实际上进食后消化过程中经常损伤黏膜，导致紧密联结缺陷。紧密联结机制在黏膜屏障中起重要作用，虽然单纯紧密联结缺陷并不引起疾病，但是引起免疫调节反应。20年前就开始认识细胞因子对紧密联结屏障功能的调节，研究了紧密联结蛋白的转录，蛋白质从紧密联结通过小泡转移，联结蛋白降解、经过激酶活化与细胞骨架联系参与调节，即可以通过细胞因子诱导调节紧密联结的屏障功能。屏障功能的丧失引起广泛的上皮细胞凋亡，但是单个细胞的凋亡与屏障功能的关系仍待阐明。动物实验和临床观察表明黏膜屏障缺陷与肠道疾病有关（表4-2）。

细胞内和细胞间运输的协调

腹泻和便秘是消化道疾病的常见症状，病因多种多样，可以是物理性或化学性的，也可以是病原微生物引起的，有的则与遗传基因相关。但是它们的发病机制都与细胞内

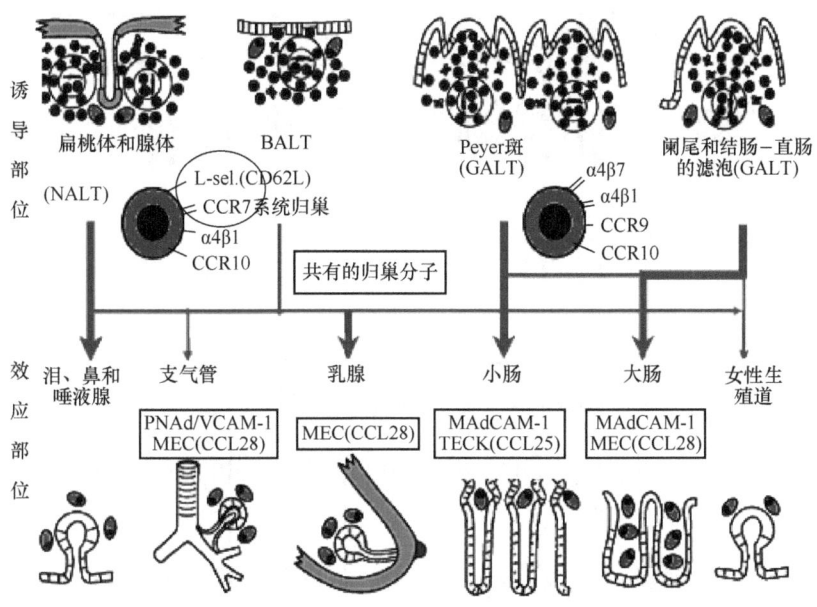

图 4-3 人类黏膜记忆/效应 B 细胞的归巢性能图解

BALT：支气管相关淋巴组织；GALT：肠道相关淋巴组织；NALT：鼻咽相关淋巴组织。(Brandtzaeg, 2009)

和细胞间离子运输的失调有关（图 4-4）。

表 4-2 黏膜屏障缺陷与肠道疾病的关系

疾病或模型	缺陷的原因	缺陷的时间	紧密连接蛋白和细胞骨架的效应	共生菌的作用
Crohn 氏病	未知，与 NOD2 移码插入相关	发作，复发前	Claudin-2 上调，MLCK 激活，occludin 下调	抗生素有助于维持缓解
溃疡性结肠炎	未知	未研究	Claudin-2 上调，MLCK 激活，occludin 下调	未定
IL-10 缺陷	IL-10 缺陷信号	发作前	未定	去除微生物能防止疾病
T 细胞活化	MLCK 激活	与腹泻伴发	MLCK 激活 occludin 内吞	未定

增强细胞间通透性的信号转导途径紧随着钠离子-葡萄糖的协同转运，还包括丝裂原激活的蛋白激酶级联反应以及钠离子-氢离子转换蛋白 3（NHE3）转移到顶部的细胞膜，并有肌浆球蛋白轻链激酶（MLCK）活化。膜顶部的 NHE3 活性增强促进钠离子吸收，导致钠离子-葡萄糖联合转移，增加钠离子跨细胞梯度，促进细胞间水吸收［图 4-4（a）］；MLCK-依赖增加紧密连接通透性促进细胞间水和小分子溶质的吸收（如葡萄糖），浓缩在非搅动层。这种情况见于感染性腹泻后的再水化过程中，口服含钠离子和碳水化合物的溶液时效果更好［图 4-4（b）］；肿瘤坏死因子激活蛋白激酶 $C\alpha$（PKCα）和 MLCK 引起腹泻。在 PKCα 介导下 NHE3 抑制，降低钠离子跨细胞梯度，从而抑制水吸收［图 4-4（c）］；钠离子-依赖性增加与紧密连接通透性增加协同，导致大量水进入

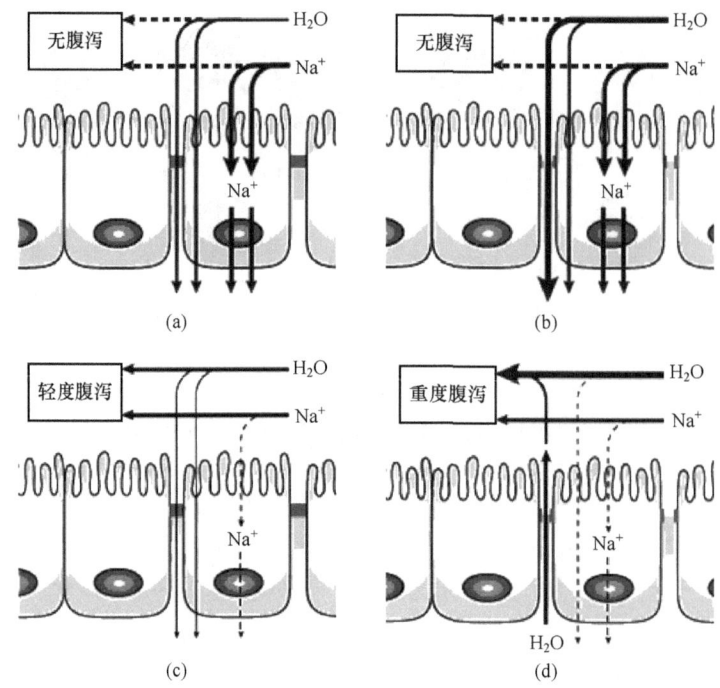

图 4-4 水-钠离子失衡导致腹泻（Turner，2009）
（a）正常平衡；（b）仅有屏障破坏；（c）仅有 Na^+ 吸收异常；（d）Na^+ 吸收异常及屏障破坏。

肠腔，临床表现为大量腹泻［图 4-4（d）］。

三、树突细胞在肠道黏膜免疫中的作用

树突细胞是专职的抗原递呈细胞，编程固有免疫和获得性免疫反应。肠道黏膜含有大量树突细胞，对病原体起保护性免疫对无害抗原耐受。黏膜树突细胞分若干亚群，在局部微环境中有独特的功能。树突细胞从周围组织向次级淋巴器官迁移，向细胞递呈抗原。初始研究认为树突细胞仅仅启动抗御外敌的免疫反应，后来证明在启动和维持免疫耐受中树突细胞也起重要作用。耐受在肠道功能中起重要作用，除了对食物耐受，还要对共生菌耐受。

循环中的树突细胞前体定居在外周组织和淋巴器官中，分化为浆细胞样的或通常的树突细胞，有成熟和不成熟两种状态。不成熟的树突细胞存在于外周组织中，淋巴器官中往往是成熟的树突细胞，已特化为抗原递呈状态。成熟的树突细胞在炎症刺激下从不成熟树突细胞分化迁移至下游淋巴结。总有少量不成熟或半成熟的树突细胞从外周组织向下游淋巴结迁移，它们与维持对自身抗原的耐受有关。诱导调节 T 细胞是肠道树突细胞的重要功能之一；还穿过肠道上皮伸出伪足在肠腔中采集抗原样本；帮助淋巴细胞在肠道"归巢"或诱导产生 IgA。

1. 树突细胞在肠道中的分布和功能

肠道中到处都能找到树突细胞，包括大、小肠的固有层（lamina propria，LP），孤

立淋巴滤泡，Peyer 斑（Peyer patches，PP）和肠系膜淋巴结（mesenteric lymph nodes，MLN）。PP 能够产生黏膜 T 细胞依赖的 IgA 反应。小鼠的肠道树突细胞已经研究的比较清楚，如表 4-3 所示。

表 4-3　树突细胞在肠道中的分布和功能

亚群	定位	功能
Peyer 斑		
$CX3CR1^+$	上皮下圆顶	未知
$CCR6^+$	上皮下圆顶	Th1 极化
$CD11b^+$	上皮下圆顶	Th2 极化；IgA 类别转换
$CD8^+$	滤泡间区域	Th1 极化
$CD11b^- CD8^- B220^-$	上皮下圆顶	Th1 极化
$B220^+ Ly6C^+$（pDC）	上皮下圆顶，滤泡间区域	减少 I 型干扰素产生
小肠		
$CD11c^{hi} CD11b^{hi/lo} CD103^+$	固有层	Treg 极化
$CD11c^{hi/lo} CX3CR1^+ CD70^+ CD11b^{hi} CD103^-$	上皮内	Th17 极化
$CD11c^{hi} CD11b^+ TLR5^+$	上皮内	Th17 极化；IgA 类别转换
$CD11c^{lo} iNOS^+ TNF\text{-}\alpha^+$	固有层	IgA 类别转换
肠系膜淋巴结		
$CD11c^{hi} CD103^+$		Treg 极化；T 细胞肠道归巢
$CD11c^{hi} CD103^-$		Th 刺激
$CD11c^{hi} COX2^+$		口服耐受

从肠道组织分离出的树突细胞有独特的黏膜免疫功能，包括调节性 Treg 的转换，Th17 细胞分化和促进 IgA 类别转换。

$CX3CR1^+$ DC 能穿越上皮屏障伸出伪足接触肠腔内的细菌、抗原，这些细胞也表达 CD70，还能驱使 Th17 细胞分化，这种机制是依赖 ATP 和（或）鞭毛蛋白的。$CD103^+$ DC 迁移至下游肠系膜淋巴结，促进 $Foxp3^+$ Treg 转化，该机制是依赖 TGF-β 和维甲酸（RA）的。Treg 也上调肠道归巢标志 $\alpha4\beta7$ 的表达。非骨髓起源的第三亚群 APC 直接在固有层内增殖（图 4-5 左侧）。$CD103^+$ LP DC 的表型取决于局部微环境，尤其是肠道上皮细胞（IEC）释放胸腺基质淋巴生成素（TSLP），抑制 IL-12 产生，抑制向 Th1 和 Th17 分化，使其向 Th2 极化的 DC 分化。巨噬细胞也通过激活 Treg 和抑制 $CX3CR1^+$ DC 的能力限制炎症，但是，巨噬细胞保留抗微生物功能（图 4-5 右侧）。

2. 肠道微生物对肠道免疫的调节

肠道微生物是极其复杂的，从生态学观点看是一个动态的社区，对人体生理和病理生理功能有很大的影响，参与人体肠道细胞的增殖分化和成熟，维持肠道稳态；肠道微

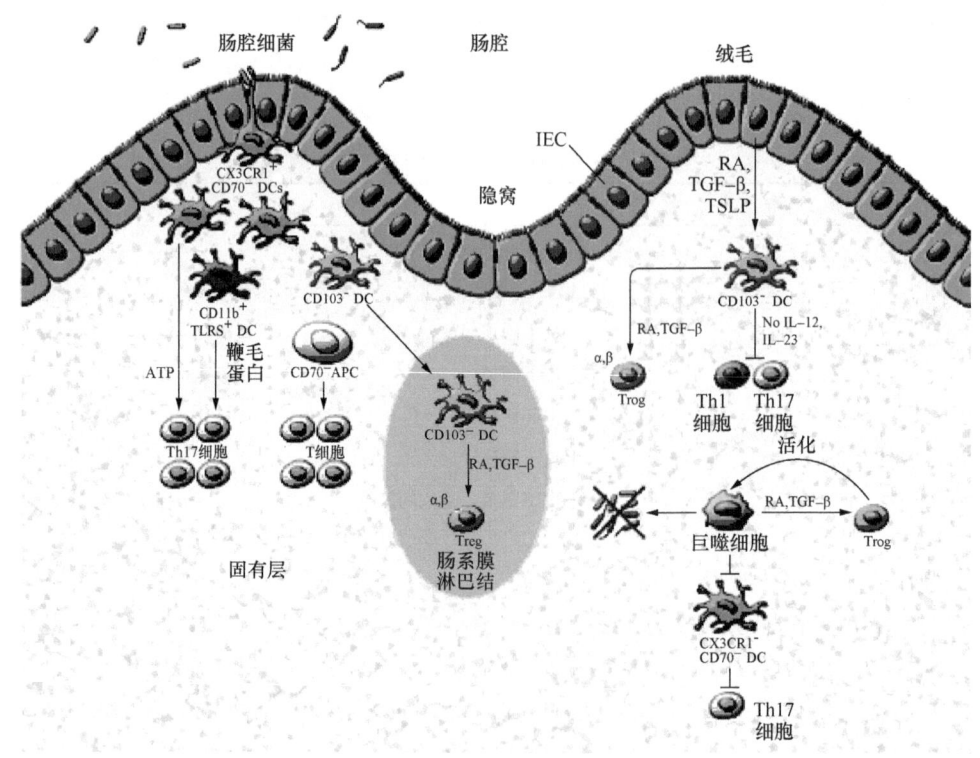

图 4-5　肠壁固有层中树突细胞的分布和功能（Rescigno and Sabatino，2009）

生物的异常可以引起各种疾病，如炎症性肠道疾病和肥胖症。

长期以来认为免疫系统对肠道微生物产生了免疫耐受。近年来对无菌动物的研究结果表明，情况远比免疫耐受复杂，无菌动物的免疫系统很不发达，只有与微生物接触才能保持健全的免疫系统。人体肠道持有免疫系统 70% 的免疫细胞，能够产生各种调节因子（如 IL-10 或 TGF-β）和效应细胞因子（如 IL-17 和 IFN-γ），用于经常保持一定程度的效应反应和炎症反应，有利于宿主发展防御反应和健全组织的发育。正常情况下，各种免疫细胞处于动态平衡状态，产生各种调节因子和细胞因子。树突细胞在调节中起关键作用。共生菌产生大量的 ATP，通过免疫细胞的感受器 P2X 和 P2Y 受体调节免疫细胞功能。短链脂肪酸（SCFA）是由结肠中的细菌发酵食物中的纤维产生的，SCFA 的类型取决于菌株。结肠炎时 SCFA 的产量减少（图 4-5 和图 4-6）。

对无菌动物的实验研究和大剂量抗生素治疗的临床、流行病学观察结果表明，共生菌丛的改变对系统免疫反应有明显的影响。对感染的影响有"旁观者"（bystander）效应或无关免疫反应，提出了更一般的"卫生假设"（hygiene hypothesis），用于解释发达国家由于童年感染减少导致的变态反应和哮喘发病率的增加。近年来的实验研究的结果支持这种假设（见第二章第三节四）。

3. 肠道微生物与现代生活中的慢性病

肠道微生物构成了一个复杂的共生生态系统，对于机体有三个功能：①消化肠道内

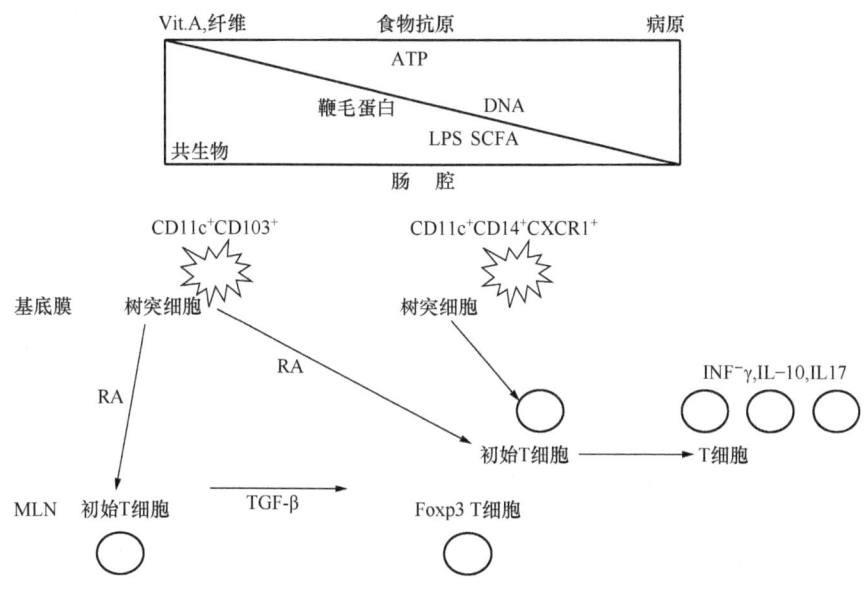

图 4-6　肠道共生菌对 T 细胞的影响

肠道菌丛组成复杂，有共生的益生菌，也有潜在致病的微生物。上图所示的部位有食物中的维生素 A 或纤维能通过它们的代谢物，如维甲酸（RA）或短链脂肪酸（SCFA）调节基底膜中 T 细胞亚群的平衡。（Hand and Belkaid，2010）

容物；②合成对机体有用的营养物；③刺激免疫防御机制。宿主与细菌的共生关系涉及微生物的发酵过程，其终端产物主要是短链脂肪酸，如乙酸盐、丙酸盐和丁酸盐。乙酸盐主要被周围组织摄取，为脂肪细胞脂化利用。肠道微生物对氨基酸的合成也有贡献。在无菌大鼠的结肠测出高浓度的尿素，提示肠道菌丛在氮素循环中的重要意义。lignan 是植物雌激素（phytoestrogen）与结肠癌、动脉粥样硬化和糖尿病有关，肠道生态系统在 lignan 的代谢中也起关键性作用。此外，肠道上皮的杯状细胞在肠道菌丛产物的代谢和胆酸脱水、胆红素代谢、降低胆固醇以及黏液糖蛋白降解中起重要作用。机体从出生时就开始集结肠道菌丛，在生长发育过程中经历了明显的变化。由于空间和营养物的限制，不同的共生菌丛占据了独特的位置（生态位），其他种系的共生菌要竞争该生态位必须在利用营养物方面更有优势。形成了微生物营养利用与宿主利用之间的平衡。显然，食物是维持平衡的关键性因素。哺乳婴儿的肠道菌丛以双歧杆菌占优势，产生大量的乙酸盐和乳酸盐，限止致病菌的生长；人工喂养的婴儿有多种菌丛，产生较多的丙酸盐和丁酸盐。

虽然不同年龄、不同部位的肠道菌丛不同，但是相对稳定。近年来通过元微生物基因组（metagenomic）的研究发现，一些免疫性疾病患者的肠道菌丛平衡改变。例如，Crohn 氏病患者肠道的 Firmicutes 门的微生物明显减少，正常人有 43 个型别（ribotype），病患者仅有 13 个型别，提示严重的肠道菌丛紊乱。还从炎症性结肠病患者分离出新的肠道菌种，可能与疾病的发生、发展有关。

用无菌动物做的试验表明肠道菌丛可能与肥胖症相关。用普通小鼠的肠道菌丛喂养无菌小鼠，在两周内体重增加了 42%，饲料消耗却减少了。然后用同样的方法比较肥胖症小鼠与瘦型小鼠肠道菌丛的效应，实验结果表明源自肥胖小鼠的肠道菌丛增加体重的效应明显强于后者。进一步比较的结果表明肥胖小鼠的 Firmicutes 菌有较高的增肥效应；瘦鼠肠道菌中属于 Bacterioidetes 门的菌种较多。对人类的观察获得了类似的结果，肥胖者的 Bacterioidetes 菌丛少于瘦者；肥胖患者减肥一年后 Firmicutes 菌所占的比例与瘦者相仿。这些研究提示，肥胖与肠道菌丛的变化相关。微生物发酵类型的改变影响机体对食物中单糖和短链脂肪酸的吸收，以及在肝脏中转变为脂肪和沉积于脂肪细胞的历程。肥胖相关的肠道菌丛有很强的从食物收获生物能量的能力，并在肠外调节脂肪储存，维持肠道屏障功能，改变免疫系统的状况。肥胖症和慢性炎症性结肠病患者的"生态失调"在西方生活方式（高脂、高糖饮食；少活动）者出现，这些患者的肠道菌丛往往缺少乳酸杆菌和双歧杆菌。

人类肠道菌丛起"万能消化者"作用，从食物中提取能量和营养物。微生物食品添加剂（probiotic）能够改善肠道菌丛的平衡，可能加强固有免疫和肠道动能。酸乳是最常见的微生物食品添加剂，还有多种乳制品与此有关。各商家采用的益生菌的菌种不尽相同，主要属乳酸杆菌、双歧杆菌等；酵母片是另一类作为药品的微生物食品添加剂，通过改善肠道菌丛平衡，帮助消化。实践表明，规律地摄取微生物食品添加剂菌丛有利于维护肠道免疫平衡，可能对防治一些肠道功能紊乱的腹泻、结肠炎症性疾病、某些癌症、食物过敏和儿童的湿疹有效，其机制有待深入研究。推测可能通过抗微生物代谢物，排斥肠道病原菌或中和食物中的致癌物等方面起作用。微生物食品添加剂调节黏膜免疫系统的能力是最明显的优点之一，不同菌株的能力不同，体外实验可以测定，可能与其抗炎症能力有关，乳酸杆菌细胞壁成分在抗或促炎症中起重要作用，口服或注射乳酸杆菌都能观察到乳酸杆菌的抗炎症效应。近期研究报道小鼠结肠炎在应用微生物食品添加剂混合物后有所改善，治疗机制可能是通过诱导调节 T 细胞和降低外周血 T 细胞敏感性，即通过调节树突细胞功能实现的，依赖于 TLR2 和 NOD2 信号转导途径。

微生物食品添加剂对肥胖症影响的研究报道尚少。由于考虑肥胖症属于炎症性疾病影响固有免疫和获得性免疫两个系统，微生物食品添加剂的抗炎症性能可能使病理变化更复杂。有报道称用乳酸杆菌培养物上清液处理脂肪细胞能降低淋巴细胞的炎症反应能力，此效应与被处理脂肪细胞的瘦素产生减少一致。另有报道选育出一株乳酸杆菌能防止小鼠进食过多引起的肥胖。

我国的传统食品中也有多种微生物添加剂，如腐乳、臭豆腐、泡菜、酸菜、酱制品等也属于微生物食品添加剂的范畴，应该用现代科学的观点和方法进行研究，使之更好地发挥作用，增进人类的健康。

四、黏膜疫苗

黏膜是感染的主要途径，也是疫苗的有效免疫途径。近十多年来黏膜疫苗逐渐成为疫苗研制的核心之一，黏膜疫苗可分死疫苗和减毒活疫苗两大类。死疫苗研制简便，能分离病原体就能制备。死疫苗由杀死的强毒病原体组成，往往带有毒素等毒性物质，副作用强；用减少剂量来降低副作用则免疫效果不佳。减毒活疫苗克服了死疫苗的缺点。但是，对于减毒活疫苗的毒种（菌种）的要求很高，必须毒力够低，遗传稳定性高，而且免疫原性强。符合要求的减毒活疫苗尚不多，通过黏膜免疫的更少，至今实际应用的黏膜疫苗只有4个口服的减毒活疫苗：脊髓灰质炎、霍乱、伤寒和轮状病毒；一个鼻腔免疫的流感死疫苗。脊髓灰质炎（小儿麻痹症）减毒活疫苗在全球广泛服用后已经基本消灭了脊髓灰质炎的大流行。为感染性疾病的防治提供了范例。黏膜疫苗的研制成为诱人的领域，不断有新的报道。本节以链球菌的黏膜疫苗为例讨论黏膜疫苗的研制现状和发展方向。

乙型溶血性链球菌A群（group A streptococcus，GAS）又称化脓性链球菌，通常栖息于上呼吸道表面和皮肤，能引起临床表现和严重程度不等的多种疾病。已有一些候选疫苗进入临床试验，临床前试验表明肠外免疫可引起系统性保护作用，能有效防止GAS扩散和相关疾病，一些研究者试图用黏膜免疫改进此类GAS疫苗。GAS是引起咽炎的主要病原菌，约3%的患者发展为风湿性关节炎或风湿性心脏病，据估算每年有6亿人罹患咽炎，即可能有1800万人罹患风湿性关节炎或风湿性心脏病。肠外免疫主要引起系统免疫，黏膜免疫可诱导局部免疫。用鼻咽部黏膜免疫就可能有效降低咽炎发病率，成为预防风湿性关节炎或风湿性心脏病的疫苗。此外黏膜免疫不需注射器械，无痛而简单易行，有明显的经济效益和社会效益。所以对此疫苗的研究已有60年的历史，近6年来的研究都用能诱导系统免疫的疫苗为基础，探索其黏膜免疫的有效性。

共同黏膜免疫系统（common mucosal immune system，CMIS）是专门监察在黏膜表面抗原的免疫细胞的特殊网络，由若干淋巴组织构成，引导和消除黏膜免疫反应。人类不同部位黏膜（消化道、泌尿生殖道、上呼吸道）的解剖结构不同，由不同的淋巴组织承担CMIS的职责。上呼吸道黏膜免疫系统的淋巴系统属鼻-相关淋巴组织（nasal-associated lymphoid tissue，NALT），包括气管的、上腭的和舌的扁桃体以及腺样体，位于咽部半圆形淋巴组织环（Walders环）中，其淋巴组织被滤泡相关的上皮覆盖，上面有M（microfold）细胞参与黏膜抗原的摄取。M细胞将抗原传给富含树突细胞和巨噬细胞的淋巴滤泡，加工后的抗原传递给初始T细胞，活化后刺激黏膜B细胞分化成熟。激活的T和B细胞进入血液循环通过输出淋巴系统归巢到效应部位。黏膜免疫系统的主要效应是将分泌型IgA（SIgA）分泌到黏膜外。在黏膜效应部位，抗原启动SIgA$^+$B细胞分化为分泌的浆细胞，该过程依赖CD4$^+$T细胞的辅助。人类每天分泌50mg/kg体重的SIgA，是IgG的两倍，说明SIgA在日常免疫中的重要性。

现在应用的减毒活疫苗和死疫苗都由微生物整体组成，免疫效果好，但是可能出现毒力回升而致病。所以研制方向转向亚单位疫苗。对于GAS而言整体疫苗既不高效也不安全，毒力因子成为首选的疫苗抗原。

GAS在咽部栖息和播散过程中与CMIS相互作用，CMIS的效应细胞在控制感染中起重要作用。GAS表达的毒力因子直接作用于宿主细胞促进病原菌黏附和侵袭。黏附是感染的第一步，GAS的黏附涉及多个毒力因子（表4-4）。

表 4-4 GAS 与 CMIS 相互作用的毒力因子及其在发病中的作用

毒力因子	宿主蛋白	作用	免疫效应 肠外	免疫效应 黏膜
脂磷壁酸	唾液酸（黏液素）纤连蛋白	起始黏附于黏膜上皮	无	无
M 蛋白	唾液酸（黏液素）纤连蛋白	黏附上皮细胞内化，免疫逃逸	有	有
SfbI	纤连蛋白	黏附上皮细胞、内化	有	有
PrtF2	纤连蛋白	黏附	无	无
FPB54	纤连蛋白	黏附颊细胞	有	有
血清混浊因子	纤连蛋白	黏附上皮细胞	有	有
菌毛	未定	黏附	无	无
C5a 肽酶	M 细胞	播散	有	有

细菌黏附的第一步由亲水性的细菌表面分子脂磷壁酸介导，与宿主细胞外基质纤连素结合，然后链球菌进一步与黏液素的唾液酸结合；第二步涉及 17 个链球菌的黏附分子与宿主的血清及细胞外基质结合。

M 蛋白是 GAS 主要的毒力因子，在 GAS 的致病性中起多种作用，包括黏附于上皮细胞、侵入细胞内、通过抗吞噬作用逃逸免疫，引起疫苗研制者的关注。M 蛋白是 α 螺旋分子与相邻的 M 蛋白形成二聚体，从菌体表面伸出 50～60nm，含多个重复结构域（分别称 A、B、C、D 结构域），纤维样的 N 端可变性强，是免疫结构域，不同菌株间差异很大；C 端高度保守，可诱导广谱保护效应；不同结构域结合不同的宿主蛋白（免疫球蛋白、血清白蛋白、补体因子和纤连素）。M 蛋白与角化细胞标志 CD46 及纤连素相互作用促进黏附。深入研究表明 M 蛋白的黏附有位置特异性，GAS 不黏附于腭或扁桃体的上皮细胞。

业已阐明，识别黏附基质分子的微生物表面成分（microbial surface components that recognize adhensive matrix molecules，MSCRAMM）家族也识别上皮细胞黏附的重要蛋白，而且在细菌内化过程中起重要作用。大量的 MSCRAMM 成员通过保守的纤连蛋白重复结构域结合纤连蛋白，包括链球菌纤连蛋白结合蛋白 SfbI、PrtF2、FPB54 和血清混浊因子，通过它们黏附在多种宿主细胞上。研究最深入的 SfbI 介导与呼吸道上皮细胞、角化细胞和皮肤朗罕氏细胞的黏附。

近来发现菌毛在 GAS 黏附中的作用。与 M 蛋白及 MSCRAMM 介导的黏附不同，菌毛的黏附不需要宿主的纤维样蛋白参与，所以能黏附在扁桃体上皮细胞上。通常链球菌是细胞外寄生物，业已确证 GAS 也能在细胞内持续感染，由 SfbI 刺激内在化，M 蛋白诱导细胞内侵袭。

最有效的黏膜佐剂源自细菌毒素。霍乱和大肠杆菌内毒素是引起腹泻的细菌毒力因子，有强烈的免疫刺激作用，可作为其他抗原的佐剂。这两种类毒素都有两个亚单位：亚单位 A（全毒素）是毒性部分，亚单位 B 与宿主细胞质膜上的受体结合。在大多数实验模型中亚单位都可以作为有效的无毒佐剂，现在正在研究如何用于人类的黏膜疫苗。为提高免疫效果有人提出用活的共生菌作为安全的亚单位疫苗的载体。

第二节 内皮免疫

血液循环是联系全身细胞社会的内环境,既是运送营养物质和代谢产物的载体,也是运输免疫细胞和免疫物质的主要途径,血液循环普遍全身,不能中断。循环系统由心脏和血管组成,内皮是其界面,与上皮细胞、表皮细胞类似,有重要的生理和病理生理功能。淋巴循环与血液循环密切相关,在消化和免疫等方面起重要作用(详见第五章),管道也由内皮细胞组成。

通常内皮细胞(EC)具有固有的表面标志(表4-5),在恶性病或炎症时内皮细胞的表面标志不同,导致内皮细胞的高度异质性。不同部位的内皮细胞有不同的结构和功能,有不同表面标志的内皮祖细胞(EPC)。有的内皮细胞能形成连续的单层,有的形成有孔的单层,有的形成不连续单层(图4-7);不同器官的内皮细胞有不同的功能,在大脑中有调节屏障功能,在骨髓中调节细胞出入,在小肠中调节吸收。不同的内皮细胞可能有不同来源。

表4-5 各种内皮细胞的标志

标志	EC	早期EPC	晚期EPC	循环血EPC
CD11b	−	+	−	+
CD14	+	(+)	−	+
CD31/PECAM-1	+	+	+	+
CD34	+	(+)	+	(+)
CD45	(+)	(+)	−	+
CD54/ICAM	+	(+)	+	?
CD62e/E-selectin	+	+	+	+
CD102/ICAM-2	+	?	?	?
CD105/endoglin	+	+	+	+
CD106/VCAM-1	+	+	+	(+)
CD115	−	+	−	?
CD133	−	+	−	+
CD144/VE-cadherin	+	(+)	+	+
CD146/P1H12, S-endo-1	+	(+)	+	+
eNOS	+	+	+	+
CD184/CXCR4/fusin	−	+	+	+
VEGFR-1	+	+	+	?
VEGFR-2/KDR, Flk-1	+	+	+	+
Weibel-Palade体	+	?	+	?
I型清道夫受体	+	+	+	?
UEA-1 lectin结合	+	(+)	+	+
vWF	+	+	+	+

资料来源:Steinmetz et al., 2010。

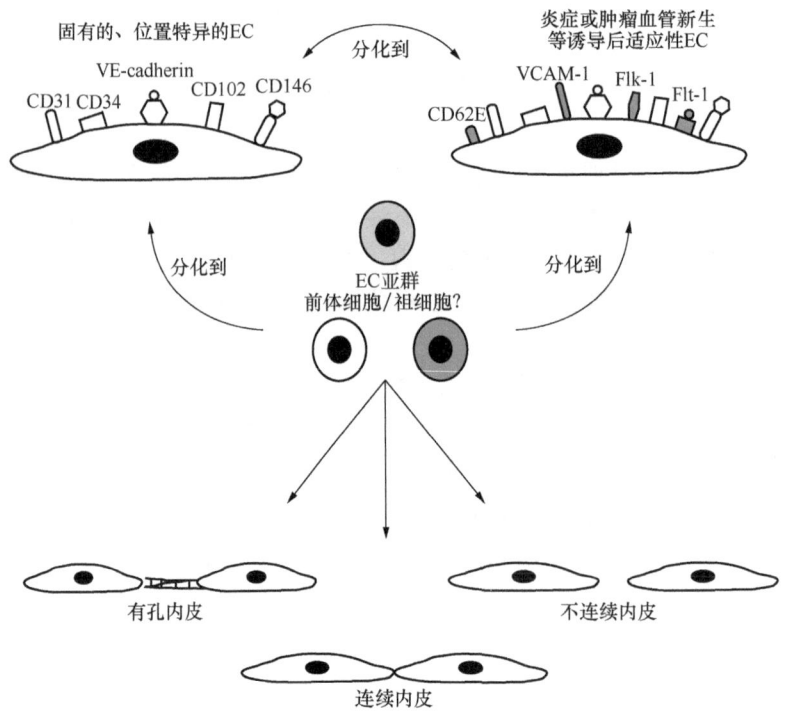

图 4-7　内皮细胞的异质性（Steinmetz et al., 2010）

动脉粥样硬化是最常见的血管疾病，内皮细胞在动脉粥样硬化斑块形成过程中起重要作用，本节以此为例讨论内皮细胞的病理生理性质。

近年来的研究结果表明动脉粥样硬化可能是一种慢性炎症性疾病，动脉粥样硬化是以斑块中富含激活的免疫活性细胞为特征的炎症状态。氧化型低密度脂蛋白（oxLDL）是斑块的主要组成成分，能激活内皮细胞、单核/巨噬细胞和 T 细胞，有促炎症效应，也是促进动脉粥样硬化的因素。研究表明斑块中的血小板激活因子（PAF）样脂质可能使 oxLDL 诱导免疫刺激效应。斑块破裂暴露于凝血成分中，导致血栓形成，引起心血管疾病。

固有免疫和获得性免疫机制都参与动脉粥样硬化斑块形成的炎症过程。原始的宿主防御反应包括巨噬细胞的若干清道夫受体摄取改变了的脂蛋白，还有 Toll 样受体（TLR）启动复杂的细胞内信号途径产生促炎症细胞因子和其他炎症介质。TLR4 与 CD14 协同结合细菌脂多糖和各种促进炎症的物质和促进动脉粥样硬化的物质（如热休克蛋白）。通常 TLR2 作为 TLR1 和 TLR6 的异 2 聚体出现。TLR2 复合物能结合微生物的产物。清道夫受体 A 结合改变后的低密度脂蛋白。CD36 结合氧化的低密度脂蛋白。聚糖终产物受体（receptor for advanced glycation endproducts，RAGE）也在参与动脉粥样硬化的许多细胞中出现，可能与炎症信号传递有关。

单个核的吞噬细胞是哺乳类动物固有免疫的主力，由单核细胞分化而来的巨噬细胞形成动脉粥样硬化斑块中的泡沫细胞，是动脉脂质条纹的标志。近年来的研究集中于单个核吞噬细胞的异质性，深入研究发现有炎性强弱不同的两大类单核细胞，它们的表面标志明显不同，炎性强的单核细胞亚群高表达 Ly6C（GR-1）、TLR、蛋白酶、新生态反应氧（ROS）、氧化氮（NO）和肿瘤坏死因子（TNF）等促进炎症反应的因子；炎性弱的单核细胞亚群低表达 Ly6C（GR-1），高表达 TGF-β、CD36、清道夫受体-A（SR-A）、CD163 和促血管新生的因子（如 PDGF），有利于组织修复。树突细胞表达人类白细胞抗原（HLA），递呈抗原给 T 细胞连接固有免疫和获得性免疫，在动脉粥样硬化发病中不可缺少。肥大细胞产生多种介质（图 4-8），在小鼠动脉粥样硬化实验模型中肥大细胞起重要作用。血小板是固有免疫的重要组成部分也参与获得性免疫，破裂后释放 CD40 配体（CD40L）、T 细胞表达分泌因子（RANTES）、髓系相关蛋白（MRP-8/14）、血小板衍生的生长因子（PDGF）和 TGF-β。

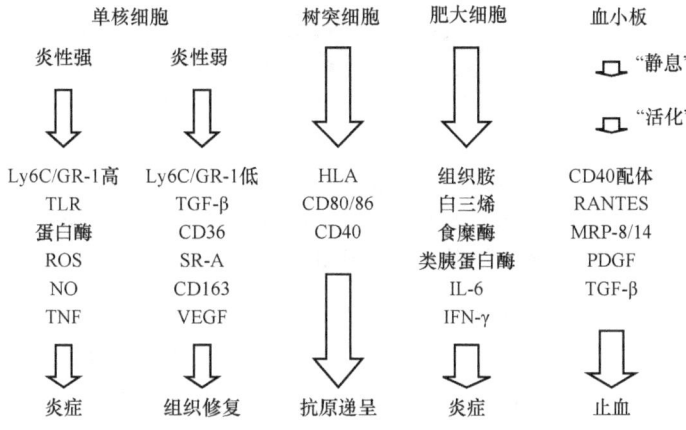

图 4-8 参与动脉粥样硬化的固有免疫成分

获得性免疫是动脉粥样硬化的关键性调节因素。但是情况复杂。有 5 类淋巴细胞参与动脉粥样硬化的炎症反应和斑块形成（图 4-9）。B1 细胞亚群产生 IgM 抗体，包括识别氧化低密度脂蛋白（oxLDL）的自然抗体减轻动脉粥样硬化斑块病损。Th1 反应是促炎症反应，产生多种炎症细胞因子加重动脉粥样硬化病损；Th2 促进体液免疫，对动脉粥样硬化斑块的作用尚有争议。调节 T 细胞（Treg）对动脉粥样硬化斑块的调节作用引起关注，其作用是通过 TGF-β 和 IL-10 进行的。$CD8^+$ T 细胞激活后（CTL）通过细胞-细胞接触杀伤邻近细胞。动脉粥样硬化斑块中有些介质能募集 $CD8^+$ T 细胞杀伤平滑肌细胞，加重病损（图 4-9）。

B 淋巴细胞产生的抗体和 T 细胞一样，能识别不同的抗原结构。实验资料表明体液免疫能减轻而不是加剧动脉粥样硬化，脾切除能加剧动脉粥样硬化；动物实验还表明，高胆固醇血症小鼠产生很强的体液免疫反应，对抗氧化低密度脂蛋白；用氧化低密度脂蛋白免疫兔子或小鼠能减轻动脉粥样硬化。值得注意的是抗氧化低密度脂蛋白抗体也识别肺炎球菌抗原，提示炎症途径与动脉粥样硬化发病机制的相关性，也有人试图研制氧化低密度脂蛋白疫苗用于减轻人类的动脉粥样硬化症。

病理形态观察表明，动脉内皮损伤剥脱导致血小板聚集，释放血小板衍生的生长因子（PDGF），启动动脉内膜平滑肌细胞增殖，形成动脉粥样硬化斑块。细胞生物学研

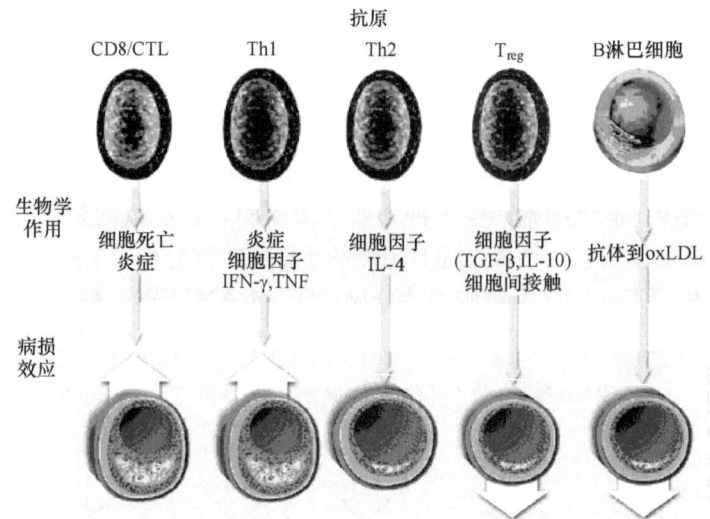

图 4-9 参与动脉粥样硬化斑块形成获得性免疫成分

病损效应中的向上大箭头表示病损加重，向下大箭头表示病损减轻。CTL：溶细胞性 T 淋巴细胞；Treg：调节 T 细胞；Th1：辅助细胞 1 型；Th2：辅助细胞 2 型。

究表明免疫细胞及其介质参与动脉粥样硬化的发病过程，基因剔除技术证明了这些分子的作用。肯定了高胆固醇血症和免疫机制的关键性作用。多组作者的研究工作表明，一些极微小的炎症与多种动脉粥样硬化的高危因素结合可以起关键性的调节作用。内皮细胞在动脉粥样硬化的发生发展中起重要作用。

正常状态下内皮细胞的寿命为 1~3 年，但是在狂暴、骚乱的血流状态下寿命仅数天至数周。内皮是血管壁上血液和内皮下基质间的屏障，在防止血栓形成和动脉粥样硬化发展中起作用。近年来的研究进展表明，血管壁的内皮细胞不仅被经典的危险因素（如高脂血症、吸烟和血流紊乱）损伤，也可被细胞表面的自身抗原引起的自身免疫反应损伤。以热休克蛋白 60（HSP60）研究最多。通常 HSP60 定位于线粒体，在应激刺激下可移位于细胞膜，其间大多数人出现 HSP60 的自身抗体，心脏病发作和中风患者尤为明显。这些自身抗体可以结合在表达 HSP60 的内皮细胞表面，导致细胞损伤形成动脉粥样硬化斑块。

第三节 皮肤的免疫作用

皮肤是机体与外环境接触的界面，也是众多微生物的栖息地，有特殊的生态环境，不同部位的景观生态学环境对它们的生存起决定性作用，是人体微生态学的重要课题。完整健康的皮肤是机体存在的基础，细胞社会正常运行的保证。皮肤不仅抵御病原微生物的入侵，还参与机体的物质代谢和能量代谢的调节。作为机体的一部分皮肤还是神经免疫内分泌器官。

一、作为神经免疫内分泌器官的皮肤

皮肤的神经调节与外周感觉神经系统、自主神经系统及中枢神经系统相关。皮肤的外周神经系统在皮肤稳态平衡和疾病中起关键性作用，皮肤起屏障作用保护机体免受外环境危险因素的损害。皮肤神经也受血循环和情绪（"内部触发因素"）的刺激并起相应的反应。中枢神经系统直接（通过传出神经或中枢神经系统产生的介质）或间接（通过肾上腺或免疫细胞）调节皮肤功能（图4-10）。

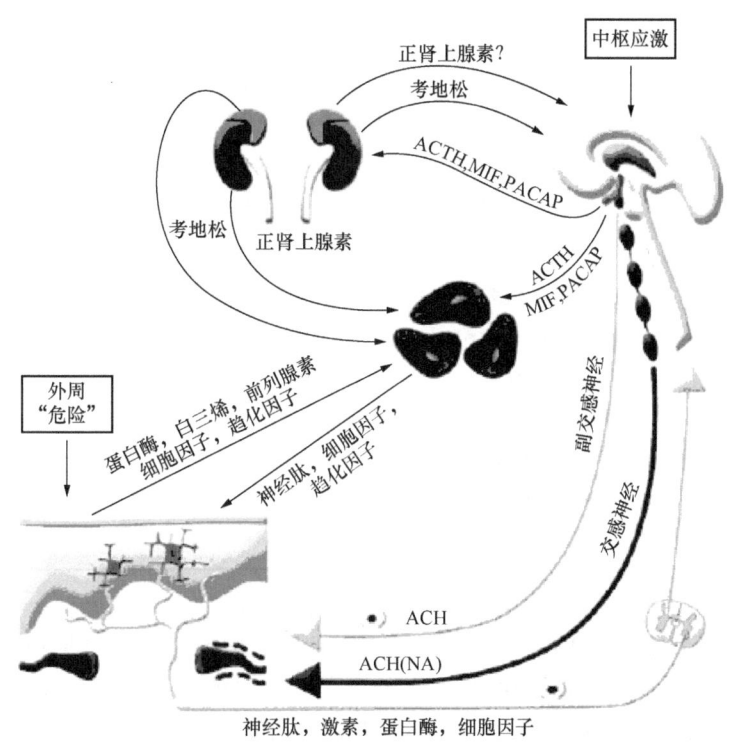

图 4-10 皮肤的神经内分泌调节

各种应激刺激视丘下部/垂体释放神经介质，如促肾上腺皮质激素（ACTH）、黑素细胞刺激激素（MSH）、垂体腺苷酸环化酶激活肽（PACAP）等，由肾上腺释放考地松或正肾上腺素，直接刺激血液中的白细胞产生细胞因子、趋化因子、神经肽，调节皮肤免疫反应或炎症状态，影响皮肤感觉神经系统。皮肤炎症通过细胞因子、趋化因子、前列腺素、白三烯、氧化氮等影响白细胞的炎症反应。皮肤中的自主神经系统主要是交感神经胆碱能类的，偶有副交感胆碱能支配的细胞调节皮肤的稳态平衡和防御反应。

感觉神经和自主（交感）神经影响皮肤的各种生理功能，如胚胎发生、血管收缩和舒张、体温调节、屏障功能、分泌、生长、增殖、分化、细胞营养、神经生长等，也影响病理生理过程，如炎症、免疫防御、凋亡、创伤修复等。在神经未受刺激的情况下皮肤组织中几乎测不出神经介质，在物理刺激（如热、紫外线、机械、电）、化学刺激或变应原、半抗原、微生物因子、创伤或炎症刺激下神经肽、神经传递素或氧化产物（如氧化氮）明显增加，体内、体外方法都能测出。这些介质由感觉神经或自主神经产生，在皮肤的生理和病理生理过程中起重要的调节作用。除了外周神经外中枢神经系统和免疫系统形成的复合调控网络影响皮肤的功能，是神经免疫内分泌网络的一部分（表 4-6）。

表 4-6　皮肤感觉神经的神经生理学性质

种类	刺激	生理学类型	解剖类型	神经类型	感觉
低-初始机械感受器	移动	Ⅰ型	毛发盘	A	?
		SAI	Merkel 细胞复合体	A	压迫
		Ⅱ型	? Ruffini 末梢	A	?
		SAII		A	?
	速移	GI 毛	毛栅	A	毛发活动
		RA 区受体	Meissner 微粒	A	轻叩
		D 毛	毛囊	A	?
		C 机构受体	神经网络	C	?
	振动	Pacinia 微粒	Pacinia 微粒	A	振动感
温度感受器	冷	冷受体	神经网络	C, A	冷
	温	温暖受体	神经网络	C	温暖
伤害受体	有害变形	有髓鞘的		A	剧痛
	伤害性热	无髓鞘的		C	钝痛，烧灼感
	化学物				强烈瘙痒

? 表示结果有待验证。

感觉神经可分 4 组：Aα 纤维（12~22mm）是高度有髓鞘的，呈现快速传导能力（70~120m/s），与肌肉和肌腱相伴；Aβ 纤维是中度髓鞘的（6~12μm），捕获触摸受体；Aδ 纤维有薄层髓磷脂鞘（1~5μm），中等传导速度（4~30m/s）；C 纤维是无髓鞘而小的（0.2~1.5μm）慢速传导纤维（0.5~2m/s）。Aδ 组成约 80% 的初级感觉神经；C 纤维组成 20% 的初级传入神经。皮肤由无髓鞘的（C）或有髓鞘的（Aδ）传入体神经纤维支配，传递感觉刺激（温度变化、化学、炎症介质、变化），经背根神经中枢和脊髓到达中枢神经系统的特殊部位，得出疼痛、烧灼、剧痛、瘙痒等感觉（表 4-6，图 4-11）。

部分神经肽和神经激素及其受体是由感觉神经或皮肤细胞产生的，在皮肤的生理或病理生理功能中起作用（表 4-7）。儿茶酚胺在中枢神经系统和外周神经系统尤其是节后交感神经表达，作用于神经中枢、血管和平滑肌细胞。人类皮肤也能产生儿茶酚胺及其受体和水解酶。在皮肤的神经纤维、角化细胞和黑色素细胞都能测出儿茶酚胺及其调节酶。此外儿茶酚胺还能调节某些淋巴细胞（如自然杀伤细胞）和单核细胞的活性，诱导淋巴细胞凋亡。另外，T 细胞和 B 细胞也能诱导儿茶酚胺的表达。角化细胞有完整的合成和分解儿茶酚胺的能力，对于维持表皮的稳态起重要作用。黑色素细胞也有儿茶酚胺的全部代谢系统，包括辅助因子 6R-L-红四氢生物蝶呤（6-BH4）和 β2 肾上腺素受体

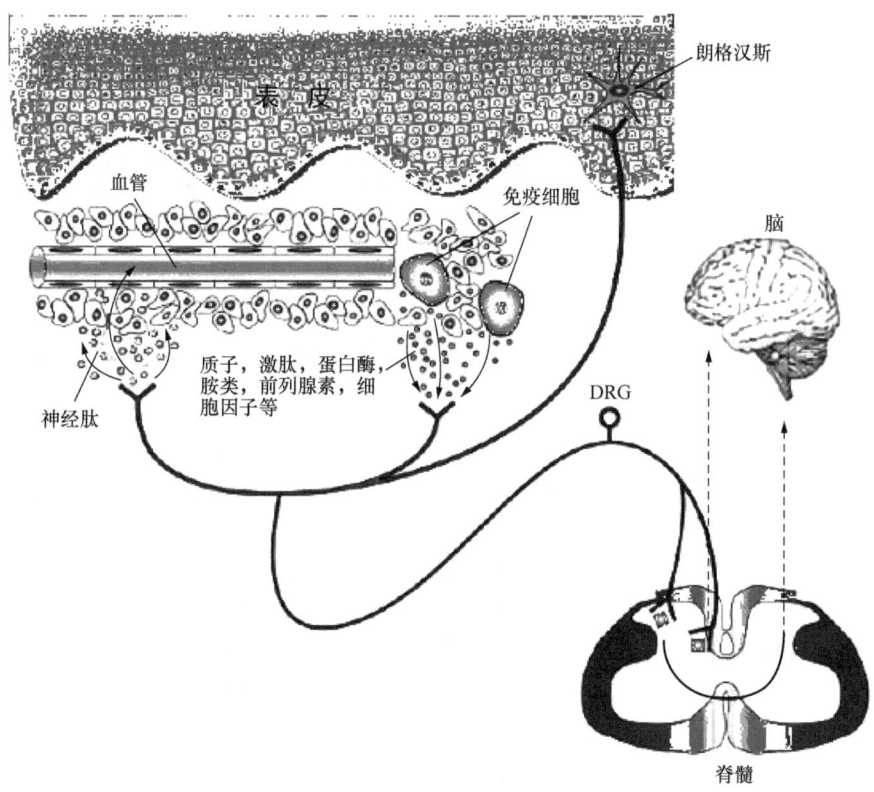

图 4-11 皮肤中痛和痒的神经介导和感受方式

此图显示疼痛和痒感传递中的靶受体和传入纤维。炎症过程中对机械刺激不敏感的休止伤害感受器和组织胺-感受的痒觉感受器将信号传递给脊髓，有害的信号导致感觉中枢疼痛感，瘙痒信号引起痒感。

（β2AR），它们参与黑色素生成机制。白癜风患者的角化细胞 6-BH4 和单胺氧化酶上调，导致正肾上腺素水平和 β2AR 密度增加，6-BH4 水平升高对黑色素细胞有细胞毒作用。

表 4-7 部分神经介质在皮肤中的功能

介质	受体	来源、受体表达	功能
乙酰胆碱	烟碱能受体（nAChR） 蕈毒碱能受体（mAchR） 乙酰胆碱受体	自主性胆碱能神经、角化细胞、淋巴细胞、黑色素细胞	遗传过敏症瘙痒（mAhR3）角化细胞增殖、黏附、迁移、分化。抑制 NF-κB 转录；抑制 TNF-α、IL-1β 释放
ATP	嘌呤类 P2 受体		疼痛传递和神经性炎症，诱导 IL-6、IL-8、MCP-1Gro-α 释放；增加白细胞募集、黏附
CGRP，ADM	CGRP 受体；ADM 受体	CGRP：感觉神经纤维受体：角化细胞	中枢性疼痛传递；延长痒感觉神经末梢敏感； 瘙痒皮肤病 CGRP 纤维增加刺激白细胞黏附，血管舒张

续表

介质	受体	来源、受体表达	功能
儿茶酚胺	肾上腺能受体	神经纤维，角化细胞，黑色素细胞释放受体在 NK，单核，T、B 细胞诱导	抑制 IL-12 产生、IL10 释放灭活 NF-κB；抑制 T 细胞；抑制 TNF-α 释放；调节角化细胞分化和黑色素细胞生成
白三烯 B4	白三烯 B4 受体	感觉神经纤维角化细胞	诱导痒感，参与 P 物质和有害受体介导的痒感
NKA P 物质（SP），HK-1	神经激肽受体-1、神经激肽受体-2、神经激肽受体-3	感觉神经纤维、真皮微血管内皮、角化细胞、B 细胞	SP 上调 ICAM-1，VCAM-1；释放 TNF-α，组织胺，白三烯，前列腺素（痒、烧灼感、中枢痛）NKA 上调角化细胞表达 NGFHK-1 在 T、巨噬细胞表达，参与 B 细胞分化和刺激 T 细胞产生 IFN-γ
内皮素（ET）	ET_A、ET_B	神经，内皮，肥大细胞成纤维、黑色素细胞	极痒，被糜酶降解，诱导肥大细胞产生 TNF-α、IL-6
IL-31	受体（异二聚体）	角化细胞，感觉神经	皮肤炎症时 T，巨噬细胞释放 IL-31 诱导角化细胞释放炎症介质、瘙痒
组织胺	受体（H1R、H4R）	感觉神经，内皮细胞、T 细胞	由特殊的感觉纤维引起痒感；也诱导血浆溢出和血管舒张；通过组织胺受体与 T 细胞交谈

注：ADM：促肾上腺髓质素（adrenomedullin）；ATP：三磷酸腺苷；CGRP：降血钙素基因相关肽；HK-1：血激肽-1；NKA：神经激肽 A。

乙酰胆碱、肾上腺素和正肾上腺素是小分子非肽信使，由神经元和各种组织的非神经细胞（包括皮肤）产生（表 4-7）。最初认为这些分子是自主神经系统产生的信使，近期研究表明它们在皮肤稳态和炎症中也起重要作用（图 4-12）。

自主神经纤维在调节皮肤的脉管中起关键性作用。乙酰胆碱类/正肾上腺素类协同传递信息是灵长类自主交感神经系统的特征，尤其在交感神经支配的皮肤动静脉吻合处，人类也具有这种特征，成人的汗腺不仅由胆碱能神经调节，也受正肾上腺素类蛋白（包括酪氨酸羟化酶、芳香族氨基酸脱羧酶、多巴胺 β-羟化酶和小泡单胺转运子 VMAT2）的影响。皮肤血流受交感神经系统的两个分枝的平衡调节：血管收缩系统和神经介质尚未知的血管扩张系统。胆碱能交感神经不仅调节血管收缩也刺激汗腺。ATP 和神经肽 Y（NPY）是研究得较清楚的交感神经血流调节物；NPY 和正肾上腺素是皮肤对寒冷血管收缩反射的主要介质。

炎症区域的神经中神经生长因子（NGF）明显上调，在炎症性皮肤病（如牛皮癣）NGF 的水平升高，引起肥大细胞脱颗粒，增加外周组织中的肥大细胞数量，促进髓细胞生长，B 细胞增殖、分化，增加嗜碱性粒细胞分泌组织胺。研究表明遗传性过敏性皮炎患者的 NGF 水平升高。

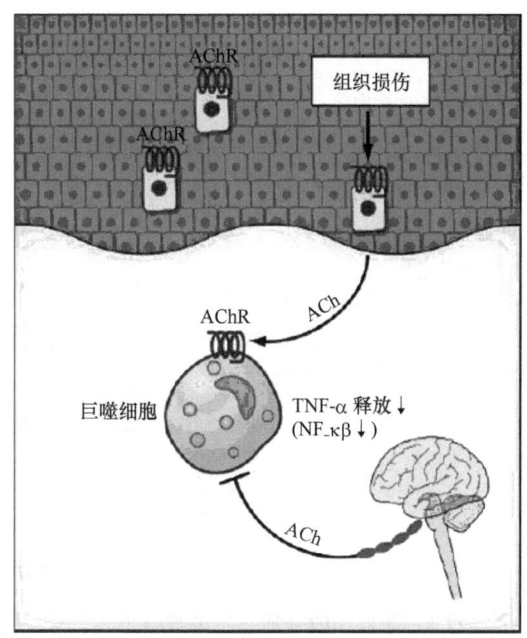

图 4-12 乙酰胆碱在巨噬细胞调节和皮肤功能中的抗炎作用

炎症过程、组织损伤或免疫刺激中巨噬细胞及其他免疫细胞活化,在乙酰胆碱(ACh)刺激下表达乙酰胆碱受体(AChR)。皮肤中角质细胞和自主神经系统的传出纤维释放 ACh,导致 TNF-α 释放减少和 NF-κB 激活,从而减缓皮肤的免疫反应。

二、细胞因子和趋化因子可作为皮肤感觉神经的配体

细胞因子和趋化因子是主要的炎症介质,有的也可以作为皮肤感觉神经的配体。临床观察提示细胞因子能引起瘙痒症,而且细胞因子抑制物能抑制瘙痒,因而假设细胞因子可能与神经性炎症、疼痛、瘙痒有关。后来报道了神经肽受体与趋化因子受体间的"交谈"(cross-talk)成为神经免疫轴在炎症和免疫调节中的重要连接点(图 4-13)。

IL-1、IL-6、IL-8 和 IL-31 是常见的"亲神经性"(neurophilic)细胞因子。对于 IL-1、IL-6 和 IL-8 在炎症中的作用已报道很多,IL-31 则是发现不久的细胞因子,近年来培育出过度表达 IL-31 的转基因小鼠,有 T 细胞浸润和瘙痒的慢性皮肤炎症,类似于人类的遗传性过敏性皮炎,其 T 细胞和巨噬细胞释放 IL-31。角化细胞表达 IL-31 受体,进一步研究表明 IL-31 可能参与瘙痒的感觉和抓痒反应。所以 IL-31 可能是神经系统与免疫调节炎症和瘙痒的新的连接点,IL-31 和 IL-31 受体可能成为治疗炎症性皮肤病(如遗传性过敏性皮炎)的靶标。

神经肽从神经元分泌的机制尚不清楚,免疫细胞化学染色表明单个神经元周围存在多种神经肽,而且肽类和非肽类神经介质也可共存。神经肽受体在中枢神经末梢表达传递疼痛、烧灼、瘙痒感觉;许多皮肤、内皮细胞和免疫细胞也表达神经肽受体,参与炎

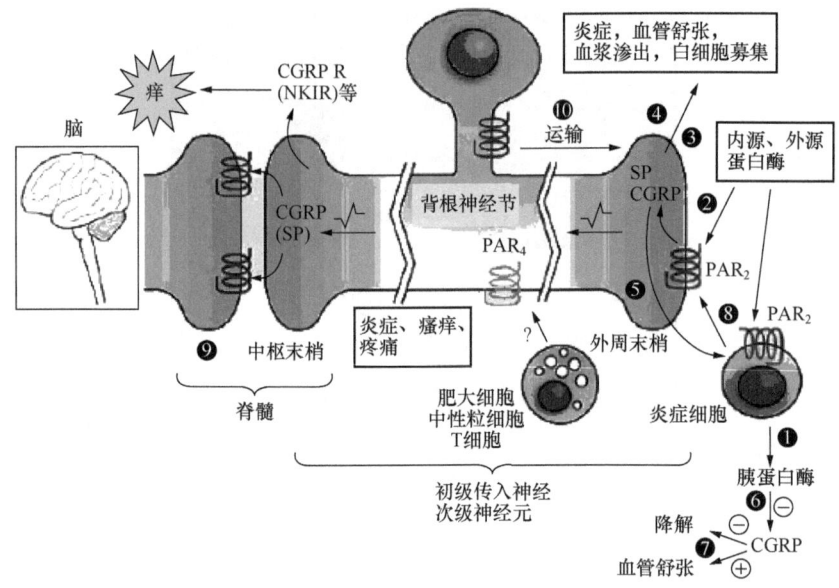

图 4-13 皮肤中感觉神经与蛋白酶的"交谈"

①肥大细胞脱颗粒释放胰蛋白酶激活感觉神经末梢质膜上的蛋白酶-活化受体 2（PAR_2）；②PAR_2 被胰蛋白酶、胰岛素、激肽释放酶或外源蛋白酶（细菌等）活化刺激感觉神经末梢释放降钙素基因相关肽和速激肽（即 P 物质，SP）；③CGRP 与 CGRP1 受体作用引起小动脉扩张和充血；④SP 与毛细血管后静脉的内皮细胞上的神经激肽-1 受体（NK1R）作用，引起缝隙形成血浆渗出，充血和血浆外溢引起炎症部位水肿；⑤SP 可以刺激肥大细胞脱颗粒，提供正反馈机制；⑥胰蛋白酶降解 CGRP 终止其作用；⑦CGRP 通过中和肽链内切酶抑制 SP 降解，促进 SP 释放，从而增强其效应；⑧肥大细胞和其他炎症细胞释放的介质刺激感觉神经释放血管活性物质；⑨脊髓中 PAR_2 诱导细胞内钙离子动员，导致中枢神经末梢 CGRP 和 SP 释放，激活 CGRP 受体和 NK1R，将瘙痒反应传给中枢神经系统；⑩PAR_2 在炎症时可以通过外周传递增加受体密度和刺激。

症和免疫调节。大多数神经肽受体属受体的 CGRP 家族。皮肤细胞对神经肽反应需要 CGRP 的存在，其作用机制如图 4-14 所示。

三、汗腺的微生态和免疫作用

汗腺是哺乳类动物的皮肤腺体，不同动物的汗腺不同，有的汗腺很发达（如人、马），有的不发达（狗和猫的汗腺几乎仅存在于趾部）。人类有 $(2\sim 5)\times 10^6$ 个汗腺，有的有分泌功能，也有无分泌活动的汗腺，与幼时生活环境和生态生理状况有关。汗腺有源自表皮的小汗腺和由表皮毛囊发生的大汗腺两种。大汗腺主要分布在腋窝、脐窝、肛门及生殖器周围等处，分泌白色黏稠无嗅的汗液，经细菌分解产生特殊的臭味，称腋臭或狐臭。小汗腺分布全身，除唇红部，包皮内侧及龟头外，全身都有，以掌跖、额部、背部、腋窝等处最多。汗腺是单管腺，由分泌和导管两部分组成。分泌部位于真皮深层或皮下组织内，是卷曲成团的小管。管壁由单层柱状细胞构成。导管部从真皮向表皮弯曲上行开口于皮肤表面的汗孔。汗腺有分泌汗液从而排泄细胞代谢产物和调节体温

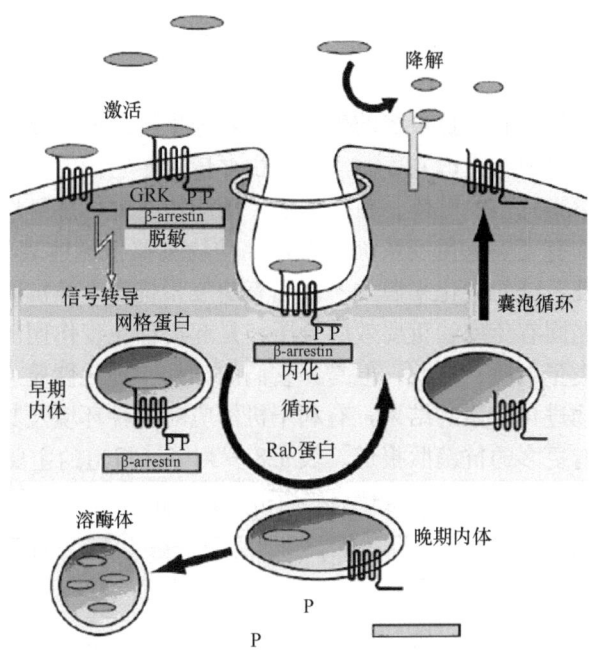

图 4-14　神经肽受体与相关蛋白的细胞内通路

在人体细胞中，随着受体被 G 蛋白偶联受体激酶（GRK）磷酸化，与 β-arrestin（clathrin 接头蛋白）相互作用，然后从偶联的 G 蛋白解脱。配体-受体复合体（与 β-arrestin 相连）通过 clathrin 内化，进入囊泡立即解脱 clathrin，成为早期内体。配体和受体进入核周围的酸性环境中解离。Rab 蛋白参与神经肽受体的分选。内体磷酸酯酶使受体去磷酸化，与 β-arrestin 解离。配体降解，受体再循环到细胞质膜，并被神经肽再致敏。感觉神经细胞中受体的内化和脱敏可能与上述机制相似，可以有不同的通路。

的作用。汗液除含大量水分外，还含钠、钾、氯、乳酸和尿素。导管能吸收分泌物中的一部分钠和氯。汗液中的乳酸还有抑制细菌生长的作用。

汗液分泌是机体散热的主要方式，皮肤散热占机体总散热量的 90%，对体温调节起重要作用。散热的物理机制有 4 类：辐射、对流、传导和蒸发。当周围温度低于体温时机体散热以辐射、对流、传导为主；当外界温度高于皮肤温度时，蒸发是主要的散热形式。水的比热大，汗水汽化吸收大量热量，皮肤冷却降温。汗腺排出的汗量不定。休息时，汗量少到难以察觉；但在特殊情况下，每小时的排汗量可达 1～2L。发高烧的患者通常无汗，用药发汗后，体温可迅速下降。

汗腺的功能活动对体表微环境有明显的影响，是癣、狐臭等皮肤病的关键性致病因素。汗腺是人类进化过程中发展进化的器官，已有资料表明汗腺在调节体温中的重要作用。无汗腺症是罕见病例，最近网上有患儿家长求助报道：2 岁患儿出生后从不出汗，经常无感染发高烧，医院诊断为"无汗腺症"。近来发现其疼痛感觉缺失，皮肤溃烂等预后不佳。提示汗腺对人体可能还有更重要的作用，有待深入研究。

第四节 抗菌肽的免疫作用

微生物是地球上种类和数量最多的生物，与其他生物形成了复杂的生态关系，相互依赖和（或）相互侵食或共生、共存。动物的生存依赖于它们的抗微生物能力，一旦这种防御能力丧失就感染死亡、解体。在抗生素广泛应用之前，感染性疾病是人类死亡的主要原因。脊椎动物有完整的免疫系统，无脊椎动物主要依靠体表的小分子抗菌分子，是脊椎动物固有免疫系统的进化来源之一。固有免疫系统是人类抗微生物防御系统的第一道防线。抗菌肽是固有免疫的重要效应分子，是起局部免疫作用的小分子多肽。抗菌肽是功能相似的一类蛋白质、多肽，但是，它们的结构和理化性质可以相差很大。分子水平的多样性是生物进化积累的结果，有利于机体应对各种环境及其变化的多样性。随着研究的深入，将有更多的抗菌肽报道。表 4-8 罗列了已报道的主要抗菌肽。

表 4-8　已报道的主要抗菌肽

抗菌活性物	来源	定位	主要功能
抗菌肽类			
α 防御素（HNP1-6）	中性粒细胞，Paneth 细胞女性泌尿生殖道上皮	分泌	破坏膜，杀死细胞内外细菌，假丝酵母隐球菌等。趋化巨噬，中性粒，肥大细胞
β 防御素	各种上皮细胞和巨噬细胞	分泌	破坏膜，杀死细胞内外细菌假丝酵母隐球菌等。趋化巨噬，中性粒，肥大细胞
Cathelicidin LL37（人）	各种上皮细胞和单核中性粒，B 细胞、T 细胞及 NK 细胞	分泌	破坏膜，杀死细胞内外细菌，锥虫趋化单核，中性粒，淋巴细胞
S100 蛋白			
S100A7-9 12，15	结肠，角化细胞，鳞状上皮和气道上皮	细胞内、外	A8-9：杀假丝酵母，葡萄球菌；A7-9，15：杀大肠杆菌；A12：杀丝虫
弹性蛋白酶抑制物			
Elafin	中性粒细胞，巨噬细胞和各种上皮细胞	分泌	破坏膜杀细菌和真菌；抑制细菌肽酶
SLPI	肥大细胞，中性粒细胞，巨噬细胞和各种上皮细胞	与胞外基质相关	破坏膜杀细菌和真菌；抑制细菌肽酶
PGLYRPs			
PGLYRP1-4	白细胞和各种上皮	跨膜或分泌	杀杆菌、球菌和利什曼原虫，不杀真菌
C 型凝集素			
Collectins；MBL SP-A，SP-D Collectin-P1	肝 下气道，肠道 内皮细胞	局部分泌或胞质内或膜结合	杀细菌、结核菌、真菌、病毒

续表

抗菌活性物	来源	定位	主要功能
REG 蛋白			
REG1-4	胰腺和肠上皮	分泌	与细菌肽聚糖结合溶解细菌
铁代谢蛋白			
乳铁蛋白	腺上皮，中性粒	分泌，粒细胞颗粒	杀细菌
Hepcidin	肝	分泌入血和尿	杀细菌和真菌
Lipocalin-2	中性粒，巨噬，上皮，内皮，肝，肾	分泌，粒细胞颗粒	杀细菌
趋化因子			
CCL20，CXCL9 CXCL10，CXCL11	外周血单个核细胞	炎症部位分泌	通过结合 CCR6 或 CXCR3 受体杀菌

注：MBL：甘露糖结合凝集素；REG：再生（regenerating）蛋白；SLPI：分泌型白细胞蛋白酶抑制物。

近年来发现了多种新的抗菌物质，有多种结构和作用机制不同的抗菌肽，包括阳离子抗菌肽（cationic antimicrobial peptides，CAP）、S100 钙结合家族蛋白、肽聚糖-识别蛋白（peptidoglycan-recognition protein）无脊椎动物为 PGRP；脊椎动物为 PGLYRP）、钙-依赖的外源凝集素（C 型凝集素）和铁代谢蛋白。近来深入研究发现有些趋化因子也有抗菌活性（表 4-8）；也发现了抗菌肽的其他功能。看来蛋白质分子的功能冗余性（redundancy）在抗菌肽也不例外。然而，抗菌肽的免疫作用对于更好地发挥抗菌肽在免疫系统中的作用有更深层次的作用和意义，是免疫调控网络的重要组成部分。

至今已经发现的人类抗菌肽有 30 多种，其中防御素和 cathelicidin（LL-37）研究得最多、最深入，它们有广泛的抗微生物（包括真菌、细菌、病毒）作用，与 Toll 样受体构成固有免疫的"双臂"。抗菌肽在抵御外环境微生物侵入，维持人类正常状态中起重要作用。例如，人类眼睛的血液循环有限，眼球的保护主要依靠上皮细胞产生的各种抗菌物质。成人的呼吸道黏膜总面积有网球场大，表面也有多种抗菌肽清除空气中带入的各种微生物。抗菌肽是维持机体正常，维护人体细胞社会平衡和正常运行的基础性免疫机制。

一、抗菌蛋白结构和功能结构域

阳离子蛋白或多肽：防御素、cathelicidin 和 hepcidin 以前-原（pre-pro）肽形式合成，裂解后作为成熟的阳离子抗菌肽（CAP）释放，与细菌表面带负电荷部分作用，亲水部分与菌膜整合导致通透性改变，胞质泄漏，最终穿孔。由于有抗菌活性的 CXC 趋化因子的一级结构与此类似，推测也以此类机制起抗菌作用。弹性蛋白酶抑制物也以前-原形式合成，C 端含有保守的乳清酸蛋白基序，与细菌肽酶结合起抗菌作用（图 4-15）。

肽聚糖结合蛋白：这些蛋白结合在细菌的肽聚糖层通过水解肽聚糖或促进细菌调理化（opsonization）杀菌。肽聚糖识别蛋白（PGLYRP）由多个肽聚糖识别（PGR）基序构成，都含有保守的 PGR 与细菌肽酶同源的 C 端，PGR 结构域有酰胺酶活性。脊椎动物的 PGLYRP 跨膜区大都消失成为分泌型蛋白（图 4-16）。

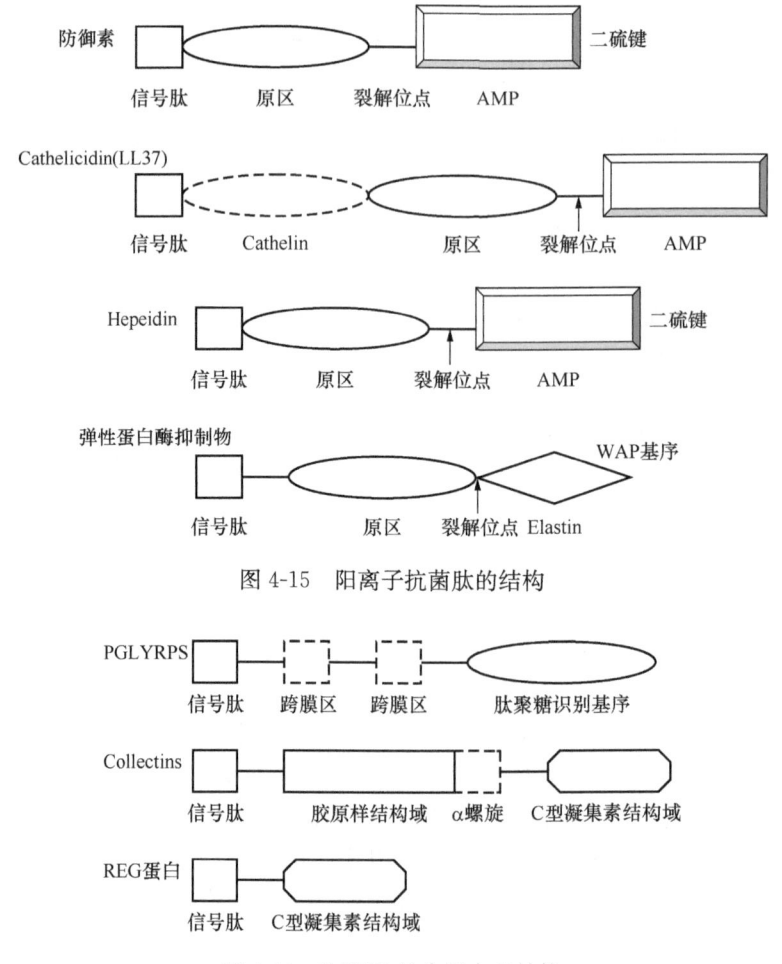

图 4-15 阳离子抗菌肽的结构

图 4-16 肽聚糖-结合蛋白的结构

其他的抗菌肽还有待深入研究,如 S100 蛋白由两个螺旋-环-螺旋钙结合基序构成,其抗菌机制尚不清楚。

防御素(defensin):防御素是无脊椎动物和脊椎动物都广泛表达的古老的防御机制,在人类主要由白细胞和上皮细胞产生。防御素是分子质量 3~5kDa、由 15~20 个氨基酸残基组成的阳离子多肽,包含 6~8 个半胱氨酸残基。具有很强的抗细菌、真菌和有包膜病毒作用,作用机制是阳离子多肽分子嵌入微生物胞膜,使其胞浆外溢。防御素有 β 折叠板层结构,由 3 个分子内二硫键维持稳定。按照二硫键的位置将哺乳类动物的防御素分为 3 个亚族:α、β、θ。α 防御素的二硫键位置为:Cys1-Cys6、Cys2-Cys4、Cys3-Cys5;β 防御素的二硫键位置为:Cys1-Cys5、Cys2-Cys4、Cys3-Cys6;θ 防御素的二硫键位置为:Cys1-Cys6、Cys2-Cys5、Cys3-Cys4。α 防御素合成时含有氨基端信号肽和约 30 个氨基酸的羧基端成熟肽。人类的 α 防御素-1、α 防御素-2、α 防御素-3、α 防御素-4 又称人类中性粒细胞多肽(human neutrophil peptide,HNP),因为它们主要由中性粒细胞产生。HNP1、HNP2 和 HNP3 由骨髓中的早幼粒细胞合成,成熟肽储存在中性粒细胞的颗粒中。与 HNP 不同,人 α 防御素-5(HD5)释放前体,在细胞外加工成熟。θ防御素具有环状结构，又称 retrocyclin，在非人灵长类有表达。人类有 θ 防御素基因和 mRNA 表达，但是没有 θ 防御素蛋白表达，因为人类 θ 防御素基因序列的信号肽含一个终止密码，使之停止翻译。文献报道重组的 retrocyclin 有广谱抗微生物活性，拟用于宫颈、阴道炎症治疗。人体不同部位有不同的防御素，细胞来源和表达调节机制不尽相同（表 4-9）。

表 4-9 人类防御素的来源和分布

防御素	组织分布	细胞来源	合成与调节
HNP1、HNP2、HNP3	胎胚、肠黏膜和宫颈黏液栓	中性粒*、单核、巨噬细胞 NK 细胞、B 细胞、γδT 细胞	组成性表达
HNP4	未定	中性粒细胞*	组成性表达
HD5、HD6	唾液腺、小肠、炎症的大肠、胃、眼、女性生殖道（HD6）、乳汁、尿道	肠上皮细胞、阴道上皮（HD5）	组成性或诱导性 如性传播感染
HBD1	口鼻黏膜、肺、唾液腺、肠道、胃、皮眼、乳腺、泌尿生殖道、肾	上皮细胞*、单核细胞、巨噬细胞、单核衍生的树突细胞、角化细胞	组成性或诱导性（IFN-γ、LPS、肽聚糖）
HBD2、HBD3	口鼻黏膜、肺、唾液腺、肠道、胃、皮眼、乳腺、泌尿生殖道、肾	上皮细胞*、单核细胞、巨噬细胞、单核衍生的树突细胞、角化细胞	对病毒、细菌、LPS、肽聚糖、脂多糖、细胞因子反应诱生
HBD4	胃窦、睾丸	上皮细胞*	组成性或诱导性（佛波酯和细菌）

注：*：主要细胞来源。HBD：人 β 防御素；HD：人 α 防御素；HNP：人中性粒细胞多肽。

已确认有 6 个人类 α 防御素，HNP1、HNP2、HNP3 的差异仅在第一个氨基酸不同，HNP4 的氨基酸序列差异较大。从基因水平已搜寻到 28 个人类 β 防御素（HBD）基因，其中 6 个（HBD-1、HBD-2、HBD-3、HBD-4、HBD-5、HBD-6）主要由上皮细胞表达，HBD-1 和 HBD-2 也在单核细胞、巨噬细胞和单核细胞衍生的树突细胞中检出。人类 α 和 β 防御素已在乳汁中检出，表明防御素在婴儿抗感染中起作用。HBD-4 在睾丸和肠道中组成性表达，呼吸道上皮中诱导表达。HBD-5 和 HBD-6 是人类附睾中特有的。

有些 α 和 β 防御素对 T 细胞、单核细胞和不成熟 DC 有趋化作用，并能诱导单核细胞和上皮细胞产生细胞因子。所以防御素可以通过调节免疫系统控制病毒复制（表 4-10）。虽然防御素的受体尚未确定，但是很明显是通过细胞内信号转导途径起作用的。体外实验表明防御素的功能受血清和盐的影响，推测黏膜表面防御素的功能受血液的调节。

表 4-10 人类抗菌肽对病毒的作用

抗菌肽	病毒	效应
α 防御素		
HNP1、HNP2、HNP3	HIV-1、HSV-1、HSV-2、VSV、CMV、流感病毒、腺病毒乳头状瘤黏液病毒	抑制
HNP1	ECHO 病毒，reo 病毒，牛痘病毒	无

续表

抗菌肽	病毒	效应
HNP4	HIV-1	抑制
HD5	乳头状瘤黏液病毒	抑制
β防御素		
HBD1	HIV、牛痘病毒	无
HBD2	HIV、腺病毒、	抑制
	鼻病毒和牛痘病毒	无
HBD3	HIV、流感病毒	抑制
HBD6	副流感病毒-3	增强
其他抗菌肽		
LL-37	牛痘病毒	抑制
Cathelicidin 相关抗菌肽	牛痘病毒	抑制

防御素的抗病毒作用机制相当复杂，可分为直接作用于病毒阻止病毒感染和通过影响宿主细胞间接干涉病毒感染两方面。而且，防御素可由 TLR 激活产生或由细胞因子诱导产生，并且影响获得性免疫反应（图 4-17）。

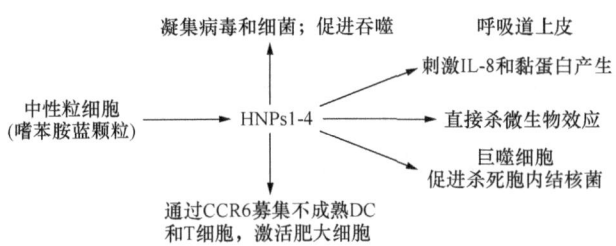

图 4-17 人类中性粒细胞肽（HNP）的产生和作用

巨噬细胞（可能还有其他细胞）能从细胞外环境中摄取 HNP 用于抑制细胞内病原体。

不同组织、不同病毒感染产生的抗菌肽不尽相同。如黏膜上皮细胞对病毒感染的反应是产生 β 防御素-2（HBD2）和 HBD3。鼻病毒感染时 HBD 表达要求病毒复制形成双链 RNA 与 TLR3 结合诱导 HBD2 和 HBD3 表达（图 4-18 上图）；而 HIV 感染不需病毒复制就可以有 HBD 的表达（图 4-18 下图）。

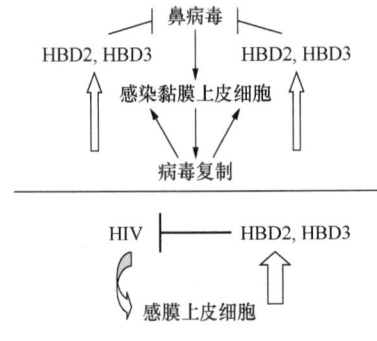

图 4-18 黏膜上皮病毒感染引起的防御素表达

虽然抗菌肽的抗病毒作用发现已久，但其作用机制远未阐明，近年来的研究进展表明防御素的抗病毒作用有直接抗病毒颗粒和影响宿主细胞双重机制。在没有血清存在时（如黏膜表面）防御素通过破坏包膜病毒的外膜或与病毒糖蛋白（如 HIVgp120）相互作用杀灭病毒。研究报道 HNP1 能直接抑制有包膜病毒：单纯疱疹病毒 1 型、2

型，水疱性口炎病毒，巨细胞病毒和流感病毒。对不同的有包膜病毒的抑制效应不同，推测与病毒包膜成分有关。在有血清存在时，防御素作用于靶细胞通过 G 蛋白偶联受体（GPCR）或其他细胞表面受体，如促肾上腺皮质激素受体、类肝素硫酸盐蛋白聚糖和低密度脂蛋白受体，结果改变下游信号，如蛋白激酶 C，从而阻止病毒核酸转录。此外，防御素还能阻止病毒膜（如流感病毒血凝集、Sindbis 病毒 E1、杆状病毒 gp64）与宿主细胞的内涵体融合，防止病毒复制。

二、hCAP-18/LL-37

hCAP-18/LL-37（human cathelicidin antimicrobial peptide 18，其活性部分 N 端是两个亮氨酸的 37 肽，简称 LL-37）是 cathelicidin 多肽家族在人类表达的唯一成员。LL-37 是多功能的防御分子，主要在感染和组织损伤的免疫反应中起作用，对许多微生物有杀伤作用；能防止细菌细胞壁分子（内毒素）的免疫刺激作用。LL-37 还有趋化、抑制中性粒细胞凋亡、刺激血管新生、组织再生和释放细胞因子等多种细胞功能。细胞产生 LL-37 受多种因素影响，包括细菌产物，细胞因子，氧分压和日光照射通过维生素 D3 激活 hCAP-18 基因表达。

LL-37（NH2-LLGDFFRKSKEKIGKEFRIVQRIKDFLRNLVPRTES-COOH）含有较多的碱性亲水氨基酸，在 pH7.4 环境中带正电，在水溶液中 LL-37 的结构相对无序，但是，在接触细菌的细胞壁后即可转为 α 螺旋。在健康人的上皮组织 LL-37 的生理浓度为 $2\mu g/ml$，感染时增加 2~3 倍。低浓度的（$0.5\mu g/ml$）LL-37 还能通过降低细菌的黏附性、改变运动能力和影响细菌两个主要相关基因 Las 和 Rh1 的表达抑制细菌被膜的形成，可能对于防止耐药菌株的产生有所启示。LL-37 的直接杀菌机制包括破坏膜的结构（打孔、改变脂质包装和结构），与带负电荷的细菌分子相互作用并插入膜中。现有实验资料表明 LL-37 可用于抗 CMV、HIV 和 HPV 的感染，其机制有待研究。实验研究表明 LL-37 的抗真菌作用与实验条件相关，提示 LL-37 主要起表面屏障作用。

LL-37 广谱抑制细菌（包括 G^+ 和 G^-）、真菌（包括白色假丝酵母 *Candida albicans*）和病毒。在血浆中 LL-37 的作用受到抑制。表明 LL-37 主要在黏膜表面和皮肤表面起作用。近年来发现胶质细胞和其他细胞也能产生 LL-37，推测可能在抗中枢神经系统的细菌感染中起作用。近年来发现 hCAP-18 N 端的 cathelin 结构域也有独特的抗菌活性，对于抗 LL-37 的菌株有杀伤作用，包括耐新青霉素的金黄色葡萄球菌，提示单个基因的互补防御机制。

人类的 LL-37 与其他阳离子抗菌肽（CAP）协同防止黏膜、皮肤感染，包括呼吸道、胃肠道、泌尿生殖道、食道、唾液腺、皮肤和眼球。其他 CAP 的抗菌机制尚不清楚，但它们涉及与细菌细胞壁分子间正负电荷的相互作用，这种作用在防止死菌释放的免疫刺激剂引起的毒性反应中起重要作用。LL-37 对 LPS 和淋巴毒素 α（LTA）的中和作用对于内毒素中毒性休克的发病机制提供了重要线索，为治疗脓毒症提供新的方向。

除了杀菌和清除 LPS/LTA 功能外，LL-37 还有调节白细胞功能的作用。通过 P2X7 受体和 G 蛋白耦合受体，LL-37 能抑制中性粒细胞凋亡，抑制中性粒细胞凋亡有利于防御细菌侵入。另一方面，LL-37 也能通过干扰次级坏死（secondary necrosis）的途径缩短中性粒细胞的生存期。这些作用在血浆存在时都减弱。

LL-37 除了有直接杀灭微生物的作用外还有调节炎症反应和免疫机制的功能，包括调节细胞死亡途径。最近 Barlow 等证明生理浓度的 LL-37 能促进气管中感染细菌的上皮细胞凋亡，主要是通过引起线粒体膜去极化释放细胞色素 c，激活胱天蛋白酶-9 和-3 导致细胞凋亡。在 LL-37 超过生理水平时可引起不依赖胱天蛋白酶的细胞死亡。LL-37 还能调节单核细胞向树突细胞分化，在固有免疫与获得性免疫间起桥梁作用。LL-37 还能通过募集中性粒细胞、单核细胞、嗜酸性粒细胞到感染部位，起到连接固有免疫与获得性免疫的作用。与杀菌效应不同，LL-37 的趋化功能不受血浆影响。

炎症反应的结果导致组织损伤。LL-37 也参与组织修复过程，尤其是血管新生和细胞生长。LL-37 诱导血管新生通过内皮细胞表达的甲酰肽受体-1 介导，直接激活内皮细胞，促进细胞增殖形成管状结构。缺失 LL-37/hCAP-18 的小鼠创伤修复时血管生成减少，证明 LL-37 的促血管生成效应，提示 LL-37 可能用于治疗创伤修复。体外实验表明 LL-37 诱导 EGFR 磷酸化，激活 STAT 1 和 STAT 3，它们是角化细胞迁移和增殖的重要细胞内信号转导分子。LL-37 能直接作用于皮肤成纤维细胞，创伤修复过程中可能有抗纤维化作用。研究表明人类的瘢痕疙瘩纤维化与 LL-37 的表达相关，影响 I 型和型 III 胶原的表达。

乳腺癌、卵巢癌、肺癌细胞都有 LL-37 的较高表达。合成的 LL-37 对肿瘤细胞系有生长刺激作用，加上 LL-37 的促进血管新生和募集白细胞作用，表明 LL-37 不仅没有抗肿瘤作用，反而有促进肿瘤生长的作用。

在髓细胞和上皮细胞 LL-37 通过刺激趋化因子（尤其是 IL-8）的产生调节细胞免疫，感染和炎症时增强中性粒细胞的功能。LL-37 增加 IL-8 的产生受 MAPK p38 和细胞外信号调节激酶（extracellular signal-regulated kinase，ERK）的调节。LL-37 加强特异性免疫反应的作用是选择性的，限于内源性免疫反应介质。

LL-37 通过 Toll 样受体参与固有免疫系统反应抗微生物感染，在皮肤中诱导肥大细胞释放 IL-4、IL-5 和 IL-1β，增加 TLR4 的 mRNA 和蛋白表达水平。气管平滑肌细胞也在 LL-37 刺激下释放 IL-8，提示 LL-37 是肺部感染的调节因素。

看来 LL-37 的调节作用是复杂的。例如，LL-37 激活肥大细胞，又被肥大细胞产生的类胰蛋白酶降解，Schiemann 等证明血小板衍生的趋化因子 CXCL4 能保护 LL-37 不被类胰蛋白酶降解。

作为基础性防御机制，一些细胞组成性表达 LL-37，但是其表达也受一些因素影响，如促炎症因子、生长因子、营养和细菌产物，尤其在炎症和创伤修复部位。近年来的研究表明维生素 D 与 LL-37 的产物关系密切，而维生素 D 的产生与阳光（紫外线）照射密切相关。低氧诱导转录因子 1α（HIF1α）也与 LL-37 的表达相关（图 4-19）。

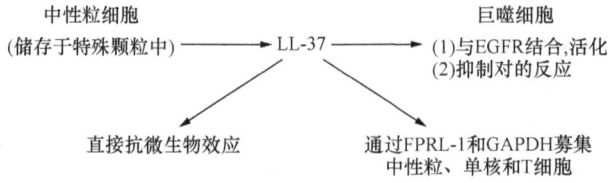

图 4-19　中性粒细胞产生的 LL-37 及其作用

三、局部免疫中的防御素和 LL-37 与疾病

β-防御素和 LL-37 在黏膜表面不仅有直接抗微生物作用，还起"警钟"的作用，刺激和募集炎症细胞来到黏膜感染部位。但是在不同部位、不同器官它们的作用和调节机制有细微的不同，在疾病发生发展中的作用也各有特点。

1. 口腔和气道

防御素和 LL-37 是口腔和气道的基础性防御机制，在天然防御中起重要作用（图 4-20），因为人抗菌肽是基因编码的，这些基因的变异可能导致对感染敏感性的增加。但是这种变异相关的表型并不多见，可能是同一组织或细胞中有多种抗菌肽表达，其功能丰余性弥补了免疫系统的这类缺陷。有报道口腔感染与某些防御素的多态性相关，如唾液 HNP1-3 低水平与牙龋相关。口腔中的 LL-37 最初是从浸润的中性粒细胞中发现的，后来在唾液腺和牙龈上皮细胞中发现，提示 LL-37 也是口腔固有免疫的基础成分。罕见的新生儿先天性粒细胞缺乏症完全没有 LL-37 表达，除了其他症状外有慢性牙周炎。

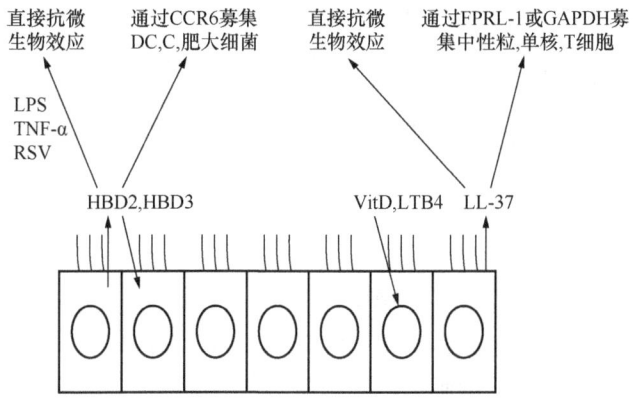

图 4-20 呼吸道上皮产生 β 防御素和 LL-37 的效应

编码 α 防御素和 β 防御素的序列全部缺失的 8p⁻ 综合征罹患反复的气道感染，囊泡纤维化（CF）患者气道液体与正常人气道液体有明显差别，CF 的盐浓度升高，在高浓度盐溶液中 β 防御素的活性受到抑制。

2. 胃肠道

正常情况下胃是无菌区，高度适应于胃的幽门螺杆菌例外。感染幽门螺杆菌的人很多，大多无症状，少数感染者罹患消化性溃疡和胃癌（包括胃黏膜相关淋巴瘤和腺癌）。因此找出引起疾病的因素是至关重要的。首先是菌株，不同菌株的致病性不同；其次，机体的天然防御机制也不同。幽门螺杆菌在体内、外都能诱导 HBD 的 mRNA 和蛋白表达，体外实验表明 HBD2 和 HBD3 能强烈的杀灭幽门螺杆菌活性。幽门螺杆菌不能

强烈刺激胃黏膜上皮细胞的 NF-κB 活化，提示 TLR4 不是这些细胞抗菌机制的关键途径；有资料表明 HBD2 刺激通过 NOD1，而 HBD3 上调不依赖 NOD1，通过 EGFR 介导的途径，看来有更复杂的机制有待阐明。

幽门螺杆菌也诱导胃黏膜上皮 LL-37 的表达，与防御素起协同作用。但是，LL-37 在胃肠疾病中的作用尚待研究。

Crohn 氏病是慢性炎症状态，可以影响到小肠（尤其是回肠）或结肠，导致狭窄、瘘管形成、肠梗阻和肿瘤。长期观察表明抗生素治疗对 Crohn 氏病有疗效，研究发现 Crohn 氏病的肠道菌丛改变，小肠内膜病变，提示某些防御机制的缺陷导致慢性炎症状态。对人类回肠 Crohn 氏病的研究表明 HD5 和 HD6 的缺乏在发病过程中起作用，回肠 Crohn 氏病患者的 NOD2 突变导致 HD5 和 HD6 的缺乏。NOD2 在潘氏（Paneth）细胞中高表达，是许多细菌细胞壁多肽的受体，能激活 NF-κB 诱导产生 α 防御素。然而仅部分回肠 Crohn 氏病患者有 NOD2 的变异，提示还有其他因素有待深入研究。对结肠 Crohn 氏病的研究发现 HBD2 的表达缺陷（或拷贝数减少）与结肠 Crohn 氏病的发病有关。但是与溃疡性结肠炎的炎症部位 HBD2 表达升高相反，结肠 Crohn 氏病肠腔的抗菌活性明显降低。研究表明 LL-37 在溃疡性结肠炎的炎症部位也升高，在结肠 Crohn 氏病肠腔的表达也减少。看来肠道的慢性炎症状态不是简单的一线防御机制（防御素和 LL-37）缺陷，还有后继的固有免疫和获得性免疫反应的低下。

抗菌肽中和细菌毒素的能力在细菌性腹泻中尤为重要。如霍乱毒素和致病性大肠杆菌的不稳定毒素能降低肠道上皮细胞 HBD1 和 LL-37 的表达；痢疾杆菌释放质粒 DNA 阻止上皮细胞和单核细胞表达抗菌肽；沙门菌能改变 LPS 的结构降低对抗菌肽的诱导效应。

3. 泌尿生殖道

女性生殖道是细菌、真菌和病毒感染的入口，宫颈-阴道分泌物含有许多天然抗生物质抗细菌、真菌和病毒，包括 HNP（约 $2\mu g/ml$）、HBD1-3、HD5（$10\sim40ng/ml$）和 HD6、LL-37，还有血清白细胞蛋白酶抑制物和溶菌酶。这些天然抗生物质的水平受月经周期和感染的影响。阳离子抗菌肽是宫颈-阴道分泌液中关键的抗 HIV 因素。HBD3 不仅有直接抑制 HIV 的活性，也能结合并下调 HIV-1 的辅受体 CXCR4。健康人的宫颈-阴道分泌液能保护小鼠免受 HSV 的致死性感染，HIV 患者的宫颈-阴道分泌液则不能保护小鼠免受 HSV 的致死性感染。深入研究表明对 HSV 的抑制作用还有协同作用，HIV 和 HSV 感染还增加性传播的细菌性或病毒性阴道炎发生的概率。

HD5 和 HD6 在阴道和男性尿道是诱导产生的。HDs 以前体形式产生，裂解后才有抗菌活性。令人惊讶的是 HD5 和 HD6 实际上能增加 $CD4^+$ T 细胞的 HIV 感染，HD 浓度高于 $10\mu g/ml$ 时发生增强效应，由 HIV 病毒与多肽直接作用介导。研究还发现 HBD 基因拷贝数的增加与感染的危险性相关。实验表明 $HBD1^{-/-}$ 小鼠增加膀胱感染的概率；$CRAMP^{-/-}$ 小鼠对尿道感染的敏感性增加。BK 病毒是无包膜的多瘤病毒，90%的人终身感染而无症状，但是有些免疫损伤的宿主可发生出血性膀胱炎或肾脏感染。研究表明 HNP1 和 HD5 直接作用于病毒，导致病毒凝集（表 4-11）。

表 4-11 防御素和 LL-37 与疾病的相关性

呼吸道疾病

囊泡纤维化-HBDs 降低；HNP 和 LL-37 升高伴有炎症；在呼吸道分泌液的高离子浓度中防御素活性被抑制；防御素被蛋白酶降解

细支气管炎，阻塞和泛细支气管炎-HBD 升高

急性呼吸窘迫综合征和 1-抗胰蛋白酶缺失-HNP 升高

吸烟-HBD2 降低

肺感染-

  LL-37 降低伴维生素 A 缺乏，增加患结核的危险性。

  体外实验和小鼠模型表明防御素和 LL-37 有助于抵抗其他细菌及呼吸道病毒。

  高 IgE 综合征与肺和皮肤感染相关，由于支气管上皮或角化细胞产生抗菌肽减少。

胃肠道疾病

回肠 Crohn 氏病-HD5 和 HD6 减少

结肠 Crohn 氏病-HBD2 和 LL-37 反应降低；

溃疡性结肠炎-HBD2 和 LL-37 升高

胃幽门螺杆菌感染-HBD2、HBD3 和 LL-37 体外参与宿主反应

口腔疾病

Morbus-Kostmann 综合征-是中性粒细胞和唾液腺 LL-37 降低的严重牙周病

泌尿生殖道疾病

细菌性阴道炎-阴道液中 HNP 和 HBD 水平降低

HIV-阴道 HBD 水平降低

皮肤病

特应性皮炎-皮损处 HBD2 和 LL-37 水平降低

慢性皮肤溃疡-溃疡处抗菌肽表达降低

牛皮癣-皮损处 HBD2 和 LL-37 升高，HBD 基因拷贝数增加

红斑痤疮-皮损处 LL-37 升高

乳头状瘤病毒感染与生殖道疣、宫颈、阴茎、肛门及头颈部肿瘤相关。HNP 和 HD5 在体外有强烈的抗乳头状瘤病毒的作用，HBD 则无此活性。另有报道，HNP2 和 HBD2 能募集树突细胞至乳头状瘤病毒引起的上皮病变处，提示防御素可能调节对乳头状瘤病毒相关的肿瘤或早期病变的免疫反应。但是，不同的抗菌肽与肿瘤的关系不同。例如，前列腺癌的发展与 HBD1 表达低下相关，再表达 HBD1 则可导致前列腺癌细胞死亡；相反，LL-37 促进卵巢癌发展。

富组蛋白（histatins）是人类和高等灵长类动物的唾液腺产生的富含组氨酸的阳离子多肽，人类的唾液富组蛋白家族有 12 个成员（histatin1-12），其中 Hst-1、Hst-3、Hst-5 在腮腺液中含量最高，称主要富组蛋白。与广谱抗菌肽与龋齿的发生发展密切相关。狗、猫、鼠等动物的唾液腺产生大量的 EGF 和 NGF，是皮肤和黏膜创伤愈合的主要因子。人类唾液腺的 EGF 和 NGF 表达不高，Hst-1 和 Hst-2 是人类口腔黏膜创伤愈合的主要因子。

四、抗菌肽的调节

抗菌肽在进化上是皮肤和黏膜的固有免疫机制。虽然有些抗菌肽是组成性表达的，

在病原菌侵袭或共生菌增殖时局部抗菌肽的产生受固有免疫系统的细胞（如树突细胞、巨噬细胞）和上皮细胞产生的细胞因子调节而增加；此外，皮肤和黏膜的 T 细胞能产生细胞因子调节抗菌蛋白反应，尤其是 T 辅助-17 细胞（Th17）亚群产生的 IL-17 和 IL-22 在肠道和气道中起重要作用，即 T 细胞及其细胞因子在皮肤和黏膜免疫的调节中起重要作用。

病原微生物穿越上皮细胞屏障后遭遇各种髓系和非髓系细胞表达的模式-识别受体（pattern-recognition receptor，PRR），这些 PRR 引导信号级联反应导致产生天然炎症细胞因子（如 IL-1 家族成员 IL-1α、IL-1β 和 IL-18）（图 4-21）。它们是抗菌肽的关键性诱导物。

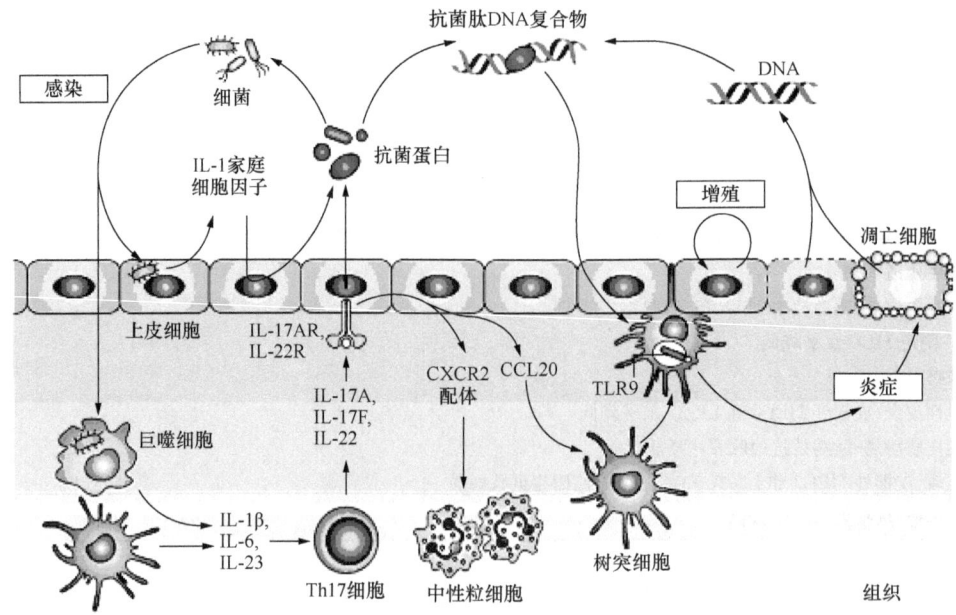

图 4-21　上皮细胞表面的细胞因子网络与抗菌肽

作为对细菌感染的反应，白介素 IL-1 家族细胞因子（如 IL-1β）诱导上皮细胞表达抗菌肽。IL-1β 与 IL-6 及 IL-23 一起诱导 Th17 细胞分化产生 IL-17A、IL-17F 和 IL-22。这些细胞因子进一步诱导上皮细胞表达抗菌肽。IL-17A 也能诱导有抗菌活性的 CCL20 产生，募集树突细胞和增加 CXCR2 配体的产生进一步募集中性粒细胞。这种反应在急性感染时有利于机体，但是在自身免疫病（如牛皮癣）时阳离子抗菌肽处于高水平状态与死细胞释放的 DNA 结合形成复合物，通过 TLR9 信号途径加重炎症反应。

(Kolls et al.，2008)

近期研究结果表明 Th17 细胞产生的细胞因子在体外和体内实验中都是产生抗菌肽反应的关键性调节因子，可能在抗感染中起重要作用。例如，气道中 IL-17A 与支气管上皮基底膜表面的受体（IL-17AR）结合发挥作用，诱导表达 HBD2 和 CCL20。IL-17AR 介导的作用依赖于胞质接头蛋白肌动蛋白-相关基因 1（ACT1）激活 PI3K 和 NF-κB。在人类皮肤角质细胞和支气管上皮细胞 IL-22、IL-17A 和 IL-17F 协同诱导抗菌肽 HBD2、HBD3 的表达（图 4-21）。

在黏膜免疫中 IL-22 是重要的效应分子，但是，IL-22 也与自身免疫病及上皮细胞的增殖有关。是介导炎症和细胞增殖还是抗炎症，取决于激活 STAT3 的不同信号途径，以及后续是否激活 IL-21，进一步启动 IL-17 产生；或者抑制细胞因子信号（SOCS）蛋白。此外，IL-22 还能诱导一些作为炎症标志的急性相蛋白（如 lipocalin-2）的产生；然而 IL-22 又能诱导高水平的 LPS-结合蛋白产生，提示又有抗炎作用。近期研究发现 IL-22 结合蛋白（IL-22BP）能抑制 IL-22 与 IL-22 受体（IL-22R）结合，使 IL-22 的作用机制复杂化。IL-22 与 IL-22BP 之间的平衡在各种炎症中的作用机制探讨，可能对 IL-22 主要是促炎还是抗炎因子的阐明有重要意义，有待研究。现有资料表明，IL-22 在炎症中的效应可能受微环境变化的影响，与共生菌的状况有关。抗菌蛋白在细胞因子介导的炎症和细胞增殖过程中可能既是介质又是效应分子，肠道中共生菌的持续存在使抗菌肽的表达保持在一定范围内，致病菌的入侵破坏这种平衡。

维生素 D 对抗菌肽的调节

维生素 D 在多种慢性疾病（包括肿瘤、心血管疾病、自身免疫病、糖尿病和神经系统疾病）中的作用日益受到关注。维生素 D 对 900 多个基因有调节作用，近 10 年来随着在免疫细胞中发现维生素 D 受体（vitamin D receptor，VDR）及维生素 D 代谢酶，维生素 D 在免疫系统细胞中的调节作用引起关注，动物实验、流行病学和临床研究的结果都说明维生素 D 在维护免疫系统平衡中起重要作用。维生素 D 上调抗菌肽 cathelicidin 的表达，增强免疫细胞和各种屏障对于细菌的清除能力，通过对细胞的直接激活和对树突细胞分化和功能的影响调节获得性免疫反应。

维生素 D 属类固醇激素家族，有细胞核激素受体。维生素 D 有两种主要形式：胆钙化醇（维生素 D3）和麦角钙化醇（维生素 D2），两者都存在于食物中。但是皮肤只能产生维生素 D3，皮肤中有维生素 D3 前体，在紫外线 B 照射下很快转化为维生素 D3。

流行病学研究表明维生素 D 水平或季节因素与流感、上呼吸道感染、HIV 感染及细菌性阴道炎呈负相关。进一步研究表明血清 25(OH)D 与 LL-37 呈正相关。用细胞系和原代巨噬细胞、中性粒细胞和肺、结肠的上皮细胞以及表皮的角质细胞培养进行的体外研究表明 $1,25(OH)_2D_3$ 能上调它们的 cathelicidin mRNA 的表达，并发现编码抗菌肽 cathelicidin 和 β 防御素基因的启动子存在维生素 D 反应元件（vitamin D response element，VDRE）。在人类和灵长类动物 VDRE 高度保守，非灵长类动物则没有 VDRE。最近的研究表明感染通过 Toll 样受体刺激引起的抗菌肽 cathelicidin 水平的升高必须有维生素 D 受体及其羟化酶的存在。

五、黏膜表面机体细胞与微生物间的生态关系

唾液和裂隙液中有大量的抗菌肽，是维持口腔微生物与机体平衡的关键因素。近年来 Türkoğlu 等对临床标本的检测表明 LL-37 可能在牙周炎症中起重要作用。在正常人牙龈组织 HBD-1 和 HBD-2 均有表达，在与牙釉接触的边缘地区达到表达的高峰；HBD-3 在基底层、Merkel 和 Langerhans 细胞中表达。但是这些抗菌肽的表达有个体差异，尤其在牙周炎时更明显。口腔上皮细胞对不同细菌的反应不同（即口腔上皮对不同

细菌反应的可变性）和口腔菌丛对抗菌肽的敏感性不同，导致人们假设随着共生菌对抗菌肽耐受性的增强，诱导表达抗菌肽杀灭更多的敏感菌。得到早期实验研究的支持，也获得后续研究结果的证明，近年来发现普通小鼠与无菌小鼠间 IL-1β 表达水平的明显差异，提示致病菌在免疫反应中的重要作用。情况更为复杂，有待深入研究阐明。

空间格局对生态关系的影响

对于微生物、微生物成分或促炎症细胞因子的反应，典型的结果是通过激活转录因子诱导基因表达。在气道中，LPS 通过结合到表达 CD14 的上皮细胞诱导 TPA 和 HBD-2 基因表达，其中通过信号转导途径激活 NF-κB。其他微生物相关的分子模式（包括 Pam3CSK4、鞭毛蛋白、poly-IC 和 CpG DNA）也能激活 NF-κB，刺激 HBD 基因的表达。牙龈上皮细胞中的表达机制有所不同，对 LPS 不敏感，但是对共生菌的细胞壁极其敏感，导致 HBD2 表达。看来有两条不同的途径能导致 HBD2 水平的升高，细菌细胞壁提取物是通过 p38 和 JNK 途径而病原菌是通过 NF-κB 途径。研究表明牙龈上皮细胞调节 HBD2 表达的机制与气道上皮细胞有明显的不同（表 4-12）。

表 4-12 人类抗菌肽基因在口腔和气道的表达

抗菌肽	表达部位	调节	刺激物
口腔			
HBD-1	牙龈上皮	诱导	*P. gingtvalts*；*F. nucleatum*
HBD-2	唾液腺，上皮	诱导	*F. nucleatum*；IL-1β
			A. actinomycetemcomitans
HBD-3	角化细胞	诱导	*A. actinomycetemcomitans*
LL-37	牙龈上皮；	诱导	维生素 D
	中性粒细胞	组成性	
富组蛋白	唾液腺	组成性	
气道			
HBD-1	纤毛上皮	组成性	
	浆细胞样树突细胞	诱导	包膜病毒
HBD-2	纤毛上皮	诱导	细菌，TLR 结抗物，细胞因子
HBD-3	纤毛上皮	诱导	细菌，TLR 结抗物，细胞因子
LL-37	纤毛上皮	诱导	维生素 D
	中性粒细胞	组成性	

六、人类抗菌肽的应用前景

人类抗菌肽的广谱抗菌和减少耐药作用，提示它们的临床应用潜能。但是临床试验遇到了许多难题，如生产困难而昂贵；由于蛋白酶解生存期短；能被宿主的其他免疫分子抑制（如血清）。早期发现的抗菌肽调节物都是细菌产物或炎症因子，毒性或副作用超过抗菌肽的潜在治疗效应。由于有些抗菌肽在转录水平调控，提示可能在临床上利用内源性的抗菌肽作为治疗手段。近年来发现了一些毒性较小的抗菌肽诱导物，如维生素D的系列物、1,25-双羟基维生素D3，是从各种细胞系发现的，后来在气道上皮细胞原代培养和牙龈上皮细胞中发现。近年来的研究揭示有些抗菌肽能直接激活PRR启动持续性的炎症。例如，LL-37在牛皮癣患者的皮肤表达过，与上皮细胞增殖有关，并与自体DNA结合（可能源自死亡的角化细胞）形成DNA-LL-37复合物，激活TLR9信号途径，导致TNF-α产生，再促进树突细胞成熟激活Th17细胞，通过IL-17和IL-22促进炎症过程，形成恶性循环。人类抗菌肽的临床应用尚需深入研究。

第五节 细胞外基质的作用和意义

细胞外基质曾经被忽视过，以为它只是多细胞生物的细胞间充填物，只对细胞增殖或抑制凋亡的调控有用。现在认识到细胞外基质是复杂的，有动力学结构，在正常发育中起着重要作用，在成体有基础性的重要的生理功能。细胞与其基质保持经常性的连接，黏附或脱离，分泌蛋白和调节微环境。细胞与基质间的相互作用的变化影响细胞的生存、凋亡、细胞分裂和分化，还是胚胎发育期的标志。

虽然所有的组织都有细胞外基质，但是，不同组织的细胞外基质差别很大。细胞外基质对整体的共同作用是填充细胞间空间，作为机体的物理支持，并贮存信号分子。从总体考虑，可以把细胞外基质视为由蛋白质组成的多功能含水网络，不同物理性质的蛋白形成不同生物力学性能的细胞外基质，皮肤的细胞外基质是有弹性的；骨基质则是刚性的；结缔组织的细胞外基质则刚柔兼具或偏于一方（如肌腱），不同组织细胞外基质的性质反映了各种组织的功能差异。同一组织中的细胞外基质处于分解和合成的动力学平衡中。细胞外基质成分的改变不仅发生在胚胎时期，也发生在衰老和疾病中，已经成为当前研究热点之一。

对于细胞与细胞外基质的黏附已进行了大量的体外研究，认识到细胞与其基质的黏附调节发生在多个层次，包括基因表达、选择性剪接、蛋白质翻译调节、翻译后修饰和形成多蛋白复合体。用基因剔除小鼠进行的初步体内研究表明：细胞-基质黏附的抑制是致死性的；不同成分在胚胎发育的不同时期起特异性的作用。

一、细胞-细胞外基质黏附的机制

细胞与细胞外基质黏附的机制包括三部分：细胞外基质蛋白；基质蛋白的跨膜受体（主要是整合素）；与整合素直接或间接连接的细胞内蛋白，与细胞骨架相连影响黏附的胞内蛋白和影响下游信号的胞内蛋白。

虽然不同细胞外基质的主要结构成分是相同的，细胞外基质的主要蛋白是胶原、蛋白糖、糖蛋白和弹性硬蛋白，但是它们的相对组成和类型不同，导致不同的物理性质。这些蛋白的生物物理性质有互补性。例如，维持结构的完整性主要靠胶原。胶原是人体中含量最多的蛋白，占总蛋白量的30%。已知至少有14型，由不同的基因编码。胶原是结缔组织、皮肤和软骨的主要成分，这些组织可塑性强。皮肤与软骨有不同类型的胶原，所以生物物理性质不同。Ⅰ、Ⅲ、Ⅴ型胶原的变异导致 Ehlers-Danlos 综合征，表现为皮肤松弛和关节超活动性。氨基聚糖包括透明质酸、硫酸软骨素、硫酸皮肤素、肝素、硫酸角质素、硫酸乙酰肝素等，是二糖单位（通常由氨基己糖和糖醛酸组成）重复形成的无分枝长链多糖。蛋白糖是蛋白质加上氨基葡萄糖聚糖（GAG），GAG 带负电荷吸水和阳离子形成含水胶质耐受压力。蛋白糖调节胶原的纤维生成，从而间接调节组织结构。弹性硬蛋白组成弹性纤维，由两类短肽交替排列形成。弹性硬蛋白的主要作用是耐受形态改变，保持结缔组织的弹性，老年组织的弹性硬蛋白合成减少，分解增加，组织即失去弹性。糖蛋白是由糖修饰的蛋白。最重要的糖蛋白有两类：纤黏素（Fibronectin）和层黏素（laminin）。纤黏素有两种形式：血浆纤黏素（pFn）和细胞纤黏素（cFn）。pFn 是球形蛋白存于血液循环中；cFn 呈纤维状以多聚体形式成为纤维样基质。纤黏素是许多组织主要的细胞外基质成分，在发育和疾病中起重要作用，尤其在器官分枝和细胞迁移中。纤黏素从多层次调节细胞-细胞外基质的黏附，在胚胎发育中纤黏素转录受时间和空间的调控；转录后有多种选择性转录本，不同的转录本受不同途径调节与疾病相关。纤黏素纤维的形成受多层次调控，包括多聚化和整合素结合，以及伸展引起的自身结合点的解开。纤维状纤黏素可伸展到自身长度的 4 倍，在细胞运动中起重要作用。纤黏素的主要功能之一是调节细胞外基质中胶原蛋白 Ⅰ 和 Ⅲ 型的沉积。纤黏素与胶原的结合是创伤修复时刺激细胞迁移的关键。纤黏素在发育过程中对器官分枝的调节作用，已经有包括数学和物理学的多学科研究，有多种理论模型。纤黏素能瞬时增加上皮细胞间的凹陷点，导致凹陷的形成，可能是分枝的关键之一。纤黏素的增加伴有 E-钙黏素的相应减少；纤黏素减少则凹陷加宽。

层黏素是由 α、β 和 γ 链形成交链的异聚体蛋白。由 5 种 α、4 种 β 和 3 种 γ 链组合成 16 种异型体。层黏素的命名反映其组成，如层黏素 332 即 α3β3γ2。层黏素是基底膜上 Ⅳ 型胶原装配所需的重要成分，并参与细胞形态的调节。层黏素还参与组织和器官边界的形成，即将细胞群体分隔开。关于边界的形成有许多细胞生物学模型，层黏素如何参与其中有待研究。

二、细胞外基质的蛋白酶

蛋白酶能降解或激活细胞表面和细胞外基质的蛋白，介导对细胞微环境变化的快速而不可逆的反应。在接近细胞表面的部位，即使有高浓度的抑制物存在，蛋白质水解过程仍然可以发生。实验观察表明，体内细胞外基质的降解局限于细胞周围相邻的微环境。细胞外基质和细胞表面的蛋白质水解对于细胞生态起调节作用。蛋白质水解调节细胞外基质的组装，对剩余的基质成分进行清理，重建基质结构；在生长、发育形态形成期、组织修复和病理过程中释放生长因子和活性片断。

水解细胞表面蛋白和细胞外基质的主要酶有：分泌的和膜结合的基质金属蛋白酶（MMP）家族；含有脱整合素和基质金属蛋白酶结构域的 adamalysin 相关的膜蛋白酶（ADAM 或 MDC）；金属蛋白酶家族的骨形成蛋白酶 1（BMP1）/tolloid（tid）家族和组织

丝氨酸蛋白酶如凝血酶、组织血浆酶原（tPA）、尿激酶（uPA）和血浆酶（表 4-13）。

表 4-13　细胞外基质蛋白酶的底物

酶	别　名	底　物
基质金属蛋白酶家族		
MMP-1	胶原酶-1	胶原Ⅰ，Ⅱ，Ⅲ，Ⅶ，Ⅹ，明胶，纤维蛋白，连接蛋白
MMP-8	胶原酶-2	aggrecan, tenascin, L-选择素，IGF-结合蛋白
MMP-13	胶原酶-3	MMP-2 原，MMP-9 原，α2M，α1PI
MMP-2	明胶酶 A	明胶，胶原Ⅰ，Ⅳ，Ⅴ，Ⅶ，Ⅹ，Ⅺ，弹性蛋白
MMP-9	明胶酶 B	纤黏素，层黏素，连接蛋白，aggrecan, Galectin-3, IGF-BP, vitronectin, FGFR-1 MMP-2 原，MMP-9 原，MMP-13 原，
MMP-3	stromelysin-1	蛋白糖，层黏素，纤黏素、明胶、胶原Ⅲ，Ⅳ
MMP-10	stromelysin-2	胶原Ⅴ，Ⅸ，Ⅹ，Ⅺ，连接蛋白，纤维蛋白，entactin Tenastin, vitronectin
MMP-7	matrilysin	MMP-1 原，MMP-8 原，MMP-9 原，MMP-13 原，α2M, α1PI, L-选择素
MMP-12	metalloelastase	弹性蛋白，纤维蛋白，纤黏素，层黏素，蛋白糖，髓磷脂碱性蛋白，血浆酶原，α1PI
MMP-14	MT1-MMP	胶原Ⅰ，Ⅱ，Ⅲ，明胶，纤黏素，层黏素，vitronectin
MMP-15	MT2-MMP	蛋白糖，MMP-2 原，MMP-13 原，α2M，α1PI
MMP-11	stromelysin-3	层黏素，纤黏素，aggrecan，α2M，α1PI
其他蛋白酶		
尿激酶（uPA）		血浆酶原，纤黏素，肝细胞生长因子
组织血浆酶原（tPA）		
血浆酶		纤维蛋白，纤黏素, tenastin, aggrecan, 层黏素，隐性 TGF-β 结合蛋白，蛋白糖，MMP-1 原，MMP-3 原，MMP-9 原，MMP-14 原，补体 1，补体 3，补体 5
凝血酶		纤维蛋白，MMP-2 原，syndecan
BMP-1	tid（原胶原 C 肽酶）	原胶原Ⅰ，层黏素-5，隐性 TGF-β 家族
Kuzbanian	ADAM10（kuz）	Notch，细胞结合 TNF-α，髓磷脂碱性蛋白
TACE	ADAM17	细胞结合 TNF-α

细胞外基质的许多动力学作用依赖于基质金属蛋白酶和脱整合素及金属蛋白酶（ADAM），以及脱整合素及金属蛋白酶血栓收缩蛋白基序（ADAMTS）家族。MMP的前体存储于细胞外基质中，许多信号能激活它们，许多疾病与其活性失调有关，如肿

瘤转移、心血管病、风湿性关节炎、骨关节炎、口腔疾病等，此外，它们还参与分娩。通过 MMP 的细胞外基质合成、装配和降解的动力学平衡是极其精细的，不仅在胚胎发育中如此，也是组织稳态的基础。例如，细胞迁移必须产生足够的蛋白酶细胞才能移动，但是过量的蛋白酶会导致基质降解，失去细胞间的吸附力。这种平衡机制是研究热点，期望由此获得新的治疗靶点。

三、细胞外基质蛋白的跨膜受体

整合素（integrin）是主要的细胞外基质受体，由 α 亚单位和 β 亚单位构成的跨膜异二聚体。两条链都有很大的胞外结构域和较短的胞内结构域。人类的整合素有 18 个 α 亚单位和 8 个 β 亚单位形成 24 个异二聚体。虽然整合素受体是异质性的，但是有独特的配体亚群。例如，整合素 α5β1 是纤黏素、osteopontin、fibrillin、L1、血栓收缩蛋白和 ADAM 家族成员的受体；而整合素 α5 是纤黏素的 6 个已知受体之一。整合素作为受体能够介导信号的双向传递，即可从细胞外传入信号，也能从细胞内传出信号。整合素与细胞外基质结合后组成连接细胞骨架的复合体，在结构上将细胞外基质与细胞内的细胞骨架连接起来。由于整合素没有酶活性，复合体中组合了许多激酶和磷酸化酶。整合素与配体结合后也能改变细胞外基质的分子组成。

发育过程中整合素的表达受时间和空间的调节，变异分析表明发育过程中不同的整合素起不连续的作用。整合素是反应性较高的受体，可有惰性和活性两种状态。整合素的翻译后修饰能改变它们对细胞外基质成分的亲和力，从而影响对整个细胞的黏附性。

四、透明质酸的作用

透明质酸（hyaluronic acid、HA）又称玻尿酸，由 D-N-乙酰氨基葡萄糖和 D-葡萄糖醛酸构成，是一类多功能的细胞外基质，最早从眼玻璃体中分离出，广泛分布于人体各部位，皮肤含有大量的透明质酸（约占全身含量的 50%）。保水能力理论上可高达 500ml/g，被誉为理想的天然保湿因子，是化妆品的重要成分。透明质酸在各种软组织，尤其是结缔组织中占很大比重，是细胞外基质的主要成分之一，在多种疾病的发生发展中起重要作用。

透明质酸是由 N-己酰氨基葡萄糖及 D-葡萄糖醛酸的重复结构组成的线形多糖结构单元的高分子黏多糖。不同分子质量的透明质酸功能不同，高分子质量的透明质酸能连接多种生物大分子，维持细胞外基质的结构稳定和生理功能，对组织损伤修复、关节囊的润滑缓冲以及胚胎形成等起重要作为。此外，还有调节血管壁通透性和水电解质平衡，促进创伤愈合等抗炎作用。低分子质量的透明质酸与血管生成、炎症和免疫反应以及肿瘤的浸润、转移相关。不同分子质量的透明质酸由不同的透明质酸合酶合成，已知有 3 个透明质酸合酶；降解透明质酸的透明质酸酶有 6 个。透明质酸合酶和透明质酸酶的异常能影响透明质酸的分子质量。透明质酸作为细胞外基质的重要成分对细胞的作用是通过细胞表面受体起作用的。在肿瘤细胞的演化中起重要作用的透明质酸受体有：

CD44、透明质酸介导的细胞移动受体（receptor for hyaluronan mediated motility, RHAMM）以及淋巴管内皮细胞透明质酸受体-1（lymphatic vessel endothelial HA receptor-1, LYVE-1）。CD44是最主要的透明质酸受体，通过激活膜相关的细胞骨架蛋白影响肌动蛋白的组装，通过细胞骨架的重组，调节肿瘤细胞的迁移和浸润。CD44已作为抗肿瘤药物的靶标进行开发性研究。

临床研究表明透明质酸在许多肿瘤中表达增高，包括前列腺癌、乳腺癌等实体瘤和白血病、淋巴瘤、骨髓瘤等造血系统肿瘤。白血病患者的血清透明质酸水平升高，缓解后下降，复发时又升高，与白血病细胞水平呈正相关。近年来的实验研究表明，透明质酸及其降解片段对白血病细胞系的增殖和凋亡有明显的影响，不同分子质量的透明质酸作用不同，作用机制也不尽相同。深入研究表明，不同分子质量的透明质酸及其降解片段对肿瘤细胞的迁移、浸润、多药耐药等方面也有明显的影响，有待研究阐明。

早已认识到透明质酸受体可作为肿瘤细胞的生物标志，许多研究者试图研制以透明质酸为载体的抗肿瘤靶向药物，因为透明质酸是生物相容、无毒、非炎性、可降解的；而且能以CD44为受体，靶向许多肿瘤细胞。然而，由于网状内皮系统（肝、脾等）识别透明质酸，而且透明质酸酶广泛存在，能快速降解透明质酸，所以此类药物在血液循环中半衰期很短。研究者将透明质酸进行化学修饰或离子化改造，成为纳米颗粒，延缓透明质酸降解，延长在血循环中的半衰期。体外实验表明透明质酸纳米颗粒能有效识别过表达CD44的肿瘤细胞。体内试验表明透明质酸纳米颗粒能靶向肿瘤细胞，也能接近肝脏等网状内皮系统器官，如何进一步提高其肿瘤靶向性，有待研究。

五、细胞外基质的功能和意义

细胞外基质存在于所有组织中，结缔组织中更多些，脑、肌肉等实质性脏器中少些。但是所有的组织、器官都离不开细胞外基质。很难罗列出细胞外基质的所有生理功能，因为几乎所有的发育过程和生理功能都直接或间接与细胞外基质相关。近年来的研究表明细胞外基质与细胞相互作用能影响细胞反应的主要信号途径，如抑制α5整合素能阻止FGF诱导的细胞黏附、迁移和血管新生。表明黏附受体与介导细胞行为的信号途径间存在对话机制。深入研究表明，这种对话是频发的、动态的，涉及复杂的网络。细胞-细胞外基质的相互作用调节细胞信号转导途径、组织整合性和稳态。

细胞外基质对细胞功能的影响有下列5个方面：①影响细胞存活，如上皮细胞脱离基质即发生失巢凋亡（anoikis）；②决定细胞形状，不同细胞有不同的细胞外基质，介导不同的细胞骨架组装模式，表现出不同的细胞形状；③调节细胞增殖，如锚定生长（anchorage dependent growth）；④调节细胞分化，如肌成纤维细胞在纤黏素上保持未分化增殖状态；在层黏素上停止增殖，分化融合为肌管；⑤参与细胞迁移，细胞迁移依赖于细胞黏附与细胞骨架的组装。人们曾经对胚胎发育过程中神经冠细胞与细胞外基质的相互作用进行深入研究，表明细胞迁移过程涉及基质受体的内在化和再循环。

六、间充质干细胞的免疫调节作用

  细胞外基质是由细胞产生和分泌的，如胶原由成纤维细胞、软骨细胞、成骨细胞、上皮细胞分泌。间充质干细胞（mesenchymal stem cell，MSC），又称间充质基质细胞（mesenchymal stromal cell，MSC），是产生细胞外基质的细胞的前体细胞，从理论上讲 MSC 对细胞外基质的形成和代谢有重要作用。近年来国内外对 MSC 的实验和应用研究都有很大的进展。由于 MSC 在各种组织中广泛分布，不仅有重要的理论意义，为阐明相关疾病的发病机制提供重要线索和依据，还是重要的成体干细胞，在创伤修复和组织工程中有广阔的应用前景，成为当前生物医学的研究热点之一。

  从 30 多年前首次从骨髓发现间充质干细胞以来，不同实验室用不尽相同的方法分离出 MSC，它们的含量很低，仅占骨髓标本有核细胞的 0.01%～0.001%。尽管含量很低，但是能在 8～10 周内在体外扩增 40 倍，引起了研究者的关注，后来从各种组织分离出 MSC（研究较多的有脐血、脐带和脂肪组织分离出的 MSC）。由于没有单一的 MSC 标志，都采用阳性筛选和阴性筛选相结合的指标，不同研究者采用的表面标志不尽相同，综合起来如表 4-14 所示的细胞表面标志。

表 4-14 用于分离间充质干细胞的表面标志

阳 性 筛 选	阴 性 筛 选
CD9，CD10，CD13，C29，CD44，CD49a，CD49b，CD49c，CD49e，CD51，CD54，CD58，CD61，CD62L，CD71，CD73，CD90，CD102，CD104，CD105，CD106，CD119，CD120a，CD120b，CD121，CD123，CD124 CD126，CD127，CD140a，CD166 CCR1，CCR4，CCR7，CXCR5，CCR10，VCAM-1，AL-CAM，ICAM-1 STRO-1（CD140b），HER-2/erbB2（CD340），frizzled-9（CD349） W8B2，W3D5，W4A5，W5C4，W5C5，W7C6，9A3，58B1，F9-3，C2F1，HEK-3D6	CD45，CD34，CD14，CD11a，CD19，CD86，CD80/CD40，CD15，CD18，CD25，CD31 CD49d，CD50，CD62E，CD62P，CD117

  资料来源：Salem 和 Thiemermann，2010。

  过多的指标对 MSC 的鉴定造成混乱和困难。国际细胞治疗学会建议的三条人类 MSC 的判断标准已为许多实验室采用：①在标准培养条件下黏附于塑料表面；②＞95% 的细胞呈 CD105、CD73 和 CD90 阳性；而血源细胞的表面标志 CD45、CD34、CD14、CD11a、CD79a、CD19 和 HLA-DR 呈阴性；③在体外标准条件下能分化为成骨细胞、脂肪细胞和软骨细胞。

  体内 MSC 栖居于特殊的组织微环境中，极少量的出现在外周血循环中。经过多年的研究证明骨髓造血干细胞龛由成骨细胞、内皮细胞和管周细胞构成。最近的研究报道指出 MSC 也是骨髓造血干细胞龛的主要细胞成分之一。

  用单个造血干细胞移植试验进行的研究表明 MSC 源自造血干细胞。成纤维细胞是疏松结缔组织的主要细胞成分，结缔组织不仅固定和维持组织、器官的位置，还是它们的直接微环境，脂肪、骨、软骨和血液都属于特殊的结缔组织，在此意义上认为结缔组

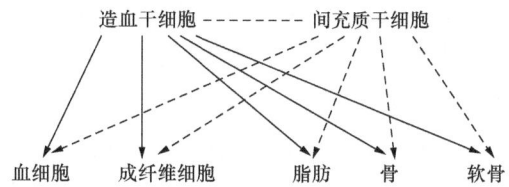

图 4-22 结缔组织的造血干细胞来源（Ogawa et al., 2010）

织来源于造血干细胞（图4-22）。

MSC 的免疫调节作用影响它们的应用范围和治疗适应证，受到广泛关注。近年来的研究进展揭示了 MSC 的调节机制。许多研究证明 MSC 从多方面调节 T 细胞的功能。通常 MSC 不表达 MHC Ⅱ 和大多数辅助刺激分子（如 CD80、CD86、CD40），在特殊情况下能表达 MHC Ⅱ 分子。所以 MSC 激活的 T 细胞是免疫无能的（anergy），可以解释移植时 MSC 的免疫耐受。MSC 表达 MHC Ⅰ 和某些黏附分子，如 VCAM、ICAM-1、激活的白细胞黏附分子（ALCAM）、淋巴细胞功能性抗原-3（LFA-3），有些整合素能与 T 细胞上的配体作用。在 γ-干扰素刺激下，MSC 也表达激活的吲哚胺 2,3 双加氧酶（IDO），催化色氨酸转化为犬色氨酸，这是 T 细胞的抑制性效应途径。体外试验证明表达 IDO 的 T 细胞能够抑制异基因 T 细胞的混合淋巴细胞反应。产生的氧化氮（NO）也是抑制细胞增殖的机制之一。MSC 还能通过间接途径抑制单核细胞向树突细胞成熟分化，调节免疫反应。MSC 抑制树突细胞成熟过程中的 CD1a、CD40、CD80 和 CD86 的表达上调。通过抑制 TNF-α、INF-γ 和 IL-12 的分泌和增加 IL-10 的产生诱导树突细胞成为抗炎症型的表型。MSC 能逃避异基因细胞毒 T 细胞（CTL）和自然杀伤（NK）细胞的识别。尽管 NK 细胞仍然能够溶解 MSC，MSC 通过细胞间接触分泌 TGF-β 和前列腺素 E2（PGE2）抑制 NK 细胞增殖。通过细胞接触程序性死亡受体 1（PD1）/PD2 与其配体结合也能抑制 T 细胞增殖（图 4-23）。

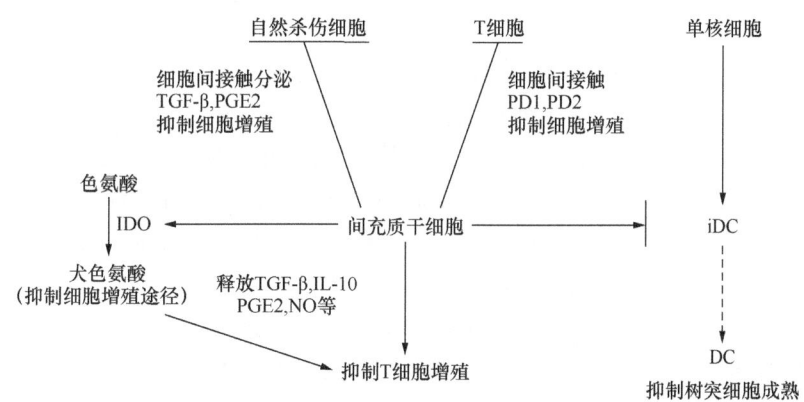

图 4-23 间充质干细胞的免疫调节作用（Salem and Thiemermann, 2010）

近年来的实验和临床资料表明 MSC 能改善几乎所有器官的组织损伤修复，包括心、脑、肺、肝、肾、眼和皮肤。提示 MSC 有广阔的临床应用前景，临床试验项目如雨后春笋，目前已经在美国国立卫生研究院（NIH）注册的有关临床试验有 90 项，包含如表 4-15 所示的诸多方面。已有文献报道的 MSC 以骨髓间充质干细胞最多，脐血和脐带 MSC 报道较多，近年来脂肪组织的 MSC 受到关注，由于减肥吸脂手术的开展，脂肪组织 MSC 有潜在的应用前景。

表 4-15　间充质干细胞的临床试验

临床试验	疾病	途径	细胞来源
治疗多发性硬化	多发性硬化	静脉	异基因骨髓基质 MSC
预防移植物抗宿主病	造血系统肿瘤	静脉	异基因骨髓基质 MSC
安全性研究	心肌梗死	心肌内注射	异基因骨髓基质 MSC
	器官移植	静脉	异基因骨髓基质 MSC
肝硬化肝衰竭的治疗	末期肝衰竭	静脉	自体 MSC 衍生肝细胞
II 期临床试验	心脏衰竭	心肌内注射	异基因骨髓基质 MSC
移植耐受	肾移植	静脉	异基因骨髓基质 MSC
脐血扩增的 MSC 治疗试验	白血病，MDS	静脉	脐血扩增的 MSC

MSC 改善组织修复的机制有两个方面，MSC 分化为相关细胞有助于损伤组织的再生；MSC 的旁分泌机制调节局部细胞对损伤的反应。由于移植和存活的 MSC 细胞数量有限，MSC 分化的细胞对组织损伤修复的作用有限；MSC 的旁分泌机制在调节对损伤的炎症、血管新生和纤维增生的反应中可能起主要作用。因为用 MSC 的条件培养液也有促进组织修复的作用。经蛋白质组学分析证明条件培养液中含有许多已知的有助于组织损伤修复的生长因子、细胞因子和趋化因子。体内、体外研究表明许多细胞对 MSC 的旁分泌机制起反应，但是有组织特异性。

第六节　结语和展望

独特的内环境和微环境是细胞社会与其他社会的主要区别和特点之一。细胞外基质是最贴近细胞的环境因素，在多细胞生物——细胞社会形成的早期就有细胞外基质的形成。例如，细菌产生的生物被膜，成为生存的栖息地和抵御不良环境变化的防御机制，同时产生了初级细胞间通信机制。近年来对细胞外基质的认识逐步深入，但是由于方法学的限制，对于体内细胞外基质的生理功能、作用和意义所知甚少，有待研究。可能有许多深层次的问题值得深入探讨，如我国医学中的经络和穴位与细胞外基质、结缔组织间的关系如何？细胞外基质和结缔组织构成了机体的支撑网络，虽然没有明确的形态学特征，但是有通信功能。正如在茫茫原野无所谓路，走的人多了就成为路。经络是否也如此？

免疫细胞的功能状态受环境的影响和调节，机体的不同部位在不同的环境条件下形成了不同的免疫机制，构成局部免疫。实际上局部免疫的景观生态学和微生态学观点贯穿在我们的日常生活和保健养生之中。日常的清洁卫生，洗脸刷牙都是按照景观生态学和微生态学观点行事的，如有疏忽就可能出问题，甚至致病。例如，脚癣是常见的皮肤病，由真菌感染所致。好发于脚趾间，因其景观生态学特点局部湿度大、通风差，有利于真菌生长。在温湿的初夏季节，外环境中真菌繁殖、传播，不洁的鞋袜是最佳滋生场所，除了经常换洗外，鞋袜的质量很有讲究，不透气的胶鞋、尼龙袜不宜穿。一些患脚癣多年的患者能谈出许多体会，仔细分析都有生态学原理在其中，所以治疗脚癣除了药物外，保持局部清洁干燥是关键的生态学措施。呼吸道和消化道疾病的防治也有类似的局部免疫和生态学原理。戴口罩、漱口、刷牙就是简易、有效的措施，但是如何提高效率，都有值得深入探讨之处。随着科技发展、社会进步，"衣，食，住、行"中会出现许多新问题，如空调的广泛使用出现的"空调病"；饮食和生活方式不当导致的"富贵病"，除了文化、习俗等人文因素影响外，也反映出对正确维护细胞社会（机体）物流和能流机制的认识不足，值得我们深入研究。应该从生态学观点全面考虑，科学对待。强调环保和养生应该考虑人体的微生态学和细胞社会生态学内涵。

在临床实践中有大量的局部免疫问题，因为整体是由局部组成的。医生诊治患者从采取病历、做体格检查，结合化验结果得出诊断，到制订治疗方案。从病史和体检得到的信息与生态学家观察动植物获得的信息类似，都属活体的生物信息；化验检查得到体内瞬时的某一指标的状态信息，由于其动态变化与功能状态密切相关，其可信限不如活体的生物信息。影像检查技术扩展了医生的视觉能力，能观察到活体深处的结构、功能状况，提高诊断水平。但是，不能代替病史和体检。古今中外的名医们主要凭借病史和体检提供的生物信息就能得出正确的诊断，如妇产科名医林巧稚从待产孕妇的呻吟声就能推测分娩时间；内科名医张孝骞根据对病史的分析和细致体检诊断出胰腺癌。中医的望、闻、问、切包含了对局部免疫和全身关系的深刻领会。从患者的各种表面现象（脸色、舌苔、步态、举止……）推测机体功能状态；从脉相能获得更多的生物信息……这些都值得深入思考，从中获得启发。

环境温度变化是最常见的生态因素之一，对机体的影响明显，有个体差异，随着机体衰老对环境温度变化的适应能力减弱，往往成为致病的重要诱因。冬季、夏季酷暑严寒时往往有一批老人死去。人类早就注意到这些现象，防止"受凉"（有的地方有"受热"的说法）和"中暑"是季节变化时的生活常识，但是其生态生理学机制远未阐明。近半个多世纪以来地球表面污染日趋严重，温室效应增加，气候异常频发，阐明体温调节的生态生理机制，加强机体对环境温度变化的适应能力不仅是理论研究之需，对于临床实践和日常生活都有广泛的指导意义。

（吴克复）

参 考 文 献

Barlow P G, Beaumont P E, Cosseau C, et al. 2010. The human cathelicidin LL-37 preferentially promotes apoptosis of infected airway epithelium. Am J Resp Cell Mol Biol, 43（6）：692-702

Brandtzaeg P. 2009. Mucosal immunity: induction, dissemination, and effector functions. Scand J Immunol, 70: 505-515

Brody A R, Salazar K D, Lankford S M. 2010. Mesenchymal stem cells modulate lung injury. Pro Am Thorac Soc, 7（2）：130-133

Bucki R, Leszezynska K, Namiot A, et al. 2010. Cathelicidin LL-37: A multitask antimicrobial peptide. Arch Immunol Ther Exp, 58: 15-25

Cerf-Bensussan N, Gaboriau-Routhian V. 2010. The immune system and the gut microbiota: Friends or foes? Nature Rev Immunol, 10: 735-745

De Vrese M, Schrezenmeir T. 2008. Probiotics, prebiotics, and synbiotics. Adv Biochem Eng Biotechnol, 111: 1-66

Doss M, White M R, Tecle T, et al. 2010. Human defensins and LL-37 in mucosal immunity. J Leukoc Biol, 87: 79-93

Foteinos G, Xu Q. 2009. Immune-mediated mechanisms of endothelial damage in atherosclerosis. Autoimmunity, 42 (7): 627-633

Frostegard J. 2010. Low level nature antibodies against phosphoryolcholine: A novel risk maker and potential mechanism in atherosclerosis and cardiovascular diseases. Clin Immunol, 134: 47-54

Georgousakis M M, McMillan D J, Batzloff M R, et al. 2009. Moving forward: A mucosal vaccine against group a streptococcus. Expert Rev Vaccine, 8 (6): 747-760

Goody M F, Henry C A. 2010. Dynamic interactions between cells and their extracellular matrix mediate embryonic development. Mol Reprod & Devel, 77: 475-478

Hackett T L, Knight D A, Sin D D. 2010. Potential role of stem cells in management of COPD. Int J COPD, 5: 81-88

Hand T, Belkaid Y. 2010. Microbial control of regulatory and effector T cell responses in the gut. Curr Opin Immunol, 22: 1-10

Hattori M, Taylor T D. 2009. The human intestinal microbiome: A new frontier of human biology. DNA Res, 16: 1-12

Hocking A M, Gibran N S. 2010. Mesenchymal stem cells: Paracrine signaling and differentiation during cutaneous wound repair. Exp Cell Res, 316: 2213-2219

Kamen D L, Tangpricha V. 2010. Vitamin D and molecular actions on the immune system: Modulation of innate and autoimmunity. J Mol Med, 88: 441-450

Kolls J K, McCray Jr P B, Chan W R. 2008. Cytokine-mediated regulation of antimicrobial proteins. Nature Rev Immunol, 8: 829-836

Klotman M E, Chang T L. 2006. Defensins in innate antiviral immunity. Nature Rev Immunol, 6: 447-457

Libby P Ridker P M, Hansson G K. 2009. Inflammation in atherosclerosis. J Am Col Cardiol, 54 (23): 2129-2139

Mendez-Ferrer S, Michurina T V, Ferraro F, et al. 2010. Mesenchymal and haematopoietic stem cells form a unique bone marrow niche. Nature, 466 (7308): 829-834

North T E, Goessling W, Peeters M, et al. 2009. Hematopoietic stem cell development is dependent on blood flow. Cell, 137: 736-748

Ogawa M, LaRue A C, Watson P M, et al. 2010. Hematopoietic stem cell origin of connective tissue. Exp Hemtol, 38: 540-547

Orian-Rousseau V. 2010. CD44, a therapeutic target for metastasizing tumors. Eur J Cancer, 46: 1271-1277

Ossipov D A. 2010. Nanostructured hyaluronic acid-based materials for active delivery to cancer. Expert Opon Drug Deliv, 7: 681-703

Rescigno M, Sabatino A D. 2009. Dendritic cells in intestinal homeostasis and disease. J Cin Invest, 119: 2441-2450

Roosterman D, Goegre T, Schneider S W, et al. 2006. Neuronal control of skin function: the skin as a neuroimmunoendocrine organ. Physiol Rev, 86: 1309-1379

Salem H K, Thiemermann C. 2010. Mesenchymal stroma cells: Current understanding and clinical status. Stem Cell, 28: 585-596

Schiemann F Brandt E, Gross R, et al. 2009. The Cathelicidian LL-37 activates Humian mast cells and is degrated by mast cell tryptase: Counter-regulation by CXCL4. J Immunit 183 (4): 2223-2231

Steinmetz M, Nickenig G, werner N. 2010. Endothelial-regenerating cells an expanding universe. Hyperfension, 55 (3): 593-599

Türkoğlu O, Emingil G, Kütükçüler N, et al. 2009. Gingival crevicular fluid levels of cathelicidin LL-37 and interleukin-18 in patients of chronic periodontitis. J Periodontol, 80: 969-976

Turner J R. 2009. Intestinal mucosal barrier function in health and disease. Nature Rev Immunol, 9: 799-810

Werb Z. 1997. ECM and cell surface proteolysis: regulating cellular ecology. Cell. 91: 439-442

Wolowczuk I, Verwaerde C, Viltart O, et al. 2008. Feeding our immune system: impact on metabolism. Clin Devel Immunol, article ID 639803, 19 pages. 2008: 639803

第五章 淋巴循环与免疫

生命源自于水,所以生命离不开水。多细胞生物体内的细胞生活在含有大量水分的组织液中,无脊椎动物的细胞间隙充满了组织液,有的形成了淋巴或血淋巴;脊椎动物形成了血液循环系统和淋巴循环,直接或间接通过组织液与细胞交换物质和信息。进化过程中淋巴系统发展成为血液系统的重要辅助部分,与血液和组织液共同构成更为复杂和完善的管道网络,成为保障细胞生存的内环境。除了运输脂肪和回收组织蛋白保持组织液稳态外,淋巴循环有重要的防御功能,是免疫系统的重要组成部分,淋巴系统自17世纪有描述以来,尤其近十几年来,越来越受到疾病研究者的关注。

第一节 淋巴循环的组成

淋巴系统由淋巴液、淋巴管道和淋巴器官组成。淋巴循环(lymphatic circulation)是指淋巴液在淋巴系统中的运行,淋巴液由淋巴毛细管经各级淋巴管及相应的淋巴结,最后汇入胸导管和右淋巴导管入静脉角进入血液循环。

一、组织液和淋巴液

组织液(interstitial fluid)即组织间隙的体液,是细胞生存的直接内环境。绝大部分的组织液呈凝胶状,不能流动,化学成分主要是蛋白多糖、糖蛋白和水,由透明质酸卷曲的长链大分子形成主干,连接和结合许多蛋白多糖(硫酸软骨素、硫酸角质素等)构成分子筛,起屏障作用。接近毛细血管和毛细淋巴管的组织液呈溶胶状态,能够流动,所以除了细胞和大分子物质外,组织液的成分与血浆相似。淋巴液的成分与组织液大致相近,但是,不同部位的淋巴液成分有所不同,尤其是蛋白质含量差别可以很大,与各部位毛细血管对蛋白质的通透性有关,如肝区的淋巴液蛋白质含量最高,心、肾、小肠淋巴液的蛋白质含量递减,皮肤淋巴的蛋白质含量最低。小肠毛细淋巴管对脂肪的通透性最高(完全通透),由脂肪小滴形成白色的乳糜所以称为乳糜管。

淋巴液源自组织液,淋巴形成的确切机制尚未完全阐明。多年来关于淋巴液的形成有两种理论:流体静力压理论(hydrostatic pressure theory)和膨胀压理论(oncotic pressure theory),流体静力压理论认为是组织液所在空间的压力与淋巴管腔间的压力差导致组织液进入淋巴循环。但是经过测量发现组织液所在间隙与大气压平衡或稍低,而淋巴管内的压力稍高。一些研究者报告用双向无反馈微压系统(dual servo-null micropressure system)测量起始淋巴管的内、外压力表明:瞬时运动有利于组织液进入淋巴管,起始淋巴管和收集淋巴管的收缩/舒张形成的压力差导致组织液进入淋巴管。后续研究证明淋巴管壁的瓣膜能够有效地保持压差梯度,防止液体丢失。膨胀压理论认为淋巴管的收缩/舒张通过透明质酸形成的分子筛将体液中的蛋白质在淋巴管网内浓缩，形成的膨胀压将组织液吸入淋巴循环。两种理论都强调收缩/舒张在淋巴循环中的作用，并不矛盾，反映了组织液生成的两个方面。结合两个方面的作用，组织液的生成量取决于毛细血管的有效滤过压=(毛细血管压+组织液胶体渗透压)-(血浆胶体渗透压+组织液静力压)。按照这个关系式，组织液由动脉端毛细血管过滤生成，在毛细血管静脉端吸收回血液循环。此外，约10%的组织液进入毛细淋巴管形成淋巴液，每天生成2~4L淋巴液，相当于全身的血浆总量。

有些低等的脊椎动物（如硬骨鱼和两栖类）有淋巴心，哺乳动物的淋巴心退化，代之以淋巴管的收缩/舒张（固有泵）和周围软组织运动产生的收缩/舒张（外源泵，如肌肉、胃肠道壁、肺、心肌的运动），这些泵（收缩/舒张）驱动淋巴循环。但是，淋巴循环是单向的，实际上是血液循环的一部分或辅助部分（图5-1）。

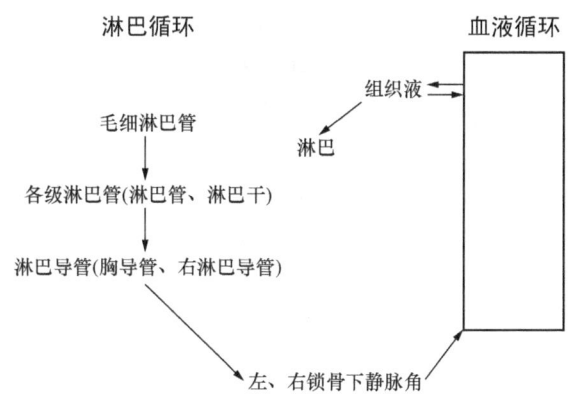

图 5-1 淋巴循环与体液循环的关系

二、淋巴内皮细胞生物学和淋巴管网的形成

橡树叶样的淋巴内皮细胞（LEC）在胚胎静脉壁中转分化，萌芽产生表达 Vegf-c 的中胚层细胞，聚集形成淋巴囊。进一步萌芽产生由毛细管样组成的初级淋巴管丛。髓系细胞产生细胞因子调控淋巴管的形成。初级淋巴管丛进一步改构形成有瓣膜和基底膜的收集淋巴管和前收集淋巴管，以及毛细淋巴管。收集淋巴管由内皮细胞、基底膜并且有平滑肌包绕而成。淋巴管的发育需要有多种重要基因的表达，LYVE-1（lymphatic vessel hyaluronan receptor-1）是最早期 LEC 的标志；转录因子 Prox1 是鉴定 LEC 必需的标志，其表达受 Sox18 调节。在 Vegf-c 和 Vegfr-3 调节下 LEC 萌芽和增殖，Vegfr-2-Vegfr-3 异聚体和 Nrp2 参与 Vegfr-2-Vegfr-3 复合体的作用和机制尚待研究。血小板在淋巴循环中起重要作用：血管与淋巴管的分隔需要血小板聚集的调控。跨膜糖蛋白 Podoplanin 对淋巴管扩张有调节作用，在 LECC 与 CLEC-2 结合后启动血小板的 Syk、Slp6、PLC-γ2 级联反应，导致血小板聚集；O-糖基化 T-合成酶对于 podoplanin 的产生至关重要（表 5-1）。

表 5-1　基因剔除或变异小鼠淋巴管形成的阶段及其调控因子

基因	功能	淋巴管表型	表达部位
淋巴内皮细胞（LEC）分化			
Prox1	转录因子	无 LEC（-/-），乳糜腹水（+/-）；缺失 LEC 表型，乳糜腹水	LEC，肝细胞、晶体纤维细胞胰腺、肺、肠内分泌、肌、心肌
Sox18	转录因子	无 LEC（-/-），水肿，乳糜腹水	内皮细胞
Coup-TFII（NR2F2）	转录因子	无 LEC（-/-），水肿，缺失 LEC 表型，不萌芽	内皮细胞、平滑肌细胞
淋巴管生成			
Vegf-c-Vegfr-3 途径			
Vegfr-3	受体酪氨酸激酶	丧失酪氨酸激酶活力；发育不全，乳糜腹水	LEC、有孔血管内皮细胞肿瘤和胚胎早期血管内皮
Vegfc	生长因子	不能从胚胎静脉芽出；发育不全，乳糜腹水	巨噬细胞、平滑肌细胞中胚层细胞
Nrp2	辅助受体	暂时性发育不全	静脉和淋巴管内皮细胞
Rac1	Rho GTP 酶	LEC 从静脉异常迁移	广泛表达
Clp24	跨膜蛋白	淋巴管扩张，异常膜细胞	内皮细胞
Tbx1	转录因子	发育不全，乳糜腹水	LEC、管道
Ptpn14	酪氨酸磷酸酶	皮肤淋巴管发育不全	广泛表达
肾上腺髓质素（adrenomedullin）途径			
Adm（adrenomedullin）	毛细管扩张肽	LEC 增殖减少，水肿颈淋巴囊发育不全	肾上腺髓质、管道平滑肌、内皮、心肌细胞
Ramp2	毛细管辅受体 G 蛋白偶联受体	颈淋巴囊发育不全	LEC、广泛表达
Calcrl	体	颈淋巴囊发育不全	LEC、广泛表达
其他途径			
Vezf	转录因子	暂时性颈淋巴囊增生	广泛表达
Tie	受体酪氨酸激酶	形成异常淋巴管网	内皮和造血细胞
血管和淋巴管分隔			
血小板发育			
Meis1	转录因子	淋巴管充血	广泛表达包括造血细胞
血小板聚集			
Slp76	接头蛋白	淋巴管充血、乳糜腹水	造血细胞
Plcg2	磷脂酶 C	淋巴管充血、乳糜腹水	广泛表达
Pdpn（podoplanin）	跨膜糖蛋白	淋巴管扩张、异常淋巴流动淋巴水肿、淋巴管充血	LEC、角质细胞、Ⅱ 型小泡细胞、足状突细胞
C1galt1	糖基转移酶	淋巴管充血、podoplanin 降低	内皮细胞、造血细胞
Clec-2	C 型 lectin 受体	淋巴管充血	血小板、中性粒细胞

续表

基因	功能	淋巴管表型	表达部位
重构，成熟和瓣膜形成			
Tie/PI3 激酶途径			
Akt1	丝/苏氨酸激酶	毛细管发育不全、扩张，瓣膜发育不全、收集淋巴管平滑肌覆盖减少	广泛表达
Angpt2	生长因子	发育不全、乳糜腹水再构缺陷、瓣膜发育不全	淋巴管内皮细胞
Pi3kca	PI3 激酶异型体	乳糜腹水、发育不全、萌芽损伤毛细胞分枝	广泛表达
Pik3r1	IA 型 PI3 激酶调节亚单位	乳糜腹水、肠淋巴管扩张瓣膜发育不全	广泛表达
细胞外基质组装和相互作用			
Itga9	黏附	乳糜胸、瓣膜发育不全	内皮细胞、平滑肌细胞
Fn1	Itga9 配体	瓣膜延长障碍	广泛表达、包括瓣膜
Emilin	弹性微纤维相关蛋白	淋巴管异常增生、增加淋巴渗出、附着丝减少	广泛表达、包括 LEC

资料来源：Schulte-Merker 等，2011。

毛细淋巴管（lymphatic capillary）分布广泛，除上皮、角膜、晶状体、牙釉质、软骨、脑和脊髓等处没有毛细淋巴管外，几乎遍及全身。毛细淋巴管以膨大的盲端起始于组织间隙收集组织液（图 5-2）。毛细淋巴管的管壁由单层内皮细胞组成，间隙较大，没有基膜和外周细胞，有纤维细丝粘连使管腔处于扩张状态，所以管壁的通透性较大，蛋白质、细菌、癌细胞等容易进入毛细淋巴管。

淋巴管（lymphatic vessel）由毛细淋巴管汇合而成，管壁内面有许多瓣膜。淋巴管可分为浅、深两组。浅淋巴管位于浅筋膜内，与浅静脉伴行；深淋巴管多与深部的血管、神经等伴行。淋巴干（lymphatic trunk）由淋巴管汇合而成。全身各部的浅、深淋巴管汇合成 9 条淋巴干：头颈部淋巴的左、右颈干，上肢淋巴的左、右锁骨下干，胸部淋巴的左、右支气管纵隔干，下肢、盆腔及腹腔成对脏器的左、右腰干，腹部不成对脏器的肠干。9 条淋巴干汇集成 2 条淋巴导管（lymphatic duct），即胸导管和右淋巴导管，分别注入左右静脉角。胸导管（thoraici duct）是全身最粗大的淋巴管道，长 30~40cm。其下端起自乳糜池（cisterna chili），即由左、右腰干及肠干汇合而成的梭形膨大。胸导管起始后经主动脉裂孔

图 5-2 初始毛细淋巴管盲端
(Schulte-Merker et al., 2011)

入胸腔，入左静脉角。胸导管在注入静脉角之前还接纳左颈干、左锁骨下干和左支气管纵隔干。胸导管还收集双下肢、盆腔、腹腔、左半胸部、左上肢和左半头颈部占全身 3/4 的淋巴。右淋巴导管（right lymphatic duct）是一个短的干管，仅约 1.5cm，由右颈干、右支气管纵隔干和右锁骨下干汇合而成，注入右静脉角。右淋巴导管收集右半颈部、右上肢、右半胸部等全身 1/4 的淋巴。沿毛细淋巴管有 100 多个淋巴结，颈部、腹股沟和腋窝尤为密集。淋巴结里有成串的瓣膜，过滤微生物和异物，阻止感染蔓延。

正常情况下外周免疫系统由次级淋巴器官组成，在某些慢性炎症性疾病能够重新形成解剖结构与淋巴结类似的淋巴器官，也有 B 细胞滤泡和 T 细胞区带，这种由炎症引起的异位淋巴组织称为淋巴样新生或第三淋巴器官。肠道的慢性炎症性疾病常见此类淋巴组织，而在皮肤罕见。组织特异性提示基质反应性对淋巴新生的重要作用，研究者注意到内皮细胞在其中的重要作用。炎症组织内皮细胞获得黏附和趋化性质是调节淋巴流动的机制。

三、淋 巴 循 环

淋巴循环（lymphatic circulation）指淋巴液在淋巴系统中的运行。淋巴液由淋巴毛细管经各级淋巴管及相应的淋巴结，最后汇入胸导管和右淋巴导管入静脉角。淋巴循环的动力有两个方面：一是靠淋巴毛细管首端的压力（$8\sim 10$mm 水柱，1mmH$_2$O $=0.0098$kPa）与胸导管开口于静脉处的压力之差，此压力差很小，故淋巴液的流速缓慢，为静脉血流线速度的 1/10。二是靠"淋巴管泵"，淋巴管中的瓣膜使淋巴液只能从外周向心脏方向流动，瓣膜和管壁平滑肌的收缩活动一起构成"淋巴管泵"，当淋巴管被淋巴液充盈而扩张时，其管壁平滑肌收缩，产生压力，迫使淋巴液通过瓣膜流入下一段淋巴管。淋巴管本身的自主节律性舒缩运动简称自律运动（vasomotion），自律运动的机制是细胞内钙库启动，释放钙离子而引起淋巴管平滑肌有节律地收缩形成的，研究发现包括 ATP、NO、内皮素 ET-1、组胺和前列腺素等体液因素和交感神经、迷走神经等都对此有调控作用。同时还受到淋巴管外压力改变的影响，如在体育运动中肌肉运动、呼吸运动时胸廓变化、胃肠蠕动、动脉的搏动以及按摩等。上述各种因素引起的微淋巴管的收缩性保证了淋巴液有效向前输送，淋巴管中的瓣膜能够保障淋巴液向前流动，不会倒流。进行淋巴管的收缩功能研究时，有研究采用 Yasuda 和 Goto 提出的淋巴管收缩功能评价的三个收缩性指数定量指标，三个收缩性指数计算公式为：

Index Ⅰ $= (b_2 - a_2)/b_2$

Index Ⅱ $= (b_2 - a_2)f/b_2$

L,D-Index $= (b - a)100f/c_2$

Index Ⅰ 为收缩分数，用来表示微淋巴管的收缩功能；Index Ⅱ 为总收缩活性指数；L，D-Index 为淋巴管动力学指数，可用于评价单位时间不同口径淋巴管的收缩功能，反映淋巴转运情况，其中 a 为淋巴管的最大收缩口径、b 为最大舒张口径、c 为静态口径、f 为自主收缩频率。

第二节 淋巴循环在维护机体稳态和内环境平衡中的作用

淋巴循环在维持体液平衡、摄取食物中的脂肪和免疫反应方面有独特的生理作用，在肿瘤扩散和慢性炎症中也有着重要的病理意义，已经广泛研究。近年来用基因工程动物模型和胚胎研究阐明了淋巴水肿综合征和一些相关遗传病的机制，为寻找新的治疗方法奠定了基础。

一、淋巴循环的生理意义

淋巴流入血液循环有重要的生理意义：①回收组织液中的蛋白质。毛细血管动脉端可滤出少量蛋白质，其中包括抗体、蛋白质激素、酶等，它们在细胞间隙与细胞直接接触，发挥免疫和调节代谢等作用。组织液中的蛋白质虽不能逆浓度差重吸收回毛细血管，却很容易进入毛细淋巴管，每日由淋巴循环运回血液的蛋白质 95~200g，占循环血浆蛋白质总量的 1/4~1/2。如果主要的淋巴管被阻塞，组织液中蛋白质积聚增多，组织液胶体渗透压不断升高，毛细血管处的液体交换受到严重阻碍，可危及生命。②运输脂肪及其他营养物质。经小肠黏膜吸收的营养物质，特别是脂肪，80%~90%经小肠绒毛的淋巴毛细管吸收运输，运输脂肪的淋巴液呈白色乳糜状，故小肠绒毛的淋巴管又称乳糜管。③调节血浆与组织液之间的液体平衡。正常成人在安静状态下，每小时约有 120ml 淋巴液流入血循环，一昼夜 2~4L，相当于全身血浆总量。故淋巴循环是组织液回流的一个重要辅助系统。④淋巴循环的免疫作用：清除进入组织的红细胞和异物。这种防卫和屏障作用主要与淋巴结内巨噬细胞的吞噬和淋巴细胞产生的免疫反应有关。淋巴细胞周而复始地从血液进入外周淋巴组织，再通过淋巴管道回到血液中的过程称为淋巴细胞再循环（lymphocyte recirculation），即淋巴器官或淋巴组织中的淋巴细胞经淋巴管进入血液循环后，又通过淋巴器官或组织中的毛细血管返回到淋巴器官或组织中的循环过程。淋巴细胞再循环有利于识别抗原和快速传递信息，使分散在各处的淋巴细胞通过淋巴细胞再循环成为一个相互关联的有机整体，使功能相关的淋巴细胞能够协同进行免疫应答。

二、淋巴管新生和淋巴微循环障碍

淋巴循环在机体正常功能中起如此重要的作用，因此当淋巴微循环发生障碍时会导致疾病的发生和发展，成为疾病治疗的重要靶点。淋巴微循环障碍分为原发性和继发性两种，其中原发性的淋巴微循环障碍很少见，主要见于组织过度增生或发育不全，继发性的淋巴微循环障碍，多种物理、化学和生物致病因素的作用都有可能打破淋巴微循环的正常规律导致其对组织液回收的功能障碍，引起机体器官和组织代偿性或病理性的改变，从而影响疾病的转归和发展。除常见的肿瘤淋巴道转移和炎症外，继发性淋巴微循环障碍主要在休克综合征等严重疾病或创伤时发生。

1. 淋巴微循环新生与肿瘤

淋巴微循环不仅能够运输免疫细胞，而且能够运送肿瘤细胞导致肿瘤的远处转移。淋巴结转移是肿瘤转移的起始和重要标志，动物肿瘤模型研究证实，肿瘤细胞不仅能够侵袭其相邻的淋巴结（管），而且通过分泌相关的细胞因子，如 VEGF-C、VEGF-D 和 VEGF-A 等诱导淋巴微循环新生，创造适宜微环境，经前哨淋巴结（sentinel lymph node）转移的肿瘤细胞能够进一步促进微淋巴管的新生，促进其转移到更远端的淋巴结。对肿瘤患者的研究表明，VEGF-C 和 VEGF-D 的表达与人肿瘤转移密切相关，对乳腺癌转移患者的研究证实，前哨淋巴结的微淋巴管新生和其远端转移有显著相关性，可以看出，微淋巴管新生对于肿瘤转移有着重要意义，如果能够抑制微淋巴管新生则可以有效抑制肿瘤的转移。

研究发现，采用 VEGFR-3 中和抗体、VEGFR-3 配体、VEGFR-3-Ig 融合蛋白或 siRNA 介导的 VEGF-C 基因沉默，都能够有效达到减少微淋巴管新生的效果，即阻断了 VEGF-C/-D/VEGFR-3 信号通路，并且上述研究在鼠模型上证实，此信号通路的阻断并不影响成年鼠的正常淋巴管再生。研究还证实，VEGFR-3 通路阻断不仅能够有效抑制肿瘤微淋巴管新生，同时还能够抑制肿瘤微血管新生。VEGF-C 和 VEGF-D 同样能够激活 VEGFR-2 和 VEGF-A，促进肿瘤微淋巴管新生和肿瘤转移，故可联合阻断 VEGFR-2 和 VEGFR-3，达到更好地抑制肿瘤转移。

动物体内研究还发现，非激酶受体 neuropilin-2 可被肿瘤细胞激活表达，抗体可阻断其与 VEGF-C 相互作用，可抑制肿瘤微淋巴管新生和经淋巴转移，但此途径并不影响成年鼠的正常淋巴管再生。

另外，淋巴管内皮细胞能够分泌趋化因子 CCL21，吸引表达其受体 CCR7d 的肿瘤细胞，促进这种肿瘤细胞的淋巴转移。

2. 淋巴微循环障碍与休克

微循环障碍是多种休克综合征中的主要表现，休克时微循环障碍不仅表现在血液微循环，而且还表现在淋巴微循环，由于休克时淋巴微循环的改善通常早于血液微循环，因此，有效恢复淋巴微循环对于休克逆转有重要的临床治疗意义。

研究发现，在失血性休克时微循环淋巴管平滑肌细胞对钙离子作用失敏（desensitization），其反应性降低、淋巴回流障碍，会进一步加剧血液微循环的障碍，导致休克的不可逆性恶化。

严重烧伤性休克大鼠研究发现，淋巴液中 TNF-α、L6、L8 的水平会显著升高，这些炎症介质分子造成淋巴管内皮细胞和平滑肌细胞的结构损伤性变化，影响淋巴管收缩，导致淋巴微循环障碍，而当休克恢复期时上述炎症介质分子水平逐渐降低，淋巴管运动频率升高。

过敏性休克起病急、发展快，对过敏性休克大鼠的研究发现，休克发生时，淋巴微循环内皮细胞损伤，自主收缩功能障碍，影响其重吸收功能，导致淋巴微循环障碍。

3. 淋巴微循环障碍与多器官功能障碍综合征（MODS）

MODS 是一种与创伤、休克、缺血再灌注以及严重感染等相伴随或继发的综合征，其病理过程伴有炎症细胞和内皮细胞的持续激活，产生释放大量的细胞因子和炎性介质，这些因子和介质的相互作用进一步激活和损伤细胞，产生级联反应，大大加重器官和组织的损伤以及非特异性损伤。在 MODS 中，全身炎症反应综合征（SIRS）和代偿性抗炎反应综合征（CARS）并存导致的免疫失衡是引起 MODS 的重要病理基础。有研究发现，对失血和脂多糖（LPS）进行二次打击后的多器官障碍大鼠模型，如先期进行肠系膜淋巴导管结扎，可阻断肠系膜淋巴管对毒素和炎症介质分子的吸收、运输和释放，减少这些分子在血液循环中的含量，能够减轻器官损伤。

三、病理性淋巴管和人类遗传性淋巴水肿综合征

淋巴管道的功能障碍可以导致富含蛋白质的组织液积蓄和局部组织肿胀，即淋巴水肿和免疫损伤（图 5-3）。淋巴水肿是慢性的虚弱状态，伴随着局部对感染敏感性增加和易患恶性血管内皮细胞瘤。原发性淋巴水肿是遗传性疾病比较少见，临床上更多见的是肿瘤手术或放射治疗导致的收集淋巴管或淋巴结损伤引起的继发性淋巴水肿。

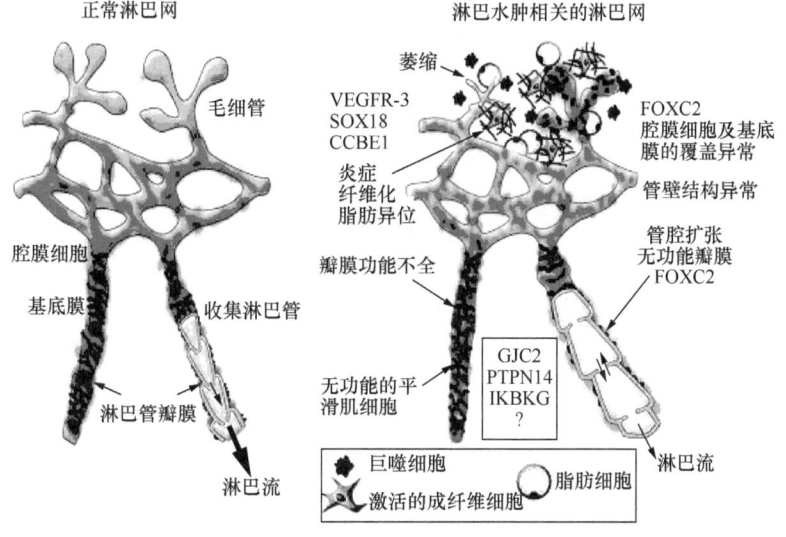

图 5-3 淋巴水肿的发生机制

淋巴循环可以由于起始淋巴毛细管网的发育不全而缺损；或由于基底膜成分和平滑肌的异常覆盖，或由于瓣膜缺损或异常导致淋巴水肿。慢性炎症可以导致淋巴排流缺陷引起组织纤维化和脂肪异位。（Schulte-Merker et al.，2011）

遗传性淋巴水肿是先天性的，可以在新生儿时期发生，也可以在童年或青少年期显现。近 10 年来随着淋巴管道形成机制的阐明和对基因工程小鼠实验模型的研究，发现和证明了一些人类的淋巴水肿综合征，为深入研究淋巴循环开拓了新的思路和领域（图 5-3，表 5-2）。

表 5-2　人类遗传性淋巴水肿综合征

病　名	继承物	主要表现	突变基因	位　点
淋巴水肿作为主要症状的综合征				
遗传性淋巴水肿 IA（Milroy 氏病）	常染色体支配 外显率降低	先天性淋巴水肿；淋巴管发育不全导致乳糜腹水	FLT4（VEGFR-3）	5q35.3
遗传性淋巴水肿 IB	常染色体支配 外显率降低	下肢水肿；淋巴管缺陷性质不明	未知	6q16.2－q22.1
遗传性淋巴水肿 IC	常染色体支配	1～15 岁发病；肢体水肿；淋巴管缺陷性质不明	GJC2（connexin47）	1q41－q42
遗传性淋巴水肿 II	未知	青春期发作性水肿 淋巴管缺陷性质不明	未知	未知
淋巴水肿作为伴随症状的综合征				
无汗性外胚层发育不良伴免疫缺陷	X-伴随隐性	严重感染，骨骼石化	IKBKG（Nemo）	Xq28
骨骼石化症和淋巴水肿		淋巴管缺陷性质不明	TER420TRP	
胆汁郁积-淋巴水肿（Aagenaes）综合征	常染色体隐性	新生儿严重胆汁郁积；由于淋巴管发育不全，儿童期发作淋巴水肿	未知	15q1
Hennekam 淋巴管不全淋巴水肿综合征	常染色体隐性	肢体水肿；肠淋巴管发育不全；智力延迟 脸面畸形	CCBE1	18q21.32
HLT 综合征	常染色体支配	秃头症；血管扩张 淋巴水肿，淋巴管缺陷性质不明	SOX18	20q13.33
淋巴水肿，小头畸形脉络膜视网膜病变综合征	常染色体支配	先天性小头畸形和淋巴水肿，淋巴管缺陷性质不明	未知	未知
淋巴水肿-鼻后孔闭锁综合征	常染色体隐性	鼻后孔闭塞；4～5 岁下肢淋巴水肿，淋巴管缺陷性质不明	PTPN14	1q32-q41
淋巴水肿-双睫综合征（LD）	常染色体支配	下肢淋巴水肿和双睫；淋巴管瓣膜无力导致淋巴循环障碍	FOXC2	6q24.3
淋巴管扩张多趾综合征（Urioste 综合征）	常染色体隐性？	肠和肺淋巴管扩张；多趾 缪勒氏管残存；蛋白丢失	未知	未知
先天性肺淋巴管扩张	未知	先天性肺淋巴管扩张；乳糜胸	未知	未知

资料来源：Schulte-Merker 等，2011。

　　研究表明 VEGFR-3 酪氨酸激酶结构域的错义突变可以导致皮下淋巴管的发育不全和功能缺失，即 Milroy 氏病，分类为遗传性淋巴水肿 IA。在斑马鱼的研究中发现隐性基因 *CCB1* 的突变影响淋巴管的萌芽，在 Hennekam 综合征患者获得证明，患者出现肢体淋巴水肿、肠道淋巴管扩张、智力发育迟缓和面部畸形；还有肠道淋巴毛细管的数量减少和异常网络，提示淋巴毛细管功能的缺陷也与 Hennekam 综合征的发生相关。

FOXC2 基因的失功能（loss-of-function）突变导致淋巴水肿-双睫综合征（LD），即迟发性淋巴水肿和双眼睫毛综合征；*FOXC2* 基因的得功能（gain-of-function）突变也导致淋巴水肿，但是有无双眼睫毛有待研究。LD 患者的淋巴管密度正常或增加，但是淋巴液的流通效率低下，因为淋巴管瓣膜失效，出现淋巴液回流；LD 患者的静脉也出现回流，提示静脉瓣膜和淋巴管瓣膜有共同的形成机制。少毛症-淋巴水肿-毛细管扩张综合征（HLT）即毛发稀少、肢体肿胀和小血管扩张综合征，不仅人类有，小鼠也有类似综合征，系 SOX18 阴性突变所致（表 5-2）。

遗传性淋巴水肿是罕见的遗传病。急性淋巴管炎则是常见病，系由致病菌从破损的皮肤进入或从感染灶蔓延至邻近的淋巴管，引起淋巴管及其周围组织发生的急性炎症。多发于四肢浅表淋巴管，在伤口附近出现一条或多条红线，硬而有压痛，伴发热、恶寒、乏力等全身症状。淋巴结炎是细菌沿淋巴管侵入淋巴结所致。但不是遇到细菌感染就会发生淋巴结炎，仅在机体免疫力低下时发生，尤其在长期营养不良、贫血或其他慢性病导致免疫力下降时，感染细菌后容易发生淋巴结炎。癌性淋巴管炎是肺转移瘤的一种，指肿瘤组织沿淋巴管生长、扩散，淋巴管内充满肿瘤细胞，淋巴管周围纤维组织增生，从肺门向外周扩散，导致呼吸困难，是肿瘤发展的重要途径。

对人类遗传性淋巴水肿综合征的研究揭示了淋巴循环是维持机体内环境稳态的基础之一，可能为我国医学中针灸、按摩等经典疗法的疗效机制研究提供了新的线索。古籍记载针灸治疗急性淋巴管炎有明显的疗效，20 世纪 60 年代后国内文献报道，采用针刺、艾灸、火针、郄穴刺血及电针围刺等，一般病例都能很快治愈。治疗机制有待研究，提示淋巴循环与经络可能相关。淋巴微循环的研究进展可能有助于中医"活血化瘀"治则机制的阐明。

（仉红刚　吴克复）

参 考 文 献

董利平, 武欣, 赵小琪, 等. 2007. 大鼠肠系膜淋巴微循环在急性微循环障碍时的变化. 中国组织工程研究与临床康复, 11（34）: 6797-6800

侯雅雄, 牛春雨. 2001. 大鼠淋巴微循环对休克进程的影响. 武警医学, 12（4）: 217-218

李福龙, 刘艳凯. 2006. 实验性弥散性血管内凝血大鼠淋巴微循环的变化. 中国危重病急救医学, 18（8）: 488-490

刘志权, 牛春雨, 赵自刚, 等. 2010. 失血性休克大鼠淋巴管对去甲肾上腺素反应性的变化. 中国病理生理杂志, 26（7）: 1366-1369

肖虎, 王德昌, 冷向峰, 等. 2005. 严重烧伤休克大鼠淋巴微循环、细胞因子及淋巴管内皮细胞超微结构的变化. 中国微循环, 9（4）: 261-263

Brookes Z L, Mansart A, McGown CC et al. 2009. Macromolecular leak from extrasplenic lymphatics during endotoxemia. Lymphat Res Biol, 7（3）: 131-137

Chen L, Hann B, Wu L. 2011. Experimental models to study lymphatic and blood vascular metastasis. J Surg Oncol, 103: 475–483

Davis M J, Lane M M, Scallan J P. et al. 2007. An automated method to control preload by compensation for stress relaxation in spontaneously contracting, isometric rat mesenteric lymphatics. Microcirculation, 14（6）: 603-612

El-Gohary Y M, Metwally G, et al. 2008. Prognostic significance of intratumoral and peritumoral lymphatic density and blood vessel density in invasive breast carcinomas. Am J Clin Pathol, 129 (4): 578-586

El-Gohary Y M, Metwally G, Saad R S, et al. 2009. Significance of periductal lymphatic and blood vascular densities in intraductal carcinoma of the breast. Breast J, 15 (3): 261-267

Gasheva O Y, Knippa K, Nepiushchikhzv, et al. 2007. Age-related alterations of active pumping mechanisms in rat thoracic duct. Microcirculation, 14 (8): 827-839

Goto Y, Kato T. 1987. On the quantitative expression of mesenterial microlymphatic dynamics in the rat influenced by endotoxin. In: Tsuchiya M. Microcirculation an Update. Vol 1. Amsterdam: Elsevier: 571

Hinojar-Gutiérrez A, Fernández-Contreras M E, Alvarez-Carrillo S, et al. 2010. Role of intratumoral lymphatic vessels in the lymph node dissemination of laryngopharyngeal squamous cell carcinoma. Head Neck, 32 (6): 757-762

Hosaka K, Mizuno R, Ohhashi T. 2003. Rho-Rho kinase pathway is involved in the regulation of myogenic tone and pump activity in isolated lymphvessels. Am J Physiol Heart Circ Physiol, 284 (6): H2015-H2025

Hu W G, Li J W, Feng B, et al. 2007. Vascular endothelial growth factors C and D represent novel prognostic markers in colorectal carcinoma using quantitative image analysis. Eur Surg Res, 39 (4): 229-238

Kadota K, Huang C L, Liu D, et al. 2008. The clinical significance of lymphangiogenesis and angiogenesis in non-small cell lung cancer patients. Eur J Cancer, 44 (7): 1057-1067

Karpanen T, Wirzenius M, Makinen T, et al. 2006. Lymphangiogenic growth factor responsiveness is modulated by postnatal vessel maturation. Am J Pathol, 169 (2): 708-718

Kilic N, Oliveira-Ferrer L, Neshat-Vahid S, et al. 2007. Lymphatic reprogramming of microvascular endothelial cells by CEA-related cell adhesion molecule-1 via interaction with VEGFR-3 and Prox1. Blood, 110 (13): 4223-4233

Miyahara M, Tanuma J, Sugihara K, et al. 2007. Tumor lymphangiogenesis correlates with lymph node metastasis and clinicopathologic parameters in oral squamous cell carcinoma. Cancer, 110 (6): 1287-1294

Mylona E, Nomikos A, Alexandron P, et al. 2007. Lymphatic and blood vessel morphometry in invasive breast carcinomas: relation with proliferation and VEGF-C and-D proteins expression. Histol Histopathol, 22 (8): 825-835

Niu C Y, Zhao Z G, Ye Y L, et al. 2010. Mesenteric lymph duct ligation against renal injury in rats after hemorrhagic shock. Ren Fail, 32 (5): 584-591

Risuke M, Nobuyuki O, Toshio O. 2001. Parathyroid hormone-related protein- (1-34) inhibits intrinsic pump activity of isolated murine lymph vessels. Am J Physiol Heart Cric Physiol, 281: 60-66

Rutkowski J M, Davis K E, Scherer P E, et al. 2009. Mechanisms of obesity and related pathologies: The macro-and microcirculation of adipose tissue. FEBS J, 276 (20): 5738-5746

Schulte-Merker S, Sabine A, Petrova T V. 2011. Lymphatic vascular morphogenesis in development, physiology, and disease. J Cell Biol, 193 (4): 607-618

Triandafilov K A, Plaksina L V, Valeeva I C, et al. 2009. Change in lymph flow during low-grade fever and febrile fever under experimental conditions. Bull Exp Biol Med, 147 (3): 305-307

Turhan A, Lin M, Lee G S, et al. 2009. Vascular microarchitecture of murine colitis-associated lymphoid angiogenesis. Anat Rec (Hoboken), 292 (5): 621-632

Wang W, Nepiyushchikh Z, Zawieja D C. 2009. Inhibition of myosin light chain phosphorylation decreases rat mesenteric lymphatic contractile activity. Am J Physiol Heart Circ Physiol, 297 (2): H726-734

Yan G, Zhou X Y, Cai S J, et al. 2008. Lymphangiogenic and angiogenic microvessel density in human primary sporadic colorectal carcinoma. World J Gastroenterol, 14 (1): 101-107

Yasuda A, Ohshima N. 1984. In situ observations of spontaneous contractility of lymphatic vessels in the rat mesentery. Effects of temperature Experientia, 40: 342

Zawieja D. 2005. Lymphatic biology and the microcirculation: Past, present, and future. Microcirculation, 12: 141-150

Zhang R, Gashev A A, et al. 2007. Length-dependence of lymphatic phasic contractile activity under isometric and isobaric conditions. Microcirculation, 14 (6): 613-625

第六章 固有免疫及其调控

固有免疫（innate immunity）是个体出生时就具有的免疫功能系统，通过遗传获得，具有非特异性抗感染功能，又译为天然免疫，因为容易与自然免疫（natural immunization）混淆，本书采用"固有免疫"译名。进化过程中无脊椎动物就有固有免疫系统，脊椎动物出现了获得性免疫系统，固有免疫系统参与调控适应性免疫应答，相互作用形成了更复杂、更强大的免疫系统。

固有免疫系统由组织屏障、固有免疫细胞、固有免疫分子三部分组成。组织屏障包括皮肤、黏膜及其附属成分的屏障作用，有物理屏障作用、化学屏障作用（分泌物中含有各种抗菌物质）和正常菌群的微生物屏障作用（见第四章）；体内屏障如血-脑屏障和血-胎屏障（见第三章第四节）。固有免疫细胞包括吞噬细胞（中性粒细胞和单核/巨噬细胞）、树突细胞、NK 细胞、NKT 细胞、γδT 细胞、B1 细胞、肥大细胞、嗜碱性粒细胞和嗜酸性粒细胞等。固有体液免疫分子包括补体系统、细胞因子、防御素、溶菌酶和乙型溶素等。防御素是一类富含精氨酸，且耐受蛋白酶的小分子多肽，对细菌、真菌和某些包膜病毒有直接杀伤作用。溶菌酶作用于革兰氏阳性菌细胞壁，乙型溶素则作用于革兰氏阳性菌细胞膜。

固有免疫应答有时相，瞬时固有免疫应答发生在感染后 4h 内，通常由屏障、巨噬细胞、补体激活以及中性粒细胞反应；早期固有免疫应答阶段发生于感染后 4~96h 之内，巨噬细胞募集活化，增强局部抗感染，进一步活化 B1 细胞、NK 细胞、γδT 细胞、NKT 细胞，发挥抗感染功能；适应性免疫应答诱导阶段发生于感染 96h 后，通过与 APC 细胞和 T 淋巴细胞、B 淋巴细胞相互作用参与整体免疫反应。

固有免疫细胞的应答是与生俱有的，迅速产生免疫效应，无特异性；无免疫记忆及免疫耐受。固有免疫细胞可以启动获得性免疫应答，通过模式识别受体识别多种病原体的模式分子，为 T 细胞活化提供第一信号和第二信号，产生细胞因子，诱导树突细胞分化。不同的固有免疫效应细胞通过其表面的受体接受不同模式分子的刺激，表达不同的细胞因子，导致免疫细胞分化方向不同，从而决定获得性免疫应答的类型。此外，固有免疫系统协助获得性免疫应答产物发挥免疫效应。

部分固有免疫细胞从形态上分析属于淋巴样细胞，如 NK 细胞、γδT 细胞、B1 细胞、NKT 细胞。这些细胞的起源尚待研究，有可能是从淋巴细胞特化而来。例如，γδT 细胞是肠道、呼吸道及泌尿生殖道等黏膜和皮下组织执行固有免疫功能的 T 细胞，在外周血中仅占 $CD3^+$ T 细胞的 0.5%~1%。γδT 细胞识别感染细胞表达的热休克蛋白（HSP）、感染细胞表面 CD1 分子递呈的脂类抗原和分枝杆菌的某些磷酸糖。γδT 细胞是皮肤黏膜局部参与早期抗感染免疫的主要效应细胞，杀伤机制与 $CD8^+$ CTL 细胞基本相同。此外，活化的 γδT 细胞还可分泌 IL-2、IL-4、IFN-γ、GM-CSF 和 TNF-α 等多种细胞因子，参与免疫调节。B1 细胞是 $CD5^+mIgM^+$ B 细胞，主要存在于胸、腹腔和肠壁固有层中。BCR缺乏多样性，可识别某些细菌表面共有的多糖抗原，如细菌脂多糖、肺炎球菌荚膜多糖和葡聚糖等；某些变性的自身抗原，如变性Ig和变性单股DNA。48h内即可产生以IgM为主的低亲和力抗体，不发生Ig类别转换，也没有免疫记忆。B1细胞在早期抗感染免疫和维持机体稳态中有重要作用。

随着研究的深入对于固有免疫系统的认识不断深化，不仅T、B淋巴细胞有多种多样的亚群，固有免疫细胞也有亚群。生物进化早期就出现的吞噬细胞已经进化成多种具有吞噬功能的固有免疫细胞（见第七章）。近年来的研究进展表明，专职的抗原递呈细胞——树突细胞也有功能多样的细胞亚群（表6-1）。

表6-1 树突细胞亚群及功能

	常规DC（HLA-DR$^+$CD11c$^+$）					浆细胞样DC
	Langerhan细胞	皮肤DC		血液DC		(HLA-DR$^+$CD123$^+$)
		CD103$^-$	CD103$^+$	BDCA$^-$	BDCA$^+$	
定位	上皮，肠腔	真皮	真皮	血液 次级淋巴器官	血液	血液 次级淋巴器官 外周组织（皮肤，肺等）
C型凝集素	Lg DEC205	DC-SIGN DEC205	Lg DEC205	DEC205 DCIR	CCEC9A	BDCA2
TLR	2,3,5	2,3,4,5	2,3,4,5	2,3,4,7,8	2,3,8	7,9
功能	启动CD4$^+$T细胞、CD8$^+$T细胞和B细胞 通过IL-12激活NK细胞 产生IL-12、IL-15、IL-23、IL-6、TNF、IL-1β					诱导T调节细胞 诱导浆细胞 通过I型IFN激活NK 产生IFN-α、IFN-β、IL-6、TNF

注：BDCA：血液树突细胞抗原；CLEC：型凝集素；DC：树突细胞；DCIR：免疫受体；DC-SIGN：DC特异性ICAM3非整合素；TLR：Toll样受体。

资料来源：Altfeld等，2011。

在微生物-宿主的共进化过程中，致病微生物形成了各种逃避机体免疫反应的机制，机体形成了各种消除微生物的机制，从细胞内到细胞外，从分子水平到组织、器官水平，随着进化和个体的成长发育不断博弈进化。本章讨论其中的几个方面。

第一节 固有免疫系统的受体间对话

受体间对话是固有免疫系统协调微生物信号给出恰当免疫反应的关键。许多病原微生物通过操纵受体破坏固有免疫系统的这种功能导致机体疾病。固有免疫细胞通过模式识别受体（pattern recognition receptor，PRR）发现入侵的微生物。可溶性和膜结合型PRR通过细胞外和细胞内级联反应（如补体系统和Toll样受体通路）向免疫系统发出警报，引发固有抗微生物和炎症反应，发动获得性免疫反应控制或消除感染。PRR能够识别微生物相对稳定的结构——病原相关分子模式（pathogen-associated molecular pattern，PAMP）。不同的 PRR 识别不同的 PAMP。Toll 样受体（Toll-like receptor，TLR）是研究最多最深入的 PRR 家族的原型。脂筏内有大量不同特异性的 PRR 形成大量不同组合的识别受体复合体，其多样性使宿主能够识别尽量多的感染类型。固有免疫细胞犹如哨兵从环境中接受各种外界信息（input message），包括微生物与 PRR 接触的信号传递。细胞对这些信息加工整理。细胞内信号转导对话经过非线性处理聚集为较少的几点，包括拮抗和协同两个方面，协同途径增加检察的敏感性，若干微弱的刺激联合起来引发强烈的细胞反应。拮抗途径增加宿主反应的特异性，防止组织损伤。所以受体间的对话对于维持免疫系统的正常功能十分重要，正确的对话在保护性免疫与炎性病理间起微调作用。细菌、病毒、寄生虫引起慢性感染性疾病就是通过破坏、中和固有免疫系统起作用，其中干扰固有免疫细胞受体间对话是主要机制之一。

一、模式识别受体与微生物毒力蛋白

围绕脊椎动物固有免疫识别模式常常会产生如下问题：①凭借有限的识别机制，固有免疫系统如何区分微生物物质与机体自身成分？②固有免疫系统如何在极短的时间动员足够的宿主细胞使其对感染发生反应？第一个问题的答案在于，固有免疫采用模式识别受体（PRR）识别微生物组分。这些组分包含微生物最为保守、稳定的结构核心，是一类或几大类病原体所共有、对其生存绝对必要而且宿主机体没有的成分，即病原相关分子模式（PAMP）。常见的 PAMP 有革兰氏阴性菌的脂多糖、革兰氏阳性菌的脂磷壁酸、细菌和寄生虫的脂蛋白、分歧杆菌的糖脂、酵母菌的甘露聚糖、病毒的双链 RNA 以及肽聚糖、葡聚糖等。对第二个问题的回答同样涉及 PRR。PRR 不具有克隆限制性，因此其表达不会局限于少量细胞，而是广泛分布于某些特定类型的绝大多数细胞。试想，如果所有细胞都拥有某种特定的广谱受体，可以被迅速激活成为效应细胞，就可以实现快速控制病原体感染的目标。这种应对感染的方式明显有别于获得性免疫反应。获得性免疫反应起始于少量克隆来源的淋巴细胞的激活，这种淋巴细胞需表达与病原抗原表位完全匹配的受体。随后的免疫反应也受效应细胞增殖扩增以及成熟所需的时间限制。

模式识别受体（PRR）分为膜型和分泌型。膜型 PRR 包括甘露糖受体、清道夫受体、Toll 样受体（TLR）；分泌型 PRR 包括甘露糖结合凝集素、C-反应蛋白、脂多糖结合蛋白。其中，人 Toll 样受体家族包括 11 个成员，可分为两类，表达于细胞膜上的和表达于胞内器官和内体/吞噬溶酶体膜上的。抗原递呈细胞通过 TLR 识别 PAMP，并对其发生反应，主要包括如下过程：①介导吞噬细胞摄取病原体；②促进摄入的病原体的胞内降解；③激活相关的信号转导通路，调节抗菌肽、炎症细胞因子、与形成活性氧、氮自由基相关酶的基因转录。Toll 样受体中，对 Toll 样受体-2（TLR2）和 Toll 样受体-4（TLR4）的研究最引人瞩目。TLR4 表达于树突细胞，γδT 细胞，Th1、Th2 T 细胞以及 B 细胞。此外，在单核细胞系还发现了一种激活型受体，可触发 NFκB 的激活和细胞因子产生。TLR4 是介导针对 LPS 免疫反应的主要受体，而 TLR2 主要介导对革兰氏阳性菌的反应，但也有关于 TLR2 介导 LPS 反应的报道，这可能源于 TLR4 与

TLR2 胞质信号途径的相互连通作用。

病原微生物用毒力蛋白取代通常的病原相关分子模式（PAMP），扰乱模式识别受体（PRR）的正常功能。毒力蛋白的特点是易变、缺乏恒定的结构，随着环境的改变而变化，在宿主与病原微生物共进化过程中毒力蛋白还没有被模式识别受体识别，所以能提高病原微生物的适合度。然而，毒力蛋白可能介入或使用模式识别受体作为逃避免疫机制的工具或策略，毒力蛋白的可塑性赋予病原体与宿主受体各种信号转导机制对话的能力；毒力酶能将宿主的分子转换为拮抗剂或配体操纵受体；微生物的蛋白质也能模拟宿主受体阻滞或竞争受体的功能，扰乱免疫机制。例如，使免疫细胞的亚群型别转换，导致炎症反应的类型朝向有利于病原体而不是机体的方向发展，这是一些烈性传染病病原体的常用策略。病原微生物的这种策略机制称为"操纵串话"（cross manipulation）。

二、宿主抑制性受体的选择

宿主抑制性免疫受体的信号是通过免疫受体的基于酪氨酸的抑制性基序（immunoreceptor tyrosine-based inhibitory motif，ITIM，该基序含两个酪氨酸残基，是磷酸化靶标）传递的，ITIM 募集磷酸酯酶，如带有 SH2 结构域的含蛋白酪氨酸酯酶 1（SHP1 又称 PTPN6）、SHP2（又称 PTPN11）或带 SH2 结构域的含肌糖-5-磷酸酯酶（SHIP）。这些磷酸酯酶削弱并置受体传导的信号。带有 ITIM 的受体通常与基于酪氨酸的免疫受体激活基序（ITAM）耦合并抑制其作用，ITAM 在细胞质的跨膜接头上易于测出。有些微生物干扰带有 ITIM 或与 ITAM 耦合的受体（如 Toll 样受体或吞噬受体）导致抑制性串话，结果抑制细胞激活或抑制其吞噬功能。不同病原微生物对固有免疫细胞受体的干扰或破坏机制不尽相同，如表 6-2 所示。

表 6-2　病原微生物对固有免疫细胞受体间协作的破坏

病原体	毒性分子及靶	串话受体 R1	串话受体 R2	细胞类型	细胞反应	结果和机制
Q 热立克次体（Coxiella burnetii）	未定，可能是光滑型 LPS；靶-CD47	αVβ3-CD47	CR3	单核	αVβ3-CD47 诱导内向外信号活化 CR3 介导的吞噬导致细胞内杀伤	αVβ3 摄取病原，胞内存活，机制不明。光滑型 LPS 干扰 CD47 传导功能。
甲类链球菌	Mac（CD11b 类似物）结合 FcγRⅢ	FcγRⅢ	CR3	中性粒	调理吞噬氧化爆发杀伤	Mac 阻滞 FcγRⅢ-CR3 之间的外向内信号抑制抗菌反应
线丝虫（Filarial nematodes）	分泌糖蛋白 ES-62 与 TLR4 形成复合物	TLR4	FcεRI	肥大	FcεRI 介导的肥大细胞脱颗粒	FcεRI 与磷酯酶 D 结合所需的蛋白激酶 Cα 被扣压降解，肥大细胞不能活化

注：CR3：补体 3（即 CD116-CD18）；FcγRⅢ：Fcγ 受体Ⅲ（即 CD16）；FcεRI：Fcε 受体 I；LPS：脂多糖；TLR4：Toll 样受体 4。

资料来源：Hajishengallis 和 Lambris，2011。

三、免疫抑制介质的诱导

虽然 IL-10 和 cAMP 信号转导系统在维持免疫系统的稳态中起重要作用,过多地和持续产生则破坏吞噬细胞的杀伤功能。许多病原体利用 IL-10 和 cAMP 的免疫抑制性质破坏固有免疫防御。IL-10 和 cAMP 抑制的功能包括反应氧或反应氮以及促炎症细胞因子的产生,还有抑制吞噬体融合及酸化。然而,IL-10 和 cAMP 的抑制功能有所区别,如 IL-10 还能抑制抗原递呈细胞的辅助分子表达,而 cAMP 抑制中性粒细胞的脱颗粒作用强,并且上调 IL-6 的产生和增强 IL-10 基因表达。有些微生物有遗传编码的机制调节 IL-10 或 cAMP 的产生。有些病毒(如 EB 病毒、马的疱疹病毒)编码产生 IL-10 的同源物;有的病原体能通过协同性串话(synergistic crosstalk)途径产生 IL-10 或 cAMP。有的病原体(如结核菌、幽门螺杆菌、麻疹病毒、HIV-1)诱导 TLR 与 C 型凝集素 DC-SIGN(即 CD209)对话,使树突细胞产生高水平的 IL-10。

牙龈卟啉单胞菌(*Porphyromonas gingivalis*,*P. gingivalis*)是一种非酵解糖的革兰氏阴性厌氧球杆菌,是牙周致病菌之一,能进入血循环黏附血管内皮细胞,有研究认为 *P. gingivalis* 感染可能是动脉粥样硬化的独立危险因素;在类风湿性关节炎中也起重要作用。近年来的研究进展表明,这类革兰氏阴性菌利用一系列的毒力因子逃避免疫系统,能在人体内持续生存,导致慢性感染。牙龈卟啉单胞菌通过破坏免疫受体间的对话进入这些部位,尤其是在巨噬细胞脂筏中募集 TLR2 和两个 G 蛋白偶联的受体趋化因子受体 4(CXCR4)和补体 C5a 受体,导致持续性高水平的 cAMP。

四、"内向外"和"外向内"信号转导

补体受体 3(complement receptor 3,CR3,αMβ2 或 CD11b-CD18)是多功能的 β2 整合素,与多种配体或反受体(如补体成分 iC3b 和细胞间黏附分子 ICAM1)结合,参与凋亡细胞的吞噬,白细胞迁移以及细胞因子产生的调节。CR3 的黏附活性受到严密调节,休止细胞的 CR3 只有低亲和性结构,趋化因子或过敏毒素受体板机启动的"内向外"(inside-out signaling)信号迅速将其结构转换成高亲和状态。Toll 样受体也能诱导 CR3 活化的"内向外"信号。TLR2"内向外"信号通路经过 RAC1,PI3K 和 Cytohesin1 传递信号。PI3K 能直接募集到 TLR2 的胞质区尾部,与 PI3K 结合基序连接;TLR4 需要通过 MYD88 介导。TLR 等感受病原体的受体激活 CR3 可能与白细胞募集到感染部位的迁移有关。TLR2-CR3 对话途径是一些病原体的攻击靶标,如结核菌、牙龈卟啉单胞菌等。它们劫持和利用 CR3 的吞噬功能将其改变为"外向内"(outside-in)途径,使得 CR3 操纵的吞噬体不与溶酶体融合,细菌能够进入巨噬细胞。

五、TLR-TLR 间的相互影响

TLR 信号途径间的协调可能被一些病原体破坏而成致病机制。例如,结核菌通过表达脂蛋白和糖脂抑制 TLR2 下调 TLR9 信号途径的功能,从而减少对细菌 CpG DNA

产生 IFN-α 和 IFN-β 的反应，削弱抗原递呈。丙型肝炎病毒以其核心蛋白激活 TLR2 介导的单核细胞产生抑制因子 IL-10，从而抑制浆细胞样树突细胞产生干扰素 α。

固有免疫系统的受体间对话是感受微生物信号，给出恰当反应的重要机制，许多病原体通过伪造酶、受体或配体等方式破坏某些固有免疫受体的机制（表 6-2）。有的病原体甚至产生毒力因子劫持宿主的受体，改变调节作用。深入研究其作用机制可能找出新的治疗途径。

第二节 自噬的固有免疫作用和调控

从生物进化角度分析，自噬是古老的清除真核细胞内病原体的机制，但是，长久以来一直认为自噬是代谢和控制细胞器质和量的机制，近年来才认识到自噬对免疫的重要作用。涉及固有免疫和获得性免疫的多个方面（图 6-1），从独特的（有时是高度特异的）免疫效应和调节功能（Ⅰ型免疫自噬）到一般的对免疫细胞的平衡调控（Ⅱ型免疫自噬），以及对其他类型细胞生存和平衡的类似的影响。自噬作为自律性的抗微生物免疫防御机制形成了复杂而有序的网络参与固有免疫和获得性免疫。连接自噬与常规免疫系统的机制很多，包括 Toll 样受体、Nod 样受体、RIG-I 样受体、作为危险-相关分子模式的 HMGB1、其他已知的固有免疫和获得性免疫受体以及细胞因子；隔离体（p62, sequenstasome）样受体作为自噬接头，还有免疫相关的 GTP 酶（IRGM）。巨噬细胞和树突细胞的固有免疫和获得性免疫功能，以及和淋巴细胞亚群的发育和平衡也都参与这个功能性网络。涉及的常见疾病很多，如 HIV 等多种病毒感染和结核、沙门菌等的感染，以及多发性硬化、肌萎缩和 Alzheimer 症、Huntington 症、Parkinson 症、Crohn 氏病等的发病机制都与自噬异常有关。

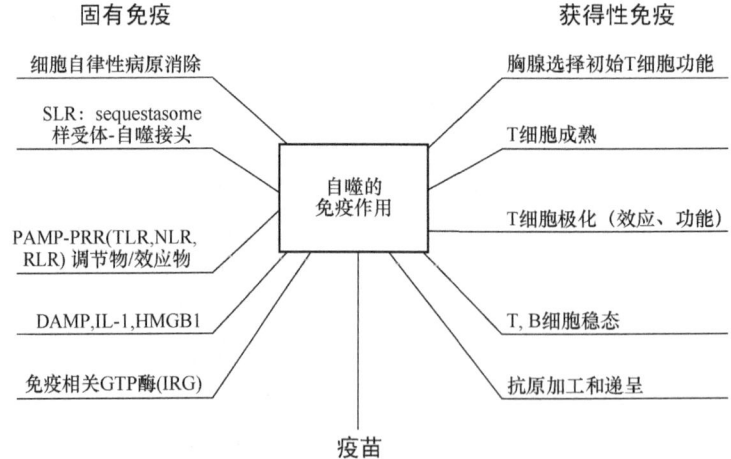

图 6-1 自噬在固有免疫和获得性免疫中的多向作用

SLR：p62/sequestasome 样受体，起自噬接头作用；PAMP：病原-相关分子模式；
PRR：模式识别受体；TLR：Toll 样受体；NLR：Nod 样受体；RLR：RIG-I 样受体；
DAMP：危险相关分子模式；IRG：免疫相关 GTP 酶；HMGB1：高移动组盒 1。

(Deretic, 2011)

一、作为自噬接头的新固有免疫受体——SLR

隔离体（sequenstasome，p62/SQSTM1）样受体（SLR）是一组新确定的固有免疫受体，直接捕获细胞内的微生物。SLR 是自噬受体/接头，识别靶是泛素化标志同时有 LC3 的作用区（LIR）。然而，人和小鼠基因组中许多蛋白有 LIR 结构域，所以这个领域还有大量的研究工作要做。看来除了 p62 和 NDP52 还有别的受体起作用，在应激的线粒体上至少有两个特殊的靶 VDAC1 和 mitofusin（Mfn）。

SLR（主要是 p62）的另一功能是回收细胞质中的蛋白质前体，进入自溶体中转变为新的抗微生物产物，这种功能在抗结核菌感染中起重要作用。

二、自噬效应的调节

自噬效应受到模式识别受体，病原相关分子模式和危险相关分子模式的网络调控。Toll 样受体（TLR）是固有免疫系统与自噬相关的第一类模式识别受体，已经报道多种细胞（包括巨噬细胞、树突细胞、中性粒细胞）的 TLR2/TLR1 异二聚体、TLR3、TLR4、TLR7/TLR8 和 TLR9 介导自噬。其他固有免疫受体也参与自噬机制，如 NLR 和 RLR。

自噬与固有免疫在病原相关分子模式（PAMP）与模式识别受体（PRR）层面连接，包括所有类型的固有免疫受体。自噬也是对危险信号识别系统的效应器，这个网络也包括危险相关分子模式（DAMP），如 ATP、HMGB1 和受损细胞释出的染色质/DNA 复合体（图 6-2）。

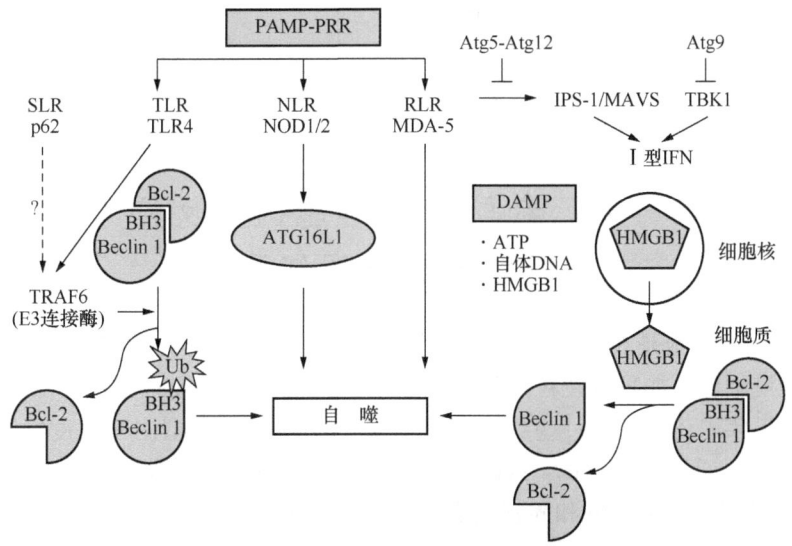

图 6-2 自噬的分子调节（Deretic，2011）

三、免疫相关 GTP 酶

自噬是免疫相关 GTP 酶（immunity-related GTPases，IRG）的抗微生物效应器。人类和小鼠的免疫相关酶基因冗余性恰巧在两个极端，人类基因组中有 3 个 *Irg* 基因，但是只有一个严格意义上的（sensu stricto）免疫相关 GTP 酶基因 *IRGM*；小鼠有 22 个免疫相关 GTP 酶基因（包括 20 个严格意义的基因和 2 个伪基因；还有两个与免疫无关的 Irgc 和 Irgq），其中 Irgm1 与人类的 IRGM 同源。小鼠有更多的 IRG（TGTP/Irgb6、IRG-47/Irgd、IGTP/Irgm3、GTPI/Irgm2 和 IIGP1/Irga6）参与抵御细胞内病原体。对小鼠的 Irgm1 抗结核机制研究表明，Irgm1 参与自噬机制是依赖 IFN-γ 的；而人类 IRGM 参与自噬机制依赖于 IFN-γ 和 rapamycin 和细胞饥饿。对人类群体的遗传研究表明自噬基因组的异常与炎症性结肠病，尤其是 Crohn 氏病相关；单核苷酸多态性与结核病易感性相关（表 6-3）。

表 6-3 免疫相关 GTP 酶的作用

	免疫作用	作用机制
人 IRGM	基因组范围相关研究 有 Crohn 氏病高危位点 单核苷酸多态性 2 个结核病易感位点 （非洲和中国人群中）	巨噬细胞和上皮细胞自噬和异噬
小鼠 Irgm1	细胞内感染模型的预防 产生 IFN-γT 细胞存活持续 形成小鼠自身免疫病模型	巨噬细胞自噬和异噬 CD4 T 细胞存活和反应持续 造血干细胞存活延长 噬泡膜损伤 蛋白聚集和清除 巨噬细胞移动

资料来源：Deretic，2011。

第三节 参与 Th2 细胞因子反应的新型固有免疫细胞

通常认为 T 细胞是获得性免疫反应中 Th2 细胞因子 IL-4、IL-5、IL-13 的主要来源，固有免疫细胞，如嗜碱性粒细胞、嗜酸性粒细胞和肥大细胞也是 Th2 细胞因子的重要来源。近年来还发现了一些参与 Th2 细胞因子反应的新型固有免疫细胞群：天然辅助细胞（natural helper cell，NHC），多潜能前体细胞 2 型（multi-potent progenitor type 2，MPP^{type2}），nuocyte 和固有免疫 2 型辅助细胞（innate type 2 helper，Ih2）。这些细胞群在 IL-25 和（或）IL-33 作用下产生大量的 IL-5 和 IL-13，导致嗜酸性粒细胞和杯状细胞增多，在抗寄生虫反应中起关键性作用，对于阐明抗寄生虫机制和哮喘、过敏性腹泻等黏膜炎症有重要意义。有助于从一个新的侧面理解固有免疫与获得性免疫的关系。这些新型固有免疫细胞群有的性质类似,但是它们的表面标志不同(表 6-4)。多潜能前体细胞 2 型细胞(MPP^{type2})有分化为其他髓细胞的潜能,比较容易与别的类型的固有免疫细胞区别;天然辅助细胞(NHC)存在于内脏脂肪组织的淋巴丛中,组成性产生 Th2 细胞因子支持 B1 细胞的自我更新和增加 IgA 的产生。

表 6-4 产生 Th2 细胞因子的固有免疫细胞的表面标志

表面标志	NHC	nuocyte	MPP^{type2}	Ih2
c-Kit	+	+/−	+	+/−
CD45	+	+	+	+
IL-7Rα	+	lo	−/lo	?
Sca-1	+	+	+	−
Thy-1	+	+	?	+
CD34	−	−	−/lo	?
CD25	+	−*	?	+^{a}
CD44	+	+	?	+
CD69	+	?	−	+^{a}
CD62L	−	?	−/lo	?
FcεRI	−	−	−	?
T1/ST2	+	+/−	−/lo	?
MHC class II	−	+	?^{b}	?

资料来源:Saenz 等,2010a。

这些新型固有免疫细胞是受 IL-25 和(或)IL-33 诱导的,所以对 IL-25 和 IL-33 的研究受到更多的关注。IL-25 又称 IL-17E,属 IL-17 家族成员,诱导 Th2 反应,而其他成员诱导中性粒细胞炎症反应。IL-25 受体由 IL-17RA 和 IL-17RB 组成,而其他 IL-17 家族成员的受体由 IL-17RA 和 IL-17RC 组成。初始报告认为 IL-25 由 Th2 细胞产生,后续研究表明上皮细胞也能产生,尤其是感染某些病原体的肺上皮细胞和肠道上皮细胞产生大量的 IL-25,受 FcεRI 串话的肥大细胞也能产生 IL-25。体内实验表明 IL-25 诱发小鼠的嗜酸性粒细胞增多症和 IgE 产生;反复鼻腔滴灌 IL-25,呈现气道超敏反应,在肺部测出 IL-5 和 IL-13 高表达。

IL-33 是 IL-1 家族成员,在多种细胞表达,包括成纤维细胞、上皮细胞、内皮细胞和脂肪细胞。IL-33 定位在核内时对 IL-1α 起异染色质相关的转录抑制物作用。IL-33 的受体 IL-33R 由 ST2 和 ILRAcP 组成,在多种细胞表达,包括 Th2 细胞,肥大细胞、嗜碱性粒细胞和 CD34$^+$ 造血前体细胞。可溶性 ST2 可以作为 IL-33 的负调节因子出现。体外实验证明 IL-33 诱导肥大细胞和 CD34$^+$ 细胞产生 IL-5 和 IL-13;嗜碱性粒细胞产生 IL-4、IL-5、IL-6 和 IL-13。体内实验也证明 IL-33 参与过敏原引发的气道过敏反应,可溶性 ST2 能阻滞这种反应。临床观察表明哮喘患者的上皮细胞 IL-33 表达水平高于健康人,耐药患者则更高。过敏性结膜炎、鼻炎、皮炎患者的 IL-33 表达水平也高于健康人。

通过 IL-25 和 IL-33 的动物实验研究认识到有一些固有免疫细胞起着微调作用,从而发现了上述新型固有免疫细胞。它们从形态上看属于淋巴样细胞,功能上属于固有免疫系统,提示固有免疫系统也随着进化而不断发展。

(马小彤　吴克复)

参 考 文 献

吴克复,马小彤. 2010. 白细胞功能多极化及其意义. 中国实验血液学杂志,18 (1):1-6

Altfeld M, Fadda L, Frleta D, et al. 2011. DCs and NK cells: Critical effectors in the immune response to HIV-1. Nature Rev Immunol, 11: 176-186

Beutler B. 2002. Toll-like receptors: How they work and what they do. Curr Opin Hematol, 9 (1): 2-10

Deretic V. 2011. Autophagy in immunity and cell-autonomous defense against intracellular microbes. Immunol Rev, 240: 92-104

Hajishengallis G, Lambris J D. 2011. Microbial manipulation of receptor crosstalk in innate immunity. Nature Rev Immunol, 11: 187-201

Moro K, Yamada T, Tanabe M, et al. 2010. Innate production of Th2 cytokines by adipose tissue-associated c-Kit$^+$ Sca-1$^+$ lymphoid cells. Nature, 463: 540-544

Neill D R, Wong S H, Bellosi A, et al. 2010. Nuocytes represent a new innate effector leukocyte that mediates type-2 immunity. Nature, 464 (7293): 1367-1370

Price A E, Liang H E, Sullivan B M, et al. 2010. Systemically dispersed innate IL-13 expressing cells in type 2 immunity. Proc Natl Acad Sci USA, 107: 11489-11494

Saenz S A, Noti M, Artis D. 2010a. Innate immune cell populations function as initiators and effectors in Th2 cytokine response. Trends Immunol, 33 (11): 407-413

Saenz S A, Siracusa M C, Pemigoue J G, et al. 2010b. IL-25 elicits a multipotent progenitor cell population that promotes Th2 cytokine response. Nature, 464: 1362-1366

第七章　巨噬细胞生物学

单核/巨噬细胞是固有免疫系统的核心成员，是专职清除病原体和死细胞的异质性细胞群体，是进化过程中最早出现的免疫机制。100多年前，俄国科学家梅契尼柯夫系统研究了动物的细胞吞噬现象，发现从原虫和低等的无脊椎动物到哺乳动物和人类都广泛存在细胞的吞噬现象，据此认为细胞吞噬是免疫的细胞机制，奠定了现代免疫学基础。

人类的吞噬细胞主要有中性粒细胞（小吞噬细胞）、由单核细胞分化而来的巨噬细胞（单核/巨噬细胞，是本章讨论的主要内容）和树突细胞。巨噬细胞参与众多的生理、病理过程，其主要功能有：杀伤和清除病原体，加工递呈抗原，参与炎症反应，维持体内稳定和平衡，杀伤和清除感染和变异的细胞等。巨噬细胞通过分泌多种细胞因子（IL-1、IL-6、IL-12、TNF-α、IL-8、GM-CSF等）、各种酶类（溶菌酶、酸性水解酶、赖氨酸酶、酯酶、胶原蛋白酶、弹性纤维蛋白酶等）以及前列腺素、白三烯、补体成分、纤维蛋白、结合蛋白、凝血因子等参与免疫调节。巨噬细胞表达多种表面分子，借此与其周围环境联系起来发挥各种生物学功能。主要的表面分子及识别的配体有：模式识别受体（包括甘露糖受体、清道夫受体、Toll样受体等），病原相关模式分子、细胞表面免疫球蛋白（mIg）、调理性受体、补体受体以及多种细胞因子受体。

单核/巨噬细胞又称单个核吞噬细胞系统（mononuclear phagocytes system, MPS），是维护人体细胞社会稳定的基础，受到严格调控，其数量和生存期异常都会导致疾病，除感染、炎症、肿瘤外，近年来的研究证明单核/巨噬细胞还参与糖尿病、动脉粥样硬化等重大疾病的发生、发展，与它们的防治相关。

第一节　单核细胞和巨噬细胞的异质性

长久以来根据瑞氏染色进行造血细胞分类一直认为单核/巨噬细胞是单一的群体，没有亚群之分。近年，随着细胞生物学和免疫学的发展、研究方法和技术的进步，尤其是细胞表面标志测定的广泛应用，开始认识到单核/巨噬细胞群体的异质性。

一、两类单核细胞

单核细胞由骨髓中的造血干细胞分化而来，它们与粒细胞具有共同的髓系祖细胞，经原单核细胞（monoblast）、前单核细胞（pre-monocyte）最终分化为单核细胞，后者进入外周血循环。外周血循环中的单核细胞仅生存24～48h，它们作为固有免疫监督细胞，当出现组织损伤或病原信号时单核细胞募集到局部或进入组织。外周血中的单核细胞不是均一的群体，半个世纪前就已发现人类大部分的外周血单核细胞在血循环中凋亡，只有小部分单核细胞进入组织分化为巨噬细胞。有学者认为特定组织中的巨噬细胞是由特定的单核细胞群体进入产生的，但目前这个观点还存在争议。外周血中单核细胞异质性的成因、意义等还没有阐明，但有一种理论认为单核细胞在离开骨髓进入外周血后还在继续分化，可以在分化的不同阶段进入组织中，而它们进入组织时的分化阶段决定了它们的功能特点。

在小鼠中，根据单核细胞进入组织前在血液中停留的时间，定义了"炎症型"和"常驻型"两类单核细胞，分别代表了单核细胞外周血分化过程的两端，两者在细胞表面标志上有显著的区别：炎症型单核细胞表型为 $CCR2^+ CX_3CR1^{low} GR1^+$，其中 CCR2 为 CC 趋化因子受体 2，$CX_3CR1$ 为 CX_3C 趋化因子受体 1；而常驻型单核细胞表型为 $CCR2^- CX_3CR1^{hi} GR1^-$，两类单核细胞在小鼠外周血中的比例接近。

在人类中，外周血单核细胞也可以根据表型分为两个群体，但与小鼠两类单核细胞的表面标志和生理功能有显著不同，其中约 90% 的细胞表型为 $CD14^+ CD16^-$，称为"经典型"（classical）单核细胞，另一类表型为 $CD14^+ CD16^+$，称为"非经典型"（nonclassical）单核细胞。两类单核细胞都产生 IL-1β、TNF-α 和 IL-6，表达水平也相似。但是，$CD14^+ CD16^-$ 表达高水平的 IL-10，对于正常情况下维持稳态有重要意义。近年来对动脉粥样硬化发病机制的研究发现动脉壁上也有常驻型单核细胞，与血流中的单核细胞（炎症型）功能不同（表 7-1）。

表 7-1 单核细胞亚群及功能效应

亚群	溶蛋白	吞噬	炎症	氧化	血管新生
炎症型	+	+	+	+	−
常驻型	−	+	−	−	+

资料来源：Saha 等，2009。

按照 CD14 表达的强弱（流式细胞仪记录的荧光强度：强-high 或弱-dim）还能将"非经典型"单核细胞分为两个亚群：$CD14^{high}CD16^+$ 和 $CD14^{dim}CD16^+$，它们分别占总循环单核细胞的 4.7% 和 0.8%，前者胞体较大，直径分别为 18.4μm 和 13.4μm，有类似的细胞表面分子，但是表达水平不同（表 7-2）。

表 7-2 单核/巨噬细胞表面分子表达和功能

表面分子	$CD14^+CD16^-$	$CD14^{high}CD16^+$	$CD14^{dim}CD16^+$	巨噬细胞
激活相关				
CD14	高	高	低	−
CD16	−	+	+	+
TLR4	+	+	+	+
TLR2	低	高	低	+
MHC I	高	高	高	+
MHC II	−	−	−	+
HLA-DR	低	高	高	+

续表

表面分子	CD14$^+$CD16$^-$	CD14^{high}CD16$^+$	CD14^{dim}CD16$^+$	巨噬细胞
FcγRI	+	−	−	高
FcγRIII	−	+	+	高
CD86	低	高	高	低
MR	−	−	−	+
ScR	−	−	−	+
黏附相关				
CD11a	低	−	−	高
ICAM-1	−	+	+	低
VCAM-1	−	+	+	低
迁移相关				
CCR2	+	−	−	−
CD62L	+	−	−	−
CX3CR1	低	高	高	低

注：+：组成性表达；−：缺乏；高：高表达；低：低表达。
资料来源：Gonzalez-Mejia 等，2009。

二、不同部位的巨噬细胞性质不同

单个核吞噬细胞由胎肝、骨髓和外周血单核细胞分化而来，在正常组织、器官中分化成为组织巨噬细胞；感染时从外周血募集单核细胞分化为巨噬细胞，与不同的微生物、抗原相互作用形成不同的单核细胞和巨噬细胞亚群。巨噬细胞的异质性表现在不同组织、不同部位有不同的功能和名称，如肝脏-柯弗（Kupffer）细胞；肺-肺泡巨噬细胞；结缔组织-组织细胞；骨-破骨细胞；脑-小胶质细胞；皮肤-朗罕氏（Langerhans）细胞等。有时以器官部位命名，如腹膜巨噬细胞。巨噬细胞还有高度可塑性应对环境变化，固有免疫和获得性免疫反应能改变巨噬细胞的表型和功能。用免疫细胞化学、流式细胞术等方法测出人类疾病中有许多不同的亚群（表7-3）。

表7-3 人类疾病中的单个核吞噬细胞亚群

疾　病	相关亚群
实体瘤	M2巨噬细胞（TAM）［经典M1之外的任何表型］
	CD14$^+$/CD16$^+$/Tie2$^+$/CD45$^+$/CD11b$^+$/L-selectin$^-$/CCR2$^-$
脓毒症	PBM：CD14^{++}/CD16$^+$/HLA-DR$^+$/CD86$^+$/CD11b$^+$/CD33$^+$吞噬能力弱
慢性阻塞性肺病	AM：CD14^{++}/CD16$^+$/CD11c^{++}/CD86$^+$/CD11a$^+$
动脉粥样硬化症	PBM：CD14^{++}/CD16$^+$/CDt62-L^{++}
	PBM：CD14^{++}/CD16$^-$
	PBM：CD14$^+$/CD16$^+$/ScR$^+$/DR^{++}
	PBM：CD14$^{+/++}$/CD16$^+$（肥胖）

续表

疾 病	相关亚群
膀胱、胆囊纤维化	PBM：$CD14^{+/++}/CD16^-/CCR2^+$
肉状瘤病	PBM：$CD14^+/CD16^+/CD69^+/VLA-1^+$
	PBM：$CD14^{++}/CD16^-/P2X7^{++}$
先天性肺纤维化	PBM 和 AM：$CD14^+/CD16^+/CD11b^+$ ↑
	PBM 和 AM：$CD13^+/CD14^+CD33^+/U26^+/Max3^+$
	AM 高于 PBM：$RFD9^+/CD68^+$
	AM：$DDR1b^+$ ↑ $CD14^+$
慢性炎症性肺病	AM：$CD14^+/CD16^+/CD11b^+/HLA-DR^+$
哮喘	PBM：$CD14^+/CD16^+$ ↑
	AM：$CD16^+/CD18^+/CDw32^+/CD44^+/CD71^+/HLA-I^+/HLA-DR^+/HLA-DQ^+$
	AM：$CD14^+/CD16^+$ ↓ $/IL-10R^+$
	PBM：$CD14^{++}$ ↑ $/CD16^+/CD163^+$
类风湿性关节炎	PBM：$CD14^+$ ↑ $/CD16^+/HCgp-39^+$
	SynMac：$CD14^+$ ↑ $/CD16^+$
炎症性结肠病	PBM：$CD14^+$ ↑ $/CD16^+$
	IntMac：$CD14^+/CD209^+$
	MucMac：$CD40^+$ ↑

注：AM：肺泡巨噬细胞；PBM：外周血单核细胞；IntMac：肠腔巨噬细胞；MucMac：黏膜巨噬细胞；SynMac：滑液巨噬细胞。

资料来源：Parihar 等，2010。

三、巨噬细胞的免疫功能分型

巨噬细胞功能上具有极大的可塑性，在微环境各种不同信号活化条件下的功能呈多样性，它可对细菌受体 TLR、内源性信号、细胞因子等多种刺激作出反应，表现出不同的活化状态，从而在机体天然免疫和适应性免疫中均发挥十分重要的作用。已有的证据证实，不同信号活化的巨噬细胞的许多功能是相互拮抗的，如它们可以促炎症和抗炎症、促 Th1 和促 Th2、免疫增强和免疫抑制作用、组织再生和细胞毒组织破坏等，因此巨噬细胞实际上是由各种不同活化方式形成的在表型和功能上具有巨大差异的群体。一直以来学者都试图对不同群体巨噬细胞进行更为精细的分群，与 T 细胞激活的 Th1/Th2 功能的概念相应，比较早期的工作将活化的巨噬细胞分为经典途径活化（M1）和替代途径活化（M2）的巨噬细胞；而近年又有学者尝试运用色轮（Colorwheel）分型方式将其分为经典活化的巨噬细胞、创伤修复的巨噬细胞以及调节性巨噬细胞。虽然上述分型方式都需要进一步完善，但无论哪种分型方法，都肯定了巨噬细胞表型和功能的异质性。

1. 经典途径活化的巨噬细胞

对于 Th1 细胞因子，在 γ-干扰素（IFN-γ）或 LPS 等细菌产物作用下，巨噬细胞活化为经典途径活化的巨噬细胞，又称 M1 型巨噬细胞，这类巨噬细胞分泌大量的促炎症因子，具有很强的杀伤微生物和肿瘤细胞的能力。

早期对其活化信号的研究发现，巨噬细胞需要受到 IFN-γ 和 TNF 两个信号的刺激才能成为经典活化的巨噬细胞。IFN-γ 是第一信号，本身不能完全活化巨噬细胞，但为巨噬细胞的活化做好准备。IFN-γ 可由固有免疫和获得性免疫细胞分泌，在感染和应激早期，NK 细胞是重要的 IFN-γ 来源细胞，促进巨噬细胞分泌促炎症因子，但 NK 细胞不能提供持续的 IFN-γ；获得性免疫细胞分泌的 IFN-γ 对维持 M1 巨噬细胞是十分重要的，T 辅助 1 型细胞（Th1）是维持 M1 型巨噬细胞所需 IFN-γ 的重要来源。TNF 是第二信号，可以是外源性的也可以是内源性的。Toll 样受体（TLR）的活化为巨噬细胞提供内源性的 TNF：TLR 活化后，通过 MyD88 依赖的方式促进巨噬细胞表达 TNF，而后者通过自分泌方式作用于巨噬细胞并与 IFN-γ 协同活化和维持巨噬细胞为 M1 型巨噬细胞。深入的研究发现，一些 TLR 的配体可以通过 IFN 调节因子 3（IRF3）促进 IFN-β 的表达，而 IFN-β 可以替代 NK 细胞和 T 细胞分泌的 IFN-γ，作为 M1 巨噬细胞活化的第二信号，那么同时诱导 TNF 和 IFN-β 分泌的 TLR 激动剂就可以独立将巨噬细胞活化为 M1 型巨噬细胞。小鼠中，M1 型巨噬细胞通过产生 NO 提高杀伤活性；而在人类中，IFN-γ 和 LPS 刺激外周血来源巨噬细胞通常不产生 NO，其活化表现为 MHC II 类分子和 B7（CD86）分子表达的上调以及抗原提呈能力和杀伤细胞内病原体能力的增强。

值得一提的是，虽然 M1 型巨噬细胞分泌的各种促炎症因子是机体防御的重要组成部分，但也可对机体产生严重损伤。M1 型巨噬细胞参与了包括类风湿性关节炎、炎性肠道疾病等在内的多种自身免疫性疾病的免疫病理过程。

2. 替代途径活化的巨噬细胞

巨噬细胞在 Th2 细胞因子（IL-4、IL-13）作用下分化成为替代途径活化的巨噬细胞（又称 M2 型巨噬细胞），M2 型巨噬细胞有抗寄生虫能力、组织修复和重建功能。

与 M1 型巨噬细胞类似，M2 型巨噬细胞的活化也是在固有免疫和获得性免疫信号作用下完成的。Th2 型免疫反应是在黏膜表面损伤以及蠕虫感染等条件下激活的，IL-4 是组织损伤后最早释放的固有免疫信号之一，嗜碱性粒细胞和肥大细胞是早期 IL-4 的主要来源，同时其他粒细胞也参与了这个过程；真菌和寄生虫表面的几丁质也可诱导上述细胞分泌 IL-4。获得性免疫反应也可造成 IL-4 的分泌，在维持 M2 型巨噬细胞中起重要作用，T 辅助 2 型细胞（Th2）是其分泌的主要来源。与 M1 型巨噬细胞显著不同，IL-4 显著提高巨噬细胞甘露糖受体的表达，而且 IL-4 可以提高巨噬细胞精氨酸酶的活性，后者可以将精氨酸转化为多胺和胶原的前体鸟氨酸。

M2 型巨噬细胞与 M1 型巨噬细胞在功能上有很大差异，体外实验中，巨噬细胞在 Th2 免疫反应细胞因子 IL-4 和 IL-13 的作用下，不能向 T 细胞递呈抗原，而且产生氧、氮自由基及杀伤细胞内病原体的能力低于 M1 型巨噬细胞。与 M1 型巨噬细胞类似，功能异常的 M2 型巨噬细胞也参与了一些疾病的病理过程，如慢性血吸虫病患者的组织纤维化，哮喘病等。

M1/M2 巨噬细胞分型方法是二维的线性分型方式，严格意义上的 M1 和 M2 巨噬细胞只是连续变化的巨噬细胞功能表型中的两个极端表型，其间还存在大量过渡状态的巨噬细胞表型，而且在生理、病理条件下 M1 和 M2 型巨噬细胞可以通过基因表达重编程相互转换。实际上，目前多数文献所定义的 M2 巨噬细胞实际上泛指 M1 以外的活化巨噬细胞，其中包括肿瘤相关巨噬细胞（tumor-associated macrophage，TAM）和脂肪组织巨噬细胞（adipose tissue macrophage，ATM）等。

同一组织中存在不同类型的巨噬细胞，如 ATM 指常住在脂肪组织中的巨噬细胞，属 M2 型巨噬细胞，而从外周血浸润到脂肪组织的巨噬细胞属 M1 型巨噬细胞。肿瘤微环境中存在两型巨噬细胞（详见调节型巨噬细胞部分），刚浸润的属 M1 型，经过肿瘤的"培训"转变为 M2 型（即 TAM），因此有人提出利用巨噬细胞的可塑性将 TAM 再"培训"成 M1 型，作为新的治疗肿瘤策略。所以阐明 M1/M2 型别转化机制不仅有重要的理论意义，还可能有更大的应用前景。M1/M2 型巨噬细胞型别转化机制如图 7-1～图 7-3 所示。

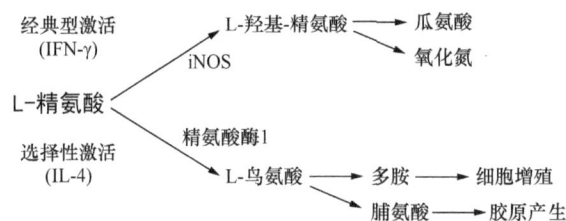

图 7-1 巨噬细胞型别转化的生化机制

IL-4 通过调节 NOS/精氨酸酶 1 的表达调控巨噬细胞中的精氨酸代谢经典型的巨噬细胞激活显示出可诱导性氧化氮合成酶（iNOS）活性增强，促进 L-羟基精氨酸、L-瓜氨酸和氧化氮的产生，增强抗微生物活性。反之，选择性激活巨噬细胞显示精氨酸酶增强和氧化氮合成酶活性减弱。L-精氨酸代谢为尿素和 L-鸟氨酸，产生多胺导致细胞增殖；或脯氨酸促进组织修复；或病理状态下导致纤维化。（Pluddemann et al., 2011）

3. 调节型巨噬细胞

在 M1/M2 分型的基础上，2008 年 Mosser 和 Edwards 提出了色轮分型假说，将活化巨噬细胞分为经典途径活化型（对应 M1 型巨噬细胞）、创伤修复型（对应 M2 型巨噬细胞）和调节型巨噬细胞。

最初，在探索终止活化巨噬细胞转录 IL-12 的工作中发现，交联活化巨噬细胞上 FcγRs 可以终止 IL-12 的合成并诱导免疫抑制细胞因子 IL-10 的大量分泌；体外 IgG 免疫复合物和 TLR 激动剂共同作用下，巨噬细胞可转变为一类大量表达 IL-10 的亚群。高表达 IL-10 是调节型巨噬细胞的重要标志，而这类细胞的 IL-12 表达水平显著下调，

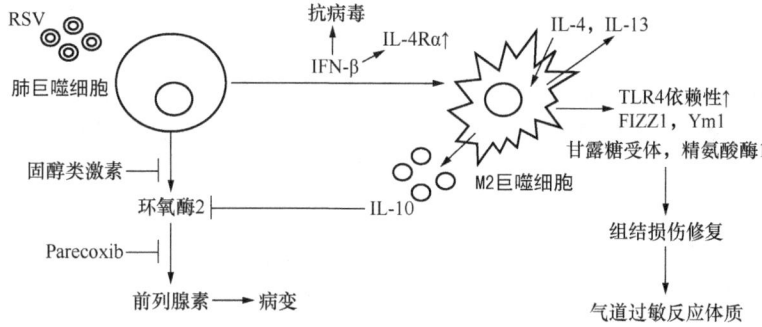

图 7-2 呼吸道合胞体病毒引起的巨噬细胞表型转化

巨噬细胞感染呼吸道合胞体病毒（RSV）导致产生早期促炎症细胞因子和环氧酶 2 产生明显的肺部病变。然后巨噬细胞产生 IL-4 和 IL-13，通过 TL-4Rα、TLR4 和 β-干扰素依赖的机制分化为选择性激活的巨噬细胞（M2）。促进早期炎症过程导致的组织损伤修复；IL-10 的产生减少炎症细胞因子的产生。(Pluddemann et al., 2011)

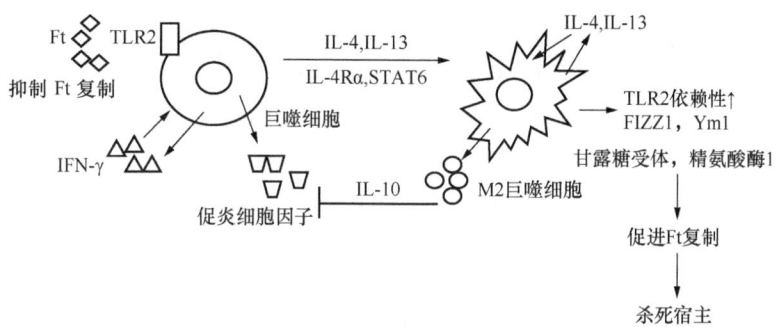

图 7-3 土拉伦菌引起的巨噬细胞表型转化

土拉伦菌（Francisella tularensis，Ft）是野兔病原，也能导致大鼠、小鼠、家兔、豚鼠和人类感染。Ft 感染巨噬细胞后通过依赖于 TLR2 的途径和未知的细胞内感受器导致 β-干扰素的产生和通过 AIM2 和 ASC 感受器激活胱天蛋白酶-1。β-干扰素抑制细菌增殖，但是产生 IL-4 和 IL-13 使巨噬细胞通过 TLR-4α 和 TLR2 依赖的途径和机制分化为选择性活化的巨噬细胞表型（M2），结果微环境促进土拉伦菌增殖，杀死宿主。(Pluddemann et al., 2011)

因此 IL-10 和 IL-12 表达水平的比值是定义此类巨噬细胞的重要指标；由于 IL-10 可以抑制各种促炎症因子的产生，因此调节型巨噬细胞是潜在的抑制炎症的细胞亚群。

与另外两种类型的活化巨噬细胞类似，调节型巨噬细胞也可由固有免疫和获得性免疫反应活化。应激反应下，肾上腺细胞分泌糖皮质激素，后者抑制巨噬细胞表达促炎症因子并促进调节型巨噬细胞亚群的产生；其他因素还包括腺苷酸、多巴胺、组织胺、鞘氨醇磷酸酯（sphingosine-1-phosphate）、黑皮质素、血管活性肠肽、脂肪细胞因子等。在获得性免疫的晚期也可通过不同途径产生调节型巨噬细胞，ERK 可能在其中起十分重要的作用，但目前这种表型转换的分子机制尚未阐明。

尽管不同刺激产生的调节型巨噬细胞表型特征略有差异，但它们活化过程通常需要两个信号。第一个信号包括免疫复合物、前列腺素、腺苷酸、凋亡细胞等，这些信号对其无作用或作用微弱,而只有在 TLR 等第二个信号共同作用下,才能重编程巨噬细胞表达 IL-10。

调节型巨噬细胞的功能与其他两类巨噬细胞有显著不同:高表达 IL-10 而低表达 IL-12,起抑制炎症反应的作用;不参与胞外基质的分泌;许多调节型巨噬细胞高表达 CD80 和 CD86 共刺激分子,因此可以向 T 细胞递呈抗原。

调节型巨噬细胞概念提出后,对肿瘤组织中的巨噬细胞的性质也进行了重新描述,在肿瘤发生、发展过程中巨噬细胞由经典活化型转变为调节型,即肿瘤发生、发展早期的巨噬细胞具有经典活化型巨噬细胞的特点,经过肿瘤微环境的"培训",肿瘤组织中的巨噬细胞转变为具有调节型巨噬细胞的特点细胞群体。虽然还存在争议,但炎症与肿瘤的关系已成为近期科学界的热点话题。早期的证据提示巨噬细胞对转化细胞起免疫监控作用,可有效杀伤转化细胞,抑制肿瘤的发生、发展;然而去除巨噬细胞不仅对肿瘤发生影响甚微,而且在一些情况下甚至对机体有利。进一步的证据提示,经典活化的巨噬细胞产生的自由基等不仅可以杀伤病原体及转化细胞,而且可造成正常细胞的 DNA 损伤、突变,并引起正常细胞的恶性转化。而在肿瘤发展过程中,虽然机制尚未阐明且不同组织来源的肿瘤相关巨噬细胞基因表达存在差异,但目前已发现在肿瘤微环境中潜在因素,如前列腺素、低氧、胞外核苷酸、凋亡细胞、透明质烷和 IgG 等的作用下,通过 MyD88 依赖的 NF-κB 活化等途径,巨噬细胞被重编程为类似调节型巨噬细胞又兼有一些创伤修复巨噬细胞性质的表型。肿瘤相关巨噬细胞高表达 IL-10 而低表达或不表达 IL-12、TNF 表达水平降低、促血管新生因子表达水平升高,其中高水平 IL-10 抑制抗肿瘤免疫反应及周围其他巨噬细胞的活化,低水平 TNF 抑制抗原递呈细胞的功能,高水平促血管新生因子促进肿瘤组织中的血管新生,这些因素都对肿瘤的发展起促进作用。目前对肿瘤相关巨噬细胞基因表达特点还缺乏一个全面系统的认识,需要进一步研究阐明。

第二节 单核细胞和巨噬细胞的功能调控

一、单核细胞分化为巨噬细胞的调控

单核细胞的主要功能是固有免疫系统的免疫监视。外周血的单核细胞能够迁移到组织中分化为巨噬细胞。单核细胞的迁移涉及多步机制,包括黏附和溢出,到达特定组织,最终分化为巨噬细胞。早先认为单核细胞迁移到组织分化成巨噬细胞是随机过程,现在根据血管内皮细胞与单核细胞共培养的实验观察结果,认为单核细胞的迁移能力取决于细胞表面表达的黏附分子和趋化因子的浓度梯度。炎症时单核细胞与损伤组织释放的因子构成复杂的调控网络调控单核细胞的迁移。单核细胞溢出血管外与组织产生的 fractalkine 密切相关,$CD14^+CD16^-$ 的 fractalkine 受体(CX3CR1)表达水平低穿越血管能力低;$CD14^+CD16^+$ 的 CX3CR1 表达水平高,穿越血管壁能力强。所以单核细胞迁移入组织,分化为巨噬细胞不是随机的。

巨噬细胞的功能众多,但其基本功能是通过吞噬作用清除病原体和死亡及衰老细

胞，在炎症和损伤修复中起重要作用，维护机体平衡。巨噬细胞及其前体——单核细胞的数量和生存期受到严格调控，过多过少都会导致疾病。正常情况下单核细胞在外周血中作为固有免疫系统的免疫监测者存在时间很短，仅24~48h就自发性凋亡，在分化因子作用下单核细胞逃逸凋亡分化为巨噬细胞，即各种脏器、组织中普遍存在的巨噬细胞，可生存数月至数年。在不同的细胞因子诱导下，单核细胞可以分化为巨噬细胞、树突细胞和破骨细胞。所以单核/巨噬细胞命运的调控成为重要的课题。单核细胞的生存期由生存和死亡信号的复合网络决定。单核细胞由组成性活跃的死亡程序控制，所以注定是短命的。

在炎症或有分化因子存在时凋亡程序受阻，延长了单核细胞的生存期。一旦炎症停止，生存程序也即停止，又进入凋亡程序。所以凋亡程序的开关控制了单核细胞的命运。然而，巨噬细胞获得了抑制凋亡程序的机制，激活了促进长期生存的途径，所以巨噬细胞可以生存数月至数年，随微环境条件而异，可塑性强。

二、细胞表面分子与巨噬细胞功能

巨噬细胞的功能除了吞噬，还包括抗原递呈，通过MHC分子识别自我和非我，所以巨噬细胞能启动初始炎症反应和参与组织重建。此外，巨噬细胞的吞噬功能还参与清除凋亡细胞，与炎症无关，能吞噬非炎症产生的死亡细胞。

巨噬细胞启动抗病原体的细胞介导的免疫反应，对病原识别是通过病原识别模式（表7-4）与MHC形成"MHC-肽链复合体"启动炎症反应。单核细胞表达MHC Ⅰ，在分化过程中被MHC Ⅱ抑制。

表7-4 模式识别受体与微生物配体识别

模式识别受体	定位	配体	来源
清道夫受体			
SR-A	细胞质膜	LPS、LTA、CpG DNA、蛋白质	细菌
MARCO	细胞质膜	LPS、蛋白质	细菌
CD36	细胞质膜	二酰化脂肽	细菌
LOX-1	细胞质膜	蛋白质	细菌
SREC	细胞质膜	蛋白质	细菌
C型凝集素			
DC-SIGN	细胞质膜	LPS、ManLAM、CPS、CTL	细菌、病毒、原虫
甘露糖受体	细胞质膜	LPS、ManLAM、CPS	细菌、病毒、真菌、原虫
Dectin-1	细胞质膜	β-Glucan、分枝杆菌配体	分枝杆菌
Dectin-2	细胞质膜	β-Glucan、高甘露糖结构	真菌
MINCLE	细胞质膜	SAP130	真菌

续表

模式识别受体	定 位	配 体	来 源
Toll 样受体			
TLR1	细胞质膜	三酰化脂蛋白	细菌
TLR2	细胞质膜	PGN、porins、脂蛋白树胶甘露聚糖	细菌
		HA 蛋白	病毒
		tGPI-黏液素	原虫
TLR3	内溶酶体	双链 DNA	病毒
TLR4	细胞质膜	LPS	细菌
		包膜蛋白	病毒
TLR5	细胞质膜	鞭毛蛋白	细菌
TLR6	细胞质膜	二酰化脂肽	细菌、病毒
TLR8 (小鼠 TLR7)	内溶酶体	单链 RNA	细菌、病毒
TLR9	内溶酶体	CpG DNA	细菌
		DNA	病毒
		疟原虫色素	原虫
TLR10	内溶酶体	未知	未知
TLR11	细胞质膜	Profilin 样分子	原虫
NOD 样受体			
NOD1	细胞质	iE-DAP	细菌
NOD2	细胞质	MDP	细菌
NLRP1	细胞质	MDP、炭疽致死毒素	细菌
NLRP3	细胞质	RNA、LPS、LTA、MDP	细菌、原虫、真菌
		病毒 RNA	病毒
NLRC4	细胞质	鞭毛蛋白	细菌
Naip5	细胞质	鞭毛蛋白	细菌
RIG 样受体			
RIG-1	细胞质	短 dsRNA、5′三磷酸 dsRNA	病毒
MDA5	细胞质	长 dsRNA	RNA 病毒
LGP2	细胞质	RNA	RNA 病毒
其他受体			
CD14	细胞质膜	肽糖、LTA、LPS、甘露糖醛酸	细菌
CR3	细胞质膜	寡糖、微生物蛋白	细菌
		β-Glucan	真菌
TREM2	细胞质膜	LPS、微生物蛋白	细菌、真菌
TREM1	细胞质膜	未知	细菌
Clec5/MDL-1	细胞质膜	未知	病毒

资料来源：Pluddemann 等，2011。

单核/巨噬细胞的众多功能是由细胞表面分子介导的，清道夫受体 CD163 是其中重要的一员，在长期进化过程中保留了下来，其功能有待深入研究。清道夫受体（scavenger receptor, SR）最初是在研究巨噬细胞摄入和改变低密度脂蛋白（LDL）的机制中阐明的，现在则推广为能识别内源性（如氧化或乙酰化 LDL）或外源性（如 LPS）多阴离子结构的众多糖蛋白。虽然它们的功能相关，但结构却差别很大，可以包含其他结构：胶原、C 型凝集素、富含亮氨酸重复序列或富含半胱氨酸清道夫受体（scavenger receptor cysteine-rich, SRCR）结构域。根据所含结构域的不同，清道夫受体可分为八个家族（A-H）。最先克隆的 SR 是 SR-A1，其 C 端有 SRCR 结构域，目前已经克隆了 25 个含有这个结构域的清道夫受体，组成了 SRCR 超家族（SRCR-SF）。值得一提的是，这个基序从海绵、昆虫、两栖类动物到哺乳类动物都有，非常保守，提示可能有重要的功能。

SRCR 是由 100~110 个氨基酸残基构成的细胞外结构域。按照 SRCR 结构域中半胱氨酸残基的数目和二硫键的组成方式将 SRCR-SF 分为 A 和 B 两组，两组蛋白质编码每个结构域的外显子数目也不同：A 组结构域含 6 个半胱氨酸残基，由两个外显子编码；而 B 组含 6 个或 8 个半胱氨酸残基由 1 个外显子编码。CD163 由 9 个 B 型 SRCR 结构域组成，除 SRCR8 外都含有 4 个二硫键。CD163 只在单核/巨噬细胞系列表达，而且受到严格调节。通常在抗炎症信号诱导下引起 CD163 合成，促炎症信号下调 CD163 的表达。

CD163 是多功能受体，研究得最多最深入的是其结合和内化血红蛋白-肝球蛋白（HbHp）复合体和作为成红细胞黏附受体；CD163 还是肿瘤坏死因子样弱的凋亡诱导物的受体（TWEAK）；也是一些细菌和病毒的受体。CD163 与这些配体之一作用即可引起受体介导的内吞，也可能激发传递信号导致信号分子分泌。CD163 的表达受多种因子的调节，如抗炎症因子糖皮质激素、IL-10、急性相蛋白和促炎症因子 IFN-γ、TNF-α、LPS 都影响 CD163 的表达。CD163 也是免疫调节物，膜结合型和分泌型 CD163 都有免疫调节作用。膜结合型 CD163 胞外区结构域脱落成为可溶性 CD163，有抗炎症效应，在有些病理状态下可溶性 CD163 浓度明显升高，可作为疾病的指标，并有潜在的治疗意义（表 7-5）。

表 7-5 属于 CD163 亚族的 SRCR-SF B 组成员

名称	别名	表达细胞	表达形式	功能
CD163	M130, RM3/1 血红蛋白清道夫受体（HbSR），p155	单核/巨噬	膜结合、可溶性	HbHp 受体、成红细胞黏附受体、病毒受体 炎症、免疫、宿主防御
CD163b	M160, CD163b	单核/巨噬	膜结合	炎症
-L1, WC1	T19	$\gamma\delta$T	膜结合	可逆性 G_0/G_1 期休止
SCART		$\gamma\delta$T	膜结合	

三、单核细胞和巨噬细胞的命运调控

细胞命运的调控取决于生存/凋亡途径的平衡。单核细胞组成性激活细胞死亡程序导致其短生存期。然而单核细胞的生存期有很大的可塑性，炎症或恶性转化都能抑制其凋亡程序，激活生存途径延长生存期，近10年来研究了决定单核/巨噬细胞命运的调控机制。

凋亡是细胞的基本生物学机制之一，在生物进化早期就产生，是胚胎发育、创伤修复和免疫的基本机制之一（见第十一章第一节）。凋亡参与免疫系统成熟免疫细胞数的控制和消除炎症。

凋亡途径分外源性和内源性两大类。凋亡程序由胱天蛋白酶和死亡受体调控。按照它们的作用胱天蛋白酶分两组：启动者（initiator，包括 caspase-1、caspase-2、caspase-8、caspase-9、caspase-10）和执行者（executioner，包括 caspase-3、caspase-7、caspase-6）。单核细胞中死亡受体的三聚化募集接头蛋白启动凋亡程序（图 7-4 右侧）。慢性炎症和肿瘤时单核/巨噬细胞增多，其抗凋亡机制颇多，如 IAP（inhibitor of apoptosis）、Bcl-2 家族成员和热休克蛋白。单核细胞和巨噬细胞的激活由 MHC、TLR 等专门的受体介导（图 7-4 左侧）。单核细胞的分化由细胞因子（GM-CSF、M-CSF）调控，其中 M-CSF 在巨噬细胞分化中起决定性作用（图 7-4）。

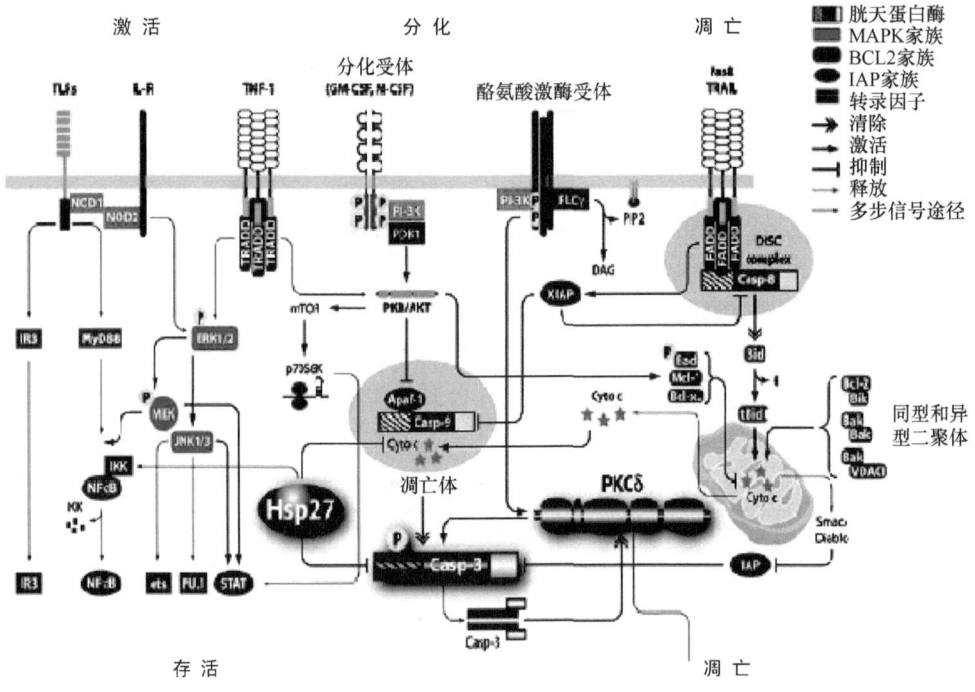

图 7-4 参与单核细胞和巨噬细胞命运调控的信号途径（Gonzalez-Mejia et al., 2009）

第三节 结语和展望

单核/巨噬细胞作为进化早期就出现的免疫机制成为固有免疫系统的核心细胞，在感染性疾病的发生、发展和转归中起关键性作用。近年的研究进展表明单核/巨噬细胞不仅在抗病原微生物免疫中至关重要，同时对炎症的概念也有更深层次的认识和拓展。现在认为肥胖是系统性的慢性低度炎症，在 2 型糖尿病患者伴有血清急性相反应蛋白浓度的增高，可以引起胰岛素耐受。炎症反应表现在脂肪组成中有巨噬细胞浸润，脂肪组织的浸润巨噬细胞呈促炎症表型即经典型；原驻脂肪组织的巨噬细胞（adipose tissue macrophage，ATM）呈选择性激活表型，即 M2 型。已有的研究资料表明慢性低度炎症是胰岛素耐受的重要原因，ATM 可能在脂肪组织的炎症反应中起关键性作用。发现不同巨噬细胞亚群参与胰岛素耐受机制为肥胖症和糖尿病防治的研究开拓了新的研究领域。

现已确定动脉粥样硬化是炎症型疾病，单核/巨噬细胞在动脉粥样硬化的发生发展中起至关重要的作用，单核/吞噬细胞参与动脉粥样硬化斑块发展的所有阶段。动脉粥样硬化斑块产生于动脉壁的涡流部位，该处的内皮功能失调，脂质沉着促进局部炎症，募集单核细胞沉着，从而参与胆固醇代谢，增强炎症过程和氧化应激，是动脉粥样硬化斑块发生发展的核心，已经成为动脉粥样硬化新的诊断和治疗方法研究的靶标。

（郑国光　吴克复）

参 考 文 献

Bourlier V, Bouloumie A. 2009. Role of macrophage tissue infiltration in obosity and insulin resistance. Diabet & Metab, 35: 251-260

Chang Z L. 2009. Recent development of the mononuclear phagocyte system: In memory of Metchnikoff and Ehrlich on the 100th anniversary of the 1908 Nobel prize in physiology or medicine. Biol Cell, 101: 709-721

Chong J H, Zheng G G, Ma Y Y, et al. 2010. The N187D hyposensitive P2X7 mutant promotes malignant progression in nude mice. J Biol Chem, 285 (46): 36179-36187

Gonzalez-Mejia M E, Doseff A I. 2009. Regulation of monocytes and macrophages cell fate. Front Biosci, 14: 2413-2431

Hunter M, Wang Y, Eubank T, et al. 2009. Survival of monocytes and macrophages and their role in health and disease. Fron Biosci, 14: 4079-4102

Mosser D M, Edwards J P. 2008. Exploring the full spectrum of macrophage activation. Nat Rev Immunol, 8 (12): 958-969

Parihar A, Eubank T D, Doseff A I. 2010. Monocytes and macrophages regulate immunity through dynamic networks of survival and cell death. J Innate Immun, 2: 204-215

Pluddemann A, Mukhopadhyay S, Gordon S. 2011. Innate immunity to intracellular pathogens and responses to microbial entry. Immunol Rev, 240: 11-24

Saha P, Modarai B, Humphries J, et al. 2009. The monocyte/macrophage as a therapeutic target in atherosclerosis. Curr Opin Pharmacol, 9: 109-118

Van Gorp H, Delputte P L, Hauwynck H J. 2010. Scavenger receptor CD163, a Jack-of-all-trades and potential target for cell-directed therapy. Mol Immunol, 47: 1650-1660

Wang L, Zheng G G, Ma C H, et al. 2008. A special linker between macrophage and hematopoietic malignant cells: Membrane form of macrophage colony-stimulating factor. Cancer Res, 68 (14): 5639-5647

第八章 免疫系统发育及机体免疫中的细胞运动与细胞极化

细胞迁移及黏附是胚胎发育、器官形成及组织修复中的重要细胞生物学行为，也在免疫系统发育及免疫功能中起关键作用。细胞迁移由多步骤细胞事件组成，细胞极化是整个细胞迁移过程中的最关键事件，因此细胞极化相关分子在细胞迁移过程中起分子开关作用。细胞迁移及黏附在免疫系统中直接参与炎症反应、淋巴细胞归巢、免疫识别及杀伤，细胞迁移及极化相关分子在免疫系统发育、免疫细胞功能中发挥重要的作用。

第一节 细胞运动的概念、模式及分子机制

一、细胞迁移的概念、机制及生理意义

细胞迁移是指细胞在外部信号及细胞内部分子协调作用下细胞发生移动，它是一个精密调节过程，也是几个细胞动作的整合。细胞迁移是一广义的细胞生物学概念，它可以发生在非生物环境中，也可发生在复杂的多细胞机体中。细胞迁移往往发生于机体的形态发生事件中如机体产生新的结构、器官等，这些是胚胎发育、器官形成及组织修复中的关键事件，此外细胞迁移也是组织创伤修复及免疫效应中的关键细胞行为。

从受精卵发育成为一个新个体要经历复杂的演变过程，包括细胞增殖、凋亡、分化、识别、迁移、功能的发挥以及组织和器官的形成等。这些变化呈现严密的规律性和精细的时间顺序和空间关系。从最初的精子与卵子的黏附及融合到胚胎的形成，以及后续的胚胎发育过程、组织及器官的形成，最终到个体的形成，不同类型的细胞按照既定的规律形成细胞与细胞之间及细胞与细胞外基质的附着，有序地组合在一起构成不同的组织和器官。整个过程中，细胞迁移发挥着重要作用。胚胎发育中，同类或相关细胞能彼此识别，经过迁移能按一定的模式类聚和黏着在一起，构成组织。细胞移动是组织形态发生过程必需的细胞行为。例如，在脑发育过程中，神经干细胞会发生层层迁移，最终形成大脑皮层。细胞迁移在组织修复中也起关键作用，当皮肤受伤时，皮肤细胞通过迁移和分裂，使伤口愈合。此外细胞迁移在淋巴细胞归巢、免疫识别及杀伤中也承担重要的角色。

在病理状态下异常的细胞迁移，即错误的细胞迁移到错误的地点则会发生异常的生物学效应从而导致组织及机体状态的失衡，甚至影响机体健康，最常见的如自身免疫性综合征。系统性硬皮病为过量的结缔组织在组织、器官及血管壁的积聚，由此产生一系列的临床症状，常累及皮肤、肾脏、胃肠道、肺、心脏及大范围的血管。$CD4^+$ T 淋巴细胞参与了系统性硬皮病的病理过程，在系统性硬皮病中可溶性及细胞膜表面的黏附分子过度表达参与了淋巴细胞与内皮细胞的相互作用，13%的系统性硬皮病患者的外周单

个核细胞可穿透覆盖有胶原的内皮细胞层,而正常人只有 5% ($p<0.0002$),迁移的细胞绝大部分为 $CD4^+$ T 淋巴细胞,迁移的淋巴细胞高表达黏附分子 CD11a、CD49d、CD29 及 CD44,其结果表明:系统性硬皮病中在这些黏附分子介导下 $CD4^+$ T 淋巴细胞的迁移及穿透内皮的能力提高。最常见的异常细胞迁移是其在肿瘤转移中的作用,转移的肿瘤细胞通常利用血液循环定居于其他靶器官,这样肿瘤细胞需要从原来的组织脱离,浸润血管并在血管中存活,此时肿瘤细胞面对血浆蛋白、红细胞、白细胞及血小板,抵抗血流的剪切压力而附着在血管中。目前认为实际上有大量的肿瘤细胞进入血液循环,但只要少数细胞成功转移。为定居于其他靶器官,肿瘤细胞必须附着于血管内皮细胞,这就需要肿瘤细胞的黏附分子包括整合素与内皮上的受体介导,转移的细胞进而停留在新器官的微血管并开始增殖,从而发生肿瘤转移。

二、细胞迁移的模式、机制及分子开关

细胞迁移的模式取决于不同的细胞类型和细胞背景,不同的细胞类型以及外部因素如黏附的力度、细胞外基底的类别、外部迁移信号等,引起的细胞迁移方式不同。细胞内在性质也决定细胞迁移的模式。

1. 细胞迁移的步骤及其关键事件——细胞极化

细胞迁移是由多个细胞动作组成,首先是细胞移动过程中伪足的伸出,也就是细胞突出的形成,其次细胞突出与细胞外基质的黏着,再次是细胞整体的向前移动,最后细胞收回尾部脱离原位。在不同的迁移步骤中,有不同的分子参与。细胞的迁移过程中,细胞的极化是其中的决定性行为,细胞要运动,首先要确定移动的方向,细胞通过极化为其运动做好物质准备。细胞极化是指细胞中,某些胞质成分按一定空间顺序不均等分布,从而形成各种细胞内容物的浓度梯度,细胞呈不对称分布是细胞运动的基础,即细胞的前端和尾端发生不同的形态学变化,在前端,肌动蛋白富集形成前突,推动细胞向前运动;在后端,肌动蛋白-肌球蛋白复合物的收缩促使细胞尾部收缩,从而与细胞前端保持同步。因此细胞极化是整个细胞迁移过程中的最关键事件。

2. 细胞极性相关的极性蛋白复合物

细胞迁移是胚胎发育过程中的重要细胞生物学行为,而对细胞迁移机制及细胞极化机制的研究在组织形态发生中比较成熟。在组织的形态发生过程中,要经历细胞骨架、细胞器、细胞膜以及细胞其他组分的组装以形成内部的不对称轴。这一顶-底的极性特性是决定细胞行为的特定程序,完整的细胞结构不但对维持器官功能起作用,还决定细胞的生长和存活。目前对调节细胞组成、极性及其在细胞转化中的机制还未阐明。上皮组织中,上皮细胞的顶-底极性在两个特定的膜区域中表现明显,上表面面向管腔,而下表面接触邻近细胞和下层的结缔组织。脂类和蛋白质在顶底区域间的不对称分布反映了它们功能的差异,而这些物质的不对称分布是由极性迁移和物理边界的存在所导致的,这种物理边界由紧密连接和黏附连接组成的顶端连接复合物确定。紧密连接在邻近

细胞间提供了紧密的封闭区域，是上皮细胞行使屏障功能所必不可少的，而黏附连接可以维持邻近细胞间的粘连。紧密连接和黏附连接都是由跨膜蛋白组成的，它们与邻近细胞中相同的蛋白相黏附，并与细胞骨架相连。

这些连接复合物的组装和定位需要一系列保守的极性蛋白质复合物。迄今为止，已经在哺乳动物中找到了三种主要的蛋白质复合物，通过相互作用确定细胞顶-底极性，并影响连接复合物的组装和定位：①PAR 复合物 [Par6/Par3/atypical protein kinase C (aPKC)]；②CRB 复合物（Crb/Pals/Patj）；③SCRIB 复合物 [Scribble/Discs large/Lethal giant larvae (Scrib/Dlg/Lgl)]。PAR 复合物最初是在线虫变异体中发现的，而在哺乳动物中，它是由两个骨架蛋白（PAR6、PAR3）和 aPKC 组成的。迄今为止，已经在哺乳动物基因组中发现了两种 PAR3（PARD3、PARD3B）、三种 PAR6（PARD6A、PARD6B、PARD6G）和两种 aPKC（PRKCI、PRKCZ）基因。PAR 复合物定位在顶端紧密连接区域，有重要证据表明其对紧密连接的组装有重要作用。CRB 和 SCRIB 复合物是在果蝇中筛选导致上皮缺陷的突变基因时发现的。哺乳动物中 CRB 复合物定位在顶端膜，并且在顶膜的生物发生中起关键作用，由跨膜蛋白 Crumbs（Crb），细胞质骨架蛋白 PALS1（与 Drosophila Stardust、Sdt）同源的一种 MAGUK（膜相关鸟苷酸激酶家族）蛋白和 PATJ（Pals 相关的紧密连接蛋白，与 Dpatj 同源）组成。已知人体中有三种 CRB、两种 PALS 和一种 PATJ 基因。哺乳动物中的 SCRIB 复合物定位在上皮细胞基底区域的侧面膜上，由三种蛋白质组成：Scribble（Scrib）、Disc large（Dlg）和 Lethal giant larvae（Lgl）。已经在哺乳动物基因组中找到了 4 种 DLG（DLG1~4）和两种 LGL（LGL1、LGL2）基因。除了这三种关键的细胞极性复合物，更多的组分和蛋白激酶也参与形成细胞极性。现已证实，细胞极性的确定是 PAR、CRB 和 SCRIB 复合物相互拮抗的结果，其中 Par6/Par3/aPKC 复合物起到关键的功能，而 Rac1/CDC42 这两种 GTP 酶的活化触发了整个过程。首先，活化的 CDC42 被 Par6 招募到 Par 复合物并激活 aPKC，aPKC 继而磷酸化 Par3，从而在顶端区域形成活化的 Par 复合物，启动紧密连接结构的组装。CRB 复合物能够维持活化的 Par 复合物定位在顶端区域，其分布与 PAR 复合物相互影响。在这个过程中，定位到基底端的 Scrib 复合物与定位到顶端的活化的 PAR 复合物相互拮抗。Scrib 复合物的 Lgl 蛋白与 Par3 竞争结合到 Par 复合物，进而从顶端连接区除去活化的 Par 复合物。同时，Lgl 被 aPKC 磷酸化又使 SCRIB 复合物失去活性。

除极性蛋白复合物以外，还有其他分子通过与极性蛋白相互作用参与了对细胞极性的调节。

钙黏素和若干极性蛋白相关：Dlg 和 E-钙黏素在果蝇外胚层细胞和哺乳动物上皮细胞中共定位，Scribble 也和 E-钙黏素在侧面膜上共定位。此外，在黏附缺失的细胞中表达 E-钙黏素可以诱导 Dlg 和 Scribble 重定位到接触位置。E-钙黏素与 Par 复合物的各元素也有关，虽然这些蛋白质通常不定位到紧密连接区域，但是在 MTD1-A 细胞中形成点状紧密连接时可以发现 aPKC 和 Par3。果蝇中 Bazooka（Par3）也和 DE-钙黏素定位到顶端黏附连接。此外，钙黏素与 Par 复合物各因子间也存在相互作用，有报道称 VE-钙黏素（血管内皮-钙黏素）结合 Par3 和 Par6，而在鸡中 N-钙黏素与 Par3 形成复合物。

扰乱 E-钙黏素可以使细胞无法形成极化表型,而稳定后除去 E-钙黏素通常不会显著影响极性的维持。此外,极性蛋白可能通过增加功能性复合物的表达水平反过来影响钙黏素功能。

Wnt 和淋巴细胞极性之间的关系虽然还不确定,但 Wnt 信号通路在许多其他细胞系统中调节极性,如哺乳动物成纤维细胞的迁移过程。Wnt 一直被认为是平面细胞极性的主要调节因子,而且黏附细胞的 Wnt 信号通路和极性网络间存在许多相互作用,说明 Wnt 信号通路和黏附细胞的极性之间存在功能相关性。例如,极性网络可以调节结肠腺瘤样息肉的定位,而 Dlg 能够与结肠腺瘤样息肉相互作用来反向调节 β-catenin 信号。极性蛋白还能与非典型的平面细胞中的 Wnt 信号通路相互作用,如 Lgl 被 Wnt 信号通路的必要元件 Dishevelle 所调节,而 Scribble 和 Dlg 分别与 Vangl2 或 Strabismus 相互作用。

PTEN 是一种能够调节增殖的磷酸酶,通过逆转磷脂酰肌醇-3-OH 激酶(PI(3)K)的效果起作用。PTEN 参与调节多种细胞的极性并直接与 Par3 相互作用。PI(3)K 的产物 PtdIns(4,5)P2 和 PtdIns(3,4,5)P3 的空间分离对顶-底细胞极性非常重要,PTEN 定位到顶端并调节 PI(3)K 产物 PtdIns(4,5)P2 的积累,继而募集 CDC42 和 aPKC 来支配细胞极性。现在已经确定了 PTEN 和 PI(3)K 信号通路在中性粒细胞中的作用,它可以介导细胞受到趋化因子和细菌产物的趋化作用,并被招募到感染位置。

Notch 信号途径通过调节分化、增殖和凋亡来调节许多细胞参与的生理过程,包括干细胞维持和细胞命运的决定,而且这部分已经在造血系统中进行了特别深入的研究。原本认为 Notch 信号通路不参与调节细胞极性,但是 Notch-1 信号可以反向调节 PTEN 的表达,因此 Notch-1 信号可能也在对趋化因子信号的迁移应答中起到重要作用。

第二节 细胞运动及极化在免疫系统功能及发育中的作用

一、细胞迁移及黏附在免疫系统中的作用

1. 炎症反应中的细胞黏附与细胞迁移

炎症反应是机体受到致病因素损伤后的防御性反应,当外源性和内源性损伤因子引起细胞各种损伤性病变时,机体的局部和全身则发生一系列复杂的反应,以局限和消灭损伤因子,清除和吸收坏死组织、细胞,并修复损伤,这一过程即为炎症。炎症反应的主要环节是白细胞向局部损伤部位的定位、对损伤因子的清除以及对组织的修复。炎症过程主要包括三个阶段,首先是毛细血管(capillaries)扩张以利于血液流动加快,其次是微血管(microvascular)结构发生改变以使血浆蛋白从血流向组织渗透,最后是白细胞迁移并穿透血管内皮在损伤部位聚集,这一过程的一个重要分子基础是黏附分子介导白细胞与血管内皮细胞的相互作用。白细胞的黏附级联过程是一系列黏附与激活的结果,白细胞最终从血管渗出并在炎症部位行使其功能。目前认为黏附过程至少包括 5 个步骤,即捕获(capture)、滚动(rolling)、慢速滚动(slow rolling)、牢固附着(firm adhesion）及移动（transmigration）。这5个步骤对白细胞在感染部位的募集至关重要，阻断其中任何一个环节都能阻止白细胞的聚集。这些步骤并不是炎症反应的不同阶段，而是对每一个白细胞观察的结果。在任何时刻，这5个步骤在同一个血管的不同白细胞中并行发生。

捕获过程是白细胞与激活的血管内皮作用的第一步，也就是白细胞沿血管壁流动的最初的黏附过程。在此过程中，白细胞从血流中央部位向边缘移动以接近血管内皮，血管内皮细胞的激活是此阶段的关键。血管内皮细胞表面的P-选择素是介导这一过程的主要黏附分子，其主要配体是白细胞表面的P-选择素糖蛋白配体-1（P-Selectin Glycoprotein Ligand-1，PSGL-1）。许多体内研究发现白细胞上的L-选择素也在此过程中起重要作用，但其在内皮细胞表面的配体还未阐明。阻断L-选择素的抗体可抑制P-选择素依赖的白细胞与血管内皮的附着和滚动。一旦白细胞被捕获，则立即短暂附着于血管内皮上并开始滚动。在流体产生的切力作用下，整合素与其配体ICAM-1对于中性粒细胞与血管内皮细胞的最初黏附几乎不起作用。相比之下，选择素家族黏附分子发挥重要的作用，P-选择素是其中最重要的分子，存在于血管内皮细胞的Weibel-Palade小体内。在创伤刺激后，血管内皮细胞表面迅速高表达P-选择素，使白细胞与内皮细胞黏着。P-选择素配体PSGL-1在所有的淋巴细胞、单核细胞、嗜酸性粒细胞和中性粒细胞持续表达，PSGL-1的糖基化有利于与P-选择素结合。在滚动过程中滚动细胞的前端与血管内皮附着，尾端与内皮脱离。在此过程中白细胞表面整合素处于非激活状态，内皮细胞表面的免疫球蛋白超家族黏附分子也维持静态水平。转基因小鼠的实验研究证实了P-选择素在白细胞黏附的滚动阶段的关键作用。在P-选择素敲除的小鼠中，当局部受到外部损伤后白细胞不能沿着血管内皮滚动。在野生型小鼠中外周血循环的粒细胞数远大于P-选择素缺失的小鼠。为了模拟体内血液流动状态，在体外采用了特殊的实验系统，在流体管腔壁上包被P-选择素后，培养液的中性粒细胞可沿着管腔壁不断流动。这些都证实了P-选择素在白细胞滚动过程中的作用。此外，L-选择素和E-选择素也参与此过程。当不存在P-选择素时，损伤诱导的白细胞滚动依赖L-选择素，但L-选择素介导的白细胞滚动比P-选择素介导的弱得多。在细胞因子激活的白细胞沿血管内皮滚动过程中，在P-选择素和E-选择素之间存在明显的功能冗余性。E-选择素在低于5mm/s的低速滚动中起作用并促使白细胞牢固附着。

在前炎症因子，如TNF-α刺激下的炎症反应中，白细胞的滚动下降至5～10 mm/s，这一过程则需要内皮细胞表面的E-选择素以及白细胞表面的CD18整合素分子参与，此过程不同于没有细胞因子刺激的快速滚动，称为慢速滚动（slow rolling）。慢速滚动在包被E-选择素的管腔系统的体外实验中得到证实。此外，体内研究发现慢速滚动不仅仅依赖于E-选择素，而是依赖于E-选择素与其配体的共同表达。

白细胞在血管中输送的时间及与内皮接触的时间似乎是决定白细胞募集的关键指标。白细胞在血管中的输送时间还与内皮细胞表面的趋化因子有关。慢速滚动可以使白细胞的募集更为有效，但此过程并非严格必需，因为高浓度的趋化因子也可以募集快速滚动的白细胞。

许多研究表明很少出现白细胞的直接附着，也就是说附着的都是滚动后的白细胞，

E-选择素参与了白细胞从滚动到附着的转换过程。在炎症反应的实验中干扰 CD18 整合素分子的功能是控制白细胞黏附的有效手段，说明 CD18 整合素分子参与了白细胞的募集。中性粒细胞还表达其他整合素分子，包括 VLA-4，它们可能也参与了募集过程。在 CD18 缺失小鼠中出现炎症反应缺陷，如皮肤溃疡，中性粒细胞及免疫球蛋白水平升高，易出现链球菌感染性肺炎，严重的白细胞黏附和 T 细胞激活缺陷，以及中性粒细胞在皮肤表面募集的丧失。缺少 CD18 表达即 1 型先天性白细胞黏附缺陷症（LAD-1）患者，当 CD18 完全缺失时，LAD-1 型患者白细胞 CD11/CD18 分子表达缺陷，因此不能与 FN 和 C3bi 结合，丧失非特异的调理作用；此外，虽然白细胞可以沿血管壁流动，由于不能与血管内皮细胞表面黏附分子 ICAM-1 结合，白细胞不能渗出到炎症部位，严重者可危及生命。在整合素分子中，只有 LFA-1 和 Mac-1 已在体内研究，表明 LFA-1 在白细胞的附着中最为重要，而 Mac-1 没有明显作用，但在中性粒细胞的激活及吞噬作用中尤为重要。P150、P95 及 CD11c、CD11d 在体内白细胞黏附与募集中的作用还未阐明。

在细胞因子刺激的炎症反应中，慢速滚动的白细胞并不是在感染部位快速停滞，而是在附着之前便缓慢减速。此减速过程严格依赖 CD18 整合素。随着滚动速率的减慢，白细胞内出现游离钙水平的逐渐升高，表明白细胞在募集之前被部分激活，这一过程需要的时间大于 1min。IL-8 在白细胞募集这一生理过程中也起作用。

LFA-1 和 Mac-1 可与 ICAM-1 和 ICAM-2 结合，ICAM-2 在白细胞募集中的作用还不清楚。在 ICAM-1 缺失的小鼠中出现炎症反应缺陷，但并不如 CD18 缺失的小鼠明显。白细胞从滚动到在感染部位停止需要 ICAM-1 参与，但在被炎症因子激活后不再需要，说明还有其他未知的内皮细胞表面的整合素分子配体存在并起作用。

单核细胞、嗜中性粒细胞以及许多淋巴细胞都表达整合素 VLA-4，当其他黏附分子不存在时，VLA-4 可以介导白细胞滚动及附着。VLA-4 可与内皮细胞的 VCAM-1 或纤粘连蛋白结合。

当存在外源的趋化作用时白细胞能够穿过内皮。IL-8 或 fMLP 呈梯度增加时可引起 50%～90% 的中性粒细胞渗出，呈浓度依赖。内皮细胞的激活是炎症反应过程中细胞渗出的典型特征，这一行为需要转录激活和蛋白质合成，导致黏附分子上调，炎症介质产生，内皮细胞分泌趋化因子，所有这些都有利于细胞渗出，因此内皮是白细胞渗出的关键。在体内内皮细胞的刺激激活就是在损伤部位一些细胞因子，炎症介质等的局部释放。在中性粒细胞黏附、穿越血管内皮细胞的过程中，这些因子发挥着关键的调节作用，没有上述因子的作用，最初黏附到血管内皮细胞的中性粒细胞可能重新回到血流中。

大量黏附分子参与了细胞的渗出，包括 PECAM-1、ICAM-1、VE-钙黏素、IAP（CD47）及 VLA-4。在白细胞穿透血管内皮过程中 PECAM-1 尤为重要。在中性粒细胞与血管内皮细胞加强黏附并穿越血管内皮细胞的过程中，L-选择素分子与其配体的结合几乎不起任何作用，而 LFA-1 与其配体的相互作用则更为关键。已经黏附于血管内皮细胞的中性粒细胞 L-选择素分子表达水平显著下降，在趋化因子的诱导下，LFA-1 表达水平则明显升高。事实上，L-选择素表达下降可减少对已黏附中性粒细胞的牵拉作用，有利于 LFA-1 介导的中性粒细胞从血管内皮渗出。活化的内皮细胞表面的 ICAM 可与白细胞表面的 αLβ2 及巨噬细胞表面的 αMβ2 相结合；V-CAM 则可与白细胞的 α4β1 整合素相结合，它们使在内皮上滚动的白细胞固着于炎症部位的血管内皮，继而穿越血管壁。

2. 淋巴细胞归巢中的细胞黏附与细胞迁移

淋巴细胞的归巢机制直接关系到免疫效应，此过程涉及免疫系统各群体，指引淋巴细胞各亚群定居于各自的微环境，这些特定的场所可控制淋巴细胞分化，调节淋巴细胞存活，此外归巢过程还包括免疫效应细胞向外来致病因素侵袭部位的移动和渗出。淋巴细胞特定的归巢过程是由"决定程序"（decision processes）决定的，这一程序是多步骤的黏附与信号受体整合的结果，此过程控制淋巴细胞的功能，存在于淋巴细胞的整个生存过程，并调控淋巴细胞群体的动态平衡。

淋巴细胞的归巢机制控制淋巴细胞在各特定场所的分布并发挥功能，包括中枢淋巴器官、外周淋巴器官和炎症部位，此外还包括进入淋巴循环。

成熟的淋巴细胞不断地从血液向组织，再从组织向血液循环，此过程并非随机，而是通过淋巴细胞——内皮细胞的识别机制调节。总体来说原始淋巴细胞从骨髓或胸腺向次级淋巴器官包括淋巴结、脾、扁桃腺和派伊尔小结（Peyer's patches）归巢定居，这些器官从内皮表面、血液、组织募集到抗原并呈递给原始 B 或 T 淋巴细胞并使之分化并活化。许多活化的记忆和效应淋巴细胞通过淋巴器官向非淋巴器官的免疫效应场所迁移（如肠固有膜、肺间质、感染的皮肤等）。在不同亚群之间，原始淋巴细胞的归巢行为相似，但活化的记忆和效应淋巴细胞，在不同亚群间存在较大的异质性。在淋巴结微环境抗原诱导的淋巴细胞的激活过程中，不同亚群淋巴细胞的归巢受体表达增加或减少，或一些新的归巢黏附分子受体被上调。淋巴细胞归巢迁移的过程大致分为 4 步，即短暂的黏附、淋巴细胞的快速激活、牢固的捕获以及渗出，其分子机制与前面所述的白细胞的迁移有相同之处，但是，近年来对淋巴细胞的迁移和渗出研究发现其有特殊性。

在淋巴细胞的不同归巢途径及归巢途径的不同步骤有不同的黏附分子（包括淋巴细胞表面的归巢受体和内皮细胞表面配体）介导。淋巴细胞表面的 L-选择素与内皮细胞表面的淋巴结血管地址素（peripheral lymphonode vascular addressin，PNAd）参与了原始淋巴细胞向中枢淋巴器官、淋巴细胞向外周淋巴器官的归巢，并介导了淋巴细胞与血管内皮细胞最初的黏附；L-选择素与内皮细胞表面的黏膜地址素细胞黏附分子-1（mucosal addressin cell adhesion molecule-1，MAdCAM-1）参与了原始淋巴细胞向派伊尔小结的归巢，但是，只介导第一步短暂黏附。淋巴细胞表面的皮肤淋巴细胞相关抗原（cutaneous lymphocyte-associated antigen，CLA）与内皮细胞的 E-选择素参与 CLA 阳性记忆 T 细胞向皮肤炎症部位定向归巢，并介导第一步骤的短暂黏附；在整合素家族——免疫球蛋白超家族这一黏附分子配体-受体中，淋巴细胞表面的 α4β7 与内皮细胞 MAdCAM-1 参与原始淋巴细胞向派伊尔小结的归巢以及淋巴细胞向非肺部黏膜部位的归巢；淋巴细胞表面的 α4β1 与内皮细胞 VCAM 参与记忆淋巴细胞向肠外感染部位的归巢，并介导第一和第二归巢步骤；淋巴细胞表面的 αLβ2 与内皮细胞 ICAM-1、ICAM-2 的作用广泛参与多种归巢途径并介导第二步骤即淋巴细胞的快速激活；淋巴细胞表面的 CD44 与通过识别内皮上的透明质酸 (hyaluronate) 参与活化的淋巴细胞向感染部位迁移。

淋巴细胞的归巢是一个由多种因素调节的复杂过程，还有更多种黏附分子参与有待发现。

3. 免疫识别及杀伤中的细胞黏附与细胞迁移

免疫细胞的相互作用及杀伤细胞识别靶细胞的过程中，除了需要对特异性抗原的识别作用外，还需要黏附分子的相互作用，也就是说免疫细胞在接受抗原刺激的同时还必须有辅助受体接受辅助活化信号才能被活化，如在 T 细胞激活过程中 CD4 与 MHC Ⅱ 类分子、CD8 与 MHC Ⅰ 类分子、CD28 与 B7、LFA2 与 LFA3、LFA1 与 ICAM1 等，在 B 细胞激活过程中的 CD40L 与 CD40、LFA1 与 ICAM-1、LFA2 与 LFA3 等，如果 T、B 细胞识别抗原后缺乏黏附分子提供的辅助刺激信号，则细胞的应答处于无能状态。

抗原递呈细胞 (APC) 表面至少有两类分子与 T 辅助细胞的活化相关：一类是抗原递呈分子，它由 MHC 分子组成，可与抗原肽片段结合，然后运送至细胞表面并呈递给 T 细胞，通过 TCR/CE3 刺激产生第 1 活化信号；另一类分子即所谓的协同刺激分子 (costimulating molecules, CM)，它由一组黏附分子组成，不仅能促进 APC 与 T 细胞的直接接触，而且也具有诱导信号传递的功能。这组分子可与 T 细胞上的协同刺激分子受体 (costimulatory molecules receptor, CMR) 结合，刺激其产生协同激活信号，即所谓第 2 信号。T 细胞上的 CMR 或称为辅助分子 (accessory molecules) 也是由一组黏附分子组成。在这两种信号的作用下，才能使 T 细胞活化。例如，CD4/MHC Ⅱ 类分子、LFA-1/ICAM-1、LFA-2/LFA-3、CD28/CD80 的相互作用可以使辅助性 T 细胞与抗原递呈细胞紧密接触，提供了相互作用的重要条件，参与 T 细胞的活化过程和细胞因子的分泌调节。杀伤 T 细胞 (Tc) 的活化也需双信号，即 TCR 与靶细胞膜上 MHC Ⅰ 类分子与抗原肽分子复合物结合后，可通过 CD3 复合分子传递第一信号；而 T 杀伤细胞上其他辅助分子可与靶细胞上相应的配体分子结合，不仅可增强 T 杀伤细胞与靶细胞的黏附作用，同时也向 T 杀伤细胞传递协同信号使之活化。在活化 $CD4^+$ T 细胞分泌的细胞因子作用下使之克隆增殖并分化为效应杀伤 T 细胞。例如，CD8/MHC-Ⅰ 类分子、LFA-1/ICAM-1、LFA-2/LFA-3 的相互作用导致效-靶紧密接触，杀伤细胞的细胞毒介质得以有效地发挥作用。

B 细胞和 T 辅助细胞通过抗原呈递作用及黏附分子可彼此直接接触，并能相互诱导使之活化。活化 B 细胞在 T 辅助细胞的作用下，最终增殖分化为合成和分泌各类免疫球蛋白分子的浆细胞。参与 B 细胞活化的黏附分子有 LFA-1/ICAM-1、LFA-2/LFA-3、CD28/CD80、CD40/CD40L 等。

二、细胞迁移及极化相关分子在免疫系统中的作用

细胞黏附及迁移的细胞内在机制是细胞极性改变及重建，Rho GTP 酶上调和活化是其重要的分子机制。在人类细胞极化过程中，小 GTP 酶 Rho 家族是联系细胞外信号与肌动蛋白细胞骨架系统的关键因子，Rho GTP 酶是调控细胞极性化和细胞骨架重塑的关键蛋白，调控着肌动蛋白细胞骨架的动力学。Rho 蛋白属 GTP 结合蛋白，当结合 GTP 时，这些蛋白质被激活后募集一系列靶蛋白而调节细胞骨架，Rho 的活性取决于结合的是 GTP 还是 GDP，与 GTP 结合则为活化状态，可激活其下游的信号分子。Rho GTP 酶的激活一方面取决于细胞中 Rho 蛋白水平，另一方面还受到鸟苷酸转换因子 GEF、Rho-GTP 酶激活蛋白（RhoGAPs）和 Rho-GDP 解离抑制因子（RhoGDIs）的调节。由于 Rho 蛋白参与多种信号转导途径，与多个重要信号分子间存在串话（crosstalk），其成员可调节多种细胞功能及行为，包括细胞迁移、增殖及凋亡等。

目前已发现的哺乳动物细胞中 Rho 家族有 24 个成员，它们的氨基酸序列有 50%～90%的同源性，其中 RhoA、Rac1、CDC42 是 Rho 蛋白家族中最具典型意义的三个成员，它们可直接调节胞浆中微丝上肌动蛋白的聚合或解离，从而影响细胞形态包括骨架蛋白的形成和细胞极性，进而调节细胞的迁移。

循环的初始 T 细胞进入次级淋巴系统即淋巴结或脾脏的过程对免疫效应至关重要，从血液循环中的 T 细胞通过高内皮小静脉（HEV）进入淋巴结，快速运动的 T 细胞通过淋巴细胞表面的 L-选择素（CD62L）与内皮细胞的 PNAd 结合使其缓慢下来并在内皮表面滚动，进而在内皮趋化因子及 T 细胞表面趋化因子受体作用下引起 LFA-1 及 VLA-4 的激活，在其配体介导下最终引起 T 细胞穿越内皮及基底膜，进入淋巴结皮质区，此后 T 细胞在 CCR7 及其趋化因子介导下开始高速移动。在 T 细胞的迁移过程中细胞中的 Rac GTP 酶的活化起着核心作用，Rac GTP 酶的 GEF 则在其活化中起重要角色，在 DOCK2 及 Tiam1 GEF 缺失的 T 细胞中出现细胞趋化及向淋巴结归巢的缺陷，此外 DOCK2 在 T 细胞移出淋巴结的过程中也起作用。

在淋巴细胞不同分化阶段均有不同的 Rho GTP 酶分子参与（图 8-1）。Rho GTP 酶在淋巴系统中的作用是通过在淋巴细胞中过表达负显性突变型及激活型突变型的 Rho GTP 酶而发现的，研究表明 Rho GTP 酶可以介导 T 细胞的极化、细胞毒效应、细胞的扩散和迁移、细胞因子的释放以及 T 细胞受体及 B 细胞受体的信号激活。对 Rac1 转基因小鼠的研究发现 Rac1 可以调节 T 细胞的分化，Rac2 及 CDC42 与 T 细胞的存活有关，RhoA 可促进 T 细胞受体信号的激活及交联。

基因敲除研究发现 Rac1 或者 Rac2 的缺失并不能明显影响 T 细胞的发育，而当 Rac1 和 Rac2 同时缺失则会影响在淋巴祖细胞阶段 T 细胞的发育，其影响表现为胸腺细胞的增殖和存活缺陷，黏附及迁移的异常，同时 Rac1 和 Rac2 同时缺失可抑制 T 细胞受体介导的 IL-2 的释放、Akt 信号分子的活化并导致 Notch 分子的过度激活，因此 Rac1 和 Rac2 各自在功能上存在冗余性。

在 T 细胞中发现，不同的 Rho GTP 酶之间存在广泛的交叉对话，如在 Jurkat T 细

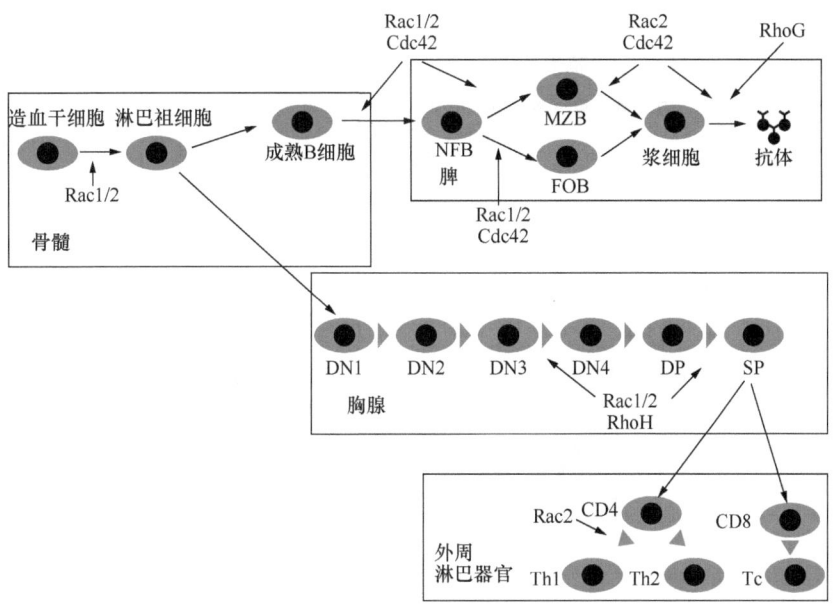

图 8-1 Rho GTP 酶在淋巴细胞不同分化阶段的作用

胞中 RhoH 的过度表达可以抑制 Rac1 及 RhoA 介导的 NF-κB 以及 p38 MAPK 信号分子的活化，因此 RhoH 在功能上可能与其他 Rho GTP 酶家族分子有拮抗作用。对 RhoH 在 T 细胞中的作用研究发现在 RhoH 基因敲除小鼠中，表现出 T 细胞成熟障碍，并且 RhoH 的缺失导致 TCR 信号失活并抑制 CD3ζ、LAT、PLCγ、Vav1 和 Erk 的活化。

Rho GTP 酶在 B 细胞中的作用研究还不够成熟，Rac2 缺陷小鼠表现出 B1a 及边缘区（MZ）B 细胞的减少及增长能力的降低，并导致分泌 IgM 的浆细胞的缺失，最终引起体液免疫功能的降低，相反 Rac1 对 B 细胞功能影响甚微。最近通过 B 细胞特异的 CDC42 敲除小鼠实验研究发现，与 Rac1 及 Rac2 同时缺失相同，CDC42 的缺失导致功能性 B 细胞及 B1a 细胞的减少，因此无论是 CDC42 还是 Rac1/Rac2 都对晚期 B 淋巴细胞的发育至关重要。

中性粒细胞通过清除微生物病原体而成为机体的第一道屏障，其功能是通过一系列的细胞迁移、摄取、最终清除病原体来实现的。首先中性粒细胞在趋化梯度引导下向感染部位快速迁移，这一过程需要建立细胞内部的不对称分布结构即细胞极性产生，其物质基础是细胞骨架的重排，而 Rac、RhoA 及 CDC42 是细胞骨架重排的重要调节因素。转基因小鼠模型研究显示在中性粒细胞中，相对 Rac1 及 CDC42，Rac2 对细胞骨架重排更为重要，Rac2 缺失的中性粒细胞表现出显著的 Actin 聚集障碍，而 Rac1 缺失的中性粒细胞以及 CDC42 缺失的中性粒细胞都表现出正常的 F-actin 聚集。但 Rac1 在中性粒细胞的变形及尾部收缩这一行为中起重要作用。最近的研究显示在 CDC42 对中性粒细胞极化的调节过程中 CD11b 作为第二信号分子也参与了其中激动蛋白的聚集。此外，RhoA 参与了中性粒细胞中激动蛋白的收缩。与细胞运动的方向相关的细胞对趋化梯度

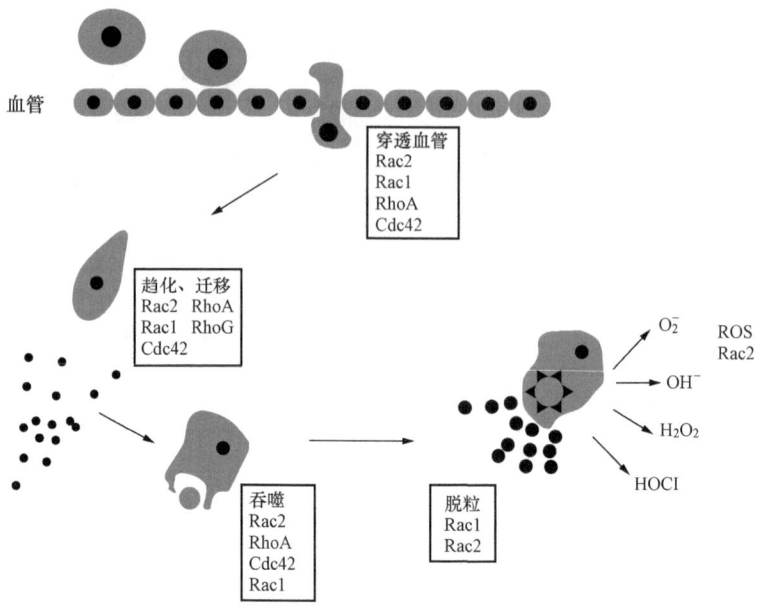

图 8-2　Rho GTP 酶在中性粒细胞功能中的作用

的感应过程同样依赖于 Rho GTP 酶（图 8-2）。

在细胞吞噬功能中，同样需要细胞骨架的重排，Rho GTP 酶同样是其中的重要调节者，研究发现 Rac 及 CDC42 的作用更为明显。Rac1/Rac2 的缺陷导致 CR3 及 Fc 受体介导的细胞吞噬功能，其中表现出细胞骨架重排障碍。

细菌一旦被吞噬后，吞噬细胞通过释放活性氧（ROS）及 NADPH 氧化酶来行使其功能，这一功能也依赖于 Rac 的激活。Rac1 及 Rac2 可刺激细胞产生 NADPH，但在 Rac2 缺失的中性粒细胞则会引起 ROS 的产生障碍，Rac1 的过表达并不能逆转 Rac2 缺失引起的细胞功能障碍，Rac2 缺失的巨噬细胞表现为 NADPH 释放的丧失。RhoG$^{-/-}$ 的中性粒细胞也表现为 ROS 的产生障碍。CDC42 可以逆转 Rac2 对 NADPH 释放的调节。

（饶　青）

参考文献

Affolter M，Weijer C J. 2005. Signaling to cytoskeletal dynamics during chemotaxis. Dev Cell，9(1)：19-34

Assemat E，Bazellieres E，Pallesi-Pocachard E，et al. 2008. Polarity complex proteins. Biochim Biophys Acta，1778：614-630

Bilder D，Perrimon N. 2000. Localization of apical epithelial determinants by the basolateral PDZ protein Scribble. Nature，403：676-680

Bokoch G M. 2005. Regulation of innate immunity by Rho GTPases. Trends Cell Biol，15(3)：163-171

Bustelo X. 2002. Understanding Rho/Rac biology in T-cells using animal models. Bioessays，24(7)：602-612

Cantrell D. 2003. GTPases and T cell activation. Immunological Reviews，192(1)：122-130

Comer F I, Parent C A. 2007. Phosphoinositides specify polarity during epithelial organ development. Cell, 128: 239-240

Condliffe A, Webb L, Ferguson G, et al. 2006. RhoG regulates the neutrophil NADPH oxidase. J Immunol, 176(9): 5314-5320

Corre I, Gomez M, Vielkind S, et al. 2001. Analysis of thymocyte development reveals that the GTPase RhoA is a positive regulator of T cell receptor responses in vivo. J Exp Med, 194(7): 903-913

Croker B, Tarlinton D, Cluse L, et al. 2002. The Rac2 guanosine triphosphatase regulates B lymphocyte antigen receptor responses and chemotaxis and is required for establishment of B-1a and marginal zone B lymphocytes. J Immunol, 168(7): 3376-3386

Diebold B A, Bokoch G M. 2001. Molecular basis for Rac2 regulation of phagocyte NADPH oxidase. Nat Immunol, 2(3): 211-215

Diebold B A, Fowler B, Lu J, et al. 2004. Antagonistic cross-talk between Rac and Cdc42 GTPases regulates generation of reactive oxygen species. J Biol Chem, 279(27): 28136-28142

Dinauer M C. 2003. Regulation of neutrophil function by Rac GTPases. Curr Opin Hematol, 10(1): 8-15

Dorn T, Kuhn U, Bungartz G, et al. 2007. RhoH is important for positive thymocyte selection and T-cell receptor signaling. Blood, 109(6): 2346-2355

Dumont C, Corsoni-Tadrzak A, Ruf S, et al. 2009. Rac GTPases play critical roles in early T-cell development. Blood, 113(17): 3990-3998

Ehebauer M, Hayward P, Arias A M. 2006. Notch, a universal arbiter of cell fate decisions. Science, 314: 1414-1415

Ferguson G, Milne L, Kulkarni S, et al. 2007. PI (3) K has an important context-dependent role in neutrophil chemokinesis. Nat Cell Biol, 9(1): 86-91

Filippi M D, Harris C E, Meller J, et al. 2004. Localization of Rac2 via the C terminus and aspartic acid 150 specifies superoxide generation, actin polarity and chemotaxis in neutrophils. Nat Immunol, 5(7): 744-751

Filippi M D, Szczur K, Harris C E, et al. 2007. Rho GTPase Rac1 is critical for neutrophil migration into the lung. Blood, 109(3): 1257-1264

Glogauer M, Marchal C C, Zhu F, et al. 2003. Rac1 deletion in mouse neutrophils has selective effects on neutrophil functions. J Immunol, 170(11): 5652-5657

Goldstein B, Macara I G. 2007. The PAR proteins: Fundamental players in animal cell polarization. Dev Cell, 13: 609-622

Gomez M, Kioussis D, Cantrell D. 2001. The GTPase Rac-1 controls cell fate in the thymus by diverting thymocytes from positive to negative selection. Immunity, 15(5): 703-713

Gomez M, Tybulewicz V, Cantrell D. 2000. Control of pre-T cell proliferation and differentiation by the GTPase Rac-1. Nat Immunol, 1(4): 348-352

Gu Y, Chae H, Siefring J, et al. 2006. RhoH GTPase recruits and activates Zap70 required for T cell receptor signaling and thymocyte development. Nat Immunol, 7(11): 1182-1190

Guo F, Cancelas J, Hildeman D, et al. 2008. Rac GTPase isoforms Rac1 and Rac2 play a redundant and crucial role in T-cell development. Blood, 112(5): 1767-1775

Guo F, Velu C, Grimes H, et al. 2009. Rho GTPase Cdc42 is essential for B-lymphocyte development and activation. Blood, 114(14): 2909-2916

Hall A B, Gakidis M A, Glogauer M, et al. 2006. Requirements for Vav guanine nucleotide exchange factors and Rho GTPases in FcgammaR-and complement-mediated phagocytosis. Immunity, 24(3): 305-316

Kim C, Dinauer M C. 2001. Rac2 is an essential regulator of neutrophil nicotinamide adenine dinucleotide phosphate oxidase activation in response to specific signaling pathways. J Immunol, 166(2): 1223-1232

Lee M, Vasioukhin V. 2008. Cell polarity and cancer-cell and tissue polarity as a non-canonical tumor suppressor. J

Cell Sci, 121: 1141-1150

Lee O K, Frese K K, James J S, et al. 2003. Discs-Large and Strabismus are functionally linked to plasma membrane formation. Nat Cell Biol, 5: 987-993

Li B, Yu H, Zheng W, et al. 2000. Role of the guanosine triphosphatase Rac2 in T helper 1 cell differentiation. Science's STKE, 288(5474): 2219-2222

Li Z, Hannigan M, Mo Z, et al. 2003. Directional sensing requires G beta gamma-mediated PAK1 and PIX alpha-dependent activation of Cdc42. Cell, 114(2): 215-227

Palomero T, Sulis M L, Cortina M, et al. 2007. Mutational loss of PTEN induces resistance to NOTCH1 inhibition in T-cell leukemia. Nat Med, 13: 1203-1210

Pestonjamasp K N, Forster C, Sun C, et al. 2006. Rac1 links leading edge and uropod events through Rho and myosin activation during chemotaxis. Blood, 108(8): 2814-2820

Ridley A J, Schwartz M A, Burridge K, et al. 2003. Cell migration: Integrating signals from front to back. Science, 302(5651): 1704-1709

Schlessinger K, McManus E J, Hall A. 2007. Cdc42 and noncanonical Wnt signal transduction pathways cooperate to promote cell polarity. J Cell Biol, 178: 355-361

Sun C X, Downey G P, Zhu F, et al. 2004. Rac1 is the small GTPase responsible for regulating the neutrophil chemotaxis compass. Blood, 104(12): 3758-3765

Suzuki A, Ohno S. The PAR-aPKC system: lessons in polarity. J Cell Sci 2006, 119: 979-987

Szczur K, Xu H, Atkinson S, et al. 2006. Rho GTPase CDC42 regulates directionality and random movement via distinct MAPK pathways in neutrophils. Blood, 108(13): 4205-4213

Vigorito E, Bell S, Hebeis B, et al. 2004. Immunological function in mice lacking the Rac-related GTPase RhoG. Mol Cell Biol, 24(2): 719-729

Vigorito E, Billadeu D, Savoy D, et al. 2003. RhoG regulates gene expression and the actin cytoskeleton in lymphocytes. Oncogene, 22(3): 330-342

Walmsley M, Ooi S, Reynolds L, et al. 2003. Critical roles for Rac1 and Rac2 GTPases in B cell development and signaling. Science, 302(5644): 459-462

Wheeler A P, Ridley A J. 2007. RhoB affects macrophage adhesion, integrin expression and migration. Exp Cell Res, 313(16): 3505-3516

Wheeler A P, Wells C M, Smith S D, et al. 2006. Rac1 and Rac2 regulate macrophage morphology but are not essential for migration. J Cell Sci, 119(Pt 13): 2749-2757

Yamauchi A, Kim C, Li S, et al. 2004. Rac2-deficient murine macrophages have selective defects in superoxide production and phagocytosis of opsonized particles. J Immunol, 173(10): 5971-5979

Yamauchi A, Marchal C C, Molitoris J, et al. 2005. Rac GTPase isoform-specific regulation of NADPH oxidase and chemotaxis in murine neutrophils in vivo. Role of the C-terminal polybasic domain. J Biol Chem, 280(2): 953-964

第九章 非编码 RNA（ncRNA）对造血和免疫的调节

非编码 RNA（non-coding RNA，ncRNA）是指各种不编码蛋白质的 RNA 分子，主要包括短链的小 RNA（small RNA 或 short RNA，sRNA，如 miRNA、siRNA 和 piRNA）和长链非编码 RNA（long non-coding RNA，lncRNA）。尽管它们不直接参与蛋白质的合成，但通过对转录、mRNA 的稳定性及翻译的调控作用，在细胞的增殖和分化、胚胎的发育及肿瘤的发生、发展中发挥重要作用。

本章主要讨论目前非编码 RNA 中的研究热点——microRNA（miRNA），探讨 miRNA 在调控造血细胞和免疫细胞生物学以及在病理学改变中的作用。研究证明 miRNA 是基因表达的重要调控因子，它们通过与靶基因 mRNA 特异性结合，在转录后水平引起靶基因 mRNA 的降解或者抑制其翻译，导致基因沉默，对基因表达呈负调控作用。迄今为止，在人类基因组中已发现了近 700 个不同的 miRNA，每一个 miRNA 都具有抑制多个、甚至上百个靶基因表达的潜能，表明哺乳动物细胞中这种基因调控方式范围非常广泛。最近的研究表明，miRNA 在造血细胞、免疫细胞中具有独特的表达谱，在调控细胞发育及功能中发挥关键的作用。miRNA 表达的异常，会引起包括造血系统及免疫系统在内的多种病理学改变，如血液肿瘤和免疫性疾病，因此可以作为疾病种类和严重程度的诊断和预后指标。

第一节 miRNA 的生物合成及作用原理

RNA 干扰是一种作用强、特异性高、存在范围广的基因沉默机制，它能够调控那些在细胞分化及生存中具有重要作用的基因的表达水平。RNA 干扰最初是在低等生物中发现的，它在发育及细胞分化中起重要作用，能够阻止病毒等病原体侵入染色质以保护基因组免受损伤。1993 年 Lee 和 Ambros 等在他们的开创性论文中首次描述了一种非编码茎环结构 RNA（lin-4），它们能够调控秀丽线虫的幼体发育；随后 Fire 和 Mello 等于 1998 年报道了在秀丽线虫中由小的双链 RNA 引起的一种意想不到的基因沉默方式，并引发了对于细胞是如何使用小 RNA 调控基因表达的一系列研究。2001 年 Elbashir 等首次报道在培养的哺乳动物细胞中通过 siRNA 成功诱导了特异性靶基因表达沉默后，RNA 干扰技术就成为一种内源性基因沉默机制，被广泛应用于改变基因表达水平、研究特异靶基因功能的一种手段。不论是学术界还是产业界的研究者，都在积极地研究如何利用这些内源性、无处不在的机制，调控基因的表达用于治疗疾病，包括炎症、自身免疫性疾病及肿瘤。

miRNA 介导的 RNA 干扰已被证实是在翻译水平调控蛋白表达的新的机制。近年来的一系列研究提供了 miRNA 参与免疫调控，包括 B 细胞和 T 细胞的发育及分化、单核细胞及中性粒细胞的增殖、抗体类别转换，以及在肿瘤发生的作用。本节讨论 miR-

NA 生物合成的机制,举例说明 miRNA 是如何影响固有免疫和获得性免疫细胞的发育及功能,最后讨论 miRNA 与免疫细胞来源的人类疾病之间的关系。

一、成熟 miRNA 的生物合成

miRNA 是由基因组 DNA 编码,在 RNA 聚合酶 II(polymerase II,pol II)作用下转录、并经过两个核糖核酸酶III(ribonuclease III,RNase III)——Drosha 及 Dicer 以及一系列辅助蛋白的剪切作用形成的。miRNA 的生物合成包括了在细胞核的转录及 Drosha 酶的初步剪切,以及转运到胞质,经 Dicer 的剪切及生成成熟 miRNA 的过程,整个过程大致可以分为以下三个阶段(图 9-1)。

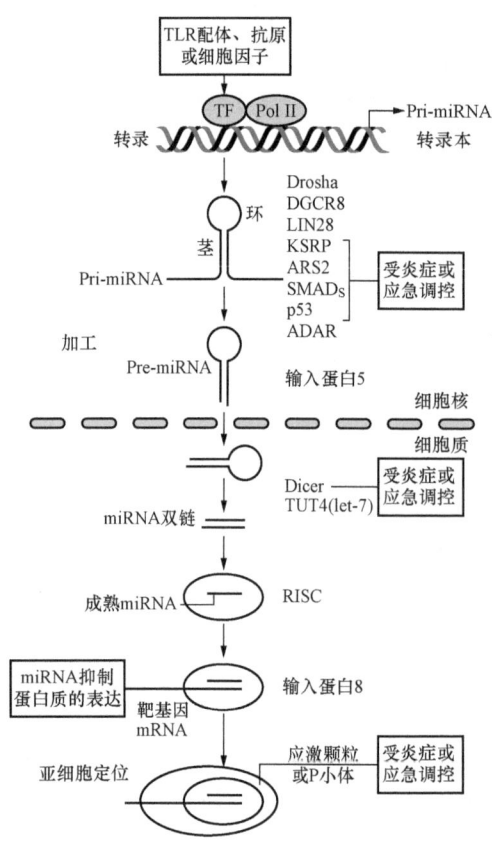

图 9-1 miRNA 生物合成及其调控

首先是在细胞核内,编码 miRNA 基因的 DNA 在 pol II 的作用下,转录生成含有几百至几千个核苷酸、具有 5′端帽子结构和 3′端多聚腺苷酸尾(polyA)的茎环状结构的初级 miRNA(primary miRNA,pri-miRNA),经 RNase III Drosha 进行加工剪切产生含有 65 个核苷酸的发夹状前体 miRNA(precursor miRNA,pre-miRNA);然后,这些 pre-miRNA 在转运蛋白 5(exportin 5)的作用下,转运出胞核进入胞质;最后在胞质中,pre-miRNA 在第二个 RNase III——Dicer 的作用下,加工生成长度为 19~23 个核苷酸的成熟双链 miRNA。

双链 miRNA 存在的时间很短暂,其中一条链为过客链(passenger strand),被降解,另一条链,即引导链(guide strand)与 Argonaute(AGO)结合,进入由 AGO 蛋白及其他蛋白质组成的 RNA-诱导沉默复合物(RNA-induced silencing complex,RISC),形成 miRISC。利用其中 miRNA 的引导链,miRISC 与靶基因 mRNA 的 3′端非编码区(untranslated region,UTR)及 5′-UTR 中 miRNA 识别序列(miRNA recognition elements,MRE)不完全互补结合。目前人们普遍认为,miRNA 与其靶 mRNA 结合的特异性(即 miRNA 特异性识别其靶 mRNA)主要由"种子序列"(seed sequence,miRNA 5′端的第 2~8 个核苷酸)所决定,调控靶 mRNA 降解或阻断其转录后翻译,从而调节细胞增殖、分化与凋亡,参与个体发育、机体代谢以及肿瘤发生、发展等过程。

二、miRNA 生物合成的调控

最近的研究显示，miRNA 的合成过程在转录、加工及亚细胞定位三个层面受到调控，而这些调控过程又受到免疫应激、炎症反应以及其他细胞应激反应的影响（图 9-1）。首先，miRNA 基因在转录水平受到转录因子（transcription factor，TF）的调控，这些转录因子能够调控某些特定类型的细胞在发育过程或应对环境刺激时 pri-miRNA 的产生。例如，研究人员发现免疫细胞在应对炎症刺激，如 Toll 样受体（Toll like receptor，TLR）的配体、抗原或细胞因子时，其中的某些 miRNA，如 miR-155 和 miR-146a 的转录会上调。

其次，细胞核内产生的 pri-miRNA 加工生成 pre-miRNA 的过程中可被多种蛋白质调控，如 Drosha、DGCR8、LIN28、KSRP、ARS2、SMAD、p53 及 ADAR 等。Drosha 是一种双链 RNA 特异的核糖核酸酶，DGCR8 是一种蛋白质辅助因子，其全称为 DiGeorge 综合征危象区基因 8（George syndrome critical region gene 8，DGCR8），pri-miRNA 的加工首先是在 Drosha-DGCR8 复合体的共同作用下，切割生成 pre-miRNA。Lin28 是一种高度保守的 RNA 结合蛋白，在人类干细胞中，Lin28 结合于 let-7 pre-miRNA 茎环结构中的末端环区域，抑制其加工过程，因此被认为是 let-7 pre-miRNA 加工过程的负调控因子。KSRP 是一种 RNA 结合蛋白——KH-型剪接调控蛋白（KH-type splicing regulatory protein，KSRP）的简称，最新研究提示 KSRP 是 Drosha 及 Dicer 复合物的组成部分，参与了部分 miRNA 生物合成的调控过程，能够与这些 pre-miRNA 的末端环区结合，促进 pre-miRNA 的成熟，促使靶基因 mRNA 降解。砷酸盐耐受蛋白 2（Arsenate-resistance protein 2，ARS2）是 RNA 帽结合蛋白复合物的组成成分，能够促进 pre-miRNA 的加工，有研究发现 ARS2 基因缺失的小鼠，出现骨髓衰竭，可能与造血干细胞缺陷有关。RNA 腺苷脱氨酶 ADAR（Adenosine deaminase acting on RNA）是一种通过腺苷脱氨作用修饰细胞和病毒 RNA 序列的双链 RNA 结合蛋白，参与 pre-miRNA 的加工成熟，从而对 miRNA 功能进行精细调节，影响一系列重要的生物学过程。SMAD 蛋白是 TGF-β 家族成员信号转导过程中的关键分子，新近研究发现 SMAD 蛋白以配体依赖性方式，促进 pre-miR-21 的加工过程。此外，肿瘤抑制蛋白 p53 对 miRNA 的加工具有重要作用，当 DNA 损伤发生时，p53 与 Drosha 形成复合体，促进 pri-miRNA 生成 pre-miRNA 的加工过程。

转运至胞质后，某些 pre-miRNA 在末端尿甙基转化酶 4（Terminal uridylyltransferase 4，TUT4）的催化下进行转录后修饰，TUT4 通过募集 LIN28，介导 pre-let-7 miRNA 的尿苷化，阻止 pre-let-7 miRNA 的进一步加工，从而抑制其功能。当 miRNA 接近成熟时，miRNA 双链打开，引导链进入 RISC，该 RISC 复合物在输入蛋白 8（Importin 8）的作用下转运至 mRNA，引起靶基因的抑制。最后，miRNA 定位于某些特异的细胞器，如压力颗粒（stress granule）或加工小体（processing body，P 小体），该过程也受到炎症或应激状态的影响，具体机制尚不明确。

三、miRNA 的作用原理

miRNA 对靶基因调控的结果是引起靶标蛋白的产生减少，其具体的作用机制可能如下。

（1）在翻译水平上抑制靶基因的表达。支持这种机制的证据是研究者观察到靶基因 mRNA 的产量不变，而其编码的蛋白质的量明显降低。miRNA 可以在翻译起始阶段或者起始后阶段（延伸阶段）起作用。对秀丽隐杆线虫（*Caenorhabditis elegans*，*C. elegans*）的早期研究发现，lin-4 miRNA 在翻译的起始阶段能够抑制 lin-14 和 lin-28 mRNA。miRNA 同样也能够抑制 mRNA 上核糖体的运动，促使核糖体从 mRNA 上脱落下来，从而中断翻译。研究发现大多数 miRNA 主要是在翻译起始阶段抑制靶基因的表达，Pillai 等报道 let-7a miRNA 通过在翻译起始阶段干扰帽结合蛋白识别 m7G 帽；Kiriakidou 等在人类 AGO2 中发现存在帽结合蛋白模体，这提示 AGO2 可能通过与 mRNA 的 m7G 帽相结合而抑制翻译。

（2）诱导靶基因 mRNA 降解。研究发现绝大多数 miRNA 并不能降解其靶 mRNA，因为降解靶 mRNA 不仅需要 miRNA 和靶 mRNA 完全互补，而且还要 miRISC 中的催化成分 AGO 蛋白质核心亚基的存在。例如，在植物细胞中 miRNA/靶基因双链形成常发生在 mRNA 的编码区且几乎是完全互补的，因而可以通过剪切 mRNA 而导致靶基因的降解；而在动物细胞中 miRNA/靶基因双链形成受到 mRNA 链上沟（gap）和 3′-UTR 错配的影响，不能形成完整的双链，往往不能通过剪切而降解靶基因。miR-125b 和 let-7 通过与 mRNA 的不完全互补的碱基配对，指导 mRNA Poly（A）的快速脱腺苷化作用，导致 mRNA 的稳定性下降，从而减少细胞内靶 mRNA 的浓度。

目前大多数观点认为 miRNA 抑制靶 mRNA 的调控机制是与 mRNA 的 3′-UTR 的相互作用，实际上 mRNA 在编码区 5′-UTR 处也有与 miRNA 配对的区域。另外在线虫和拟南芥中发现一些可以介导 miRNA 降解的蛋白，但这些蛋白质的同源基因在高等动物细胞中还没有发现。

第二节 miRNA 对造血和免疫细胞的调控作用

造血干细胞（hemopoietic stem cell，HSC）是存在于造血组织、具有自我更新和多向分化潜能的原始细胞，是各种血细胞及免疫细胞的共同祖先。目前已知约有上百种不同的 miRNA 在造血细胞及免疫细胞中表达，影响造血细胞及免疫细胞的发育和分化，调控固有免疫和适应性免疫应答的分子通路。

一、miRNA 对造血干细胞的调控作用

造血干细胞又称多能干细胞，是存在于造血组织中的一群原始造血细胞，具有自我更新和多向分化潜能。HSC 通过自我更新维持细胞数目的稳定，同时还能够持续分化，

产生造血与免疫系统中的各类成熟细胞，发挥正常的造血与免疫功能（图 9-2）。造血干细胞分为长期造血干细胞（long-term HSC，LT-HSC）和短期造血干细胞（short-term HSC，ST-HSC），LT-HSC 具有长期自我更新（复制）的能力，能够在造血系统中存活数月，在维持机体造血中具有重要作用；LT-HSC 在骨髓中可以分化为 ST-HSC，它们不能长期自我复制，但可以继续分化成多潜能祖细胞（multipotent progenitors，MPP）；MPP 不再具备自我更新的能力，但是依然能够继续分化，产生造血与免疫系统的成熟细胞；MPP 分化成共同淋系祖细胞（common lymphoid progenitors，CLP）或共同髓系祖细胞（common myeloid progenitors，CMP），CLP 和 CMP 再进一步分化，产生血液中的各种血细胞，其中 CLP 分化成各种淋巴系的前体细胞，最终产生成熟的 T 淋巴细胞、B 淋巴细胞及自然杀伤（natural killer，NK）细胞；而 CMP 则分化成粒细胞/单核细胞祖细胞（granulocytic/monocytic progenitors，GMP）与巨核细胞/红系祖细胞（megakaryocytic/erythroid progenitors，MEP）。GMP 分化产生单核细胞和粒细胞，单核细胞可以进一步分化为巨噬细胞和树突细胞（dendritic cell，DC）；而 MEP 则分化成巨核细胞、血小板以及红细胞。

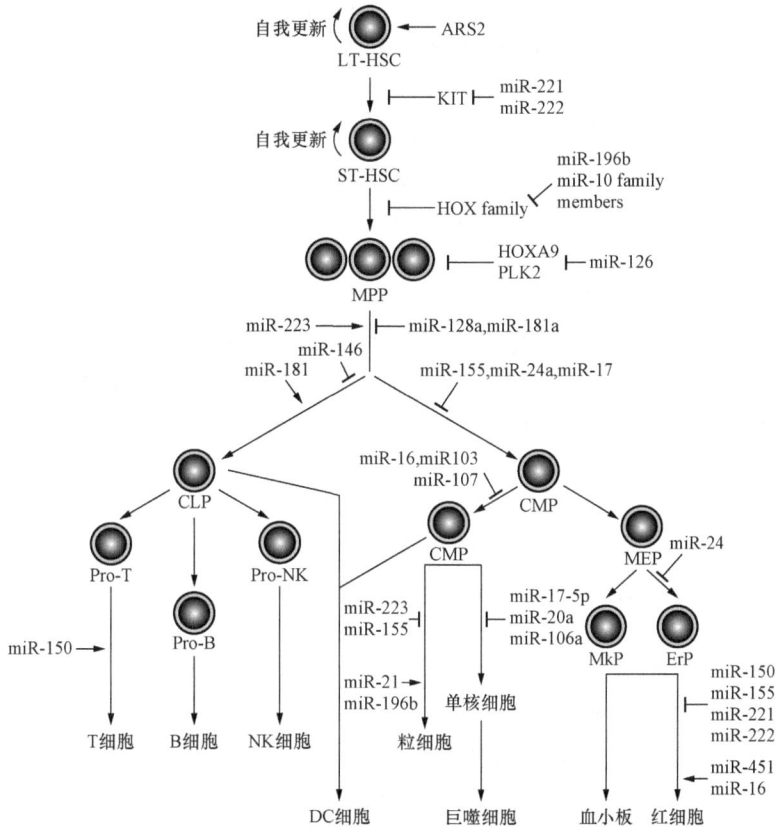

图 9-2　miRNA 介导的造血干细胞分化发育和功能调控

miRNA 在其他类型干细胞中的作用研究较多，如胚胎干细胞，而目前关于 miR-

NA 如何调控造血干细胞的研究较少。图 9-2 中列举了在 HSC 自我更新及定向分化发育过程中发挥作用的 miRNA，分别以箭头和 T 线表示 miRNA 的正向和负向调控作用。关于 miRNA 对于 LT-HSC 的影响，新近有研究发现 ARS2 能够影响 LT-HSC 的重建能力，ARS2 是砷酸盐耐受蛋白 2，在上一节 miRNA 生物合成的调控时提到，它能够促进 pre-miRNA 的加工；Gruber 等研究发现，ARS2 的表达与细胞的增殖状态有关，ARS2 缺失引起小鼠胚胎期死亡，成年小鼠 ARS2 缺失出现骨髓衰竭；ARS2 缺失还能够下调 miR-21、let-7 和 miR-155 的水平，而这些 miRNA 能够调控血细胞和免疫细胞的分化发育。此外，有研究发现 miR-221 和 miR-222 能够抑制 HSC 细胞表面的细胞因子受体 KIT 的表达，导致 LT-HSC 细胞增殖、植入潜能以及红细胞终末分化的异常。

miRNA 也能够影响 ST-HSC 的自我更新及分化，研究人员发现 miR-196 和 miR-10 家族 miRNA 位于同源盒基因（homeobox gene，HOX）位点，能够直接抑制 HOX 家族基因的表达，而 HOX 是控制发育的主要基因，在调节 HSC 稳态方面具有重要的作用。miR-196b 特异地表达于小鼠 ST-HSC，与 miR-10 家族成员共同调控编码 HOX 家族基因的 mRNA，实现对 HSC 稳态维持和谱系定向分化的调控。miR-126 通过抑制编码 HOXA9 蛋白和抑癌因子 Polo 样激酶 2（polo-like kinase 2，PLK2）的 mRNA 表达，促进祖细胞的扩增，在体外能够增加骨髓细胞集落的形成。

造血过程中第一个谱系特异性的分化阶段，是 MPP 向 CLP 或 CMP 的分化。miR-128 和 miR-181 仅表达于早期的祖细胞，且在祖细胞阶段的表达水平不高，但是在祖细胞向髓系细胞和淋系细胞分化过程中其表达分别上调，抑制祖细胞向所有血细胞谱系的分化。有研究者发现，在未分化的祖细胞中异位表达 miR-181，能够增加淋系细胞的数量，但不能增加髓系细胞的数量。miR-16、miR-103 和 miR-107 能够抑制 CMP 向 GMP 的分化，下调 GMP 细胞的增殖。

miRNA 在 CMP 和 CLP 分化产生成熟的粒细胞、单核细胞、巨噬细胞、树突细胞、NK 细胞以及淋巴细胞中的调控作用将在下面的"miRNA 对固有免疫细胞的调控作用"及"miRNA 对获得性免疫细胞的调控作用"中介绍，在此简要介绍某些关键的 miRNA 在髓系祖细胞向红细胞分化过程中的调控作用。生物信息学分析显示，miR-150、miR-155、miR-221 和 miR-222 在红细胞生成过程中，它们的表达是逐渐下调的，而 miR-451 和 miR-16 的表达在红细胞生成晚期是上调的，这些发现提示不同的 miRNA 调控了不同发育阶段的红细胞的分化、成熟。Wang 等研究发现 miR-24 通过靶向活化素 Ⅰ 型受体 ALK4（activin type Ⅰ receptor ALK4）mRNA 的 $3'$-UTR，下调 ALK4 基因及蛋白质水平，影响红细胞的产生。生长因子活化素与其受体 ALK4 结合，通过激活下游信号通路的级联反应，促进红细胞的分化。他们还发现，miR-24 还能够在红白血病细胞系 K562 细胞中抑制活化素介导的血红蛋白产生；在红系祖细胞分化的早期阶段，ALK4 的表达与 miR-24 的表达呈负相关，在造血祖细胞中强制性表达（forced expression）miR-24，能够导致活化素介导的红细胞成熟的延迟，这些结果提示 miR-24 通过抑制 ALK4 的表达，影响红细胞的产生。另外 miR-221 和 miR-222 也参与了调控红细胞的生成，它们通过靶向 KIT 的表达，抑制红细胞的生成。

此外，细胞谱系特异性转录因子通过调节细胞谱系特异性 miRNA 的表达水平，也能够间接决定 HSC 的命运。例如，转录因子 GATA-1 在调控红系细胞增殖和分化过程中具有重要作用，是红细胞发育和分化成熟所必需的。Dore 等研究人员应用 miRNA 芯片技术，检测了 GATA-1 诱导红细胞成熟过程中 miRNA 的表达变化，他们发现激活 GATA-1，可以直接诱导 miR-144 与 miR-451 的表达；体内试验发现，miR-451 缺失的斑马鱼胚胎，能够产生红系祖细胞，但不能发育成为成熟的红细胞。这些发现提示 miR-144 与 miR-451 是红细胞发育中 GATA-1 的主要作用靶点。因此，无论是在正常生理状态、还是在遗传损伤或是药物作用下引起这些 miRNA 表达的改变，都会影响红细胞的正常发育、成熟。另外一项研究显示，单核细胞/巨噬细胞分化所必需的转录因子 PU.1，能够激活 miR-424，表达上调后的 miR-424 能够靶向另一个转录因子——核因子 I/A（nuclear factor I/A，NFI-A），抑制 NFI-A 的表达，而表达下调的 NFI-A 能够激活分化特异性的基因，如 M-CSFR，最终诱导单核细胞/巨噬细胞的分化。这些研究提示转录因子和 miRNA 在基因表达调控网络中关系紧密，在细胞分化、发育过程中发挥重要的作用，而转录因子和 miRNA 之间又可以形成调控网络，相互作用共同调控 HSC 的分化发育。

二、miRNA 对固有免疫细胞的调控作用

固有免疫（innate immunity）是机体在种系发育和进化过程中形成的天然的、非特异性免疫防御功能，是由固有免疫应答细胞完成的，这些细胞主要包括粒细胞、单核细胞、巨噬细胞、树突细胞和 NK 细胞，它们形成了抗感染的第一道屏障。最近许多研究揭示了 miRNA 在固有免疫细胞发育及反应中的调控作用（图 9-2，miRNA 的正向和负向调控作用分别以箭头和 T 线表示）。

1. miRNA 对粒细胞的调控作用

粒细胞是在独立生长因子 1（growth factor independence 1，GFI1）的作用下，从 GMP 分化产生的。GFI1 是一种转录抑制因子，是粒细胞分化所必需的。研究发现 GFI1 的功能丧失性突变（loss-of-function mutations），能够引起重型先天性中性粒细胞减少症（severe congenital neutropenia，SCN）。Velu 等近期研究报道，在 GFI1 突变的 SCN 患者骨髓细胞及 GFI1 基因敲除小鼠的骨髓细胞中都能够检测到 miR-21 及 miR-196b 的异常高表达；作者进一步应用染色质免疫共沉淀（chromatin immunoprecipitation，ChIP）方法证实，GFI1 能够结合到 pri-miR-21 及 pri-miR-196b 基因的启动子区，并抑制它们的表达；作者应用全反式维甲酸（all-trans retinoic acid，ATRA）诱导人白血病细胞系 HL60 细胞向粒细胞分化时发现，GFI1 蛋白表达逐渐下调，miR-21 表达逐渐升高，当 HL60 细胞终末分化时 GFI1 蛋白表达完全消失，而 miR-21 表达升至最高；应用佛波酯（phorbol myristate acetate，PMA）诱导白血病细胞系 HL60 及 U937 细胞向单核细胞分化时，作者再一次发现 GFI1 表达下调，而 miR-21 和 miR-196b 表达升高。

miR-223 是另一个与粒细胞分化成熟密切相关的 miRNA。早在 2004 年 Chan 等研

究发现 miR-223 仅表达于骨髓中 Gr-1$^+$ 及 Mac-1$^+$ 的髓系细胞，而在 CD3e$^+$、B220$^+$ 及 Ter-119$^+$ 的 T、B 淋巴细胞及红细胞中几乎不表达。随后 Fazi 等报道了应用维甲酸（retinoic acid，RA）处理急性早幼粒细胞白血病（acute promyelocytic leukemia，APL）细胞的研究结果，他们发现 miR-223 与两种转录因子——核因子 I-A（nuclear factor I-A，NFI-A）和 CCAAT-增强子结合蛋白 α（CCAAT/enhancer binding protein α，C/EBPα）形成一个调控反馈环路，共同调控粒细胞的分化。其中，两种转录因子与 miR-223 启动子竞争性结合，NFI-A 与 miR-223 启动子结合，维持 miR-223 的低水平；当细胞在 RA 诱导下分化时，NFI-A 的结合被 C/EBPα 替换，miR-223 的表达随之上调；表达上调的 miR-223 又反过来抑制 NFI-A 的表达，由此建立一个负反馈环，促进粒细胞的生成。C/EBPα 在调控 miR-223 表达中的作用也得到了 Fukao 等其他研究者的证实，他们还发现髓系特异性转录因子 PU.1 激活后也能增加 miR-223 的表达。

Johnnidis 等研究者报道了与之相矛盾的实验结果，他们在 miR-223 敲除小鼠中观察到，miR-223 敲除小鼠骨髓中粒系祖细胞数量增加，外周血中出现过成熟的中性粒细胞，提示 miR-223 负向调节祖细胞增殖和粒细胞分化及激活。对其机制进行研究发现，miR-223 可能是通过下调转录因子——髓细胞 ELE-1 样因子 2c（myeloid ELF-1-like factor-2c，Mef-2c）或胰岛素样生长因子受体（insulin-like growth factor receptor，IG-FR）的表达发挥作用的。转录因子 Mef-2c 的作用是能够促进髓系祖细胞的增殖，因此在 miR-223 敲除小鼠中，由于 miR-233 的缺失，使得其靶标 Mef-2c 的表达上调，导致骨髓中粒系祖细胞的数量增加。

miRNA 除了调控粒细胞的发育，也能够调控粒细胞的功能。如上面提到的那样，Mef-2c 作为 miR-223 的直接靶标，它在 miR-223 缺失小鼠中的作用与中性粒细胞的增殖有关，而与中性粒细胞的高活性状态无关。另有研究报道，miR-223 缺失的中性粒细胞，耐受氧化猝发的能力增强，与野生型细胞相比具有更强的杀伤白色念珠菌的能力。前面提到 miR-22 能够在转录因子 PU.1 和 C/EBPα 诱导下产生，负调控粒细胞的增殖和活性。这些结果提示，miRNA 通过作用于不同的靶蛋白，调控不同的粒细胞生物学特性。

2. miRNA 对单核细胞、巨噬细胞和树突细胞的调控作用

与粒细胞相似，单核细胞也是在转录因子作用下从 GMP 分化产生的，而参与单核细胞生成的转录因子同样受到特异的 miRNA 的调控。研究业已证实，转录因子 AML1 通过增加巨噬细胞集落刺激因子受体（macrophage colony stimulating factor receptor，M-CSFR）以及其他细胞因子，如白细胞介素 3（IL-3）及粒细胞-巨噬细胞集落刺激因子（GM-CSF）等的表达，诱导单核细胞分化和成熟。新近研究发现，单核细胞的发生受到 miR-17-5p、miR-20a 和 miR-106a 的调控，而 AML1 正是它们的靶标蛋白。

Fontana 等研究者应用 M-CSF 诱导人脐带血 CD34$^+$ 造血祖细胞向单核细胞分化时，发现 miR-17-5p、miR-20a 和 miR-106a 在单核细胞分化和成熟过程中表达下降，而转录因子 AML1 的蛋白质表达水平升高。对其机理研究发现，miR-17-5p、miR-20a 和 miR-106a 能够结合于 AML1 mRNA 的 3′-UTR，抑制 AML1 蛋白的翻译。因此，当这些

miRNA 表达下调时，它们对靶标蛋白的抑制作用被解除，引起靶蛋白 AML1 的水平升高。应用 miR-17-5p、miR-20a 和 miR-106a 转染细胞，作者发现 AML1 蛋白表达受抑制，引起 M-CSFR 表达下降、祖细胞增殖上调及单核细胞分化和成熟阻滞。另外，作者还发现 AML1 能够结合于 miR-17-5p、miR-20a 和 miR-106a 的启动子区结合，抑制它们的转录。因此，这三个 miRNA、AML1 及 M-CSFR 之间形成了一个负反馈调节环，共同调控单核细胞的生成。

我们在前面的"miRNA 对造血干细胞的调控作用"中提到过另一个对单核细胞分化有关键作用的转录因子 PU.1，它能够激活 miR-424，而 miR-424 又依次靶向转录因子 NFI-A，下调 NFI-A 的表达，诱导单核细胞的分化。Rosa 等研究者在诱导人脐带血中 CD34$^+$ 细胞向单核/巨噬细胞分化时，发现 miR-424 在分化的细胞中表达上调至 7 倍以上，提示 miR-424 在正常祖细胞向单核/巨噬细胞定向分化时表达上调；作者又应用佛波酯 TPA（12-O-Tetradecanoylphorbol 13-acetate）体外诱导 APL 患者骨髓细胞及白血病细胞系 NB4 细胞向单核/巨噬细胞分化，也发现 miR-424 表达水平上调 4~5 倍。还有研究者发现，在 NB4 细胞中表达 miR-424，能够促进其向单核细胞分化，CD11b$^+$CD14$^+$ 细胞数量增加，细胞形态改变与单核细胞成熟一致。

单核细胞可以进一步分化为巨噬细胞和 DC，巨噬细胞是由单核细胞通过血液循环迁移至外周组织后产生的，而 DC 细胞则根据来源又分为两种，一种是髓样 DC，来源于 CMP，与单核细胞和粒细胞有共同的前体细胞；另一种是淋巴样 DC，来源于 CLP，与 T 细胞和 NK 细胞有共同的前体细胞。巨噬细胞和髓样 DC 在固有免疫应答中具有关键的作用，有研究发现巨噬细胞在应对感染产生炎症反应时能够引起 miRNA 的上调（如 miR-155、miR-146、miR-147、miR-21 和 miR-9）。

O'Connell 等研究发现，小鼠骨髓细胞来源的巨噬细胞在聚肌胞苷酸（poly：C，P）及干扰素 β（INF-β）等炎性因子刺激时，能够诱导 miR-155 的表达。miR-155 是由 B 细胞整合簇（B cell integration cluster，BIC）基因编码的，该基因能够被转录因子激活蛋白 1（transcription factors activator protein 1，AP1）和核因子-κB（NF-κB）转录激活。在 TLR 激活过程中，AP1 和 NF-κB 进入细胞核，诱导包括 miR-155、miR-146、miR-147、miR-21 和 miR-9 在内的 miRNA 的表达，激活巨噬细胞及树突细胞参与炎症反应。有研究证实，敲除 miR-155 将导致一系列严重的免疫反应缺陷，miR-155 敲除小鼠发生自身免疫性肺及肠道病变，以及细胞和体液免疫缺陷。

最近 Androulidaki 等报道在脂多糖（LPS）诱导的巨噬细胞炎症反应时，LPS 能够激活巨噬细胞中的蛋白激酶 Akt，上调 let-7e 和 miR-181c 的表达，抑制 miR-155 和 miR-125b 的表达，提示 Akt 激酶对 miR-155 具有负调控作用。应用芯片及转染等实验方法，作者发现 let-7e 能够下调 LPS 的受体 Toll 样受体 4（TLR4）的表达，而 miR-155 则能够直接抑制细胞因子信号转导抑制因子 1（suppressor of cytokine signalling 1，SOCS1）的表达，推测 TLR4 和 SOCS1 分别是 let-7e 和 miR-155 的靶标蛋白。TLR4 和 SOCS1 这两种蛋白质在调控 LPS 活化 TLR 信号通路中具有重要作用，参与了细胞对内毒素敏感性及耐受性的调控。应用 LPS 刺激实验，作者观察到 LPS 刺激的 Akt$^{-/-}$ 巨噬细胞表达高水平的 miR-155 和 miR-125b，以及低水平的 let-7e 和 miR-181c，

Akt$^{-/-}$巨噬细胞对 LPS 刺激更敏感，而 Akt$^{-/-}$小鼠对 LPS 的耐受性低于野生型小鼠。因此，作者提出当细胞受到 LPS 刺激后，通过激活 Akt1 激酶，引起 let-7e 上调和 miR-155 下调，导致 TLR4 表达下调和 SOCS1 表达上调，实现对内毒素耐受的调节作用。此外，也有其他研究者发现，miR-155 能够负调控含有 SH2 结构域的肌醇 5 磷酸酶 1（SH2-domain-containing inositol-5-phosphatase 1，SHIP1），通过对 SHIP 的抑制调节其下游的 PI3K/AKT 通路，提升 TLR 介导的免疫反应，增强炎症反应。

miR-155 除了参与巨噬细胞及淋巴细胞的炎症反应外，最近 Martinez-Nunez 等的研究显示，miR-155 也能通过抑制 PU.1 的表达，影响 DC 成熟及抗原递呈作用。作者发现，在 LPS 诱导的髓样 DC 成熟过程中，miR-155 的表达显著升高（达 130 倍），而 PU.1 蛋白水平则相应降低；在 PU.1 mRNA 的 3′-UTR 中发现了 miR-155 的结合序列，证实了 PU.1 是 miR-155 的直接靶标。作者发现在单核细胞系 THP1 细胞中过表达 miR-155，能够降低 PU.1 的蛋白，随即 DC 特异性细胞间黏附分子 3 结合非整合素（DC-specific intercellular adhesion molecule-3 grabbing non-integrin，DC-SIGN）的 mRNA 和蛋白质水平也降低。DC-SIGN（CD209）是细胞表面 C 型血凝素，主要表达于活化的 DC 和巨噬细胞表面，能够与病原体结合，提示 miR-155 能够调控 DC 摄取病原体的作用。作者因此提出，miR-155 在 DC 成熟过程及感染性疾病中具有重要作用，它通过抑制转录因子 PU.1 的表达，降低细胞膜上 DC-SIGN 的表达水平，使 DC 细胞结合真菌和 HIV 蛋白 gp-120 等病原体的能力下降，有助于机体对病原体感染及侵入的敏感性。

3. miRNA 对 NK 细胞的调控作用

NK 细胞是肿瘤免疫监视和抗病毒感染的重要组成成分，miRNA 已被证实参与了 NK 细胞的发育及功能。NK 细胞表面表达自然杀伤细胞 2 族成员 D（natural killer group 2 member D，NKG2D）受体，其配体为 MHC Ⅰ 类多肽相关序列 A（MHC class I polypeptide-related sequence A，MICA）和 MICB，NKG2D 受体及其配体是目前研究较多的免疫分子。NKG2D 受体与其配体结合后可以激活 NK 细胞和 T 细胞，杀伤表达 MICA 和 MICB 的肿瘤细胞，因此 NKG2D 受体及其配体在肿瘤的免疫调节过程中有着重要作用。

新近研究发现，肿瘤细胞高表达某些 miRNA，下调肿瘤细胞表面 MICA 和 MICB 的表达，从而逃避 NK 细胞的攻击。因此通过特异性抑制这些高表达的 miRNA，增加 MICA 和 MICB 在靶细胞表面的表达，可以增强 NK 细胞的杀伤作用。Stern-Ginossar 等研究者发现，miR-20a、miR-93、miR-106b、miR-302d、miR-372、miR-373 及 miR-520d 都能够下调 HeLa 细胞及 DU145 细胞中 MICA 和 MICB 的表达；应用与这些 miRNA 成互补序列的 miRNA 抑制剂 antagomirs 处理细胞，能够下调这些 miRNA 的表达，增加细胞表面 MICA 和 MICB 的表达，增强 NK 细胞依赖的杀伤作用，而过表达这些 miRNA 则有相反的作用。还有研究者发现，某些疱疹病毒家族成员，如巨细胞病毒、EB 病毒和 Kaposi 肉瘤相关病毒（Kaposi's sarcoma-associated herpesvirus，KSHV），通过产生靶向 MICB mRNA 的 miRNA，逃逸机体的免疫监视。

综上所述，miRNA 调控了固有免疫的各个方面，包括对固有免疫细胞发育分化的调控、对微生物杀伤作用的调控、对细胞因子产生及 MHC 分子抗原递呈作用的调控。这些调控作用对宿主防御病原体入侵或及时清除入侵病原体以防其进一步扩散，同时启动后续的获得性免疫应答都是至关重要的。

三、miRNA 对获得性免疫细胞的调控作用

与固有免疫的非特异性不同，获得性免疫（adaptive immunity）是免疫系统在进化过程中形成的、针对特异性抗原产生的高度专一性的防御机制，是由获得性免疫应答细胞完成的，包括 T 细胞和 B 细胞。因此，获得性免疫包括了以 T 细胞为主的细胞免疫和以 B 细胞为主的体液免疫。

miRNA 对 B 细胞和 T 细胞的发育及功能都有重要的调控作用，它们参与了 T 细胞和 B 细胞在胸腺和骨髓中的发育，以及后期在外周组织中的动态平衡，如在 B 细胞的早期分化、免疫球蛋白的类别转换和生发中心的形成中具有关键性作用，在 T 细胞的功能性谱系分化中发挥关键的调节器作用，以及在调节 T 细胞（regulatory T-cell，Treg）的诱导、功能及维持中具有重要的作用。

1. miRNA 对 B 细胞的调控作用

B 细胞的生存和成熟主要包括两个方面：骨髓中不依赖抗原的发育和外周淋巴器官中依赖抗原的选择，这两个阶段都与 miRNA 的动态调控有关。如图 9-3 所示，发育中的 B 细胞，其生存及成熟受到 miR-150、miR-17-92 及 Dicer 调控下的多个 miRNA 的影响；而在外周淋巴器官中，成熟 B 细胞的进一步发育及功能的行使受到 miR-155 等的影响。

miRNA 在 B 细胞发育中的关键作用，首先是在 AGO2 缺失导致的小鼠造血缺陷中发现的。AGO 蛋白是 RISC 的核心组成成分，AGO2 编码的蛋白是 miRNA 合成和功能所必需的。O′Carroll 等研究者发现，AGO2 蛋白的缺失虽然不影响早期 pro-B 细胞的生成，但是能显著影响其向 pre-B 细胞的进一步分化以及随后的外周 B 细胞的生成。其他研究者的发现也得出了类似的结果，即在 B 细胞中条件性敲除 Dicer，造成整个 miRNA 网络的缺失，导致 B 细胞分化几乎完全阻滞在 pro-B 细胞向 pre-B 细胞转换的阶段，这种阻滞被认为与促凋亡分子 BIM 的表达下降有关。此外，B 细胞中 Dicer 的缺失也能导致整个 B 细胞成熟过程中末端脱氧核糖核酸转移酶（terminal deoxynu-

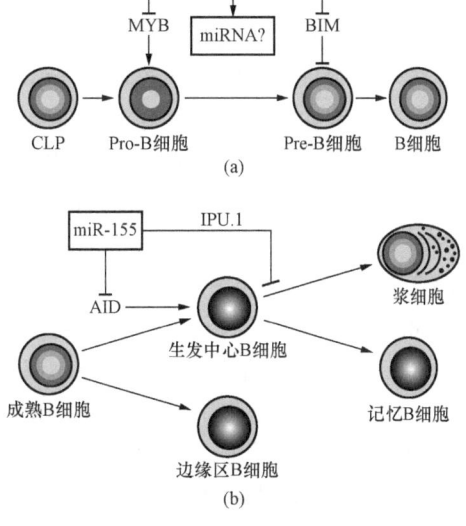

图 9-3 microRNA 介导的 B 细胞发育及功能调控

（a）B 细胞发育；（b）B 细胞功能。

cleotidyl transferase，TdT）的持续高表达，从而改变整个抗体谱（antibody repertoire）的生成。这些发现为研究 miRNA 如何影响 B 细胞分化和功能提供了新的视角，目前许多研究探索了单个 miRNA 是如何调控 B 细胞的发育和功能。

例如，有研究者发现，在 Dicer 缺失的 B 细胞中 BIM 的异常表达是由于 miR-17-92 缺失造成的。当 miR-17-92 缺失时，导致 BIM 表达增高以及 B 细胞发育阻滞于 pro-B 细胞向 pre-B 细胞转换阶段；而在 B 细胞中异位过表达 miR-17-92 时，可以增强 B 细胞的增殖及存活。也有研究者发现 miR-181 具有类似的作用，能够正向调控 B 细胞的分化，在 B 细胞中异位表达 miR-181 能够引起 $CD19^+$ B 细胞数量的持续增高，同时伴有 T 细胞数量的减少。此外，miR-150 对早期 B 细胞的分化及成熟 B 细胞的应答反应具有重要的影响。miR-150 的表达在早期的 B 细胞祖细胞中通常处于低水平，在 B 细胞异位表达 miR-150 能够通过靶向转录因子 MYB 引起 B 细胞发育阻滞在 Pro-B 细胞向 pre-B 细胞转换阶段。

在外周组织中，成熟 B 细胞的发育主要受 miR-155 的调节，当 B 细胞在生发中心被激活后 miR-155 的表达上调，通过抑制活化诱导胞嘧啶核苷脱氨酶（activation-induced cytidine deaminase，AID）和 PU.1 促进抗体的类别转化和抗体的生成。因此，在 miR-155 缺失的 B 细胞中，抗体类别转换及分化为浆细胞都有缺陷，导致其对 T 细胞依赖抗原刺激的体液免疫反应异常。前面提到 miR-155 在激活的 B 细胞、T 细胞、巨噬细胞及树突细胞高表达，敲除 miR-155 将导致一系列严重的免疫反应缺陷，miR-155 敲除小鼠发生自身免疫性病变，以及细胞和体液免疫缺陷。有研究报道，miR-155 在人 B 细胞淋巴瘤中过表达，而且用转基因方法在小鼠 B 细胞中过表达 miR-155，能够诱发恶性肿瘤，进一步证实 miR-155 参与了 B 细胞的发育分化及增殖。

2. miRNA 对 T 细胞的调控作用

T 细胞的发育和成熟也经历了两个阶段：骨髓中的淋巴样前体细胞迁移到胸腺，在胸腺微环境中分化、发育；成熟后迁移至外周血，定居于外周淋巴组织，介导细胞免疫应答。T 细胞在胸腺中的发育及其在周围淋巴器官中的激活，也同样受到 miRNA 的调控。如图 9-4 所示，在胸腺内 T 细胞的生存和选择受到 miR-17-92 和 miR-181a 的影响；在外周淋巴器官中，成熟 T 细胞的分化受到 miR-155 以及 miR-326 等的调控。

研究者在 T 细胞特异性缺失 Dicer 的研究中发现，Dicer 切割产生的 miRNA 对于体内 T 细胞的发育是十分重要的。在 T 细胞祖细胞中敲除 Dicer 的小鼠，其双阴性（double-negative，DN）、双阳性（double-positive，DP）以及单阳性（single-positives，SP）T 细胞的比例与野生型小鼠相比变化不大，但是胸腺中 T 细胞总数降低了 10 倍。对于 Dicer 缺失引起的胸腺细胞数量的减少，有研究者推测是由于 miR-17-92 的缺失造成的，Xiao 等研究者在 miR-17-92 转基因小鼠中发现，淋巴细胞中高表达 miR-17-92，能够导致 $CD4^+$ 和 $CD8^+$ T 细胞扩增。

miR-17-92 和 miR-181a 在胸腺中的 T 细胞发育和阳性选择中具有重要的调控作用。miR-17-92 能够抑制癌基因 PTEN 和促凋亡蛋白 BIM 的表达，其高表达会导致 $CD4^+$ 和 $CD8^+$ T 细胞扩增；而 miR-181a 通过下调 TCR 信号通路中多个抑制性磷酸酶的表达，

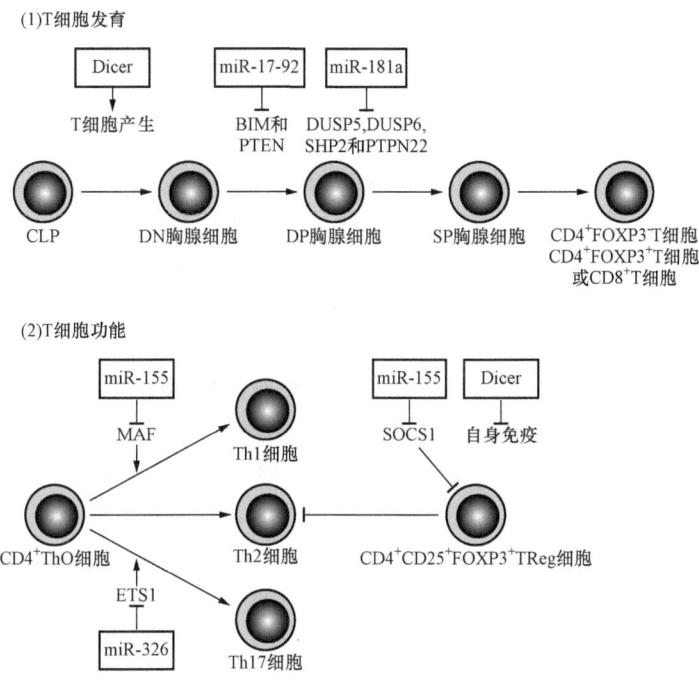

图 9-4 microRNA 介导的 T 细胞发育及功能调控

包括双特异性蛋白磷酸酶 5（dual-specificity protein phosphatase 5，DUSP5）、DUSP6、含有 SH2 结构域的酪氨酸磷酸酶 2（SH2-domain-containing protein tyrosine phosphatase 2，SHP2）和蛋白酪氨酸磷酸酶非受体型 2（protein tyrosine phosphatase, non-receptor type 2，PTPN2），增加 TCR 信号的敏感性以及关键信号分子的磷酸化，从而提高细胞对抗原的敏感性。因此，有研究者推测 miR-181a 表达的变化如同可变电阻器，调控蛋白质磷酸化水平，当 miR-181a 表达升高时，能够下调磷酸酶的水平，导致蛋白激酶，如 Lck 及 ERK 的磷酸化水平升高，引起 T 细胞的 TCR 信号增加以及 T 细胞活化阈值降低。

在外周淋巴器官，成熟 T 细胞的分化受到 miRNA 的调控，包括 miR-155 和 miR-326。miR-155 通过抑制巨噬细胞活化因子（macrophage-activating factor，MAF），促进 T 细胞向 1 型 T 辅助细胞（T helper 1，Th1）分化，当 miR-155 特异性缺失会促进 Th2 细胞的生成；miR-326 通过靶向编码 ETS1 的 mRNA 促进 T 细胞向 Th17 分化。另外，miRNA 对依赖 Foxp3 的 Treg 细胞的生成和功能同样起着重要作用，维持其对自身组织的免疫耐受，从而防止自身免疫性疾病。研究者发现，Dicer 缺失的 Treg 细胞会在无炎症条件下，出现维持细胞内稳态和对自身组织的免疫耐受能力的明显下降。miR-155 通过抑制细胞因子信号转导抑制蛋白 1（suppressor of cytokine signalling 1，SOCS1）的表达参与调控 Treg 的生存。

第三节 miRNA 在血液免疫细胞肿瘤发生中的作用

目前研究发现 miRNA 基因频繁地出现在肿瘤相关基因区域或脆性位点上,反映了肿瘤发展过程中细胞分化功能的丧失。在肿瘤的基因组中发现了大量的 miRNA 的完全互补片段。miRNA 基因高频率地出现在这些和肿瘤密切相关的易变基因组环境中,提示 miRNA 在肿瘤形成过程中扮演着重要的角色。miRNA 与肿瘤的关系最早是在血液系统疾病的研究中发现的,因此 miRNA 在血液肿瘤中的作用研究的较深入。miRNA 促进肿瘤的发生可以从以下几个方面起作用。

(1) 原癌基因的激活。miR-17-92 在许多造血细胞肿瘤中高表达,如急性淋巴细胞白血病 (acute lymphocytic leukemia, ALL)、弥漫性大 B 细胞淋巴瘤 (diffuse large B cell lymphoma, DLBCL) 及慢性淋巴细胞白血病 (chronic myelocytic leukemia, CML)。在小鼠 B 和 T 细胞中,miR-17-92 的过度表达会导致严重的淋巴细胞增殖性疾病。miR-155 也能在慢性淋巴细胞白血病 (chronic lymphocytic leukemia, CLL)、DLBCL 及急性髓细胞白血病 (acute myeloblastic leukemia, AML) 中高表达,它主要通过抑制 SHIP1mRNA 的表达促进肿瘤的发生。

(2) 抑癌基因的失活。miRNA 既可以作为癌基因也可以作为抑癌基因,在肿瘤发生中发挥作用,因此有研究者将 miRNA 称为"oncomirs"。miR-15a、miR-16 的表达下降会导致 BCL-2 生成的增加。miR-34 家族是 P53 的靶标,能够调控影响细胞周期和细胞生存的 mRNA。在 CLL 中 miR-34a 表达下降,而在 AML 中,miR-34b 和 miR-34c 由于基因启动子区甲基化而导致表达下调。其他可能的抑癌基因还包括 miR-29ab、miR-181b 和 miR-146a。

(3) miRNA 表达的表观遗传学调控的失活。融合蛋白 AML1-ETO 能够使 miR-223 启动子区甲基化而抑制该基因的表达。miR-29b 能够抑制特异的 DNA 甲基化转移酶 3A (DNA methyltransferase 3A, DNMT3A) 而导致整个基因组 DNA 低甲基化,使抑癌基因重获表达。

(4) 病毒 miRNA 的表达。当病毒感染时,miRNA 可能会以病毒 miRNA 的形式调节肿瘤相关基因的表达。例如,KSHV 病毒会产生 miR-155 的类似物 miR-K12-11,促进细胞的增生和导致肿瘤的发生,特别易发生于免疫缺陷患者。

一、miRNA 在白血病发生中的作用

Garzon 等比较了 122 例初诊 AML 患者及正常人 $CD34^+$ 细胞中 miRNA 表达谱的改变,发现有 26 个 miRNA 表达下调,并且 miRNA 表达与某些特定的细胞遗传学和分子生物学密切相关,如 t (11q23)、8 号染色体单体、FLT3-ITD 突变等。在有 11q23 易位的 AML 患者中,表达下调的 miRNA 大多是肿瘤抑制因子,它们作用于关键的原癌基因,如 miR-34b 作用于 CDK4 和 CCNE2、miR-15a 作用于 BCL-2、let-7 家族作用于 RAS、miR-29 家族作用于 MCL-1 和 TCL-1、miR-372 作用于 LATS2 以及 miR-196 作

用于 HOX-A7、HOX-A8、HOX-D8 和 HOX-B8。有 FLT3-ITD 突变的患者与 FLT3 野生型相比,发现了 3 个 miRNA 上调,分别是 miR-155、miR-10a 和 miR-10b。高表达 miR-155 的患者具有更高的白细胞,miR-155 能够阻断髓系克隆形成,抑制巨核细胞生成,在小鼠中诱导 B 细胞淋巴瘤和白血病的形成。同时发现 miR-155 过度表达可能与 FLT3 信号传递无关,但更易出现骨髓增殖性疾病,红系/巨核系发育受到抑制。Mi 等对 17 例 ALL 和 52 例 AML 患者进行了 miRNA 表达谱的分析比较,发现 ALL 与 AML 患者相比,miR-128a 和 miR-128b 的表达明显增高,而 let-7b 和 miR-223 的表达明显低下。通过其中任意两个 miRNA 都可以准确地区分 97%～99% 的 ALL 和 AML 患者,为 ALL 和 AML 的临床分类和诊断提供了新的标志,该研究同时发现 ALL 中 miR-128 的过度表达与启动子区的低甲基化相关。Jongen-Lavrencic 通过研究 miRNA 与白血病基因分子遗传特征的关系,发现携带 NPM1 突变的 AML 患者中 miR-10a、miR-10b、miR-196a 和 miR-196b 的表达明显上调;携带 FLT3-ITD 的 AML 患者中 miR-155 的表达上调;miR-224 和 miR-382 在 t(15;17) 易位的 AML 患者中表达明显上调;let-7b 和 let-7c 在 t(8;21) 易位的 AML 患者中表达下调。以上这些研究表明 miRNA 在白血病的发病机制中起着重要作用,而且与特定类型的白血病相关,在 ALL 和 AML 具有不同的表达谱。

众多研究同时表明,miRNA 的表达特点与白血病患者的预后状况和生存密切相关,因此 miRNA 的表达差异可以用来作为一种预后标记物。目前,对 miRNA 与预后关系的分析方法常用 miRNA 芯片和 RT-PCR 分析,或是将二者综合使用。Garzon 等的研究表明高表达 miR-191 和 miR-199a 的 AML 患者与其他患者相比,具有明显较低的总生存期 (overall survival,OS) 以及无事件生存期 (event-free survival,EFS)。也有研究者发现在 60 岁以下细胞遗传学正常但具有高危分子学特征 (如 FLT3-ITD) 的 AML 中,miR-181a 和 miR-181b 的表达提示预后良好,而 miR-124、miR-128、miR-194、miR-219-5p、miR-220a 和 miR-320 的表达则提示预后不良。

目前推测 miRNA 在白血病的发病机制主要有两种方式,即以原癌基因和抑癌基因的角色在急性白血病的发生发展中发挥重要的作用。在原癌基因方面目前研究较深入的有高表达于许多人类肿瘤 (包括白血病和淋巴瘤) 中的 miR-155、miR-17-92。通过逆转录病毒表达 miR-17-92 的 Eμ-myc 转基因小鼠能够加速 c-Myc 介导的淋巴细胞增殖。miR-17-92 表达明显升高的淋巴细胞在淋巴细胞增殖性疾病和自身免疫病中会发生过早的凋亡。过表达 miR-155 的 B 细胞会出现多克隆 pre-B 细胞的增殖。AML 患者骨髓中 miR-155 的表达明显升高。骨髓前体细胞过表达 miR-155 的小鼠会发生骨髓增殖性疾病。

miR-155 对巨核细胞、红细胞及淋巴细胞生成具有重要的作用,同时它在髓系细胞的发育中所起的作用也被广泛研究。O'Connell 等研究发现 miR-155 在炎症刺激下,能够被 GM-CSF 和 LPS 所诱导,从而促进粒-单核细胞的扩增。过度表达 miR-155 能够导致骨髓增殖性疾病、脾大和髓外造血,并且 miR-155 过表达主要发生于 FAB 分类中的 M4 和 M5 患者中。miR-17-92 在 AML 和 CML 患者中均高表达,在 MLL 易位的 AML 患者中发挥原癌基因的作用。MLL 融合蛋白结合于 miRNA 基因调控区,促进 miRNA

高表达，从而调控细胞周期和分化状态，并有利于白血病干细胞的自我更新。这些功能是通过调节细胞周期依赖激酶抑制蛋白 CDKN1A （p21）等 miR-17-92 的靶基因来实现的。CML 中 c-MYC 可以增强 miR-17-92 基因簇的转录，而 BCR-ABL 可以激活 c-MYC，因此原癌基因 BCR-ABL 通过 BCR-ABL-cMYC-miR-17-92 通路来调节这些 miRNA 的表达，并且该通路主要是在慢性期起作用，而非急变期。

miRNA 作为抑癌基因，通过控制原癌基因，控制细胞分化和凋亡，进一步抑制肿瘤发展。目前研究较多的有 miR-15a、miR-16-1、miR-223 和 miR-29b。研究 miRNA 抑癌作用最经典的模型便是慢性淋巴细胞白血病（CLL）。CLL 最常见的染色体异常是 13q14 基因区的缺失，发生率超过了 50%，因此推测该区域具有肿瘤抑制因子，通过与正常供者成熟的 $CD5^+$ 淋巴细胞相比，研究者发现位于 13q14 区域的 miR-15a 和 miR-16-1 表达明显下降。进一步发现 CLL 患者中的大部分肿瘤细胞过度表达 Bcl-2，Cimmino 等同时证实了 miR-15a/16-1 能够靶向作用于 Bcl-2，并且 CLL 患者中 Bcl-2 蛋白的表达同 miR-15a/miR-16-1 呈反向关系。故推测，miR-15a 和 miR-16 是一类肿瘤抑制性 miRNA，其靶向蛋白正是原癌基因 *BCL-2*。miR-15a 可靶向抑制 MYB、抑制细胞周期的 G_1 期细胞，而 MYB 可结合于 miR-15a 的启动子区，为 miR-15a 的表达所必需，因此 MYB 和 miR-15a 形成了一个自我调节环路。另外研究也表明 miR-29b 和 miR-181b 对 CLL 的发生同样起重要作用，它们通过靶向抑制原癌基因 TCL1、BCL-2、MCL1 和 CDK6 的表达，参与调控细胞的增生、凋亡。

另一个重要的抑癌因子 miR-29b 在 AML 中表达是下调的，因其过表达会导致 DNA 甲基转移酶 DNMT1、DNMT3A 和 DNMT3B 的 RNA 和蛋白质表达水平均明显下降，从而使得全基因组甲基化水平降低，抑癌基因 P15（INK4b）、ESR1 的重新表达。进一步的研究表明 miR-29b 可以通过作用于 SP1，间接抑制 DNMT1 的表达。因此 miR-29b 的正常表达有助于抑制白血病的发生。

二、miRNA 在淋巴瘤发生中的作用

恶性淋巴瘤中发病率最高的为 DLBCL，目前关于 miRNA 与 DLBCL 发病机制之间的研究较广泛。与 DLBCL 有关的 microRNA 主要有 miR-155 和 miR-17-92。miR-155 扮演原癌基因的角色，位于 BIC 基因第 3 个外显子内，其表达水平受 BIC 的转录水平和其他 miRNA 的调控。miR-155 通过增强 *myc* 基因活性，促进细胞增殖。它的扩增可导致多种淋巴瘤，如霍奇金淋巴瘤、DLBCL、Burkitt 淋巴瘤。在 DLBCL 中，miR-155 的表达量是正常 B 淋巴细胞的 10~30 倍，儿童 Burkitt 淋巴瘤患者的 miR-155 表达量是其他儿童白血病的 100 倍。小鼠 B 细胞中过表达 miR-155，通过抑制 SHIP1 形成前 B 细胞淋巴瘤。miR-155 介导的 SHIP1 抑制可能对 NK 细胞淋巴瘤的形成也起着关键作用。miR-17-92 簇的靶基因包括 *c-myc*，而 *c-myc* 能激活 *miR-17-92* 基因的转录，它们之间可能存在负反馈环路，如果失控将导致细胞过度增殖，引发肿瘤，同时也通过靶向抑制 PTEN 和 BIM 促进肿瘤的形成。miR-21 的表达失调同样会导致多种淋巴瘤，如 CLL、DLBCL、滤泡性淋巴瘤（follicular lymphoma，FL）和霍奇金淋巴瘤

(Hodgkin's lymphoma，HL)。在 NK 细胞淋巴瘤中，miR-21 通过下调 PTEN 和 PD-CD4 影响 Akt 信号途径。提示 miR-21 和 miR-155 可能相互补充，通过干扰相同的途径促进肿瘤的形成。

Roehle 等在分析了 DLBCL（$n=58$）、FL（$n=46$）和无致瘤性淋巴结（$n=7$）细胞 miRNA 表达情况，结果显示 miR-330、miR-9、miR-301、miR-338 和 miR-213 在 FL 中特异性表达，miR-99a、miR-10a、miR-95 和 miR-151 以及 let-7、miR-150、miR-17-5p、miR-145 和 miR-328 则在 DLBCL 中特异性表达。该研究利用 4 种 miRNA（miR-330、miR-17-5p、miR-106a、miR-210）能够准确地区分 DLBCL 和 FL，准确率达到 98%。进一步通过多因素分析发现 8 种 miRNA 与 DLBCL 的预后，即 EFS 和 OS 相关。miR-19a、miR-21、miR-127、miR-34a、miR-23a 和 miR-27a 表达的下降提示预后不良；而 miR-195 和 let-7 表达的下降则提示预后良好。但仅 miR-127 能够较显著同时影响 OS 和 EFS。miR-195 和 let-7 类似原癌基因，目前已经分别在 CLL 和结肠癌中证实存在过度表达。然而 miR-155 在该研究中并未发现对预后有影响，但是活化 B 细胞样 DLBCL（activated B cell-like DLBCL，ABC-DLBCL）细胞中 miR-155 表达量明显高于生发中心 B 细胞样 DLBCL（germinal center B-cell like DLBCL，GCB-DLBCL），而 ABC-DLBCL 的临床预后明显差于 GCB-DLBCL，5 年生存率仅为 30%。miR-155 的靶基因包括 IKBKE、PIK3CA、AICDA，前两者能正向调控原癌基因途径，因此在 miR-155 过度表达的 ABC-DLBCL 中其表达下降可能会造成侵袭性减低。而 AICDA 参与体细胞突变和抗体类别转换重组过程，能够诱导淋巴细胞染色体易位，推测 AICDA 表达的下降可能有利于改善 DLBCL 的预后。

英国牛津的一项研究利用 miRNA 微阵列芯片技术分析 DLBCL 细胞系，结果发现 miR-155、miR-21 和 miR-221 主要表达于 ABC 来源的细胞。这三种 miRNA 在原发性 DLBCL（$n=35$）、转化的 DLBCL（$n=14$）和 FL（$n=27$）中均高表达，且 ABC 来源 DLBCL 的表达量明显高于 GCB 来源（$P<0.05$）。作者将可能影响预后的因素，如性别、年龄、免疫表型、分期、LDH、淋巴结外病变、IPI 分期和 miRNA 表达量进行 COX 比例风险回归分析，结果发现仅 miR-21 表达量和 IPI 分期是该病的独立预后因素（$P<0.05$），而 miR-155 和 miR-221 则与预后联系不紧密。

该工作组又分析了 80 例 DLBCL 和 18 例 FCL 患者中 microRNA 的表达，结果显示利用特定的 microRNA（包括 miR-17-92）预测淋巴瘤类型的准确率超过 95%，其中表达上调较显著的有 miR-155、miR-21、miR-9、miR-143 和 miR-145。同时为了明确 microRNA 与转化的联系，他们进一步比较了转化的 DLBCL 和原发性 DLBCL，以及随后发生了转化的 FCL 和未转化的 FCL 中 microRNA 表达谱，结果发现 12 种 microRNA 能够准确地预测超过 85% 的原发性和转化的 DLBCL。而在发生了转化的 FCL 中，let-7b、let-7i、miR-221 和 miR-222 表达明显上调，而 miR-223 和 miR-217 则表达下降。结果表明这些 microRNA 在淋巴瘤中能作为诊断和判断预后的指标，并且能预测 FCL 患者发生转化的风险。

综上所述，对免疫细胞相关肿瘤——白血病及淋巴瘤细胞中 miRNA 表达谱的研究发现，与正常对照细胞相比，不同类型的恶性肿瘤其 miRNA 的表达模式是有变化的。

在很多病例中，miRNA 的表达模式与肿瘤的临床及病理参数相关，提示 miRNA 的表达模式可以作为疾病的临床相关标志。例如，miRNA"标签"可以用于鉴别 AML 的亚型、鉴别 B 细胞淋巴瘤与淋巴滤泡增生等。总之，目前已有足够的证据显示，miRNA 参与免疫应答的调控及相关肿瘤的发生，miRNA 活性的调节或许能够为炎性疾病、白血病及淋巴瘤提供新的治疗策略。

（王　敏　邱少伟　王建祥）

参 考 文 献

Androulidaki A, Iliopoulos D, Arranz A, et al. 2009. The kinase Akt1 controls macrophage response to lipopolysaccharide by regulating microRNAs. Immunity, 31: 220-231

Chen C Z, Li L, Lodish H F, et al. 2004. MicroRNAs modulate hematopoietic lineage differentiation. Science, 303: 83-86

Cimmino A, Calin G A, Fabbri M, et al. 2005. miR-15 and miR-16 induce apoptosis by targeting BCL2. Proc Natl Acad Sci USA, 102: 13944-13949

Dore L C, Amigo J D, Dos Santos CO, et al. 2008. A GATA-1-regulated microRNA locus essential for erythropoiesis. Proc Natl Acad Sci USA, 105: 3333-3338

Fazi F, Rosa A, Fatica A, et al. 2005. A minicircuitry comprised of microRNA-223 and transcription factors NFI-A and C/EBPalpha regulates human granulopoiesis. Cell, 123: 819-831

Fontana L, Pelosi E, Greco P, et al. 2007. MicroRNAs 17-5p-20a-106a control monocytopoiesis through AML1 targeting and M-CSF receptor upregulation. Nat Cell Biol, 9: 775-787

Fukao T, Fukuda Y, Kiga K, et al. 2007. An evolutionarily conserved mechanism for microRNA-223 expression revealed by microRNA gene profiling. Cell, 129: 617-631

Gangaraju V K, Lin H. 2009. MicroRNAs: Key regulators of stem cells. Nat Rev Mol Cell Bio, 10: 116-125

Garzon R, Volinia S, Liu C G, et al. 2008. MicroRNA signatures associated with cytogenetics and prognosis in acute myeloid leukaemia. Blood, 111: 3183-3189

Gruber J J, Zatechka D S, Sabin L R, et al. 2009. Ars2 links the nuclear cap-binding complex to RNA interference and cell proliferation. Cell, 138: 328-339

Johnnidis J B, Harris M H, Wheeler R T, et al. 2008. Regulation of progenitor cell proliferation and granulocyte function by microRNA-223. Nature, 451: 1125-1129

Jongen-Lavrencic M, Sun S M, Dijkstra M K, et al. 2008. MicroRNA expression profiling in relation to the genetic heterogeneity of acute myeloid leukemia. Blood, 111: 5078-5087

Lawrie C H, Soneji S, Marafioti T, et al. 2007. MicroRNA expression distinguishes between germinal center B cell-like and acti-rated B cell-like subtypes of diffuse large B cell lymphoma. Int J Cancer, 121: 1156-1161

Martinez-Nunez R T, Louafi F, Friedmann P S, et al. 2009. MicroRNA-155 modulates the pathogen binding ability of dendritic cells (DCs) by down-regulation of DC-specific intercellular adhesion molecule-3 grabbing non-integrin (DC-SIGN). J BiolChem, 284: 16334-16342

Mi S, Lu J, Sun M, et al. 2007. MicroRNA expression signatures accurately discriminate acute lymphoblastic leukemia from acute myeloid leukemia. Proc Natl Acad Sci USA, 104: 19971-19976

O'Carroll D, Mecklenbrauker I, Das P P, et al. 2007. A Slicer-independent role for argonaute 2 in hematopoiesis and the microRNA pathway. Genes Dev, 21: 1999-2004

O'Connell R M, Taganov K D, Boldin M P, et al. 2007. MicroRNA-155 is induced during the macrophage inflammatory response. Proc Natl Acad Sci USA, 104: 1604-1609

O'Connell R M, Rao D S, Chaudhuri A A, et al. 2008. Sustained expression of microRNA-155 in haematopoietic stem cells causes a myeloproliferative disorder. J Exp Med, 205: 585-594.

O'Connell R M, Rao D S, Chaudhuri A A, et al. 2010. Physiological and pathological roles for microRNAs in the immune system. Nat Rev Immunol, 10: 111-122

Roehle A, Hoefig K P, Repsilber D, et al. 2008. MicroRNA signatures characterize diffuse large B-cell lymphomas and follicular lymphomas. Br J Haematol, 142: 732-744

Rosa A, Ballarino M, Sorrentino A, et al. 2007. The interplay between the mastertranscription factor PU.1 and miR-424 regulates human monocyte/macrophage differentiation. Proc. Natl Acad Sci USA, 104: 19849-19854

Stern-Ginossar N, Gur C, Biton M, et al. 2008. Human microRNAs regulate stress-induced immune responses mediated by the receptor NKG2D. Nature Immunol, 9: 1065-1073

Velu C S, Baktula A M, Grimes H L. 2009. Gfi1 regulates miR-21 and miR-196b to control myelopoiesis. Blood, 113: 4720-4728

Wang Q, Huang Z, Xue H, et al. 2008. MicroRNA miR-24 inhibits erythropoiesis by targeting activin type I receptor ALK4. Blood, 111: 588-595

Xiao C, Srinivasan L, Calado D P, et al. 2008. Lymphoproliferative disease and autoimmunity in mice with increased miR-17-92 expression in lymphocytes. Nat Immunol, 9: 405-414

第十章 免疫调控网络与免疫失衡

机体的机能调控是生理学和病理生理学的基础课题，从细胞因子调控研究到转录因子调控分析，逐步深入。近年来认识到各个信号转导途径间存在交叉对话（cross-talk），采用整体分析方法取得了许多重要的资料和相互作用的网络成分。这方面的研究除了采用高通量的实时实验测定外，还涉及计算系统生物学、网络分析和显示，以及信号产生途径的统计推论等方法。正在形成各种生理功能和发病机制的网络调控研究领域。

机体抗微生物病原体免疫需要多条信号途径的协作，这些途径由固有免疫系统被微生物分子的识别模式引发，启动炎症级联反应，包括募集白细胞到感染部位，激活抗微生物效应机制和诱导获得性免疫反应，促进对感染的清除和建立长期的免疫记忆。病原微生物由称为"毒力因子"的蛋白质，从多个层次侵袭机体防御系统。Brodsky 和 Medzhitov 认为引起急性炎症的病原体产生的毒力因子破坏免疫网络的网络中心节点（hub），致使免疫反应全面受损；导致慢性炎症的病原体产生的毒力因子破坏免疫网络的外周节点（node），致使病原体能在机体内持续存在，不断地引起炎症反应。Hub 和 node 在免疫网络中有的无形，有的有形。凋亡抑制物是分子水平的无形调控节点之一；近年来发现的白细胞突触是有形节点之一；免疫细胞的功能极化则是细胞水平的免疫网络节点之一，本章以这些节点为例探讨不同水平的免疫网络调控机制。

第一节 适应性（共进化）网络

"网络"和"信息"几乎已经成为日常生活用语。有肉眼可见的实物网络，小的如网袋、针织品，大的如渔网，更大的如公路网、铁路网等交通网络。随着科技的进步，更多使用的网络概念是非实物网络，即拓扑网络（network topology），由节点（node）通过特殊的连接方式（链接，link）相连而成，与实物网络无关，主要关注其拓扑性质。现实生活和自然界存在各种网络，尤其是复杂网络。不论是宏观、微观或是直观世界都普遍存在复杂、多层次的网络。生命科学领域中有许多适应性（共进化）网络（adaptive or coevolutionary network），免疫系统是这类网络的典型例证。

一、适应性（共进化）网络及其性质

网络的动力学（dynamics of network）是研究的首要问题。网络拓扑本身就是一个动态系统，随着特异性、规则等应时变化。有些变化规则导致特殊网络拓扑性质的形成，著名的如"小世界"（small word）和无刻度网络（scale-free network）。网络研究

的第二个重要课题是网络上的动力学（dynamics on network）。网络的每个节点就代表一个动力学系统。单个系统按照网络拓扑偶联。这样，在节点动态变化时网络的拓扑仍然是静态的。研究表明有些拓扑性质强烈影响动力学过程。例如，在疾病大流行时（成为无刻度网络），仅在一个地方进行疫苗接种不能阻止传染病流行。

对于大多数实物网络，其拓扑解总是与网络的状态相关。例如，交通堵塞取决于车流密度，但是，如果这条路总是堵塞，就要考虑修新路。血液循环系统也有类似情况，通常通过建立侧支循环解决栓塞问题。在拓扑网络，这种情况下在状态和拓扑网络之间形成了反馈回路，它能导致节点动力学和网络拓扑间随时间变化的复杂的相互作用，出现这类反馈回路的网络称为共进化网络（coevolutionary network）或适应性网络（adaptive network）（图10-1）。适应性网络在自然界和人类社会生活中广泛存在，本章主要讨论生命科学，尤其是机体内的适应性网络。生态学中的"食物链"是著名的适应性网络，捕食者与被掠食者的相互作用形成反馈回路，保持动态平衡，是维持生态环境平衡的基础。有人将酶促反应作为适应性网络进行研究，将化学反应物作为网络的节点，反应动力学与反应物浓度有关，形成自催化回路，影响网络的状态和拓扑。

对于适应性网络性质的研究是用简单模型进行的，如布尔数学（体系）网络（Boolean network）。此类网络模型提供了简单而且已经透彻研究过的方法用于阐明动力学现象，在神经网络和基因调节中获得成功应用，能够指示所给节点的状态，表明该基因是否转录或神经元是否兴奋。布尔数学网络能够用于不同类型的动力学行为，包括混沌的和静止的（冻结的）。在混沌和静止的边界往往存在一个狭窄的转换区域，在此可观察到摆动的动力学，冻结节点的密度缩小，其生物学意义是基因表达到混沌的边缘，即不同类型的细胞可有不同的表达，如神经元仅允许有意义的信息通过。适应性网络的性质使生物进化和个体

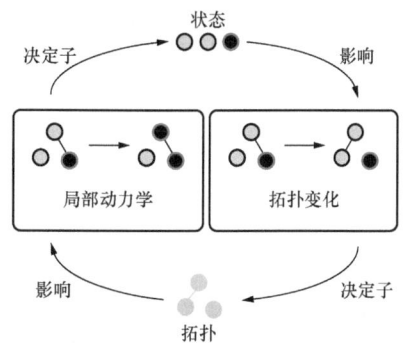

图10-1　适应性（共进化）网络的图解
网络的拓扑变化依赖于结的动力学，这样就可能建立一个信息动态变化构成的反馈回路。
（Gross and Blasius，2008）

发育过程中，能够在拓扑变化中保持这些网络驾驭在狭窄的参数区域，在自组织化（self-organization）朝向临界摆动或类周期状态中起核心作用。

二、免疫网络的适应性（共进化）网络特点探讨

近年来医学生物学文献中"免疫调控网络"等术语频频出现，研究者和临床工作者根据现有的资料都认为人体内存在这种免疫网络。根据上述讨论免疫网络应该是适应性或共进化网络，显然它们是多层次的、而且是高度复杂的。研究者们根据各自的实验或临床研究结果提出许多部分的免疫调控网络，整体的免疫网络可有多种设想，随着研究进展将逐步阐明。

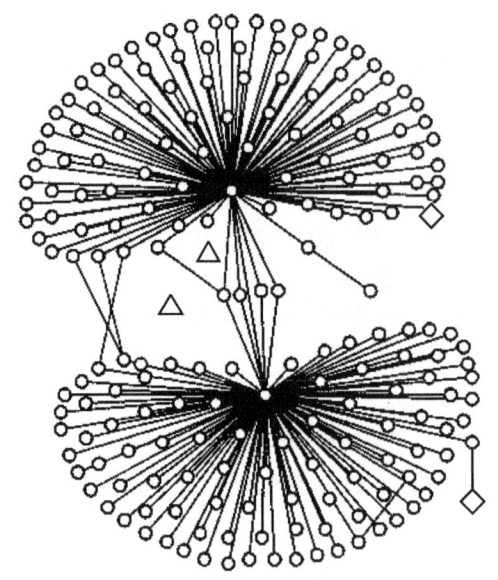

图 10-2 某种社会经济的拓扑图
此图显示一个复杂的整体拓扑,其中有三类结点。大多数结点呈低集中性;有一些结点呈高集中性,有大量的连接;只有少数的结点呈高集中性和低度连接。(Gross and Blasius,2008)

博弈论在社会经济系统的成功应用为细胞社会的相应研究提供了借鉴。图 10-2 是显示社会经济拓扑关系的一个案例。显然,此类拓扑关系是十分复杂的,很难直接判断是随机的或是规则的,但是,它们确有明显的结构和动力学性质。图中有三类节点,其中少数高集中性低度节点在网络中起核心作用。细胞社会也可能存在类似的拓扑关系。如果该图代表人体的免疫调控网络,图中的高集中性低度节点应该是中枢神经系统,自主神经系统,垂体-肾上腺轴,胸腺等在免疫调控中起重要作用的器官或系统,与机体中其他免疫组织、细胞、分子间接相关,即图中大量的终末节点。有些终末节点能与核心结点连接形成回路,如多种神经末梢介质、一些细胞因子和趋化因子在形成免疫网络中起重要作用。

第二节 白细胞的免疫突触

神经突触(synapse,原意"接触点")是神经网络的关键之一。近期研究进展表明,白细胞的接触极化在一定情况下也能形成免疫学突触(immunological synapse,IS),近年来又证明淋巴细胞的类似结构——病毒学突触(virological synapse,VS)是病毒传播的重要机制。神经突触是神经元间固定的信息传递机制,免疫学突触则是免疫细胞间或与其他细胞间的快速构建又能快速消失的动态结构,其结构、功能和意义与神经突触有明显的不同。

一、免疫学突触

淋巴细胞的激活始于克隆性免疫受体(BCR、TCR)的抗原识别,这个过程发生在细胞膜表面的特定部位,其结果形成免疫学突触。目前对免疫学突触尚无公认的定义,其概念为:至少有一个是免疫细胞的两个细胞间接触形成的蛋白质隔离区,是微米级的三维结构域,由受体、黏附分子等巨分子构成,有信号转导系统及细胞骨架参与。最早的免疫学突触概念包含有 Ca^{2+} 水平升高、黏附、细胞极化和分泌细胞因子。在电子显微镜下观察到的经典的免疫学突触是 T 细胞结合在靶细胞上形成教堂后殿样的半球形结构。

免疫学突触的形成是淋巴细胞激活的实质性变化,导致许多信号分子的重新分布，也导致细胞器的重新分布。在激光共聚焦显微镜下观察到的典型的T细胞-树突细胞免疫学突触结构形如"公牛眼"（bull's eye），其中心由免疫受体-主要组织相容性抗原（TCR-MHCp）聚集成中心型超分子活化丛（central supramolecular activation cluster，cSMAC），含有蛋白激酶C-θ，周围由含整合素（如白细胞功能相关抗原LFA-1和细胞间黏附分子ICAM-1）组成的外周SMAC（pSMAC），呈环状。在pSMAC外围有富含CD45的末梢SMAC（dSMAC），末梢区域还有末梢蛋白复合体，堆积了许多蛋白，如CD43和蛋白激酶C-ζ，它们在调控细胞的极化中起重要作用（表10-1）。成熟的免疫突触可持续数小时。深入研究表明，树突细胞的细胞骨架在IS的形成中起重要作用，影响关键分子的定位。不同细胞的IS不尽相同，如不同功能状态的自然杀伤细胞（NK）有不同状态的IS。T细胞与正常细胞间的IS完全淡漠难以观察到；T细胞与转化细胞或感染细胞间的IS也有不同的形态。不同Th细胞亚群的IS也有明显的区别，Th1的IS可形成典型的"公牛眼"样，而Th2 IS的cSMAC呈多块状。Quintana等报道在Th细胞与树突细胞的免疫学突触形成时发生细胞器位置的重新分布，与细胞骨架相连的线粒体向突触靠拢，钙离子流增加，这些变化是Th细胞激活必需的（表10-1）。

表10-1 免疫学突触的组成（Dustin，2009）

SMAC	T细胞	抗原递呈细胞
中心（cSMAC）a*	TCR（各种），LBPA#	MHC-多肽（各种）
中心（cSMAC）b*	PKC-θ，CD28	CD80
外周（pSMAC）	LFA-1，CD2，Talin，F-actin	ICAM-1，CD48/CD58
末梢（dSMAC）	CD45?，CD4?，F-actin	?
末梢孔复合体	CD43，moesin，SHP-1，PKC-ζ	N. A.
TCR微丛	TCR，Lck，ZAP-70，SLP-76，LAT，Grb2…	MHC-peptide（s）

注："a"和"b"分别表示cSMAC内、外区. # Lysobisphosphatidic acid（LBPA）是多泡体形成的标志.? 表示结果有待证实。

白细胞功能相关抗原-1（LFA-1）是重要的黏附分子，由αL（CD11a）和β2（CD18）两个亚单位组成，其配体包括ICAM-1、ICAM-2和ICAM-3。在调节白细胞黏附和细胞活化中起重要作用，近年来的研究进展表明，LFA-1调节T细胞活化和信号转导是通过免疫突触的。机制如下：TCR刺激很快诱导LFA-1功能活化，提供独特的LFA-1依赖的信号，促进T细胞活化。过程分两步：先由TCR发出信号调控LFA-1活化，称"内至外"（inside-out）信号；然后活化的LFA-1作为信号受者给出反馈信号称"外至内"（outside-in）信号。前者为接近TCR的信号分子：Lck、ZAP-70和PI3K，后者是LFA-1与配体结合后激活的下游Erk1/2MAPK信号转导途径。

突触形成过程中有微丛编程的朝收缩中心区域的运动，伴随着肌动蛋白流动，并且必须有运动蛋白肌浆球蛋白（myosin）IIA的参与，提供构成IS诸成分蛋白重新排列所需的动力。Dustin等认为免疫突触的形成和维持是动力学过程，细胞移动时的突触受极化的影响其 cSMACS 在尾足（uropod）部分，dSMAC 在细胞移动的前进方向板状伪足部分，这类突触称为 kinapse，意为动态突触；synapse 意为静态突触，如图 10-3 所示。

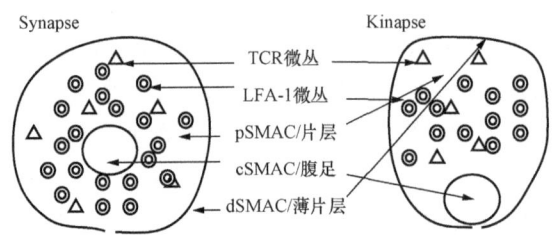

图 10-3 突触（synapse）和动态突触（kinapse）的图解（Dustin，2008）

左图：突触的 cSMAC、pSMAC 和 dSMAC 平视图。其中 f-actin 的密度以 dSMAC 最高，pSMAC 较低，cSMAC 最低（未显示）。TCR 和 LFA-1 微丛分布均匀。右图：显示细胞移动中的动态突触，导向边为薄片层（lamellipodium），接着是片层（lamella），尾端为腹足（uropod）。T 动态突触的肌动蛋白收缩网被 pSMAC 中的肌球蛋白凝聚为片层在一侧，形成不对称而移动。

NK 细胞的抗病原微生物和抗肿瘤细胞作用都通过细胞接触，形成不尽相同的免疫学突触。NK 细胞与敏感的 MHC I 阴性的靶细胞（如感染病毒或肿瘤细胞）相互作用形成活化的 NK 细胞免疫突触（aNKIS），其形成过程包括 7 步：①接触与黏附；②受体配体化并隔离起始信号传递；③肌动蛋白细胞骨架重排（紧密结合）；④受体进一步聚集，信号扩大；⑤微管细胞骨架重排，MTOC 极化；⑥颗粒极化，脱颗粒；⑦免疫学突触解体。NK 细胞与 MHC I 阳性的正常靶细胞接触则形成抑制性免疫突触（iNK-IS），起抑制性相互作用，没有细胞骨架的大规模重排，主要作用是防止 NK 活化杀伤靶细胞。接触靶细胞后抑制性受体与配体结合，这个过程不依赖信号转导，需要二价阳离子参与，尤其是 Zn^{2+}。与其他细胞的接触结果不是简单的杀伤和不杀伤，有更复杂的作用，也是通过不同的 IV 进行的。例如，自然杀伤细胞与树突细胞间的对话、相互作用是通过形成 DC-NK IS 进行的；巨噬细胞对自然杀伤细胞的调节通过 M-NK IS。

T、B、NK 细胞的 IS 形成伴随来自靶细胞膜片段的细胞间转移，该过程为激活效应细胞所需。正常的同类细胞间没有此类过程，有些白血病、淋巴瘤细胞系中存在自发性的细胞膜片段的交换。Poupot 和 Fournie 的研究表明 Burkitt 淋巴瘤细胞系 Daudi（HLA-I 阴性，NK 或 Vγ9/Vδ2γδT 细胞系）的同类细胞通过细胞接触，形成 IS 交换细胞膜片段，其过程涉及蛋白激酶 C 和丝裂原激活蛋白/细胞外信号调节激酶和细胞受体的极度激活。这类细胞膜交换可能成为这些肿瘤细胞的自律性生长机制。

二、病毒学突触

业已确定的病毒传播有三类机制：最常见的是游离病毒颗粒通过受体黏附于细胞，然后进入细胞内；或由树突细胞捕获病毒颗粒，在敏感的靶细胞形成感染；病毒突触是病毒传播的第三种机制。最初将 HIV-1 聚集极化的突触样结构称为"病毒学突触"（virological synapses，VS）成为病毒传播的特殊位置。后来证明实际上是 HIV-1 削弱结构类似的免疫突触，形成适宜 HIV-1 复制的感染状态。

病毒学突触的初始定义为特化的膜分子结构，它能传递某些嗜淋巴病毒进入未感染的 T 细胞。例如，HIV 和 HTLV-1 通过 VS 进入未感染的 T 细胞，要比游离的病毒进入 T 细胞容易得多。病毒学突触的结构与免疫学突触，尤其是不成熟的免疫学突触的结构类似，VS 出现在有大量黏附分子 LFA-1 及其配体 ICAM-1 和 ICAM-3 的区域；但是，VS 没有富含 CD3 的中心区。VS 在 HIV 和 HTLV-1 的发病学中起关键性作用。Yamamoto 等的工作表明，T 细胞的状态在 HIV 通过树突细胞-T 细胞病毒学突触的传播中起选择性作用。另有资料表明 SARS 冠状病毒由树突细胞向靶细胞的传播也可能是通过病毒学突触的。Aubert 等的研究进展表明 VS 在单纯疱疹病毒（HSV）感染 T 细胞过程中起关键性作用。

单纯疱疹病毒是能终身潜伏感染于神经系统的疱疹病毒，具有多种逃逸免疫机制的功能和机制，虽然在 T 细胞内 HSV 不能有效繁殖，但是在体外培养中发现 HSV 能通过 VS 进入 T 细胞，改变 T 细胞受体（TcR）的信号转导，从而改变其细胞因子产生谱，成为以产生 IL-10 为主的免疫抑制表型。Aubert 等证明在患者体内很容易检出感染 HSV 的 T 细胞；从感染 HSV 的成纤维细胞通过细胞-细胞间接触形成的 VS 传播比病毒颗粒更容易传播到 T 细胞中。提示 VS 在 HSV 引起的疾病发病学机制中起重要作用，可能成为新的药物靶点。

巨噬细胞是 HIV-1 的储存库，Groot 等证明 HIV-1 可通过临时性的 VS 从巨噬细胞传播到 $CD4^+$ T 细胞，每 6h 至少传播 1 次，形成高效传播。

通常病毒播散通过释放到细胞外的病毒颗粒。然而，细胞-细胞接触感染更快速有效。HIV-1 的繁衍主要通过细胞-细胞间的接触，包括病毒学突触（VS）、丝状伪足（filopodia）和细胞膜纳米管道（TNT）。在感染疱疹病毒的类淋巴母细胞系 TNT 尤其明显。丝状伪足和 TNT 可以在远距离细胞间传播各种病毒颗粒。最近 Rudnicka 等的研究表明 HIV 主要通过 VS，尤其是多聚突触（polysnapses），即花瓣样的多个细胞膜纳米管道，可能从一个感染细胞同时传播给多个邻近细胞。回顾我们的工作，在 EBV 和（或）EBV-HHV-6 双感染的人白血病细胞系中也观察到此类多聚突触的细胞（图 10-4）。导致这些细胞几乎 100% 地高表达 HHV-6 早期膜抗原（膜结合型巨噬细胞集落刺激因子）。

HIV-1 VS 是感染细胞与靶细胞接触区域病毒颗粒的极性堆积，涉及 HIV 病毒的 Env-CD4 联合受体相互作用，细胞骨架重排和黏附分子形成稳定的细胞结合。HIV-1 病毒从产生病毒的细胞到靶细胞的传播是通过 VS，而不是细胞融合。为什么有的病毒通过细胞融合传播，而 HIV-1 病毒通过 VS？Weng 等的工作表明很可能与 HIV-1 病毒高表达 tetraspanin 有关。此外，通过 VS 传播病毒逃逸了细胞外抗病毒抗体的中和作用，是 HIV 形成持续性感染的重要机制。

人类嗜 T 淋巴细胞病毒-1 型（HTLV-1）在淋巴细胞和其他细胞间通过 VS 直接传播。VS 的形成伴随着感染 T 细胞中微管组织中心（MTOC）向非感染细胞的定向作用，即通过 HTLV-1 的 Tax 蛋白表达和细胞表面 ICAM-1 黏附分子的刺激启动 MTOC 极化，导致 VS 形成。Nejmeddine 等的研究表明病毒学突触与免疫学突触启动极化的

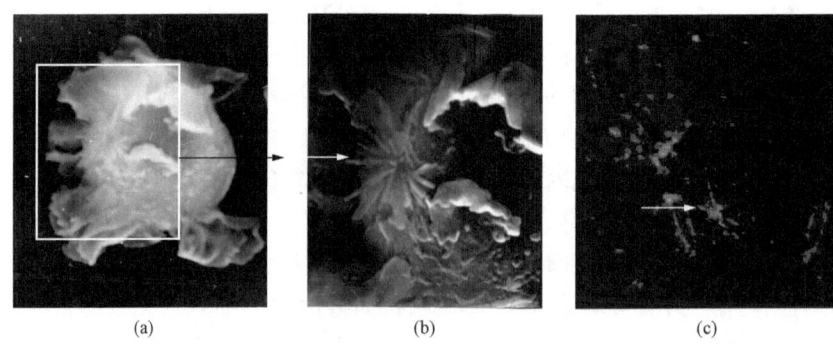

图 10-4 多聚病毒学突触

(a) 和 (b) 人白血病细胞系 J6-2 的多聚病毒学突触；(c) 多聚病毒学突触的性质感染细胞与靶细胞间用抗 Gag 和抗 tubulin 荧光染色。（C Rudnicka et al., 2009）

信号转导途径有所不同。

IS 是形成免疫网络的节点之一，初步研究表明与白细胞功能极化相关；VS 是病毒逃逸机体免疫在体内传播的机制之一，导致慢性感染和持续性感染，都有重要的理论意义和潜在的应用前景，有待深入研究。

第三节 白细胞的功能性极化

一、淋巴细胞的功能多极化

淋巴细胞是获得性免疫的主要细胞，形态学难以再分类，通常按来源和分化抗原分为 B 细胞和 T 细胞两大类，此外，还有缺乏 T/B 标志的裸细胞（主要是 NK 细胞）。T 细胞又分为 $CD4^+T$ 和 $CD8^+T$ 两大亚群，$CD8^+T$ 为细胞毒 T 细胞（CTL）主要是效应细胞；$CD4^+T$ 细胞又称 T 辅助细胞（Th）。T 辅助细胞在获得性免疫反应中起核心作用，通过分泌各种细胞因子调节免疫反应：诱导巨噬细胞杀灭微生物的能力；促使 B 细胞产生抗体；募集中性粒细胞、嗜酸性粒细胞和嗜碱性粒细胞到感染和炎症部位。T 淋巴细胞是高度异质性的群体，自 1986 年以来按照分泌的细胞因子和免疫功能的不同分为 Th1 和 Th2 两个极化亚群。分泌 IFN-γ 等细胞因子的 Th1 细胞，在抗细胞内微生物免疫中起关键作用；产生 IL-4 等细胞因子的 Th2 细胞，在抗细胞外微生物免疫中起关键作用。

后来发现 T 辅助细胞中还有起负调节作用的调节 T 细胞（Treg），保持对自身抗原的耐受，防止自身免疫，限制慢性炎症，调节维持稳态的淋巴细胞扩增，是维持免疫平衡不可缺少的调节机制；但是，它们也抑制对寄生虫和病毒的固有免疫反应；肿瘤患者外周血、肿瘤微环境和肿瘤下游淋巴结中的 Treg 增加，并抑制治疗性疫苗诱导的抗肿瘤免疫。Collison 等发现 EB 病毒诱导的基因 3（Ebi3）编码 IL-27β 与 IL-12α 构成异二聚体，在小鼠的 Treg 细胞中高表达，其他 T 细胞不表达，在保持 Treg 的活性中起关键作用，是新型抑制性细胞因子，命名为 IL-35。$CD8^+$ Treg 的发现引起关注，在小鼠和人类的肿瘤中有 CD8$^+$Treg 的浸润，与 CD4$^+$Treg 不同的是 CD8$^+$Treg 仅存在于靠近肿瘤细胞的区域。FOXP3 是 CD4$^+$Treg 的重要标志，但是并非所有的 CD4$^+$Treg 都表达 FoxP3，即调节 T 细胞也有亚群。目前已确定的有两个主要亚群：天然调节 T 细胞（CD4$^+$ CD25$^+$ FoxP3$^+$）在胸腺中形成，通过细胞表面分子 CTLA4 和膜结合型 TGF-β 及细胞周围的腺苷抑制免疫反应；获得型调节 T 细胞（CD4$^+$ CD25$^+$ FoxP3$^{+/LOW}$）在有 IL-10 或 TGF-β 的外周组织中形成，通过释放可溶性细胞因子，如 IL-10 和 TGF-β 抑制免疫反应。

2005 年发现第四类辅助 T 细胞 Th17，因为它们产生 IL-17 的多个成员，能调节固有免疫。Th17 细胞不产生经典的 Th1/Th2 细胞因子，如 IFN-γ/IL-4，而且 IL-4 和 IFN-γ 抑制 Th17 细胞的分化；Th17 细胞表达低水平的 T-bet 和 GATA-3；Th17 细胞分泌 IL-17 和 IL-22 从而影响炎症和自身免疫。IL-17A 促进固有免疫细胞（如中性粒细胞）的扩增和募集，与 TLR 配体、IL-1β 及 TNF-α 增强免疫反应，刺激 β 防御素及其他抗菌肽的产生。

至今已经确定辅助 T 细胞至少能分化为 4 类功能不同的细胞，而不是过去确定的 Th1 和 Th2 两类细胞，即 Th 细胞是多极分化的（表 10-2）。不同亚群的 Th 细胞营造不同的免疫反应，在炎症和肿瘤的发病中起关键性作用。

表 10-2　T 辅助细胞的分化和功能

亚群	功能	诱导 细胞因子	表达 转录因子	分泌 细胞因子
Th1	细胞内病原/肿瘤	IFN-γ+IL-12	T-bet/Stat4	IFN-γ, IL-2, LTα, (IL-10)
Th2	细胞外病原/过敏原	IL-4+IL-2	GATA-3/Stat6	IL-4,5,10,13,25, Amphiregulin
Th17	炎症自身免疫	TGF-β (IL-17) IL-6, 21, 23	RORγt/Stat3	IL-17a, 17f, 21, 22, (IL-10), TNF-α
Treg	免疫调节抑制抗肿瘤	TGF-β+IL-10	Foxp3	TGF-β, IL-35, IL-10

早期体外研究的结果表明 IL-9 主要是 Th2 淋巴细胞产生的，所以将 IL-9 归为 Th2 细胞因子族。后来的体内、体外研究结果表明，可能存在产生 IL-9 的"Th9"辅助 T 细胞亚群。Veldhoen 等研究发现，在 Th17 和诱导性调节 T 细胞（iTreg）分化中起核心作用的 TGF-β 能使 Th2 细胞重新编程，失去 Th2 性质，在 IL-4 协同下分化为主要分泌 IL-9 的 Th9 细胞，即 TGF-β 是 T 效应细胞的调节"开关"，与不同的细胞因子组合，协同诱导 T 细胞向不同类型的效应细胞分化，与 IL-6 等协同向 Th17 分化，与 IL-4 协同向 Th9 分化。Soroosh 等认为 Th9 可能参与慢性变态反应的调控，在哮喘、过敏性鼻炎患者测出 IL-9 表达异常，患者的过敏性与 IL-9 及 IL-9 受体基因的多态性有关，机制有待研究。T 细胞亚群分化的体外实验提供了免疫反应的重要知识，但是，体内的免疫反应往往是异质性的，是不同亚群细胞反应的综合，并且有调节 T 细胞的负调控

作用,各亚群具有一定的可塑性,实际上体内呈现复杂的网络反应。例如,小鼠实验性自身免疫性脑脊髓炎(experimental autoimmune encephalomyelitis,EAE)是人类多发性硬化症的实验模型,由自身反应性 Th 细胞引起。最近 Jager 等用 Th1、Th17 和 Th9 成功制成了 EAE 实验模型。

B 淋巴细胞是体液免疫的核心,通过抗原递呈、产生抗体和分泌促炎症细胞因子发挥效应。通常认为 B 细胞对免疫反应起正调节作用,但是在肿瘤发展过程中 B 细胞抑制 Th1 和 CTL 介导的抗肿瘤免疫反应。从肿瘤患者可测出抗肿瘤相关抗原(如 c-myc、HER-2/neu 和 p53)的抗体,但是在有些肿瘤抗体并无保护机体的作用,反而保护肿瘤细胞免受 CTL 的杀伤,溢出血管的抗体与肿瘤基质形成免疫复合物,营造出促进肿瘤生长的炎症反应。形成免疫复合物是肿瘤发展的共同特征,乳腺、泌尿生殖道和头颈部恶性肿瘤患者外周血免疫复合物升高意味着肿瘤生长和预后不良,其机制正在研究中。

近年来在许多小鼠实验模型发现对自身免疫和炎症有负调节作用的"调节 B 细胞",与调节 T 细胞(Treg)和巨噬细胞调节细胞(Mreg)类似也是通过产生 IL-10 起作用的,所以又称 B10 细胞。看来 B 淋巴细胞也存在多极化的亚群。

二、巨噬细胞的功能多极化

巨噬细胞对淋巴细胞的极化和扩增有明显的影响,能影响初始的和记忆的 T 细胞反应。巨噬细胞本身也表现出明显的可塑性,随着环境的变化改变其功能,按照功能分为不同的亚群(表 10-3)。

表 10-3　三类巨噬细胞的性质和标志

标志	功能	表达
经典激活型巨噬细胞		
IL-12	诱导 Th1 细胞发育	受 IFN-γ 诱导
iNOS	从精氨酸产生 NO 和瓜氨酸杀死微生物	依赖 IFN-γ
CCL15	吸引单核细胞、淋巴细胞和嗜酸性粒细胞	受 IFN-γ 上调
CCL20	趋化 DC 和 T 细胞	受 IFN-γ 上调
CXCL9	参与 T 细胞迁移	受 IFN-γ 诱导
CXCL10	吸引 NK 和 T 细胞;信号通过 CXCR3	受 IFN-γ 诱导
CXCL11	吸引 NK 和 T 细胞;信号通过 CXCR3	受 IFN-γ 诱导
创伤修复型巨噬细胞		
CCL18	吸引淋巴细胞、不成熟 DC 和单核细胞	受 IL-4 诱导
YM1	能结合细胞外基质的壳多糖酶样蛋白	受 IL-4 强烈诱导
RELMα	能促使细胞外基质脱落	受 IL-4 强烈诱导
CCL17	吸引 T 细胞和巨噬细胞	受 IL-4 诱导或受 IFN-γ 抑制

续表

标志	功能	表达
IL-27Rα	抑制促炎症细胞因子产生	被 IL-4 上调
IGF1	刺激成纤维细胞增殖、生存	受 IL-4 诱导
CCL22	吸引 Th2 细胞和其他表达 CCR4 的细胞	受 IL-4 诱导
DCIR	含有 ITIM 基序的 C 型植物血凝素	受 IL-4 诱导
Stabilin1	参与溶酶体筛选的内吞受体	受 IL-4 诱导
XIII 因子 A	结合于细胞外基质创伤修复	受 IL-4 诱导或受 IFN-γ 抑制
调节巨噬细胞		
IL-10	抗炎症细胞因子	TLR 与其他刺激诱导
SPHK1	催化鞘氨酸向鞘氨酸-1 磷酸转化	TLR 与免疫复合物诱导
LIGHT	经 HVEM 向 T 细胞提供辅助刺激信号	TLR 与免疫复合物诱导
CCL1	吸引嗜酸性粒细胞和 Th2 细胞；结合 CCR	TLR 与其他刺激诱导

免疫细胞产生的不同细胞因子能使巨噬细胞分化成不同功能的巨噬细胞亚群。Th1 细胞、CD8$^+$T 细胞和 NK 细胞产生的 IFN-γ 或抗原递呈细胞（APC）产生的 TNF 都能使组织细胞分化成具有杀伤微生物活力的经典的激活巨噬细胞；Th2 细胞和中性粒细胞产生的 IL-4 使组织细胞分化成对组织损伤有修复功能的创伤修复巨噬细胞又称选择性激活巨噬细胞；在各种刺激（包括免疫复合物、前列腺素、G 蛋白偶联受体配体、糖皮质激素、凋亡细胞）或者 IL-10 作用下产生调节性巨噬细胞，产生高水平的 IL-10 抑制免疫反应。

经典激活的巨噬细胞是指细胞免疫反应中活化的巨噬细胞，联合干扰素和肿瘤坏死因子两种信号，这种亚群的巨噬细胞增强了杀微生物活性和抗肿瘤能力，分泌高水平的促炎症因子和炎症介质。经典激活巨噬细胞是机体防御机制的关键成分，但是其活性必须精确调控，因为其细胞因子和介质也能导致组织损伤，导致自身免疫病。固有免疫和获得性免疫信号都能影响巨噬细胞的功能，这类改变使它们能参与机体防御、创伤修复和组织重塑等过程。但是如果不慎，每种改变都有可能导致不良后果。例如，经典性激活的巨噬细胞可导致组织损伤，使周围组织恶性转化；或促进胰岛素耐受影响糖代谢。通常参与组织修复的巨噬细胞也能促进纤维化，加剧变态反应和被病原微生物利用，从而能在细胞内存活。调节巨噬细胞有助于肿瘤发展，这类巨噬细胞产生的 IL-10 使机体更易感染。

T 细胞的分化经历了深刻的表观遗传学修饰，而巨噬细胞保留了可塑性和对环境信号的反应。所以单凭一个指标确定巨噬细胞亚群是不可靠的。虽然大体上将巨噬细胞分为经典性活化巨噬细胞、创伤修复巨噬细胞和调节巨噬细胞三个亚群，实际上存在着兼有两类细胞性质的过渡型巨噬细胞。例如，肿瘤相关性巨噬细胞有调节巨噬细胞的许多性质，同时兼有创伤修复细胞的某些性质；又如，在肥胖症患者创伤修复巨噬细胞能转化为经典性活化巨噬细胞表型。体内研究表明巨噬细胞亚群表型的转换可以是长期或持续的，其机制尚未阐明，但是有两类研究最多的例证：肿瘤和肥胖症的巨噬细胞。脂肪组织相关的巨噬细胞从创伤修复样巨噬细胞表型变成经典激活性表型。这些炎症性巨噬细胞过表达促凝血蛋白，增加了致动脉粥样硬化和心血管病的危险性，即肥胖相关的代谢综合征。

按照教科书的定义：单核细胞是外周血中单个核的吞噬细胞，能分化为巨噬细胞。近年来的研究进展表明，单核细胞也有抗原递呈能力，有一部分单核细胞不能分化为巨噬细胞，而分化为树突细胞（见"树突细胞的多生成途径"），所以单核细胞也是异质性的，按照表面抗原和功能也分亚群。从粒、单同源的角度考虑，单核细胞分化的多极性应该从分化的更早期分析，如近年来引人瞩目的"髓系衍生的抑制细胞"（myeloid-derived suppressor cell，MDSC）。

MDSC 是按照表型和功能性质的组合分类的异质性不成熟髓系细胞，表达 CD11b 和 Gr-1，还有包括 F4/80、CD31 或 CD115 的表面标志。业已确定在肿瘤患者和荷瘤小鼠有 MDSC 的积蓄，它们抑制 T 细胞的抗肿瘤反应。有些研究者拟将 MDSC 作为抗肿瘤治疗靶标。但是，最近 Nausch 等发现小鼠的 Gr-1$^+$CD11b$^+$F4/80$^+$ MDSC 在抑制细胞增殖的同时激活细胞产生大量 IFN-γ；Zhang 等报道 MDSC 可能对组织和器官移植物的存活有积极作用。Nausch 等和 Santo 等最近的研究结果提示 MDSC 还有更深层次的作用有待深入研究。

三、树突细胞的多生成途径

树突细胞（DC）是广泛分布而数量稀少的血源细胞，占白细胞总数的 1%～2%。能特异地捕俘、加工抗原递呈给 T 细胞启动初始免疫反应。由于 DC 稀少难以纯化，研究工作相当困难。近十多年来随着体外培养和单抗技术的发展和应用，对 DC 的研究有了长足的发展，认识到 DC 的形成可有多种造血分化途径，根据表面标记确定它们是异质性的亚群（表 10-4）。

表 10-4 人外周血树突细胞的异质性

	CD4$^+$CD1a$^+$CD11c^{high}	CD4$^+$CD1a$^-$CD11c^{low}	浆细胞样（IPC）
系列	髓系	髓系	淋系
表型			
CD1a	++	−	−
CD2	++	−	−
CD4	++	++	++
CD8	−	−	−
CD11b	+	−	−
CD11c	+++	++	−
CD13	++	++	−

续表

	$CD4^+CD1a^+CD11c^{high}$	$CD4^+CD1a^-CD11c^{low}$	浆细胞样（IPC）
CD32	++	−	−
CD33	++	+	−
CD45RA	−	−	++
CD45RO	+	+	−
CD64	+	−	−
CD116	++	++	−
CD123	++	var.	+++
BDCA-1	++	−	−
BDCA-2	−	−	++
BDCA-3	−	++	−
BDCA-4	−	−	++
CD40	+	+	−
CD80	+	+	+
CD86	+	+	−
MHC II	+++	+++	++

注：−：阴性；+：低度阳性；++：中度阳性；+++：高度阳性；var.：异质性。

深入研究表明 DC 不仅是抗原递呈细胞（APC），将抗原递呈给初始 T 细胞启动免疫反应，DC 还能诱导中央的和外周的免疫耐受，调节 T 细胞免疫反应的类型，在起始固有免疫中也起关键性作用。DC 在免疫调节中的多种功能反映了不同系列来源 DC 的异质性、亚群的成熟程度不同和功能可塑性。骨髓造血细胞提供血循环中 DC 的前体细胞，归巢于血液、淋巴组织和非淋巴组织。通常按照 DC 表面受体的表达状态分亚群。例如，维持肠道稳态的 DC 有淋巴组织固有的和迁移来的两类。小肠 Peyer 斑的 DC 以 $CD11c^{hi}CD11b^+CD8\alpha^-$，$CD11c^{hi}CD11b^-CD8\alpha^+$，和 $CD11c^{hi}CD11b^-CD8\alpha^-$ 亚群占优势，每个亚群在各自的解剖位置，有独特的功能。按照趋化因子受体表达分类 Peyer 斑的 DC 可表述为 CX_3CR1^+ DC，与滤泡相关上皮细胞密切相连；而 $CCR6^+$ DC（占 $CD11b^+CD8\alpha^-$ 和 $CD11b^-CD8\alpha^-$ 亚群的多数）在感染时从上皮下募集到滤泡相关上皮处。

近年来 Shortman 等对小鼠脾脏中的树突细胞进行的研究为阐明树突细胞的发生提供了新线索。在小鼠脾脏中树突细胞的生成有多种途径。在稳定状态下，通常的树突细胞（conventional DC，cDC）由脾内的前体细胞（pre-cDC）衍生，这些前体细胞由更早的源自骨髓经血流入脾的前体细胞补充；或者小鼠的脾脏作为造血器官也能自行产生前体细胞。前体细胞上 CD24 表达的高或低分别形成 $CD8^+$ cDC 或 $CD8^-$ DC，这类 cDC 处于不成熟状态，仍有增殖能力。浆细胞样树突细胞（plasmacytoid，pDC）在骨髓中生成，在感染或炎症时经血流进入脾脏。炎症状态时还有另一类源自单核细胞的"炎症树突细胞"（inflammatory DC）由 GM-CSF 激活单核细胞生成；稳定状态下脾脏中没有炎症 DC（图 10-5）。

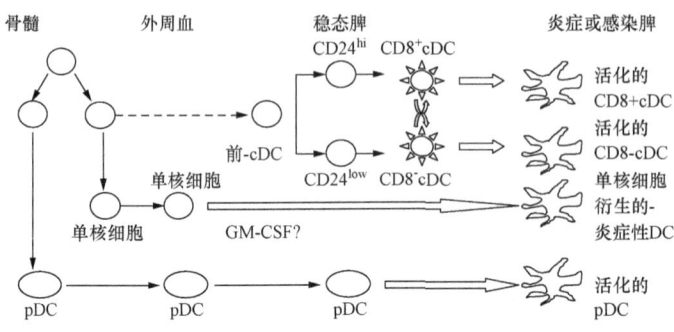

图 10-5 脾脏树突细胞分化途径

NKT 细胞有自然杀伤细胞和 T 淋巴细胞的性质；浆细胞样树突细胞具有 B 淋巴细胞和普通树突细胞的性质。近年来发现小鼠有能够产生干扰素的杀伤性树突细胞（interferon-producing killer dendritic cell，IKDC），兼有自然杀伤细胞和树突细胞的许多性质，有细胞毒性和抗肿瘤能力，既能产生干扰素也有抗原递呈功能。

四、白细胞多极化的作用和意义

至今白细胞分化的谱系研究已经基本完成。上述以免疫表型为指标所得的免疫细胞功能多极化，提示白细胞的分化形成了相互依赖、相互制约的免疫网络，是免疫系统正常活动的基础。但是，这种多极分化中的异常也可以成为疾病发生发展的基础。例如，Th1 反应过强形成细胞因子风暴，损伤正常组织，严重时可危及生命；EBV-相关噬血细胞综合征（EBV-AHS）的 TNF-α 和 IFN-γ 细胞因子风暴，导致病症快速发展；严重急性呼吸窘迫综合征（SARS）是 IFN-γ 等促炎症细胞因子风暴严重损伤呼吸系统的例证。哮喘等过敏性疾患则与 Th2 反应过强有关。近年来通过对肿瘤微环境中免疫细胞多极化的研究，对白血病和肿瘤的前炎症状态有了更深层次的认识。欲改善肿瘤微环境的前炎症状态必须改变浸润免疫细胞的极化状态，可能为抗肿瘤治疗提供新的线索。

癌变细胞的扩增和恶化受微环境的影响。炎症反应在起始和促进阶段起板机作用，抗原递呈细胞（树突细胞和巨噬细胞）摄取肿瘤相关抗原将它们递呈给初始辅助 T 细胞。随着炎症微环境和当时情况决定抗原递呈的结果，Th 细胞选择性极化。免疫反应的极化是众多微环境信号综合的结果，通常归结为一个方向即 Th1、Th2 和 Th17 细胞亚群产生的免疫反应：Th1 极化的免疫反应以细胞毒 T 淋巴细胞（CTL）介导的肿瘤细胞杀伤为主，使肿瘤消退；CTL 介导的肿瘤细胞毒作用可被 Treg 和髓系抑制细胞（MDSC）抑制。Th2 和 Th17 极化的免疫反应形成慢性炎症，对肿瘤生长有促进作用，即通过产生细胞因子和诱导体液免疫反应形成大量免疫复合物，通过多种途径刺激肿瘤细胞增殖和分化，促进血管新生，募集 Treg 和 MDSC，还能通过细胞外基质重塑和组织基底膜重建等过程促进肿瘤生长和发展（图 10-6）。

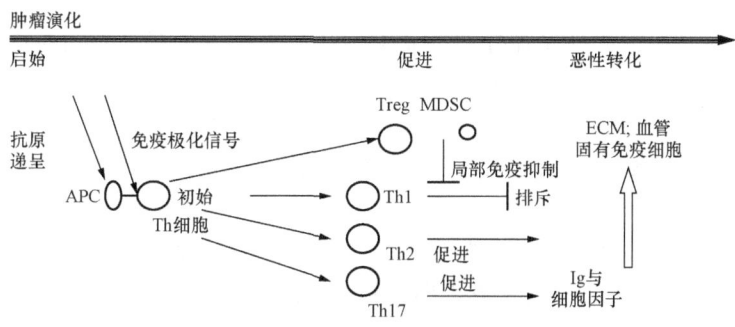

图 10-6　肿瘤发展中免疫反应的极化
Treg：调节 T 细胞；MDSC：骨髓衍生的抑制细胞；ECM：细胞外基质；
APC：抗原递呈细胞；Ig：免疫球蛋白。

近 30 年的研究进展对免疫反应的认识从双极反应发展到多极化的网络平衡，为阐明免疫机制开拓了广阔前景；也为白血病的发病机制研究提供新的思路。免疫极化反应还有许多问题有待研究。例如，为什么新生儿以 Th2 极化为主，随着成长逐渐趋于 Th1/Th2 平衡，而衰老影响免疫细胞的极化。又如，白细胞的功能多极化与淋巴细胞发育的可塑性关系如何？白细胞的功能多极化与白血病的发生发展关系如何？都有待阐明。

第四节　免疫失衡与自身免疫性疾病

免疫系统是保护机体免除病患的机制。但是，免疫机制结构错误或功能失衡也能导致疾病，即自身免疫性疾病。对于自身免疫性疾病的认识和研究是在免疫学发展以后，临床上将许多自身免疫病分散于各系统疾病，近年来随着对自身免疫性疾病认识的加深，越来越多的疾病归入自身免疫性疾病的范畴。

据美国国立卫生研究院的估算，人类机体仅有 10％的细胞是真正人的细胞，其他 90％的细胞则起源于细菌。所以人体是各种来源细胞组成的异质性细胞社会，高度复杂的复合的超有机体。近年来的研究进展表明，在分析遗传途径时必须研究细菌与人类基因的相互作用，才能充分理解人类"超有机体"功能，其中有些途径与自身免疫病的发病机制有关。每个人的微生物谱不同，因而每个人的代谢物谱（代谢体）不同，导致个人发病机制的差异和临床治疗方案的个体化。免疫机制是神经-内分泌-免疫系统网络的功能，复杂、精细而灵敏。正常的免疫机制是稳态平衡——细胞社会正常运行的保证，轻微的局部失衡经过休息能恢复常态；严重的失衡则可能导致病态，尤其是有基因变异相关的失衡，往往导致经典的自身免疫性疾病和自身炎症性疾病。

一、自身炎症性疾病

自身免疫是指由内源性途径导致的获得性免疫系统的激活。自身炎症性疾病是 10 年前提出的新概念,自身炎症病表面上看是无缘无故的一段炎症,没有高滴度的自身抗体也没有抗原特异的 T 细胞,起因于固有免疫系统的基因变异,由内源性途径导致固有免疫系统激活的炎症。经典的自身免疫性疾病则以获得性免疫系统的作用为主。自身炎症性疾病的概念包含了 2 型糖尿病和动脉粥样硬化症等常见疾病,从一个新的视角审视这些疾病,为深入认识这些疾病提供线索。值得深思。表 10-5 列出了自身炎症性疾病的分子/功能分类,是一些研究者提出的初步看法。

表 10-5　自身炎症性疾病的分子/功能分类

类别	疾病	基因、蛋白质、致病刺激
1 型:IL-1β 激活紊乱(炎症体病)		
固有的		NLRP3/CIAS1 (1q44)、NLRP3
	家族性冷自身炎症综合征,Muckle-Wells 综合征,新生儿发作性多系统炎症性疾病/慢性神经性皮肤和关节综合征	
外来的		
	家族性地中海热	MEFV (16p13.3)、pyrin 结构域
	化脓性关节炎,化脓性坏疽和痤疮	15q24-25.1、PSTPIP1
	滑膜炎,痤疮,脓疱病,骨肥大,骨炎	综合因素
	慢性复发性多灶性骨髓炎及先天性红细胞生成异常性贫血(Majeed 综合征)	LPIN2 (18p11.31)、Lipin-2
	高 IgD 症伴周期性发热综合征	MVK (12q24)、甲羟戊酸激酶
	复发性水泡状胎块	NLRP7 (19q13)
	IL-1 受体拮抗物缺陷	IL1RN
综合性/获得性		
	痛风,伪痛风	综合因素、尿酸
	纤维组织形成紊乱	综合因素、石棉/硅
	2 型糖尿病	综合因素、高血糖
2 型:NF-κB 激活紊乱		
	Crohn 氏病	综合因素 NOD2 (16p12)、ATG16L1 (2q37.1)、IRGM (5q33.1)
	Blau 综合征	NOD2 (16p12)
	Guadaloupe 周期热	NLRP12 (19q13.4)
3 型:固有免疫系统蛋白质折叠紊乱		
	TNF 受体相关周期性综合征	TNFRSF1A (12p13)
	脊柱关节病	综合因素 NLA-B (6p21.3) ERAP1 (5q15)

续表

类别	疾病	基因、蛋白质、致病刺激
4型：补体系统紊乱		
	非典型血尿综合征	CFH (1q32)、MCP (1q32)
		CFI (4q25)、CFB (6p21.3)
		综合因素、补体因子
	年龄相关的黄斑退化	综合因素、CFH (1q32)
		补体因子H
5型：细胞因子信号转导紊乱		
	颌骨增大症	SH 3BP2 (4p16.3)
		SH3结合蛋白2
6型：巨噬细胞活化		
	家族性嗜血淋巴组织细胞增多症	综合因素、病毒
		UNC13D (17q21.1)
		PRF1 (10q22), STX11 (6q24.2)
	Chediak-Higashi综合征	LYST91q42.3
	Griscelli综合征	RAB27A (15q21.3)
	X-连锁淋巴增殖综合征	SH2D1A (Xq25)
	Hermansky-Pudlak综合征	HPS1-8
	继发性家族性嗜血淋巴组织细胞增多症	综合因素
	动脉粥样硬化症	综合因素，胆固醇

内源性炎症体病（intrinsic inflammasomopathies）：围绕着cryopyrin-相关周期综合征（cryopyrin-associated period syndrome，CAPS或称cryopyrin病）进行研究，包含严重程度不同的系列疾病状态：家族性冷自身炎症综合征（FCAS），即由冷诱发的发热、风疹样皮疹和其他症状；Muckle-Wells综合征（MWS），有发热、假膜性喉炎、神经性耳聋和与寒冷无关的关节炎；新生儿发作性多系统炎症性疾病。这些疾病是由于常染色体中NLRP3（即cryopyrin）变异所致。

NLRP3形成了包括ASC（一种带有募集胱天蛋白酶结构域的凋亡相关蛋白）和胱天蛋白酶1的炎症体，加工proIL-1β使之成熟为活化形式，释放至细胞外促进炎症（详见第十一章第五节"炎症体"）。

外源性炎症体病（extrinsic inflammasomopathies）：是指引起IL-1β产生的突变，发生在炎症体外的自身炎症性疾病。其原型疾病是家族性地中海热（FMF）。FMF的特征是1~3天发热伴无菌性腹膜炎和肺炎、关节炎、皮疹，有时伴系统性淀粉样变性病。这些疾病由调节IL-1β产生的蛋白质变异所引起，或获得此类功能所致，但是不构成炎症体复合物。

综合性/获得性炎症体病：是多病因或与环境相关的疾病，由炎症体分泌IL-1β增加所致。近年来对痛风和2型糖尿病的研究得到突破性进展。痛风是较常见的综合性/获得性炎症体病，以严重的关节炎症为特征，导致关节炎和疼痛。痛风与代谢失衡有关，血液中尿酸水平升高，关节中尿酸盐沉积。近年来的研究阐明了痛风的发病机制，即尿酸盐结晶激活 NLRP3 炎症体，尿酸盐结晶在 ASC 接合体、胱天蛋白酶-1 和 IL-1R 参与下募集中性粒细胞。根据这个认识研制的抗痛风药已进入临床试验。

NLRP3 炎症体起代谢应激传感器的作用在对痛风的研究中得到证实，在对 2 型糖尿病的治疗研究中得到扩展。IL-1β 水平升高是加重 2 型糖尿病的危险因素，与胰岛素耐受有关；也介导长期高血糖症对胰岛细胞的毒性效应，导致 β 细胞破坏和血糖调节机制失衡。

纤维化疾患是一类异质性的疾病，包括先天性肺纤维化、原因不明的硬化、腹膜后纤维化、硬化性胆道炎和硬皮病。有少数病例找出影响发病的环境因素，如由钆（gadolinium）磁共振引起的肾系统性硬化；遗传因素也起重要作用，如罕见的家族性肺纤维化。

NF-κB 激活紊乱：这些疾病与固有免疫系统中的 NF-κB 调节不当有关，Crohn 氏病是其中最常见的炎症性大肠疾病。Crohn 氏病与溃疡性结肠炎的临床表现相似，但有区别。Crohn 氏病与 NOD2 基因变异相关，溃疡性结肠炎与 NOD2 基因变异无关，可作为鉴别点之一。NOD2 的蛋白结构与 NLRP3 蛋白有相似性干扰 NLRP3 对 NF-κB 和 MAPK 信号途径的激活。Blau 综合征是另一类 NOD2 突变引起的遗传性疾病，是肉芽肿眼色素层炎、关节炎和皮疹三联综合征。

固有免疫系统的蛋白质折叠紊乱：多种机制能导致固有免疫细胞产生促炎症细胞因子的蛋白质错误折叠。编码 TNF 受体 1（p55/CD120a）的基因突变可引起周期综合征（TNF receptor associated period syndrome，TRAPS），患者有发作性的长期发热，伴腹痛、胸膜炎、关节炎和皮疹，有些患者有淀粉样变。TRAPS 是杂合性遗传，无种族差异。该病的发生与 TNF 受体基因突变导致受体 p55 蛋白折叠不当有关，TNF 信号转导途径功能紊乱，急性期用类固醇皮质类可控制症状。

补体系统紊乱：补体是固有免疫系统的首要分支，与自身免疫炎症性疾病相关。溶血性尿毒综合征（hemolytic uremic syndrome，HUS）是 Coombs 阴性溶血性贫血、血小板减少和肾功能受损的三联综合征，其病理变化以小血管血栓形成为主，导致红细胞破碎，血小板消耗和肾小球低灌注。通常与表达 Shiga 毒素的埃希大肠杆菌感染有关，在上述三联征后出现腹泻。非典型性 HUS 没有腹泻，与遗传基因有关。有的是由于补体因子（CFH）基因突变，CFH 基因定位在染色体 1q32，与补体因子（CFI）基因在同一基因簇中，CFI 基因突变也引起此症。从非典型 HUS 患者已经发现了 100 多种 CFH 突变体。补体成分 3（C3）是补体系统的关键性分子，CFH 结合 C3b 防止形成 C3bBb 转换酶复合体进一步激活 C3，加速 Bb 从转换酶复合体解脱，是 CFI 降解 C3b 的辅助因子（图 10-7）。

CFH 突变还能引起年龄相关的黄斑退化症，该症在发达国家致盲疾病中占首位。CFH 的 402 位酪氨酸被组氨酸替代的突变纯合子到晚年易患此症。其特点是黄斑内及周围出现免疫细胞的碎片和补体相关的蛋白质沉淀，导致视力减退，最终失明。

细胞因子信号转导紊乱：细胞因子调节固有免疫细胞的分化和激活，所以细胞因子受体或下游信号转导途径紊乱能引起自身免疫炎症性疾病。颌骨增大症是编码 SH3-结

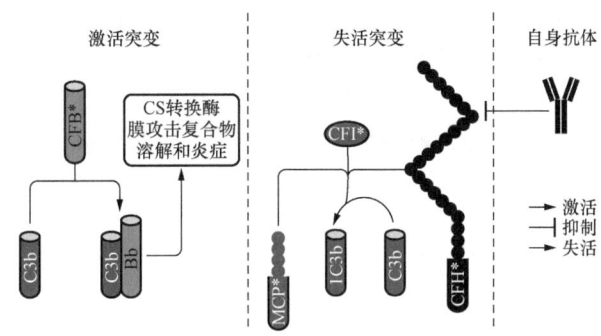

图 10-7 补体介导的自身炎症性疾病非典型溶血性尿毒综合征的发病机制

CFB 的激活性突变增加 C3bBb 转换酶的稳定性,并导致改变后的补体途径持续活化。自身抗体拮抗和灭活突变体起负调节作用,如补体因子 H(CFH)和膜辅助蛋白(MCP)是补体因子 I(CFI)灭活 C3b 的辅助因子。

合蛋白基因突变引起的遗传性疾病,以儿童期上颌骨和下颌骨增生为特征,不仅使面相丑陋,还导致牙齿疾患。X 射线检查显示上颌骨和下颌骨有多发性、系统性囊状骨病变,这些病理变化之一是炎症囊泡的形成,骨质由基质细胞和多核的破骨细胞构成的纤维组织代替。颌骨的增大到青春期停止。近年来的研究表明颌骨增大症由编码 SH3-结合蛋白的基因(SH3BP2)突变引起。将变异的 SH3BP2 基因敲入小鼠不仅引起骨质病变,还可引起皮肤、肌肉、肝、肺和胃的炎症(在人类仅有颌骨病变)。破骨细胞和巨噬细胞分化受细胞因子 M-CSF 和 RANKL 的调控。它们的 SH3BP2 基因出现遗传变异就可能产生高反应性的破骨细胞和巨噬细胞,导致自身炎症性疾病颌骨增大症。这些高反应性的巨噬细胞过量表达 TNF-α,通过基质反馈增加 M-CSF 和 RANKL 的水平(图 10-8)。

巨噬细胞活化:这些疾病中巨噬细胞间接激活,可能是获得性免疫细胞缺陷或环境因素和炎症所致。虽然原发性和继发性嗜血细胞淋巴组织细胞增多症(HLH)都是由获得性免疫启动的,但是都以巨噬细胞为效应细胞。原发性 HLH 是一些与细胞毒 T 细胞和自然杀伤细胞功能相关的基因突变导致的致死性疾病,临床表现包括长期发热,脾大和多系血细胞减少。有的患者可在骨髓、脾、淋巴结或脑脊液中见到嗜血细胞(巨噬细胞吞噬红细胞),另有低纤维蛋白原血症,血清铁蛋白水平升高,自然杀伤细胞功能低下,可溶性 IL-2Rα 水平升高。由于低纤维蛋白原血,血沉率异常低下,与其他炎症指标不相称(如 C-反应蛋白)。病毒感染往往导致原发性 HLH 恶化,因为细胞毒 T 细胞不能清除感染

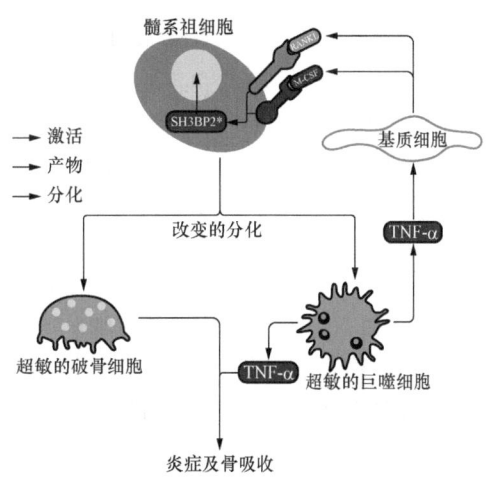

图 10-8 异常细胞因子信号转导引起颌骨增大症的机制

病毒的细胞，导致巨噬细胞持续性抗原激活状态；高细胞因子血症导致巨噬细胞清道夫受体表达，加重嗜血吞噬，这些细胞分泌铁蛋白（是一种急性相蛋白）和许多促炎症因子更促进病情的发展。HLH 也见于散发的免疫缺陷综合征，通常由影响固有免疫系统的基因通过细胞毒 T 细胞和自然杀伤细胞的囊泡传递或颗粒播散这些异常蛋白。继发性 HLH 见于儿童风湿病，通常称为巨噬细胞激活综合征，临床表现与原发性 HLH 类似，包括细胞毒 T 细胞和自然杀伤细胞功能低下。

动脉粥样硬化是最多见的与巨噬细胞活化相关的自身炎症性疾病，是当前主要的人类杀手之一。与肿瘤类似，经过一个多世纪的研究仍未攻克，近年来从不同的视角审视动脉粥样硬化的发病机制，确定内皮细胞是发病的主要部位，并认识到炎症是其发病机制的主要过程，这种炎症是以巨噬细胞活化异常为主导的。动脉粥样硬化是局部的动脉炎症，以满载脂肪的活化巨噬细胞（称泡沫细胞）和内皮下堆积的 T 细胞为特征，形成动脉粥样硬化斑，斑块顶层是平滑肌细胞和富含胶原的基质，斑块间和斑块周围有 T 细胞、巨噬细胞、树突细胞和肥大细胞浸润，能导致斑块破裂；60%～70%的冠状动脉血栓就是这样形成的。参与斑块形成和破裂的炎症细胞因子和趋化因子有待阐明，至今已发现的参与各种炎症过程的细胞因子、趋化因子及其他炎症介质越来越多，表 10-6 罗列了其中的主要部分。除了固有免疫细胞外，用缺失 ApoE 基因的小鼠进行的实验证明，固有免疫系统的基因也参与动脉粥样硬化的发生，删除 TLR2、TLR4 和 MyD88 基因可以减少动脉粥样硬化的发生；过表达 LOX-1 或 IL-18 加重动脉粥样硬化的病变，提示 TLR/C-型凝集素激活和 IL-1/IL-18 信号转导途径参与动脉粥样硬化的发生机制。

表 10-6 参与动脉粥样硬化发生的促炎症和抗炎症因子

蛋白质	例　　证
主要促炎症细胞因子	TNF-α、IL-1β、IL-6、IL-12、IL-17、IL-18、IFN-γ、MIF、HMGB-1
主要促炎症趋化因子	IL-8
其他促炎症细胞因子	TNF-β、IL-1、IL-2、IL-3、IL-5
其他促炎症趋化因子	MIP-1α、MIP-2、MCP-1、CINC、RANTES、GRO-α、GRO-β、GRO-γ
抗炎症介质	IL-1ra、IL-4、IL-6、IL-10、IP10、IL-13、TGF-β、sTHFRp55、p75 和 sIL-6R
抗微生物产物	抗菌肽、C 型凝集素、S100 蛋白、弹力酶抑制物、再生蛋白

IL-1β 和 IL-18 是典型的炎症细胞因子，IL-1β 参与对系统和局部感染、损伤的反应：发热、激活淋巴细胞、启动白细胞浸润。IL-1β 的信号转导途径激活 NF-κB 和 MAPK 促使其他炎症细胞因子的表达，启动钙离子流动，通过细胞骨架重新组织引起细胞收缩，合成依赖激活蛋白-1（AP-1）的蛋白质，还能启动细胞外基质的降解。IL-18 没有 IL-1β 的热原活性，是活化的 Tγ 细胞和天然杀伤细胞中 γ-干扰素的主要诱导者，导致辅助 T 细胞 1（Th1）极化。IL-18 受体后的信号转导也涉及 Fas 配体和其他一些促炎症细胞因子、趋化因子、黏附分子和氧化氮的合成（表 10-6）。

自身炎症性疾病是固有免疫系统自然变异的结果，这种变异不能导致胚胎死亡，但是引起疾病。这些疾病代表了自然选择的一些范例，及其在进化过程中变异可能发生的范围和对人类健康影响的程度，提示基因冗余性的意义。由罕见的突变引起的单基因疾病没有选择优势；受地方性致病因素选择的疾病则受基因-环境和基因-基因相互作用的影响。遗传因素复合作用的疾患与多个固有免疫系统向遗传基因变异相关，也与日常生活相关。除了上表罗列的疾病外，还有不少疾病可能属于自身炎症性疾病有待深入研究，随着人类的进化，DNA遗传复制的变异和环境变化，可能还会有新的自身炎症性疾病产生。

二、经典的自身免疫性疾病

经典的自身免疫性疾病以获得性免疫系统的作用为主，包括多方面的相互作用：①特殊的靶组织；②能改变抗原结构和导致组织损伤的免疫效应；③组织损伤激活的稳态机制（如再生、分化、细胞因子效应）。通常称为自身抗原（autoantigen）的"新抗原"（neoantigen）在自身免疫性疾病的发生、发展中起关键性作用。

1. 自身抗体和新抗原的关键作用

死亡细胞是自身抗原的来源。正常情况下死亡细胞很快被清除，如果未能及时清除则可引起炎症反应（图10-8）。正常人体内少见凋亡细胞，系统性红斑狼疮患者体内的凋亡细胞明显增多。不同的细胞死亡方式可能与不同的系统性自身免疫病相关。但是细胞毒淋巴细胞颗粒途径在各种自身免疫病高表达，已观察到在系统性红斑狼疮和风湿性关节炎与病情相关。虽然细胞毒淋巴细胞颗粒途径能引起典型的激活胱天蛋白酶的细胞凋亡，也能通过融细胞颗粒蛋白酶（颗粒酶）引起细胞死亡。经典的凋亡通常在稳态条件下发生，细胞毒淋巴细胞颗粒途径则在抗感染或抗转化细胞时，即在促免疫反应情况下多见。肌炎自身抗原对细胞毒淋巴细胞颗粒酶敏感，被裂解成其他情况下没有的特殊片段，即细胞毒淋巴细胞能产生新的自身抗原片段。这个推测已经在系统性红斑狼疮获得证实，产生新抗原片段的数量与病情相关（图10-9）。

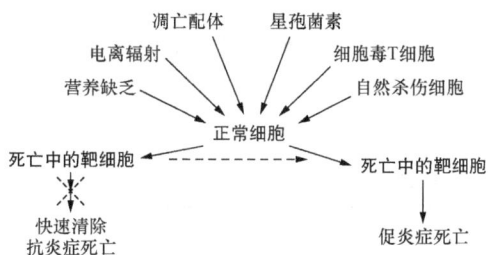

图10-9 快速、有效地清除死亡细胞是防止自身免疫的必须机制

正常稳态情况下凋亡细胞很快被吞噬细胞清除，分泌抗炎症细胞因子和诱导T细胞耐受。这个途径是防止自身免疫的主要机制。有些异常状态能破坏这种机制，损伤凋亡细胞的清除机制，导致凋亡细胞长期存在，经过结构改变而具免疫原性；有些类型的细胞死亡（如细胞毒淋巴细胞颗粒诱导的死亡）发生的自身抗原结构改变是机体不耐受的，成为诱导自身免疫病的启动因素。(Rosen et al., 2009)

经典的自身免疫观点是免疫系统以自身组织表达的自身抗原为靶。Rosen 经过多年的研究结果发现这种假设过于简单和静态,提出了靶组织与免疫效应间相互作用的假设;不同的靶组织引起不同的免疫效应反应(再生、分化或细胞因子表达);免疫反应改变抗原结构,导致筛选出独特的靶点和免疫反应加强(图 10-10)。自身免疫中的自身抗体是独特的靶组织扩大、整合结果的产物,特异地刺激基因表达和导致免疫效应的不同组合。所以应该将自身免疫病的抗原视为新抗原,即在特殊情况下产生的抗原,而不是普通情况下表达的自身抗原。

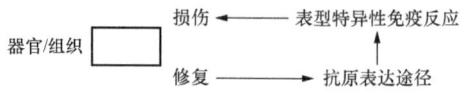

图 10-10 自身免疫病抗原产生机制

自身免疫病时靶组织与免疫效应间的作用相互加强,导致抗原筛选和免疫增强。以肌肉组织为例:在正常情况下肌肉表达低水平的肌炎自身抗原,而在肌肉再生的情况下表达高水平的抗原,形成了对这些抗原的细胞毒淋巴细胞反应(如局组织损伤或远处抗肿瘤反应);组织损伤引起愈合反应,再生细胞高表达同一抗原诱导细胞毒淋巴反应,形成了循环:免疫反应导致组织损伤刺激抗原表达,又成为再生细胞的作用靶。免疫反应和靶组织构成反馈回路。(Rosen et al., 2009)

2. 1 型糖尿病与"卫生假设"

1 型糖尿病是常见的慢性自身免疫性疾病,有遗传背景,敏感的等位基因在 6 号染色体 HLA Ⅱ 基因簇中,其他相关基因也已阐明。患者的胰脏中分泌胰岛素的 β 细胞被选择性破坏。该病是由辅助 T 细胞 1(Th1)介导的,涉及 $CD8^+$ T 细胞和固有免疫细胞,因此,免疫细胞间的相互作用——"交谈"(crosstalk)起重要作用。1 型糖尿病是遗传性疾病,但是,环境因素起重要作用。临床流行病学资料表明随着经济发展,工业化国家的 1 型糖尿病发病率持续升高。"卫生假设"(hygiene hypothesis)对此现象给出了解释。后续研究发现有些病毒感染能促进 1 型糖尿病发病,而另一些感染(包括细菌、真菌、蠕虫感染)因素能抑制 1 型糖尿病的发病(表 10-7),取决于免疫细胞间的交谈状况。对 1 型糖尿病动物模型的研究提供了免疫细胞间对话的重要资料,进一步说明人类细胞社会作为超有机体,各种细胞在维系社会平衡、稳定中存在复杂的相互关系。

表 10-7 与 1 型糖尿病发病相关的感染

病原	效应	作用机制
病毒		
柯萨基病毒 B3,B4	加速	旁观者损伤,释放扣押的抗原和分子模拟
	防止	上调 PDL1 表达和 Treg 介导的控制致糖尿病 CTL 扩增
巨细胞病毒	加速	分子模拟和先天性感染
脑心肌炎病毒	加速	直接破坏
腮腺炎病毒	加速	未知

续表

病原	效应	作用机制
Parvo 病毒	加速	改变 Treg 与效应 T 细胞的平衡
恒河猴轮状病毒	加速	诱导促炎症细胞因子加速病情
	防止	防止机制未知
风疹病毒	加速	分子模拟和先天性感染
淋巴脉络丛脑膜炎病毒	防止	上调 PDL1 表达和 Treg 介导的控制致糖尿病 CTL 扩增
乳酸脱氢酶病毒	防止	未知
小鼠肝炎病毒	防止	未知
小鼠 γ 疱疹病毒-68	延迟	树突细胞递呈自身抗原的改变
病毒抗原		
CpGDNA	防止	降低 T 细胞增殖反应，可能改变 Treg 反应
多聚 I：C	防止	I 型干扰素表达；诱导 T 细胞抑制物
细菌感染		
肠道沙门氏菌	防止	Th1 和 γ 干扰素介导的抑制 1 型糖尿病；树突细胞表型改变
分枝杆菌	防止	诱导抑制 T 细胞
细菌抗原		
卡介苗	防止	未知
完全福氏佐剂	防止	扩增抑制细胞和天然杀伤细胞
链球菌 OK-432	防止	未知
OM-85（细菌混合物）	防止	诱导 TGF-β、Treg 和 NKT
真菌抗原		
酵母聚糖	防止	激活固有免疫细胞和 Treg
蠕虫感染		
血吸虫	防止	转换为 Th2 型反应
旋毛虫	防止	转换为 Th2 型反应
螺旋线虫	防止	转换为 Th2 型反应
丝虫	防止	转换为 Th2 型反应和 Treg 增加
蠕虫抗原		
血吸虫或卵可溶性抗原	防止	改变了的免疫细胞扩增
血吸虫卵	防止	诱导 2 细胞
丝虫抗原	防止	转换为 Th2 型反应和 Treg 增加

资料来源：Lehuen 等，2010。

1 型糖尿病的发病机制研究集中在致糖尿病的感染和它们的调节（表 10-7）。但是，越来越多的资料表明固有免疫细胞，如巨噬细胞、树突细胞和自然杀伤细胞在 1 型糖尿病的发病中起关键性作用，与该病的防治有关。许多研究结果支持在有微生物感染情况下固有免疫细胞有保护作用，但是在没有外源性启动因素存在时反而有促进糖尿病发生发展的作用。一种假设是 1 型糖尿病可能与固有免疫细胞的免疫缺陷有关，导致机体对胰岛细胞抗原不能耐受，持续性病毒感染和胰岛细胞连续死亡导致这些细胞长期低度激活而起致病作用。从一些感染诱导的 1 型糖尿病预防机制的知识，衍生出两条防治 1 型糖尿病和其他自身免疫病（如炎症性结肠炎和哮喘）的策略：一条是基于利用寄生虫或细菌的成分；另一条是启动特异性固有免疫细胞，如浆细胞性树突细胞（pDC）和自然杀伤性 T 细胞。

"卫生假设"提出 20 年来引起广泛关注，有正反两个方面的反应。不仅工业化国家的感染减少伴随着变态反应和自身免疫病的增加，如 1 型糖尿病、多发性硬化、哮喘、湿疹等。发展中国家随着经济发展也出现类似的现象。一些与人类共同进化的感染可以防治许多免疫相关的疾病。有些感染则促进免疫性疾病的发展，提示问题的复杂性，"卫生假设"是根据流行病学资料提出的，经过动物模型的研究得到初步验证，但是，有关人类的疾病机制涉及更多方面，更为复杂（详见第二章第三节"四、卫生假设的启示"）。

众多的病毒感染与 1 型糖尿病的发病相关。近年来对肠道病毒柯萨基病毒 B4（Coxsakie B4，CoxB4）与 1 型糖尿病的关系进行了较全面的研究。肠道病毒是单链小 RNA 病毒，无包膜，型别众多（已知 89 个血清型，包括 Coxsakei A 组 24 个型和 Coxsakie B 组 6 个型，许多肠道呼吸道孤儿 Roe 病毒和 3 个型的脊髓灰质炎病毒），CoxB4 是广泛传播的型别之一。除脊髓灰质炎病毒（poliovirus）外肠道病毒的致病力不强，通常感染 CoxB4 后无症状或轻微发热、腹泻或轻微的呼吸道症状，偶有引发脑膜炎、脑炎、心肌炎报道。近年来的研究发现 1 型糖尿病患者的血液、肠道和胰腺中有 CoxB4 病毒。在 1 型糖尿病发病早期，CoxB4 与固有免疫细胞相互作用，介导炎症扩大胰岛细胞的免疫损伤。与获得性免疫系统相互作用，CoxB4 通过分子模拟、旁观者激活和破坏耐受等机制参与 1 型糖尿病的发病机制。抗病毒抗体的产生增加单核/巨噬细胞的感染；细胞毒 T 细胞池浓缩，增加连续感染，从而进一步损伤胰岛细胞，释放更多的自身抗原。同时，病毒感染诱导的 1 型干扰素加速 1 型糖尿病的发展。

按照"卫生假设"，儿童时期的病毒感染能保护个体阻止或延迟 1 型糖尿病的发生、发展；换言之由于频发肠道病毒感染，小儿时期对这些病毒产生了较强的免疫反应，一旦发生感染病毒引起的损伤较小，这样就导致了肠道病毒感染率与 1 型糖尿病发病率的负相关。

3. 树突细胞凋亡与免疫耐受

树突细胞在维持防御性免疫和自身耐受中起重要作用，不成熟的树突细胞启动 T 细胞耐受；成熟的树突细胞激活初始 T 细胞。树突细胞凋亡是调节免疫和耐受平衡的重要机制，通过多条途径进行，与免疫抑制有关，见于一些病理和感染状态。树突细胞凋亡缺失能启动自身免疫。近年来的研究表明树突细胞凋亡在诱导耐受中起重要作用。

树突细胞的更新较快，稳态条件下其半数生存期为 1.5~2.9 天。细菌脂多糖能诱导树突细胞成熟，终于凋亡。不同亚群树突细胞的凋亡途径可以不同，有外源性的也有内源性的。近年来的研究表明，激活的树突细胞能摄取凋亡的树突细胞导致免疫耐受

(表 10-8)。情况复杂，有待深入研究。

表 10-8 树突细胞和巨噬细胞摄入凋亡细胞的效应

活细胞	凋亡细胞	摄入	抑制细胞激活	抑制磷脂酰丝氨酸依赖	产生 TGF-β	诱导 Treg
树突细胞	脾细胞	是	是	是或否	否	否
树突细胞	树突细胞	是	是	否	是	是
树突细胞	巨噬细胞	是	否	否	否	否
巨噬细胞	脾细胞	是	是	是	是	否
巨噬细胞	树突细胞	?	?	?	?	?

注:? 表示尚待研究阐明。

实验研究发现有 FasL 和 Fas 遗传缺陷的小鼠易罹患自身免疫性疾病，提示凋亡在维系免疫耐受中的重要性。但是，在选择性剔除 T 和（或）B 细胞的 Fas 小鼠未观察到淋巴增生性疾病。而且选择性表达凋亡抑制酶的小鼠不发生自身免疫性疾病。说明非淋巴细胞的凋亡缺陷能诱导自身免疫性疾病。表达杆状病毒 p35（能抑制胱天蛋白酶 8 的凋亡抑制剂）的转基因小鼠显示出树突细胞特异性的凋亡缺陷，能诱导自身抗体形成，证明树突细胞在维持免疫耐受中的直接作用，看来凋亡的树突细胞通过多条途径参与调节免疫与耐受。以树突细胞为基础的免疫治疗已在临床上试用于抗肿瘤治疗。

4. 维生素 D 与自身免疫病

近年来的研究发现维生素 D 有免疫调节活性。充足的维生素 D 能加工"低亲和力"的自身抗原维持免疫平衡。1,25 $(OH)_2D$ 对免疫系统的作用包括减少 Th1/Th17 细胞和细胞因子，增强调节 T 细胞和下调 IgG 产生，抑制树突细胞分化。在加强防御性的固有免疫反应的同时 1,25 $(OH)_2D$ 通过降低过度的获得性免疫反应协助维持自身耐受。流行病学调查表明维生素 D 缺乏是许多自身免疫病的危险因素，许多临床观察表明这些疾病与饮食、光照有关。有些自身免疫病的动物模型用 1,25 $(OH)_2D$ 或类似物可以预防或改善，如自身免疫性脑脊髓炎、胶原诱导的关节炎、1 型糖尿病、炎症性结肠病、眼色素层炎和狼疮。临床研究发现维生素 D 缺乏与多发性硬化、1 型糖尿病和系统性红斑狼疮相关，补充维生素 D 能减轻多发性硬化的发展。1 型糖尿病的发病率有地域性，与光照相关。从 1 型糖尿病的全球分布看，发病率有明显的纬度梯度，给高纬度地区国家（如芬兰）的婴幼儿补充维生素 D 后发病率明显降低；同一时期相邻的同纬度地区（如前苏联卡累里自治共和国）未补充维生素 D 发病率未变，证明维生素 D 对 1 型糖尿病发病的重大影响。不同研究组对系统性红斑狼疮的临床流行病学研究结果不一致，有的研究结果表明系统性红斑狼疮患者的 25（OH）D 水平明显低于正常人，但是系统性红斑狼疮患者通常避免直接光照，存在维生素 D 缺乏的影响因素，因此该病与维生素 D 缺乏相关的机制尚在研究中。维生素 D 缺乏对自身免疫性疾病发展的一般影响如图 10-11 所示。

维生素 D 对免疫细胞有广泛的影响，包括 T 淋巴细胞和 B 淋巴细胞及树突细胞，它们都表达维生素 D 受体并产生 1α-羟化酶和 24-羟基酶，所以能局部产生活化的

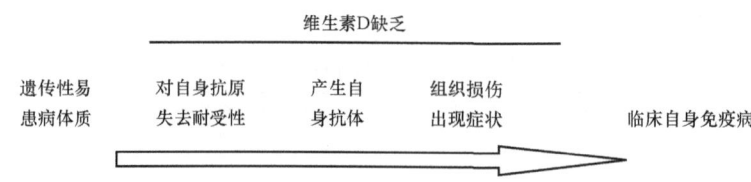

图 10-11 维生素 D 对自身免疫病发展的影响

1,25（OH）$_2$D 调节树突细胞的成熟和分化，激活 CD4$^+$T 细胞防止丧失自身耐受。有易患病遗传体质的个体易于产生自身抗体，在维生素缺乏时更易发生，是环境诱发因素。

1,25（OH）$_2$D，以自分泌和旁分泌的方式在免疫系统起调节作用，并依赖循环系统供给足够的 25（OH）D 维持正常功能。CD4$^+$T 细胞激活后 VDR 的表达增加 5 倍，能调节对 1,25（OH）$_2$D 反应的基因表达。1,25（OH）$_2$D 抑制 T 细胞受体诱导的 T 细胞增殖，改变细胞因子表达谱，并直接抑制 Th1 细胞。总的变化是从 Th1 表型转换为 Th2 表型，γ-干扰素和 IL-2 产生减少；IL-5 和 IL-10 增加，多数情况下 IL-4 表达上调，朝向 Th2 反应。Th17 是 CD4$^+$T 细胞的亚群，涉及器官特异的自身免疫，在导致组织损伤的炎症中起作用。在自身免疫性眼色素层炎和炎症性结肠病的动物模型中，1,25（OH）$_2$D 通过抑制各个层次的 Th17 反应抑制自身免疫反应和组织损伤。Th17 反应包括树突细胞支持启动 Th17 细胞和产生 IL-17。维生素 D 还抑制 IL-6 表达，IL-6 能刺激 Th17 细胞生成，抑制 IL-12p70、IL-23p19 的表达以及 IL-6 和 IL-17 的进一步表达。维生素 D 能诱导调节 T 细胞的产生，血清 25（OH）D 水平与调节 T 细胞的抑制 T 细胞增殖能力呈正相关。维生素 D 对 B 淋巴细胞的直接作用是抑制其免疫球蛋白的产生。体外实验显示 1,25（OH）$_2$D 能干扰 B 淋巴细胞的分化。系统性红斑狼疮患者的外周血单个核细胞对维生素 D 的作用敏感，在培养液中加入 1,25（OH）$_2$D 后，B 细胞的自发性多克隆抗体和抗双链 DNA 自身抗体的产生都明显减少。1,25（OH）$_2$D 对树突细胞的作用包括促进单核细胞向不成熟树突细胞分化，促进树突细胞分化和维护其生存，即诱导树突细胞发育并处于耐受功能状态。所以，上述作用的综合，维生素 D 可以缓和炎症和减轻组织损伤。

光照是影响人类维生素 D 水平的重要因素，因此早就有晒太阳增强免疫力的说法。近年来由于臭氧层遭破坏，日光中的紫外线增强，全球黑色素瘤、皮肤癌发病率有增加的趋势，出现了防晒的问题。如何平衡产生维生素 D 的需要和紫外线的致癌作用成为现实问题，应该深入研究。

近年来随着人类微生物基因组计划研究的开展，研究疾病与微生物的关系已经从单一微生物病因拓展到微生物组（microbiota）产物相互作用的致病作用。人类基因组只有 31 897 个基因，估计与人类共存的微生物（包括共生菌、噬菌体和病毒）基因有上百万个，它们形成了能影响或改变人类基因组基因表达的细菌元基因组（bacterial metagenome），其中有的导致产生针对微生物 DNA 的抗体，可能与自身免疫性疾病的发生有关。过去一直认为对人类生存有益的共生菌，现在发现它们也可能产生干扰基因表达与自身免疫性疾病相关的代谢产物，为许多原因不明的自身免疫性疾病的研究提供了新思路，并对体内共生微生物作用和意义的研究提出了新的课题。

第五节 炎症性疾病中的糖皮质激素耐受

肾上腺糖皮质激素（glucocorticoids）是许多炎症性疾病和免疫性疾病（包括哮喘、风湿性关节炎、炎症性肠病和经典的自身免疫病）最有效的抗炎性治疗药物。但是少数患者对糖皮质激素治疗反应差甚至没有反应。另外一些炎症性疾病，如慢性阻塞性肺病、间隙性肺纤维化、急性呼吸窘迫综合征和囊性纤维化有糖皮质激素耐受。临床上对于这些疾病通常都用大剂量糖皮质激素治疗，对于糖皮质激素耐受的患者虽然没有疗效，但是同样处于大剂量糖皮质激素可能出现副作用的高风险中。由于慢性炎症性疾病是常见病，发病率有上升趋势，糖皮质激素耐受或不敏感有重要的实际意义，对于深入研究激素治疗的机制，阐明神经-激素-免疫的调控网络也有重要的理论意义。

一、糖皮质激素的抗炎症机制

糖皮质激素抗炎症的分子机制主要是通过对抗炎症基因的激活和对促炎症基因的抑制。糖皮质激素扩散穿过细胞膜与细胞质中的糖皮质激素受体结合，受体从伴侣蛋白（如热休克蛋白90）释出，很快转移到细胞核内，受体复合体在此发挥作用。核定位的机制取决于入核蛋白：入核素α（importin α 又名 karyopherinβ）和入核素13。糖皮素受体α是唯一能与糖皮素结合的受体，糖皮素受体β是剪接异构体与DNA结合，干扰活化的糖皮质激素α与DNA结合，是糖皮质激素活性的主要负调节物。糖皮质激素受体同型二聚体在糖皮质激素反应基因启动区与糖皮质激素反应元件结合开启（偶有关闭）基因转录。糖皮质激素反应基因的激活也能发生在DNA-结合的糖皮质激素受体和转录辅助分子（如环状AMP反应元件结合蛋白），这些分子有组蛋白乙酰转移酶活性，能引起染色体核心组蛋白尤其是组蛋白4的乙酰化。乙酰化的组蛋白募集染色质重建引擎（如SWI/SNF蛋白），然后与RNA聚合酶II协同激活基因表达（图10-12）。

被糖皮质激素激活的基因包括：β2肾上腺能受体、抗炎症蛋白分泌性白细胞蛋白酶抑制物和丝裂原激活蛋白激酶磷酸酶1（MKP1）。糖皮质激素受体与负性糖皮质激素反应元件或与其转录起始点交叉则可能抑制基因转录，可能介导糖皮质激素的许多副作用。

糖皮质激素的主要作用在于关闭多个激活的炎症基因，它们编码细胞因子、趋化因子、黏附分子、炎症相关的酶和受体。通常这些基因在气道中由促炎症性转录因子（如核因子NF-κB和激活蛋白AP1）激活，它们与转录辅助分子协同激活基因转录（图10-12）。

激活的糖皮质激素受体与辅助抑制（co-repressor）分子相互作用，减弱NF-κB相关的辅助活化活性，从而减少组蛋白乙酰化、染色质重构和RNA聚合酶II的作用。活化的糖皮质激素受体激活的炎症基因复合体特异性募集组蛋白脱乙酰化酶（HDAC）2，使组蛋白乙酰化减弱，从而抑制激活的炎症性基因的表达。这个机制可能与糖皮质激素

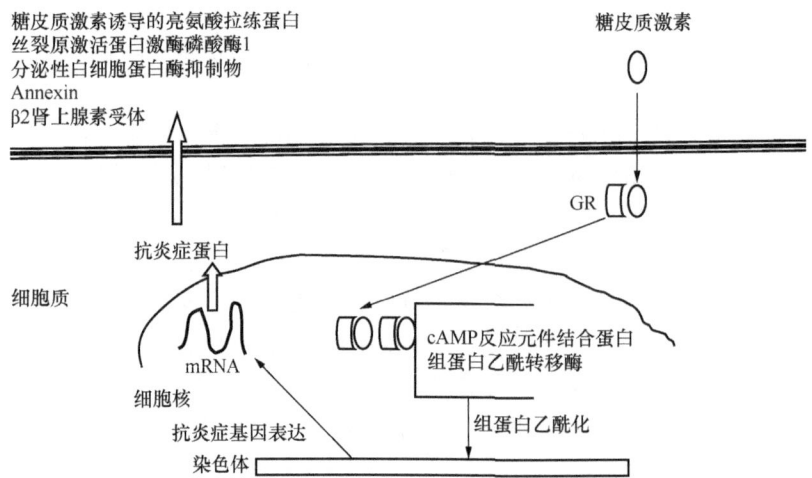

图 10-12 糖皮质激素激活抗炎症基因的表达

在配体结合后糖皮质激素受体（GR）转移到核内与糖皮质激素反应基因启动区的皮质激素反应元件和转录辅助活化分子环状 AMP 反应元件结合蛋白结合。该辅助分子有组蛋白乙酰转移酶活性，引起核心组蛋白乙酰化，激活抗炎症基因。

在控制炎症的有效和安全相关，因为它不涉及其他基因。糖皮质激素受体与配体结合乙酰化后使它们能与糖皮质激素受体反应元件结合成为 HDAC2 的靶标，从而与 NF-κB 复合体联系。HDAC6 也能影响糖皮质激素受体功能，因为它能调节热休克蛋白 90 的乙酰化状况，从而抑制糖皮质激素受体向细胞核转移（图 10-13）。

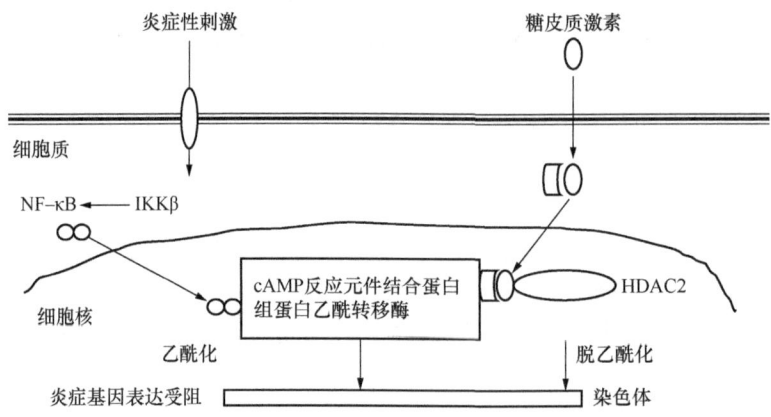

图 10-13 糖皮质激素抑制炎症基因的激活

炎症刺激（如 IL-1 和 TNF）激活核因子（NF-κB）激酶抑制物（IKKβ），激活 NF-κB，其二聚体 p50 和 p60 蛋白转移至核内特异性识别位点 κB 并与其结合该位点在炎症因子基因启动区，并有辅助激活因子，如环状 AMP 反应元件结合蛋白，导致核心组蛋白乙酰化，激活炎症蛋白（细胞因子、趋化因子、黏附分子、炎症性受体、酶等）的基因表达。激活的糖皮质激素受体与辅助因子结合直接抑制组蛋白乙酰转移酶的活性，同时募集组蛋白脱乙酰化酶 2（HDAC2）导致激活的炎症基因表达受到抑制。

糖皮质激素的其他机制在抗炎症作用中也起重要作用。通过 MAP1 糖皮质激素与丝裂原激活蛋白激酶信号途径联系，抑制一些炎症基因的表达。有些促炎症基因，如肿瘤坏死因子 α（TNF-α）的 mRNA 不稳定，很快被核糖核酸酶降解，在炎症时炎症介质使其稳定性增加，糖皮质激素逆转这个效应，能使 mRNA 快速降解，减少炎症蛋白的生成。

二、糖皮质激素耐受的分子机制

业已确定有多种不同的分子机制影响糖皮质激素的抗炎症效应，即使在同一种疾病中也呈现作用机制的异质性；另外，从不同的炎症性疾病中又呈现出类似的分子机制。归纳起来有如表 10-9 所示的几个方面。

随着社会发展和工业化，哮喘的发病率越来越高。但是早期文献对哮喘病的描述都呈家族性，提示哮喘有遗传敏感性，该遗传因素可能与糖皮质激素反应性相关。用基因芯片研究对糖皮质激素耐受和敏感的两组哮喘患者的外周血单个核细胞，发现有 11 个基因在两组患者间有明显差异。在健康志愿者的研究表明对糖皮质激素高敏感性者与低敏感性者有 24 个基因有差异，其中差异最明显的是骨形成蛋白受体Ⅱ型（BMPRⅡ）基因，将该基因转入细胞后对糖皮质激素反应性明显增强。实际上确认的家族性糖

表 10-9 糖皮质激素耐受的分子机制

家族性糖皮质激素耐受
糖皮质激素受体变异
 磷酸化
 亚硝基化
 泛素化
糖皮质激素受体 β 表达增加
促炎症转录因子增加
 激活蛋白 1（AP1），c-Jun-N 端激酶（JNK）
 信号转导激活转录因子 5（STAT5），Janus 激酶 3（JAK3）
组蛋白乙酰化机制缺陷
 组蛋白 4 赖氨酸 5 乙酰化减少
 组蛋白脱乙酰化酶 2 减弱
  氧化应激增强
 磷酸肌醇-3-激酶-δ 激活增强
P-糖蛋白增加
胆固醇流动增加

皮质激素耐受综合征病例很少，多数为散发病例。对这些病例外周血白细胞或成纤维细胞的糖皮质激素受体功能的研究表明，这些受体与配体的亲和力降低；热稳定性改变；与 DNA 结合力降低等，这些变化导致糖皮质激素受体的功能改变。对这些患者的糖皮质激素受体互补 DNA 的分析表明这些受体的结构没有异常。对受体单链多态性分析发现：糖皮质激素受体 β（GR-9β）多态性与炎症性疾病对糖皮质激素反应性降低有关。

临床观察发现：对糖皮质激素耐受哮喘患者的气道中 IL-2 和 IL-4 过表达；体外研究表明，这些细胞因子的组合降低糖皮质激素受体在 T 细胞中的核定位能力；IL-13 在单核细胞中也有此作用。这些细胞因子削弱糖皮质激素受体功能的机制可能由 p38MAPK 介导，因为 p38MAPK 抑制剂能阻断该效应（图 10-14）。临床观察结果支持上述假设，对糖皮质激素耐受的哮喘患者的肺泡巨噬细胞 p38MAPK 激酶活性明显高于非耐受的患者。

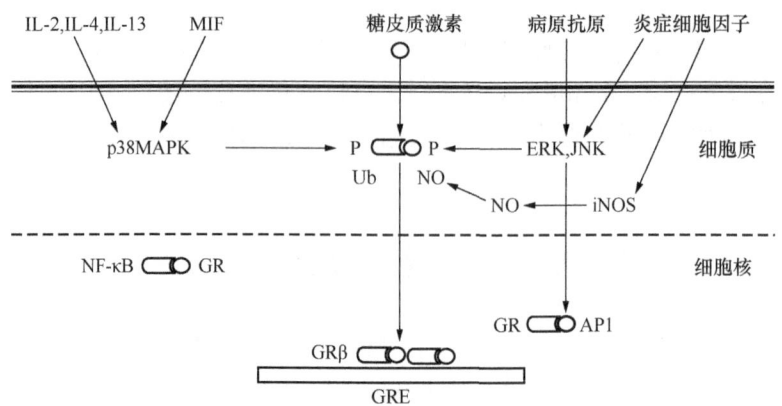

图 10-14 糖皮质激素耐受的可能机制

下列激酶能使糖皮质激素受体（GR）磷酸化（P）：p38 丝裂原激活蛋白激酶（MAPK），该处由白介素 2、白介素 4、白介素 13 或巨噬细胞移动抑制因子（MIF）激活；c-Jun-N 端激酶（JNK）由促炎症细胞因子激活；或细胞外信号调节激酶（ERK）由病原抗原激活。氧化氮（NO）能硝基化 GR 上的酪氨酸残基。GR 也能被泛素化（Ub）导致 GR 被蛋白酶体降解。也可能被核因子（NFκB）或激活蛋白 1（AP1）结合而不能与糖皮质激素受体元件（GRE）结合，这种情况发生在被 JNK 活化或糖皮质激素受体 β（GRβ）增加的时候。iNOS：诱导性氧化氮合成。

糖皮质激素受体可以被多种激酶磷酸化，从而改变与糖皮质激素的结合亲和力、稳定性、核定位能力以及与其他蛋白（如转录因子和分子伴侣）的相互作用。白介素 2 在细胞中引起糖皮质激素受体入核数量减少是通过 Janus 激酶 3（JNK3）控制的 STAT5 信号途径发生的。大部分糖皮质激素耐受的哮喘患者的外周血单个核细胞呈现糖皮质激素受体核定位减少，可以因受体磷酸化减少解释。另一个 MAP 激酶 c-Jun-N 端激酶（JNK）由 TNF 和其他促炎症细胞因子激活，直接使受体上的 226 位丝氨酸残基磷酸化，抑制与糖皮质激素受体反应元件（GRE）的结合。病原体抗原引起的糖皮质激素耐受是通过细胞外受体激酶途径导致糖皮质激素受体磷酸化的。MKP1 是 MAP 激酶的内源性抑制物。MKP1 基因敲除小鼠的巨噬细胞呈现糖皮质激素耐受。糖皮质激素耐受哮喘患者的肺泡巨噬细胞呈现类似表现，MKP1 表达降低。这些结果与 p38MAP 激酶活性增加一致。炎症性疾病经常出现诱导性氧化氮合成的增加，产生大量氧化氮。体外实验表明糖皮质激素受体在氧化氮作用下的硝基化减弱与糖皮质激素的亲和力，体内效应有待证实。由于糖皮质激素受体能泛素化，被蛋白酶体降解；蛋白酶体抑制剂可能增加糖皮质激素反应性。

有些研究报道表明哮喘、风湿性关节炎和炎症性肠病的糖皮质激素耐受患者的糖皮质激素受体 β 表达增高；有些研究结果不支持这个观点。促炎症细胞因子诱导糖皮质激素受体 β 产生，与糖皮质激素受体 α 竞争结合糖皮质激素受体反应元件，是一个负调节因素。病原体抗原（如葡萄球菌肠毒素）也能增加糖皮质激素受体 β 的表达，可能与遗传性过敏性皮炎患者的糖皮质激素耐受有关。但是，糖皮质激素受体 β 不像是产生糖皮质激素耐受的主要机制，因为许多类型的细胞糖皮质激素受体 β 的表达远远低于糖皮质激素受体 α 的表达。可能有其他机制破坏糖皮质激素受体 α 的核定位。因为敲除糖皮质激素耐受哮喘患者肺泡巨噬细胞的糖皮质激素受体β基因，结果能增加糖皮质激素受体α的核定位和对糖皮质激素的反应性。虽然糖皮质激素受体β不结合糖皮质激素，但是它有转录活性，能与糖皮质激素受体的拮抗剂结合。糖皮质激素受体β的内源性配体尚待研究。

激活蛋白1（AP1）是Fos和Jun的异二聚体，AP1过表达是哮喘患者糖皮质激素耐受的一个机制，AP1与糖皮质激素受体结合后，阻止与GRE及其他转录因子的相互作用。促炎症细胞因子通过JNK途径激活AP1。在糖皮质激素耐受哮喘患者的外周血单个核细胞和支气管活检标本中JNK和Fos的表达明显增高。c-Jun增加的结果导致细胞骨架的解聚化（depolymerisation），可能降低糖皮质激素受体的活性。Cofilin 1是肌动蛋白结合蛋白，解聚细胞骨架。研究表明糖皮质激素耐受哮喘患者的T细胞，该蛋白质的表达明显高于非耐受哮喘患者。Cofilin 1在其他炎症性疾病的表达尚待研究。

少数糖皮质激素耐受哮喘患者的糖皮质激素受体在dexamethasone治疗后能正常入核，但是不能将组蛋白4的亮氨酸5残基乙酰化，不能活化基因，对吸入大剂量皮质类固醇反应差。组蛋白脱乙酰化酶2（HDAC2）在糖皮质激素抑制炎症基因表达中起重要作用，有些阻塞性肺病和吸烟的哮喘患者肺泡巨噬细胞和外周血单个核细胞的HDAC2表达下降、活性低。氧化和硝基化应激可能抑制HDAC2，由于氧化应激在重症和糖皮质激素耐受的炎症性疾病中常见，所以HDAC2可能是糖皮质激素耐受的机制之一。

白介素10（IL-10）是重要的抗炎症免疫调节细胞因子，对糖皮质激素反应的调节T细胞分泌IL-10。体外实验表明，糖皮质激素耐受哮喘患者的T调节细胞不分泌IL-10，添加维生素D3后能分泌IL-10。临床上试用维生素D治疗3例糖皮质激素耐受的哮喘患者，能恢复其调节T细胞分泌IL-10的能力。已知维生素D是免疫系统的重要调节剂，尤其对调节T细胞有重要作用。所以对于食物摄入维生素D少或缺乏阳光照耀地区的患者，维生素D缺乏可能成为糖皮质激素耐受的发病机制之一。

多药耐药基因MDR1（ABCB1）编码药流泵P-糖蛋白170，是ATP-结合框输送者，将各种药物（包括糖皮质激素）泵出胞外，所以可能成为炎症性疾病糖皮质激素耐受的机制之一。已经发现在糖皮质激素耐受的炎症性肠病和风湿性关节炎患者外周血淋巴细胞有MDR1的高表达。这两种疾病都伴有MDR1单核苷酸多态性，影响对药物的治疗效应。

巨噬细胞移动抑制因子（MIF）是促炎症细胞因子，有抗糖皮质激素效应，与重症炎症性疾病相关。MIF由糖皮质激素诱导产生，主要通过抑制MKP1的诱导作用减弱糖皮质激素的抗炎症效应。已经测出糖皮质激素耐受的溃疡性结肠炎患者的克隆性单个核细胞MIF表达增强，用MIF抗体处理能恢复这些细胞对糖皮质激素的抗炎症反应。在糖皮质激素耐受的风湿性关节炎、系统性红斑狼疮和动脉粥样硬化也发现类似的现象。糖皮质激素耐受的风湿性关节炎和炎症性肠病患者的MIF基因多态性可能与疾病有关。急性呼吸窘迫综合征和哮喘的糖皮质激素耐受也可能与MIF有关。抗MIF治疗可能在有些糖皮质激素耐受疾病的治疗中有效。

三、糖皮质激素耐受的治疗策略

对于糖皮质激素耐受疾病的治疗有多种治疗策略,最重要的有两类:选择性抗炎症处理或逆转糖皮质激素耐受的分子机制(表10-10)。

表10-10 糖皮质激素耐受的治疗策略

选择广谱抗炎症治疗
 尿钙抑制剂,如 ciclosporin, tacrolimus
 免疫调节剂,如甲氨蝶呤(methotrexate)
 磷酸二酯酶-4抑制剂
 p38MAP 激酶抑制剂
 IKKβ 抑制剂
逆转糖皮质激素耐受
 p38MAP 激酶抑制剂
 JNK 抑制剂(降低 AP1)
 维生素 D-固醇类耐受哮喘增加调节 T 细胞
 MIF 抑制剂
 组蛋白脱乙酰-2激活剂
  茶碱
 磷酸肌醇-3-激酶-δ 抑制剂
 抗氧化剂
 iNOS 抑制剂
 P-糖蛋白抑制剂

现在有一些可用的选择性抗炎症药物,如尿钙抑制剂 ciclosporin A 和 tacrolimus 对部分糖皮质激素耐受的炎症性肠病和风湿性关节炎患者有效,但是对于糖皮质激素耐受的哮喘尚未证实有效。免疫调节剂,如氨甲蝶呤可能对糖皮质激素耐受的炎症性肠病和风湿性关节炎无效,因为这些患者往往有多药耐药基因高表达。磷酸二酯酶-4抑制剂是广谱的抗炎症药物,临床上用于阻塞性肺病和炎症性肠病,但副作用较大(恶心、腹泻和头痛)应用受限。有些 p38MAP 激酶抑制剂在临时上试用,推测可能对由 IL-2 和 IL-4 引起的糖皮质激素耐受的哮喘有效。也可能用于其他糖皮质激素耐受的炎症性疾病。对实验动物模型有效,但是毒性和副作用较大。NF-κB 激酶(IKKβ)抑制剂的毒性和副作用也较大,还在研究阶段。

治疗糖皮质激素耐受的理想策略是针对病因。例如,吸烟诱发哮喘,则戒烟是必需的治疗措施。对于糖皮质激素耐受的哮喘还可能有下述逆转途径:p38MAP 激酶抑制剂,JNK 抑制剂和维生素 D3。有报道临床上用 IL-2 受体的单克隆抗体治疗糖皮质激素耐受的溃疡性结肠炎有效,但是没有对照组。JAK3 激酶由 IL-2 激活,是重要的信号传递途径成员,其抑制剂也可能对糖皮质激素耐受哮喘和风湿性关节炎有效,在动物模型已经证实。有些防止糖皮质激素外流的 P-糖蛋白抑制剂可能成为新的治疗策略,它们是以异搏定和奎纳定为基础的外流阻滞剂,正在研发中。由于 MIF 与糖皮质激素耐受的相关性,MIF 的小分子抑制剂和单克隆抗体正在研发中。

茶碱能选择性激活 HDAC2,阻塞性肺病的巨噬细胞 HDAC2 活性恢复到正常水平与对糖皮质激素敏感性的恢复相关。茶碱对阻塞性肺病治疗效果的临床试验正在进行。茶碱恢复 HDAC2 的分子机制是通过 PI3Kδ 的选择性抑制,阻塞性肺病患者的氧化应激活化 PI3Kδ。推测选择性 PI3Kδ 抑制剂对于氧化应激引起的疾病有治疗效果,临床试验正在进行中。抗 PI3Kδ 的治疗策略在风湿性关节炎的动物模型治疗中取得成功,可能对糖皮质激素耐受的风湿性关节炎患者也会有效,因为 HDAC2 和氧化应激在其发病中起重要作用。

第六节 多向调节因子与免疫功能多向性

近年来对细胞因子和信号转导途径的深入研究发现一些细胞因子和细胞生长调节因子有多向调节作用，有些细胞因子有多种功能性或多向性功能，如TGF-β和TNF-α是著名的多功能细胞因子。还有一些细胞因子在某些情况下出现多向性功能，如膜结合型巨噬细胞集落刺激因子与可溶性受体结合有反向信号传递作用。这些细胞因子可有多个受体或辅助受体、多条信号转导途径、激活不同的转录因子或激活不同的基因，成为免疫调控网络中的重要节点，有重要的病理生理作用，往往成为疾病发生、发展的关键部位，可能成为治疗靶点。Bid是凋亡信号转导途径的多向调节因子，是细胞内亚显微水平调控机制的重要例证，免疫细胞凋亡机制的调控是免疫功能多向性的重要机制，有重要的临床意义。本节以TGF-β为例，尤其是TGF-β与肿瘤的关系，探讨细胞因子信号转导途径多样性与免疫功能多样性的关系。

一、TGF-β信号转导的多途径性

TGF-β超家族包括30多个成员，3个高度保守的组织特异性异型体（TGF-β1、JGFβ2、JGFβ3）通过3个细胞表面的受体（TβRⅠ、TβRⅡ、TβRⅢ）异聚体复合体传递信息。在调控细胞稳态、分化、增殖、胚胎发育、免疫监视、血管生成、细胞运动和细胞凋亡中起重要作用，其调节作用有细胞类型及状态特异性。TGF-β信号转导途径的混乱是TGF-β致癌机制和促进肿瘤生长机制的核心，通过它们影响多种细胞功能。TGF-β超家族信号途径在人类肿瘤中起多种不同的作用，启动、抑制或促进肿瘤的发展。

虽然TβRⅠ和TβRⅡ都是跨膜的丝氨酸/苏氨酸激酶受体，TβRⅢ（又称β聚糖）是硫酸类肝素蛋白多糖，胞质内有短肽参与信号转导。TβRⅡ结合TGF-β1和TGF-β3；TβRⅠ本身不能与配体结合；TβRⅢ特异性结合3个异型体TGF-β。与配体结合后组成性活化的TβRⅡ募集TβRⅠ进入由2个TβRⅠ和2个TβRⅡ组成的活化异聚复合体，激活Smad途径或非Smad途径。在富含甘氨酸和丝氨酸的TβRⅠ结构域磷酸化，激活它们的激酶功能。然后在与转录因子Smad接触的TβRⅠ的C端丝氨酸磷酸化。经典的Smad依赖的信号途径导致细胞增殖的抑制。有些肿瘤（如胰腺癌、结肠癌和头颈部癌）的TβRⅡ和Smad4由于突变和丧失异型结合性（loss of heterozygosity, LOH）而失活，提示TGF-β有抑癌作用；但是，对于有些肿瘤（如乳腺癌、前列腺癌和直肠结肠癌）又显示促瘤作用（图10-15）。

TGF-β在肿瘤细胞除了有自激因子（autocrine）作用外，在宿主-肿瘤相互作用中起重要作用。在致癌机制和发展过程中肿瘤微环境通过各种机制影响肿瘤细胞。TGF-β信号途径能抑制炎症（促癌因素），也能影响对肿瘤细胞的识别和破坏；此外TGF-β对基质成纤维细胞与肿瘤细胞的相互作用也有影响；近年来的研究表明TGF-β对肿瘤干细胞与其微环境（龛）的相互作用也有影响。肿瘤细胞的TGF-β信号转导途径是近年

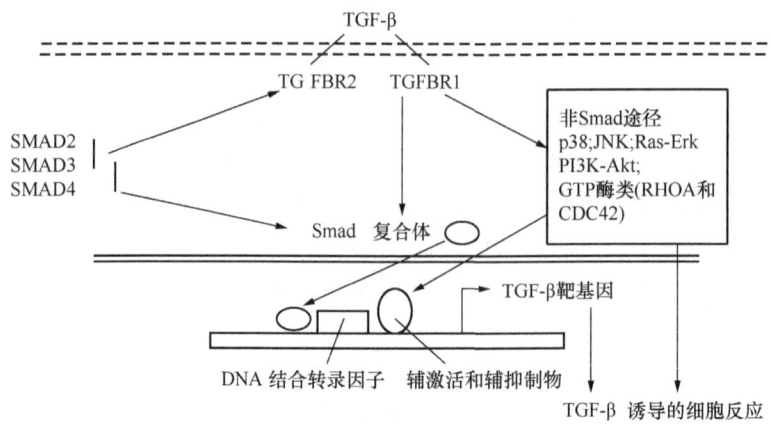

图 10-15 TGF-β 的细胞内信号转导

来研究的复杂课题。TGF-β 信号能同时启动若干肿瘤细胞反应,取决于条件和状态;TGF-β 信号网络同时涉及数百个因子,该网络的崩溃引起信号途径的紊乱,结果导致肿瘤的发生、发展。

TGF-β 和 BMP 信号经过不同的 R-Smad、磷酸化的异型 R-Smad 转移到细胞核介导与 Smad 结合元件(SBE)结合的启动子,导致基因转录,发生 TGF-β 和 BMP 反应。

二、TGF-β 与肿瘤

由于 TβRⅢ缺乏细胞质中已知的信号转导基序,而且在没有 TβRⅢ时细胞也能对 TGF-β 起反应,所以开始认为 TβRⅢ只是一个辅助受体。近年来的研究表明 TβRⅢ表达与间质细胞转化及肿瘤相关,引起一些研究者的关注。

TβRⅢ介导 TGF-β 超家族的信号转导,将信号传给 Smad 和非 Smad 途径,可以是配体依赖的也可以是不依赖配体的。肿瘤发展过程中丢失 TβRⅢ表达直接影响细胞迁移、浸润、增殖和血管新生,提示 TβRⅢ起肿瘤发展抑制物和(或)转移抑制物的作用。阐明 TβRⅢ的作用机制和肿瘤发展过程中 TβRⅢ的功能变化对于人类肿瘤的诊疗有重要意义。

编码 TβRⅢ的基因(TGFBR3)位于染色体 1p31-32,由 16 个外显子构成,有两个启动子:最近启动子和远距启动子,产生两种 mRNA。大多数组织主要采用最近启动子。TβRⅢ广泛分布,在多数类型的细胞都高表达,每个细胞有约 20 万个 TβRⅢ受体,而 TβRⅠ和 TβRⅡ只有 5000~10 000 个。但是,内皮细胞低表达或不表达,代之以表达内皮蛋白(endoglin)。TβRⅢ的表达受多水平的调节,包括 mRNA 表达、表观遗传学沉默、蛋白质水平和受体交谈,多水平调节提示 TβRⅢ生理功能的重要性。

TβRⅢ是由 851 个氨基酸残基构成的跨膜蛋白糖,胞外区含 766 个氨基酸残基,一个亲水性跨膜结构域,胞质结构域仅由 42 个氨基酸残基构成,没有酶活性。胞外区含一个N端孤儿结构域(没有已知的同源结构),一个可能与受体寡聚化有关的带状结构域(ZPD),两个独立的TGF-β配体结合结构域:N端结合结构域和C端结合结构域由非结合连接区隔开。TβRⅢ通过结合结构域结合TGF-β1、TGF-β2、TGF-β3、BMP2、BMP4、BMP7、GDF5和抑制素A。此外,通过黏多糖(GAG)侧链调节bFGF2。翻译后的修正对于TβRⅢ的功能十分重要,致癌性Ras对TβRⅢ的翻译后修正类似于GAG的修正导致对增殖反应加强。修正还调节细胞的迁移能力。TβRⅢ的胞外结构和跨膜结构域间经蛋白酶切后脱落成为可溶性TβRⅢ(sTβRⅢ)。细胞外基质和血清中能测出sTβRⅢ证明与细胞表面的相关性,提示是组成性脱落。但是,对于sTβRⅢ产生的调节及其机制尚待研究。

尚无TGFBR3基因突变的报道,但是人类肿瘤中有TGFBR3基因丢失和在乳腺癌、前列腺癌、肺癌丧失异型结合性(LOH)的报道。近年来的研究表明在肿瘤发展时TβRⅢ表达缺乏,直接影响到细胞迁移、浸润、增殖和血管新生,提示TβRⅢ是肿瘤发展和(或)转移的抑制物(表10-11)。

表10-11 人类肿瘤中的TβRⅢ

肿瘤	表达	信号转导	增殖	迁移	浸润	血管	异种移植
乳腺癌	减少①	减少	无影响	减少	减少	减少	肿瘤减小,浸润,转移等减少
肺癌	减少①	无效应	无效应	减少	减少	减少	成瘤率降低,生长浸润减少
前列腺癌	减少①、②	未测	无效应	减少	减少	减少	成瘤率降低;可溶性TβRⅢ减少肿瘤生长;MMP诱导凋亡增加
胰腺癌	减少	减少	未测	减少	减少	未测	降低MMP诱导效应
卵巢癌	减少②	未测	未测	未测	未测	未测	降低MMP诱导效应
肾癌	减少	减少	未测	未测	未测	减少	肿瘤生长减缓,凋亡增多

注:①丧失异型结合性;②表观遗传学调节。
资料来源:Gatza等,2010。

临床研究发现黑色素瘤患者的血浆TGF-β水平升高,尤其是有转移黑色素瘤时更明显。深入研究表明,对TGF-β介导的抑制肿瘤作用(通常将肿瘤细胞阻扼在细胞周期中)的耐受是肿瘤恶化的关键性变化,往往伴随着TGF-β成为肿瘤发展的自分泌或旁分泌因子。肿瘤细胞的这类耐受仍然是或然性的,有些机制能直接影响下游的Smad2和Smad3功能,结果减弱Smad介导的抗增殖活性。其他机制能对抗或克服TGF-β介导的细胞周期阻扼作用,不依赖于Smad的作用。

TGF-β超家族在胚胎干细胞和组织干细胞中的调节作用已有较多实验证据,近年来的研究进展表明TGF-β超家族可能对一些肿瘤干细胞有调节作用,如乳腺癌、神经胶质母细胞瘤等(表10-12)。

表 10-12　TGF-β 信号转导在肿瘤干细胞中的作用

肿瘤	细胞	TGF-β 的功能
乳腺癌	人乳腺上皮细胞	TGF-β 处理减小边群大小和形成肿瘤的能力
	人乳腺癌标本	干细胞成瘤性的维持与 TGF-β 诱导的 EMT 相关
胶质母细胞瘤 IV 期	人类肿瘤标本	干细胞成瘤性的维持与 TGF-β 诱导的 LIF 表达相关 LIF 的表达与 TGF-β2，Nestin 或 Musashi 表达相关 TGF-β 诱导的 SOX4-SOX2 轴维持成瘤性
慢性髓系白血病	小鼠模型 人类肿瘤标本	TGF-β-FOXO 途径维持白血病启动细胞的干细胞样性质
前列腺癌	小鼠异种移植细胞系	TGF-β 信号途径的抑制启动前列腺癌边群细胞分化
胰腺癌	细胞系	边群细胞的 TGF-β 反应性比主群细胞大促进 EMT 和浸润

注：EMT：上皮细胞-间充质细胞转化；LIF：白血病抑制因子；边群（side population）。

从免疫角度看 TGF-β 是肿瘤细胞和免疫细胞产生的免疫抑制因子，能使免疫系统的许多免疫细胞极化，包括自然杀伤细胞、树突细胞、巨噬细胞、中性粒细胞、CD8$^+$ 和 CD4$^+$ 效应 T 细胞和调节 T 细胞以及 NKT 细胞（图 10-16）。

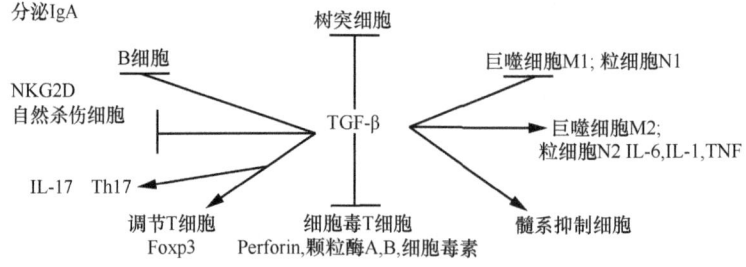

图 10-16　肿瘤微环境中 TGF-β 对免疫细胞的调节

TGF-β 抑制自然杀伤细胞和细胞毒 T 细胞的功能，阻断 Perforin、颗粒酶和细胞毒素等的"细胞毒性程序"；诱导调节 T 细胞和 Th17 细胞分化；抑制 B 细胞增殖和 IgA 分泌；抑制树突细胞功能；阻滞 1 型巨噬细胞和粒细胞发育，促进 2 型巨噬细胞和粒细胞发育；介导髓系抑制细胞的免疫抑制功能。（Yang 等，2010）

随着抗癌治疗的进步，美国已经积累了 1000 万个带瘤生存者（我国也已积累不少，但无统计数字），其中不少患者有化疗、放疗引起正常组织损伤的后遗症，成为新的课题。十多年的研究表明，许多损伤涉及基质细胞减少和组织萎缩，许多细胞因子参与此病理过程，TGF-β1 起核心作用。包括促进或抑制结缔组织形成；抑制上皮细胞增殖。放疗和化疗后损伤处 TGF-β1 过表达，推测 TGF-β1 应该成为保护正常组织免受化疗、放疗损伤的分子靶标。但是，如何处理好上述 TGF-β 在肿瘤发生、发展中的复杂作用有待深入研究。

第七节　展　　望

仔细分析日常的小伤小病，依靠机体的免疫力和自身调节而自愈，即使是住院治疗的大病其预后也与机体的免疫状态及自身调节能力密切相关。19世纪法国科学家巴斯德在微生物学、免疫学和有机化学等领域都有开创性的贡献，堪称科学巨人，他精力充沛，思维敏捷、活跃。但是，尸检发现他的一半脑子早已损坏。追溯其病史：婴儿期曾患脑炎，由于年幼并未发现后遗症。大脑如此巨大的代偿能力令人惊讶。有些轶事性的重症病例，大医院发出病危通知却往往得以"起死回生"；有的未能挽回。决定他们生死之别的机制是什么？中医治则中的"扶正培本"，以"正"和"本"概述这种机制；现代医学主要用"免疫"概括这种机制，经过百余年的研究虽然已经形成了学科和研究体系，至今，对于机体自愈机制的认识尚属冰山一角。本章汇集了有关免疫调控网络的一些资料，试图找出头绪，体会到问题的复杂和艰巨，不仅要有免疫学家的刻苦钻研，还要有各个生物医学（包括系统生物学和各种"组学"）领域和物理科学、数学等多学科的协作，才可能取得像神经科学中的"神经网络"理论那样的精确成果，不仅有理论意义，也能指导实践。

不同种属动物的免疫系统不同。例如，不同动物的创伤愈合机制有明显的差异：狗、猫和鼠的唾液中含有大量的上皮生长因子，它们通过舔伤口很快就能使伤口愈合；蚯蚓切成数段，每一段能长成一条完整的蚯蚓。这种顽强的再生能力在一些两栖动物还能观察到，然而，人类就没有这样的创伤愈合机制。现代生物医学研究有三个主要体系：体外培养、动物实验和临床观察。以往的免疫学研究以前两者为主，奠定了现代免疫学的基础，随着研究课题的深入将更多地进行临床观察。由于不同个体的遗传差异将遭遇各种复杂的情况，要求有更多的活体无损伤检测方法和对复杂系统的分析方法，要有更适合自然历史的理论、观点指导，才能取得不仅有理论意义而且还能指导临床和日常生活的"免疫网络"理论，任务将是空前艰巨的。

（范　开　吴克复）

参 考 文 献

吴克复，马小彤，郑国光，等.2008a. 造血系统的人类疱疹病毒潜伏感染. 中国实验血液学杂志，16（6）：1251-1256

吴克复，马小彤，郑国光，等.2008b. 人类疱疹病毒在造血系统的隐性感染。中国实验血液学杂志，16（6）：1251-1256

吴克复，马小彤.2003. 白血病的前炎症状态观. 科学通报，48：2295-2298

吴克复，马小彤.2009. 重新编程与白血病干细胞的起源与演化. 中国实验血液学杂志，17（5）：1123-1126

吴克复，马小彤.2010. 白细胞功能极化及其意义. 中国实验血液学杂志，18（1）：1-6

吴克复，齐淑玲，宋玉华，等.1980. 人粒、单型白血病细胞系（J6-1，J6-2）的建立及其细胞生物学性质研究. 遗传学报，7：136

吴克复，宋玉华，马小彤.2009. 细胞膜隧道纳米管及其意义. 白血病. 淋巴瘤，18（4）：195-196

吴克复，郑国光，马小彤.2007. 多克隆细胞系的研究价值. 中国实验血液学杂志，15（5）：909-912

吴克复.2009. 肿瘤微环境与细胞生态学导论. 北京：科学出版社

Annunziato F, Cosmi L, Liotta, et al. 2008. The phenotype of human Th17 cells and their precursors, the cytokines that mediate their differentiation and the role of Th17 cells in inflammation. Inter Immunol, 20：1361-1368

Anscher M S. 2010. Targeting TGF-β1 pathway to prevent normal tissue injury after cancer therapy. Oncologist, 15：

350-359

Ascherio A, Munger K L. 2010. Epstein-Barr virus and multiple sclerosis: Epidemiological evidence. Clin Exp Immunol, 160: 106-112

Aubert M, Yoon M, Sloan D D, et al. 2009. The virological synapse facilitates herpes simplex virus entry into T cells. J Virol, 83: 6171-6183

Barnes P J, Adcock I M. 2009. Glucocorticoid resistance in inflammatory diseases. Lancet, 373: 1905-1917

Bouaziz J D, Yanaba K, Tedder T F. 2008. Regulatory B cells as inhibitors of immune responses and inflammation. Immunol Rev, 224: 201-214

Brodsky I E, Medzhitov R. 2009. Targeting of immune signaling networks by bacterial pathogens. Nature Cell Biol, 11 (5): 521-526

Chang J S, Wiemels J L, Buffler P A. 2009. Allergies and childhood leukemia. Blood Cells Mol Dis, 42: 99-104

Cobaleda C, Busslinger M. 2008. Development plasticity of lymphocytes. Current Opin Immunol, 20: 139-148

Collison L W, Workman C J, Kuo T T, et al. 2007. The inhibitory cytokine IL-35 contributes to regulatory T-cell function. Nature, 450 (22): 566-572

Dace D S, Apte R S. 2008. Effects of senescence on macrophage polarization and angiogenesis. Rejuvenation Res, 11: 177-186

Dardalhon V, Awasthi A, Kwon H, et al. 2008. IL-4 inhibits TGF-β-induced Foxp3+ T cells and, together with TGF-β, generates IL-9+ IL-10+ Foxp3-effector T cells. Nature Immunol, 9 (12): 1347-1357

Dolcetti L, Marigo I, Mantelli B, et al. 2008. Myeloid-derived suppressor cell role in tumor-related inflammation. Cancer Letters, 267: 216-225

Dustin M L. 2008. T-cell activation through immunological synapses and kinapses. Immunol Rev, 221: 77-89

Dustin M L. 2009, The cellular context of T cell signaling. Immunology, 30: 482-493

Flavell R A, Sanjabi S, Wrzesinski S H, et al. 2010. The polarization of immune cells in the tumour environment by TGFβ. Nature Rev Immunol, 10: 554-528

Fraser I D C, Germain R N. 2009, Navigating the network: signaling cross-talk in hematopoietic cells. Nature Immunol, 10 (4): 327-331

Fulda S. 2009. Inhibitor of apoptosis proteins in hematological malignancies. Leukemia, 23: 467-476

Gatza C E, Oh S Y, Blobe G C. 2010. Role for the type III TGF-βreceptor in human cancer. Cell Signal, 22: 1163-1174

Geissmann F, Auffrav C, Palframan R, et al. 2008. Blood monocytes: distinct subsets, how they relate to dendritic cells, and their possible roles in the regulation of T-cell responses. Immunol & Cell Biol, 86: 398-225

Groot F, Welsch S, Sattentau Q J. 2008. Efficient HIV-1 transmission from macrophages to T cells across transient virological synapses. Blood, 111 (9): 4660-4663

Gross T, Blasius B. 2008. Adaptive coevolutionary networks: a review. J R Soc Interface, 5: 259-271

Haller C, Fackler O T. 2008. HIV-1 at the immunological and T-lymphocytic virological synapses. Biol Chem, 89 (10):1253-1260

Hober D, Sauter P. 2010. Pathogenesis of type 1 diabetes mellitus : Interplay between entrovirus and host. Nat Rev Endocrinol, 6: 279-289

Ikushima H, Miyazono K. 2010. TGFβ signaling: A complex web in cancer progression. Nature Rev Cancer, 10: 415-425

Ilani T, Vasiliver-Shamis G, Vardhana S, et al. 2009. T cell antigen receptor signaling and immunological synapse stability require myosin IIA. Nature Immunol, 10 (5): 531-540

Jager A, Dardalhon V, Sobel R A, et al. 2009. Th1, Th17, Th9 effector cells induce experimental autoimmune encephalomyelitis with different pathological pfenotypes. J Immunol, 183: 7169-7177

Johansson M, DeNardo D G, Coussens L M. 2008, Polarized immune responses differentially regulate cancer development. Immunol Rev, 222: 145-154

Kamen D L, Tangpricha V. 2010. Vitamin D and molecular actions on the immune system: modulation of innate and autoimmunity. J Mol Med, 88: 441-450

Kolls J K, McCray P B, Chan Y R. Cytokine-mediated regulation of antimicrobial proteins. Nature Rew Immunol 2008; 8: 829-236

Krzewski K, Strominger J L. 2008. The killer's kiss: The many functions of NK cell immunological synapses. Current Opin Cell Biol, 20: 597-605

Kushwah R, Hu J. 2010. Dentritic cell apoptosis: Regulation of tolerance versus immunity. J Immunol, 185: 795-802

LaCasse E C, Mahoney D J, Cheung H H, et al. 2008. IAP-targeted therapies for cancer. Oncogene, 27: 6252-6275

Lamkanfi M, Dixit V M. 2009. Inflammasomes: guardians of cytosolic sanctity. Immunol Rev, 227: 95-105

Lehuen A, Diana J, Zaccone P, et al. 2010. Immune cell crosstalk in type 1 diabetes. Nature Rev Immunol, 10: 501-514

Li D, Molldrem J J, Ma Q. 2009. LFA-1 regulates CD8+ T cell activation via TCR-mediated and LFA-1 mediated Erk1/2 signal pathways. J Bio Chem, 284 (31): 21001-21010

Margadant C, Sonnenberg A. 2010. Integrin-TGF-βcrosstalk in fibrosis, cancer and wound healing. EMBO Report, 11 (2): 97-106

Masters S L, Simon A, Aksentijevich I, et al. 2009. Horror autoinflammaticus: The molecular pathophysiology of autoinflammatory disease. Annu Rev Immunol, 27: 621-668

Matricardi P M. 2010. 99th Dahlem Conference on infection, inflammation, and chronic inflammatory disorders: controversial aspects of hygiene hypothesis. Clin Exp Immunol, 160: 98-105

Mills K H. 2008. Induction, function and regulation of IL-17 producing T cells. Eur J Immunol, 38: 2636-2649

Mosser D M Edwards J P. 2008. Exploring the full spectrum of macrophage activation. Nature Rev Immunol, 8: 958-970

Nausch N, Galani I E, Schlecker E, et al. 2008. Mononuclear myeloid-derived "suppressor" cells express RAE-1 and activate natural killer cells. Blood, 112 (10): 4080-4089

Nejmeddine M, Negi V S, Mukherjee S, et al. 2009. HTLV-1-Tax and ICAM-1 act on T-cell signal pathways to polarize the MTOC at the virological synapse. Blood, 114: 1016-1025

Okada H, Kuhn C, Feillet H, et al. 2010. The hygiene hypothesis for autoimmune and allergic disease: An update. Clin Exp Immunol, 60: 1-9

Piersma S J, Welters M P, van der Burg S H, et al. 2008. Tumor-specific regulatory T cells in cancer patients. Human Immunol, 69: 241-249

Piguet V, Sattentau Q. 2004. Dangerous liaisons at the virological synapse. J Clin Invest, 114 (5): 605-611

Poupot M, Fournie J J. 2003. Spontaneous membrane transfer through homotypic synapses between lymphoma cells. J Immunol, 171: 2517-2523

Proal A D, Albert P J, Marshall T. 2009. Autoimmune disease in the era of the metagenome. Autoimmun Rev, 8: 677-681

Quintana A, Schwindling C, Wenning A S, et al. 2007. T cell activation requires mitochondrial translocation to the immunological synapse. Proc Nat Acad Sci US, 104: 14418-14423

Randolph G J, Jakubzick C, Qu C. 2008. Antigen presentation by monocytes and monocyte-derived cells. Curr Opin Immunol, 20: 52-60

Roda-Navarro P. 2009. Assembly and function of the natural killer cell immune synapse. Front Bioscience, 14: 621-633

Rosen A, Casciola-Rosen L. 2009. Autoantigens in systemic autoimmunity: Critical partner in pathogenesis (Review). J Intern Med, 265: 625-631

Rudnicka D, Feldmann J, Porrot F, et al. 2009. Simultaneous HIV cell-to-cell transmission to multiple targets through polysnapses. J Virol, 83 (12): 6234-6246

Ruscetti F W, Akel S, Bartelmez S H. 2005. Autocrine transforming growth factor-β regulating of hematopoiesis:

Many outcomes that depend on the context. Oncogene, 24: 5751-5763

Santo C D, Salio M, Masri H, et al. 2008. Invariant NKT cells reduce the immunosuppressive activity of influenza A virus-induced myeloid-derived suppressor cells in mice and humans. J Clin Invest, 118 (12): 4036-4048

Sato K, Fujita S. 2007. Dendritic cells-nature and classification. Allergology International, 56: 183-191

Shortman K, Naik S H. 2007. Steady-state and inflammatory dendritic-cell development. Nature Rev Immunol, 7: 19-31

Shortman K, Villadangos J A. 2006. Is it a DC, is it an NK? No, it's an IKDC. Nature Med, 12: 167-168

Sica A, Larghi P, Mancino A, et al. 2008. Macrophage polarization in tumour progression. Seminars Cancer Biol, 18: 349-355

Soroosh P, Doherty T A. 2009. Th9 and allergic disease. Immunology, 127: 450-458

Srinivasula S M, Ashwell J D. 2008. IAPs: what's in a name? Mol Cell, 30 (2): 123-135

Teufel A, Galle P R, Kanzler S, et al. 2009. Update on autoimmune hepatitis. World J Gastroenterol, 15: 1035-1041

Thauland T J, Koguchi Y, Wetzel S A, et al. 2008. Th1 and Th2 cells form morphologically distinct immunological synapses. J Immunol, 181: 393-399

Tokuriki N, Stricher F, Serreno L, et al. 2008. How protein stability and new functions trade off. PLoS Computational Biology, 4 (2): e 1000002 www.ploscompbiol.org

Turnbaugh P J, Ley R E, Hamady M, et al. 2007. The human microbiome project. Nature, 449 (7164): 804-810

Veldhoen M, Uyttenhove C, van Snick J, et al. 2008. Transforming growth factor-β "reprograms" the differentiation of T helper 2 cells and promotes an interleukin 9-producing subset. Nature Immunol, 9 (12): 1341-1350

Watabe T, Miyazono K. 2009. Role of TGF-βfamily signaling in stem cell renewal and differentiation. Cell Res, 19: 103-115

Weng J, Krementsov D N, Khurana S, et al. 2009. Formation of syncytia is repressed by tetraspanins in HIV-1 producing cells. J Virol, 83 (15): 7467-7474

White R A, Malkoski S P, Wang X J. 2010. TGF-signaling in head and neck squamous cell carcinoma. Oncogene, 29: 5437-5446

Wu K F, Luka J, Joshi S S, et al. 1994. Characterizarion of a human herpes virus-6 (HHV-6) and epstein-barr virus (EBV) associated leukemic cell line, J6-1. Chinese J Cancer Res, 6 (3): 157-168

Yamamoto T, Tsunetsugu-Yokota Y, Mitsuki Y, et al. 2010. Selective transmission of R5 HIV-1 over X4 HIV-1 at the dendritic cell-T cell infectiou synapse is determined by the T cell activation state. PLos Pathog, 5 (1): e1000279

Yang L, Pang Y, Moses H. 2010. TGF-βand immune cells: An important regulatory axis in the tumor microenvironment and progression. Tred Immunol, 31: 220-227

Zhang W, Liang S, Wu J, et al. 2008. Human inhibitory receptor immunoglobulin-like transcript 2 amplifies CD11b+Gr1+ myeloid-derived suppressor cells that promote long-term survival of allografts. Transplantation. 86 (8): 1125-1134

Zhu J, Paul W E. 2008. CD4 T cells: Fates, functions, and faults. Blood, 112: 1557-1569

第十一章 细胞的免疫机制与机体免疫的细胞机制

细胞是细胞社会的主体，也应该是机体免疫机制的主体；同时，细胞作为生物有自身的免疫机制。广义的细胞的免疫机制包括细胞的自我保护机制——进入静息相（休止期）和细胞的自身炎症状态。细胞死亡是细胞的最终免疫状态，是至今研究得最多、最深入的领域之一。不同的细胞死亡方式有不同的整体免疫意义。近年来的研究进展表明，细胞死亡过程都是由基因编码的产物调控的程序性死亡，有些细胞死亡机制的早期过程是多途径或可逆性的（如自噬），也是细胞的免疫机制之一。免疫细胞是机体免疫系统的主要组成部分，通过产生各种细胞因子和免疫因子以及免疫细胞本身完成其免疫功能；免疫细胞的功能受多种细胞因子和免疫因子的调控；免疫细胞的衰退、凋亡和耐受凋亡对于机体免疫功能有明显的影响，是免疫调节的重要机制之一，本章讨论相关的一些问题。

第一节 细胞凋亡——作为细胞免疫机制的分解代谢

细胞死亡由连续的分解代谢组成。细胞死亡有不同的分类系统，按形态学分类有凋亡、坏死、自噬性死亡等；按酶学标准可根据涉及不同的核酸酶或蛋白酶（胱天蛋白酶、钙蛋白酶、组织蛋白酶、转谷氨酰胺酶）分类，如依赖胱天蛋白酶-1 或胱天蛋白酶-3 的细胞死亡，不依赖胱天蛋白酶的细胞死亡等；也可以按功能分类，如程序性死亡与意外死亡；生理性死亡与病理性死亡；按免疫学性质分类则可分为免疫原性（促炎症）与非免疫原性（不引起炎症）的细胞死亡。

细胞死亡有时空过程，达到不可逆分解代谢时，即进入细胞死亡过程。体外培养的细胞可以清楚地观察到细胞死亡过程；体内组织中的细胞一旦出现死亡信号，很快被邻近细胞吞噬，所以在组织切片上观察到的死亡细胞不多。常用的判断细胞死亡的方法如表 11-1 所示。

表 11-1 判断细胞死亡的方法

指标	表现	检测方法
判断死细胞的分子或形态标准		
丧失质膜完整性	质膜破碎，丧失细胞轮廓	光镜/FACS 测活细胞染料拒染
细胞破裂	细胞（包括核）裂解为凋亡小体	光镜/FACS 亚二倍体亚-G1 峰
细胞吞噬	细胞碎片被相邻细胞吞噬	光镜/FACS
判断正在死亡细胞的不可逆临界点		
胱天蛋白酶大量活化	胱天蛋白酶执行凋亡过程	免疫印迹/FACS
$\Delta\Psi m$ 耗散	拖延的 $\Delta\Psi m$ 丧失往往先于 MMP——细胞死亡	FACS

续表

指标	表现	检测方法
线粒体膜通透（MMP）	完全的 MMP 结果释放或激活致死的分解代谢酶	免疫荧光大分子相互作用测定免疫印迹
磷脂酰丝氨酸暴露（PS）	PS 在质膜外层暴露是凋亡早期事件	FACS

注：$\Delta\Psi m$：线粒体跨膜电位；FACS：荧光激活流式细胞仪。

然而，表 11-1 中的生化"表现"往往有例外，如有不依赖胱天蛋白酶的细胞死亡；胱天蛋白酶还参与细胞分化、活化等非死亡过程。又如，短暂的 $\Delta\Psi m$ 耗散并不导致细胞死亡；部分线粒体膜通透性增加并不引起细胞死亡；磷脂酰丝氨酸作为"吃掉我"（eat me）信号吸引邻近细胞吞噬，这个指标有时是可逆的，如激活的中性粒细胞。值得注意的是，T 细胞激活时虽有磷脂酰丝氨酸外露，但不引起细胞死亡。有的作者将集落形成率作为肿瘤细胞的死亡指标之一，显然，这个指标不适用于正常细胞。细胞死亡命名委员会（Nomenclature Committee of Cell Death，NCCD）建议下列情况可作为细胞死亡的判断标准：①体外细胞经活体染料证实细胞膜已失去完整性；②细胞（包括核）完全碎裂，形成凋亡小体；③体内细胞的细胞尸体或碎片被邻近细胞吞噬。真正的"死细胞"与"正在死亡的细胞"有所区别。尤其是处于休止期和失去增殖能力的衰老细胞与死亡细胞显然是不同的（表 11-2）。

表 11-2 细胞死亡的形态特征

细胞死亡模式	形态特征	备注
凋亡	细胞变圆，伪足收回，体积缩小 核碎裂，细胞质细胞器改变较少 质膜起泡 体内：被吞噬	凋亡不是程序性死亡的同义词
自噬	没有染色质浓缩 胞质内大量空泡形成 双层膜自噬空泡堆积 体内：很少或没有被吞噬	自噬性死亡是结果之一；自噬也可使细胞存活
角质化	胞质内细胞器消失 胞质膜改变 F 和 L 颗粒中脂质堆积 细胞外空隙有脂质排出 蛋白酶激活细胞脱落	是皮肤上皮细胞特有的性质
坏死	细胞质肿胀，质膜破裂，细胞器肿胀 染色质中度浓缩	坏死也可以是程序性的

至今研究得比较多，机制比较清楚的细胞死亡是凋亡、自噬性死亡、角质化和坏死。文献中出现了许多非典型的细胞死亡方式，它们往往在特定情况下由特殊病原引起。

一、细胞凋亡

凋亡（apoptosis）是几乎所有器官和组织稳态调节的重要机制，凋亡过程失调会导致疾病。蛋白水解酶在凋亡调节中的作用是主要课题，多年来的研究集中于胱天蛋白酶的作用，近年的研究证明其他蛋白酶也可能起重要作用，组织蛋白酶是研究较多的例证，提示凋亡机制的复杂性和多样性，有待深入研究。

组织蛋白酶（cathepsins）从溶酶体释放进入细胞质是参与凋亡调节的前提。已阐明了不同的机制能使某些类型的细胞产生溶酶体通透性改变。TNFR-1 受体接合的结果能激活酸性神经磷脂酶和神经酰胺酶，产生神经鞘氨醇导致溶酶体破裂。基于其亲溶酶体性鞘氨醇积蓄在溶酶体中，通过去垢剂样机制改变膜的性质，促使溶酶体酶转移到细胞质中。由酸性神经磷脂酶产生的神经酰胺与组织蛋白酶结合能激活其他溶酶体酶。反应性活性氧（reactive oxygen species，ROS）是改变溶酶体通透性的另一机制。溶酶体通透性改变是氧化应激导致细胞损伤的特征，可能是溶酶体内铁催化氧化的结果；还发现作用于线粒体，促进线粒体产生 ROS 形成正反馈增加溶酶体通透性。此外，短时间的低浓度过氧化氢可导致由磷脂酶（PLA2）活化，磷脂降解致使细胞器膜（包括溶酶体和线粒体）不稳定，间接引起溶酶体破裂（图 11-1）。

二、坏死样凋亡

在肿瘤坏死因子受体（TNFR）受刺激后肿瘤坏死因子受体相关死亡结构域（TRADD）提供了组装复合体 1 的构架，在质膜上与结合的受体相互作用蛋白 1（RIP1）、肿瘤坏死因子受体相关因子 2（TRAF2）或 TRAF5、凋亡蛋白抑制物（cIAPs）cIAP1 和 cIAP2 共同构成复合体。它对激活 NF-κB 和丝裂原激活蛋白激酶（MAPK）通路的活化至关重要。cIAPs 指导多聚泛素链的形成，通过泛素的 63 位赖氨酸（K63）与 RIP1 连接。从而与转化生长因子-β 激酶 1/TAK1 结合蛋白 2/3（TAK1/TAB2/3）复合体相互作用。在 TRAF2 上的 K63-连接的多聚泛素也能募集 TAK1/TAB2/3 复合体。TAK1 激活由 IKKα、IKKβ 和 NEMO/IKKγ 组成的 IκB 激酶（IKK）复合体。后者使 NF-κB 的抑制物 IκB 磷酸化，导致 K48 多聚泛素化和蛋白酶体降解。NF-κB 从其抑制物释放后转移到细胞核内活化转录过程。在一种负反馈调控中 NF-κB 上调 A20 和 CYLD，从 RIP1 去除 K63 连接的多聚泛素链并终止激活 NF-κB 的能力。TNFR1 受体内在化后，第二个依赖 TRADD（复合体 IIA）或 RIP（复合体 IIB）的细胞质复合体形成启动凋亡。复合体 IIA 的形成涉及 Fas 相关的死亡结构域（FADD）介导的募集和激活胱天蛋白酶-8 以裂解 RIP1 和 RIP3。复合体 IIB 的形成是在不依赖 RIP1 激酶的途径中进行的，有 Smac 模拟和作用，不依赖 TRADD 通过 RIP1-FADD 构架激活胱天蛋白酶-8。推测这些次生的复合体开始含有 RIP1 的非泛素化形式，由 CYLD 和 A20 去泛素化产生。Smac 模拟促进 cIAP 自泛素化和蛋白酶体降解，从而启动非泛素化的 RIP1 积聚组合至复合体 IIB 中。当凋亡途径被阻滞（如 zVAD 或病毒蛋

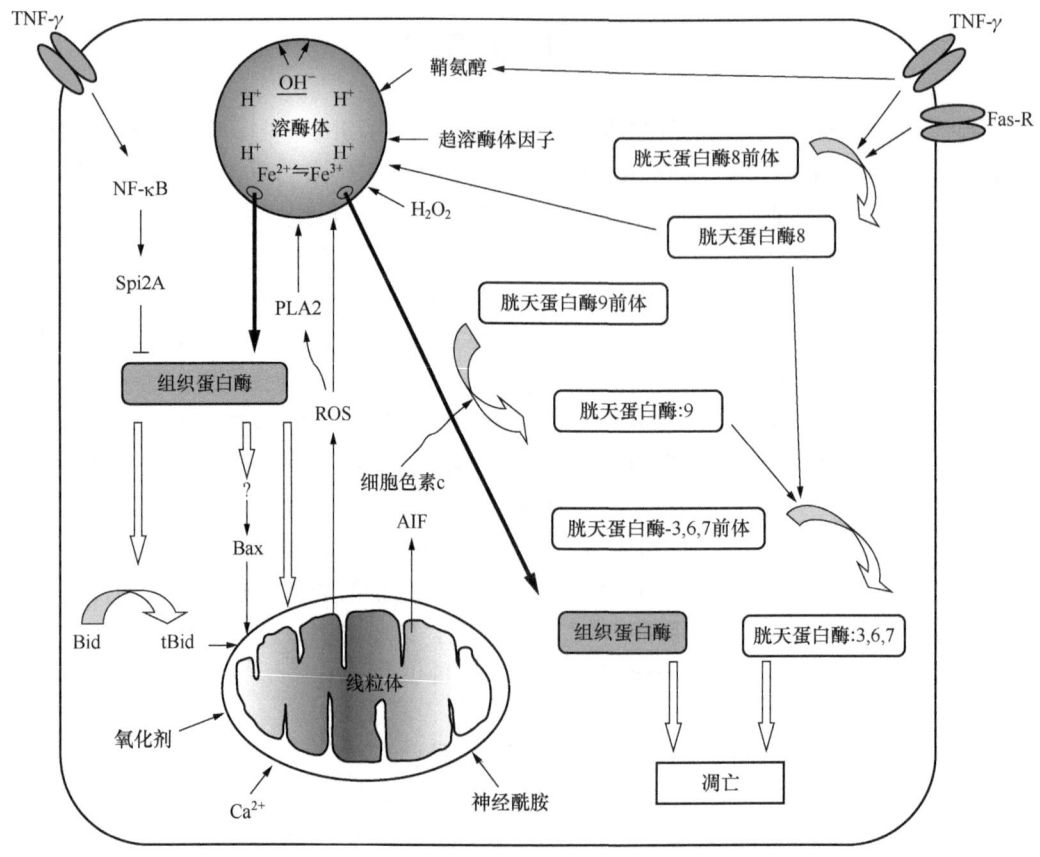

图 11-1　促凋亡信号级联反应中的溶体酶

由外源性氧化物和其他促进剂诱导的凋亡可能涉及早期溶菌体破裂。由于金属蛋白酶的降解，溶酶体含有大量的低分子含铁物质使其对氧化应激非常敏感。溶酶体酶的释放，如组织蛋白酶进入细胞质启动细胞内降解级联反应。组织蛋白酶能侵袭线粒体直接或间接释放细胞色素 c 或形成 ROS，直接或通过 PLA2 侵袭溶酶体形成正反馈。同时促凋亡的 Bid 和 Bax 通过相互作用活化。这些促凋亡蛋白移位至线粒体膜导致外膜附加的孔道。上述事件导致溶酶体通透性加大，线粒体损伤，扩大胱天蛋白酶活化信号。此外，组织蛋白酶能催化对细胞存活有重要作用的底物降解，最终导致细胞凋亡。

白）时，RIP1 和 RIP3 组装含有 FADD 和胱天蛋白酶-8 的复合体。RIP1 和 RIP3 相互依赖的磷酸化激活坏死样信号途径。RIP3 增强糖原磷酸化酶、谷氨酰胺连接酶、谷氨酸脱氢酶的活性。氧化磷酸化增强 ROS 的产生，有些细胞的 ROS 产生是 RIP3 信号传递的结果，是形成坏死样凋亡所需的信号（图 11-2）。

三、角 质 化

角质化（cornification）是上皮细胞程序性细胞死亡的特殊形式，其形态学和生化特征都不同于凋亡。形成角质细胞，是含有角质特殊蛋白和脂质的死细胞，是皮肤角质层的主要成分。这是表皮细胞终末分化的结果，真正的程序化细胞死亡。从分子水平观

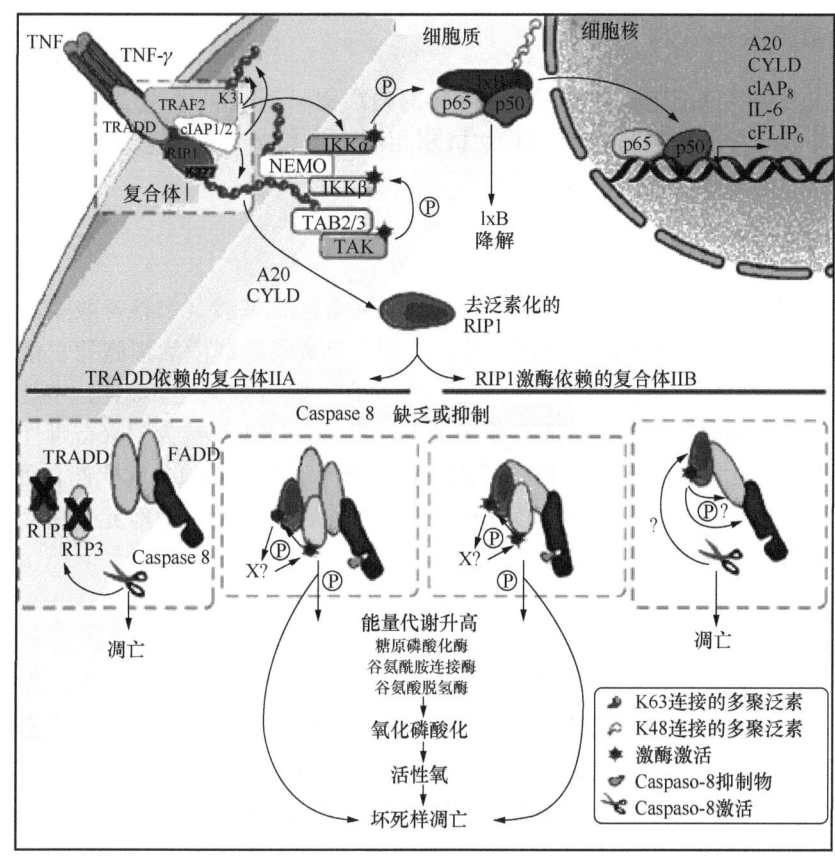

图 11-2 坏死样凋亡的机制

察，角质化有特殊的分子机制，这些细胞表达上皮分化所需的所有酶和底物，以形成表皮壁垒将机体与外界环境隔离。主要有交链酶（如转谷酰胺酶1、3、5型）作用于一些底物（如 loricrin、SPR、SP100），同时合成特殊的脂质分泌到细胞外与角质蛋白共价结合，还产生脱屑和不通透所需的蛋白酶。

四、非典型细胞死亡方式

文献中报道的细胞死亡方式很多，除上述研究较多、机制基本清楚的细胞死亡方式外，还有如下几种报道不多或有争议的。

1."分裂期危象"

分裂期危象（mitosis catastrophe）是指在失调的有丝分裂期发生的细胞死亡，伴有多核化和微核化，结果可以呈现凋亡样形态，也可以呈坏死样形态。此术语并未被广泛接受和使用。NCDD建议以"先于多核化的细胞死亡"或"发生在分裂相的细胞死亡"表述此类现象。

2. 失巢凋亡

由于失去与其他细胞或基质的黏附导致的凋亡称 anoikis，译为"失巢凋亡"，除了诱导原因外，其分子机制与经典的凋亡机制相同。失巢凋亡的概念已在文献中广泛采用。体内发生的失巢凋亡有待深入研究。

3. "兴奋毒性"

"兴奋毒性"（excitotoxicity）是神经细胞在兴奋性氨基酸（如谷氨酸盐）作用下开放 N-甲基-D-天门冬氨酸钙离子通道，致使细胞质钙离子超载激活细胞死亡信号途径引起的细胞死亡。由于"兴奋毒性"与其他细胞死亡方式（如凋亡、坏死）有许多交叠，取决于初始刺激强度，并包括 MMP 作为关键性事件，NCCD 认为"兴奋毒性"不是一种独特的细胞死亡方式。此外，神经系统还有特异性不强的细胞分解代谢，如"Wallerian 变性"（Wallerian degeneration），神经元或轴突部分变性，神经元仍然活的，所以不是一类细胞死亡方式。

4. 类凋亡

paraptosis 原用于表述形态和生化性质不同于凋亡的程序性细胞死亡。许多类型的细胞可由胰岛素样生长因子受体 I 启动，呈现胞质空泡化和线粒体肿胀，但是没有凋亡的其他任何特征。胱天蛋白酶抑制剂或抗凋亡 Bcl-2 样蛋白都不能防止类凋亡（paraptosis）发生。可能涉及丝裂原激活蛋白激酶家族的某成员，确切机制有待深入研究，以确定 paratosis 是否独特的细胞死亡方式。此外还有"necroptosis"、"entosis"、"pyronecrosis"、"pyroptosis"等，详见下节"炎症中的宿主细胞死亡"。

第二节　炎症中的宿主细胞死亡

细胞死亡是多细胞生物在发育、维持稳态和免疫调节中的重要事件，其失调可以导致众多疾患。多细胞生物的单个细胞死亡与整体死亡有不尽相同的生物学意义。坏死是细胞的被动死亡，与整体死亡的生物学意义类似。凋亡、自噬是主动"死亡"，其生物学内涵是分解代谢，生物物质的再利用，实际上体内的细胞凋亡启动不久就被邻近细胞吞噬再利用。所以正常组织切片中很少见到凋亡细胞。凋亡是其他社会没有的特殊现象，是细胞社会免疫系统的细胞机制。

细胞死亡常由病原感染引起，病原也往往参与改变细胞死亡机制，不同的病原往往导致不尽相同的细胞死亡方式，所以出现了不同炎症的多种细胞死亡机制。固有免疫有众多的防御病原体的方法，如黏膜表面的抗菌肽，血液中的补体系统，免疫细胞对感染部分的趋化作用和模式识别受体，从而激活消灭病原的炎症反应。细胞死亡是炎症反应中最常见的转归。已报道多种细胞死亡方式，随病原体的性质、感染途径和部位而异。同一种病原体可以引起多种细胞死亡方式。病原体启动的细胞死亡有凋亡、炎亡、胀亡或自噬性细胞死亡。感染的上皮细胞和淋巴细胞通常凋亡，巨噬细胞和树突细胞则以炎亡的方式死亡，有时也呈凋亡。感染的病原体数量少时呈凋亡或炎亡；病原体量大时在凋亡或炎亡途径受抑制时呈胀亡或自噬性死亡。可以有多种细胞死亡同时发生。

病原体导致宿主细胞死亡有重要的发病学意义，感染细胞死亡往往伴随病原体死亡，促进病原体的清除。感染组织的破坏也破坏了病原体的致病微环境，从而限制病原体的繁殖和播散。细胞内寄生物（如结核菌）抑制吞噬体-溶酶体融合，随着不成熟的吞噬体繁衍。宿主巨噬细胞凋亡的刺激，消除了病原体进一步繁殖和破坏的潜在位置，凋亡小体的噬菌作用能隔离病原体，使吞噬体与溶酶体更有效地融合消化病原体。死亡的巨噬细胞被树突细胞吞噬能促进将抗原递呈给 T 细胞，起到连接固有免疫和获得性免疫的作用。肺炎双球菌感染时肺泡巨噬细胞的凋亡也能克服免疫逃逸，消除病原体。

病原微生物有抑制细胞死亡的策略。专一性细胞内寄生物要求活细胞才能繁衍，如立克次体刺激 NF-κB 信号途径防止宿主细胞死亡和持续不断地复制。另一例证是 *Chlamidiae* spp. 在疾病早期侵入阶段就能防止细胞死亡，推测是阻止线粒体释放细胞色素 c。这些例证说明诱导细胞死亡有利于消除感染。

有些病原体诱导免疫细胞、上皮和内皮细胞死亡破坏机体的正常防御机制，使病原体更易于侵入器官深层和进入血流。有些细菌产生穿孔毒素在被吞噬前杀死巨噬细胞，对吞噬细胞的杀伤减弱了机体对病原体的清除能力，对机体有害，是发病机制的重要环节。上皮细胞和内皮细胞的死亡可导致系统感染，甚至脓毒血症和休克（图 11-3）。

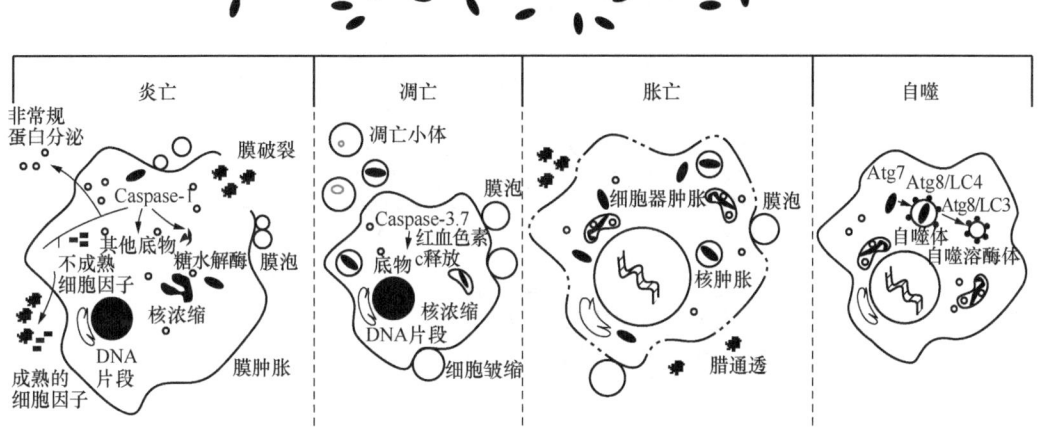

图 11-3 病原体引起的宿主细胞死亡

感染时宿主细胞死亡有多种形式，取决于病原的性质、感染部位。炎亡（pyroptosis）凋亡（apoptosis）胀亡（oncosis）和自噬（autophagy）有各自的形态和生化特征，也有一些共性。凋亡和自噬不诱导炎症，不释放细胞因子，没有细胞质成分溢出；炎亡和胀亡则是高度促进炎症过程的事件。炎亡过程中，病原体或病原体产物被胱天蛋白酶（caspase）-1 活化的炎症体发现；凋亡过程中病原体包含于凋亡小体中被吞噬细胞吞噬后由溶酶体消化；自噬过程中病原体被自噬体包围通过自噬体-溶酶体融合送往溶酶体消化。总的说来，凋亡、炎亡和自噬都有利于宿主，但是胀亡有利于病原体播散。

一、炎　亡

炎亡（pyroptosis）或称依赖于胱天蛋白酶 1 的细胞死亡，是固有的炎性的死亡方式，由各种病理刺激（如中风、心脏病发作以及肿瘤产生的一些因子）和一些病原体（如 *Salmonella*、*Francesilla* 和 *Legionella*）引发，在控制微生物感染中起重要作用。病原微生物也发展了抑制炎亡的机制增强生存能力和致病性。革兰氏阴性菌引起细胞炎亡通过 NLRC4 炎症体（关于"炎症体"详见下节），激活 NLRC4 炎症体需要 III 型（T3SS）或 IV 型（T4SS）分泌系统。这些细菌分泌系统能在宿主细胞膜上打孔，将毒力因子（效应蛋白）输入宿主细胞的胞质。这些细菌激活胱天蛋白酶-1，通过它们的菌毛蛋白活化 NLRC4 炎症体。后来证明还有不依赖菌毛的 NLRC4 炎症体激活途径；其他的微生物产物也可以引起 NLRC4 活化。已有的实验资料表明，NLRC4 炎症体活化是宿主抗病原微生物感染的防御策略之一，NLRC4 在诱导细胞炎亡中起关键性作用。

炎亡细胞的形态学兼有凋亡和坏死的特征：丧失线粒体膜电位，DNA 碎裂和核浓缩。与凋亡细胞一样 TUNAL 染色阳性。炎亡最明显的特征是丧失细胞质膜的完整性，导致细胞质内容物外溢，细胞膜小泡进入细胞外环境中。与胀亡类似，细胞膜破裂还导致细胞肿胀。

胱天蛋白酶 1 不参与凋亡机制；凋亡机制的主要成员胱天蛋白酶 3、6、8 不参与炎亡机制。参与凋亡的胱天蛋白酶的底物和抑制物在炎亡中没有变化；炎亡过程中没有线粒体完整性丧失和细胞色素 c 释放。表明炎亡的机制与凋亡不同。炎亡的特征是细胞质膜快速破裂释放促炎症的细胞内含物（图 11-4）。

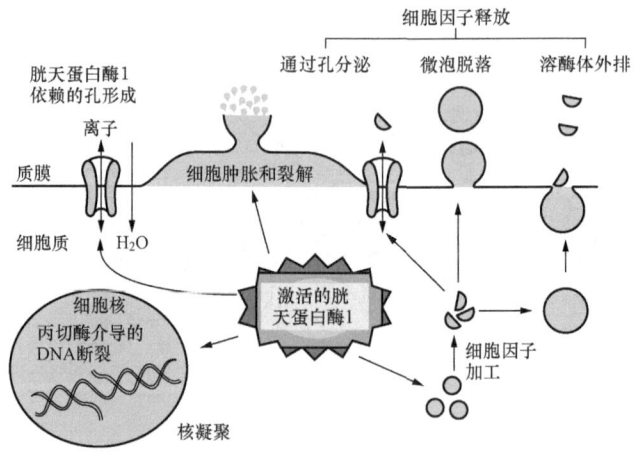

图 11-4　炎亡是炎症性的宿主反应

胱天蛋白酶 1 在多种刺激下可以激活引起称为炎亡的程序性细胞死亡。激活的胱天蛋白酶 1 快速形成直径 1.1～2.4nm 的质膜孔，这些孔消除细胞的离子梯度，导致水流入，从而细胞肿胀和渗透性溶解。在炎亡过程中 IL-1 和 IL-18 的前体被胱天蛋白酶 1 加工后成熟释放。还有不依赖溶酶体外排和微泡脱落形式的细胞因子释放。胱天蛋白酶 1 激活的又一结果是在核酸内切酶介导下染色体断裂，但是并不形成凋亡中所见的核酸片段。可见核凝聚，但是核仍然完整，没有凋亡中见到的核碎裂。

二、胀　　亡

胀亡（oncosis）是凋亡细胞死亡方式的对立面。oncosis 源自希腊文 onkos 肿胀之意，伴随着细胞肿胀、细胞器肿胀、空泡形成和膜通透增加导致细胞胀亡。胀亡过程最终耗尽细胞储存的能量，膜上的离子泵衰竭。胀亡可能是炎性因子的作用结果，产生干扰或导致细胞能量消耗的失控。现已认识到伴随着胀亡有酶促分解代谢过程。例如，多聚 ADP-核糖聚合酶（PARP）是细胞核的一种酶，当 DNA 链破裂时激活，催化多聚 ADP-核糖与各种核蛋白结合，在轻度 DNA 损伤时参与 DNA 修复；但是在大量 DNA 破坏时过量的 PARP 活性耗尽底物 NAD，NAD 的再合成消耗 ATP，从而导致细胞储存能量耗尽而胀亡。这情况发生在严重 DNA 损伤时；凋亡发生时胱天蛋白酶裂解，PARP 被灭活不发生储存的细胞 ATP 耗尽。细胞内钙水平的改变也能调节细胞胀亡。许多实验模型可以产生由病原体感染引起的胀亡，如 MA104 细胞在轮状病毒感染后胀亡，伴随细胞内钙增加。巨噬细胞和中性粒细胞感染 *Pseudomonas aeruginosa* 也呈胀亡形态特征。

三、细胞的程序性坏死

"坏死性细胞死亡"或"坏死"的形态学特征是细胞体积胀大，细胞器肿胀，质膜破裂，细胞内容物丢失。长期以来认为坏死是突发事件，是事故。但是积累的证据表明坏死性细胞死亡可以是由信号转导途径和分解代谢精细调节的。例如，死亡结构域受体（TNFR1、Fas/CD95 和 TRAIL-R）以及 Toll 样受体（TLR3 和 TLR4）显示出促进坏死，尤其存在胱天蛋白酶抑制剂时作用明显，它们的作用依赖丝氨酸/苏氨酸激酶 RIP1。有人将此类坏死称为"necroptosis"，即有特殊途径的程序性坏死。

Hitomi 等报道的程序性坏死（necroptosis，又称坏死样凋亡）是用 L929 小鼠纤维肉瘤细胞被肿瘤坏死因子受体（TNFR）结合或抑制胱天蛋白酶引发的。necroptosis 的核心是激活丝氨酸/苏氨酸激酶 RIP1（receptor-interacting protein kinase 1）。在 NIH3T3 小鼠成纤维细胞 TNFR 的激活启动依赖胱天蛋白酶 8 的内源性凋亡途径。胱天蛋白酶 8 介导的 RIP1 降解可能是凋亡和程序性坏死间的分子开关之一。凋亡和程序性坏死分别涉及线粒体外膜通透化（MOMP）和线粒体通透能力的转换（MPT）（图 11-5～图 11-7）。

四、内　　亡

Entosis 的原意是"细胞食同类族"（cellular cannibalism），指细胞钻入邻近细胞最后消失的现象，有人译为"内亡"（entosis）。细胞内的细胞是完整的活细胞，推测最终被溶酶体消化或又钻出胞外。细胞内细胞的现象在 20 世纪初就有报道，又称 emperipoiesis。笔者也在实验中见到白血病细胞钻入成纤维细胞的现象。NCCD 认为现有资料难以确定它是否是一种细胞死亡方式，有待深入研究。

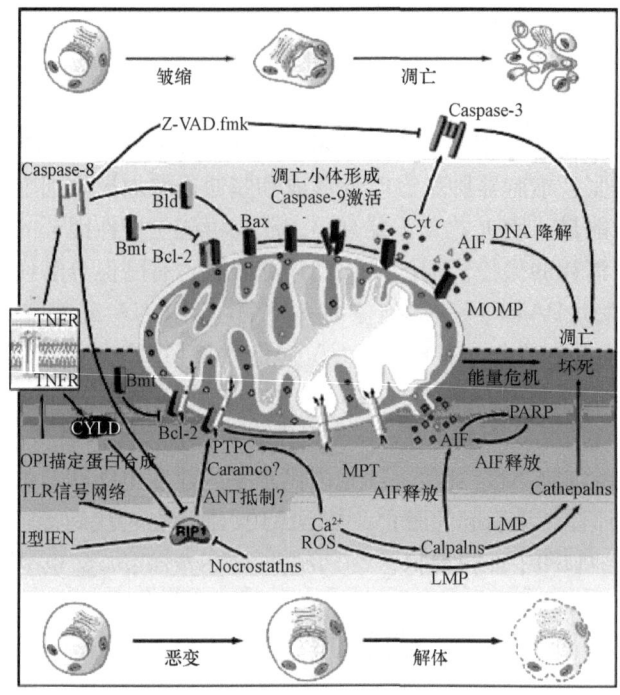

图 11-5 凋亡和程序性坏死的界线

AIF:凋亡诱导因子;ANT:腺嘌呤核苷转位酶;Cyt c:细胞色素 c;IFN:干扰素;GPI:glycosylphos-phatidylinositol;LMP:溶酶体膜通透性;PTPC:通透转移孔复合体;ROS:反应性活性氧;TLR:Toll 样受体;TNF-α:肿瘤坏死因子 α;TNFR:肿瘤坏死因子受体;Z-VAD.fmk:缬氨酸-丙氨酸-天门冬氨酸。

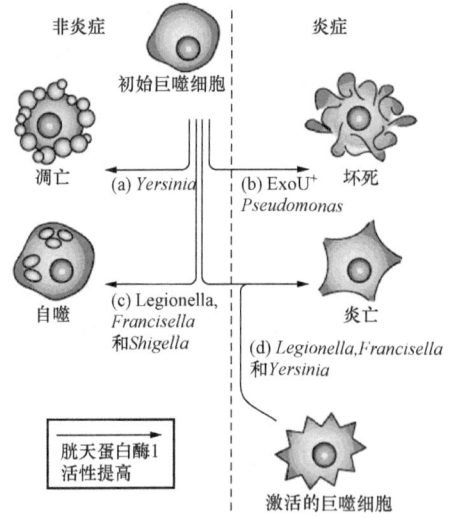

图 11-6 炎亡细胞死亡方式受病原和宿主对胱天蛋白酶 1 激活的调控

病原体能抑制胱天蛋白酶 1 激活或诱导另一类更有利于它生存和繁衍的细胞死亡方式。Yersinia(a)和 Pseudomonas(b)改变 III 型分泌效应物的位置,结果分别是凋亡和坏死。病原体由于产生的"危险"信号不够强,未能引发强烈的胱天蛋白酶活化(c)。不是所有的细胞都同样敏感都能产生炎亡的,还可能由于宿主变异未能产生足够强的胱天蛋白酶 1 启动炎亡。这些感染的巨噬细胞往往呈现自噬。只有敏感的巨噬细胞感染了 Legionella(d)产生高活性的胱天蛋白酶 1 才产生炎亡。

第十一章 细胞的免疫机制与机体免疫的细胞机制

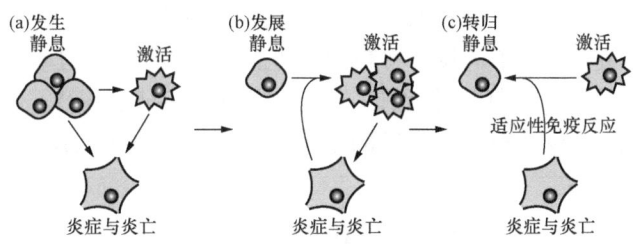

图 11-7 胱天蛋白酶 1 激活在感染和炎症中的作用

第三节 凋亡蛋白抑制物家族

20 世纪 90 年代初 Miller 等发现昆虫的杆状病毒带有细胞蛋白"杆状病毒重复序列"（baculoviral IAP repeat，BIR）的基序，后来在酵母、线虫、果蝇和脊椎动物都发现这类细胞的同源序列。由于它有抑制凋亡的作用，称为凋亡蛋白抑制物（inhibitor of apoptosis protein，IAP）。经过深入研究阐明了 IAP 是内源性的胱天蛋白酶抑制物，在两条主要的凋亡调控途径中起关键性作用，即对死亡受体激发起始的外源性途径和内源性线粒体途径都有抑制性调控作用。死亡受体与 CD95 配体或肿瘤坏死因子相关凋亡诱导配体（TRAIL）结合后引起受体聚集，接着募集接头分子 Fas 相关死亡结构域和死亡诱导信号复合体中的胱天蛋白酶-8，后者活化传递凋亡信号或裂解下游胱天蛋白酶或经酶解加工 Bid 裂解后的转移至线粒体，按线粒体途径继续进行（图 11-8）。

线粒体途径可被各种上游刺激开启，从线粒体内膜向细胞质释放致凋亡因子，如细胞色素 c、凋亡诱导因子、次级线粒体衍生物等也受 IAP 的调节。

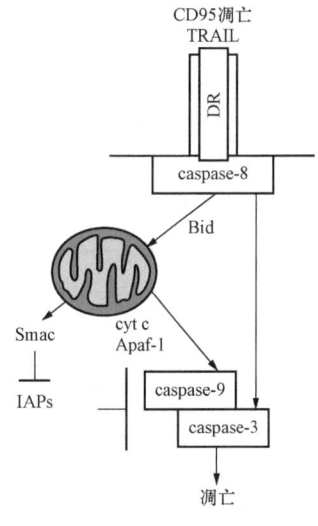

图 11-8 凋亡抑制物（IAP）在凋亡调控中的作用

一、凋亡蛋白抑制物家族成员的结构和功能

凋亡是机体维持稳态的基础机制，维持稳态必须有拮抗物。凋亡蛋白抑制物家族是近年来研究较多的抗凋亡机制。IAP 是内源性的凋亡抑制物，对于各种刺激（包括激活死亡受体、生长因子撤除、电离辐射、病毒感染和基因毒素损伤）诱导的凋亡都能有效抑制。主要通过结合和抑制特异的细胞内蛋白酶，尤其是胱天蛋白酶 3、7 和 9。凋亡蛋白抑制物家族不仅是维持稳态的重要机制，还参与许多肿瘤发生、发展的机制。已发现 8 种人类的凋亡抑制蛋白：cIAP1（HIAP-1）、cIAP2（HIAP-2）、NAIP、XIAP（ILP-1）、ILP2、survivin、BRUCE 及 Livin。IAP 家族的基因位于不同

的染色体（表 11-3），但是，在结构上有相似性，即这些蛋白的 N 端都含有一个（由约 70 个氨基酸组成）或多个高度保守的杆状病毒 IAP 重复结构域（BIR）。BIR 结构域有抗凋亡功能，也有调节结合点的功能。除了 NIAP、BRUCE 和生存素（Survivin），人类 IAP 的 C 端含有能结合锌的基序 RING（really interesting new gene），具有泛素蛋白连接酶活性。

表 11-3　IAP 家族成员基因

基因名称	符号	染色体定位
NLR 族，凋亡抑制蛋白	NAIP，BIRC1	5q13
杆状病毒 IAP 重复序列 2	BIRC2，cIAP1，APl 1	11q22
杆状病毒 IAP 重复序列 3	BIRC3，cIAP2，APl 2	11q22
X-连锁凋亡抑制物	XIAP，BIRC4，APl 3	Xq25
杆状病毒 IAP 重复序列 5	BIRC5，Survivin，APl 4	17q25
杆状病毒 IAP 重复序列 6	BIRC6，APOLLON，BRUCE	2p22-p21
杆状病毒 IAP 重复序列 7	BIRC7，Livin，ML-IAP	20q13.3
杆状病毒 IAP 重复序列 8	BIRC8，ILP-2	19q13

注：IAP 家族成员至少有一个杆状病毒重复序列（baculovirus IAP repeat，BIR）结构域。CARD：胱天蛋白酶募集结构域；CC：盘绕结构域；LRR：富含亮氨酸结构域；NOD：核苷酸结合和寡聚化结构域；RING：really interesting new gene 结构域；UBA：泛素相关结构域；UBC：泛素结合结构域。

深入研究发现不少 IAP 成员含有 RING 结构域，介导泛素化和底物的蛋白酶降解。有 RING 结构域的蛋白质能介导自体或异体的泛素化，可能还有其他功能。有的是蛋白质-蛋白质相互作用结构域，介导与其他含有蛋白质的寡聚化，其中许多蛋白质参与调节死亡进程。哺乳类动物的 IAP 蛋白中 XIAP 具有最强的抗凋亡潜能。有 3 个 BIR 结构域和 C 端 RING 基序，第二和第三个 BIR 结构域分别抑制胱天蛋白酶-3、-7 和-9（表 11-4）。

表 11-4　人类 IAP 家族基因和蛋白质的性质

名称	位点	aa	主要功能
BIRC1（NAIP，NLPB）	5q13.2	1403	特异性（固有免疫、神经保护）
BIRC2（cIAP1，HIAP2，MIHB）	11q22	618	信号转导（激活 TNFR、NF-κB）
BIRC3（cIAP2，HIAP1，MIHC）	11q22	604	信号转导（激活 TNFR、NF-κB）
BIRC4（XIAP，ILP1，MIHA，XLP2）	Xq25	497	凋亡抑制
BIRC5（Survivin）	17q25	142	有丝分裂（细胞质分裂）
BIRC6（Apollon，BRUCE）	2p22	4857	有丝分裂（细胞质分裂）
BIRC7（ML-IAP，Livin，KIAP）	20q13.3	298	特异性（发育，其他？）
BIRC8（ILP2，hILP2，Ts-IAP）	19q13.42	236	特异性（精子生成）

注：Survivin 有 74aa、137aa、165aa（氨基酸残基）的剪接异构体；? 代表还有其他未知功能。

所有的 IAP 都至少含有一个 70~80 个氨基酸残基组成的基序 BIR，人类的 IAP 都含有 1~3 个 BIR 结构域，除 Survivin 外还有 1 个或多个其他功能结构域，即 RING 和

CARD。人类的 IAP 蛋白结构如图 11-9 所示。

除了不同的 IAP 有不同的功能结构域外，还有翻译后修饰和表达水平的改变。例如，有些 IAP 的磷酸化影响细胞内定位和蛋白质间相互作用和 IAP 的稳定性；还有不同 IAP 分子间的对话也能影响 IAP 的表达水平。已有实验证据表明 IAP 参与有丝分裂染色体分离、细胞形态发生、铜代谢平衡和 NF-κB 激活和 MAP 激酶信号转导。

凋亡是维持机体稳态和防御功能的基础性机制，进化过程中形成了复杂的调控机制和监督机制。值得注意的是 IAP 结合基序（IAP-binding motif，IBM）有拮抗 IAP 的功能，通过直接结合 BIR 结构域和置换胱天蛋白酶或促进 IAP 降解，即 IAP 的抗凋亡活性由一些内源性抑制物（如 Smac/DIABLO、Omi/HitrA2，XAF1 等）拮抗，保证细胞死亡进程。Smac/DIABLO 是有 IBM 基序的线粒体蛋白，凋亡进程中释放到细胞质中，与 IAP BIR-2 和 BIR-3 通过 IBM 结合（图 11-10）。

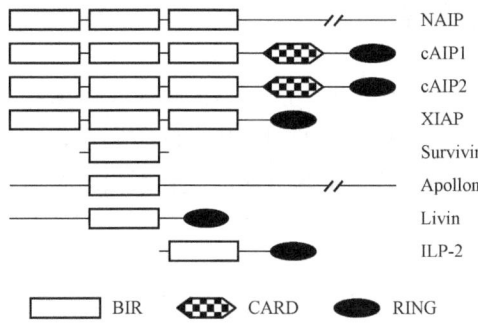

图 11-9 人类 IAP 蛋白的结构

IR：杆状病毒重复序列；CARD：胱天蛋白酶激活和募集结构域；RING：真正感兴趣的新基因。

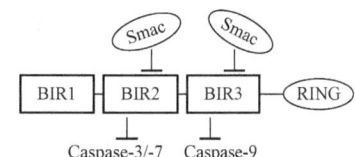

图 11-10 XIAP 与 Smac 及胱天蛋白酶的相互作用

Smac/DIABLO 以二聚体形式与一个 XIAP 分子结合，一个 Smac 与 BIR2 结合，另一个 Smac 与 BIR3 结合。分别抑制了 XIAP 与胱天蛋白酶-3/-7 和-9 的作用。

神经凋亡抑制蛋白（neuronal apoptosis inhibitory protein，NAIP）基因是第一个报道的 IAP 家族成员（1995）。生存素（survivin）是分子质量最小的成员；Livin 是最新发现的成员。然而，由于 IAP 的多功能性，尤其是在肿瘤发生、发展中的重要作用，几乎所有的 IAP 家族成员都受到研究者的关注，成为抗肿瘤治疗的研究靶点。本节选择 cIAP2、生存素和 livin 为代表重点讨论。

二、cIAP2 的作用

自然杀伤细胞主要通过两种方式杀伤靶细胞：传递颗粒酶 B（granzyme B）或与其表面的死亡受体结合，两种途径都诱导凋亡。颗粒酶 B 能通过多条途径诱导凋亡，激活胱天蛋白酶 8 或通过 Bid 从线粒体途径诱导凋亡；也能直接裂解和激活胱天蛋白酶 3。有些肿瘤细胞通过细胞内的抗凋亡环境逃避自然杀伤细胞的杀伤作用。

NF-κB 是多功能信号转导途径，涉及各种生理功能，尤其是固有免疫和获得性免疫、细胞增殖和生存，取决于 NF-κB 的激活途径，可分为经典的和选择性的激活途径两大类。近年来的研究证明 cIAP1 和 cIAP2 是 NF-κB 信号转导的关键性调节物，对两类 NF-κB 途径都有作用，随细胞类型的不同起增强或减弱细胞生存能力的作用。cIAP1 和 cIAP2 能使 RIP1 直接泛素化，引起肿瘤细胞的构成性泛素化和 NF-κB 途径活化。TNF-α、DNA 损伤或病毒感染诱导经典的 NF-κB 途径，激活 I-κB 激酶复合体。cIAP1 和 cIAP2 参与 TNF-α 介导的 NF-κB 途径活化。

次级线粒体衍生的胱天蛋白酶激活物（second mitochondria derived activator of caspase，smac）是促凋亡蛋白，内源性的 IAP 蛋白拮抗剂。smac 通过 N 端的 AVPI（Ala-Val-Pro-Ile）结构识别 cIAP1，cIAP2 和 XIAP 的 BIR3 结构域。后来研制了小分子类似物模拟 AVPI 结合基序作为 IAP 的拮抗剂，已报道有两类模拟物：单价的和双价的，双价的亲和力更高。

三、生存素的作用

生存素（survivin）由 142 个氨基酸残基组成，分子质量 16.5kDa，通常以单体形式存在；人类生存素基因表达时由于选择性剪接产生 5 种不同的剪接体。除了凋亡，生存素还参与细胞分裂、细胞应激反应和监控检测点的调节。细胞分裂时生存素出现在有丝分裂装置中，与中心体蛋白相关。

生存素在正常组织中的表达很低或缺乏。但是，近年来的研究结果表明，生存素在胚胎发育、造血细胞的生存和增殖以及血管内皮细胞的稳态中起作用；值得注意的是，在有些高分化的组织中有生存素的表达，如脑损伤后的神经细胞、中风后的新生血管。有人报道肾小管细胞中也有生存素表达。然而正常组织的表达水平远低于肿瘤细胞的表达水平。一些研究报道表明，多数实体瘤和造血系统肿瘤都有生存素的高表达。多种良性肿瘤和癌前期病变也测出生存素表达。有些作者认为对于有些实体瘤和造血系统肿瘤生存素表达水平有预后意义。有资料表明生存素在肿瘤耐药中起作用，转染生存素 cDNA 的肿瘤细胞系对化疗药物的耐受性明显提高。近年来以生存素为靶标进行抗肿瘤治疗有两个目标：抑制肿瘤生长和提高肿瘤细胞对抗癌药物的敏感性，有 4 种策略：①用拮抗剂（反义寡核苷酸、核酶、小 RNA 干涉等）抑制生存素表达；②用小分子抑制物和生存素类似物干涉生存素功能的执行；③用生存素优势阴性突变（dominate negative mutant）基因进行基因治疗，或利用生存素启动子表达细胞毒性基因；④基于生存素的免疫治疗。

四、Livin 的作用

Livin 是 IAP 家族的新成员，又称黑色素瘤凋亡抑制物（ML-IAP）。基因位于染色体 20q13.3，长 46kb，有 7 个外显子和 6 个内含子。研究表明 Livin BIR 结构域为一个新型的锌指结构，是与 Caspase 蛋白的结合部位，可阻止 Caspases 蛋白在细胞凋亡时执行蛋白质切除功能。由于选择性剪接，Livin 有两种 mRNA 亚型——Livin α 和 Livin β，都有一个 BIR 结构域和一个 RING 结构域。Livin α 的 cDNA 长 897bp，编码 298 个氨基酸，分子质量约 33kDa；Livin βcDNA 长 843bp，编码 280 个氨基酸，分子质量约 30kDa。虽然 IAP 的名字指明了它们对凋亡的调节作用，但是它们有多方面的依赖胱天蛋白酶和不依赖胱天蛋白酶的作用。胱天蛋白酶在凋亡中起执行作用，也参与非凋亡功能，如参与调节肌动蛋白，固有免疫，细胞增殖、分化和生存中也起重要作用。Livin 通过与胱天蛋白酶-3、胱天蛋白酶-7 结合，抑制胱天蛋白酶下游的级联反应，从而抑制细胞凋亡；还能与酶原或激活的胱天蛋白酶-9 结合，抑制由 Apaf-1、细胞色素 c 及 dATP 诱导的胱天蛋白酶-9 的激活，阻止细胞凋亡。Livin 的 BIR 结构域能够和特异的胱天蛋白酶结合，抑制其活性，使级联反应中胱天蛋白酶间的相互作用及核酸的裂解受到抑制。Livin 还能阻止胱天蛋白酶在细胞凋亡时执行蛋白质切除功能，起抗凋亡作用。Smac 蛋白是 IAP 拮抗物，是泛素系统关键的连接酶之一，细胞应激或 DNA 严重损伤，都能使线粒体释放细胞色素 c 和 Smac 蛋白促进 DNA 损伤的细胞凋亡。Livin 的抗凋亡作用受线粒体释放的 Smac 调控。Livin 能通过 BIR 结构与 Smac 结合，促使 Smac 经泛素-蛋白酶体途径降解，降低 Smac 表达水平，抑制细胞凋亡。Livin 还可通过 Tak 使丝裂原激活蛋白激酶 JNK1 和 JNK2 活化，而 Livin 对 JNK1 的激活作用强于 JNK2，这是 Livin 对抗 TNF-α 和 ICE 介导的细胞凋亡作用的一条重要途径，Livin 对 JNK1 的激活是通过 TAB1/TA 途径实现。这种抗凋亡机制独立于 Caspase 途径。

Livin 在胎儿的多种组织（脑、胸腺、肾、肝、胎盘）中高表达，能够防止胎盘滋养层细胞的死亡，有利于胎儿的发育。在成人表皮、淋巴、脾脏和黑色素细胞低表达，其他组织不表达或用常规方法测不出表达。多数研究表明 Livin 在血液肿瘤中高表达，可作为急性非淋巴细胞白血病的发病、复发及预后判断的指标之一。但是也有相反的研究结果，认为 Livin 在小儿急性淋巴细胞白血病是一个独立的预后较好的指标，有待深入研究证实。Livin 基因在泌尿系统可以有低表达；在膀胱癌过表达时则预后不良，与早期浅表膀胱癌的发展有关，也可作为膀胱癌复发的指标。在肺癌和早期非小细胞肺癌中 Livin mRNA 表达阳性率高，有助于诊断。

五、IAP 及其内源性拮抗物的临床意义

凋亡程序被抑制是肿瘤形成的关键性机制之一，导致肿瘤细胞能在氧分压低和缺少必需生长因子的微环境中生长。激活凋亡机制是抗肿瘤治疗的策略基础，已有的许多放疗、化疗措施就是基于激活内源性凋亡程序。生存素在许多肿瘤（如乳腺癌、结肠癌、食管癌、胃肠道腺癌、淋巴瘤和神经母细胞瘤）中表达升高，与预后相关（表 11-5）。

表 11-5 IAP 基因变异和缺失导致的肿瘤

IAP/疾病	发病学作用
Birc2（*cIAP1*）	
多发性骨髓瘤（MM）	有些 MM 的 *cIAP1* 和 2 缺失导致变异的 NF-κB 途径更易活化

续表

IAP/疾病	发病学作用
多种腺癌	cIAP1 和 2 扩增表达明显增强，引起转化
Birc3（cIAP2）	
黏膜相关淋巴瘤（MALT）	cIAP2 转位到 t（11；18）（q21；q21），BIR 的 3 个结构域与 MALT1 的结构域融合。保存了 cIAP，NF-κB 反应和启动子
Birc4（XIAP）	
X 连环的淋巴增殖紊乱	缺乏 XIAP 患者的淋巴细胞对各种刺激（包括 CD3、Fas 和 TRAIL）反应增强，NK T 细胞减少，对 EBV 感染呈致死收反应

DNA 损伤、染色体异常、癌基因激活、病毒感染、基质脱落和缺氧都能引起正常细胞凋亡；肿瘤细胞通过突变获得了抵抗上述损害的能力，阻止凋亡程序的进行。随着肿瘤的演化发展积累更多的抗凋亡机制，对放疗、化疗耐受，其中不少与 IAP 有关的机制。近年来 IAP 及其内源性拮抗物成为抗肿瘤治疗的靶点深入研究，出现了许多小分子拮抗物，有的已进入临床研究（表 11-6）。

表 11-6 研究中的 IAP 拮抗剂

拮抗剂	靶点	生物学效应	研发阶段
Ro106－9920	NF-κB（cIAP2）	抑制 NF-κB 依赖的细胞因子表达	临床前
YM155	Survivin	诱导被 Survivin 抑制的凋亡	临床 II 期
Isosteres 8,9,10,11	cIAP1，cIAP2，XIAP livin	模仿 Smac	临床前
SM-122	cIAP1，cIAP2，XIAP	模仿 Smac	临床前
AEG35156	XIAP	转录抑制	临床 II 期
LY2181308	Survivin	转录抑制	临床 II 期
Phenoxodiol	XIAP	诱导被 XIAP 抑制的凋亡	临床 III 期

Toll 样受体 3（TLR3）是双链的膜受体，是抗病毒免疫反应的主要效应器，参与自然杀伤细胞和树突细胞的活化；在非免疫细胞也广泛表达，参与诱导干扰素的反应。多种肿瘤细胞表达 TLR3，最近有些研究者采用多聚核苷酸 Poly（I∶C）能增加多种肿瘤细胞 cIAP2 的表达，与 IAP 抑制物 RMT5265 联合应用能更有效地诱导肿瘤细胞凋亡。

第四节 Bcl-2 家族与凋亡调控

现在认识到 4 种典型的细胞死亡模式（凋亡、坏死、自噬和角质化，详见本章第二节表 11-2），以及 8 种非典型的细胞死亡方式都是程序性细胞死亡，都是由基因调控的细胞生命活动过程，其中研究得最多最深透的是凋亡。大多数脊椎动物的细胞死亡过程主要通过内源性凋亡途径，即线粒体膜通透性增加。Bcl-2 相关 X 蛋白（Bax）和 Bcl-2

拮抗/杀伤蛋白（Bak）是 Bcl-2 家族的促凋亡成员，它们的活化与线粒体膜通透性改变相关。Bak/Bax 的激活受控于仅有 BH3 结构域的蛋白质，它们具有阶梯性的严格有序的与其他 Bcl-2 家族成员相互作用的潜能，或者作为感受器操纵细胞内源性和外源性死亡信号及其载体，成为凋亡机制的调控核心。所以近年来的研究进展把仅有 BH3 结构域的蛋白质分子作为异常细胞死亡相关疾病的治疗靶标，研制模拟 BH3 结构域的分子作为化疗药物，其中一些已进入临床试验。

一、线粒体在凋亡中的作用

线粒体收集和整合内源性的促凋亡和抗凋亡的因子，如 Bcl-2 家族蛋白、p53、激酶和磷酸酶、反应氧（ROS）、钙离子过多；或外源性因素，如病毒蛋白或毒素。在诱导死亡的信号占优势超越生存信号时，线粒体膜通透性增加，当其外膜的通透性超越临界点后即不可逆地朝向凋亡发展。健康细胞的线粒体外膜只允许小分子物质通透，大于 5kDa 的溶质由专门的通道输送。当线粒体膜通透性超过临界点后，可溶性蛋白能从线粒体膜的中间层释放到细胞质中，其中有促凋亡因子，包括线粒体呼吸链中的重要成分细胞色素 c。在细胞质中细胞色素 c 组装多蛋白复合体 Apaf-1 凋亡体，募集和激活胱天蛋白酶-9，启动凋亡级联反应。然而，即使没有胱天蛋白酶活化，线粒体外膜通透性增加也能使细胞中毒而死亡。研究表明 Bcl-2 家族成员参与线粒体膜通透性转移孔的调节，所以在凋亡调控中起关键性作用。

二、Bcl-2 家族的亲缘关系

20 多年前发现人类滤泡样淋巴瘤的标记性异位染色体 t（14；18），由于源自 B 细胞淋巴瘤 2 所以命名为 Bcl-2。但是，这个癌基因与别的癌基因不同，它并不促进细胞增殖，而是抑制细胞死亡。后来发现 Bcl-2 是个大家族，Bax 和 Bak 代表多结构域的促凋亡成员列为第一大类，有 4 个进化上保守的 α 螺旋 Bcl-2 同源结构域（BH）中的 3 个结构域（BH1、BH2 和 BH3）；另一组促凋亡的多结构域蛋白 Bok（Bcl-2 related ovarian killer）尚待深入研究。在呈现杀细胞活性时，这些蛋白质形成同源二聚体或同源寡聚体，对于凋亡过程它们都是必需的，因为删除它们的基因，细胞就耐受凋亡。第二大类具有 4 个 BH 结构域（BH1、BH2、BH3 和 BH4）的亚族包括 6 个抗凋亡的 Bcl-2 蛋白：Bcl-2、Bcl-xl（B cell lymphoma extra large）、Mcl（Myloid leukemia sequence 1）、Bcl-w/Bcl-2L2（Bcl-2 like protein 2）、Bcl-2A1 和 Bcl-B。它们与 Bax/Bak 有类似的三维结构和氨基酸序列。第三大类 Bcl-2 蛋白仅有 BH3 结构域，在哺乳类动物已报道了至少 11 个成员：包括 Bim（Bcl2-interacting mediator）、Bid（BH3-interacting domain death agonist）、Bad（Bcl2-associated death promoter）、Bmf（Bcl2-modifying factor）、Noxa（拉丁文损伤之意，又名 PMAIP1）、Puma（p53-upregulated modulator of apoptosis）、Bik（Bcl2-interacting killer）、Hrk（Harakiri）等。三大类 Bcl-2 家族成员对凋亡过程中线粒体外膜通透性和细胞命运的调控是通过它们的成员间的选择性和特异性相互作用进行的。仅有 BH3 结构域蛋白质成员将 BH3 结构域插入抗凋亡蛋白由 BH1、BH2 和 BH3 构成的空间结构与之结合。虽然结构相似，不同仅有 BH3 蛋白成员有各自的独特结合方式，犹如用不同部位、不同大小和形状的缺齿可以将同一钥匙胚做出不同特异性的钥匙。

总之，一个由 Bcl-2 家族的同型和异型二聚体组成的复杂网络调节 Bax 和 Bak 的激活；细胞质或线粒体的 p53 也能直接与各种 Bcl-2 家族成员作用，其中有不依赖转录的 Bax/Bak 激活，由直接结合和使它们从抗凋亡蛋白复合体（如 Mcl-1、Bcl-2 和 Bcl-xl）中释放出来，接下来仅有 BH3 结构域蛋白用类似的策略在 Bcl-2 家族成员中进行类似的组合，在凋亡调控中起重要作用。仅有 BH3 结构域蛋白是晚期杀手，因为它们需要活化，激活机制包括各种转录途径和翻译后修饰。众多的仅有 BH3 结构域蛋白在各种细胞内定位，复杂而特异的蛋白相互作用网络和多种激活模式保证了细胞反应机制的适宜性（表 11-7）。

表 11-7 仅有 BH3 蛋白的定位和靶向机制

BH3 蛋白	细胞内定位	靶向机制
激活子 BH3 蛋白		
Bim	健康细胞：与微管相关	C 端亲水性片段
	凋亡细胞：主要在线粒体和细胞内膜	
Bid	健康细胞：细胞质和细胞核	膜结合螺旋 6 和 7
	凋亡细胞：线粒体和内织网	
Puma	线粒体外膜	C 端亲水性片段（?）
激活子 BH3 蛋白		
Bad	健康细胞：细胞质	C 端两个脂质结构域
	凋亡细胞：线粒体	
Noxa	线粒体	线粒体的靶在 C 端和 BH3 区
Bik	内织网	C 端亲水性片段
Bmf	健康细胞：肌球蛋白 V 运动子与动力蛋白轻链 2 相关	未知
	凋亡细胞：线粒体	
Hrk	主要线粒体	C 端亲水性片段
Bedin-1	内织网、线粒体、高尔基体	未知

注：? 代表尚待进一步研究确认。
资料来源：Shamas-Din 等，2010。

三、作为治疗靶标的"仅有 BH3 蛋白"

仅有 BH3 结构域的蛋白质与别的 Bcl-2 家族成员的相互作用是通过线粒体外膜通透性变化导致凋亡的关键，仅有 BH3 蛋白可以直接激活 Bax 和 Bak 促凋亡，也能抑制线粒体和内织网上的抗凋亡蛋白。为了防止构成性细胞死亡，仅有 BH3 蛋白受各种机制调控（包括转录和翻译后修饰），监督特异性的蛋白质-蛋白质间的相互作用；此外仅有 BH3 蛋白也能启动自噬。凋亡抑制涉及肿瘤发展，还与肿瘤耐受治疗有关，因此研究者投入了大量精力研制仅有 BH3 蛋白的小分子类似物作为新的抗癌药物。研究表明仅有 BH3 蛋白可分为激活子 BH3 蛋白和感受器 BH3 蛋白两大类，它们的细胞内定位和靶向作用机制各不相同（表 11-7）。利用仅有 BH3 蛋白治疗肿瘤可以采用三种不同的策略：①去除仅有 BH3 蛋白或抑制它们的激活；②减少或限制多结构域的促凋亡蛋白表达；③增加一种凋亡抑制物（如 Bcl-2 或 Mcl-1）的表达。不同类型的肿瘤根据它们的不同致癌机制应该采取不同的策略。例如，肾腺癌细胞通过 DNA 甲基化抑制 Bik 的转录表达，同时有 Bim 表达受阻，从而导致 BH3 蛋白相互作用失调，凋亡途径失灵。Burkitt 淋巴瘤的 Bim 启动子超甲基化；弥漫性大 B 细胞淋巴瘤的基因由于突变而沉默。研制针对不同致癌机制的抗癌药物不仅提高治疗效果，也能降低毒副作用。

仅有 BH3 蛋白还能用于自身免疫性疾病的治疗，如近年来研究较多的用 Bim 和 Bid 治疗类风湿性关节炎。类风湿性关节炎是慢性系统性自身免疫性疾病，虽然病因尚未阐明，但是病理变化清楚，是炎症过程最终损坏了软骨和骨关节，导致畸形；骨关节中大量炎症细胞浸润（如淋巴细胞和单核细胞），产生大量炎症细胞因子和趋化因子诱导血管新生和关节腔成纤维细胞增生，结果产生更多的炎症细胞因子，加重病情。严重程度与炎症细胞浸润相关，研究表明这些炎症细胞的生存期延长，凋亡途径失调。检测证实其巨噬细胞和成纤维细胞的 Mcl-1 表达上调，深入研究表明有多个 Bcl-2 家族成员的凋亡调节因子参与此过程，类风湿性关节炎环境中的整个平衡是倾向于凋亡受阻。实验研究表明 Bim 和 Bid 能延长小鼠炎症性关节炎模型的生存期，Bim 和 Bid 对自身免疫性疾病的作用已受到研究者的关注。

第五节 炎症体——细胞的守护者

生物进化过程中由于内环境的相对恒定，细胞损伤的范围变化不大。然而，即使是高等多细胞生物的细胞，在内外环境因素作用下也会受到损伤，如病原微生物的侵袭，理化因素的损害和代谢应激。为修复这些损伤和给出相应的反应，细胞也有相应的机制——各种细胞受体和炎症体。

炎症体可能是细胞的固有免疫系统，形成了机体固有免疫系统的快速和广泛的抗微生物功能，凭借其区别自我和非我的识别系统，称为"病原相关分子模式"（pathogen-associated molecular pattern，PAMP），包括脂多糖（LPS）、肽聚糖、鞭毛蛋白和微生物的核酸。PAMP 的感受通过固有免疫受体，包括 Toll 样受体（TLR）和 NOD 样受体（NLR），TLR 在细胞膜上识别胞外微生物，NLR 在细胞内识别胞内微生物。TLR 和 NLR 诱导激活细胞信号转导途径，导致固有免疫反应和获得性免疫反应。人类的 NLR 家族有 23 个成员，大多数 NLR 具有三部分结构，组成多种氨基端结构域：中心是结合核苷的结构域（nucleotide binding oligomerization domain，Nod）介导形成自身的寡聚体；还包括一些蛋白质间相互作用的模式，如胱天蛋白酶募集结构域（caspase recruitment domain，CARD)、嘌呤结构域或杆状病毒抑制物重复结构域（对下游募集效应分子或接头有重要作用）。羧基端富含亮氨酸的重复结构域检出 Nod1 和 Nod2 是最早发现的 NLR，两者都能感受细菌产物，激活 NF-κB 和 MAPK，从而引发固有免疫和获得性免疫反应。有些 NLR 组成炎症体（inflammasome）与胱天蛋白酶-1 的活化组成炎症反应平台。胱天蛋白酶-1 是炎症体的核心，激活后能裂解 IL-1β、IL-18、IL-33 的前体，使之成为有活性的促炎症因子分泌至细胞外（表 11-8）。

表 11-8　炎症感受器：介导细胞内信号转导的模式识别受体

家族	定位
Toll 样受体	跨膜蛋白
AGE（advanced glycation end-products）受体	跨膜蛋白
核苷酸-结合结构域，富含亮氨酸重复序列的蛋白*	细胞质内
维甲酸诱导基因 I 样受体（如 RIG-I 和 MDA5♯）	细胞质内

* 即 NOD，NOD 样受体；♯ 维甲酸诱导基因 I 和黑色素瘤分化相关基因 5。

一、炎　症　体

"炎症体"（inflammasome）是介导启动、活化胱天蛋白酶-1 的多蛋白质复合体，启动分泌促炎症因子 IL-1β 和 IL-18，以及诱导病原菌引起的细胞死亡"炎亡"。Nod 样受体家族成员 NLRP1、NLRP3 和 NLRC4，以及接头蛋白 ASC 是炎症体的关键性成员。固有免疫系统不仅识别微生物还识别细胞产生的危险信号，或危险相关的分子模式（danger associated molecular pattern，DAMP）。DAMP 是无菌性炎症的关键因素，固有免疫系统通过它们对缺血或无菌性损伤起反应。

最初报道的"炎症体"是在体外实验条件下形成的 700kDa 的多蛋白复合体，启动胱天蛋白酶-1 激活的分子平台。用缺失不同核苷酸结合和多聚化结构域（NOD）样受体（NLR）进行的遗传学研究表明体内至少存在着 4 种炎症体：ICE 蛋白酶激活因子（IPAF）炎症体；NLRP1 炎症体；NLRP3（NalP3/cryopyrin）炎症体和 *Francisella turanesis* 感染启动的炎症体。研究表明一些炎症体与疾病相关，如 NLRP1 基因序列突变与自身免疫病和自身炎症性疾病相关（如白癜风）；NLRP3 基因突变与自身炎症性综合征（Muckle-Wells 综合征）、家族性冷自身炎症性综合征和新生儿发作性多系统炎症性疾病（cryopyrin associate periodic syndrome，CAPS）相关，从 CAPS 患者发现了 40 多种 NLRP3 的突变基因。

NLR 是具有某些结构域的细胞内蛋白质组成的一个大家族，其结构域包括以下几类：①一个氨基端的蛋白质-蛋白质相互作用结构域，如 CARD 或 pyrin 效应结构域（神经元的凋亡抑制蛋白例外）；②一个与核苷酸结合和自身多聚化所需的中介 NACHT 结构域；③不同数量的碳端富含亮氨酸的重复基序（LRR）。值得注意的是 NLR 的结构与某些植物抗病基因类似，这些基因对植物病原体高度敏感，而 NLR 的功能也是固有免疫的模式识别受体（PRR）。Toll 样受体是第一个发现的 PRR，监测细胞外病原体和细胞表面的自身配体；NLR 是细胞质的 PRR，监测入侵细胞内的病原体，是宿主的第二道防线。双向接头蛋白，凋亡相关的斑点样蛋白含有碳端 CARD（ASC），作为 NLR 和胱天蛋白酶-1 的桥梁在所有炎症体复合物中出现，在胱天蛋白酶活化和分泌促炎症细胞因子中起重要作用（图 11-11）。

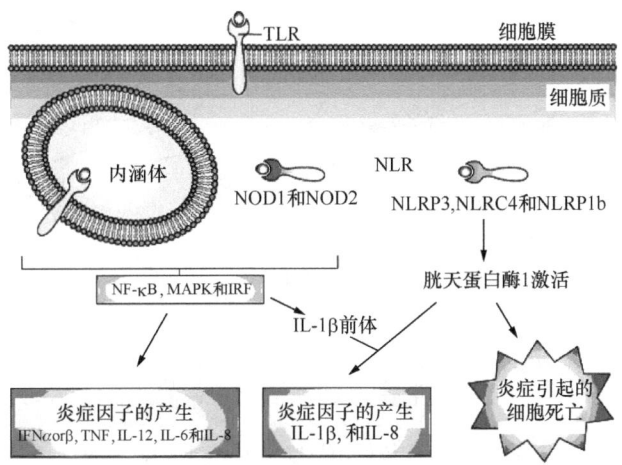

图 11-11 宿主和微生物产生的"危险"信号导致两种不同的转归——细胞激活或细胞死亡
富含亮氨酸的重复序列结构域（LRR）介导宿主识别病原和危险相关分子模式，Toll 样受体（TLR）是含 LRR 的跨膜蛋白，能检出细胞外环境和内涵体中的危险信号。TLR 启动导致细胞活化的信号级联反应：经过核因子 NF-κB，丝裂原激活的蛋白激酶 MAPK，干涉素调节因子 IRF 依赖的途径；产生炎症细胞因子（包括 IFN-α、IFN-β、TNF、IL-12、IL-6、IL-8 和 IL-1β 前体）。Nod 样受体（NLR）的功能是识别进入细胞质的危险信号，与 TLR 一样刺激 NOD1（核苷-结合含有寡聚化结构域的蛋白 1）和 NOD2 的结果是产生细胞因子。另一类 NLR 介导胱天蛋白酶 1 的活化，启动炎亡并加工和释放 IL-18 和 IL-1β。

固有免疫细胞依赖病原识别受体对微生物做出恰当的免疫反应。识别受体很多，如核苷酸结合和寡聚化结构域（nucleotide binding and oligomertilization domain，NOD）样受体（NLR）家族。NLR 蛋白 3（NLRP3）感受微生物配体、内源性危险信号和细胞内晶体物启动装配一个大的胱天蛋白酶-1 激活的蛋白复合物，称为 NLRP3 炎症体（又称 Nalp3、cryopyrin、CIAS1），是当前研究最多最深入的炎症体，在微生物和非微生物刺激激活胱天蛋白酶-1 的过程中都起关键性作用。LPS 和胞外 ATP 活化胱天蛋白酶-1 都依赖 NLRP3 途径进行，ATP 结合 P2X7R 募集 pannexin-1 通道形成膜孔，这是胱天蛋白酶激活所需的（图 11-12）。值得注意的是晶体分子也能激活 NLRP3 炎症体，最早是在痛风和伪痛风患者证明尿酸晶体和焦磷酸钙二水合物能激活 NLRP3 炎症体，后来证明硅酸盐和石棉晶体以类似途径引起肺纤维性变。氢氧化铝可作为免疫佐剂可能也通过此机制。纤维样 β-淀粉体参与症的发病也与此有关。

二、NLRP3：细胞应激和感染的免疫感受器

正常情况下，由于 NLRP3 处于自我抑制状态，在微生物的病原相关模式（PAMP）或内源性危险信号（危险相关分子模式 DAMP）作用下 NLRP3 解除自我抑

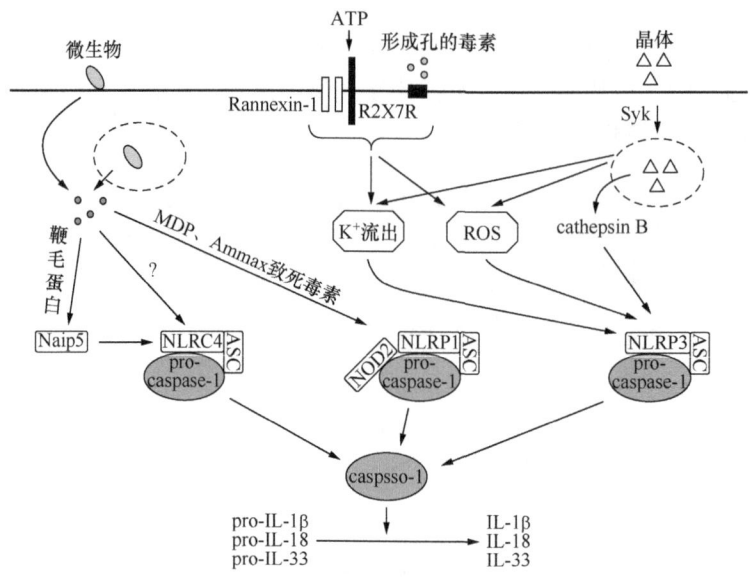

图 11-12　炎症体作用机制（Pedra et al, 2009）

制，寡聚化并募集凋亡相关蛋白激活胱天蛋白酶-1。NLRP3 炎症体中胱天蛋白酶-1 的蛋白质分解作用导致向细胞外释放促炎症因子 IL-1β 和 IL-18。

NLRP3 的 NOD 结构域突变产生功能改变，形成自身炎症性疾病，其特征是皮疹和长期发作性发热；NLRP3 表达减少与 Crohn 氏病相关。

晶体是另一个活化 NLRP3 炎症体的刺激物。尿酸是坏死细胞释放的内源性"危险"信号，除了引起获得性免疫反应，尿酸钠晶体和焦磷酸钙晶体能通过 NLRP3 炎症体激活胱天蛋白酶-1 引起固有免疫反应。例如，启动痛风的炎症反应，虽然其详细机制尚待阐明，看来至少涉及吞噬晶体和产生反应氧（ROS）。硅、石棉和氢氧化铝是另一类活化 NLRP3 炎症体的刺激物（表 11-9）。

表 11-9　诱导炎症的危险-相关分子模式

来源	类别	例证
内源性	微生物（菌体及产物） 非微生物	G^+ 和 G^- 细菌，LPS，脂肽，细菌 DNA 和单链 RNA 过敏原，毒物，异物
内源性	应激分子（警戒素）	死细胞产物，高移动组-1 蛋白（HMGB-1）热体克蛋白（HSP），S100 蛋白，DNA，RNA，腺苷高 ADP/ATP 比，尿酸盐结晶，纤维蛋白原

1. IPAF 炎症体

IPAF 炎症体由具有Ⅲ或Ⅳ分泌系统的革兰氏阴性菌细胞质的鞭毛蛋白激活。在感染了细胞内病原体的巨噬细胞中，NLR 蛋白 IPAF 快速激活胱天蛋白酶-1。IPAF 的

LRR 结构域在缺乏配体时自抑制，因为去除 LRR 结构域后 IPAF 就成为自发活化的突变体。与 NLRP3 不同，IPAF 炎症体的活性不受高浓度细胞外钾离子的影响，所以 IPAF 不是离子感受器。

2. AIM2 炎症体

AIM2 炎症体是最近确定的炎症体，由 AIM2、ASC 和胱天蛋白酶-1 构成。AIM2 作为细胞质内双链 DNA（dsDNA）的感受器诱导依赖胱天蛋白酶-1 的 IL-1β 成熟，是至今发现的炎症体中唯一非 NLR 家族成员形成的炎症体平台。而且其复合体多聚化的机制也不同，不是通过中心多聚化结构域，而是通过配体 dsDNA 结合 AIM2 的 C 瑞 HIN 结构域。AIM2 含一个 PYD 结构域通过同型 PYD-PYD 与 ASC 相互作用，允许 ASC 的 CARD 结构域募集胱天蛋白酶-1 前体至复合体。与其他炎症体一样，经过自身激活后，胱天蛋白酶-1 指导促炎症细胞因子（如 IL-1 和 IL-18）的成熟和分泌。AIM2 对配体的识别是相当宽广的，包括病毒、细菌或宿主细胞自身均可激活 AIM2 炎症体，人们推测 AIM2 的功能是监测 DNA 病毒的，还可能与 DNA 的自身免疫反应有关，有待深入研究。

第六节 免疫记忆

生命过程中有各种记忆，中枢神经系统的记忆联系现在与过去；免疫记忆联系现有的与过去的抗原经验。免疫记忆是指再次遇到感染过或免疫过的抗原，结果产生更快更强的免疫反应。中枢神经系统记忆的机制涉及解剖、组织、神经原各层次；免疫记忆的机制主要在细胞水平。免疫记忆是获得性免疫的特征之一，即在感染或免疫接种后产生特异性的记忆细胞，机体为自己提供一群细胞和分子能防止进一步感染和疾病。

免疫记忆对于个体和种系的生存都有重要作用，在这个意义上免疫记忆分两大类：可传递的记忆和获得性记忆。可传递的免疫记忆是指围产期胎儿免疫活性尚未发育完全，为了防止受到细胞内致命性病原体的危害，母体通过胎盘或通过初乳传递抗体给胎儿。获得性记忆即通常使用的免疫记忆概念，即依赖或不依赖抗原周期性出现的，特异性反应的前体淋巴细胞出现频率的增加和对抗原敏感性的提高，B 淋巴细胞和 T 淋巴细胞以各种形式参与此过程。

一、B 淋巴细胞和 T 淋巴细胞的细胞记忆

淋巴细胞的细胞记忆是以细胞池为基础的。其中有能识别特异性抗原并对其起反应的淋巴细胞群，可以在相当长时期内存在。对于抗原的起始反应始于有特异性受体（BCR）反应的初始 B 细胞和有 TCR 反应的初始 T 细胞。这些细胞经过扩增，高度活化然后适度持续进入休止状态（记忆细胞），随时准备应对再次遭遇该抗原进入二次反应（感染或免疫接种）。记忆细胞能存活数月至数年。其性质如表 11-10 所示。

表 11-10　记忆性 B 和 T 细胞性质的比较

B 细胞	T 细胞
重排的受体基因	重排的受体基因
有体细胞高突变性	无体细胞高突变性
抗原反应细胞频率中度增加	抗原反应细胞频率显著增加
有些标志有助于显示记忆状态	有些标志有助于显示记忆状态
生存期适度	生存期长
骨髓中有长期生存的记忆浆细胞	没有与浆细胞功能相当的 T 细胞

这两类记忆细胞都能有效逃逸细胞死亡和清除。不同的是记忆 B 细胞积累了突变以适应病原的抗原性质，增加亲和力。记忆细胞通常处于休止状态，体积小并带有小颗粒，结合表面标志可以鉴定它们。B 记忆细胞高表达 IgM、IgG、IgA、CD21、CD39、CD27 和 CD148 以及低水平的 IgD；T 记忆细胞高表达 CD44、CD2、CD11a/CD18 和 CD29 以及低水平的 CD45RA/B 和 CD62L；初始细胞有相应的相反表型。

二、免疫记忆的产生和作用

记忆细胞产生涉及的核心问题是：细胞的扩增和逃逸细胞死亡（图 11-13）。记忆细胞发生在生发中心（germinal centre，GC），要求有 T 细胞和滤泡树突细胞参与，GC 激活 B 细胞，通过上调抗凋亡分子（Bcl-2、Bcl-x）的表达逃逸不适时的细胞死亡。虽然 T 细胞不要求专门的形成记忆的微环境，但是也要类似的抗凋亡机制。

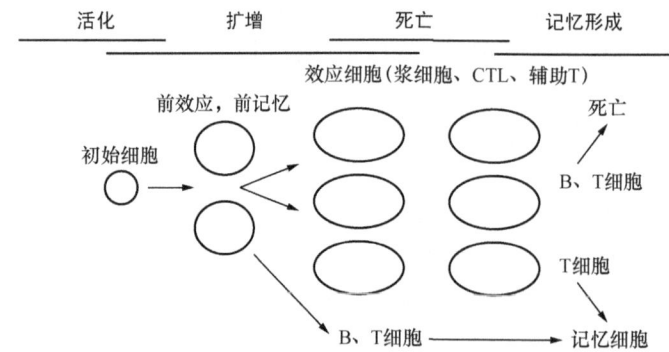

图 11-13　记忆淋巴细胞形成图解

初始淋巴细胞在遭遇抗原后扩增，辅助刺激和抗凋亡分子表达上调，产生细胞因子，分化成前效应细胞和前记忆细胞。后一时相中产生不同的效应细胞（浆细胞或效应 T 细胞），若干天后大量细胞死亡，只有浆细胞和记忆 T 细胞存活，浆细胞进入骨髓，记忆 T 细胞通过淋巴结和血液循环。记忆 T 细胞能从前效应细胞产生也能从效应 T 细胞群产生；记忆 B 细胞只能从前记忆细胞群产生，因为浆细胞是终末分化细胞，不能逆转成休止 B 细胞期。

如图 11-13 所示，记忆 B 细胞在次级淋巴器官的生发中心形成，从生发中心迁移到边缘区等待抗原激活。纵观记忆细胞的形成经历下述过程：募集初始 B 细胞通过边缘区进入次级淋巴器官的富含 B 细胞的滤泡。如果它们在血液中遭遇抗原，则进入边缘区移向富含 T 细胞的边界，会合已被树突细胞递呈抗原而活化的 T 细胞。来自 BCR 和 CD40 的信号引起细胞增殖，持续 2~3 天。在此期间小量的 B 淋巴母细胞出现在生发中心，形成克隆性扩增、体细胞突变、亲和力增加，甚至出现亚型，小部分激活的 B 细胞成为浆细胞，并分泌第一批抗体（通常为 IgM）。其他的 B 细胞仍然停留在终末分化阶段不分泌抗体，研究表明 CD40 配体与受体的持续结合与终末分化和持续地在记忆阶段有关。

T 细胞源于骨髓前体细胞，其发育始于胸腺，包括获得 T 细胞受体（TCR）和主要组织相容性复合体（MHC），经过阳性选择和阴性选择，出胸腺入血流的初始 T 细胞是自身-耐受和自身-MHC 限制的。初始 T 细胞是长期生存的休止细胞，取决于自身-MHC 多肽和稳态细胞因子 IL-7 等的存在，保持一定比例。

在初始免疫反应中，初始 CD4 T 细胞识别抗原扩增许多倍，分化成活化的效应细胞。随着不同的启动影响，效应细胞分化为不同的亚群。其中 1 型 T 辅助细胞（Th1）和 Th2 研究最清楚，分别启动细胞免疫和体液免疫。近来增加了 Th17 和滤泡辅助细胞（TFh）及调节细胞亚群（Treg）（表 11-11）。

表 11-11 CD4 T 细胞亚群的性质

效应亚群	极化因子	转录因子	标志细胞因子	激活诱导凋亡敏感性
Th1	IL-12，IFN-γ	T-bet	IFN-γ，TNF，IL-2	++++
Th2	IL-4	GATA-3	IL-4，IL-5，IL-13	+
Th17	TGF-β，IL-6	ROR-γt	IL-17，IL-21，IL-22	++
TFh	IL-6，IL-21	Bcl-6	IL-4，IL-21	?
Treg	TGF-β，维甲酸	Foxp3	IL-10	?

许多因素能影响记忆 T 细胞的形成，如 T 细胞激活时影响抗原递呈效率的各种因素：与 TCR 的亲和力、抗原量，当时存在的细胞因子，辅助刺激因子（B7、OX40）；影响效应相的各种因素，如抗原的量和质、炎症反应的强度、极化因素、IL-7 和组织微环境等。初始免疫反应终结也影响记忆细胞群体的大小和质量。T 细胞与抗原的遭遇发生在淋巴结或脾脏的 T 细胞区，初始细胞直接与树突细胞接触。通常 10^5 个初始细胞中有 1 个初始细胞能与特殊抗原匹配，与组织相容复合物（MHC）、T 细胞受体（TCR）结合发出信号，在树突细胞的 CD28、CD86 等辅助下，IL-1 和 IL-6 等炎症细胞因子作用下启动获得性免疫反应，约一周的时间产生 100~5000 倍的抗原特异性 T 细胞。细胞数量的多少受多种因素的影响。记忆细胞是休止期的细胞而效应细胞是高度活化和周期中的细胞，单个记忆细胞与单个效应细胞的确切关系尚待阐明。两者都源自初始前体 T 细胞，它们的发育都需要抗原。有可能记忆 T 细胞直接源自效应 T 细胞，由于具有抗凋亡机制回复到休止状态。另一种可能是与 B 细胞类似，记忆 T 细胞可以源自近期活化的初始 T 细胞，它是周期细胞，但是没有获得适当的分化信号，所以还没有到效应阶段。与 B 细胞不同的是，记忆 T 细胞尚未确定有无决定是记忆 T 细胞或是效应 T 细胞的特殊分子。但是，有一点是明确的，抗原量决定记忆细胞池的大小，

辅助刺激因子、抑制因子和细胞因子也有明显的影响。过量的抗原和刺激导致细胞全部分化为效应细胞，记忆 T 细胞池很小；抗原太少或刺激太弱则效应细胞很少，并可能导致免疫耐受。

CD8 T 记忆细胞的产生与记忆 B 细胞的产生类似，都依赖 CD4 T 细胞的帮助，有相同的机制，过程是不可逆的，都发生在初始免疫反应的后期扩增相。

临床实践表明，仅有中和抗体不能提供持久的免疫，免疫接种的目标应该是建立 T 细胞记忆。近年来的研究表明记忆 CD4 T 细胞反应是改进疫苗的关键，对于阐明自身免疫机制也有重要的意义。在次级免疫反应中，记忆 CD4 T 细胞通过细胞间接触和产生细胞因子、趋化因子广泛影响固有免疫和获得性免疫。

抗原特异性 CD4 T 细胞数量的增加，表明免疫记忆状态良好。与初始细胞及效应细胞相比（表 11-12），记忆细胞更重要的特点是增加记忆的量，其变化将影响稳态和生存期长短。

表 11-12　CD4 T 细胞分化阶段的性质

功能性质	初始	效应	记忆	二次效应
效应功能	-	++++	+++	+++++
IL-2：IL-10 比例	+++	+	+++++	++++
激活诱导凋亡	-	++++	++	?
黏附	-	++++	++	+++++
迁移	淋巴性	非淋巴性	淋巴性	非淋巴性

T 细胞记忆的主要限制因素之一是异质性。效应细胞的异质性是多方面的，有的效应细胞处于终末分化状态，其中有的能够快速转化为记忆细胞，有的终末分化死亡；效应细胞可以存在于不同部位；与 T 细胞受体的亲和力不同进入免疫反应的时间也不同等。有的研究者按照功能、表面标志和分布位置定义记忆 T 细胞。效应-记忆细胞快速转化动力学可能有助于解释异质性的一些方面。

三、免疫记忆的保持

免疫记忆的维持和长期性是感染后免疫或免疫接种的核心问题之一，是研制长期高效疫苗的基础。至今尚无完善的理论，但有不同学派分别研究。

在遭遇血液中的抗原时淋巴结边缘区的记忆 B 细胞迁移至 T 细胞区，12h 内诱导出 B 淋巴母细胞，并快速扩增（达到起始反应时的 5 倍）。出现了有争议的问题：是否有影响非周期记忆细胞持续存在的因素？一个学派认为，抗原不仅启动免疫反应（包括 B 细胞和浆细胞的克隆性扩增），也参与选择 B 记忆细胞。早期的细胞移植试验表明 B 记忆细胞的存在时期较短，仅 12 周左右。现在普遍认为体内的 B 细胞记忆的维持，取决于维持滤泡树突细胞表面抗原的功能。实际上，随着抗体的产生，滤泡树突细胞表面就形成了抗原抗体复合物，使其持续产生效应。和任何局部的免疫复合物的形成一样，该复合物也处于动态平衡，与初始的形成条件和游离的抗体量有关，其免疫活性取决于抗原/抗体的比例。例如，当血液循环的抗体水平下降时，抗原暴露刺激 B 记忆细胞。估计只有数百皮克的抗原长期结合在滤泡树突细胞上，微量的抗原就足以维持有效的记忆反应。B 细胞内吞复合物，记忆 B 细胞周期性地再刺激，再形成。

体内抗体水平能持续相当长时期并不需要记忆 B 细胞增殖、分化为浆细胞；已有的浆细胞在骨髓和脾脏中长期存活，表明浆细胞是维持长期体液免疫的另一重要机制。维持恒定的记忆 B 细胞群即要求新记忆 B 细胞的生成率与旧记忆 B 细胞的死亡率相等，长生存期的浆细胞可以填补新老记忆 B 细胞交替的不足。这两个机制互补保证了体液免疫的长期稳定性。

关于记忆 T 细胞的维持有两种理论：一种理论认为记忆 T 细胞就是长生存期的，可持续数月至数年，无需抗原再刺激；另一种理论认为记忆 T 细胞是相对短生存期的，要求周期性的抗原再刺激才能维持长期生存。特异性抗原可能在体内长期存在，由于低度感染清除不净，或者存在于滤泡树突细胞表面；也可能并不真正需要外源抗原，通过交叉反应产生信号使其再次进入细胞周期，从而延长生存期。细胞因子（如 IL-15 和 α-干扰素）可能参与记忆 T 细胞的长生存机制。与记忆细胞的产生类似，刺激强度和水平决定反应的持续时间。如果记忆 T 细胞接受高水平的刺激，大部分被推向效应细胞阶段，产生强继发反应，这些记忆效应细胞可能死亡。如果消耗太多可能失去记忆细胞。反之，低水平抗原周期性刺激可使少量细胞变为效应细胞，但能长期生存，因为不断接受生存信号。完全缺乏抗原（包括特异的或交叉反应的）时记忆细胞由于程序性死亡逐渐减少，仅有少量长期生存。

初始 T 细胞激活后面临两种命运：变成会衰退的效应细胞而死去，或成为记忆细胞而长期存活。研究表明初始 T 细胞的命运在激活之前是未定的，单个细胞可能分化为效应细胞或记忆细胞。记忆 T 细胞从初始 T 细胞直接分化而来还是从效应细胞转化而来仍有争议（图 11-14）。两个关键的转录因子 T-bet 和 Eomes 影响 $CD8^+$ T 记忆细胞的发育，这两个转录因子的影响受 IL-7R 和 IL-15R 表达的调节。还受炎症性细胞因子，尤其是 IL-12 的调节，IL-12 水平上升促进 T-bet 表达，抑制 Eomes 表达，利于短生存期效应细胞的发育，低水平的 IL-12 抑制 T-bet 表达，促进 Eomes 表达，有利于记忆 T 细胞的产生。DNA 结合 2 抑制物（Id2）是另一个在记忆 T 细胞产生中起重要作用的转录因子。感染过程中 $CD8^+$ T 细胞的 Id2 上调，在记忆 $CD8^+$ T 细胞中 Id2 仍然上调。转录因子 Blimp1 是浆细胞分化的关键因子，近来发现它与 T 细胞稳态和记忆 T 细胞发育相关，启动短生存期效应细胞形成并促使它们进入外周组织。KLRG1 是一个 C 型凝集素样受体，含有一个免疫受体酪氨酸抑制基序，感染后它强烈上调小鼠 $CD8^+$ T 效应细胞和 $CD8^+$ T 效应记忆细胞。其调节机制尚不清楚，推测它能减轻效应细胞的反应，防止自身免疫反应。

B 细胞和 T 细胞免疫的细胞和分子特征比较明确，T 细胞的功能受主要组织相容性抗原复合体的限制，B 细胞及其抗体的产生则没有这种限制。这些适应性免疫的特征也影响获得性免疫记忆和传递性免疫记忆。尤其对获得性免疫记忆的影响在免疫接种中应该认真考虑。记忆 B 细胞和记忆 T 细胞的生存期可能有差异，直接测定有困难，实际上仍用血清抗体水平估计体液免疫状态；记忆 T 细胞可用极限稀释分析抗原特异性

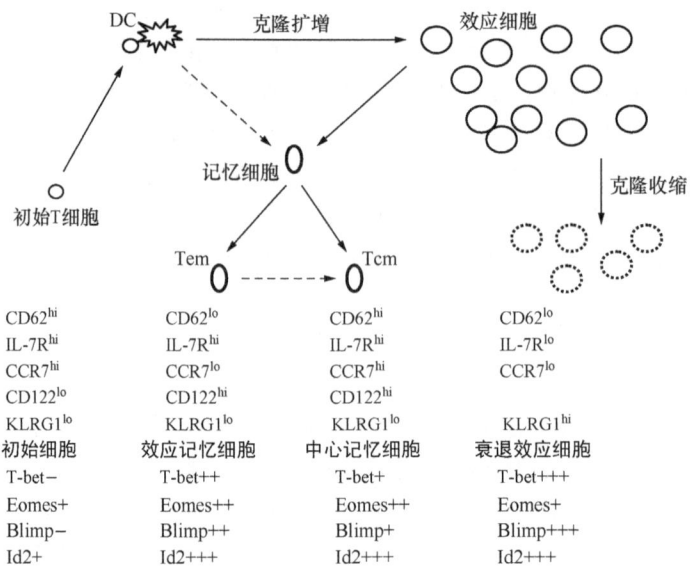

图 11-14 T 细胞生活史

初始 T 细胞与带抗原的树突细胞（DC）相互作用后活化，克隆扩增形成大的效应 T 细胞池。大部分效应 T 细胞在收缩相衰退凋亡，记忆 T 细胞存活分为效应记忆（Tem）或中心记忆（Tcm）细胞。虚线箭头表示有待进一步研究证实。

前体细胞，或用 MHC-多肽多聚单位免疫化学染色法估计 T 细胞免疫记忆状态。然而，免疫记忆是一种功能，不能简单归于 B 和 T 细胞，还应该考虑整个免疫系统的状态。

干细胞是能自我复制和有分化潜能的细胞。记忆细胞可能具有这种性质，如在抗原刺激下增殖，产生效应细胞和记忆细胞。近来证明 $CD8^+$ T 细胞在活化期间通过 Wnt-β-catenin 途径能获得干细胞样性质，称为 T 记忆干细胞（Tsems）。

四、影响细胞记忆的因素

人们对参与激活初始 T 细胞和转化为效应 T 细胞的信号已经进行了深入研究，对效应反应休止和效应细胞-记忆细胞的转化则知之甚少，对此过程的阐明有利于改进免疫记忆的产生和维护。经过适当的启动后，去除抗原和炎症细胞因子就成为产生免疫记忆的开始点。实际上除了 IL-7 维持效应细胞向记忆细胞转化和生存，还需要别的一些外源信号。影响免疫记忆的信号途径很多，如 IL-2 信号途径增强 $CD4^+$ T 细胞的生存；依赖 CD28 的信号途径能改善记忆细胞的产生；依赖 OX-40 的信号途径在 Th2 极化状态下影响记忆的极大化（maximizing memory）。此外，启动免疫反应时抗原刺激的水平和间期也影响记忆 $CD4^+$ T 细胞的产生。

记忆 $CD4^+$ T 细胞和记忆 $CD8^+$ T 细胞的维持有明显的不同。$CD8^+$ T 记忆群体相对稳定，而 $CD4^+$ T 细胞群趋于衰减。产生这种差异的影响因素较多。初始 T 细胞的存活需要 IL-7 和主要组织相容性复合体 MHC Ⅱ 分子，初始 T 细胞被高表达辅助刺激因子和带抗原的树突细胞活化。CD4$^+$ T 记忆细胞的存活需要 IL-7 和 IL-15 以及 MHC Ⅱ 分子的存在；CD4$^+$ T 记忆细胞的激活只需低水平的多肽-MHC 和辅助因子信号。用广泛采用的淋巴脉络丛脑膜炎病毒（LCMV）小鼠感染模型进行的研究表明，病毒特异性 CD8$^+$ T 记忆细胞能稳定维持数年，而 CD4$^+$ T 细胞减少。这个差别可能与这两类细胞与生存细胞因子 IL-15 的结合能力不同有关。IL-15 是 CD8 T 记忆细胞生存的核心因子；IL-7 是 CD4 T 记忆细胞生存的核心因子。虽然 CD4$^+$ T 记忆细胞能在没有 IL-15 的环境下发育，但是转化为 CD8$^+$ T 记忆细胞。IL-7 是次级淋巴器官 T 细胞区的网状纤维母细胞产生的，这些细胞还产生趋化因子 19 配体（CCL19），也被趋化因子受体 7（CCR7）识别，初始 T 细胞和有些记忆 T 细胞表达 CCR7，从而这些细胞吸引它们。

近年来一些研究者提出记忆细胞生存的生态位（niche）概念，T 细胞生态位包括 MHC Ⅱ、TCR 和生存细胞因子 IL-7、IL-15 等，还有肿瘤坏死因子家族受体与其配体构成的相互作用，不仅有空间位置还有功能作用。在 T 细胞丰富的小鼠 T 细胞生态位并不富裕。初始免疫反应终结后存在残留的抗原库，随着时间的推移而减少，记忆细胞的生存生态位受到限制，从而存在竞争生态位的问题，出现效应细胞向记忆细胞快速转化。

本节讨论了获得性免疫的免疫记忆，是生物进化到高级阶段形成的复杂的免疫机制。固有免疫是进化早期就有的初级免疫机制，可视为经过长期积累形成的种系免疫记忆，在获得性免疫系统形成后仍然起重要作用。中性粒细胞是固有免疫的原型细胞，募集于感染部位防止入侵的病原体进入机体其他部位。中性粒细胞通过固有免疫受体（如 Toll 样受体和其他模式识别受体 PAMP 等）对病原和内源性危险相关分子做出反应。中性粒细胞的这些功能成为肺微环境的重要组成部分，因为肺脏经常面临着千百万的颗粒和病原体，主要依靠中性粒细胞处理。一名体重 70kg 的成年男子，每天有 10^{11} 个中性粒细胞通过血液循环。Toll 样受体起着关键性作用。中性粒细胞表达除 TLR3 外的几乎所有型别的 Toll 样受体，表 11-13 列出了中性粒细胞上的 Toll 样受体、种类和功能，反映出人类进化过程中经历过重大感染，或长期接触的微生物类型，记录了人类种系演化过程中与寄生物斗争、共存的进化史。

表 11-13 中性粒细胞上的 Toll 样受体：表达和功能

名称	表面表达	细胞内表达	检测病例
TLR1	低	低	脓毒症，哮喘，曲霉病
TLR2	中	低	肺炎，哮喘，呼吸道合胞病毒感染（RSV）
TLR3	无	无	急性肺损伤，流感，RSV
TLR4	低	低	肺炎，结核，哮喘，肺气肿，低氧引起的肺病，肺缺血-再灌注损伤
TLR5	高	中	假单胞菌感染，军团杆菌病，囊性纤维化肺病
TLR6	中	无	分枝杆菌感染，侵袭性曲霉病，哮喘
TLR7	低	中	红斑狼疮，流感，哮喘
TLR8	低	中	哮喘
TLR9	高	高	分枝杆菌肺肉芽肿，肺炎

第七节 干细胞的免疫作用

免疫系统的主要功能是抵御外来生物的侵犯和致病作用、修复损伤、维持机体组织的稳态和平衡。干细胞在修复损伤、维持组织平衡中起关键性作用。干细胞的概念是在对组织平衡的研究中形成的。在探索血细胞增殖、分化、死亡的过程中推测有造血细胞的前体细胞，后来经过体外软琼脂集落培养实验和小鼠体内脾集落形成试验证实造血干细胞的存在。同时从其他代谢旺盛的器官、组织（皮肤、消化道黏膜等）也相继证实干细胞的存在。按照现在的认识这些组织的干细胞都是成体干细胞，源自胚胎干细胞，有的已经用于临床治疗。

在进行干细胞移植时必须考虑干细胞的免疫原性和免疫调节作用。其中免疫调节特别是与免疫效应细胞的作用尤为重要，近几年这方面的研究有较大的进展，加深了对干细胞移植机制的认识。

一、胚胎干细胞的免疫作用

胚胎干细胞（ES）表达低水平的 HLA-Ⅰ类分子，经 IFN-γ 刺激能上调其表达。在形成畸胎瘤或 ES 分化后几乎测不出 HLA-Ⅱ和辅助刺激分子。虽然 ES 表达的 HLA-Ⅰ低于异基因的成体细胞，但是已经足以引起细胞毒 T 细胞介导的排斥反应。然而，动物实验的结果不甚一致：小鼠、绵羊的 ES 细胞在免疫健全的异体中移植后可存活数周；大鼠的 ES 细胞在异基因受体中引起异基因特异的宿主免疫反应较弱，移植的 ES 细胞能够持续存活。反之，小鼠 ES 细胞移植到心肌损伤的异体中引起 T、B 淋巴细胞和巨噬细胞浸润，数周内 ES 细胞及其后裔细胞都消失。人类免疫健全的受体在异基因 ES 细胞移植后引起活跃的免疫细胞和体液免疫反应，排斥移植的 ES 细胞，其中 $CD4^+$ T 细胞在排斥反应中起重要作用。在免疫健全的受体反复移植 ES 细胞，结果出现 ES 细胞加速死亡，提示有获得性供体特异性的免疫反应产生。在免疫缺陷小鼠或给予免疫抑制药物可以减轻抗 ES 细胞的免疫反应，明显延长异基因移植物的生存期。

除了免疫原性外，ES 细胞在体内、体外都测出有免疫调节作用。人类 ES 细胞在体外不被 NK 细胞识别，但能抑制 T 细胞活化。但是，ES 细胞接种到免疫健全的受体后对于 NK 细胞十分敏感，因为它们表达激活 NK 受体的配体 NKG2D。为了避免增加组织移植损伤，有些国家建立 HLA 型匹配的 ES 细胞库。

二、成体干细胞的免疫作用

成体干细胞是修复组织损伤、维持机体完整和细胞社会稳态的核心。不同的成体干细胞有不尽相同的免疫作用。但是，都有精细的定量调控，调节失控就可能导致疾病。例如，造血干细胞是免疫细胞的前体细胞，补充各类免疫细胞、红细胞、血小板（巨核细胞）的代谢性消耗，维持造血系统和免疫系统的稳态。许多血液病是由于造血调节紊乱所致，白血病则是造血干祖细胞变异所致。

组织干细胞有组织修复作用，间充质干细胞具有很强的免疫调节作用。不同的成体干细胞之间有分工合作，完成作为整体的修复过程。

随着机体逐渐衰老，成体干细胞也逐渐衰退。干细胞衰老是一个正在研究的领域，除了端粒长度和端粒酶的作用外，还有人从热力学和生物化学角度研究干细胞衰老的机制，对线粒体的代谢和基因沉默进行了初步探索。值得注意的是，近年来对诱导性多能干细胞的研究进展可能提供了新的视角。

1. 神经干细胞的免疫作用

人类的神经干细胞（NSC）主要在成体中枢神经系统的部分区域找到：海马、脑室区（SVZ）、嗅球以及脊髓。除了自我复制，NSC 还能分化为神经元和（或）神经胶质细胞。取得人类 NSC 的技术难度高，所以对于 NSC 的研究主要是用动物或胎儿脑组织进行的。长期以来认为中枢神经系统是免疫赦免区，因为此区域内没有淋巴细胞和树突细胞，并有血脑屏障与血液循环隔离。但是，免疫赦免并非绝对，在中枢神经系统移植神经原也能被排斥（比在其他器官排斥慢些）；脑损伤可加速排斥（可能与血脑屏障受损有关）。体内的 NSC 低表达 MHC 复合体；原代培养 NSC 的 MHC 表达也低，分化后明显升高。分离的 NSC 表达辅助刺激分子 CD80（B7.1）和 CD86（B7.2）。促炎症因子（如 IFN-γ、TNF-α）能增强其 CD80，CD86 和 MHC I 的表达。人类的 NSC 细胞系虽然低表达 MHC，但仍可被外周血的淋巴细胞识别。人类的神经祖细胞表达多种黏附分子，如整合素 α2、α6 和 β1，CD44 以及趋化因子受体 CCR3、CCR6、CCR7、CCR9、CXCR3；约 1/4 的人类 NSC 细胞表达趋化因子受体 CCR4、CCR5 和 CXCR4。近年来关于 NSC 的免疫调节性质报道提示了它们的再生潜能：人类和小鼠的 NSC 在体内、体外都能抑制 T 细胞增殖，抑制髓磷脂特异的免疫反应；还能抑制髓系树突细胞活化。NSC 的体内免疫调节作用已在一些神经系统疾病患者中检测到。

2. 间充质基质细胞的调节免疫作用

间充质干细胞（mesenchymal stem cell）近年来再次正名为多潜能间充质基质细胞（multipotent mesencymal stromal cell，MSC），因为从单个细胞分析 MSC 是异质性的，而且形态类似成纤维细胞。MSC 最初在骨髓中发现，作为多潜能的成体干细胞，在体内、体外都能分化为中胚层的细胞，如成纤维细胞、骨细胞、脂肪细胞和软骨细胞；有的研究报道认为 MSC 还能分化为内胚层和神经外胚层的细胞，如肝细胞、上皮细胞和神经原。成体淋巴组织（淋巴结、脾、胸腺）的 MSC 前体细胞也呈现类似的免疫表型和多系分化潜能。实际上 MSC 存在于所有的组织中，作为管壁周细胞群体的一部分，在支持造血和血管新生中起重要作用。

MSC 本身不引起异基因移植反应，因为它们仅低-中度表达 HLA-I 和 LFA-3，不表达辅助刺激分子 CD80、CD86、CD40 或 CD40L，即使用 IFN-γ 刺激也不表达这些分子。此外 MSC 能表达 HLA-G，这是一种能防止抗 MSC 免疫反应的非经典 HLA-I 抗原。

MSC有深刻的免疫调节作用，在体外能抑制淋巴细胞增殖，体内能延长MHC不匹配的皮肤移植物的存活期。MSC的调节活性涉及获得性免疫和固有免疫的大量效应细胞，包括$CD4^+$ T细胞、$CD8^+$ T细胞、B细胞、NK细胞、单核细胞衍生的树突细胞和中性粒细胞。MSC导致淋巴细胞和树突细胞无能，抑制中性粒细胞凋亡。MSC在体内、体外以不依赖MHC的方式抑制免疫反应。不同组织来源的MSC都有免疫调节性质，提示基质细胞的免疫调节功能。但是，不同的实验室报道了一些矛盾的结果，可能与采用的方法和实验条件的差异相关；MSC与获得性免疫的相互作用还与微环境密切相关，提示MSC的免疫调节机制的冗余性和多样性，总的说来涉及可溶性因子和细胞间接触的诸多方面。MSC不仅能逃避T细胞的识别，也能逃避$CD8^+$ T细胞的细胞特异性溶解作用和NK细胞的溶解作用。输注异基因的MSC导致引导排斥反应失误，加强免疫耐受，可以减轻人类的异基因干细胞移植引起的移植物抗宿主病，治疗小鼠的自身免疫性脑脊髓炎。

三、成体的胚胎干细胞样细胞的免疫作用——大病痊愈的机制

近年来，不少研究者相继报道发现不同组织或同一组织中有微量的胚胎干细胞样的干细胞。例如，骨髓中有很小量的类胚胎干细胞（very small embryonic-like stem cell，VSEL）能分化成三个胚层的细胞。从脐血、外周血、脂肪组织、骨骼肌及皮肤等组织分离出各种类胚胎干细胞样的细胞。推测这些胚胎干细胞样细胞是胚胎干细胞的残留群体。然而，近年来诱导性多潜能干细胞系（iPS）的发现使人们认识到问题的复杂性。

虽然体细胞经过重新编程变为诱导性多能干细胞的发现仅4年，但是引起了生命科学和生物工程研究者的极大关注，不仅为再生医学翻开了新的一页，也为生命科学的理论研究开拓了新的方向；为肿瘤的发生、发展，为干细胞的免疫作用研究提供了新的线索。

体细胞重新编程为iPS的研究结果吸引了众多研究者，各种研究进展迅速，从经典的使用4个重新编程因子（Sox2、Oct4、Klf4、c-Myc，简称SOKM）逐渐简化，到只需一个转录因子（Oct4）即可将神经干细胞诱导为iPS；还有不用病毒载体的方法报道。其主要性质如图11-15所示。

业已报道多种类型的体细胞能诱导为胚胎干细胞样细胞，包括：胚胎成纤维细胞、成体成纤维细胞、角质细胞、神经前体细胞、肝细胞、胃上皮细胞、胰腺β细胞和小肠上皮细胞。大多数研究报道的转化效率很低，在起始体细胞的0.01%~0.5%。影响重新编程效率的因素很多。看来体细胞性质很重要，如人类角质细胞的重新编程率比人类成纤维细胞高100倍；小鼠胃和肝细胞重新编程比成纤维细胞快。许多研究用逆转录病毒或慢病毒载体整合到基因组中表达外源性重新编程因子。研究发现，连续表达或后期再激活重新编程因子能发生严重后果，如重新编程细胞在小鼠体内形成嵌合体，有些嵌合体小鼠出现肿瘤。近来有用不含核酸的重新编程实验报道，用SOKM蛋白产物也能产生iPS样细胞，形成嵌合体胚胎。小分子物质，如5-氮胞苷是甲基转移酶抑制剂，也影响重新编程。此外，改变细胞培养条件也影响重新编程的效率，如低氧条件下培养有

第十一章 细胞的免疫机制与机体免疫的细胞机制

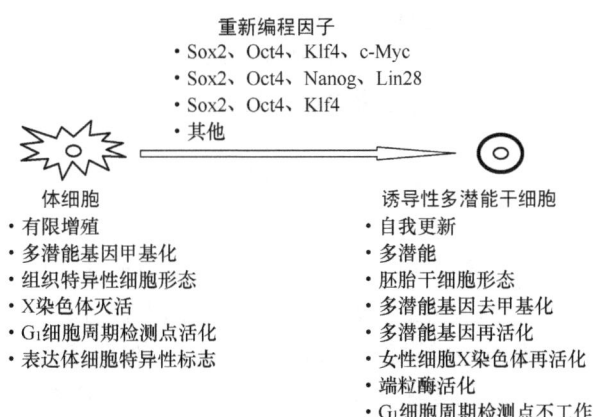

图 11-15 从体细胞重新编程为诱导性多潜能干细胞

利于保持干细胞的多能性。

已有的实验资料表明，成体内确实存在胚胎干细胞样的多潜能细胞，它们可能是胚胎干细胞的残留物，而且可能通过诱导从体细胞产生多潜能干细胞 iPS（图 11-16）。不禁要问：它们的进化意义是什么？有没有免疫学作用？

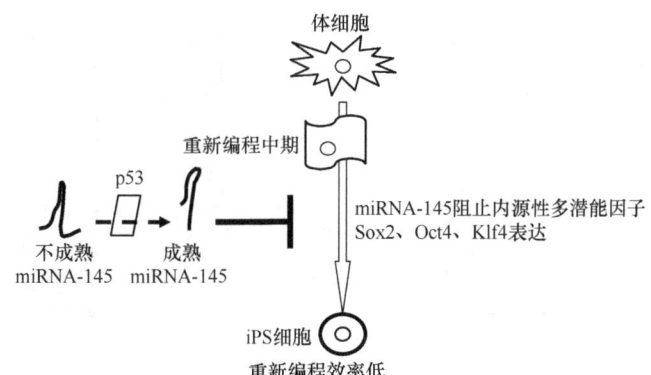

图 11-16 p53 和 miRNA-145 介导的重新编程抑制模型
已知 miRNA-145 抑制内源性重新编程因子 Sox2、Oct4 和 Klf4 的
表达，p53 控制不成熟 miRNA-145 向成熟、有功能 miRNA-145 的
转化，内源性重新编程因子的低效产生干扰了 iPS 细胞的形成。

复习文献和生活中所见所闻的"轶事"，不难发现大病痊愈后健康长寿的病例。例如，一次严重感染后肿瘤消退痊愈；二万五千里长征参加者、纳粹集中营中长期营养不良存活者后来成百岁老人……其机制不清，是否激活了微量的多潜能干细胞？

第八节 细胞膜囊泡的免疫作用

细胞间通信主要通过分泌蛋白（细胞因子）与其细胞膜上的受体进行，细胞间接触通过膜上的跨膜蛋白也有信号传递。近年来研究证明释放体细胞膜囊泡（membrane vesicles）也是细胞间通信的方式之一，尤其在免疫细胞、肿瘤细胞中起重要作用，对它们的研究不仅有理论意义，还有临床应用前景。

一、细胞膜囊泡

细胞内亚细胞成分之间的交往可以通过载体和分泌囊泡或向质膜运输分泌的可溶性蛋白，其中含管腔内的成分；反之，分泌的膜泡含细胞质成分。分泌的膜泡可以在质膜上形成，直接芽出到细胞外形成微泡（microvesicles）、包膜病毒和膜颗粒。分泌的囊泡在细胞内部形成，与细胞质膜融合后再分泌。在多囊泡内涵体（multivesicular endosomes）中产生的小泡分泌后称为外释体（exosomes）。有些病毒（如逆转录病毒）搭乘外释体，或在多囊泡内涵体内芽出然后分泌。外释体样囊泡（exosomes-like vesicles）也源自内部的多囊泡成分（或多囊体），其性质尚不清楚（图11-17）。

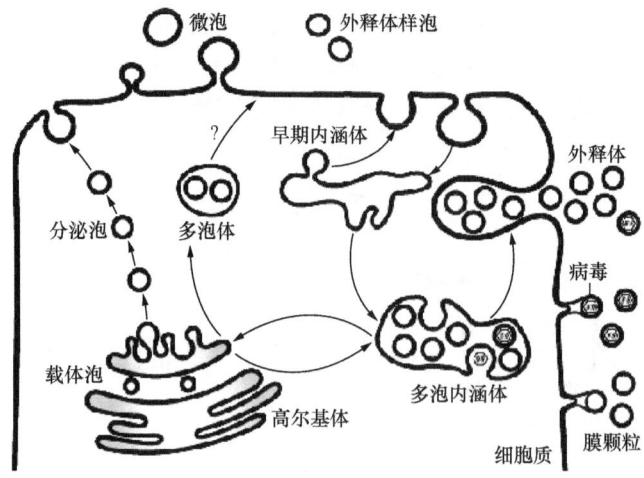

图 11-17　不同类型的分泌膜泡

二、膜泡的性质和分类

膜泡是由双脂层包裹的球形结构，内含亲水性的可溶性成分。在真核细胞中细胞器成分的转移由载体囊泡执行，从输出细胞器的膜芽出，然后在细胞质中迁移直至与接受细胞器的膜融合。这些载体囊泡含有输出细胞器内腔的物质和暴露在细胞质侧面的成分，但是全过程都是在细胞内进行的。细胞也能产生分泌到细胞外的膜泡，这样的囊泡可以由细胞质膜形成，也可以由细胞器膜形成。不论其来源，它们含有细胞液和细胞膜成分，可视为微缩细胞。研究者们已经分析了多种性质不同膜泡的物理化学性质，如表11-14所示。

表 11-14 不同类型分泌囊泡的物理化学性质

性质	外释体	微泡	核外粒体	膜颗粒	外来体样泡	凋亡囊泡
大小/nm	50～100	100～1000	50～200	50～80	20～50	50～500
密度/(g/ml)	1.13～1.19	未测	未测	1.04～1.07	1.1	1.16～1.28
电镜形态	杯状	不规则	双层圆形	圆形	不规则	异型
沉降（g）	10^5	10^4	$(1.6～2)\times10^5$	$(1～2)\times10^5$	1.75×10^5	十万个 g
脂质成分	富含胆固醇，磷脂酰鞘磷脂，神经丝氨酸酰胺，磷脂酰丝氨酸	磷脂酰丝氨酸	胆固醇甘油二酯磷脂酰丝氨酸	未测	不含脂筏	未测
蛋白质标志	CD63、CD9 Alix、TSG101	整合素 选择素 CD40L	补体受体 1 蛋白溶解酶 无 CD63	CD133 无 CD63	TNFR1	组蛋白
细胞内来源	内涵体	质膜	质膜	质膜	胞内成分	未测

注：此表内所列性质测自纯化的制剂，实际上仍是异质性的。电镜形态仅供参考，不作为鉴定标准，因为形态受标本制作条件影响。

资料来源：Thery 等，2009。

正在死亡的细胞和凋亡细胞也能释放膜泡，它们的性质与表 11-14 所述的活细胞释放的膜泡不同，已在有关凋亡的章节中讨论。直径大于 100nm 的膜泡由血小板、肿瘤、中性粒细胞和树突细胞的细胞质膜芽出或脱落；膜泡也可以由细胞器的成分与质膜融合形成，如多囊泡内涵体和外释体。典型的外释体（exosomes）具有多囊泡内涵体的主要物理化学性质，其直径为 50～100nm，又称为纳米颗粒或外来体（exosome）样囊泡。

细胞类型不同，其外释体的分泌可以是自发的，也可以是诱导的。体外培养的大多数肿瘤细胞系、EB 病毒转化的 B 细胞、树突细胞和巨噬细胞组成性分泌外释体。网状细胞、T 细胞、肥大细胞和休止期的 B 细胞仅在细胞表面的受体受到刺激后才能测到外释体；血细胞的外释体或微泡的分泌受多种刺激的影响，这些刺激增加细胞内钙水平引起质膜重构和微泡脱落。例如，单核细胞和中性粒细胞以及血小板的凝血酶受体在 ATP 激活 P2X7 受体后、树突细胞的 Toll 样受体 4 在脂多糖刺激下均产生上述变化。树突细胞外释体分泌随生命周期的不同而变化，脂多糖诱导成熟的树突细胞比不成熟的少；不成熟的树突细胞与 B 细胞克隆作用后瞬时性增加外释体的分泌。放射治疗或诱导衰老的损伤性处理都能增加肿瘤细胞、成纤维细胞和树突细胞的外释体分泌。

图 11-18 概括了膜泡对各阶段免疫反应的影响。最引人关注的功能是分泌的膜泡携带抗原物质和肽-MHC 复合体，能够活化 T 细胞，可以引发免疫反应。

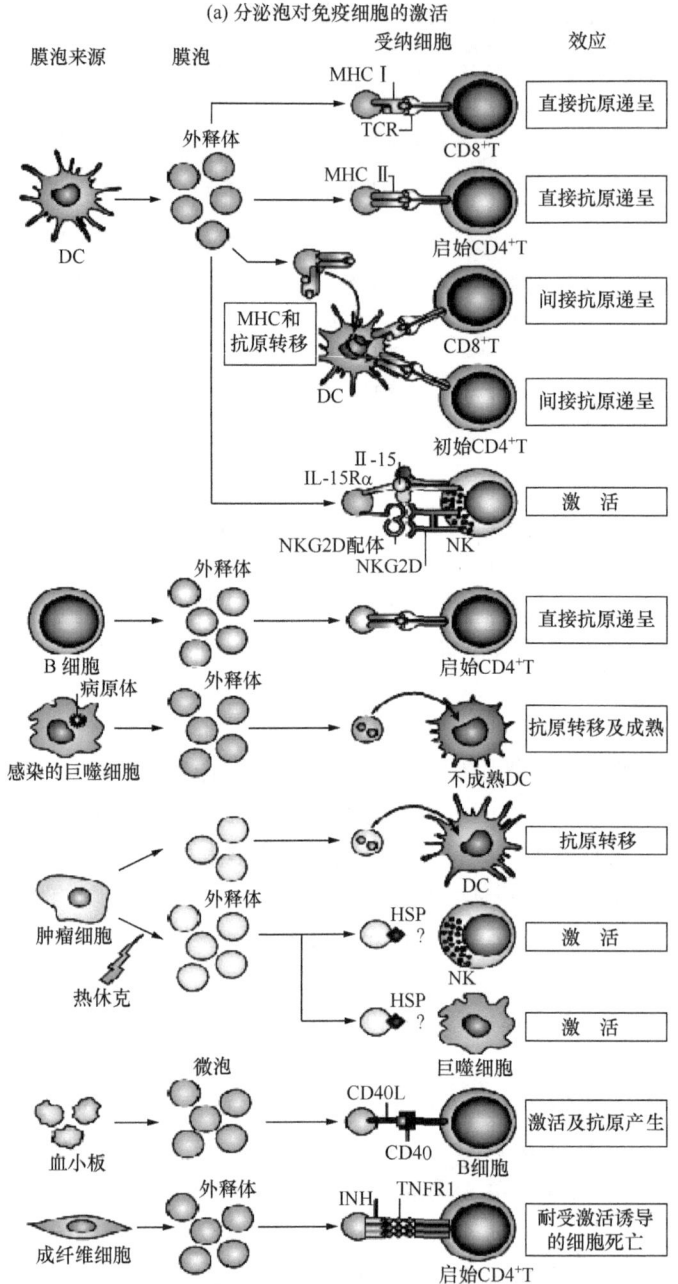

图 11-18 分泌的膜泡与免疫细胞的相互作用（a）

此图概括了体外观察到的分泌膜泡对免疫细胞的主要效应：（a）激活效应：各种细胞来源的分泌膜泡对免疫细胞有多种激活效应，包括对 T 细胞直接的肽-MHC 复合体递呈；抗原和（或）肽-MHC 复合体转移到树突细胞上导致间接的抗原递呈；激活自然杀伤细胞（NK）、巨噬细胞和 B 细胞，导致树突细胞成熟；以及 T 细胞抗激活诱导的细胞死亡（AICD）途径的肿瘤坏死因子依赖的保护的活化。

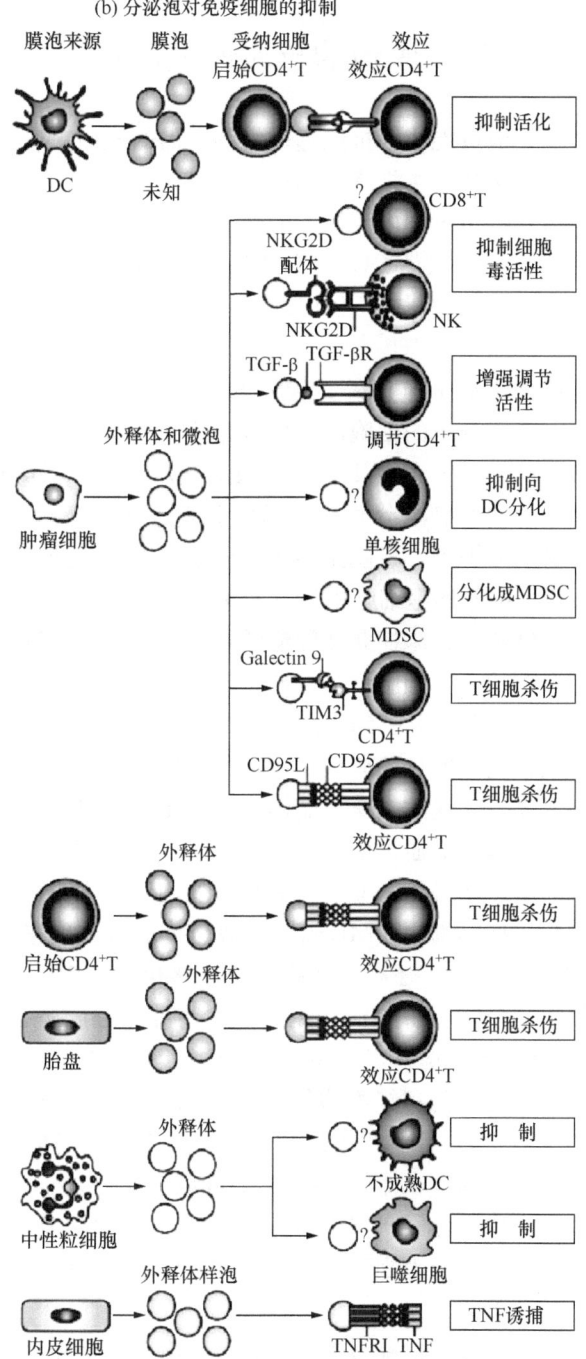

图 11-18 分泌的膜泡与免疫细胞的相互作用（b）

(b) 抑制效应：包括抑制 T 细胞活化；抑制自然杀伤细胞和 $CD8^+$ T 细胞的细胞毒性；增强调节 T 细胞的活性；抑制单核细胞向树突细胞分化；促进单核细胞向髓系抑制细胞（MDSC）分化；T 细胞杀伤通过 CD95 配体化，由 CD95L 或细胞免疫球蛋白结构域和黏液素结构域蛋白 3（TIM3）以及 TNF 诱捕进行。HSP：热休克蛋白；IL-15Rα：IL-15 受体 α 链；NKG2D：NK 组 2，D 成员；TGF-βR：转化生长因子-β 受体；TNFR1：肿瘤坏死因子受体超家族成员 1。（Thery et al., 2009）

三、膜泡的抗原递呈作用

体内活细胞释放的膜泡可能成为抗原递呈细胞所需的抗原来源。肿瘤细胞释放的外释体往往含有肿瘤抗原，包括宿主细胞表面的跨膜蛋白和内涵体成分。感染结核杆菌的巨噬细胞产生的外释体含有包裹在内涵体中的病原体抗原。感染巨细胞病毒的内皮细胞产生的外释体也携带病毒抗原激活 $CD4^+$ T 细胞。然而，感染淋巴脉络丛脑膜炎病毒（LCMV）的树突细胞分泌的外释体不含 LCMV 抗原，不能诱导抗 LCMV 病毒的免疫反应。

除了完整的抗原或加工后的抗原外，膜泡的表面也有 MHC 复合体直接递呈给 T 细胞。从任何带有 MHC Ⅰ分子的细胞产生的膜泡和外释体都可能激活 $CD8^+$ T 细胞。从成熟树突细胞分离出的外释体激活 T 细胞的效应比从不成熟树突细胞分离的效应强，提示成熟树突细胞衍生的辅助刺激分子在外释体上表达参与激活 T 细胞。肿瘤细胞产生的外释体仅激活 $CD8^+$ T 细胞，可能是由于肿瘤细胞缺乏辅助刺激分子，由不匹配的 MHC 诱导 T 细胞活化。抗原递呈细胞也能含有大量的 MHC Ⅱ分子，激活 $CD4^+$ T 细胞。但是它们需要被受纳树突细胞捕获才能激活初始 $CD4^+$ T 细胞，外释体将复合体传递给缺乏 MHC Ⅱ复合体的树突细胞激活抗原特异性 $CD4^+$ T 细胞。细胞质膜产生的膜泡也能像外释体那样转移 MHC 分子到受纳树突细胞激活 T 细胞。

膜泡还有许多不依赖抗原的免疫调节作用。最早发现的是肿瘤细胞系或肿瘤患者体液分离出的膜泡或外释体，能通过 CD95 配体（CD95L 也称 FASL）或 galectin 9 诱导 T 细胞凋亡。肿瘤的外释体还能通过增强调节 T 细胞的功能抑制 IL-2 诱导的 T 细胞增殖；肿瘤外释体减弱自然杀伤细胞和 $CD8^+$ T 细胞的细胞毒作用，削弱髓系前体细胞向树突细胞分化，诱导髓系抑制细胞（MDSC）生成。可部分归因于肿瘤外释体上有 NK 组 2 成员 D（NKG2D）的配体，还高表达膜结合型转化生长因子-β（TGF-β）。后续研究表明，免疫细胞衍生的膜泡也有免疫抑制作用。与肿瘤细胞类似，活化的 T 细胞分泌带有 CD95L 的外释体，诱导旁观者（bystander）T 细胞凋亡，从而参与激活诱导的细胞死亡（AICD）。中性粒细胞和红细胞衍生的外释体抑制 IL-8 的分泌，抑制巨噬细胞分泌肿瘤坏死因子（TNF），抑制树突细胞成熟，从而减弱炎症反应。从体液（如乳汁，尤其是初乳）分离的外释体在体外能抑制 T 细胞活化并增加调节 T 细胞。从孕妇血浆分离的外释体或微泡也带有 CD95L，引起 T 细胞 CD3ζ 表达下降，从而降低 T 细胞的反应性。从内皮细胞或支气管肺泡液分离出的外释体带有 TNF 受体 Ⅰ，能结合 TNF 降低它的活性。

分泌膜泡对免疫的刺激效应也有报道。例如，经凝血酶活化的血小板释放的微泡刺激造血细胞增殖、促进生存和趋化，促进活化的单核细胞分泌促炎症细胞因子，激活 B 细胞等。细胞内感染病原体（如结核杆菌、肠道沙门菌）的巨噬细胞释放的外释体有病原体衍生的促炎症细胞因子的分子决定簇，诱导受纳巨噬细胞分泌促炎症细胞因子。值得注意的是体外培养的细胞在感染支原体后也释放含有促炎症细胞因子的外释体，能诱导多克隆的 T 和 B 细胞活化，提示我们在考虑外释体激活效应时应注意有无支原体污染。

体外实验表明不成熟树突细胞外释体上的自然杀伤细胞激活受体的配体能启动自然杀伤细胞的活化。这个过程是通过 HLA-B-相关转录本 3（BAT3）或 UL16 蛋白的。肿瘤细胞外释体的免疫刺激作用也有报道，但发生在应激状态（见下节）。类风湿性关节炎滑液含有成纤维细胞外释体，携带活化的膜结合型 TNF 与 T 细胞结合导致对激活诱导的细胞死亡（AICD）的耐受，参与疾病的发展。将分离纯化的微泡进行体内实验的结果表明：树突细胞衍生的外释体有免疫原性，给肿瘤小鼠注射可使肿瘤消退，引起了研究者的关注。

膜泡的生理意义尚待研究阐明。有一个研究报道：足月分娩产妇血清的胎盘衍生膜泡的水平高于不足月分娩者；体外实验观察到这些膜泡以 CD95L 依赖的方式抑制 T 细胞反应，足月产妇的分泌膜泡抑制活性高于不足月产妇的。这个资料表明胎盘产生的膜泡参与防止母体对胎儿的免疫反应。有资料表明，小肠上皮细胞或支气管细胞与树突细胞间通过膜泡进行的肽-MHC 复合体和（或）其他分子的转移可能参与对食物或气道过敏原的耐受机制。

四、膜泡的作用机制

研究表明，在 DNA 损伤情况下 p53 转录因子的激活增加跨膜蛋白肿瘤抑制物激活途径 6（TSAP6）的表达，这个途径是增加外释体分泌所需的。此外，甘油二酯激酶 α 和 brefeldin A 抑制的鸟嘌呤核苷转换蛋白 2（BIG2）也可能与外释体分泌有关。

对于微泡和外释体的研究资料大多来自体外研究，近年来越来越多的资料表明体内存在这些细胞的产物。组织切片的电镜观察发现扁桃体生发中心的滤泡树突细胞表面黏附着具有 MHC Ⅱ 和四跨膜蛋白超家族成员（tetraspanin）分子的纳米囊泡。树突细胞不具有 MHC Ⅱ 类分子，提示由周围 B 细胞捕获。此外从许多体液中分离出外释体或微泡，包括人类的血浆、血清、支气管肺泡液、尿、肿瘤渗漏液、羊水和乳汁。这些资料强烈支持体内存在外释体和微泡的假设；从肿瘤患者的体液测出外释体，说明外释体比肿瘤细胞散播得更广、更远。

外释体结合到受纳细胞表面后的命运尚不清楚。近年来的报道提示外释体可能与受纳细胞的胞膜融合，有资料表明：干细胞衍生的微泡能够把 RNA 转移给造血细胞，导致重新编程；胶质瘤细胞系的微泡能将 RNA 转移给正常的内皮细胞，这些结果提示 RNA 直接进入细胞质。实验表明小鼠肥大细胞衍生的外释体携带的小鼠 RNA 在人类肥大细胞中产生小鼠的蛋白质。另有报道，在肿瘤微环境中肿瘤细胞产生的外释体转移肿瘤性 EGF 受体（EGFR），导致受纳细胞转化。外释体微泡与受纳细胞的可能相互作用总结如图 11-19 所示。

五、肿瘤细胞外释体的性质和作用

实际上几乎所有类型的细胞都能产生外释体，但是，以网状细胞、免疫细胞和肿瘤

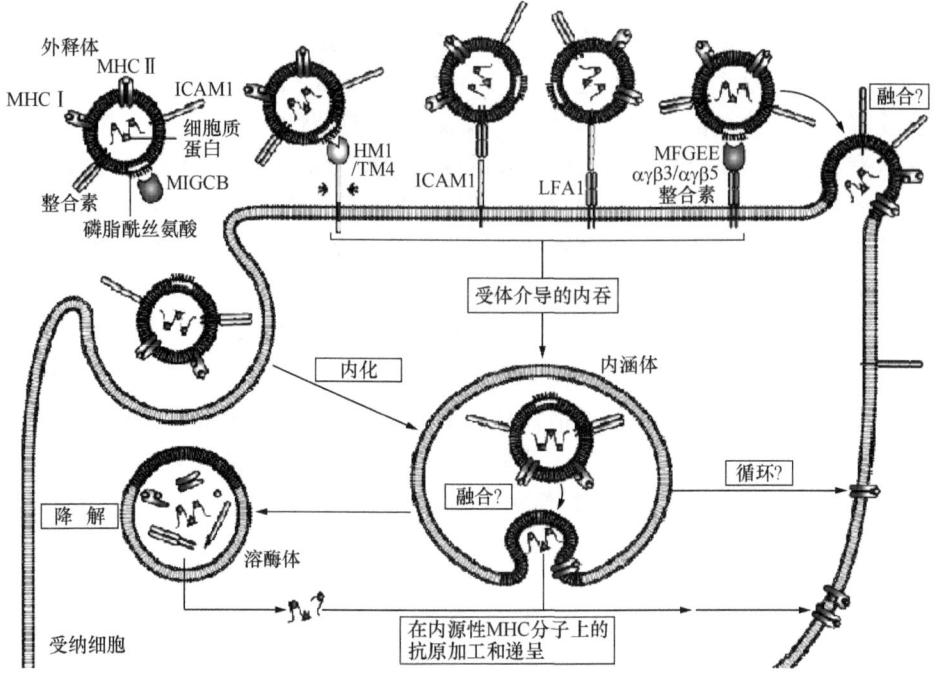

图 11-19 分泌膜泡与受纳细胞的相互作用

分泌囊泡结合到受纳细胞表面包括外释体分子与细胞受体间的相互作用：细胞间黏附分子 1（ICAM1）与淋巴细胞功能相关抗原 1（LFA1），磷脂酰丝氨酸与细胞免疫球蛋白结构域和黏液素结构域蛋白 1（TIM1）或 TIM4；可能还有乳脂球 EGF 因子 8 蛋白（MFGE8）结合到 $\alpha v\beta 3$ 或 $\alpha v\beta 5$ 整合素；可能还有其他未知的受体参与此过程。与受纳细胞表面分子作用后，外释体可能直接与受纳细胞质膜融合，导致外释体膜蛋白合并到质膜，并将外释体内含物释放到受纳细胞中。另种方式：内吞的外释体能与内涵体膜融合导致外释体内含物释放入细胞质，外释体膜与内涵体膜合并再循环到细胞表面。还有，外释体通过受体介导的内吞或吞噬可以被内吞或吞噬过程降解，产生抗原多肽装载 MHC Ⅰ 和 MHC Ⅱ 分子。

细胞研究最多，其中肿瘤细胞产生的外释体最多。外释体是由内涵体微泡衍生而来的细胞器，在正常和病理状态下通过细胞间交谈由受体放出。对微泡的蛋白质组学分析表明，不同细胞来源的微泡有一些共同的蛋白质分子，但是不同的细胞各有特殊的蛋白质成分。例如，树突细胞产生的外释体（称为 DEX）能激活 T 细胞，即含有特异性抗原、辅助刺激因子、黏附分子和功能性 MHC Ⅰ 和 MHC Ⅱ 型分子。体外实验表明 DEX 的刺激效应与树突细胞中相应的分子相关，能够增强免疫反应。DEX 已经作为抗肿瘤疫苗进入临床试验。微泡的释放在肿瘤细胞猛增，体外研究表明能够从肿瘤患者的血浆、腹水、胸水中分离、纯化外释体。Skog 等对冷冻保存的神经胶质母细胞瘤微泡内容物与临床患者血液中的微泡进行了比较分析，发现这些微泡含有肿瘤细胞的 mRNA，同时采集的患者血液标本中有 28% 的标本含有此类微泡，反映了肿瘤的蛋白质内含物，提供了肿瘤的重要信息。由于 mRNA 很容易降解，所以血液中实际的肿瘤微泡阳性率可能更高，有可能将血液微泡成分分析用于神经胶质母细胞瘤的临床诊断。

通常认为肿瘤通过细胞-细胞间接触和释放可溶性抑制因子影响微环境。近年来的研究表明外释体是肿瘤影响微环境的重要机制。肿瘤细胞释放的囊泡结构即微泡（microvesicles）或外释体（exosomes），带有肿瘤细胞的多种蛋白质，对免疫系统产生多种效应，包括引起活化的抗肿瘤 T 细胞凋亡、单核细胞向树突细胞分化的阻止和诱导髓系抑制细胞等。已经报道有外释体的人类肿瘤有：黑色素瘤、结肠癌、卵巢癌、乳腺癌、头颈部腺癌、前列腺癌、B 细胞淋巴瘤、浆细胞瘤和间皮瘤。患者体液中检测到外释体的肿瘤有：黑色素瘤、结肠癌、前列腺癌、头颈部腺癌、肾癌。外释体源自细胞内涵体（endosomal），初始直径 50～100nm。外释体包含的主要分子如表 11-15 所示。肿瘤外释体对机体免疫系统有明显而广泛的负面影响（图 11-20），在肿瘤免疫中有明显的两面性，外释体携有肿瘤抗原，可以直接通过 MHC 分子递呈给 T 细胞；同时外释体内部包含多种调节因子对肿瘤免疫产生较深刻的影响，可能介导肿瘤免疫抑制。

表 11-15　已测出外释体运载的分子

膜黏附分子：整合素、Tetraspanins、乳脂球蛋白 EGF 因子 B 蛋白
膜传递分子：Rab 白家族、Rho GDP 裂解抑制物、RAP1B、annexins
脂筏：Flotillin1
细胞骨架蛋白：肌动蛋白、ezrin、radisin、moesin、微管蛋白、肌浆球蛋白
蛋白溶酶体标志：CD63、CD81、CD82、LAMP-1/2
抗原递呈机构：HLA I 和 II/肽复合体
肿瘤抗原：MelanA/Mart-1、gp100、CEA、HER2 等
死亡受体：FasL、TRAIL
细胞因子及受体：Tfr2、TNF-α、TNFR1、TGF-β 等
酶：丙酮酸酯激酶、烯醇酶、磷酸甘油酸酯激酶 1
蛋白合成：真核细胞翻译延长因子和 ADP 核糖基化因子
分子伴侣：热休克蛋白、Cyclophilin A
mRNA 和微小 RNA
药物转运子：MRP2、ATP7A、ATP7B 等
多泡体形成物：肿瘤敏感因子 101、Clathrin、Alix
跨膜分子：四跨膜蛋白超家族成员 CD13、CD26、三磷酸腺苷酶通道
其他：组蛋白 H2、H4、补体因子主要拱顶蛋白、铁蛋白和分泌蛋白

肿瘤分泌的外释体是细胞间通信的重要工具，起更广泛的旁分泌（paracrine）作用。它们的双层膜有独特的脂质构成：高度富集鞘磷脂、胆固醇和糖脂类 GM3。与可溶性分子相比，外释体传递信息效率更高。因为外释体：①为蛋白质成分提供了更稳定的构型条件；②增加蛋白质活性；③增加分子分布机会，传播更远；④能与靶细胞更有效地相互作用。这些特点使肿瘤外释体成为肿瘤的有效通信平台。对微环境和机体内环境起重大影响。如表 11-15 所示外释体可能有各种生物活性分子，随着不同肿瘤产生的不同分子，其外释体可能起下述作用：①增强邻近的和远处肿瘤细胞的生长因子及其受体表达，增强自分泌（autocrine）生长机制；②抑制和干扰免疫反应（如干扰促凋亡分子和抑制性细胞因子的表达）；③肿瘤微环境中基质金属蛋白酶（MMP）的分泌增加，通过四跨膜蛋白家族成员增加促血管生成因子（如 VEGF）表达，导致肿瘤基质重构和利于肿瘤细胞转移扩散；④增强对化疗药物的耐受性。化疗药物对外释体可以有不同的

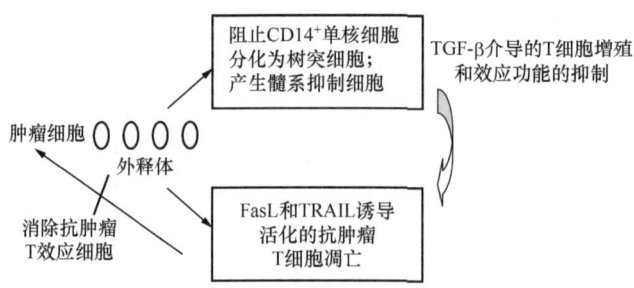

图 11-20 肿瘤外释体对抗原递呈和细胞的负面效应

有些人类肿瘤（包括黑色素瘤、结肠癌、头颈部癌和卵巢癌）释放的外释体呈现出对抗肿瘤免疫机制的干扰。主要通过两个途径：①阻扼单核细胞向树突细胞分化和促进髓系抑制细胞产生，通过 TGF-β 抑制 T 细胞的增殖和功能；②通过诱导 FASL 和 TRAIL 介导活化的抗肿瘤-特异性 T 细胞凋亡。两个途径都导致肿瘤逃逸抗肿瘤免疫机制。

作用，有些化疗药物能够干扰肿瘤细胞外释体的形成，产生不同的后果。用非细胞毒性剂量的 cisplatin 和阿霉素处理肿瘤细胞可能通过激活 p53 增加外释体的释放，当剂量增加到影响微管活性时外释体减少。当药物分子影响到多囊体（MVB）组装时也能影响外释体蛋白的成分。质子泵抑制剂通过一种未知的机制降低微泡的释放，推测直接影响到溶酶体的稳定性或肿瘤细胞质的酸碱度。有些药物由于其生化性质和电荷变化积蓄在膜泡中然后脱落。

六、外释体与病毒感染

不成熟树突细胞（iDC）分散在外周组织起哨兵作用，识别、监测各种微生物。当病原微生物入侵时 iDC 通过检测受体捕获它们，内吞后加工成多肽抗原，并迁移到次级淋巴器官成为成熟树突细胞（mDC）将抗原递呈给淋巴细胞。病毒，尤其是人类免疫缺陷病毒（HIV）有多种策略逃避树突细胞的抗病毒活性。HIV-1 在 $CD4^+$ T 细胞间活跃传播感染，虽然感染 HIV-1 的树突细胞只有感染 $CD4^+$ T 细胞的 $1/100\sim1/10$，感染树突细胞在 HIV 病毒的传播和疾病发生、发展中起重要的作用。与 HIV-1 的其他靶细胞（$CD4^+$ T 细胞或巨噬细胞）不同，在树突细胞中不产生新的感染性病毒颗粒，而是捕获内化的 HIV-1，然后释放它，感染 $CD4^+$ T 细胞，这一过程称为转-感染（trans-infection），与某些树突细胞表达 C 型植物血凝素样受体 DC-SIGN 有关。DC-SIGN 能紧密结合 HIV-1 表面的包膜糖蛋白 gp120 和内吞病毒颗粒。DC-SIGN 受体的确定导致了"特洛伊木马"（Trojan horse）假设，认为逆转录病毒能将外释体作为其在细胞间转移和传播的特洛伊木马。不需要病毒与细胞膜的融合，逃逸了机体免疫机制，增加了病毒的传播效率（图 11-21）。

现有的资料表明，不成熟树突细胞与成熟树突细胞在 HIV 病发病中的作用是不同的，不成熟树突细胞的产生（HIV 病毒颗粒）性感染使病毒得以在外周组织中散播；而成熟树突细胞的捕获病毒颗粒导致淋巴组织中的转-感染（trans-infection）。外释体能够从感染的、转化的或抗原递呈细胞转移抗原给成熟树突细胞，增加树突细胞携带特

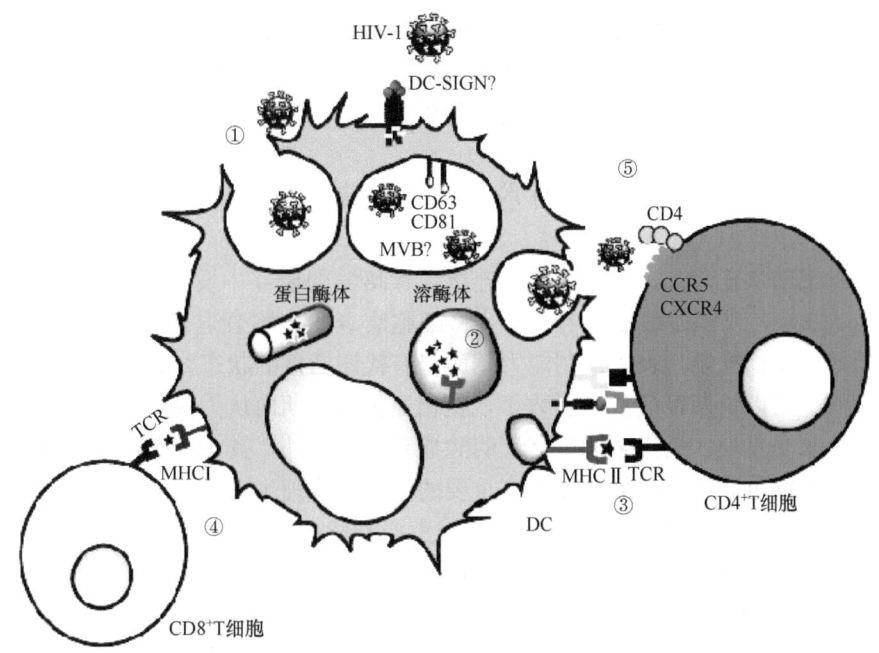

图 11-21　由树突细胞介导的 CD4$^+$ T 细胞抗原递呈和转-感染

病毒结合到不同的细胞受体导致病毒通过非融合机制内吞。①病毒留在多囊泡体腔（MVB）内，该处富含四跨膜蛋白，如 CD81 和 CD63。部分病毒在溶酶体中降解；②病毒抗原通过 MHC Ⅱ和 T 细胞受体（TCR）递呈给 CD4$^+$ T 细胞；③通过形成免疫突轴。如果内吞的病毒能进入树突细胞的胞质，被蛋白酶体加工通过 MHC Ⅰ转递给 CD8$^+$ T 细胞；④部分病毒逃避了通常的降解得以播散，从 MVB 循环回来与质膜融合释放病毒感染 CD4$^+$ T 细胞；⑤转-感染机制，未感染的树突细胞朝向感染颗粒和 CD4$^+$ T 细胞形成感染突轴。

异性抗原的数量，通过 MHC Ⅱ途径交叉递呈或释放完整的外释体，扩大启动的获得性免疫反应，这种机制称为转-分发（trans-dissemination）。HIV 通过搭乘这些外释体转分发机制进入成熟树突细胞，最终转感染到 CD4$^+$ T 细胞。体外实验观察到在树突细胞成熟过程中捕获了大量的 HIV、HIV-Gag VLP 外释体。

　　HIV 与成熟树突细胞、外释体关系的研究进展为逆转录病毒感染疾病的防治提供了新的线索，引起了研究者的广泛兴趣和关注。外释体与其他病毒感染的关系近年来也屡有研究报道，如最近报道：感染 EB 病毒的 B 细胞分泌 EBV 编码的 miRNA 在外释体中免受核糖核酸酶的降解，可以传递给未感染病毒的邻近细胞，可能是 miRNA 能够在细胞外存在和传播的重要机制。中和抗体在抗 1 型单纯疱疹病毒（HSV-1）感染中起重要作用，该免疫反应通过 MHC Ⅱ抗原复合体途径进行。最近发现 HSV-1 编码的糖蛋白 B 调控 HLA DR 分子通过外释体完成此免疫反应。巨细胞病毒（CMV）感染受 T 细胞免疫调节，在免疫抑制的移植患者中常见，参与急性和慢性移植物抗宿主反应。近年来发现外释体参与 CMV 抗原从感染的内皮细胞到抗原递呈细胞的转移，提示了 CMV 参与排斥反应的新途径。电镜观察表明，人类疱疹病毒-6 型（HHV-6）诱导多囊泡体（MVB）的形成，其病毒颗粒也通过细胞的外释体途径成熟、释放。这些报道表明，外释体与疱疹病毒隐性或慢性感染的机制有关。

膜泡/外释体是近年来受到生命科学多个领域研究者关注的课题，不仅在多种生理过程中起重要作用，还与肿瘤、病原微生物感染的发生、发展密切相关，成为防治疾病的重要策略和工具，有潜在的广阔的应用前景。

第九节 细胞衰老及其免疫作用

半个世纪前从正常人二倍体细胞株连续传代培养的研究中发现细胞衰退现象（cellular senescence，或译为细胞衰老，本节将细胞衰老和细胞衰退作为同义词），即培养细胞长期处于生长抑制，丧失复制能力，而仍有代谢活性的状态，并且耐受凋亡，在体外培养条件下可以长期存活数月至数年，在相当长的时期内认为仅仅是一种体外培养细胞的性状，未受重视。近年来的研究证明除成纤维细胞外，其他类型的培养细胞和体内各种类型的细胞也有衰退现象，而且有重要的生理和病理生理意义，参与抗肿瘤和机体的衰老（aging）机制，与多种疾病相关，与免疫密切相关。

细胞可以通过两种不同的途径发生衰退：一种是通过遗传编程方式（有人称为"时钟方式"）产生增殖衰退（replicative senescence）；另一种是作为损伤反应状态的细胞成熟前衰退（premature senescence）。20世纪90年代初研究确定端粒缩短导致增殖衰退。1997年Serrano叙述了由异常丝裂原激活RAS介导的成熟前细胞衰老，称为癌基因诱导的衰退（oncogene-induced senescence，OIS）。近年来经过系列研究确认细胞衰老是体内肿瘤发展的屏障。丢失抑癌基因（如 *PTEN*、*RB1*、*NF1*、*INPP4B*）也可产生衰退，如丢失PTEN诱导的细胞衰老（PICS）。在人类肿瘤中确定也有衰老细胞；并已开始研究细胞衰老在人类其他疾病中的作用。最近的研究表明$CD4^+$ T细胞活化是清除衰老细胞的关键；衰老细胞产生的细胞因子和分泌表型（senescence associated secretory phenotype，SASP）对机体免疫系统有明显的影响，既可抑制肿瘤发生，也可促进肿瘤生长和促进组织修复；此外，免疫细胞的衰退是免疫衰退的主要机制之一，有重大的理论意义和潜在的应用前景（详见第十三章）。

一、细胞衰老的表现和检测指标

贴壁生长的培养细胞衰老有共同的形态特征，包括细胞增大呈扁平状，提示细胞骨架的变化；胞质出现空泡等。体内衰老细胞有无此类形态特征有待研究阐明，目前体内衰老细胞的确定主要靠分子标志。第一个广泛采用的指标是衰退相关的β-半乳糖苷酶（SA-β-Gal），在pH6.0条件下染色阳性，但是敏感性和特异性都不够，能否显色取决于细胞类型和诱导衰退刺激的性质，有一定的关键性效应途径（如p53、p21），深入研究表明不同类型的细胞衰老有独特的途径（图11-22）。需要综合考虑多方面的指标（表11-16）才能正确判断体内细胞是否处于衰退状态。已有报道称皮肤成纤维细胞和表皮角质细胞的SA-β-Gal表达随着年龄增长而增高；角膜内皮和关节滑膜细胞也有类似变化。但是食管上皮无此变化。不同动物的衰退机制有明显区别，也增加了研究的难度。

第十一章　细胞的免疫机制与机体免疫的细胞机制

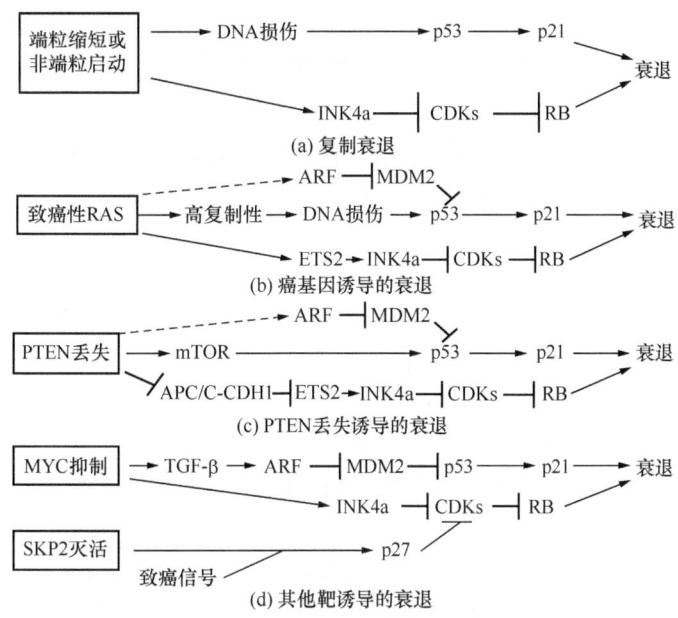

图 11-22　不同的细胞衰老反应

已经阐明了一些独立的刺激因素通过各种共同的效应器诱导的细胞衰老。根据现有资料可分为复制衰退、癌基因诱导的衰退（OIS）、PTEN 丢失诱导的衰退（PICS）。(a) 复制衰退可以由多种刺激引起，包括端粒磨损，可以是激活 INK4a（或称 p16）表达的结果；也可以通过启动 DNA 损伤途径结果诱导 p53 表达导致衰退。(b) OIS 中 p53 的激活有两种主要机制：一种是通过 DDR 的磷酸化使之稳定表达；另一种是通过 ARF 的稳定表达。虚线表示小鼠存在的途径，人类没有。(c) PICS 诱导途径主要由 mTOR 调控的翻译机制上调 p53。此外，ETS2-INK4A 途径也能诱导细胞衰老。然而，RAS-MAPK 途径直接促进 ETS2 活性，PICS 介导的 ETS2 活化是通过含有细胞分裂后期促进复合体 APC/C（又称 CDH1）下调 ETS2 降解实现的。(d) 诱导衰退也能通过衰退机制的各主要环节实现，如 MYC 灭活可导致转化生长因子 β 复原而诱导衰退；抑制 S 相激酶相关蛋白 2（S phase kinase-associated protein et al., SKP2）加上其他致癌因素就可能诱导细胞衰老。(Nardella et al., 2011)

表 11-16　衰老细胞的检测指标

指标	表现
复制能力	不可逆地丧失复制能力
细胞形态	扁平、增大；胞质空泡增加，出现自噬体；核染色质结构改变
SA-β-Gal	溶酶体中的 β-gal 活性增强
肿瘤抑制网络激活	p53/p21 和 p16/RB 途径启动衰退；高水平 cdk 抑制物
SASP	分泌多种趋化因子和细胞因子，如，IL-6、IL-8、IL-1α、GM-CSF、GROa、MCP-2、MCP-3、MMP-1、MMP3、IGFBP
氧化和基因毒损伤	DDR 蛋白增加，如 γ-H2AX、NBS1、MDC1 和 53BP1；继而激活上游基因：ATM，ATR；下游基因：CHK1，CHK2；及细胞周期抑制物：CDC25，p53，p21

注：ATM：ataxia telangiectasia mutated 共济失调毛细血管扩张突变基因；ATR：ATM 相关基因；CHK：检测点激酶基因；CDC25：细胞分裂周期 25；DDR：DNA damage response DNA 损伤反应；SASP：senescence-associated secretory phenotype 衰退相关分泌表型；NBS1：Nijmegen 破损综合征；MDC1：DNA 损伤检测点 1 介导物；γ-H2AX：139 位丝氨酸磷酸化的组蛋白 H2AX；53BP1：p53 结合蛋白 1。

二、细胞衰老的发生机制

研究表明多种刺激可以引起细胞衰老。体外培养细胞的衰退与端粒缩短相关。因为 DNA 聚合酶是单向作用的，不能启动新的 DNA 链，因此每通过一次 S 相端粒 DNA 就缩短一次，而大多数细胞不表达端粒酶不能修复端粒。端粒损坏的细胞产生持续性的 DNA 损伤反应（DNA damage response, DDR），启动和持续生长停滞。衰老细胞也可以由其他非端粒部位基因损伤的 DDR 信号启动。DNA 双链断裂是细胞衰老的强启动信号，形成 γ-H2AX 阳性的细胞衰老相关的 DNA 损伤灶（senescence-associated DNA damage foci, SDF），激活 DDR 蛋白 ATM（ataxia telangiectasia mutated）和 ATR 激酶及下游信号 p53 肿瘤抑制基因，诱导细胞衰老反应。此外，许多化合物，如组蛋白乙酰化酶抑制剂在没有物理性 DNA 损伤时也能松散染色质产生类似的反应。INK4a 又称 p16 是细胞周期素依赖的激酶抑制物（cyclin-dependent kinase inhibitor, CDKI）和 Rb 肿瘤抑制物的上游调节物在复制衰退中也起重要作用［图 11-22（a）］。还有许多细胞的衰退是在经历了强丝裂原刺激后激活了某些癌基因或高表达一些促增殖基因后发生的。癌基因诱导的细胞衰老（oncogene-induced senescence, OIS）是在研究人成纤维细胞的抗 HRAS 的致癌机制时在体外培养中发现的［图 11-22（a）］。

有的 OIS 细胞没有 ATM 活性不能通过 p53 途径诱导衰退，可以通过 INK4a 途径诱导衰退。现在已经在小鼠体内研究 OIS 的发生机制，证明是早期癌变的拮抗机制。过度的丝裂原刺激是导致细胞衰老的重要原因之一，近年来以 Ras 途径的激活为例基本阐明了其复杂关系，如图 11-23 所示。

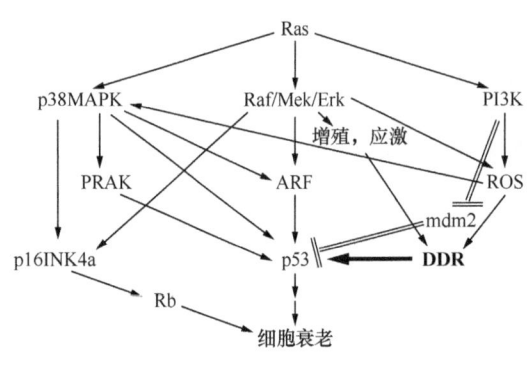

图 11-23　Ras 途径激活导致细胞衰老的图解
Ras 能激活 Raf/Mek/Erk 途径, PI3K 途径和 p38MAPK 引起下游信号转导，最终活化 p53 和（或）Rb 导致衰退反应。
ARF：ADP 核糖基化因子。（Saab, 2010）

纵观细胞衰老的发生机制 p53 和 INK4a 起关键性作用。p53 蛋白的基础功能与 DNA 损伤、生长休止、细胞衰老及凋亡相关，所以被称为基因组的保护者，在肿瘤的发生、发展中起重要作用。近年来的研究表明 p53 还参与衰老机制，主要与应激有关，应激刺激 p53 表达进一步激活各种转录机制。低度应激激活 p53 产生抗氧化反应抵御衰老进程；高强度应激激活 p53 增强氧化应激的结果是抗肿瘤，同时促进衰老。INK4a/p16 蛋白参与细胞周期调节，近年来的研究结果表明它有肿瘤抑制作用，通常在肿瘤中低表达；但是，在良性肿瘤、癌前病变组织和人类乳头状瘤病毒（HPV）相关的肿瘤（宫颈癌、头颈部肿瘤和肛周肿瘤）中高表达，提示有些癌变机制能绕过细胞衰老的抗肿瘤机制。

三、衰老细胞的体内作用及意义

研究资料表明在老年人和老年灵长类动物组织中积累了衰老细胞，它们是端粒缩短的、SA-β-Gal 阳性和 DDR 蛋白增加的细胞，按照表 11-16 所列的标准确实属于衰老细胞。深入研究证明体内也存在成熟前衰老细胞，大量证据表明细胞衰老在抗癌过程中有重要的生理作用。因为在癌前期病损的细胞中观察到细胞衰老的迹象，在恶性肿瘤细胞中消失，所以认为衰退是抑癌反应。

衰老细胞抑制 K-RasV12 启动的肺和胰腺的致癌机制；抑制 N-Ras 的致淋巴瘤效应；抑制黑色素瘤和痣的癌基因 Braf 表达。体内衰老细胞通过衰退相关分泌物表型（SASP）影响癌周细胞的恶性表型，通过 SASP 与肿瘤细胞间复杂的相互作用抑制或促进肿瘤的发展；当 SASP 成分破坏细胞外基质时促进肿瘤细胞迁移，增加免疫细胞清除肿瘤细胞的能力。衰老细胞的体内作用是多方面的，已知至少有抑制癌变、促进肿瘤生长和组织修复、促进免疫清除以及参与机体衰老机制四个方面。Reddel 根据体外培养的衰老细胞对病毒感染有抗性，而有些病毒有抗细胞衰老的机制，提出细胞衰老可能也参与抗病毒机制的假设。实际上衰老细胞的作用与衰退时相有关（图 11-24）。

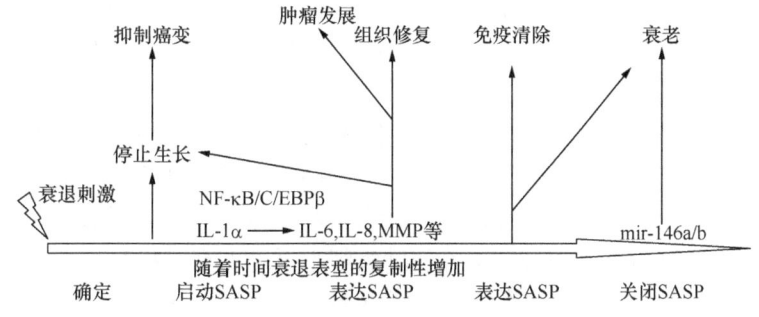

图 11-24 衰退表型的时间顺序

在经历可能癌变的损害后，细胞必须"决定"是进行修复或衰退。"决定期"的长短尚不清楚，停止生长是持续的，保证该细胞不会变成肿瘤细胞；另一早期衰退表型是表达膜结合型 IL-1α，通过并置性刺激方式结合邻近细胞表面的 IL-1 受体，启动信号通道激活转录因子 NF-κB/C/EBPβ，进而刺激 SASP 蛋白分泌，包括 IL-1α 和促炎症细胞因子 IL-6 和 IL-8 及 MMP，这些因子能促进组织修复，但是也能促进肿瘤生长。有些 SASP 蛋白与细胞表面的配体及黏附分子能吸引免疫细胞杀死和清除衰老细胞。晚期衰老细胞表达 microRNA（mir-146a 和 mir-146b）关闭 IL-6，IL-8，可能还有其他 SASP 蛋白的表达，防止产生急性炎症反应，但是仍然可以产生低水平的慢性炎症。

近年来的研究表明除肿瘤外衰老细胞与多种疾病相关，尤其是与衰老相关的疾病，如动脉粥样硬化。在有些疾病的进展中衰老细胞可能有保护作用，如随着肝损伤出现的肝星状细胞的衰退，增强纤维疤痕中细胞外基质的消除，保护肝脏功能。但是，有些情况下衰老细胞导致不利的结果，老年人大量衰老细胞产生的 SASP 形成高水平的多种趋化因子和细胞因子，导致慢性炎症状态，影响许多老年性疾病，如糖尿病、肿瘤、神经退行性疾患和心血管疾患。SASP 依赖的促炎症因子分泌也能引起循环 SASP 因子的升高，进而导致老年获得性免疫系统衰退。衰退的脑组织中免疫细胞积聚与 Alzheimer 症和 Parkinson 症等神经退行性疾病相关。

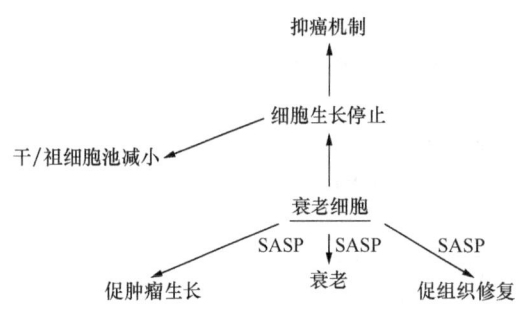

图 11-25　细胞衰老的生物学效应

衰老细胞生长停止是属于细胞自治机制，由 p53 和 p16^{INK4a}/Prb 肿瘤抑制通道控制的；而细胞的非自治机制由 SASP 蛋白控制。生长停止是衰老细胞的主要性质，能够抑制致癌机制，但是也可能减少增殖（干/祖）细胞池。SASP 蛋白能够促进组织修复，也能促肿瘤生长，还可能促进衰老。

干细胞、祖细胞的衰退对于组织稳态和再生能力有深刻的影响。在小鼠的表皮干细胞、造血干细胞、神经干细胞和胰腺 β 细胞已经观察到衰老细胞；在多种哺乳类动物的许多老年组织中有衰退相关指标的升高，其中 INK4α（p16）与造血干细胞、神经干细胞和胰腺 β 细胞的衰退相关性强。成体干细胞随着年龄增大而衰退，提示体内其他细胞的衰退也会影响干细胞、祖细胞池的大小（图 11-25）。

近年来的研究表明衰老细胞作为 DNA 损伤反应的结果产生多种因子刺激免疫系统，包括细胞间黏附分子 1（ICAM1）和自然杀伤细胞受体组 2 成员 D（NKG2D），还有多种配体，如 MHC Ⅰ 多肽相关序列 A（MICA）和 UL16 结合蛋白 2（ULBP2）。提示衰老细胞可能被固有免疫反应清除，详细机制有待研究。

近 10 年来的研究进展表明细胞衰老是十分复杂的细胞分子生物学过程，其抑癌作用的机制还有待深入研究阐明。现有的资料提示癌前病损可以通过对于诱导衰退信号的扰乱绕过衰退机制，或者扰乱已经确立的衰退信号而逃逸衰退，从而发展成恶性肿瘤。阐明关键性信号通路可能采用靶向治疗使肿瘤细胞再进入衰退状态，成为治疗肿瘤的新策略（图 11-26）。近期已有一些针对 p53 稳定性、变异 p53 再活化、SCF-SKP2 复合体抑制物、CDK 抑制物、MYC 抑制物、PTEN 抑制物和端粒酶抑制物等小分子细胞衰老诱导剂正在进行抗肿瘤治疗的临床前试验或 Ⅰ/Ⅱ 期临床试验。但是衰退的肿瘤细胞如何及时清除尚无文献报道，肿瘤患者大多年老体弱，经过化疗免疫功能低下，如何提高机体清除衰退肿瘤细胞的免疫功能是必须解决的重大课题。

如何使衰退的干细胞恢复正常是具有重大理论意义和潜在应用前景的新课题，近 10 年来的研究有所进展，实验研究表明有些衰退的成体干细胞在适宜的微环境条件下能够恢复活力（rejuvenated），提示年龄相关的干细胞变化是可调节的可逆性机制，表观遗传调节物是其适宜的干预者，近年来的研究主要在染色质的改变，组蛋白乙酰化和 DNA 甲基化对衰退成体干细胞的影响。近 10 年来的研究表明肿瘤干细胞可以源自异常成体干、祖细胞，成体干细胞的表观遗传调节可能参与癌变过程。诱导衰退是抗增殖的保护性机制，表观遗传学变化是衰老细胞成为不朽（immortalisation）细胞的最佳选择，因为衰老细胞很难通过积累变异成为不朽细胞。甲基化是主要的表观遗传学机制，在绕过衰退、启动癌变和肿瘤进展中起重要作用。业已证明参与表观遗传学变化的一些基因产物能调节衰退/不朽或参与其通路的成分，如 DNMT、SUV39H1、SUV39H2、

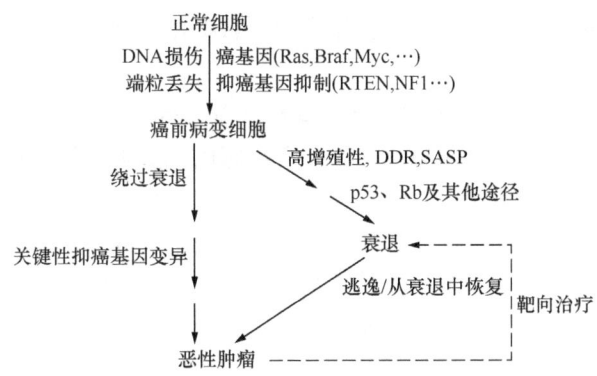

图 11-26 癌前病变与肿瘤发展及促衰退靶向治疗

癌前期病变发展为肿瘤的途径可能有两类：破坏诱导衰退的信号途径绕开衰退机制；或者癌前病变能够破坏维持衰退状态的信号，逃逸已经建立的衰退状态。阐明关键性衰退信号途径可能在肿瘤细胞中再建立衰退状态，称肿瘤的衰退治疗。(Saab，2010)

SAHH。这些基因产物不仅调节表观遗传学机制，也影响主要的衰退通路，在致癌过程中起重要作用。

近年来微小 RNA（miRNA）对衰老细胞的调节引起广泛关注，成为专门的研究领域，请见第九章。

SUMO 是小分子泛素样修饰物（small ubiquitin-like modifier）的简称，蛋白质的 SUMO 化和去 SUMO 化是蛋白质功能的重要调节机制。SUMO 通过与靶蛋白的共价结合改变蛋白质的活性、亚细胞定位或者与其他巨分子的相互作用。SUMO 化的底物多种多样，所以 SUMO 参与多种生物学功能的调节，包括对应激的反应。近年来的研究证明 SUMO 参与细胞衰老过程的调节。对青年人和老年人及小鼠组织的蛋白质组学和 mRNA 水平的初步观察结果表明，SUMO 化水平随着年龄的增长有所改变，有待深入研究。

第十节 细胞内的清除机制

机体的免疫系统到脊椎动物才比较完整，细胞内的免疫机制在真核细胞就开始出现。高等动物体内的细胞在神经-体液机制的统一调控下形成了高度复杂的免疫网络，但是保留了细胞自治的防御系统（cell-autonomous resistance system），即细胞内部的自律的免疫功能，这种功能对于机体的免疫和其他功能或疾病可以产生重大的影响。本节介绍当前研究较多的几个方面。

一、自噬是细胞内的抗微生物防御机制

长久以来一直认为自噬是机体对饥饿的反应，进一步研究发现自噬还是细胞内生物物质和细胞器的质控机制。近年来的研究揭示，自噬是真核细胞在进化过程中发展起来

的古老的清除微生物机制，有广泛的免疫作用。自噬作为细胞自律性抗微生物防御机制参与固有免疫及获得性免疫。

自噬又分巨自噬（macroautophagy）和微自噬（microautophagy），通常所说的自噬是指巨自噬，即细胞质成分的降解过程，有细胞内抗病毒和抗细菌功能，在机体的抗病毒和抗细菌的固有免疫和获得性免疫反应中有启动作用。有些病毒编码的毒力因子有阻止自噬的功能，有些病毒能利用自噬成分在细胞内生长或芽出。自噬过程由连续的膜形成和融合的动力学过程组成，不同动物细胞的自噬成分不尽相同，哺乳类动物细胞的核心自噬相关（Atg）复合体是 ULK1 蛋白激酶、Atg9-WIPI-1 和 Vps34-beclin1 Ⅲ型 PI3-激酶复合体以及 Atg12 与 LC3 连接系统，此外 PI（3）-结合蛋白、PI3-磷酸化酶和 Rab 蛋白也参与自噬机制。

自噬的免疫作用可以是独特和特异的或调节性的，可以分为三型：Ⅰ型是特异性的调节或效应作用，通过捕获、加工微生物或内源性的活性分子将它们就地清除；也可以通过 SLR（p62/sequestasome-like receptor）捕获微生物交给自噬体；还可以由自噬体直接捕获和破坏它们，称为异噬（xenophagy）。巨噬细胞的自噬称为 APMA（autophagic macrophage activation），是指的巨噬细胞中由于免疫活性和过程的积累引发的自噬。自噬也可以激活模式识别受体（pattern recognition receptor，PRR，如 TLR、NLR、RLR 或细胞内 DAMP，HMGB1），作为下游效应机制杀灭入侵的病原体；也能作为调节因子限止固有免疫反应或最终停止炎症反应。Ⅱ型免疫自噬是对免疫细胞的活性和功能的稳态调控，与对其他细胞的作用类似。Ⅲ型免疫自噬受自噬因子（Atg）的调控（表 11-17，图 11-27）。

表 11-17　自噬在免疫中的作用-免疫自噬

Ⅰ型-特异性作用	Ⅱ型-细胞稳态作用	Ⅲ型-Atg 因子的其他作用
SLR	T 和 B 细胞稳态	抑制 RLR 信号通路
异噬	T 细胞成熟	抑制 TBK 信号通路
APMA	Paneth 细胞	
活化 PRR		
内源性 MHC Ⅱ		
抗原递呈		
胸腺选择		

Atg 因子的非自噬作用是基于不同组的 Atg 基因的组合，显示出自噬之外的功能，这些功能不会干扰自噬及免疫功能。

二、泛素/蛋白酶体系统

细胞通过连续的合成和降解细胞内所有的成分（包括蛋白质和细胞器），维持自我更新状态，保证每个蛋白质的质量，维持健康的蛋白质组。蛋白质的质量控制需要分子伴侣和蛋白水解系统的协调。细胞通过分子伴侣复合网络检出异常的或不稳定的蛋白质构象，通常帮助它们重建稳定构象。但是，在不能修复时，就将异常蛋白从细胞质中消除，以防它们与其他蛋白相互作用或组成有害的多聚复合体。自噬和泛素/蛋白酶体系统介导异常蛋白的完全降解进程。不同的生理和病理情况下可能会抑制分子伴侣网络的稳态功能出现蛋白质聚集，如急性氧化应激或热休克状态下这些蛋白不可能再修复，只能将它们清除。

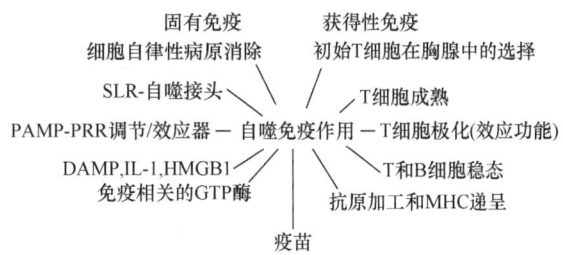

图 11-27　自噬在固有免疫和获得性免疫中的多重作用
图左侧为自噬在固有免疫中的功能，图右侧为在获得性免疫中的功能。在疫苗中的作用是二者的结合。SLR：p62/sequestasome-like receptors；PAMP：病原相关分子模式；PRR：模式识别受体；DAMP：危险相关分子模式；IL-1：白介素-1；HMGB1：高活动组盒 1；MHC：主要组织相容复合体。

　　分子伴侣和蛋白质水解系统在质量控制中起协调作用。分子伴侣帮助重新合成的蛋白质折叠。不能折叠或重新折叠失败的蛋白质由两个蛋白水解系统清除，即自噬（细胞内成分在溶酶体或自噬体中降解）和泛素/蛋白酶体系统。溶酶体系统和泛素/蛋白酶体系统是细胞中主要的蛋白质水解系统，共有蛋白质水解的细胞内途径，虽然各有特点，但是主要步骤和成分是共有的。

　　泛素/蛋白酶体系统主要对额外的细胞质蛋白和进入细胞核及内质网的蛋白质进行降解，大部分是短生存期的蛋白质，经过多步加工和复杂的标记。标记分子是小分子质量的蛋白泛素，通过共价键结合于蛋白质，在 26S 蛋白酶体上降解。该蛋白酶体是高度保守、多催化功能、依赖 ATP 的蛋白复合体，能快速、精确、适时地加工各种细胞蛋白，微调多种重要的细胞功能，如 DNA 修复、细胞周期运行、发育、凋亡、基因转录、信号转导、细胞衰老、免疫反应、代谢和蛋白质量控制。

　　泛素是分子质量 8.5kDa 的球蛋白，高度保守和稳定，从酵母到哺乳类动物都有表达。通常泛素的羧基端甘氨酸残基与底物蛋白的赖氨酸 ε-氨基形成异肽结合；对于没有赖氨酸残基的底物蛋白，泛素与其氨基端结合形成线形肽链，称为氨基端泛素化。泛素化由三个酶控制：第一步是消耗 ATP 的，泛素通过高能硫酯键与泛素激活酶（E1）结合；第二步泛素转移到"泛素结合酶"（E2）的活化位点；最后一步"泛素连接酶"（E3）催化泛素连接蛋白降解。泛素能反复进行上述过程，形成多聚泛素链。降解底物的选择由 E3 的特异性控制。与磷酸化类似，泛素化是可逆调控的，具有快速、特异和多样化的特点。

　　泛素/蛋白酶体系统的故障可以导致严重的细胞变化，如果故障持续存在将导致细胞死亡。泛素/蛋白酶体系统故障形成的细胞毒性不仅限于细胞质，也涉及细胞核和内质网，即主要涉及质量控制的部分。许多神经系统退行性变疾患有蛋白酶体活性的异常，用小鼠实验证实剔除蛋白酶体的亚单位基因可以导致神经系统退行性变疾病。蛋白酶体的缺乏与衰老相关，既是因又是果，降低蛋白质的完整性和功能。

三、免疫相关的 GTP 酶

免疫相关的 GTP 酶（immunity-related GTPase，IRG）原称 p47GTP 酶，属于由干扰素诱导的 GTP 酶，是一个大家族（如 C57/BL6 小鼠有 21 个 IRG 基因），构成了一类细胞自治的防御系统，主要控制空泡的病原体，如弓浆虫（Toxoplasma gondii）、利什曼虫、锥虫、沙眼衣原体、分枝杆菌（结核菌等）、沙门菌（伤寒杆菌等）等。近年来用小鼠进行的实验研究表明在弓浆虫侵袭的空泡有许多 IRG 积聚，导致空泡和寄生虫的破坏，最终细胞坏死。在这个复杂的过程中需要不同 IRG 成员间的协同作用。推测 IRG 在抗结核免疫等过程中起重要作用。

IRG 的体内免疫作用在小鼠 Irgm1、Irgm3、Irgd 和 Irga6 用基因剔除实验证实后才确定。后来用各种 IRG 缺失的动物实验研究干扰素介导的抗原虫、细菌、病毒感染机制，获得了重要线索，如缺失 Irgm3 的小鼠对弓浆虫 *T. gondii* 的敏感性增高，对弓浆虫 *T. cruzi*、沙门菌、分枝杆菌仍耐受；缺失 Irgm1 的小鼠对所有细胞内的细菌和原虫感染都敏感。

IRG 系统是哺乳类动物强力的抗（某些）细胞内病原体的防御系统。但是在人类和鸟类进化的晚期 IRG 系统的功能被摒弃了，人类只剩下一个 IRG 基因：IRGM。临床资料表明易患 Crohn 氏病患者呈 ATG16L1 和 IRGM 高表达；IRGM 多态性还与类风湿性关节炎、1 型糖尿病、结核病相关，引起了研究者的关注。IRG 在小鼠和小型啮齿类动物高度发展，小鼠有 20 多个 IRG 基因，IRG 抗微生物作用的效应是细胞的自噬。

（吴克复　宋玉华）

参 考 文 献

宋玉华. 2006. 细胞凋亡与疾病. 见：吴克复. 细胞通讯与疾病. 北京：科学出版社：p353-394

吴克复，马小彤，宋玉华. 2005. 期望肿瘤细胞凋亡还是坏死？中国实验血液学杂志，13（6）：921-923

吴克复，宋玉华. 2009. 程序性细胞死亡和细胞衰老的细胞生态学意义. 见：吴克复. 肿瘤微环境与细胞生态学导论. 北京：科学出版社：9-16；37-39

Alais S, Simoes S, Baas D, et al. 2008. Mouse neuroblastoma cells release prion infectivity associated with exosomal vesicles. Biol Cell, 100: 603-615

Andreou A M, Tavernarakis N. 2010. Roles for SUMO modification during senescence. Adv Exp Med Biol, 694: 160-171

Belz G T, Kallies A. 2010. Effector and memory CD8$^+$ T cell differentiation: Toward a molecular understanding of fate determination. Current Opin Immunology, 22: 6-13

Bifari F, Pacelli L, Krampera M, et al. 2010. Immunological properties of embryonic and adult stem cell. World J Stem Cell, 2 (3): 50-60

Billen L P, Shamas-Din A, Andrews D W. 2009. Bid: A Bax-like BH3 protein. Oncogene, 27: S93-S104

Borras C, Gomez-Cabrera M C, Vina J. 2011. The dual role of p53: DNA protection and antioxidant. Free Radical Res, 45 (6): 643-652

Braig M, Lee S, Loddenkemper C, et al. 2005. Oncogene-induced senescence as an initial barrier in lymphoma development. Nature, 436 (7051): 660-665

Candore G, Balistreri C R, Bulati M, et al. 2009. Immune-inflammatory responses in successful and unsuccessful ageing. G Gerontol, 57: 145-152

Carnero A, Lleonart M E. 2011. Epigenetic mechanisma in senescence, immortalization and cancer. Biol Rev Camb Philos Soc, 86: 443-455

Castellheim A, Brekke O L, Espevik T. 2009. Innate immune responses to danger signals in systemic inflammatory response syndrome and sepsis. Scand J Immunol, 69: 479-491

Collado M, Serrano M. 2010. Senescence in tumors: Evidence from mice and humans. Nat Rev Cancer, 10: 51-57

Cox J L, Rizzino A. 2010. Induced pluripotent stem cells: What lies beyond the paradigm shift. Exp Biol & Med, 235: 148-158

Crnkovic-Mertens I, Bulkescher J, Mensger C, et al. 2010. Isolation of peptides blocking the function of anti-apoptosis Livin protein. Cell Mol Life Sci, 67: 1895-1905

Declercq W, Berghe T V, Vandenabeele P. 2009. RIP kinases at the crossroads of cell death and survival. Cell, 138: 229-232

Deretic V. 2011. Autophagy in immunity and cellautonomous defense against intracellular microbes. Immunol Rev, 240: 92-104

Dethlefsen L, McFall-Ngai M, Relman D A. 2007. An ecological and evolutionary perspective on human-microbe mutualism and disease. Nature, 449: 811-819

Dorshkind K, Montecino-Rodriguez E, Signer R A. 2009. The ageing immune system : Is it ever too old to become young again? Nature Rev Immunol, 9: 57-63

Duprez L, Wirawan E, Berghe T V, et al. 2009. Major cell death pathways at a glance. Microbes & Infection, 11: 1050-1062

Friboulet L, Gourzones C, Tsao S W, et al. 2010. Poly (I: C) induces intense expression of c-IAP2 and cooperates with an IAP inhibitor in induction of apoptosis in cancer cells. BMC Cancer, 10: 327

Galluzzi L, Kroemer G. 2008. Necroptosis: a specialized pathway of programmed necrosis. Cell, 135: 1161-1163

Ghiotto F, Fais F, Bruno S. 2010. BH3-only proteins: The death-puppeteer's wires. Cytometry Part A, 77A: 11-21

Gorospe M, Abdelmohsen K. 2011. MicroRegulators come of age in senescence. Tred Genet, 27 (6): 233-241

Highfill S L, Kelly R M, O'Shaughnessy M J, et al. 2009. Multipotent adult progenitor cells can suppress graft-versus-host disease via prostaglandin E2 synthesis and only if localized to sites of allopriming. Blood, 114: 693-701

Hitomi J, Christofferson D E, Ng A, et al. 2008. Identification of a molecular signaling network that regulates a cellular necrotic cell death pathway. Cell, 135: 1311-1323

Hunn J P, Feng C G, Sher A, et al. 2011. The Immunity-related GTPases in mammals: A fast-evolving cell-autonomous resistance system against intracellular pathogens. Mamm Genome, 22: 43-54

Hutcheson J, Perlman H. 2009. BH3-only proteins in rheumatoid arthritis: Potential targets for therapeutic intervention. Oncogene, 27: S168-S175

Izquierdo-UserosN, Naranjo-Gomez M, Erkizia I, et al. 2010. HIV and mature dendritic cells: Trojan exsomes riding the Trojan horse? PLoS Pathogens, 6 (3): e1000740

Koller B, Bals R, Roos D, et al. 2009. Innate immune receptor on neutrophil and their role in chronic lung disease. Eur J Clin Inves, 39: 535-547

Krampera M. 2011. Mesenchymal stromal cells: More than inhibitory cells. Leukemia, 25: 565-566

Kroemer G, Galluzzi L, Vandenabeele P, et al. 2009. Classification of cell death: Recommendations of the nomenclature committee of cell death 2009, Cell Death Diffe, 16 (1): 3-11

Kucia M, Reca R, Campbell F R, et al. 2006. A population of very small embryonic-like (VSEL) CXCR4$^+$ SSEA-1$^+$ Oct4$^+$ stem cells identified in adult bone marrow. Leukemia, 20: 857-869

Liu L, Rando T A. Manifestations and mechanisms of stem cell aging. 2011. J Cell Biol, 193 (2): 257-266

Low P. 2011. The role of ubiquitin-proteasome system in ageing. Gen Comp Endocr, 172: 39-43

MacLeod M K L, Kappler J W, Marrack P. 2010. Memory CD4 T cells: Generation, reactivation and re-assignment. Immunology, 130: 10-15

Mantel C, Broxmeyer H E. 2008. Sirtuin 1, stem cells, aging, and stem cell aging. Cur Opin Hrmatol, 15 (4): 326-331

McElhaney J E, Effros R B. 2009. Immunosenescence: what does it mean to health outcomes in older adults? Curr Opin Immunol, 21: 418-424

Mckinstry K K, Strutt T M, Swain S C. 2010. The potential of CD4 T cell memory. Immunology, 130: 1-9

Miura K, Karasawa H, Sasaki H. 2009. cIAP2 as a therapeutic target in colorectal cancer and other malignancies. Expert Opin Ther Targets, 13: 1333-1345

Mori Y, Koike M, Moriishi E, et al. 2008. Human herpesvirus-6 induces MVB formation, and virus egress occurs by an exosomal release pathway. Traffic, 9: 1728-1742

Muller M. 2009. Cellular senescence: molecular mechanisms, in vivo significance, and redox considerations. Antioxid Redox Signal, 11: 59-98

Nardella C, Clohessy J G, Alimonti A, et al. 2011. Pro-senescence therapy for cancer treatment. Nat Rev Cancer, 11: 503-511

Orme M, Meier P. 2009. Inhibitor of apoptosis proteins in Drosophila: Gatekeepers of death. Apoptosis, 14: 950-960

Pedra J H, Cassel S L, Sutterwala F S. 2009. Sensing pathogens and signals by the inflammasomed. Curr Opin Immunol, 21: 10-16

Pegtel D M, Cosmopoulos K, Thorley-Lawson D A, et al. 2010. Functional delivery of viral miRNAs via exsomes. Proc Natl Acad Sci USA, 107: 6328-6333

Pennati M, Folini M, Zaffareni N, et al. 2008. Targeting surviving in cancer therapy. Expert Opin Ther Target, 12: 463-476

Pollina E A, Brunet A. 2011. Epigenetic regulation of aging stem cells. Oncogene, 30: 3105-3126

Prelog M. 2006. Aging of the immune system: A risk factor for autoimmunity. Autoimmunity Rev, 5: 136-139

Reddel R R. 2010. Senescence: an antiviral defense that is tumor suppressive? Carcinogenesis, 3105-312631 (1): 19-26

Rizzino A, Cox J L. 2010. Induced pluripotent stem cells: what lies beyond the paradigm shift. Exp Biol Med, 235: 148-158

Rodier F, Campisi J. 2011. Four faces of cellular senescence. J Cell Biol, 192 (4): 547-556

Romagosa C, Simonetti S, Lopez-Vicente L, et al. 2011. p16^{Ink4a} overexpression in cancer: A tumor suppressor gene associated with senescence and high-grade tumors. Oncogene, 30: 2087-2097

Saab R. 2010. Cellular senescence: many roads, one final destination. Sci World J, 10: 727-741

Schnitzer J K, Berzel S, Fajardo-Moser M, et al. 2010. Fragments of antigen-loaded dentritic cells (DC) and DC-derived exosomes induce protective immunity against Leishmania major. Vaccine 2010, 28: 5785-5793

Shamas-Din A, Brahmbatt H, Leber B, et al. 2010. BH3-only proteins: orchestrators of apoptosis. Biochem Biophy Acta, 1813: 508-520

Shanley D P, Danelli A W, Manley N R, et al. 2009. An evolutionary perspective on the mechanisms of immunosenscence. Trend Immunol, 30 (7): 374-387

Skog J, Tom W, Rijin S, et al. 2008. Glioblastoma microvesicles transport RNA and proteins that promote tumor growth and provide diagnostic biomarkers. Nature Cell Biol, 10: 1470-1476

Tanida I. 2011. Autophagy basics. Microbiol Immunol, 55 (1): 1-11

Temchura V V, Tenbusch M, Nchinda G, et al. 2008. Enhancement of immunostimulatory properties of exosomal vaccines by incorporation of fusion-competent G protein of vesicular stomatitis virus. Vaccine, 26: 3662-3672

Temme S, Eis-Hubinger A M, McLellan A D, et al. 2010. The herpes simplex virus-1 encoded glycoprotein B diverts

HLA-DR into the exosome pathway. J Immunol, 184: 236-243

Thery C, Ostrowski M, Segura E. 2009. Membrane vesicles as conveyors of immune responses. Nature Rev Immunol, 9: 501-524

Tschopp J, Schroder K. 2010. NLRP3 inflammasome activation: The convergence of multiple signaling pathways on ROS production? Nature Rev Immunol, 10: 210-215

Viaud S, Thery C, Ploix S, et al. 2010. Dendritic cell-derived exosomes for cancer immunotherapy: What's next? Cancer Res, 70: 1281-1285

Wakin L M, Bevan M J. 2010. From the thymus to longevity in the periphery. Current Opin Immunology, 22: 1-5

Walker J D, Maier C L, Pober J S. 2009. Cytomegalovirus-infected human endothelial cells can stimulate allogeneic $CD4^+$ memory T cells by releasing antigenic exosomes. J Immunol, 182: 1548-1559

Weiskopf D, Weinberger B, Grubeck-Loebenstein B. 2008. The aging of the immune system. Transplant International, 22 (11): 1041-1050

Wong E, Cuervo A M. 2010. Integration of clearance mechanisms: the proteasome and autophagy. Cold Spring Harb Perspect Biol, 2 (12): a006734

第十二章　神经与免疫

免疫功能是脊椎动物长期生存的基本机制之一，与其他生命机制类似，免疫功能终身运行，有自主性，但是也受到中枢神经系统的影响。经过一个多世纪的研究证实在中枢神经系统和免疫系统间存在密切的联系，神经系统与免疫系统间的正常联系和相互作用维持机体的正常运行和稳态。活化的免疫细胞分泌细胞因子影响中枢神经系统的活性，神经中枢通过外周神经（尤其是迷走神经）调节免疫细胞的活性和免疫反应，形成免疫的神经调节（图12-1）。

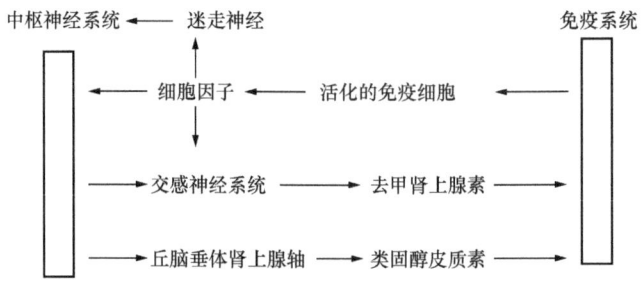

图12-1　神经系统与免疫系统间的双向通信和介导途径

神经系统与免疫系统的双向通信维持稳态。抗原激活的免疫系统通过释放细胞因子与迷走神经或交感神经末梢或中枢神经或血脑屏障的细胞因子受体结合传递信息，调节神经系统的功能状态；中枢神经系统的反馈信息：激活交感神经系统或丘脑-垂体-肾上腺轴释放神经递质去甲肾上腺素或类固醇皮质激素，淋巴细胞表达相应受体与其结合，调节免疫细胞活性水平。

人类的免疫系统由固有免疫和获得性免疫两大部分组成。它们的基本功能之一是清除外源抗原（如细菌、病毒），维护机体稳态和生存。固有免疫系统是古老的免疫系统，无脊椎动物也有，由抗菌肽、备解素、补体系统等体液机制和单核细胞、巨噬细胞、树突细胞、自然杀伤细胞、嗜碱性粒细胞、嗜酸性粒细胞和中性粒细胞等免疫细胞组成，是人体的一线防御机制，没有免疫记忆，其免疫反应快速、即时，但是是非特异性的。获得性免疫系统是脊椎动物才有的特异性的免疫系统，又称特异性免疫。由T淋巴细胞和B淋巴细胞及特异性抗体组成，以抗原特异性方式发展免疫记忆，在再次遭遇该抗原时能够特异性识别，以更快更有力的反应抗击入侵者。但是，其最强的免疫反应发生在病原入侵后若干时间后，即延迟反应（表12-1）。如果免疫系统不能充分发挥免疫反应、不能清除异常抗原从而导致感染或疾病称为免疫损伤（immunocompromise）；过度反应或错误反应则导致变态反应或自身免疫性疾病。所以机体是在精确而复杂的免疫机制调控下生存的，神经系统参与这种调控。

表 12-1 免疫系统的两大部分

固有免疫	获得性免疫
由自然杀伤细胞、肥大细胞、嗜碱性粒细胞、嗜酸性粒细胞、中性粒细胞、单核细胞、巨噬细胞和抗菌肽、备解素、补体等组成	由抗原特异性 B 淋巴细胞和 T 淋巴细胞及抗原特异性抗体组成
一线免疫机制	二线免疫机制
即时反应	延迟最大反应
各种外源物都能激活的非特异性反应	过去遭遇过的抗原和病原诱导的特异性反应
无免疫记忆	有免疫记忆，对重新遭遇的抗原改进反应

第一节 神经-免疫细胞的相互作用

一、神经-免疫细胞的通信

神经与免疫系统间的通信通过共同的生化语言，包括共有的受体和配体、神经递质、神经肽、生长因子、神经内分泌激素和细胞因子。

激素（内分泌）是免疫系统与神经内分泌系统间传递信息的主要途径。近数十年的研究证明大脑主要通过两条途径参与免疫调节：第一条是下丘脑-垂体-肾上腺轴（hypothalamic-pituitary-adrenal-axis，HPA），从下丘脑释放促皮质激素（corticotropin-releasing hormone，CRH），进一步刺激垂体释放促肾上腺皮质激素（adrenocorticotropic hormone，ACTH）诱导肾上腺皮质分泌类固醇皮质激素。这些激素都已证实能够直接影响免疫细胞的活性。第二条途径包括激活交感神经系统（sympathetic nerve system，SNS）释放儿茶酚胺、去甲肾上腺素、神经肽和内源性类鸦片素（如脑啡肽/内啡肽）以及 5′-三磷酸腺苷（ATP），这些因子也都能够直接影响免疫细胞的活性，成为神经系统调节免疫系统的重要介质。其他神经纤维在淋巴组织中释放多种别的神经肽，如降钙素基因相关肽、生长激素释放抑制因子（somatostatin）、作用于血管的肠肽（vasoactive intestinal peptide，VIP）和 P 物质也能影响免疫细胞的活性。图 12-2 以交感神经纤维末梢释放去甲肾上腺素调节 T 淋巴细胞和 B 淋巴细胞为例阐明其作用机制。

固有免疫是抗微生物的第一线，由皮肤、黏膜表面的抗菌肽、补体、吞噬细胞、自然杀伤细胞和粒细胞（包括中性粒细胞、嗜酸性粒细胞、嗜碱性粒细胞）以及肥大细胞组成。炎症细胞也是固有免疫和获得性免疫的效应细胞。巨噬细胞对各种细菌、细菌 DNA（非甲基化的 CpG）和病毒起反应。例如，单核细胞表达特异性受体（CD14、Toll-4）应对革兰氏阴性菌细胞壁的组成成分脂多糖（LPS）。注射 LPS 引起炎症级联反应：开始产生 TNF-α，接着产生 IL-1β，然后产生 IL-6。然后巨噬细胞产生其他重要的调节和效应分子，如 IL-12、干扰素和氧化氮。巨噬细胞的这些产物既是效应分子又是信号分子。例如，TNF-α 作用于细胞死亡受体杀死感染细胞和损伤细胞，但是当产生 TNF-α 过多时可引起脓毒症休克；IL-1β 和 TNF-α 协同引起发热反应，以利于杀伤细菌。这些炎症性细胞因子也产生局部效应，如上调血管内皮细胞的黏附分子表达在细

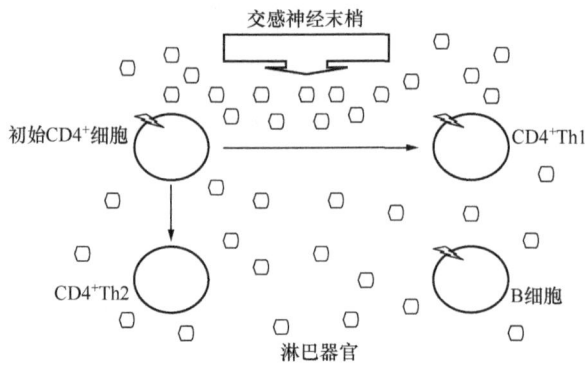

图 12-2 交感神经对淋巴器官中淋巴细胞的作用

交感神经纤维穿入初级和次级淋巴器官的实质中，释放去甲肾上腺素至 $CD4^+$ T 和 B 细胞的微环境中，B 细胞、初始 $CD4^+$ T 细胞和 Th1 细胞（没有 Th2 细胞）表达 β2AR 受体（7 次跨膜与 G 蛋白耦合），与去甲肾上腺素结合产生环状单磷酸腺苷（cAMP）激活蛋白激酶 A。交感神经末梢也释放神经肽、类鸦片肽和腺苷影响免疫细胞的活性。

菌入侵部位募集更多的炎症细胞，血管通透性改变有助于炎症细胞的迁移。IL-6 介导感染的急性相反应，刺激肝脏释放急性相蛋白（如 CRP）。

免疫系统通过免疫细胞产生的多种细胞因子调节免疫反应，包括炎症反应和对中枢神经系统的反馈和影响，同时影响其他细胞。免疫反应过强，产生的细胞因子过剩可以形成严重的病理生理状态，如系统性炎症反应综合征（systemic inflammatory response syndrome, SIRS）。常见的脓毒症、创伤或出血性休克、缺血再灌注、烧伤、胰腺炎和外科手术等都属此列。移植后出现的免疫排斥和移植物抗宿主反应有大量的，高于正常细胞因子水平数百倍甚至数千倍的，急风暴雨式的多种细胞因子过剩，文献上称为"细胞因子风暴"（cytokine storm）也属于此类状态（图12-3）。病毒引起的"非典型性肺炎"（俗称非典）或急性呼吸窘迫综合征（SARS）以及流感病毒引起的重症病例

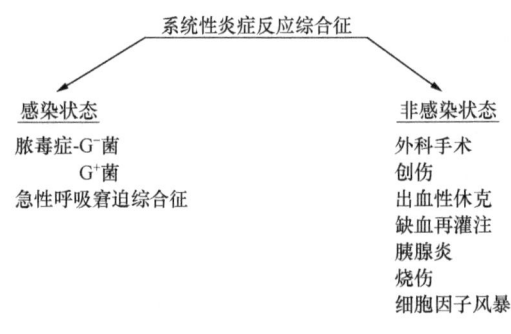

图 12-3 细胞因子过剩状态
细胞因子过剩形成的系统性炎症反应综合征可分为感染性和非感染性的两大类。

也有"细胞因子风暴"出现，也应列入感染状态之列。一些慢性炎症性疾病往往有促炎症细胞因子的长期异常升高，对于疾病的发展和治疗有重要作用，有待系统、深入研究。

多年的临床观察积累了促炎症细胞因子对器官系统影响的资料（表 12-2）。TNF-α、IL-1β 和 IL-6 对心肌细胞有直接的抑制作用，TNF-α 能产生即时的和延迟的心肌收缩乏力效应，甚至导致左心室功能不全。TNF-α 和 IL-1β 通过增加氧化氮的产生降低血管收缩能力，长期大剂量作用可导致血管性休克。中性粒细胞和巨噬细胞进入肺泡和间质

后分泌大量的 TNF-α、IL-1 和 IL-8，继而使肺上皮和间质细胞产生大量细胞因子。IL-8 在急性呼吸窘迫综合征的形成中起重要作用。在动物模型的研究中发现 TNF-α 和 IL-1 能引起肾小球和肾小管上皮细胞损伤。IL-6 在肝脏急性相蛋白合成增加中起主要作用，TNF-α 和 IL-1β 起促进作用。虽然细胞因子本身不参与血凝机制，但是 TNF-α、IL-1β 改变血凝的外源途径和 C 蛋白途径。有资料表明这些细胞因子在弥散性血管内凝血和血栓形成中起重要作用。IL-1 则抑制纤维溶解。

表 12-2　促炎症细胞因子对器官系统的影响

心脏	减弱心肌收缩力；左心室功能不全
血管	血管原性休克
呼吸	急性肺损伤；引起急性呼吸窘迫综合征
肾	肾小球损伤；肾小管细胞损伤
肝	急性相蛋白合成增加
血凝	外源性和蛋白途径改变；纤维蛋白溶解受到抑制；血管内弥散性凝血和血栓症

上述严重的病理生理状态很难区分哪些是免疫系统的作用，哪些是神经系统支配引起的，应该称为神经-免疫效应。

二、免疫细胞与神经的相互作用机制

神经与免疫细胞直接相互作用已有许多证据，如已经观察到气道组织中神经纤维与免疫细胞相关。免疫细胞有神经递质的受体表达，获得性免疫细胞主要表达 β2AR，固有免疫细胞表达 β2AR、α1AR 和 α2AR。免疫细胞与神经细胞的近距离接触使免疫细胞可能对神经递质起反应，而免疫细胞产生的介质也能影响神经细胞。在许多组织中观察到效应免疫细胞出现在神经纤维上，如气道中的肥大细胞和嗜酸性粒细胞。组织学分析表明嗜酸性粒细胞不仅围绕着神经纤维，还浸润到神经束中。树突细胞与感觉神经的关系已经深入研究，是调节吸入抗原免疫反应的核心。

神经内分泌主要在下丘脑-垂体轴，垂体产生的激素介导中枢神经系统对免疫反应的影响。然而垂体激素也能不依赖中枢神经系统直接影响免疫系统，这种情况发生在与免疫系统通过自分泌或旁分泌相互作用，其结果是由细胞因子调节垂体产生激素，如小鼠垂体前叶分泌生长激素的细胞有 IL-1 的 I 型和 II 型受体的高表达。泌乳激素（prolactin，PRL）包括胎盘催乳激素（placental lactogens，PL），是多能激素，主要在垂体产生。PRL 在多巴胺负调节下产生，也能在促甲状腺素刺激下释放。虽然其主要功能是促进乳腺发育和维持乳汁分泌，但是，PRL 受体（PRLR）在多种组织广泛分布。

外周神经系统的传出神经从大脑向全身各器官传递信息，调节机体功能，如骨骼肌运动和自主功能（心率、呼吸、血管张力、胃肠道运动等）。自主神经系统又分为交感和副交感两部分，分别分泌去甲肾上腺素和乙酰胆碱作为神经递质，几乎全身所有的细胞都有相应的受体。神经递质是神经细胞通信的主要介质，也影响免疫功能。免疫器官和循环的免疫细胞具有某些神经递质也能调节其活性,如儿茶酚胺、5-羟色胺、乙酰胆碱、组织胺和神经肽。自主神经系统对免疫系统的影响通过免疫器官的神经分布和肾上腺髓质,总的结果是增加糖皮质激素和儿茶酚胺的合成和分泌。

所有初级和次级免疫器官都有节后交感神经分布。胸腺和脾脏都没有感觉神经分布。但是淋巴结和骨髓可能有源自神经节背根的感觉神经分布。关于免疫器官的副交感或迷走神经分布尚无神经解剖学的证据。免疫功能神经调节的主要途径由交感神经系统及其主要的神经递质去甲肾上腺素(NE)提供。交感神经系统的兴奋抑制固有免疫系统细胞的活性,同时增强或抑制获得性免疫系统细胞的活性。固有免疫细胞表达α-和β-肾上腺素受体,而淋巴细胞表达β2型肾上腺素受体(β2AR)。通过这些肾上腺素受体,去甲肾上腺素能够调节免疫细胞的活力水平,其机制涉及改变细胞因子和抗体基因的表达水平。免疫细胞的β2AR表达受多种因子的调节,包括细胞活性、细胞因子、激素和神经递质。免疫细胞上β2AR的激活引起细胞内cAMP水平上升,激活蛋白激酶A。此外,激活多条细胞内信号途径,如丝裂原激活蛋白酶途径(MAPK)。

第二节 免疫系统的自主神经分布和调节

一、免疫器官的交感神经分布

免疫系统的所有组成部分都由交感神经系统支配,但是只有淋巴结和骨髓才传入神经中枢的神经(图12-4)。至今尚无神经解剖学的证据证明免疫系统有迷走神经或副交感神经的神经支配。但是,呼吸系统和消化管道可能例外。

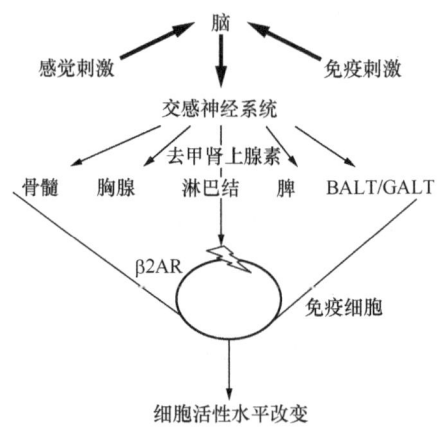

图 12-4 免疫器官的交感神经分布

所有免疫器官都接受交感节后神经元的支配,尚无副交感或迷走神经支配的神经解剖学证据。大脑的感受来自感受器,如脊神经根或免疫刺激,如细胞因子。免疫功能神经调节的初始途径由交感神经系统提供,主要通过去甲肾上腺素。交感神经系统的激活主要抑制与固有免疫系统相关细胞的活性,同时也增强或抑制与获得性免疫相关细胞的活性。通过肾上腺能受体(β2AR)调节免疫细胞的活性,往往涉及细胞因子和抗体基因的表达水平。

二、免疫细胞的神经递质受体表达

有两类受体能够结合去甲肾上腺素（NE）：α-肾上腺素受体（αAR）和 β-肾上腺素受体（βAR）。它们以组织特异性形式表达，与 NE 的亲和力也不同，免疫细胞上的主要是 β2AR 受体。免疫细胞上的 β2AR 数量变化较大，受多种因素影响，包括活化程度、细胞因子、激素和神经递质。刺激免疫细胞上的 β2AR 受体导致免疫细胞内 cAMP 水平增高，继而激活蛋白激酶 A（PKA）。此外，还激活其他信号转导途径，如丝裂原激活的蛋白激酶（MAPK）。

早期发现，参与固有免疫的细胞都表达 β2AR 受体，后来发现有的细胞也表达其他亚型的受体，有报道单核/巨噬细胞表达 α1AR 受体。获得性免疫系统中 β2AR 受体的表达比较复杂，初始 CD4 T 细胞、CD4 Th1 细胞和 B 细胞都表达 β2AR 受体，功能性极化为 CD4 Th2 细胞后不表达 β2AR 受体，机制不明，推测受表观遗传学机制影响。

三、固有免疫的交感神经系统调节

交感神经系统（去甲肾上腺素激活的神经和肾上腺髓质）对固有免疫系统发挥抗炎作用。其中对于巨噬细胞产生的促炎症细胞因子的作用是效应的核心。

巨噬细胞在调节固有免疫中起核心作用，因此对固有免疫神经调节机制的研究集中在交感神经对巨噬细胞的调节。体外实验表明：去甲肾上腺素能抑制脾脏和淋巴结的巨噬细胞对 LPS 的反应——分泌 TNF-α。也观察到 IL-1β 的产生受到抑制。多种体内实验表明刺激交感神经能够抑制脾脏巨噬细胞的功能，主要通过 β-肾上腺素机制起作用，证明刺激交感神经系统对固有免疫有抗炎效果。

值得注意的是，在后续的获得性免疫中这些细胞因子也出现和起作用，巨噬细胞和树突细胞在其中起关键性作用，早期固有免疫的修饰对后续获得性免疫反应的大小和性质有明显影响。

人类气道的神经支配是有传出和传入功能的自主神经网络，除了交感和副交感神经外还有第三种主要的神经系统，称为兴奋性非肾上腺素能非胆碱能（excitatory nonadrenergic noncholinergic，eNANC）系统。这些神经有速激肽 P 物质（SP）、神经激肽 A（NKA）和神经激肽 B（NKB）以及神经肽 CGRP，这些神经纤维位于气道上皮围绕血管和黏膜下腺体和平滑肌内，对化学刺激敏感，有些化学刺激物通过瞬时受体电压（transient receptor potential，TRP）阳离子通道起作用，近年来发现多个 TRP 家族的离子通道，如 TRPA1 和 TRPM8 是支配肺的迷走神经传入支特有的。eNANC 在哮喘发病中占主导作用。刺激气道上皮中的 eNANC 神经通过轴突-反射机制，释放神经肽，分泌黏液，增加血管通透性导致血浆渗出，此过程称为"神经性炎症"（neurogenic inflammation）。副交感神经在气道平滑肌张力的维持中起主要作用。人类气道中交感神经纤维占较少成分，其平滑肌没有交感神经支配。气道的大部分感觉纤维源自迷走神经。

四、获得性免疫的交感神经系统调节

早期对人类和小鼠体内、体外 T 细胞、B 细胞的研究表明：NE 和 β2AR 受体结合增加细胞内 cAMP 和腺苷酸环化酶活性，在细胞水平调节基因表达。近年来用剔除 NE 基因小鼠做的实验表明情况复杂，这些实验证明 NE 在体内对 T 细胞和 B 细胞有多种功能。然而，在比较体内、外功能时出现了新的问题，提示作用的复杂性，有待用新的模型和方法深入研究。

第三节 迷走神经的免疫调节作用

自 1994 年首次报道膈下迷走神经切断术能减轻腹腔注射 LPS 的效应后，大量研究表明迷走神经感觉支有从腹腔和内脏传入信息的基础作用。但是迷走神经传入的免疫感觉功能不等于全身所有的感觉纤维（皮肤、肌肉和黏膜表面）都能将这类信息传向中枢神经系统并给出免疫反应。还有人认为许多迷走神经传出支的抗炎症效应是由于同时刺激了肾上腺髓质和交感神经系统所引起的。

迷走神经词义源自拉丁语"漫游的"，因为它分布广泛而零乱。解剖学上列为第十对颅神经，是自主神经系统副交感系统的主要组成部分，含有感觉（传入）和运动（传出）纤维。传出迷走神经起自脑干延髓，支配内脏器官。迷走神经调节机体的基本生命功能，包括减缓心率、支气管收缩、增加肠蠕动和缩小瞳孔等。看来迷走神经在发现和抑制炎症反应过程中起重要的免疫调节作用，这种调节主要通过神经递质乙酰胆碱和其他神经体液介质。传出迷走神经抑制促炎症细胞因子的产生和系统性炎症。巨噬细胞和内脏器官及网状内皮系统的其他能产生细胞因子的非神经细胞上有烟碱酸乙酰胆碱受体，接受传出迷走神经产生的乙酰胆碱或烟碱，调节细胞因子的产生和分泌。20 多年的研究进展表明细胞因子在炎症和免疫中起关键性作用，因此迷走神经调节细胞因子生成的作用备受关注。

一、免疫反射和炎症反射

有人提出免疫系统可能是第六感官，认为免疫系统能够感知细菌、病毒的感染，感觉出细胞损伤，其信息传至中枢神经系统给出适当的生理反应。近年来的研究揭示了一个由自主神经系统监督和调节炎症反应的途径，称为"免疫反射"，该途径有免疫感觉和免疫抑制功能。体液的抗炎症机制比较缓慢，通过浓度梯度扩散进行；免疫反射则快速，但是反应是局限和综合性的。

免疫反射的传出支称为"乙酰胆碱能抗炎途径"，由迷走神经及其主要的神经递质乙酰胆碱及其受体烟碱酸乙酰胆碱受体的 α7 亚单位组成（图 12-5）。对颈部迷走神经进行电刺激可以降低系统的 TNF 水平。给予 α7 增效剂或激活依赖 M1 蕈毒碱受体的脑乙酰胆碱网络和增强迷走神经活性也能降低 TNF 水平。因为乙酰胆碱（ACh）是迷走神经的主要神经递质，巨噬细胞和其他产生炎症细胞因子的细胞表达其受体（AChR），它们在 ACh 作用下失活。

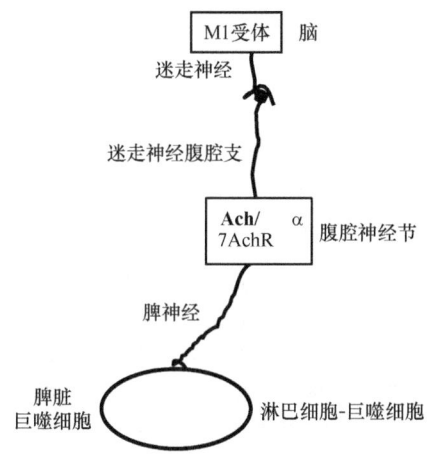

图 12-5 胆碱能抗炎症途径

免疫反射的效应机制由迷走神经及其主要的神经递质乙酰胆碱组成。其途径必须有烟碱乙酰胆碱受体的 α7 亚单位。迷走神经调节细胞因子产生的双神经原模型是通过脾神经的：节前神经源自迷走神经的脊运动核，节后神经位于腹腔上肠系膜神经丛，经过脾神经延伸到脾。在此模型中电刺激颈部迷走神经能降低乙酰胆碱水平，通过的途径需要烟碱乙酰胆碱受体的 α7 亚单位、脾神经和儿茶酚胺。迷走神经活动能调节脾神经的去甲肾上腺素的释放。这种情况下，脾神经释放的去甲肾上腺素水平降低，作用于巨噬细胞表达的 β2-肾上腺素受体作用减弱，而腹腔上肠系膜神经丛的神经元表达的 α7 亚单位在迷走神经和脾神经间传递信号。另一种可能是源自脾神经末梢的去甲肾上腺素引起神经原之外的细胞（如淋巴细胞）释放乙酰胆碱，然后作用于巨噬细胞表达的 α7 亚单位从而降低 TNF 水平。

细胞因子的合成和释放是固有免疫系统的基础之一。但是如果产生不当，生产过多导致系统性炎症反应，会损伤脏器。近年来研究发现的迷走神经免疫调节功能，激活迷走神经传出支调节细胞因子的产生，称为"类胆碱能抗炎症途径"（colinergic anti-inflammatory pathway）。这个神经-免疫途径给宿主提供了快速、不连续和局部的调节免疫反应的方式，防止炎症反应过度。在实验性脓毒症、出血性休克、缺血再灌注损伤中刺激迷走神经能减少细胞因子产生，提高生存率，为临床提供了新的治疗策略。

促炎症细胞因子传递信息至脑可有多种途径，有多种免疫-脑的体液通信机制。研究表明 TNF-α、IL-1α、IL-1β 和 IL-6 能通过可饱和运输系统（saturable transport system）穿越血-脑屏障。细胞因子也能从没有血脑屏障的脑室间区域，启动前列腺素 E2（PGE2）的产生，激活丘脑-垂体-肾上腺轴。促炎症细胞因子，尤其是白细胞介素也能结合到脑血管的内皮细胞上，改变内皮细胞的代谢，结果在有血脑屏障的脑侧释放神经活性物质。上述机制都出现在外周血促炎症细胞因子升高时。但是炎症反应也能发生在血液细胞因子水平不高时。感觉迷走神经传入支能检出低水平的细胞因子和其他细胞因子，通过传入纤维通知大脑外周有炎症。实际上局部组织的细胞因子浓度就足以激活迷走神经传入支。膈下迷走神经切断术后动物虽然在腹腔内注射了内毒素或 IL-1，但是并不发热，因为大脑没有收到炎症的信号。实验表明脉络球细胞上的感觉迷走神经表达 IL-1 和

PGE2 受体。迷走神经的传入和传出信息在中枢综合,形成免疫反射(图 12-6)。

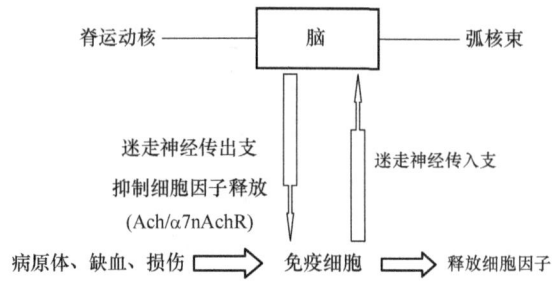

图 12-6 免疫反射

在免疫反射中病原体、局部缺血和其他形式的损伤结果都是从免疫细胞释放细胞因子,被迷走神经传入支感知,信息传至孤核束(nucleus tractus solitarius, NTS),然后到脊运动核(dorsal motor nucleus, DMN),激活迷走神经传出支-称为胆碱能抗炎症途径,通过迷走神经传出支释放乙酰胆碱(Ach)与免疫细胞上的 α7 烟碱乙酰胆碱受体(α7nAchR)抑制细胞因子的产生。

巨噬细胞和中性粒细胞过度或持续活化会导致细胞因子产生过度或不当;如果逃逸局部调控,炎症细胞因子进入外周循环广泛激活炎症级联反应形成系统性炎症反应综合征,进一步发展释放更多的炎症因子可导致多器官功能衰竭综合征,死亡率高。为了避免不适当的过度炎症反应,机体存在抗炎症机制防止炎症介质进入外周循环。抗炎症细胞因子是常见的抗炎症机制,包括 IL-10、TNF-α 结合蛋白、IL-1 受体拮抗物(IL-1ra)和转化生长因子-β(TGF-β),它们通过正常免疫反应产生,能够抑制 TNF-α 和其他促炎症细胞因子的释放。TNF-α 结合蛋白干扰 TNF-α 与其受体结合,从而抑制它们的作用。"应激"激素,如糖皮质激素、肾上腺素、去甲肾上腺素和 α-黑色素细胞刺激素抑制细胞因子的生成。除了抑制 TNF-α 产生外,β-肾上腺素能受体激活也能上调 IL-10 产生,从而增强抗炎症作用。还有局部的抗炎症效应物,如前列腺素 2、急性相蛋白、热休克蛋白、精胺等都有局限炎症反应的作用。这些内源性抗炎症机制的损伤或缺失都会导致正常自限性炎症反应转变成过度的炎症反应引起组织损伤。

免疫反射的传出支之所以称为"胆碱能抗炎症途径"是因为乙酰胆碱是迷走神经的主要传递介质。巨噬细胞和其他产生细胞因子的表达乙酰胆碱受体的细胞在乙酰胆碱作用下失活。乙酰胆碱抑制 TNF-α 合成和 IL-1β、IL-6 及 IL-8 的释放,然而对于抗炎症细胞因子 IL-10 的释放则不起作用。乙酰胆碱受体分两类:蕈毒的和烟碱的。烟碱型受体再分为 α-金环蛇毒素敏感的(α1、α7 和 α9)和不敏感的。两类乙酰胆碱受体都分布在中枢神经系统和外周神经中,但是有不同的轴突分布和不同的功能。近年来的研究表明巨噬细胞表面有 α7 烟碱型乙酰胆碱受体(α7nAChR),电刺激迷走神经能抑制巨噬细胞合成 TNF。虽然蕈毒型乙酰胆碱受体也在巨噬细胞和其他产生细胞因子的细胞表面表达,但是,阻断外周的蕈毒型受体不能阻止迷走神经的抗炎症作用,即蕈毒型受体没有参与胆碱能抗炎症途径的细胞因子调节作用。近年来发现中枢蕈毒型受体在抑制系统性炎症中起作用。在内毒素血症的大鼠中枢蕈毒型受体激活能够抑制系统的 TNF 升高,也激活传出迷走神经。

通常炎症时细菌和内毒素局限在巨噬细胞聚集的脾脏和肝脏中，脾脏是发生内毒素血症时系统中 TNF-α 的主要发源地。脾脏由迷走神经的下腹支控制，在内毒素血症和脓毒症时通过胆碱能抗炎症途径抑制炎症细胞因子的产生。胰腺炎是胰腺的无菌性炎症伴有血清细胞因子水平升高和炎症细胞激活，能发展为多器官衰竭甚至死亡（图 12-7）。在啮齿动物急性胰腺炎模型中单侧迷走神经切断加重局部和系统的炎症，使病情恶化，提示迷走神经有增强抗炎功能。使用 GTS-21 激活胆碱能抗炎途径能降低胰腺炎的严重程度。迷走神经还能通过传递信息到丘脑，从垂体前叶释放 ACTH 启动系统性体液抗炎症反应。

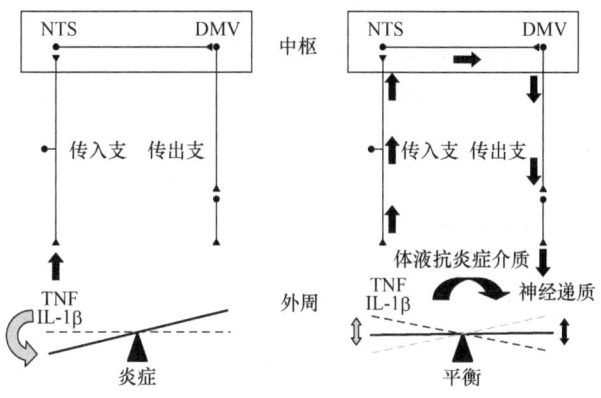

图 12-7 炎症反射的作用

炎症反射病原体和组织损伤引起细胞因子释放，用于限制感染扩散和促进组织修复。体液和神经调节机制调节炎症反应的强度。炎症部位释放的细胞因子激活迷走神经的传入纤维，到达脑干的孤核束（nucleus tractus solitarius NTS），为自主神经系统提供外周炎症状态的信息。迷走神经的传出支传递的信号到达炎症部位，神经递质作用于巨噬细胞和其他免疫细胞减轻炎症反应。迷走神经背运动核（dorsal motor nucleus of the vagus，DMV）。

二、炎症的类胆碱能调节

炎症是对病原体入侵和组织损伤的病理生理反应，临床表现为局部的红、肿、热、痛；系统性炎症则表现为发热、不适等症状。炎症过程中免疫系统的免疫细胞释放有利于清除病原体和促进组织修复的细胞因子，包括 TNF 等促炎症细胞因子和糖皮质素、IL-10 等抗炎症因子，使炎症局部组织平衡和修复。免疫反应由体液和神经精细调节。过去数十年人们对糖皮质激素和其他体液的免疫调节机制进行了深入研究，可是对于炎症的神经调节近年来才有报道。

三、迷走神经免疫调节作用的证明和应用前景

迷走神经免疫调节作用最引人注目的实验证明是用大鼠做的：以致死量的内毒素静

脉注射做成内毒素休克实验模型,电刺激迷走神经传出支能明显降低血清 TNF 水平,减少肝脏合成 TNF,明显减轻内毒素休克;反之,迷走神经切断术导致血清和肝脏 TNF 水平升高,加速休克的发展。进一步用小鼠腹腔注射活的大肠杆菌形成腹腔脓毒症,探讨胆碱能抗炎症途径的作用:颈部迷走神经切断术导致细胞因子释放、腹腔炎症细胞增加和严重的肝损伤。用烟碱活化"胆碱能抗炎症途径"的外周部分,结果减少炎症细胞的聚集,没有肝损伤(图 12-8)。别的研究表明,在大鼠内毒素血症模型中刺激迷走神经(VNS)抑制凝血机制和纤维溶解机制的激活,抑制白细胞聚集和内皮细胞活化。迷走神经在出血性休克过程中的调节炎症作用也已研究。在大鼠致死性出血性休克模型中,刺激迷走神经能明显增加存活率,阻止低血压的发展,降低血清 TNF 水平。实验证明 ACTH 激活胆碱能抗炎症途径改善心血管和呼吸功能,逆转休克状态,提高存活率。用短暂的大动脉阻塞形成的出血/再灌注动物模型证明刺激迷走神经也能减少 TNF 合成和减缓休克的发生。在实验性缺血性心脏病模型中,刺激迷走神经能减少心肌缺血再灌注导致的自由基水平升高,明显减少严重心律不齐的发生率和死亡率。胆碱能抗炎症途径对某些局部的炎症也有抑制作用。例如,刺激迷走神经能抑制小鼠关节炎引起的肢端肿胀,减轻其炎症反应。最近,Rosas-Ballina 和 Tracet 总结了迷走神经刺激和选择性 α7 拮抗剂对炎症性疾病实验模型的作用如表 12-3 所示。

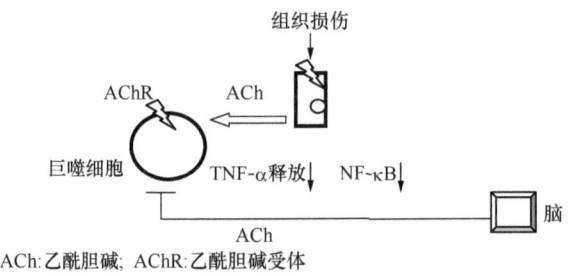

ACh:乙酰胆碱;AChR:乙酰胆碱受体

图 12-8 乙酰胆碱在巨噬细胞调节中的抗炎作用

在炎症、组织损伤或免疫攻击过程中巨噬细胞和其他表达乙酰胆碱受体的免疫细胞也能被乙酰胆碱激活。皮肤中角化细胞和传出自主神经系统能释放乙酰胆碱,导致 TNF-α 释放下调和降低 NF-κB 活化,从而调节皮肤的免疫反应。

表 12-3 迷走神经刺激和选择性 α7 拮抗剂对炎症性疾病实验模型的作用

模型	迷走神经刺激(VNS)或迷走神经切断	α7 增效剂或拮抗剂
内毒素血症		
	VNS:减少血清 TNF、IL-6;防止休克;减少心脏、肝、脾 TNF、IL-1、IL-6 降低促凝血和纤维蛋白溶解反应	烟碱片:减轻发热升高血压,对外周血 TNF、IL-6、IL-8、sE-选择素无影响升高外周血 IL-10 和考地松
		GTS-21:减少血清 TNF;提高生存率减少中性粒细胞募集
	迷走神经切断:肝和血清 TNF 升高	

续表

模型	迷走神经刺激（VNS）或迷走神经切断	α7 增效剂或拮抗剂
脓毒症（盲肠结扎刺破）	经皮的 VNS：降低血清 HMGB1，增加生存率	烟碱片：降低血清 HMGB1，增加生存率 GTS-21：降低血清 HMGB1，增加生存率 AChE 抑制剂：增加生存率，降低血清 TNF、IL-6、IL-1β
脓毒症（腹腔大肠杆菌感染）	迷走神经切断：增加血清和腹膜 TNF、IL-6、IL-1β 和腹膜中性粒和巨噬细胞	烟碱片：降低血清和腹膜 TNF、IL-6、IL-1β 和腹膜中性粒和巨噬细胞 降低血清 ALT 和 AST；促进大肠杆菌在腹水、血、肝中生长，增加死亡率
术后肠梗阻	VNS：预防肠麻痹，减少粘贴 Ccl2 和 Ccl3，降低腹腔 TNF、IL-6、MIP-2、MIP-1α 浓度，减少肠黏膜炎症细胞募集；激活巨噬细胞的 STAT3	烟碱片：减少腹膜巨噬细胞的 TNF 和 IL-6 产生 AR-R17779：改善肠道排空，减少炎症细胞向肠道肌肉募集
出血性休克	VNS：减少肝脏中 NF-κB 激活防止 IκBα 丢失；降低血清 TNF 水平，可逆性低血压，延长生存时间	chlorisondamine：回复 VNS 效应；回复高脂饮食引起的迷走神经激活
	ACTH-介导的迷走神经激活：降低肝脏中 TNF 和 NF-κB 活性；降低血清 TNF 水平；改善心血管和肺功能；增加生存率	阿托品硫酸盐：回复 ACTH 效应
	高脂饮食引起迷走神经激活：降低血清和-6；保护肠道屏障功能	
心肌缺血/再灌注	VNS：减少血液自由基和严重心律不齐发生改善左心室组织学状况，增加 ERK1/2 激活，降低病死率	甲基溴化阿托品：抗 VNS 效应
炎症性结肠病	迷走神经切断：增加疾病的活动指数；结肠组织中 TNF、IL-1β、IL-6 增多	烟碱片：降低疾病指数

资料来源：Rosas-Ballina 和 Tracety，2009。

迷走神经免疫调节作用的动物实验结果激起了临床应用的开发性研究热潮，可能导致以改变迷走神经的活性或以其传导途径各部分为靶标的药物治疗。

动物实验中电刺激引起 TNF 减少的电压和频率都在激活心脏迷走神经纤维的阈值之下，不会影响心律。所以美国食品药品管理局 10 年前就批准用刺激迷走神经治疗难治性癫痫症，现在进行治疗忧郁症的临床试验。刺激迷走神经治疗需要在颈部锁骨处植入一个小的起搏器样的装置，实践证明是安全、有效、能承受的。副作用不常见，主要在刺激时发生嘶哑、颈部或咽部疼痛、咳嗽、头痛和呼吸困难。改变刺激方式后副作用减少，经历一段时间后可以很轻。人们对通过刺激迷走神经治疗的患者观察研究意外的发现，耐受性忧郁症患者外周血促炎和抗炎细胞因子水平都升高。

小鼠脓毒症模型经皮下非电刺激迷走神经（在气管附近垂直来回压迫迷走神经）能降低血清 TNF 水平，提高生存率。对于不易手术的危重患者能否采用皮下刺激的方式值得探讨。颈动脉窦按摩能通过反射激活迷走神经，用于终止室上性心动过速，这个过程中有无免疫学效应值得深入研究。有多种医疗措施能改变影响心率的副交感成分，放松疗法和生物反馈能明显增强副交感成分，增强迷走神经的活性。已有资料表明针刺能增强迷走神经的活性，所以针刺激活胆碱能抗炎症途径和调节免疫反应是可能的，有待实验证明。

已经研制出一些靶向胆碱能抗炎症途径的药物，主要通过中枢蕈毒型受体或外周的 α7nAChR 受体。例如，CNI-1493 是合成的化学药物，通过与蕈毒型受体作用的中枢胆碱能抗炎症途径激活剂，有抗炎症作用，抑制促炎症细胞因子从单核细胞和巨噬细胞释放。其作用要求有完整的迷走神经传导途径。烟碱（nicotine）是相对非特异性的 α7nAChR 增效剂，抑制从内毒素激活的人类巨噬细胞释放 TNF 和其他促炎症细胞因子，也抑制高移动性组合 1（HMGB1）从人类巨噬细胞释放。HMGB1 是脓毒症致死性炎症的晚期介质。用烟碱治疗可降低血清 HMGB1 水平，减轻脓毒血症的症状、提高生存率。GTS-21 又称 DMXB 或 DMXBA 是选择性的 α7nAChR 增效剂能降低血清 TNF-α 和 HMGB1 水平，提高脓毒症小鼠生存率。

ghrelin 是生长激素促分泌素受体（growth hormone secretagogue receptor, GHSR）的内源性配体，其生物学效应是通过 GHSR 介导的。GHSR 在中枢和外周广泛分布，存在于结节状神经节（nodose ganglion）的传入神经元中，提示信号通过迷走神经传入纤维转播入脑。脓毒症动物模型中 ghrelin 在早期和晚期高表达，GHSR 的表达在早期明显升高。脓毒症的高动力期（hyperdynamic phase）血管对 ghrelin 刺激的敏感性增高，用 ghrelin 治疗能明显降低血清和腹腔液中 TNF-α 和 IL-6 水平，重要的是必须有完整的迷走神经参与。

虽然胆碱能抗炎症途径对细胞因子过剩时抑制炎症有利，但是在处理脑外伤时应慎重考虑。感染是脑外伤后常见的严重并发症，这些患者往往出现外伤后免疫麻痹，从而增加感染率。研究表明脑外伤后急性期有严重的免疫损伤，推测由于颅内压升高导致迷走神经活力增强，在这种情况下干扰或阻止胆碱能抗炎症途径有利于伤员。

第四节　哮喘的神经免疫调节

支气管哮喘是最常见的呼吸道炎症性疾病之一，其发病机制涉及神经免疫调控机制的异常，研究得比较深入，近年来对气道中免疫与神经系统相互作用的研究为哮喘的慢性气道炎症与神经系统介导的症状提供了比较合理的解释，是探讨人类神经免疫调节机制的适宜模型之一。

哮喘的特征是可逆性的喘息、呼吸困难、胸部紧缩和咳嗽。哮喘是气道功能紊乱——气道超反应性（airway hyperresponsiveness, AHR），伴有气道感觉过敏和黏膜分泌增强。由于患者的气道对许多外源性和内源性刺激太容易收缩和过度收缩，这类超反应性伴有感觉兴奋性增强和黏膜分泌增加。哮喘作为综合征归结为气道神经功能紊乱，尤其涉及气道中的感觉神经纤维。气道上皮中的传入神经末梢感受器可以被内源性的炎症介质（如缓激肽）激发，也能被外源性刺激（如空气污染物、香烟）激发，信号传至中枢引起咳嗽等反射性反应，传出反射弧引起局部释放神经肽P物质（SP）和降血钙素产生的多肽（CGRP）。这些多肽激活它们在黏膜血管、平滑肌细胞和黏膜下腺体中的受体，分别导致血管舒张、胞质外渗、支气管狭窄和黏液分泌。这个过程过去被认为是"神经性炎症"，但是不能解释哮喘的全部过程。近年来的研究进展揭示了新的机制，现在认为哮喘是免疫失调所致。关键在于认识了神经-免疫细胞的相互作用。该免疫反应的起始编程者是Th2淋巴细胞，它能产生细胞因子IL-4、IL-5和IL-13，增强变态反应导致慢性炎症，其特征是气道黏膜有嗜酸性粒细胞、肥大细胞和淋巴细胞浸润。在重症病例基底膜增厚，平滑肌增生肥大，上皮细胞增生、转化，上皮细胞下层纤维化，血管增生，这种结构变化称为"气道重塑"（airway remodeling），其结果是气道壁变厚，超敏反应发展，肺功能减退。

近年的研究结果表明，儿童时期空气污染过敏原增多能够引起气道结构和功能的改变引起呼吸困难或喘息，导致儿童期哮喘发病率增加。早期儿童呼吸道感染，尤其是呼吸道合胞体病毒（respiratory syncytial virus，RSV）感染也促进过敏性炎症反应的发展。研究表明婴儿期RSV感染导致下呼吸道的神经生长因子（nerve growth factor，NGF）和脑源性神经营养因子（brain-derived neurotrophic factor，BDNF，是参与中枢和外周神经发生、分化和生存的生长因子）水平升高，导致外周神经发育异常，成为哮喘发生、发展的基础。

一、应激与哮喘

哮喘有很明显的遗传背景，与一些固有免疫系统基因多肽性相关；哮喘的发作受环境因素的影响，慢性应激，如学校中的考试增加哮喘发作频率，是神经-免疫相互作用在哮喘中起关键性作用的有力证据。应激通过丘脑-垂体-肾上腺（HPA）轴能够强烈引发皮质甾醇（氢化可的松）释放。在哮喘和其他慢性过敏性炎症患者，减轻HPA轴的反应无助于病情改善。近年的研究表明，神经营养因子和神经肽相关的应激加重哮喘。对哮喘患者的观察表明，应激感觉与血清脑源性神经营养因子BDNF水平和外周血中产生TNF-α的T细胞百分率相关；1s内用力呼气量（forced expiratory volume in 1 s，FEV1）与BDNF水平呈负相关。除了直接影响免疫细胞的活性外，神经营养因子对免疫反应的调节还通过对神经肽P物质（SP）合成的调节。在过敏性气道炎症的小鼠模型中，应激诱导气道感觉神经元合成SP；应激诱导的变化可用NK-1受体拮抗剂治疗。近年来临床流行病学研究表明，神经肽血管反应性肠肽（vasoactive intestinal peptide，VIP）可能与儿童生活中的应激事件相关，导致免疫反应Th2极化。

虽然对于神经系统与免疫功能复杂的相互作用了解还很肤浅，但是，事实表明应激使哮喘加重。关键机制之一可能是哮喘患者对肾上腺皮质激素的反应性降低；另一机制是神经营养因子过度产生引起神经性炎症对哮喘起促进作用。

二、人类气道的神经支配

人类的气道有复杂的自主神经支配，除交感和副交感神经外还有非肾上腺能、非乙酰胆碱能系统（non-adrenergic non-cholinergic，NANC），在哮喘病理中起独特的作用。副交感神经是气道平滑肌张力的主要调节者，其节前纤维的胞体在脑干的不同核内，其轴突与树突形成节后神经支配气管壁。在支气管平滑肌附近形成一个自主神经丛，释放乙酰胆碱与 M3 受体结合引起小支气管收缩。从副交感神经末梢释放的乙酰胆碱通过负反馈机制进行调控：节后神经纤维上的 M2 受体抑制乙酰胆碱释放。除了胆碱能纤维介导的支气管收缩外，节后副交感神经也含有抑制性非肾上腺能、非胆碱能纤维（i-NANC），以血管肠肽（VIP）及氧化氮（NO）作为主要神经递质提供气道平滑肌松弛的神经支配，可能是人类气道特有的神经支配。

人类气道平滑肌大多数没有交感神经支配，交感神经仅占人类气道神经支配的小部分，与支气管动脉和黏膜下腺体伴随，去甲肾上腺素和神经肽-Y 是其主要递质。尽管没有肾上腺能纤维，气道平滑肌上有丰富的 β-肾上腺受体，对肾上腺增效剂起反应而松弛。临床上用吸入 β2-肾上腺能受体增效剂治疗哮喘。

气道的感觉神经组成是异质性的。大部分感觉纤维来自迷走神经，其胞体在颈静脉和节状神经节；有些感觉纤维来自背根神经节，与脊髓的交感神经同行。大多数感觉神经纤维属于下列三类之一：有髓鞘的快速适应伸展受体（rapidly adapting stretch receptor，RAR），缓慢适应伸展受体（slowly adapting stretch receptor，SAR）和无髓鞘的辣椒素敏感的 C-纤维。C-纤维的激活也介导传出功能，被认为是兴奋性非肾上腺能、非胆碱能系统（e-NANC），这些神经含有速激肽 P 物质（SP）、神经激肽 A（neurokinin A，NKA）和神经激肽 B（NKB）以及神经肽 CGRP。这些神经纤维分布于气道上皮血管周围和黏膜下腺体以及平滑肌层，对于化学刺激敏感，如吸入的环境刺激物或过敏反应时组织释放的介质（组织胺、缓激肽、复合胺和前列腺素等）。虽然 e-NANC 纤维介导的炎症机制大部分尚未阐明，有些化学刺激是由瞬时性受体电压（transient receptor potential，TRP）阳离子通道介导的。TRPV1 介导红辣椒衍生的辣椒素的效应，这种效应也能由有害的温度、低 pH 和各种脂质衍生物引发。近年来的研究已经发现更多的 TRP 家族离子通道，如 TRPA1 和 TRPM8 分布在肺部由迷走神经支配。TRPA1 表达在 TRPV1 阳性的迷走神经感觉纤维支配的气道中，是氧化剂的主要感受器，对香烟中的 α,β-不饱和醛起反应；工业毒物异氰酸盐类也通过 TRPA1 产生效应。TRPM8 是作为冷刺激感受器发现的，现已证明它在气道的迷走神经中表达。

对上皮中 e-NANC 神经的刺激通过反射机制导致神经肽的释放，有些引起支气管收缩、黏液产生和血管通透性增加血浆渗出，这种过程称为"神经性炎症"（neurogenic inflammation）。

近年来用共聚焦激光显微镜和荧光染色进行的研究不仅验证了过去用组织化学观察到的气道神经分布，还观察到了三维的分布和炎症细胞与神经细胞的相互作用。例如，发现哮喘患者的嗜酸性粒细胞不仅沿着气道神经聚集，还浸润到神经束中。免疫细胞与神经的接触提示它们间相互作用有重要意义。多年的研究证明它们间通过神经肽和神经营养因子以及炎症细胞因子相互作用，近年来的研究表明细胞黏附分子在神经与免疫细胞间的通信中起重要作用。例如，轴突细胞黏附分子（synaptic cell adhesion molecule，SynCAM）和细胞黏附分子-1（cell adhesion molecule，CAM-1）促进肥大细胞与神经的相互作用；而且肥大细胞衍生的蛋白酶能直接激活神经元的蛋白酶激活受体。哮喘时聚集在气道神经周围的嗜酸性粒细胞促进副交感神经释放 ACH。该效应是通过嗜酸性粒细胞的产物"主要碱性蛋白"（major basic protein，MBP）阻滞 M2 蕈毒型受体的发生；此外，近年来证明肺感觉神经有直接的电荷依赖的对阳电荷蛋白的持续敏感效应，多种机制形成复杂的调控网络。

对于哮喘的现代研究表明神经肽和神经营养因子是神经-免疫相互作用维持气道超敏性和慢性炎症的关键性因子。NGF 可能有多条途径参与气道重塑，包括平滑肌增殖、成纤维细胞迁移和向肌成纤维细胞分化，以及胶原生成；此外 NGF 还在血管生成中起作用，如促进内皮细胞和血管平滑肌细胞增殖并刺激释放促血管新生因子。针对哮喘发病学的多种途径和环节研制了多种抗哮喘药物，如神经肽 SP、NKA、NKB 和 CGRP 是 e-NANC 神经局部释放的主要神经递质，诱导支气管收缩、黏液产生、血管舒张和增加血管通透性。多数研究旨在阻断这些速激肽的效应（表 12-4）。

表 12-4　速激肽受体拮抗剂对哮喘动物模型和哮喘患者的作用

药物	受体选择性	试验对象	效果
单选择性			
SR140333	NK-1	豚鼠	曙红流入
CP99994	NK-1	人	无效
		大鼠	AHR（仅 LAR）
FK888	NK-1	人	支气管收缩，咳嗽
SR48968（Saredudant）	NK-2	豚鼠	AHR（仅 LAR），曙红流入
		大鼠	AHR（仅 LAR），曙红流入
		人	NKA 诱导 AHR
MEN11420（Nepadutant）		人	NKA 诱导 AHR
SB223956	NK-3	豚鼠	AHR
SR142801	NK-3	小鼠	曙红流入
		豚鼠游离气管	AHR
SB235375	NK-3	豚鼠	咳嗽，AHR
NK-1/NK-2 联合拮抗剂			
FK-224	NK-1/2	豚鼠	咳嗽
		人	仅边缘或无 AHR 效应
DNK-333	NK-1/2	人	AHR
		大鼠	产生黏液

续表

药物	受体选择性	试验对象	效果
联合 NK-1/NK-2/NK-3 拮抗剂			
CS-003	NK-1/2/3	人	AHR
		豚鼠	AHR，咳嗽，血管高通透性
SCH206272	NK-1/2/3	豚鼠	血浆渗出，支气管收缩
ZD6021	NK-1/2/3	豚鼠	血浆渗出，支气管收缩

资料来源：Veres 等，2009。

IL-13 是 Th2 细胞因子，动物模型表明 IL-13 在哮喘和慢性阻滞性肺病（chronic obstructive pulmonary disease，COPD）的发展中起关键性作用。体外实验表明 IL-13 对气道的结构细胞和炎症细胞有明显的作用，能影响临床症状。哮喘患者的 IL-13 基因多态性和血、痰和支气管黏膜 IL-13 mRNA 及蛋白质表达升高都支持 IL-13 在哮喘发作中起核心作用的假设。哮喘的抗 IL-13 疗法已批准进入早期临床试验。

第五节 睡眠与免疫

良好的睡眠是保持健康所必需的。临床观察表明，失眠损伤免疫功能，感染能改变睡眠。过短（成人每夜少于 5h）或过长（成人每夜多于 8h）的睡眠都不利于健康。睡眠过少罹患高血压、冠心病和急性心肌梗死的危险性增加；睡眠过长或过短者都易患糖尿病。睡眠机制的研究有重要的理论意义和应用前景。

健康的大脑中有免疫信号分子（如 IL-1）与神经化学系统（如复合胺）调节正常睡眠。动物实验表明感染期间免疫信号分子与神经化学系统的作用扩大或紊乱，改变了睡眠进程。

一、睡眠的生理机制

睡眠是人类和高等动物特有的生理现象，表现为意识减弱、骨骼肌运动减弱和代谢降低。通常，人类需求夜间 7~8h 的睡眠。对于睡眠的现代研究始于 1953 年，发现快速眼球运动（rapid eye movement，REM）睡眠，根据脑电图、肌电图和眼电图的测定，认识到睡眠由两个时相组成：REM 和非眼球快速运动（NREM）睡眠。NREM 睡眠又分为 4 个阶段：S1、S2、S3、S4；其中 S3/S4 是脑电波慢波（<4Hz）又称 Δ 波睡眠，被认为是深度睡眠。人类睡眠包含 REM 和 NREM，每 90min 循环一次，每夜循环 5~6 次，REM/NREM 相对时间比例逐渐移行，第一个周期以 NREM 睡眠为主，最后一个周期以 REM 睡眠为主。

睡眠是人类的基本生理功能之一，睡眠是涉及大脑觉醒和睡眠中心的神经化学过程。是人类恢复体力和精力的必需生活过程；也是巩固记忆和保持大脑功能正常运行的生理基础。褪黑激素（melatonin）是松果腺在夜间产生的激素，有时间标杆和促睡眠信号的功能；褪黑素不仅在睡眠与觉醒的相互转换中起重要作用，还在体温、血压、免疫和激素分泌节律的协调优化中起作用，已作为保健药物使用。

生活经验告诉我们：吃好，睡好，得病就少；生病时睡眠受到影响。近年来的神经生理学研究开始注意到睡眠与免疫的相互影响。调控免疫系统的丘脑-垂体-肾上腺轴和植物神经系统与睡眠的关系已有专门研究；越来越多的文献报道短期失眠明显增加感染发病率，增加外周血单核细胞分泌 TNF-α 和 IL-1β 的水平。有报道 IL-6 与失眠相关，失眠与夜间交感神经兴奋有关，降低固有免疫功能。另有报道，生长激素是在睡眠第一期慢波活跃期（SWS）分泌产生的，通过生长激素释放激素（GHRH）调节生长激素的释放。用药物干涉能够延长 SWS 的周期和强度也增加生长激素的分泌率。外源性 GHRH 能促进非快速动眼睡眠（NREM）状态，抑制内源性 GHRH 的结果导致 NREM 睡眠的抑制。用 GHRH 基因变异或缺失的转基因小鼠做实验，结果证明缺乏 GHRH 能导致 NREM 睡眠持续减少，不能用外加生长激素逆转。糖皮质激素尤其是氢化可的松与清醒状态、应激反应以及记忆密切相关。在早期 SWS 睡眠期增加血浆糖皮质激素水平可完全阻滞记忆的产生。

二、细胞因子与睡眠

用实验动物和志愿者试验检测了下列细胞因子或趋化因子对睡眠的影响：IL-1α、IL-1β、IL-2、IL-4、IL-6、IL-8、IL-10、IL-13、IL-15、IL-18、TNF-α、TNF-β、IFN-α、IFN-β、IFN-γ 和巨噬细胞抑制蛋白 1β（又称 CCL4）。其中只有两个因子：IL-1β 和 TNF-α 经过电生理、生化和分子生物学方法确定参与睡眠的生理性调节。

虽然在免疫系统有许多细胞因子，但是其中只有一些在中枢神经系统有它们的受体。IL-1 和 TNF 的受体在大脑的皮层、脑干、视丘下部、河马、脉络丛的神经元和星形胶质细胞都有表达。

动物试验和志愿者观察表明至少有两个促炎症细胞因子（IL-1β 和 TNF-α）参与自发的生理性 NREM 睡眠的调节。用细菌细胞壁做的动物实验证明，炎症引起的睡眠改变也与这些促炎症因子相关。与任何行为一样，睡眠也是由神经网络和相关的神经化学系统的多重交错作用调节的，IL-1β 和 TNF-α 通过这些网络起作用，包括血清素（5-羟色胺，5-HT）系统。

5-HT 是睡眠调节中研究最多的介质，它的作用广泛，能调节多种行为和生理功能，包括警戒状态、情绪、进食、热调节、移动和性行为。实验和临床资料都提示 5-HT 系统在睡眠调节中起重要作用。药理学实验表明通过改变 5-HT 系统的神经递质合成、释放、结合或摄取、代谢都能明显地影响睡眠。5-HT 对睡眠的确切调节机制比较复杂，有时相性，不同动物的实验结果不尽相同。一般认为 5-HT 启动、增强觉醒，然后促进 NREM 睡眠，抑制 REM 睡眠（图 12-9）。

除了与神经调节系统作用外，IL-1 还能直接与大脑的某些回路作用，或与某些调节睡眠的神经递质作用。IL-1 在体内试验中抑制脑内海马区的 ACh 释放；体外实验抑制培养垂体细胞的 ACh 合成，增加乙酰胆碱酯酶活性。谷氨酸盐在中枢神经系统广泛

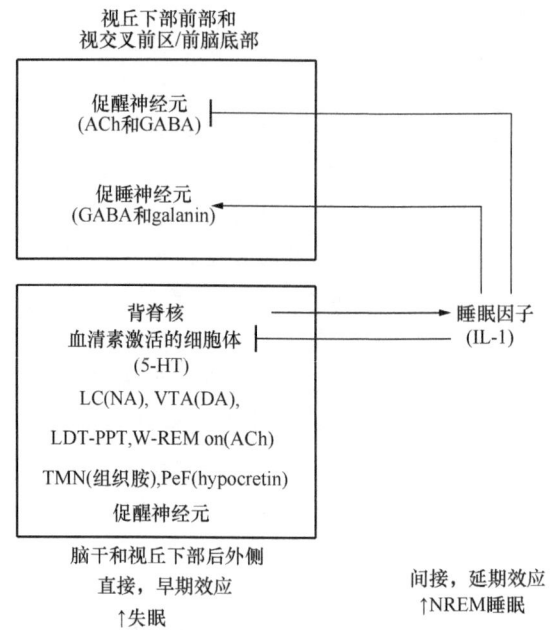

图 12-9 5-羟色胺启动增强觉醒然后增强 NREM 睡眠（Imeri and Opp，2009）

背缝核和其他脑干及视丘下部外侧的促进觉醒的血清素能神经元抑制视丘下部前侧的视交叉前区/前脑底部的睡眠促进神经元。另一方面这些腹侧的促睡神经元抑制脑干和视丘下部后外侧的促醒神经元。5-羟色胺（5-HT）也诱导促睡因子的合成和（或）释放，然后抑制腹侧促醒神经元和活化腹侧的前脑底部及视丘下部的促睡神经元。白介素 1（IL-1）可能是 5-HT 诱导的睡眠因子之一，在视丘下部有 IL-1 mRNA 表达，抑制视丘下部视交叉前区和前脑底部的促醒神经元，也抑制背脊核的促醒神经元。

ACh：乙酰胆碱；DA：多巴胺；GABA：γ 氨基丁酸；LC：蓝斑，脑底上角的色素隆起；LDT-LTTP：laterodorsal 和 pedunculopontine tegmental 核；NA：去甲肾上腺素；NREM：非快速眼球运动；Pef：perifornical 区；TMN：tuberomammillary 核；VTA：腹侧大脑脚盖区；W-REM on：失眠和快速眼球运动睡眠时都活跃的神经元。

存在，如脑干的网状结构神经元释放谷氨酸盐，是觉醒系统的一部分。IL-1 能影响谷氨酸盐的效应。腺苷是能量代谢的产物，通过抑制前脑底部的促醒神经元促进睡眠。IL-1 能够刺激腺苷产生，所以 IL-1 能增加 NREM 睡眠。然而，蓝斑的脑干去甲肾上腺素能神经元、黑质和腹侧区的多巴胺能的神经元以及视丘下部的组织胺能神经元多是促醒神经元。IL-1 激活这些神经元，增加大脑不同部位的单胺释放，从而有促醒效应，抵消了增强 NREM 睡眠的效应，维持稳态（图 12-9）。

三、睡眠对免疫反应的影响

从实验动物和人类志愿者获得的睡眠与免疫反应的关系有些差别。大多数实验动物研究集中于睡眠时宿主防御的激活效应，通常测量的是脑的免疫调节物的变化。作为一般生理常识，大家都认识到睡眠对于健康的重要性，睡眠不佳影响许多疾病，尤其是炎症性疾病的转归。许多临床研究报道了 HIV 或锥虫感染对于睡眠的影响。所以，用人类志愿者进行的研究测定的往往是睡眠中丢失的免疫效应，通常是用全血、血清或血浆可以测定的指标。用纯化的内毒素在志愿者进行的实验研究表明人类对内毒素的敏感性比实验动物高，只要很低剂量的内毒素就能增加夜间的慢波睡眠（相当于实验动物的 NREM 睡眠），增加内毒素剂量能够暂时（约 1h）增强慢波睡眠；再加大剂量会出现较强的宿主反应，在实验动物则破坏其睡眠，推测与丘脑下部-垂体-肾上腺轴活性增强有关，该系统能诱导失眠，促进觉醒。与内毒素激活免疫防御机制的效应相反，对志愿者"缺觉"的效应有许多系统研究。缺觉 48h 减少淋巴细胞由植物血凝集诱导的 DNA 合成，效应持续 5 天。64h 缺觉导致多方面的免疫改变，包括白细胞增多和自然杀伤细胞活性增强。近期研究表明，只睡 4h 就能导致单核细胞产生 IL-6 和 TNF 增加。

　　许多人的生活经验表明，感染期间的睡眠会有所变化。感染增加细胞因子的浓度（包括 IL-1）和神经介质的释放（包括 5-HT），在大脑里 IL-1 和 5-HT 相互作用影响睡眠。人们开始了解感染引起的这些改变，但是仍然不清楚为什么生病时睡眠改变。Imeri 和 Opp 在仔细分析了有关感染恢复与睡眠质量的动物实验结果后，提出假设，认为感染期的睡眠改变是急性相反应的一部分，是疾病的一部分，有促进机体恢复的作用。他们认为睡眠的这些改变促进发热，从而影响生存（图 12-10）。发热与免疫的关系已有大量研究（详见下节）。

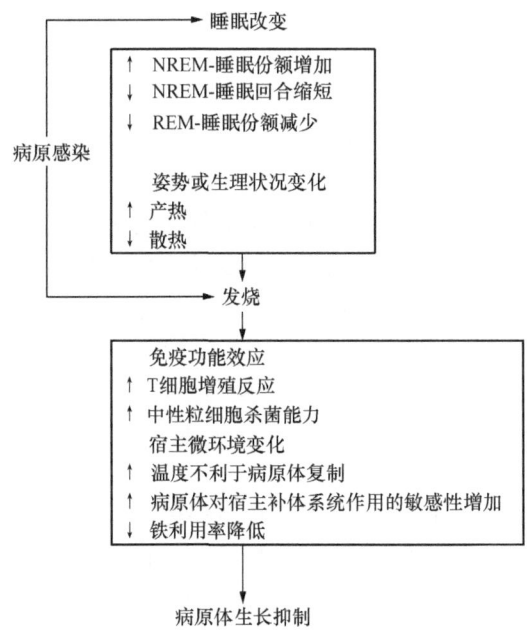

图 12-10　睡眠过程的改变促进机体恢复的假设（Imeri and Opp，2009）

感染引起的睡眠改变增强 NREM 睡眠减少能量消耗；缩短 NREM 睡眠回合降低热量丢失。减少 REM 睡眠使动物颤抖。NREM 和 REM 睡眠的组合改变促进发热，发热影响实验动物的存活率，因为发热提高许多免疫功能的效率，改变机体微环境不利于病原体增殖。

20 世纪上半叶巴甫洛夫学派将睡眠称作"间生态"（ПАРАБИОЗ），即介于生和死之间的状态。从进化角度分析，如果睡眠是被动的休息，则在生存斗争中成为致命的弱点，很容易在睡眠过程中被捕杀而淘汰。现代生理学的研究表明，睡眠是哺乳动物中枢神经系统的积极的生理过程，在睡眠过程中保留了基本的警惕机制和反应能力。睡眠是人类的基础性生理功能，影响几乎全部昼夜节律性的生理功能，机制复杂，是生理学的重要课题之一。睡眠与免疫关系的研究方兴未艾，除了用褪黑素等通过改善睡眠质量的非特异性机制提高机体素质外，期望不久的将来能阐明上述生活经验的真伪，充分发挥睡眠与免疫的调节作用，提高生活质量（尤其是中老年人的睡眠质量）；在临床治疗中通过提高睡眠质量增强治疗效果。

神经系统是动物进化过程中适应环境变化，捕食、逃生等动物性功能的核心器官。随着动物的进化，神经系统的结构和功能趋于复杂，与呼吸、消化、循环等植物性功能的其他系统器官产生了复杂的相互作用，形成自主的植物神经系统，使这些系统的功能运行更有效。如果没有自主神经系统，一切都在大脑皮层控制之下，大脑将疲惫不堪，而且不能睡眠、休息，稍有差错就会发生心律不齐、呼吸困难或消化不良等严重病症。所以自主的植物神经系统是机体正常运行的保证。防卫是动物生存的基本功能，捕食、逃生等功能由大脑皮层直接控制肌肉、骨骼运动系统完成；对于微生物、寄生物的防御和平衡由免疫系统承担，多年来的研究表明免疫系统与中枢神经系统也有密切的联系，是自主神经系统调控下的神经免疫调控网络的一部分，是维护人类健康，提高生活质量的物质基础；其机制错综复杂，涉及多层次、多方面，可能是生命科学中最复杂的调控系统之一，有待深入研究。

第六节　发热的免疫调节作用及其分子机制

恒温动物有保持体温相对恒定的能力，是动物在长期进化过程中获得的较高级的调节功能。与其他生物相比，人类对环境温度的要求更高。人类社会改造环境，使其适合人类生存的需要。但是，对于气候的调控，尤其是气温的控制能力还很差，只能调节微环境的温度。"衣、食、住、行"生活的四大要素中维持适当的温度是其基本内涵。食物提供热量，是维持体温的基础；衣着保持体温，常言道"穿着不能只顾风度，更要注意温度"；住宿提供适宜温度的微环境；交通工具是运动中的微环境，出行必须在适宜的温度下进行。

恒温动物的体温即机体的温度，通常指机体深部的温度，有复杂的调控机制。生理学和生物化学研究已经基本阐明了它的机制。临床和实验研究表明体温升高——发热（发烧）是机体的免疫机制之一，体温是人体的基本临床参数之一。

一、体温调节机制

人体的体温调节是一个复杂的自动控制系统。控制的最终目标是保持机体深部温度恒定，以心、肺、脑为代表。由于机体的内、外环境不断变化，许多因素会干扰深部温度的恒定，通常由反馈系统将干扰信息传递给体温调节中枢，经过它的整合作用，再调整受控系统的代谢活动，从而在新的基础上达到新的体热平衡，达到稳定体温的效果。

体温调节是温度感受器接受体内、外环境温度变化的刺激，通过体温调节中枢的活动，相应地引起内分泌腺、骨骼肌、皮肤血管和汗腺等组织器官活动的改变，从而调整机体的产热和散热过程，使体温保持在相对恒定的水平。人体不同部位，不同功能状态，不同时间的温度不尽相同，通常临床上采用腋窝、口腔或直肠（婴幼儿）温度为临床参数（表12-5）。近年来由于温度计的改进，在大规模人群体温检测时采用特定部位的皮肤温度。

表 12-5　人体正常体温及其变动

部位（成人）	年龄	昼夜	性别	活动
腋窝 36.7℃	新生儿略高	2～4时最低	月经期高 0.2℃	剧烈运动升高 1～2℃
口腔 37.0℃	老年人略低	16～18时最高	排卵期高 0.2℃	紧张或刺激升 1～2℃
直肠 37.3℃				酷热严寒升降 1～2℃

多种恒温动物的脑分段切除实验证明，切除大脑皮层及部分皮层下结构，只要保留下丘脑及其以下的神经结构完整，动物就能保持体温的相对稳定。若进一步破坏下丘脑，则动物体温不能维持相对稳定。说明调节体温的调节中枢在下丘脑。用变温管加温或冷却动物脑和脊髓的局部组织，也能证明脑和脊髓都有温度感受神经元存在，其中以下丘脑的最重要。升高狗的视前区-下丘脑前部的温度，引起代谢率降低、皮肤血管舒张、皮肤温度升高和气喘等效应。降低该部位的温度，出现相反的效应。用微电极记录神经元放电，在视前区-下丘脑前部神经元中，30%为对脑温升高发生放电效应的热敏神经元；10%为对脑温降低发生反应的冷敏神经元。其余60%对温度改变不敏感。但有资料表明，来自皮肤温度感受器的传入信息可以引起其中一些神经元的放电。这说明视前区-下丘脑前部能接受和整合来自中枢和外周的温度觉信息。传统生理学认为，在下丘脑前部存在散热中枢，而下丘脑后部则存在产热中枢。两个中枢之间有着交互抑制的关系，从而保持了体温的相对稳定。

代谢过程中释放的能量，75%～80%以热能形式发散体外，只有20%～25%用于做功。内脏器官的产热量占总产热量的52%；骨骼肌约占25%。运动时，肌肉产热量剧增，可达总热量的90%以上。寒冷引起骨骼肌寒战反应，产热量可增加4～5倍。受交感-肾上腺系统及甲状腺激素的调节。体温的稳定取决于产热过程和散热过程的平衡，如产热量大于散热量时，体温升高；反之，则降低。由于机体的活动和环境温度的经常变动，产热过程和散热过程间的平衡被打破，经过自主反馈调节达到新的平衡，使体温波动于狭小的正常范围内。

下丘脑体温调节中枢含有丰富的单胺能神经元，释放去甲肾上腺素、5-羟色胺（5-HT）和多巴胺等神经递质。灌流动物侧脑室或下丘脑的实验证明：5-HT、去甲肾上腺素或多巴胺可引起体温变化，伴有寒战和外周血管收缩反应，不同动物对不同的神经递质起反应。将动物置于冷或热环境中，也能相应地引起脑内释放这类递质。表明神经递质在体温调节中起重要作用。

体温调节机制，一般用调定点学说解释。人和高等恒温动物的体温调节类似恒温器的调节。调定点是调节温度的基准。下丘脑前部视前区的温敏神经元与冷敏神经元起着调定点的作用。这两类神经元活动的强度依下丘脑温度的高低而改变，其变化呈钟形曲线。这两条曲线的交叉点，就是已经调试完毕的体温基准点，简称调定点。人类此点温度为37℃。当流经此处的血液温度超过 37℃时，温敏神经元放电频率增加，散热过程加强，产热过程减弱；流经此处的血温不足 37℃时，引起相反的变化。当下丘脑体温调节中枢将体温的调定点确定后，它就发出传出信号，使产热和散热过程在此温度上达到平衡。当体温略有升高，超过了调定点，则使骨骼肌的紧张度下降，甲状腺和肾上腺的分泌减少，血管扩张，皮肤血流量增加，汗腺分泌，散热增加，使体温降回到正常调定点水平。当温度略有降低，低于调定点，则使血管收缩，皮肤血流量减少，汗腺停止分泌，骨骼肌紧张度增加以致出现寒战等反应，甲状腺素的分泌也增加，代谢提高，产热增加，使体温回到正常调定点水平。

皮肤和某些黏膜上的温度感受器，分为冷觉感受器和温觉感受器两种。它们将皮肤及外界环境的温度变化传递给体温调节中枢。日常生活中，当皮肤温度为 30℃时产生冷觉，35℃左右时则产生温觉。腹腔内脏的温度感受器，称深部温度感受器，感受内脏温度的变化传到体温调节中枢。皮肤温度感受器的传入信息，通过中枢整合也影响调定点的活动。正常情况下调定点的变动范围很窄，但是在某些生理或病理情况下能发生一定的改变。如有细菌感染时，致热原可使温敏和冷敏两类神经元活动改变，将调定点上调，产热与散热过程在较高的水平达到平衡。解热镇痛药能下降调定点，使体温回到正常水平。

然而，体温调节能力有限，如环境温度持久而剧烈的改变，或者机体的体温调节机构发生障碍，产热过程与散热过程不能保持平衡，就会出现体温异常。例如，中暑，在高温或炎热的日光下，体内产生的热量不能及时发散，导致体热过度蓄积、体温失调而中暑。出现头痛、头晕、脉搏细弱、血压下降、甚至意识丧失等症状。长时间的体温过高可引起体温调节中枢机能的衰竭，造成严重后果。在低温环境中，如果体温中枢的调节产热量不足以补偿散热量时，正常体温不能维持而逐渐下降，如寒冷季节溺水或在野外超过一定时间就可能体温过低而死亡。

生活经验告诉我们，寒冷降低免疫力，容易感冒，甚至引起更严重的疾患。其机制相当复杂，未见令人满意的机制研究报道。然而，适当降低体温可使机体代谢率下降，减少组织耗氧量，消除或减轻缺氧对细胞的损害。应用这一原理临床上用人工低温麻醉进行大型外科手术。

二、发热对免疫的调节

发热是机体的防御机制之一，可以由各种因素引起：对感染的反应，环境应激，某些药物和肿瘤。最常见的病因是感染。虽然对于感染与体温升高的内在关系仍未阐明，十多年来对高热、热休克蛋白和发热与免疫系统间的相互联系进行了研究，取得了一些进展，为局部肿瘤的高热和免疫治疗提供了依据。

业已证明发热是机体防御系统对急性感染的反应，体温升高能控制许多病原体的生长,降低它们对机体的侵袭能力。热应激的免疫调节分三个温度范围:能活化免疫细胞(包括抗原递呈细胞、T细胞和自然杀伤细胞)的高热温度(39~40℃);能增强肿瘤细胞免疫原性的热休克温度(41~43℃);能产生抗原,引起抗肿瘤免疫反应的细胞毒温度(>43℃)(表12-6)。

表12-6 高热的免疫调节作用

报道的温度	免疫调节效应
发烧(39~40℃)	上调树突细胞CD80、CD86、CD40和MHC Ⅱ表达;诱导树突细胞活化和成熟;树突细胞和巨噬细胞增加抗原摄取和吞噬;促进树突细胞向下游淋巴结迁移。增加TLR4表达;促进淋巴细胞向淋巴组织和肿瘤组织迁移。增强效应T细胞功能;增加杀伤性T细胞CD95L的表达。增强自然杀伤细胞的迁移和溶解能力
热休克(41~43℃)	肿瘤抗原表达上调;增加肿瘤细胞对杀伤性T细胞介导的溶解作用的敏感性;诱导HSP表达作为激活树突细胞的"危险信号"。通过诱导c-FLIP降解调节外周组织中的淋巴细胞生存和持续能力。增加肿瘤细胞表面MHC Ⅰ的表达
细胞毒温度(>43℃)	诱导抗肿瘤免疫反应的抗原产生

发热是机体对应激的一种反应,通常伴有系统性免疫反应。推测免疫细胞对热刺激特别敏感,在增强发热相关的防御机制中起核心作用。对于肿瘤患者则注意集中在热休克能提高肿瘤的免疫性,从而提高细胞毒T细胞对肿瘤细胞的识别和攻击能力。这些细胞毒T细胞受发热的调节,关键步骤由固有免疫和获得性免疫反应派生。

1. 发热对固有免疫系统的调节

固有免疫系统是对抗各种病原的第一道防线,不仅防御感染,也防御肿瘤。固有免疫系统的树突细胞、巨噬细胞和自然杀伤细胞在肿瘤免疫监视中也起关键性作用,能够清除新生的转化细胞;消除或减缓许多或大多数肿瘤的生长。巨噬细胞或树突细胞通过Toll样受体识别和捕获病原体,巨噬细胞通过这些受体启动吞噬功能并分泌炎症因子启动炎症,诱导获得性免疫反应。自然杀伤细胞表达激活性的和抑制性的受体与靶细胞的MHC Ⅰ分子作用;对于丧失MHC Ⅰ分子的肿瘤细胞或感染病毒的细胞可通过上调激活性受体,和(或)下调抑制性受体予以识别而杀灭。近年来的研究揭示发热反应能够调节固有免疫反应,加强宿主的抗感染和抗肿瘤的防御机制。人体发烧到39.5℃巨噬细胞和树突细胞的Toll样受体上调,增强诱导细菌脂多糖活化NF-κB和产生细胞因子的能力。肿瘤细胞表面表达的肿瘤外释体(exosome)Hsp70刺激自然杀伤细胞的迁移和溶细胞活力并能诱导肿瘤细胞凋亡。进一步研究揭示发热应激调控的自然杀伤细胞的细胞毒活性增强依赖于NKG2D的功能与靶细胞质膜的NKG2D聚集及MICA表达增加相关。然而,仍然有些肿瘤细胞能逃避天然杀伤细胞的攻击,这些肿瘤细胞表达非经典型的MHC分子组织相容白细胞抗原-E(HLA-E),与自然杀伤细胞表面的抑制性受体NKG2A/CD94作用,抑制杀伤活力。

2. 发热对获得性免疫系统的调节

近年来的研究进展表明抗原递呈细胞（包括树突细胞、巨噬细胞和 B 细胞）在形成有效的抗肿瘤免疫过程中起重要作用。它们从凋亡或正在死亡的肿瘤细胞摄取抗原，上调辅助刺激分子的表达将抗原递呈给 T 细胞，小鼠实验观察到体温升高诱导树突细胞成熟（推测是通过热休克蛋白起作用的），增加抗原摄入和吞噬功能，促进活化的树突细胞向下游淋巴结迁移；结果被树突细胞激活的细胞活性增强。体外实验证明 40℃与 37℃培养的巨噬细胞相比吞噬能力增加 40%。已有资料表明，发热和热休克应激对获得性免疫反应的主要过程都有影响。

更高的热休克温度通过抗原递呈细胞和靶细胞诱导热休克蛋白上调抗原递呈。热休克蛋白增强抗肿瘤免疫的一个机制是：在蛋白质折叠和转移到细胞内成分的过程中合成新的肿瘤抗原，增加向 $CD8^+$ T 细胞的递呈能力。细胞热处理的结果往往是蛋白质折叠受阻和启动应激反应，称为非折叠蛋白反应（unfold protein response，UPR）。作为 UPR 的一部分，细胞内的热休克蛋白和其他分子伴侣的表达增加。UPR 反应的作用是恢复细胞内蛋白质的原来结构，如果蛋白质变性未能阻止则增强变性蛋白的降解。由于肿瘤细胞中的癌蛋白有独特的变异结构和表达位置，是正常细胞中没有的，高热诱导的 UPR 反应结果增加蛋白酶体的加工过程，最终将肿瘤抗原与热休克蛋白捆绑在一起。一旦热休克蛋白-肿瘤抗原复合体从肿瘤细胞释放就被抗原递呈细胞吞噬，如树突细胞能通过若干个热休克蛋白受体介导内吞复合体。在细胞内，热休克蛋白-肿瘤抗原复合体通过内源性抗原途径和 MHC Ⅰ 分子交叉递呈，最终由经典的 MHC Ⅰ 限制性 $CD8^+$ T 细胞识别。热休克蛋白也诱导树突细胞成熟和分泌炎症因子（如 IL-12 和 TNF-α）以及趋化因子，进一步诱导肿瘤特异性的免疫反应。热休克蛋白与其他细胞内蛋白（如非组蛋白核高迁移率蛋白 1，HMGB1）是树突细胞活化和成熟必需的"危险"信号，能够诱导保护性免疫反应。体外实验证明经 42℃热处理后的黑色素瘤细胞能更有效地激活 $CD8^+$ T 细胞。深入研究揭示高热可以增加肿瘤抗原的表达，经热处理的黑色素瘤细胞高表达 Hsp70，调节肿瘤抗原的加工（下节详述）。

抗原递呈细胞从肿瘤细胞摄取抗原后上调辅助刺激分子表达，高热应激能上调骨髓树突细胞、表皮树突细胞的 MHC Ⅱ、CD80、CD86 和 CD40 表达。体内实验证明高热增强树突细胞向淋巴结迁移的能力。

成熟的树突细胞迁移到淋巴结后通过 MHC/多肽复合体和 T 细胞受体将抗原递呈给初始 T 细胞。许多实验证明轻度热应激就能调节这过程，加强树突细胞刺激 T 细胞的能力。热应激还能影响淋巴细胞在血液循环和外周组织中的生存和耐受能力。近年来发现这个效应与胱天蛋白酶抑制物 c-FLIP 有关，c-FLIP 的表达受热应激调节，通过 c-FLIP 的损耗调节免疫反应的持续时间。热应激还促使淋巴细胞穿越内皮到外周组织，有助于免疫反应拮抗扩散的肿瘤细胞。

三、热休克蛋白

一个多世纪前就注意到发热与自发性肿瘤缓解的相关性,著名的 Coley 毒素疗法就是用链球菌提取物给肉瘤患者注射引起感染,肿瘤得到缓解;澳大利亚医生还用发热疗法治疗晚期神经梅毒取得显著疗效。但是,由于对疗效机制没能阐明,难以进一步改进、设计更有效的治疗方案。直至近十多年来才开始研究发热变化与临床肿瘤反应关系的机制,为肿瘤免疫热疗的发展奠定基础。

半个世纪前偶然发现了热休克蛋白,在相当长时期内不知其功能,到 1982 年发现从细菌到人类都有热休克蛋白,热休克蛋白才受到研究者的关注。近年来对热休克蛋白家族的深入研究揭示了高烧和热休克对免疫调节的一些机制。目前热休克蛋白家族按分子质量分类,有些成员的受体已确定(表 12-7)。

表 12-7 热休克蛋白家族的分子质量分类

HSP 家族	分子质量/kDa	举例(及相关受体)
低分子质量 HSP	<35	HSP27
HSP40	35~54	HSP47
HSP60	55~64	HSP60 (CD14, TLR-4, TLR-2)
		Calreticulin (CD91, SR-A)
HSP70	65~80	HSP70 (CD14, CD40, CD91, Lox-1, TLR-2, TLR-4)
		HSP73
		HSP75
		gp78
HSP90	81~99	HSP86
		HSP90α (CD91)
		HSP90β (CD91)
		gp96 (CD91, TLR-2, TLR-4, SR-A)
高分子质量 HSP	>99	HSP110
		HSP170

生理状态下,大多数热休克蛋白组成性表达于多种亚细胞成分:细胞质、细胞核、核仁、内质网、高尔基体和线粒体,起分子伴侣作用,调节蛋白质折叠,引导蛋白质复合体和蛋白质降解调节物的形成;应激状态下(如高烧、缺氧、血糖低、酸中毒)热休克蛋白可诱导表达,使其在细胞中的浓度增高。随着对凋亡机制研究的深入,很快就发现热休克蛋白能直接阻滞凋亡途径。Hsp70 能阻止由应激激酶 c-jun 激酶引起的细胞死亡。近年来证明 Hsp27 和 Hsp70 两者能阻滞依赖胱天蛋白酶的凋亡途径,还有许多不依赖胱天蛋白酶的细胞死亡途径,热休克蛋白能通过别的机制阻止细胞死亡(图 12-11)。

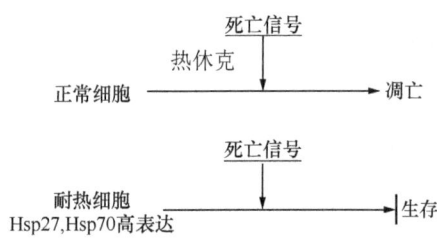

图 12-11 热休克蛋白抑制细胞凋亡

正常细胞在热休克应激下诱导凋亡；高表达热休克蛋白 Hsp27、Hsp70 的耐热细胞的凋亡机制被抑制，得以存活。

研究表明 Hsp70 能够通过与溶酶体膜作用和抑制溶酶体酶的水解活性阻滞不依赖胱天蛋白酶的细胞死亡机制。所以，热休克蛋白抑制程序性细胞死亡是耐热性的关键机制，包括两个方面：直接阻滞细胞死亡途径；修复损伤蛋白，使凝聚的蛋白质再溶解。实际上在阻滞细胞死亡的过程中涉及多步蛋白质折叠的反应机制。

高热对肿瘤细胞的作用被众多的实验证实。高热可以增加肿瘤的免疫原性，从而加强细胞毒 T 淋巴细胞对肿瘤细胞的识别能力。高热后随着热休克蛋白表达的增加，MHC Ⅰ 的递呈能力增加；热休克诱导的 MHC Ⅱ 限制内源性抗原的递呈；高热诱导各种肿瘤相关抗原；增加肿瘤细胞对细胞毒 T 细胞的敏感性。热应激能上调许多免疫调节蛋白，包括泛素和 MHC Ⅰ 蛋白，其中许多在抗原加工和递呈中起重要作用。

后续的研究进展表明热休克蛋白除了起分子伴侣作用调节蛋白折叠外，还是重要的细胞代谢调节物和影响肿瘤生长和治疗的免疫原。热休克蛋白在细胞代谢中调节作用的发现始于对 Hsp90 的深入研究。糖皮质激素受体的活性需要 Hsp90 的存在，否则就没有转录活性。由此揭示 Hsp70 作为辅助因子与信号转导中的上百种分子的折叠相关，维持细胞内外的联系和平衡。不同的热休克蛋白介导不同蛋白质的热耐受性。热休克过程中，分子伴侣能将其底物标记使其易于降解。Hsp70 和 Hsp90 结合泛素 E3 连接酶及其相关蛋白送至蛋白酶降解。热休克蛋白的这种功能处于蛋白质功能化和降解的交叉口（图 12-12）。

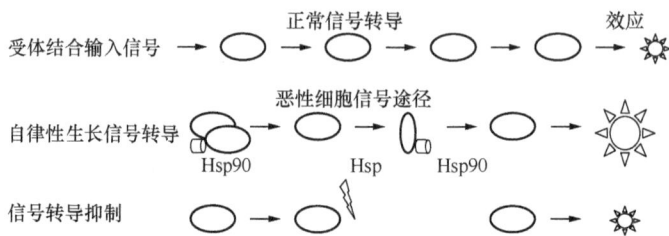

图 12-12 Hsp90 抑制剂能选择性地减少恶性细胞的生长信号

正常细胞受体与胞外生长因子结合传入生长信号，经过耦合的信号途径酶的放大形成有效的生长信号。恶性细胞由于信号途径酶的过表达或突变，形成自律性生长机制，过表达的或变异的分子与 Hsp90 结合阻止聚集。Hsp90 抑制剂导致 Hsp90 信号途径酶结合物降解，使恶性细胞丧失自律性生长机制。

研究发现许多肿瘤的热休克蛋白水平升高，尤其是 Hsp27 和 Hsp70，对细胞程序性死亡的耐受性增高，参与肿瘤的发生、发展机制，是肿瘤细胞的基本性质之一。肿瘤中热休克蛋白基因转录水平的升高与基本的致癌途径相伴。正常细胞中对热休克蛋白的调节涉及抑癌基因 p53 产物及其相关蛋白 p60，这些蛋白质通过与热休克蛋白基因启动子的转录因子结合抑制热休克蛋白基因的转录。约半数肿瘤有 p53 基因的变异，逆转这个效应，导致 Hsp70 转录增加。肿瘤细胞中 p63 的异型体 ΔNp63α 与 Hsp70 的表达密切相关，上调 Hsp70 的表达。此外，肿瘤的热休克蛋白也通过热休克反应途径影响转录。热休克反应中大量的热休克蛋白基因通过转录因子热休克因子 1（HSF1）与所有热休克蛋白基因启动子上都有的热休克元件（HSE）相互作用而大量表达。近年发现致癌因子 heregulin-1 结合在乳腺癌细胞表面后增加热休克蛋白表达，通过增加 HSF1 的稳定性增强癌细胞的生存和转化。Heregulin-1 通过激活细胞表面的 HER2 和 PI-3 激酶以及通过启动子区的热休克元件激活热休克蛋白基因。PI-3 激酶是恶变的关键因素，尤其是经 PTEN 变异体的激活和 c-Myc 的诱导，可能是热休克蛋白在肿瘤中升高的重要机制。HSF1 在细胞恶性转化中还有别的作用，如超越细胞周期导致肿瘤异倍体化和增强转移能力。在非应激状态下 Hsp90 是内源性的 HSF1 抑制物，癌蛋白可改变 Hsp90 抑制 HSF1 的作用，导致热休克蛋白表达。推测微环境应激也能诱导热休克蛋白表达，但是实验证据不多。

众多的人类肿瘤呈现 Hsp70 和 Hsp27 水平升高抑制细胞的程序性死亡；同时有 c-Myc 或 Ras 等多个癌基因活化，抑癌基因 p53 等失活构成了复杂的致癌机制，虽然它们都能干涉细胞死亡信号，但是它们之间的确切关系尚不清楚。有资料表明阻滞凋亡和自噬途径可诱导部分细胞坏死，这种情况发生在血液供应不足的肿瘤核心部分，坏死的肿瘤细胞释放细胞成分在肿瘤微环境中，启动炎症反应有利于肿瘤细胞浸润、转移和血管新生。

热休克蛋白对合成代谢的影响大都是由 Hsp90 介导的，正常细胞的生长调控机制中有许多结构脆弱的受体、蛋白激酶和转录因子，Hsp90 能稳定它们的结构。Hsp90 作为分子伴侣在活跃的结构变化中维持信号蛋白快速启动生长信号，在生长发育和细胞更新过程中要求快速而流畅地对细胞外信号能够正确地反应，正常的 Hsp90 保证这类过程进行；Hsp90 过表达或变异则导致细胞转化。有约 200 种蛋白质需要 Hsp90 保证它们的稳定性和活性。深入研究揭示 Hsp90 不是单独完成分子伴侣功能的，Hsp90 与其他 4 个蛋白质组成一个巨分子质量的伴侣机构。Hsp90 是该复合体的主要成分，还有构架蛋白 Hop、Hsp70/Hsp40 复合体和介导选择底物的 p23 蛋白。不过，Hsp90 复合体可以是异源性的，如固醇类激素受体可以含有受体必需的免疫亲合剂 FKBP51、FKBP52 和 CyP40。使用特异性的化学抑制物靶向 Hsp90 可以导致被保护蛋白的降解，肿瘤细胞的生长阻滞于 G_1 期，细胞形态和功能分化，凋亡途径激活。上述资料表明 Hsp90 是自主生长的信号，但是 Hsp90 过表达在肿瘤细胞中并不多见，提示有更复杂的机制。例如，有的肿瘤中观察到缺失 ATP 结合点的剪接异构体 Hsp90。又如，辅伴侣分子 cdc37 是正常细胞生长相关的 Hsp90 结合蛋白激酶，在前列腺癌中高表达。肿瘤细胞中 Hsp90 复合体成分和丰度的改变增加了癌蛋白形成对分子伴侣的需求；此外，肿瘤中的 Hsp90 增加肿瘤对以 ATP 酶结构域为靶点的 ansamycin 类药物的敏感性，说明正常细胞中游离的 Hsp90 与肿瘤的复合体 Hsp90 与药物的亲和力不同。

细胞外的热休克蛋白

近年来的研究进展表明细胞外的热休克蛋白在免疫系统中起重要作用，可以作为抗原载体和炎症因素（图 12-13）。在细胞质中热休克蛋白能与多肽抗原形成复合体，然后分泌出去参与免疫监视。细胞外的 Hsp70 与抗原递呈细胞表面的受体作用参与细胞死亡或溶解过程，也可作为疫苗接种。Hsp70 多肽复合体能将抗原派送到抗原递呈细胞表面的主要组织相容抗原 I 和 II 分子，从而将肿瘤抗原递呈到 T 淋巴细胞。临床前试验证明热休克蛋白-多肽复合体疫苗在治疗动物肿瘤时安全有效，已进入人类肿瘤的临床试验。

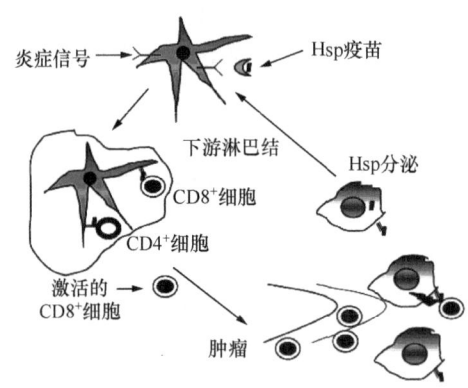

图 12-13 热休克蛋白诱导特异性的免疫杀伤肿瘤细胞

Hsp 耦合多肽构成的 Hsp 疫苗或从肿瘤细胞分泌的热休克蛋白遭遇抗原递呈细胞（APC），若 APC 被炎症信号激活，向下游淋巴结迁移并激活 $CD4^+$ 或 $CD8^+$ T 细胞，交叉递呈肿瘤抗原给 APC 细胞的 MHC 分子。激活的 $CD8^+$ T 细胞进入血流迁移到肿瘤组织中杀伤肿瘤细胞。(Calderwood and Ciocca, 2008)

四、趋化因子参与体温调节

趋化因子与体温调节的关系是神经内分泌-免疫相互作用的研究热点，业已证明趋化因子参与热原反应。在兔子或大鼠下丘脑前角视交叉区（AH/POA）静脉内注射 IL-8/CXCL-8，巨噬细胞炎症蛋白-1α 和 β（MIP-1α/CCL3，MIP-1β/CCL4）和 RANTES/CCL5 能引起发热，该区域含有对温度敏感的神经元。MIP-1α/CCL3 和 MIP-1β/CCL4 作为内源性热原可引起剂量依赖的发热反应，MIP-1β/CCL4 引起持续性中度发热反应；MIP-1α/CCL3 引起有较长潜伏期和低度的发热反应；两者同时注射发热反应较单独注射时轻。看来 MIP-1α/CCL3 和 MIP-1β/CCL4 的体温调节作用不依赖于前列腺素途径，因为前列腺素合成抑制物不能阻断 MIP-1 的发热效应。反之 RANTES/CCL5 的发热效应能被前列腺素合成抑制剂阻断，虽然 MIP-1β/CCL4 和 RANTES/CCL5 共用 CCR5 受体，但是它们的发热调节途径不同。将 MIP-1β/CCL4 或 RANTES/CCL5 微注射于 AH/POA 区可引起中高度发热反应，用 CCR5 受体的特异性抗体进行预处理可以防止 MIP-1β/CCL4 引起的发热反应，但是只能减轻 RANTES/CCL5 引起的发热反应。由此可以推测 CCR5 受体参与 RANTES/CCL5 的体温调节机制，但是不介入 MIP-1β/CCL4 的发热机制。

第七节　免疫系统对中枢神经系统的影响和作用

一、细胞因子对神经干细胞的效应

长久以来普遍认为脑细胞是不能再生的。近半个世纪的临床观察和实验研究进展动摇了这种观点，业已证明大多数哺乳类动物能够不断地产生新的神经元。实际情况是神经干细胞（NSC）的生长是缓慢而有条件的。近年来的研究证明脑室下区（subventricular zone，SVZ）和颗粒层下区（subgranular zone，SGZ）是适合 NSC 生存的微环境，受多种信号分子和信号途径的调节，决定其分化方向、存活和增殖率。体内有许多生长调节因子能够调节上述两个区域中 NSC 的增殖，作用最强的是表皮生长因子（表 12-8）。

表 12-8　生长调节因子对成人神经干细胞的效应

因子	增殖效应	分化方向
EGF	++++	星形细胞和少突细胞
PDGF-α	+++	星形细胞和少突细胞
bFGF	+++	神经元
TGF-α	+++	不成熟 SVZ 前体细胞
TGF-β	++	星形细胞和神经元
Noggin	++	神经元
GM-CSF	++	神经元
G-CSF	++	神经元
EPO	++	神经元
Shh	++	神经元
VEGF	+	神经元
BMP	+	星形胶质细胞
BDNF	+	神经元（SGZ）；无效应（SVZ）

资料来源：Oscar 等，2010。

从侧脑室衬套和海马内齿脑回的颗粒下区分离出的神经干细胞含有星形细胞的性质，也称 B1 型细胞，分裂后扩增为祖细胞（C 型细胞），再扩增产生神经母细胞（A 型细胞）。B 型和 C 型细胞也产生少突细胞，SGZ 区的神经前体细胞是放射状星形细胞（B 型细胞），不对称分裂产生 D-型细胞，经过 4 个阶段（D1、D2、D2h 和 D3）分化成为颗粒神经元，该地区的功能可能与记忆、学习和消沉有关。实验研究表明神经干细胞、祖细胞的增殖和分化受一些趋化因子和细胞因子的调节（表 12-9）。

近 10 年来的研究表明免疫系统通过对神经干细胞的微环境影响 NSC 的增殖、生存、分化和迁移。主要是通过细胞因子和趋化因子起作用的。

表 12-9　趋化因子和细胞因子对神经干细胞的效应

因子	对神经前体细胞的效应
IFN-γ	降低神经干细胞的增殖和生存率；促进分化和神经突触生长
IGF-1	增加齿状脑回中神经形成
IL-4	增加少突细胞前体细胞
TGF-α	减少神经形成
瘦素	抑制神经祖细胞分化
IL-6	分化为谷氨酸神经元和少突细胞
MCP-1	神经前体细胞的趋化因子
SDF-1	促进成体神经干细胞增殖和生存的趋化因子
CCL2	SVZ 区神经祖细胞的神经元分化
LIF 和 CNTF	启动神经形成和干细胞自我更新

资料来源：Oscar 等，2010。

二、趋化因子及其受体在中枢神经系统的表达和作用

趋化因子是由 60～100 个氨基酸残基组成的大肽家族，按其半胱氨酸残基（C）的数量和位置分为常见的 CXC（主要趋化中性粒细胞）和 CC（主要趋化单核细胞和淋巴细胞），以及较为少见的 CX3C 和 C 4 个组。趋化因子受体是偶联 G 蛋白的七次跨膜受体（GPCR）。至今已确定 50 多个趋化因子，20 多个趋化因子受体。许多趋化因子能结合多个受体，使形成的信号网络更具丰余性。趋化因子的功能除了诱导白细胞迁移外，对于细胞黏附、增殖和生存都有调节作用，有的甚至影响基因转录。趋化因子的受体在多种细胞表达，包括内皮细胞、平滑肌细胞、基质细胞和上皮细胞，从而影响组织发生、稳态和多种病理过程。

对于趋化因子的研究有过几次高潮：20 世纪 70 年代发现血小板因子 4（PF4/CXCL4），继而发现白介素 8（IL8/CXCL8）有趋化中性粒细胞的功能，开创了趋化因子研究；90 年代中期发现 CCR5 和 CXCR4 是病毒入侵的辅助受体；近 10 年来注意到趋化因子不仅在免疫系统中起重要作用，还可能在中枢神经系统有重要功能。趋化因子及其受体在中枢神经系统的神经元和胶质细胞中广泛表达，参与脑的若干功能过程，不仅是细胞迁移的介导者，还是神经细胞存活、信号传递和细胞间通信的调节者。因此趋化因子可能是脑组织的第三个传递系统。在神经退行性疾病（如多发性硬化和脑瘤）中趋化因子表达的失调起重要作用。

1. 趋化因子的神经内分泌功能

对实验动物的系统研究在下丘脑和垂体组织中已经发现有下列趋化因子的表达：大鼠的细胞因子诱导的中性粒细胞趋化物（CINC，人类的相应因子为生长相关癌基因 GRO/CXCL1），中性粒细胞激活肽-1，基质细胞衍生因子-1（SDF-1/CXCL12）和单核

细胞趋化蛋白-1（MCP-1/CCL2）。形态学资料提示趋化因子可能有神经内分泌功能。

CXCL12 在造血系统广泛表达，其 cDNA 最早是从小鼠骨髓基质细胞系克隆的，所以早期文献称为基质细胞衍生因子1（stromal cell derived factor 1, SDF 1），其受体主要是 CXCR4。CXCL12 在免疫系统和中枢神经系统参与多种细胞功能的调节，包括迁移、生存、增殖和细胞间通信。虽然许多功能是共同的，CXCL12/CXCR4 是中枢神经系统平衡稳定必需的机制，其异常可以导致多种神经系统退行性变和神经炎症性疾病。近年来的研究证明 CXCL12 参与调控造血前体细胞归巢，后来报道 CXCL12 与神经干细胞的归巢也有关。用 CXCL12 基因敲除的小鼠进行的实验表明，在脑发育过程中释放促性腺激素神经元的迁移受 CXCL12 的调控。

趋化因子参与应激反应的报道较多。IL-8/CXCL8 可能是应激相关的神经内分泌系统的组成部分，在大鼠脑的室旁核（paraventricular nucleus，PVN）测出 IL-8/CXCL8 mRNA 的表达，该处是下丘脑-垂体肾上腺轴（HPA）的关键区域。人类出生时 IL-8/CXCL8 诱导的中性粒细胞趋化能力增强，加强新生儿的抗微生物防御机制。用细菌脂多糖腹腔注射的动物实验表明，在 PNV 区域可测出 CINC/CXCL1（CCR2 的配体）和干扰素 γ 诱导蛋白（IP-10/CXCL10）mRNA 的表达。还发现 GROα/CXCL1 在区域表达上调。此外，作为应激反应的一部分，有些趋化因子参与体温调节（见上节）。

炎症因素（趋化因子、细胞因子、微生物产物）与进食和肥胖的关系日益受到关注。趋化因子和细胞因子是损伤或感染后免疫系统活化的产物，参与代谢和食欲调节。现在认为肥胖症伴有轻度炎症，而神经性厌食症虽无感染，二者都有促炎症细胞因子产生的增多。白细胞、消化道、脂肪和肌肉组织产生的细胞因子和微生物产物能通过不同的神经和体液途径影响大脑：①调节外周神经的活性，通过迷走神经传入大脑；②调节激素水平，如影响脂肪组织中的瘦素（leptin）产生；③直接作用于中枢神经系统中的相应受体。炎症和感染期间血脑屏障的通透性增加，通过各种运输机制进入大脑。近年来的研究进展表明细胞因子能调节大脑中各种涉及进食的控制系统。有些材料表明在细胞因子刺激下神经胶质细胞释放趋化因子，不同的神经元表达不同的趋化因子受体。所以趋化因子连接细胞因子刺激调控神经活动的级联反应。

在食欲和体重调控系统中一些下丘脑的神经核起主要作用，包括"第一链"弓形核（ARC）和"第二链"后丘脑区（LHA）神经肽形成区（图 12-14）。

ARC 神经元同时表达 α-黑色素细胞刺激素（α-MSH）和可卡因及苯异丙胺调节转录本（CART），可能与分解代谢有关，因为这两个因子都降低进食和能量储存。它们通过抑制含有 Y 神经肽（NPY）/agouti（豚鼠）-基因相关肽（AgRP）ARC 神经元的合成代谢，并激活该区的"第二链"神经元，产生黑色素浓缩激素（MCH），另一些神经元产生 Orexin（ORX）。MCH 通过 MCHR1（鼠类）或 MCHR2（人类）诱导食欲。动物实验表明，注射炎症诱导剂脂多糖（LPS）引起厌食，伴有后丘脑区的 POMC、NPY、CART 和 MCH 的 mRNA 表达水平改变。长期使用 LPS 可使 MCH 神经元的数量减少。有些研究表明，细胞因子能改变下丘脑神经元的活性，IL-1β 能使 PVN 区的大细胞性和小细胞性神经元去极化；TNF-α 抑制腹侧下丘脑神经元放电。这两种细胞因子都抑制神经元的电活性。但是，细胞因子受体在神经元是很稀少的，细胞因子直接

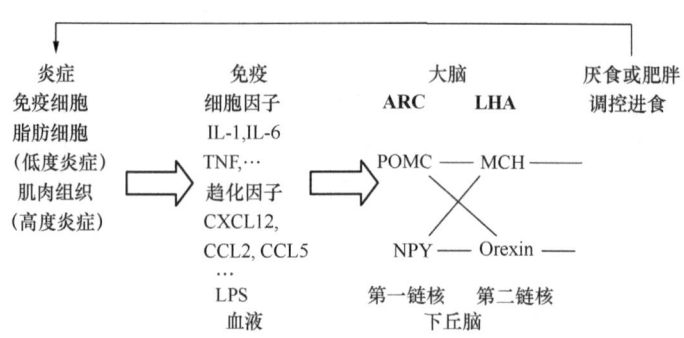

图 12-14 炎症对饮食的影响

炎症能通过释放炎症因素到血流影响进食。炎症因素到达中枢神经系统（尤其是下丘脑）后调节控制进食和代谢的神经网络。

作用于神经元的情况少见；反之，趋化因子受体在神经元表达较多，形成更复杂的调控网络。

最近发现在 PVN 和下丘脑 SON 的精氨酸抗利尿激素神经元（AVP）能表达趋化因子，提示它们参与水平衡的调控，与过去报道的 CINC/CXCL1 在 SON 中的 AVP 表达结果一致。免疫组织化学研究也证明在 PVN 和 SON 的 AVP 大细胞神经元有趋化因子 CCL2 的组成性表达。免疫荧光研究证明 CXCL12 及其受体在 AVP 神经元中同时表达，CXCL12 和 AVP 定位于同一位置。电生理记录证明 CXCL12 通过其受体 CXCR4 影响 AVP 神经元的电活性。AVP 在调控体液稳态中起主要作用，推测 CXCL12 的表达受细胞质渗透压的影响。

有些趋化因子还参与垂体功能，如 PVN 表达 CINC/CXCL1，在应激作用下（LPS 或运动）激活垂体细胞表达的 CXCR2（即 CINC/CXCL1 受体），刺激催乳素和生长激素释放，抑制 LH 和 FSH 分泌。近年来发现人类垂体前叶腺瘤表达一些趋化因子，尤其是 CXCR2，它也是 IL-8/CXCL8 的受体。

CXCR4 是人类肿瘤中最常见的趋化因子受体，被 CXCL12 激活后诱导肿瘤细胞增殖、浸润和转移，促进肿瘤血管新生。近年来多篇报道引人瞩目：CXCL12/CXCR4（和新近加上的趋化因子受体 CXCR7）系统支持白血病、乳腺癌和神经胶质母细胞瘤（GBM）细胞的生存和生长。胶质瘤是最常见的原发性中枢神经系统肿瘤，基质细胞或胶质瘤细胞分泌的趋化因子能影响肿瘤细胞的迁移、浸润、增殖、血管新生，以及免疫细胞在肿瘤组织中的浸润。

趋化因子还在神经退行性疾病或自身免疫性疾病中起作用，促进小神经胶质细胞活化和免疫细胞浸润。有报道称 CCL19 和 CCL21 在中枢神经系统病理状态下调节免疫细胞浸润和胶质细胞与神经元间的通信。CCL19 和 CCL21 的受体 CCR7 在反应性星形胶质细胞明显上调。

2. CCL2/CCR2 和 CXCL8/CXCL2 在中枢神经系统中的作用

CCL2 及其受体 CCR2，以及 CXCR2 及其多个配体 CXCL1、CXCL2、CXCL8 在多

种神经病理过程中起作用，包括神经损伤、缺血性损伤和多发性硬化，近年来受到关注。

CCL2又名单核细胞趋化蛋白-1（MCP-1），是第一个确定的人类的趋化因子——CC组趋化因子的原型。CCL2与其受体CCR2的结合能力远远高于另外两个单核细胞趋化蛋白CCL7和CCL8。能激活和募集单核细胞系列的细胞，包括巨噬细胞、单核细胞和神经小胶质细胞。CCL2转基因小鼠过表达CCL2结果在胸腺和中枢神经系统积聚巨噬细胞。脑的CCL2主要由星形胶质细胞和局部的小胶质细胞产生，此外内皮细胞和浸润的巨噬细胞也能产生。神经元、星形胶质细胞、小胶质细胞、神经前体细胞和微血管内皮细胞都能表达CCR2，正常状态下低表达，炎症时表达升高。在中枢神经系统胚胎发育的不同阶段CCL2和CCR2都有独特的表达方式，提示它们在胚胎发育中的作用。近年来发现CCL2可能直接影响血脑屏障的通透性。体外实验表明CCL2能引起肌动蛋白细胞骨架结构的改变和紧密结合蛋白的重新分布。体内实验表明CCL2直接作用于血脑屏障的内皮细胞改变其通透性。此外，CCL2能募集巨噬细胞间接影响血脑屏障。

在多发性硬化患者的活检组织中观察到CCL2表达升高，伴随着星形胶质细胞和巨噬细胞浸润，提示CCL2参与此病理过程。临床观察表明，脑出血后的患者血清和脑脊液的CCL2水平升高。实验研究和临床观察表明脑损伤后CCL2的mRNA和蛋白质表达水平都明显增高。CCL2/CCR2在脑炎症和损伤中的作用如图12-15所示。

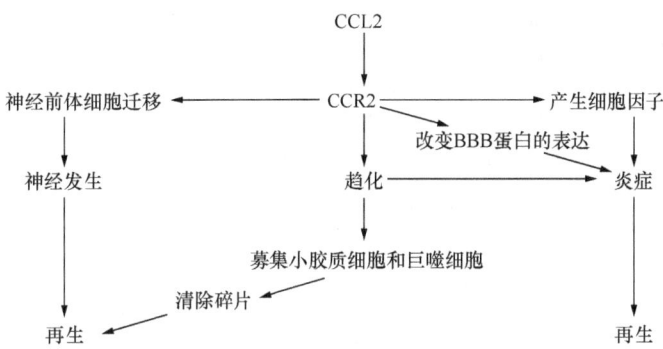

图12-15　CCL2/CCR2在脑炎症和损伤中的作用（Semple et al.，2010）

CCL2诱导巨噬细胞募集，产生细胞因子，直接改变内皮细胞紧密结合蛋白的表达增加血脑屏障的通透性，有助于脑的炎症反应，加剧神经损伤；CCL2介导的巨噬细胞积聚也有好的一面，作为吞噬细胞清除抑制再生的髓磷脂碎片。此外，CCL2也趋化神经前体细胞有助于创伤后的神经修复。BBB：血脑屏障。

尽管实验证明CCL2水平升高和后继的巨噬细胞募集入脑是有害的。但是，已有资料表明，除了趋化性之外，趋化因子也有其有利的作用。例如，在组织损伤中的促进修复功能。近年来的研究表明CCL2可能还有神经保护作用和神经营养作用，所以不要在治疗中轻易加抗CLL2的治疗策略。

CXCL8是研究最透彻的人类CXC趋化因子原型，小鼠的相应趋化因子是CXCL1和CXCL2，它们的共同受体是CXCR2。CXCL8是强力的趋化因子，能使中性粒细胞发生形态改变和脱颗粒,是主要的迁移因子。CXCL8 能与两个受体结合:CXCR2 和 CXCR1。CXCR2 是最重要的趋化受体,而 CXCR1 介导中性粒细胞呼吸暴发和释放髓性过氧化酶。小鼠没有相应的 CXCR1 受体;人类的 CXCL1 和 CXCL2 分别为生长调节基因 GROα 和 GROβ 的产物。

与 CCL2/CCR2 类似,CXCR2 的配体在脑内的基础表达水平低,病理状态时表达升高,主要来自激活的星形胶质细胞、小胶质细胞和内皮细胞以及浸润的中性粒细胞。用免疫组织化学方法观察 CXCR2 受体在中枢神经系统神经元的表达较广,在一些活检标本很容易检测出。CXCR2 信号在中枢神经系统介导的多种功能,如图 12-16 所示。

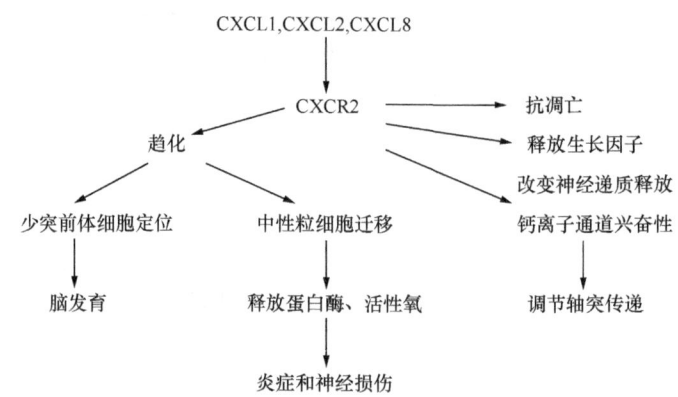

图 12-16　CXCR2 信号在中枢神经系统介导的多种功能(Semple et al.,2010)

CXCR2 是涉及中性粒细胞趋化的主要受体,在脑损伤、感染或疾病时引导其迁移。中性粒细胞通过释放蛋白酶,导致神经变性,延续神经炎症反应。在发育期间 CXCR2 信号参与对少突前体细胞的趋化,释放生长因子,介导自身防御机制,抗 Fas-启动的细胞凋亡,通过改变钙离子通道的兴奋性和神经递质的释放调节轴突的传递性。

CXCR2 信号途径参与中枢神经系统的神经电生理活动,释放神经介质和轴突的可塑性,有人认为是一类新的神经递质"趋化系统"(chemokinergic system)。临床观察发现多发性硬化患者脑脊液的 CXCL8 水平升高,病损组织有 CXCR2 的表达,提示它们可能参与多发性硬化病理过程。众多的研究表明缺血的脑组织有明显的中性粒细胞浸润。用兔子做的实验证明抗 CXCL8 抗体可以减少中性粒细胞浸润,从而减轻继发的组织损伤。临床观察表明脑损伤后脑脊液 CXCL8 水平升高有预后意义。近年来的研究表明,与 CCL2/CCR2 类似,CXCL8/CXCR2 除了趋化性质外也可能有神经保护和神经营养作用。

过去认为中枢神经系统是免疫豁免区,如今已确定中枢神经系统也能进行免疫监视,活化的免疫系统引起的炎症反应在中枢神经系统疾病中也起作用。中枢神经系统实质性组织中的小神经胶质细胞在所有的中枢神经系统疾病中激活。小神经胶质细胞是中枢神经系统免疫反应的关键执行者,属于局部组织的固有免疫细胞,应付早期感染,募集获得性免疫系统的细胞清除病原体。

"经典的"神经递质在脑中的表达水平为纳摩尔;神经肽为皮摩尔;趋化因子为飞摩尔。趋化因子表达量低,但是活性高,反映了它的作用效率高,在神经内分泌-免疫调控网络中执行灵敏而精细的剂量和时间依赖的微调作用。

三、细胞因子信号抑制物在中枢神经系统的表达和作用

近年来证明趋化因子和细胞因子对中枢神经系统有重要的调节作用，如早已熟知的白血病抑制因子（LIF）、睫状嗜神经因子（CNTF）、γ-干扰素（IFN-γ）、胰岛素样生长因子-1（IGF-1）、肿瘤坏死因子-α（TNF-α）和趋化因子巨噬细胞趋化蛋白-1（MCP-1）和基质衍生因子-1（SDF-1）。近年来的研究进展发现，细胞因子信号抑制物（suppressor of cytokine signaling，SOCS）家族在中枢神经系统和免疫系统起重要作用。

1. 细胞因子信号抑制物家族

细胞因子信号通过浓度和持续时间的变化进行调节。研究表明，细胞因子信号抑制物参与细胞因子信号传递的负调节。SOCS是细胞内由细胞因子诱导的蛋白质，在多种类型的细胞中抑制细胞因子信号传递，包括免疫细胞和中枢神经系统。SOCS家族有8个成员：细胞因子诱导的含有SRC2同源结构域SH2的蛋白（CIS）和SOCS1至SOCS7（图12-17）。

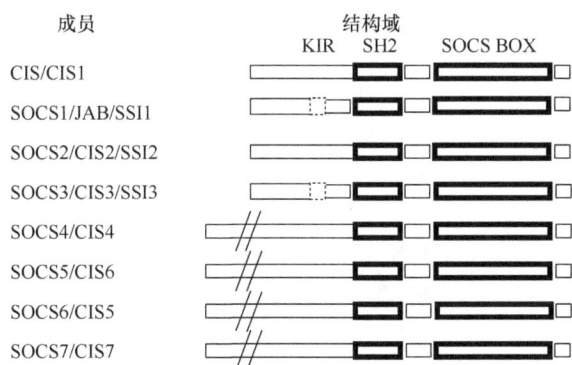

图12-17　SOCS家族成员的名称和结构域（Larsen and Ropke，2002）
SOCS1和SOCS3的激酶抑制区用虚线表示。KIR：kinase inhibitory region 激酶抑制区。

SOCS蛋白对信号的调节可以通过多种机制，研究得最多、最清楚的是通过JAK/STAT途径。通过与Janus激酶（JAKs）上的磷酸化酪氨酸残基联合和（或）细胞因子受体亚单位通过中心的SH2结构域执行其功能。此外，C端SOCS盒与泛素连接酶成分相互作用介导蛋白酶体降解相关蛋白。SOCS1和SOCS3的N端含有一个JAK激酶抑制区，其作用是作为JAK的伪底物抑制JAK激酶的活性。通过这些作用机制SOCS蛋白减弱细胞因子和生长因子的效应。最近报道SOCS2可能是胰岛素分泌的关键性抑制物，与早年报道的$SOCS2^{-/-}$小鼠比正常小鼠的体形硕大一致。从1995年报道第一个SOCS蛋白以来，研究最多的是SOCS1和SOCS3，已有的资料表明SOCS1和SOCS3在调节固有免疫和获得性免疫反应中起重要作用，尤其在中枢神经系统的神经炎症性疾病中起重要作用，仍然是SOCS的研究热点（表12-10）。

表 12-10　中枢神经系统细胞中 SOCS1 和 SOCS3 的表达机制

细胞	SOCS1 诱导物	途径	SOCS3 诱导物	途径
小胶质细胞	IFN-γ	JAK/STAT	IFN-γ	JAK/STAT
	IFN-β	JAK/STAT1	IFN-β	JAK/STAT3
	LPS	?	LPS	IL-10-JAK/STAT3，MAPK
	IL-4	JAK/STAT	IL-10	JAK/STAT3
			HIV-1 Tat	NF-κB
			凝血酶	PKC-δ
星形胶质细胞	15d-PGJZ	非 JAK/STAT	15d-PGJZ	非 JAK/STAT
	Rosiglitazone	非 JAK/STAT	Rosiglitazone	非 JAK/STAT
	IFN-γ	JAK/STAT	IFN-γ	JAK/STAT
	IFN-β	JAK/STAT	IFN-β	JAK/STAT
	OSM	JAK/STAT1	OSM	JAK/STAT3，MAPK
			CNTF	?
神经元	IFN-γ	JAK/STAT	IGF-1	JAK/STAT3
			IL-6	JAK/STAT
			OSM	JAK/STAT
			LPS	?
少突细胞	IFN-γ	JAK/STAT	LIF	JAK/STAT
巨噬细胞	IFN-γ	JAK/STAT	IFN-γ	JAK/STAT
	IFN-β	JAK/STAT	IFN-β	JAK/STAT
	LPS	?	LPS	IL-10- JAK/STAT MAPK
	IL-10	JAK/STAT3	IL-10	JAK/STAT3
	CpG	MAPK	CpG	MAPK
	IL-4	JAK/STAT6	HIV-1 Tat	NF-κB
	FMLP	非 JAK/STAT	IL-6	JAK/STAT3
	IL-8	非 JAK/STAT	TNF-α	MAPK（RNA 稳定）
			IL-21	?
树突细胞	CpG	MAPK	CpG	MAPK
	IL-21	?	IL-21	?
	FMLP	非 JAK/STAT		
	IL-8	非 JAK/STAT		
T 细胞	IL-6	JAK/STAT	IL-6	JAK/STAT
	IL-4	JAK/STAT1	IL-4	JAK/STAT1
	IL-12	JAK/STAT	IL-12	JAK/STAT1
	IFN-γ	JAK/STAT	IFN-γ	JAK/STAT1
	IFN-α	?	IFN-α	?
	鞭毛	?		

注：? 表示不清楚，待阐明之意。

JAK/STAT 途径是介导中枢神经系统炎症和免疫反应的关键性信号转导途径。细胞因子与其细胞表面的相应受体结合激活 JAK/STAT 途径，导致一系列磷酸化事件，最终导致 STAT 转录因子磷酸化，活化的 STAT 启动免疫分子的表达。启动的众多促炎症靶基因中包括 SOCS1 和 SOCS3，反馈负调节 JAK/STAT 途径。SOCS1 和 SOCS3 分别由 STAT1 和 STAT3 启动表达；MAPK 和 NF-κB 途径也能诱导它们的表达。SOCS1 和 SOCS3 的半数生存期很短，它们的稳定性受磷酸化和与其他蛋白结合的影响。由于它们的快速诱导和转换，成为中枢神经系统多种疾病的细胞因子信号调节者。SOCS1 和 SOCS3 的表达是细胞类型和刺激特异的。中枢神经系统表达的细胞有：星形胶质细胞、小胶质细胞、少突细胞和神经元；IL-4、IL-6、IL-10、β-或 γ-干扰素和 LPS 能刺激 SOCS1 和 SOCS3 的表达。SOCS 在免疫细胞中能诱导表达，如 T 细胞、巨噬细胞、树突细胞在中枢神经系统炎症状态下募集（表 12-10）。

2. SOCS1

SOCS1 通过与 IFN-α 受体 1（IFNAR1）和 IFN-γ 受体（IFNGR）亚单位相互作用抑制干扰素的信号转导途径，限制干扰素的 STAT（STAT1、STAT2 和 STAT3）激活。但是，近年来发现 SOCS1 通过促进 p65 降解干扰更多的信号转导途径。p65 是 NF-κB 和 ASK1（JNK 和 p38 途径上游的一个激酶）的关键成分。缺失 SOCS1 的小鼠（SOCS1$^{-/-}$）出现多器官衰竭，出生后 3 周内死于 γ-干扰素高反应性，在此期间内对病毒和寄生虫感染都耐受。SOCS1$^{-/-}$ 免疫细胞中干扰素和 Toll 样受体介导的反应减弱。

SOCS1 在中枢神经系统的细胞中起重要作用。例如，在星形胶质细胞中 SOCS1 限制趋化因子引起的移动。SOCS1 抑制细胞表面关键性免疫分子的表达，包括 MHC Ⅰ、MHC Ⅱ 和 CD40。

SOCS1 是 JAK/STAT 信号途径的强力阻滞者，最多见于干扰素启动的反应中。但是 SOCS1 的离散过程在中枢神经系统中有不同的效应，取决于炎症微环境和疾病的状态。SOCS1 能减少细胞因子和趋化因子的表达，抑制介导免疫反应的细胞表面分子的表达，适应病原体的浸润或防止抵御脱髓鞘等。近年来注意到 SOCS1 在中枢神经系统肿瘤中可能有治疗应用前景。例如，在多形性胶质母细胞瘤（GBM）中 SOCS1 是肿瘤抑制物；约 1/4 的脑瘤中 SOCS1 启动子是高甲基化的，使 SOCS1 表达减少 5 倍，如果在这些肿瘤细胞中再引入 SOCS1，可以增加肿瘤对放射治疗的敏感性。又如，巨噬细胞可以被病原体诱导产生 SOCS1 和 SOCS3 蛋白，减少促炎症细胞因子 IL-1β、IL-6 和 TNF-α 的表达，影响中枢神经系统的炎症反应。多发性硬化（multiple sclerosis，MS）是中枢神经系统的自身免疫性疾病，以局部炎症和轴突脱髓鞘为特征，并有神经元和少突细胞损伤。实验研究表明 γ-干扰素在 MS 的发病中可能起重要作用。临床研究观察到 MS 的病损区和脑脊液中 γ-干扰素水平升高，与病情相关。对脱髓鞘疾病的实验研究表明 SOCS1 能够减轻神经炎症反应，可能有治疗价值。

3. SOCS3

SOCS3 的主要功能在于抑制 IL-6 家族细胞因子的信号转导。SOCS3 通过 SH2 结构域与该家族的共同受体亚单位 gp130 相互作用抑制受体相关的 JAK 活性，通过 KIR 和 SOCS 盒导致 JAK 降解。这些作用的结果防止了 JAK 介导的 STAT3 活化。此外，SOCS3 对 LPS、I-、II-型干扰素、IL-2 和 IL-12 的免疫反应信号转导有广泛的抑制效应。而且 SOCS3 能抑制 NF-κB 途径，对抗 cAMP 介导的信号转导和增强通过 MAPK 途径的信号。由于 SOCS3 如此广泛的功能机制，缺失 SODS3 的小鼠胚胎死于宫内，呈现出白血病抑制因子（LIF）信号途径失调的病理改变。

　　SOCS3 在中枢神经系统和免疫细胞中有明显的效应。星形胶质细胞中 β-干扰素以 STAT3 激活依赖的方式表达 SOCS3，阻止 SOCS3 的表达会增强趋化因子的产生，促进小胶质细胞和 T 细胞的迁移。神经元中 SOCS3 的表达呈多样性，取决于病原和其他状态。巨噬细胞和小胶质细胞中 SOCS3 介导 IL-10 的抗炎症效应。LPS 和 IL-10 协同诱导 SOCS3 表达；而 SOCS3 的过表达抑制 LPS 诱导的 CD40 表达，所以 IL-10 的抗炎机制是通过产生 SOCS3 进行的。看来，SOCS3 可能是能引起中枢神经系统疾病的病原体逃避免疫的一种机制。持续感染 *Listeria monocytogenes*（一种细胞内感染的细菌，能引起脑膜炎）的巨噬细胞高表达 SOCS3。这种细菌诱导 SOCS3 通过直接和间接两种机制，有一种未知的病原分泌的蛋白质能大量诱导 SOCS3，降低 STST-1 酪氨酸磷酸化、STAT-1 二聚体化和 STAT-1 介导的转录活性，削弱宿主的抗病毒反应。

　　急性脊髓损伤引起神经元、少突细胞和星形胶质细胞的死亡，以及破坏上行和下行轴突的接触。继发于创伤，有炎症成分参与：中性粒细胞、胶质细胞、巨噬细胞和 T 细胞浸润以及促炎症分子导致进一步组织损伤。星形胶质细胞、神经元等细胞中有 STAT3 的活化，导致星形胶质细胞迁移和胶质-疤痕形成限制炎症细胞浸润，导致神经元和少突细胞死亡。用小鼠脊髓损伤模型进行的研究表明，脊髓损伤后的 SOCS3 表达可能是有害的，因为 STAT3 表达对于限制少突细胞和神经元死亡，改善功能恢复至关重要。对人类多发性硬化的临床观察表明，复发患者巨噬细胞和 T 细胞中的 SOCS3 表达低于缓解患者，同时发现复发时 STAT3 水平增加。此外，还发现多发性硬化复发时脑脊液中瘦素水平增加。瘦素也诱导复发患者的单核细胞产生 TNF-α、IL-6 和 IL-10，而缓解患者的单核细胞不产生。因为 SOCS3 能抑制瘦素信号转导，复发时较低水平的 SOCS3 表达可能促进瘦素诱导的 STAT3 激活。所以 SOCS3 可能是多发性硬化症时 STAT3 和瘦素介导的炎症反应的重要调节物。Statins 是胆固醇合成抑制剂，在临床上用于降低血胆固醇。近来研究发现它们有免疫调节和抗炎症效应。值得注意的是 simvastatin 诱导多发性硬化患者的单核细胞表达 SOCS3，伴随 STAT1 和 STAT3 活性降低，减少 IL-6 和 IL-23 的产生，还能阻止 Th17 细胞发育，可用于治疗自身免疫病。Statin 已经用于多发性硬化的临床试验。STAT3 激活并有酪氨酸和丝氨酸磷酸化是许多肿瘤的特征，SOCS3 是 STAT3 活化的负调节物，早期研究认为 SOCS3 可能起肿瘤抑制物的作用，推测由于 SOCS3 启动子超甲基化而表达受到抑制。后来发现多形性胶质母细胞瘤组织中有 SOCS3 过表达，促进瘤细胞生存和生长，并对放射治疗耐受，患者预后更差。提示有更深层次的作用机制，有待研究。

　　SOCS3 通过 JAK/STAT 途径参与许多疾病的发病机制。但是由于这条途径有广泛的多种中枢神经系统配体，总的 SOCS3 表达或抑制能导致一种疾病状态的不同效应。

例如，在脊髓损伤时，SOCS3可以通过抑制细胞因子和趋化因子的产生限制炎症，也可以通过减少神经突生长和阻止胶质疤痕形成延缓康复。又如，多发性硬化时SOCS3抑制少突细胞的LIF保护性信号途径，也能抑制有害的瘦素途径。在中枢神经系统肿瘤中SOCS3的表达有保护性和破坏性两个方面的作用。所以SOCS3在各种疾病中的具体作用还有待深入研究。

神经系统和免疫系统通过趋化因子、细胞因子等分子/细胞机制形成了复杂的多层次的适应性网络（见第十章第一节），随着个体的生长、发育和衰老不断变化，适应生活和环境的改变。

（吴克复）

参 考 文 献

Baker B J, Nowoslawski L, Benveniste E N. 2009. SOCS1 and SOCS3 in the control of CNS immunity. Trend Immunol, 30: 392-401

Brightling C E, Saha S, Hollins F. 2009. Interleukin-13: Prospects for new treatments. Clin Exper Allerg, 40: 42-49

Calderwood S K, Ciocca D R. 2008. Heat shock proteins with Janus-like properties in cancer. Int J Hyoerthermia, 24: 31-39

Carbajal K S, Schaumburg C, Strieter R, et al. 2010. Migration of engrafted neural stem cells is mediated by CXCL 12 signaling through CXCR 4 in a viral model of multiple sclerosis. Pro Nat Am Sci, 107: 11068-11073

Gomez-Nicola D, Pallas-Bazarra N, Valle-Argos B, et al. 2010. CCR7 is expressed in astrocytes and upregulated after an inflammatory injury. J Neuroimmunol, 227 (1-2): 87-92

Hizawa N. 2009. Genetic backgrounds of asthma and COPD. Allergol Internat, 58: 315-322

Imeri L, Opp M R. 2009. How (and why) the immune system makes us sleep. Nature Rev Neurosci, 10: 199-211

Johnston G R, Webster N R. 2009. Cytokines and the immunomodulatory function of the vagusnerve. Br J Anaesth, 102 (4): 453-462

Kelley K W, Weigent D A, Kooijman R. 2007. Protein hormones and immunity. Brain Behav Immun, 21 (4): 384-392

Kin N W, Sanders V M. 2006. It takes nerve to tell T and B cells what to do. J Leukoc Biol, 79: 1093-1104

Lalor S J, Segal B M. 2010. Lymphoid chemokines in the CNS. J Neyroimmunol, 224: 56-61

Larsen L, Ropke C. 2002. Suppressors of cytokine signaling: SOCS. APMIS, 110: 833-844

Lebrun P, Cognard E, Gontard P, et al. 2010. The suppressor of cytokinr signaling 2 (SOCS2) is a key repressor of insulin secretion. Diabetologia, 53: 1935-1946

Lehnardt S. 2010. Innate immunity and neuroinflammation in the CNS: The role of microglia in Toll-like receptor-mediated neuronal injury. GLIA, 58: 253-263

Li M, Ransohoff R M. 2008. Multiple roles of chemokine CXCL 12 in the central nervous system: a migration from immunology to neurobiology. Prog Neurobiol, 84: 116-131

Nance D M, Sanders V M. 2007. Autonomic innervation and regulation of the immune system (1987-2007). Brain, Behavior, and Immunity, 21: 736-745

Oscar G Z, Fernando J H, Alma Y. 2010. Immune system modulates the function of adult neural stem cells. Curr Immunol Rev, 6: 167-173

Pavlov V A, Parrish W R, Rosas-Ballina M, et al. 2009. Brain acetylcholinesterase activity controls systemic cytokine levels through the cholinergic anti-inflammatory pathway. Brain Behav Immunity, 23: 41-45

Prinz M, Priller J. 2010. Tickets to the brain: Role of CCR2 and CX (3) CR1 in myeloid cell entry in the CNS. J Neuroimmunol, 224: 80-84

Rosas-Ballina M, Tracey K J. 2009. Cholinergic control of inflammation. J Inter Med, 265: 663-679

Rostene W, Guyon A, Kularl L, et al. 2011. Chemokines and chemokine receptors: New actors in neuroendocrine regulations. Front Neuroendocrinol, 32 (1): 10-24

Sciume G, Santoni A, Bernardini G. 2010. Chemokines and glioma: invasion and more. J Neuroimmunol, 224: 8-12

Semple B D, Kossmann T, Morganti-Kossmann M G. 2010. Role of chemokines in CNS health and pathology: a focus on the CCL2/CCR2 and CXCL8/CXCR2 networks. J Cereb Blood Flow & Metabol, 30: 459-473

Tayebati S K, Amenta F. 2008. (Neuro) Transmitter systems in circulating immune cells: A target of immunopharmacological interventions? Curr Med Chem, 15: 3228-3247

Veres T Z, Rochlitzer S, Braun A. 2009. The role of neuro-immune cross-talk in the regulation of inflammation in asthma. Pharmacol & Therap, 122: 203-214

Veroni C, Gabriele L, Canini I, et al. 2010. Activation of TNF receptor2 in microglia promotes induction of anti-inflammatory pathway. Mol Cell Neurosci 2010 Jun 28 Epub Ahead of Print, 45 (3): 234-244

Zhang H G, Mehta K, Cohen P, et al. 2008. Hyperthermia on immune regulation: A temperature's story. Cancer Lett, 271: 191-204

Zisapel N. 2007. Sleep and sleep disturbances: Biological basis and clinical implications. Cell Mol Life Sci, 64: 1174-1186

第十三章 免疫衰退和免疫损伤

文献报道的（包括我们实验室研制的）众多肿瘤疫苗其动物实验或临床前研究结果往往令人振奋，但是进入临床试验则令人失望。原因种种，主要原因之一是：实验动物都选用健康而年轻力壮的免疫活性（immunocompetent）个体，临床试验的对象则大多是年老体弱属于免疫衰退（immunosenescence）和（或）经过放疗、化疗后有免疫损伤（immunocompromised）的患者，即研究对象的背景不一致。

免疫衰退是指哺乳动物体内发生的与年龄相关的有害于免疫的变化，导致免疫功能降低，固有免疫和获得性免疫都有与年龄相关的变化。免疫衰退涉及三个主要方面：①免疫细胞亚群的类别减少，记忆细胞堆积，指向单一的感染因子；②胸腺退化和起始细胞耗竭；③称为炎症-老化的慢性炎症状态（表13-1）。

表 13-1 免疫衰退的特点和表现

免疫衰退的细胞特点	免疫衰退的临床表现
伴有 T 细胞亚群改变的胸腺退化	对疫苗接种的抗体反应水平低
初始细胞比例降低	识别"自我"和"外源"抗原的能力丧失
记忆细胞代偿性增殖	自身抗体水平升高
IL-2 的产生、IL-2 受体的表达降低，细胞对 IL-2 反应弱	$CD8^+$ T 细胞的寡克隆扩增，如由慢性病毒感染引起的
CD28 的辅助刺激信号丧失	对慢性炎症状态构成的细胞因子谱发生改变，从 Th1 趋向 Th2
$CD28^-$ T 细胞的端粒酶活性增强	
B 细胞功能降低	对感染的敏感性增加，发病率和死亡率增高

随着社会老龄化的迅速发展，老年人的健康状况受到关注。老年人感染的发生和死亡率增加，免疫接种的反应降低，炎症和肿瘤发病率增高，原因是复杂的，其中固有免疫和获得性免疫系统的衰退是重要因素。随着年龄的增长，细胞的端粒缩短，氧化应激的积累导致 DNA 损伤修复功能减弱，染色体易位可以引起肿瘤抑制蛋白表达，尤其是 p53 和 RB 的激活导致细胞生长停滞和（或）凋亡（图13-1）。

一生中免疫系统经过连续反复抗原刺激，淋巴细胞的功能有没有终点，会不会耗竭？已有的资料表明，细胞复制衰退和耗竭过程控制 T 细胞增殖的活性和功能。通常认为随着年龄的增长，免疫系统进行性衰退。近年来有的研究报告表明免疫系统不是不可避免地进行性衰退，而是连续发生改变，有些功能减弱了，有些功能不变甚至加强了，尤其是对百岁老人及其后裔的观察研究导致对免疫衰退概念的质疑，提示免疫衰退机制的复杂性。

值得注意的是免疫衰退还存在性别差异。IFN-γ 对人类有重要的保护作用，对固有免疫和获得性免疫有多种调节效应，到老年期 IFN-γ 的产生有明显的变化。体外试验

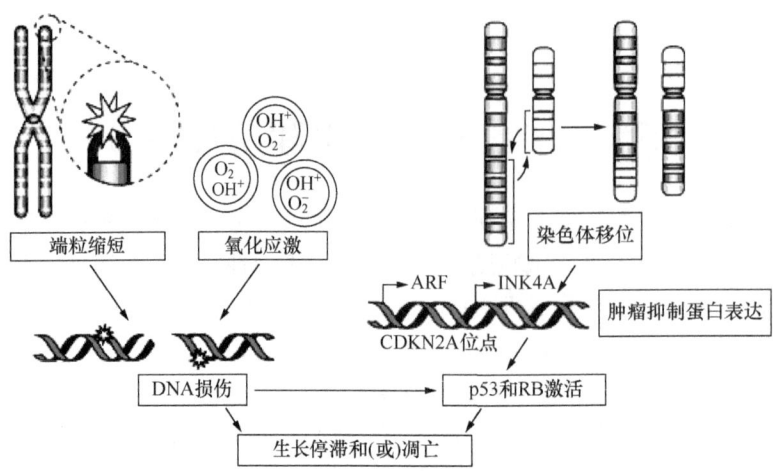

图 13-1 引起细胞衰老的分子事件

细胞衰退的发生有三个时相：第一时相是诱导，许多因素可以启动衰退，包括端粒缩短，非端粒 DNA 损伤（如反应氧类 ROS、电离辐射或紫外线照射），体外培养细胞的生长因子撤除等。第二时相是 DNA 损伤反应，可以由端粒或非端粒的 DNA 损伤灶启动，抑制细胞周期的运行，直至 DNA 修复。DNA 损伤反应包括传感器激酶的活化，如共济失调毛细血管扩张突变物（ATM）及 RAD3 相关物（ATR），DNA 损伤灶所含的各种蛋白，如组蛋白 H2AX、复制蛋白等，这些蛋白的活化导致下游检测点激酶 CHK1 和 CHK2 激活，进而检测点蛋白（如 p53 等）和周期素依赖的抑制蛋白（如 p21）活化抑制 M 期诱导物磷酸酶 CDC25。此外 p38 和 MAPK 信号途径在细胞衰退的发生中也起重要作用。如果 DNA 损伤被修复，DNA 损伤灶消失，则 DNA 损伤反应停止，细胞重新进入细胞周期。如果 DNA 损伤未能及时修复，DNA 损伤反应维持时间超越了忍受时期（7～10 天），则进入第三时相——不可逆衰退。上述机制是从对人类成纤维细胞的研究中获得的，由于人类 T 细胞的增殖能力也受端粒依赖的方式调节，T 细胞衰退可能也有类似机制。

表明老年女性的 T 细胞比老年男性的 T 细胞产生更多的 IFN-γ，甚至比健康年轻人的 T 细胞产生的 IFN-γ 还多。也许，这是女性平均寿限高于男性的原因之一。

固有免疫系统在衰老过程中相对保守，获得性免疫系统变化较大。衰老过程中 T 细胞群表现出明显的年龄相关的 T 细胞（$CD3^+$）（包括 $CD4^+$ 和 $CD8^+$）总数下降，伴随着功能完整的 NK 细胞增加和 B 细胞减少。年龄相关的初始 T 细胞（$CD95^-$）减少是主要特征，尤其是 $CD8^+$ T 细胞水平的变化，影响对新抗原（微生物、肿瘤）的抵御，可能是胸腺萎缩和终身慢性抗原刺激的结果。看来初始 T 细胞减少，代之以大量寡克隆扩增的 $CD8^+$ T 细胞是老年人抗御新感染能力降低的主要原因。

第一节 年龄相关的获得性免疫系统变化

老年期有一些生理事件的发生与获得性免疫细胞的数量和功能减少有关，T 细胞生成减少是胸腺萎缩的结果，包括胸腺皮质、髓质的减少和脂肪组织的增加；随着年龄的增长，由于骨髓造血干细胞和淋巴前体细胞的减少，B 细胞生成也减少，所以仅有少量初始 T 细胞和初始 B 细胞出现在外周组织。60 岁以后不同 T 细胞亚群的数量开始变化，对自身反应的 T 细胞减少，效应 T 细胞减少，初始 T 细胞减少。但是维持 T 细胞池总数不变，CD8$^+$T 细胞开始寡克隆扩增，改变了 T 细胞功能表达谱，终末分化的 CD8$^+$T 记忆细胞在外周淋巴组织中增多。其中最重要的变化是初始 T 细胞（CD45RA$^+$CD28$^+$CD62L$^+$）数量的减少，降低了机体对新病原体感染的抗御能力，是老年人感染死亡率增高的主要原因（表 13-2）。

表 13-2 衰老对淋巴细胞生成和分布的影响

	骨髓	胸腺	初级淋巴组织	次级淋巴组织
青年期	造血组织充裕	发达	充裕的各种 T、B 淋巴细胞	充裕的各种 T、B 淋巴细胞
老年期	造血组织减少	萎缩	T、B 淋巴细胞明显减少	仅有少量初始细胞出现在外周 CD8$^+$ 记忆 T 细胞寡克隆扩增

一、胸腺和 T 细胞的年龄相关变化

胸腺的萎缩是免疫衰退的关键，令人困惑，有人从能量代谢变化解释胸腺的发育和萎缩。免疫的能量耗费包括免疫系统发生、发展和维持所需的能量，以及感染时炎症反应的能量消耗。固有免疫系统的发育对机体的负担不大；获得性免疫系统的发生、发展在个体发育的早期消耗的物质和能量很大，要产生大量的细胞在胸腺和骨髓的阴性和阳性选择中损耗。这是机体生长发育必需的长期投资，建成后就减少投资（青春期的胸腺就开始衰退），成年后维持免疫系统的能量消耗并不很大。生理条件下，淋巴细胞维持在休止和长生存状态，消耗机体每日摄入能量的 3%～5%；但是，感染时消耗明显增加，体温升高 1℃，代谢率增加 10%。实际上成年人的获得性免疫能量消耗比固定免疫低，可能是进化的结果。

初始 T 细胞数量减少的细胞学原因是 DNA 修复能力降低和端粒缩短。初始 T 细胞来自骨髓造血组织，进入胸腺；老年人的造血组织减少，胸腺萎缩，所以进入外周的初始 T 细胞比年轻人少了约 80%。年龄对初始 CD4$^+$ 和 CD8$^+$ T 细胞亚群的影响稍有不同。CD4$^+$ T 细胞维持较长时期稳定，但是到 70 岁以后出现明显的变化和突发性崩溃，导致功能受限；CD8$^+$ T 细胞的类似变化出现的年龄较早，并表现出渐进性。老年人的 CD8$^+$ T 细胞对 Fas 或 TNF-α 死亡受体介导的凋亡更敏感，导致初始 CD8$^+$ T 细胞及记忆 CD8$^+$ T 细胞逐渐消失。

研究表明老年人的初始 T 细胞与年轻人的初始 T 细胞在功能上也有差别，老年人的初始 T 细胞端粒短，TCR 表达谱受限，丧失 TCR 多样性；经 OKT3 和 IL-2 刺激后产生更多的促炎症细胞因子 IFN-γ。实验表明老年小鼠的初始 T 细胞也有这些性质，也有初始 T 细胞相关的 IL-2 产生减少、长生存期记忆细胞的产生和 TCR 信号转导的各种内源性缺陷。IL-2 产生的减少导致无效的效应细胞产生和扩增，可以用给予外源性的 IL-2 纠正。实验还发现初始 CD4$^+$ T 细胞在抗原刺激和与抗原递呈细胞作用时不形成免疫突触。这可能是由于老年细胞的细胞膜胆固醇/磷脂比例改变，从而影响信号分子的募集和免疫突触的形成。年龄相关的初始 T 细胞激活、扩增和分化缺陷也影响对 B 细胞的辅助功能，从而削弱体液免疫反应（图 13-2）。

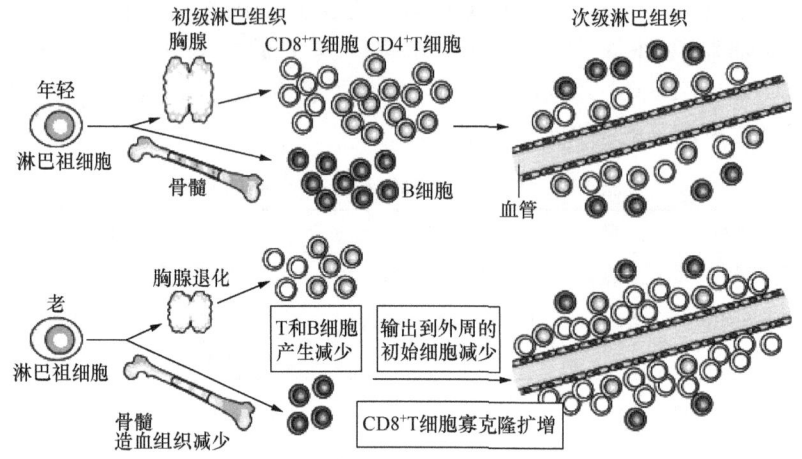

图 13-2　衰老对淋巴细胞产生和在次级淋巴组织分布的效应

衰老过程中有多种因素减少获得性免疫细胞的数量和功能；胸腺萎缩（包括胸腺皮质和髓质减少及脂肪组织增加）导致 T 细胞产生减少；B 细胞减少可能是骨髓造血组织减少所致。所以进入外周的初始 T 细胞和 B 细胞减少；约 60 岁开始 CD8$^+$ T 细胞群体开始寡克隆增殖，导致 T 细胞群成分改变，使外周终末分化的记忆 CD8$^+$ T 细胞数增加。

近年来的研究表明，不同时期 T 细胞的表面标志和性质有明显的差别。通过测定多种细胞表面标志可以确定 T 细胞的分化阶段（表 13-3）。未分化的 CD4$^+$ T 细胞表达 CD27 和 CD28，经过反复激活后先丢失 CD27 的表达能力，后丧失 CD28 的表达能力，然后出现高度分化的 CD27$^-$ CD28$^-$ 的细胞群。CD8$^+$ T 细胞的变化类似，但是先丢失 CD28 的表达能力，后丢失 CD27 的表达能力。

表 13-3　人类 T 细胞分化、衰退和衰竭指标

性质	早期分化	中期分化	晚期分化
分化指标			
CD45RA	+++	±	±
CD27	+++	±	−
CD28	+++	±	−
CCR7	+++	++	−
CD57	+	++	+++
功能性质			
BCL-2	+++	++	+
AKT*	+++	++	−
细胞毒性	+	++	+++
增殖	+++	++	±
IL-2	+++	+	−
IFN-γ	+	++	+++

续表

性质	早期分化	中期分化	晚期分化
功能性质			
TNF	+	++	+++
衰退性质			
端粒长度	+++	++	+
端粒酶	+++	++	−
KIRG1	+	++	+++
耗竭标志			
PD1	+	+++	++
CTLA4	++	+++	+
TIM3	−	+	++
LAG3	+	+	+
BIM	+	++	+++
BLIMP1	−	+	+++

注：BCL-2：B细胞淋巴瘤 2；BIM：BCL-2 介导的细胞死亡；BLIMP1：B 淋巴细胞-诱导成熟蛋白 1；CCR7：CC-趋化因子受体 7；CTLA4：细胞毒 T 淋巴细胞抗原 4；IFN-γ：γ 干扰素；IL-2：白介素 2；KLRG1：杀伤细胞 lectin 样受体亚家族 G1；LAG3：淋巴细胞活化基因 3；PD1：程序性细胞死亡 1；TIM3：T 细胞免疫球蛋白结构域和黏液素结构域蛋白 3；TNF：肿瘤坏死因子；* 在 Ser473 磷酸化。

资料来源：Akbar 和 Henson，2011。

近年来的研究进展发现影响老年人免疫效果的因素有：T 细胞功能范围缩小；CD8$^+$CD28$^-$T 细胞比例增加；Th 功能改变；胸腺初始 T 细胞产量减少；炎症细胞因子水平升高；抗体量改变；树突细胞功能变化。

已有的研究资料表明，不同 T 细胞亚群间平衡的改变始于胸腺的萎缩，合理的逆转免疫衰退的策略应该是恢复胸腺的生长，阻止其萎缩。目前已有一些应用药物干预的研究报道。有人用白介素（IL-7）、类固醇性激素、生长激素、胰岛素样生长因子或角化细胞生长因子（KGF/FGF7）进行临床前体内试验和 I 期临床试验，初步结果表明上述措施能够抑制老年相关的 T 细胞生成和功能的减退。实验研究表明，IL-7 可以直接作用于胸腺前体细胞的 IL-7 受体，促进其增殖。生长激素与胰岛素样生长因子可以协同作用刺激胸腺细胞增殖；也可能通过胸腺上皮细胞间接促进胸腺细胞增殖，通过改善胸腺基质微环境促进胸腺细胞生长，延长生存期（图 13-3）。但是，长期应用这些激素和生长因

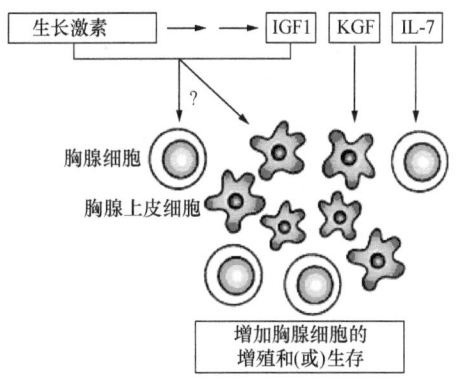

图 13-3 激素和细胞因子对胸腺萎缩的逆转作用

白介素-7（IL-7）、角质细胞生长因子（KGF 又称 FGF7）和生长激素。T 细胞的祖细胞表达 IL-7 的受体，IL-7 可能直接影响其增殖和分化。生长激素的作用比较复杂，许多作用是通过表达胰岛素样因子 1（IGF1）的组织介导，二者对胸腺细胞的发育可以起直接或间接的作用。CD4$^-$CD8$^-$胸腺细胞表达 IGF1 受体；生长激素和 IGF1 也可能通过胸腺微环境的重要组成部分——胸腺上皮细胞起作用，促进它们的生长、生存和功能，从而增加胸腺细胞水平。

子、细胞因子有无副作用和远期效应如何？尚待观察和研究。

考虑到免疫系统受到许多激素（包括肾上腺皮质激素、性激素和近年来发现的脂肪因子 adipokines 等）的调节和影响，胸腺和其他免疫器官受微环境中各种激素水平的影响，机制复杂，逆转胸腺的应用研究将是长期而复杂的。

总之，已有的资料表明，老年人 T 细胞的某些深刻变化构成了获得性免疫减退的大部分基础，削弱了机体防御能力。这些变化包括初始 T 细胞数的减少；T 细胞受体（TCR）识别谱多样性的明显减少；T 细胞对诱导凋亡敏感性的增加；某些 T 细胞亚群的缩小，有些记忆 T 细胞亚群和调节 T 细胞亚群的增大；以及老年人的 T 细胞免疫细胞因子产生谱的重要变化，如 IL-2 产生能力降低和血清 IL-6 及 TNF-α 水平升高。在细胞水平观察到免疫衰退者功能失调的 T 细胞在抗原递呈细胞和 T 细胞间形成低效的免疫突触。

二、B 细胞的年龄相关变化

虽然大多数免疫衰退的研究集中在 T 细胞损伤，近年来的研究表明老年人的 B 细胞也有变化。不仅产生抗体的质和量与年轻人有所不同，自身抗体明显增多，外周血 B 细胞的绝对数和百分率都减少。

除了产生抗体外，B 细胞还有调节效应功能，记忆 B 细胞和初始 B 细胞能产生各种细胞因子和趋化因子，尤其是记忆 B 细胞产生高水平的促炎症细胞因子 IL-1α、IL-1β、IL-6 和 TNF-α。由于老年人的记忆 B 细胞增多，可能与老年人的炎性衰老（inflamm-aging）和慢性炎症性疾病增多有关。

近年来对百岁老人和长寿老人的研究分析，发现百岁老人家族没有通常的一些免疫衰退标志，没有自身抗体。看来免疫衰退受遗传因素的影响（表 13-4）。

表 13-4 遗传因素对抗体质量的影响

免疫球蛋白	百岁老人后裔组	对照组	P 值
IgA	250 ± 25	280 ± 25	0.2
IgG	1080 ± 120	950 ± 115	0.4
IgM	150 ± 20	80 ± 20	0.0004

注：血清免疫球蛋白 IgA、IgG、IgM 浓度的测定。百岁老人后裔组 $n=29$，年龄 59～83 岁；对照组 $n=25$，年龄 60～85 岁。

资料来源：Bulati 等，2011。

三、B 细胞衰退的可逆性

随着年龄的增长老年人的免疫接种效果明显下降。例如，接种流感疫苗后 60～74 岁组的血清阳性保护率为 41%～58%，75 岁以上的阳性保护率下降到 29%～46%。年龄相关的 B 细胞系列细胞组成的变化是老年人疫苗接种和感染时抗体反应差的主要原因，其机制正在研究中。

对小鼠的研究结果表明，随着年龄的增长滤泡 B 细胞数明显减少，抗原激活过的 B 细胞比例增加，初始 B 细胞减少不能识别新抗原产生新抗体。但是，B 细胞总数没有明显变化。外周血长寿 B 细胞增加，骨髓新生的 B 细胞减少。骨髓 B 细胞生成减少的原因很多，包括 B 细胞前体细胞减少和增殖潜能降低，IL-7 产生减少和 V-DJ 重排功能减弱。还有造血干细胞的减少直接影响淋巴造血，包括端粒缩短，表观遗传修饰。骨髓整体的造血潜能从淋巴造血转向髓系造血，减少了初始 B 细胞的产生份额。

基于对小鼠和人类 B 细胞系列生长发育的自稳定调节的观察，有些研究者试图通过调节基因表达逆转 B 细胞系列的免疫衰退。最近 Mehr 和 Melamed 根据他们在小鼠实验观察到的结果提出假设，认为自稳定调节压在老年时可能调节干细胞和 B 细胞系列的成分，外周淋巴组织的长生存期 B 细胞的积蓄，可能形成自稳定调节压，改变干细胞池，从而抑制淋巴造血。在老年小鼠删除 B 细胞能增加干细胞向淋巴系分化的频率，恢复 B 淋巴系造血，增加骨髓向外周输出 B 细胞（图 13-4）。

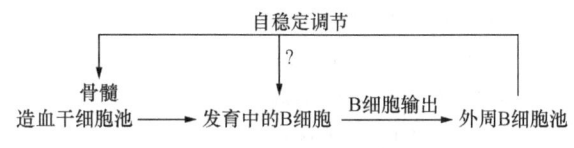

图 13-4 B 细胞生长发育的自稳定调节

第二节 固有免疫系统的年龄相关变化

老年人对重症传染病（如流感、非典等）较年轻人敏感，需要更长的时间恢复，对疫苗免疫反应低，死亡率高。部分原因是由于免疫衰退或免疫系统功能随着年龄的衰退，包括获得性免疫和固有免疫。固有免疫反应是非特异和没有免疫记忆的，对病原体反应最早。固有免疫由不同的细胞和分子机制组成，包括单核/巨噬细胞、自然杀伤细胞和自然杀伤 T 细胞、树突细胞、中性粒细胞、嗜酸性粒细胞和嗜碱性粒细胞，以及促炎症细胞因子、I 型干扰素和其他可溶性因子组成，它们随着年龄增长有明显的变化。

一、粒细胞的老年相关变化

中性粒细胞构成了抵御快速生长的细菌和真菌的免疫防御机制，部署杀菌机制，包括产生反应氧和反应氮，释放蛋白水解酶，由胞质颗粒释放抗菌肽等。近年来还发现中性粒细胞胞外携带物（neutrophil extracellular traps，NET）能吸引和杀死微生物，新生儿和老年人产生 NET 的能力明显低于年轻人。人类中性粒细胞随着年龄的增长功能逐渐减退机制的研究已有下述结果。

（1）中性粒细胞黏附到血管内皮和启动穿越血管壁进入组织的能力不受年龄影响。

（2）虽然老年人中性粒细胞的化学运动性仍然完整，但是趋化作用降低，从而影响向感染部位的迁移。

（3）中性粒细胞穿越组织的迁移过程包括分泌蛋白酶（如弹性蛋白酶），趋化活性降低意味着这类蛋白酶作用时间的延长，增加组织损伤。

（4）在感染部位，中性粒细胞的吞噬能力、产生过氧化物酶杀伤微生物的能力随着年龄的增长而降低；GM-CSF能延长感染部位中性粒细胞的生存时间，但是，老年人产生GM-CSF的能力也降低。

（5）笔者实验室比较了60岁以上老年人和青壮年外周血中性粒细胞的抗菌肽LL-37/hCAP18水平，老年组明显低于青壮年组。

上述因素都降低老年人清除感染和结束炎症反应的能力。

老年人中性粒细胞功能的减退有其细胞分子生物学基础，Alvarez等对老年大鼠腹膜中性粒细胞的研究发现：细胞膜胆固醇减少，膜流动性增加导致受体募集到脂筏减少；产生超氧化物的能力降低；多种受体信号转导途径（包括蛋白激酶B、磷酸肌醇-3-激酶PI3K、JAK-STAT和钙离子）功能失调，趋化能力和脱颗粒能力下降；肌动蛋白多聚化能力降低，导致迁移能力和吞噬能力降低。

随着中性粒细胞杀菌能力的下降，机体的代偿机制是：骨髓的造血功能随着年龄的增长倾向于髓系造血增加，保证外周血中性粒细胞数没有明显地减少。

至今报道的人类嗜酸性粒细胞和嗜碱性粒细胞老年相关变化的资料不多。对30例年轻和老年哮喘患者外周血嗜酸性粒细胞的分析表明，老年组的脱颗粒功能降低，超氧阴离子生成减少；但是黏附、趋化能力不变。报道的嗜碱性粒细胞老年相关资料尚有争议，有待研究。

二、自然杀伤细胞、单核/巨噬细胞和树突细胞的老年相关变化

NK细胞介导不依赖MHC的抗病毒和抗某些肿瘤细胞的细胞毒性，是固有免疫的重要组成部分。老年人的NK细胞数增加，但是从每个细胞产生细胞因子和趋化因子的水平衡量NK细胞毒性下降，抗体依赖的细胞毒性不变（表13-5）。研究表明NK细胞毒性变化与老年人的锌平衡失调有关，补锌后NK细胞的功能可以得到明显改善。

单核细胞代表外周血和脾脏中高移动性的固有免疫系统，在炎症中分化为抗原递呈细胞——巨噬细胞和树突细胞。老年人的单核细胞数量增加，但是巨噬细胞的功能下降，尤其是由Toll样受体激活的功能明显降低（表13-5）。

总的说，老年人的树突细胞功能是减退的，但是有些参数可以不变（表13-5）。老年人单核细胞衍生的DC在LPS和单链RNA诱导下TNF-α和IL-6生成增加，自身DNA诱导的TNF-α和IL-6生成也增加。这些细胞因子产生功能的增加在体外实验中伴随着吞噬功能和迁移的减退，可能与PI-3K活性减低有关；也可能作为TLR信号途径的负调节物。

表 13-5 人类固有免疫系统老年相关的变化

细胞	性质	效应
中性粒细胞	氧化暴发	↓
	吞噬能力	↓
	杀菌能力	↓
自然杀伤细胞	细胞数	↑
	细胞毒性	↓
	抗体依赖的细胞毒性	不变
	对 IL-2 的增殖反应	↓
	IL-2 依赖的 IFN-γ 和 IL-2、IL-12 诱导的趋化因子产生	↓
巨噬细胞	氧化暴发	↓
	吞噬能力	↓
单核细胞	LPS 诱导的细胞因子产生	↑，↓，不变
	TLR1/2 诱导的 IL-6 和 TNF-α 产生	↓
	外周血单个核细胞中 IFN-α 的产生	↓
	外周血单个核细胞中 TLR4 和 TLR8 诱导的 IL-6 和 TNF-α 产生	↑
	外周血单个核细胞中自身 DNA 诱导的 IL-6 和 IFN-α 产生	↑
	外周血单个核细胞中 p38 磷酸化	↑
	外周血单个核细胞中 Akt 磷酸化	↓
	TLR1 和 TLR4 表面表达	↓
	TLR 诱导的 CD80 上调	↓
	DC-SIGN 信号转导（巨噬细胞）	↓
	吞噬功能	↓
	骨髓中 CD68 阳性巨噬细胞百分率	↓
树突细胞	髓样树突细胞数或百分率	↑，不变
	浆细胞样树突细胞数或百分率	↓，不变
	皮肤中朗格汉斯细胞密度	↓
	穿越内皮迁移能力	不变
	刺激细胞增殖能力	不变
	胞饮、内吞和趋化因子诱导的迁移能力	↓
	髓样树突细胞中 LPS 诱导的 IL-12 产生	↓
	对抗原特异性 T 细胞刺激能力	↓
	淋巴结归巢能力	↓
细胞因子	血清 IL-6、IL-1β、TNF-α	↑

三、人类 Toll 样受体老年相关的功能失调

哺乳类动物的 IL-1 受体基因与果蝇的 Toll 基因同源，Toll 依赖的信号转导途径在胚胎发育的腹背极性形成中起重要作用，在成体果蝇介导抗菌肽的合成。哺乳类动物的 Toll 样受体家族（TLR）在进化中高度保守，由种质细胞编码 I 型跨膜蛋白，在固有免疫系统的细胞和 T、B 淋巴细胞表达。至今已发现 13 个成员，人类有其中的 10 个成员（TLR1-10）。病原相关分子模式（PAMP）是 TLR 的配体，包括 LPS/TLR4、二乙酰脂肽/TLR2/TLR6、三乙酰脂肽/TLR1/TLR2、肽醣/TLR2、细菌鞭毛/TLR5、核酸和双链 RNA/TLR3、单链 RNA/TLR7/TLR8、非甲基化 CpG 寡聚脱氧核苷/TLR9。TLR 识别微生物组分后启动 MyD88 或依赖 TRIF 的信号转导途径，两者通过依赖 NF-κB 的途径上调 I 型干扰素和依赖干扰素的基因表达，促进炎症反应。所以 TLR 通过促炎症细胞因子和 I 型干扰素联合固有免疫反应和调节 T、B 淋巴细胞的获得性免疫反应。

早期研究，人类年龄对 TLR 功能的影响集中在 LPS 对外周血单个核细胞（PBMC）的影响，采用不同方法，不同人群，结果不一致。近年来对较大人群的观察表明 85 岁以上老人的 PBMC 对 LPS 诱导的细胞因子产生减少。对人类单核/巨噬细胞 TLR 功能的研究表明，65 岁以上的老年组标本在刺激 TLR1/2 异二聚体后 TNF-α 和 IL-6 的产生减少。进一步研究发现，细胞内的 TLR1 表达不变，细胞表面的 TLR1 减少，提示老年人单核细胞有 TLR1 翻译后的改变。老年人单核细胞的 CD80 和 CD86 共刺激因子表达改变是普遍的，对所有 TLR 配体测试，包括 TLR1/2，TLR2/6，TLR4，TLR5 和 TLR7/8 都有显著的改变，其中降低最明显的是 TLR1/2。TLR 引起的 CD80 表达变化影响到血清抗体滴度，有时能影响老年人对传染病的敏感性。

年龄相关的免疫反应损伤还反映在迟发性过敏反应。用皮肤试验检测结核菌素，由于老年人皮肤巨噬细胞（Langerhans 细胞）通过 TLR1/2 或 TLR4 产生 TNF-α 的能力下降，结核菌素试验未能真实地反映机体免疫状况。

对人类树突细胞的研究也发现有年龄相关的 TLR 功能变化。髓样树突细胞（mDC）表达多种 TLR 促进 Th1 反应；浆细胞样树突细胞（pDC）主要表达 TLR7 和 TLR9，主要参与病毒感染时的 I 型干扰素反应。由于树突细胞数量太少研究人类的临床标本有困难，实际上测定单核细胞衍生的树突细胞（MDDC），即采用特异的生长因子和细胞因子（常用的组合是 GM-CSF 和 IL-4）诱导分化为树突细胞，这种方法获得的多数细胞类似于髓样树突细胞。比较年轻人和老年人用这种方法得到的树突细胞，两组结果有明显的差异：老年组在 LPS 和单链 RNA 诱导下产生细胞因子（TNF-α 和 IL-6）及在自身 DNA 诱导下产生 IL-6 和 IFN-α 的水平都高于年轻组；深入研究发现老年组的 PI3K 活性和 Akt 磷酸化下降，PI3K 和 Akt 作为正调节因子，老年组细胞吞噬能力和迁移能力低于年轻组。老年人 MDDC 功能改变效应也在病毒感染模型中得到证实，体外感染西尼罗病毒 DC 的 I 型干扰素产生水平，老年组明显低于年轻组，与老年患者外周血 Pdc 的测定结果一致。

近年来的研究表明，对于 TLR 配体的反应还可能受 TLR 基因单链核苷酸多态性（SNP）的影响，其机制正在研究中。主要是对 TLR4 Asp299Gly 的研究，不同作者的研究结果不一致。

四、隐性感染对免疫衰退的影响

体细胞的复制周期数是有限的，虽然 T 淋巴细胞在重复刺激下可以在体外长期培养，但是由于端粒缩短仍有增殖衰退。T 细胞的端粒缩短到一定限度辅助刺激分子 CD28 不再表达，细胞不再增殖。体内试验表明 $CD8^+CD28^-$ T 细胞比例增加与对流感疫苗接种抗体反应低相关。进一步研究发现这些人的血清巨细胞病毒（CMV）反应往往呈阳性。$CD8^+CD28^-$ T 记忆细胞识别 CMV、EB 病毒和水痘带状疱疹病毒等持续性感染的病毒，占据了记忆细胞池的相当大份额。虽然这些病毒感染是无症状的隐性感染，但是可以有间隙性的亚临床激活，疾病的发生与否取决于 $CD8^+$ T 淋巴细胞的存在和功能。进入老年期后这些病毒特异性的 $CD8^+$ T 淋巴细胞数量最终超越 T 淋巴细胞池。导致免疫损伤和所有免疫程序的限制。年轻人感染了别的病毒（如 HIV-1），积累了克隆性扩增的 $CD8^+CD28^-$ T 细胞群也会出现上述免疫损伤现象。年龄较大的艾滋病患者在感染早期 $CD8^+CD28^-$ T 细胞群增多者病情进展快。

有人认为慢性 CMV 感染是导致体细胞增殖衰退的主要刺激物，引起 $CD8^+$ T 细胞克隆性扩增，$CD4^+T:CD8^+T$ 比例反置（<1），$CD8^+CD28^-$ T 细胞数增加。有研究表明 CMV 特异性 T 细胞大多数是终末分化的效应性记忆 T 细胞，表达 CD45RA。有关研究主要是用小鼠巨细胞病毒在小鼠实验模型中进行的。

近年来的研究表明 $CD8^+$ T 细胞增殖衰退与各种疾病相关，除了免疫接种效果减弱外，老年骨折患者也有高 $CD8^+$ T 淋巴细胞比例；头颈部肿瘤患者肿瘤生长期的 $CD8^+CD28^-$ T 比例升高，肿瘤切除后下降，提示肿瘤也能作为慢性刺激导致 $CD8^+$ T 淋巴细胞增殖衰退。体外培养表明衰退的 $CD8^+$ T 淋巴细胞也能产生高水平的促炎症细胞因子，如 TNF 和 IL-6。此外，$CD8^+CD28^-$ T 细胞有抑制细胞功能，可能改变树突细胞递呈抗原的能力。

第三节 免疫损伤及其临床意义

一、免疫损伤的含义

免疫损伤（immunocompromised）是近年来文献中广泛出现的新术语，与免疫活性（immunocompetent）的含义对应，和众多的难治性疾病相关，有的甚至还有流行病学意义，引起研究者和临床医师的关注。对于免疫损伤尚无明确的定义，通常包括原发的和继发的免疫缺陷（immunodeficiency）。原发性免疫缺陷是遗传的，包括免疫系统细胞和（或）体液成分的缺失或不足，如先天性 T 和（或）B 细胞缺乏症、X 连锁的丙种球蛋白缺乏症、严重组合性免疫缺陷症和慢性肉芽肿病，这些患者比较少见。多数免疫损伤患者是由于继发性免疫缺陷，往往是某种疾病发展或治疗的结果。HIV 感染引起的艾滋病患者是目前最大的免疫损伤患者群体；恶性血液病患者以及肿瘤化疗和移植中应用细胞毒或免疫抑制药物的患者也是主要的免疫损伤群体；患有严重的或进行性发展的疾病，导致 IL-12/-23/-17 和 TNF-α 缺乏或功能阻滞的患者也处于免疫损伤状态；还有自身免疫性炎症性风湿病患者也处于免疫损伤状态。显然，早产儿和胎儿都是免疫功能不健全的。

在抗原负荷过高时可以出现免疫疲劳（exhaustion），是指 T 细胞功能的进行性丧失，导致疲劳 T 细胞的删除。这种情况最早见于小鼠淋巴脉络丛脑膜炎病毒感染，发现病毒特异性的 $CD8^+$ T 细胞没有效应功能。后来在猿猴免疫缺陷病毒 SIV、人类的 HIV、HBV、HCV 和 HTLV 感染中也观察到此类情况；还在高肿瘤抗原负荷时观察到无功能的 T 细胞。免疫功能性疲劳的特征是影响到 $CD8^+$ T 细胞的许多方面，阶梯式丧失免疫功能。产生 IL-2 的能力和细胞增殖能力是最先丧失的功能，而产生 TNF 的能力是最后丧失的功能。细胞毒活性和产生 IFN-γ 的能力也受到损伤。如果高抗原负荷持续存在，疲劳 T 细胞被删除。近年来的研究表明 $CD4^+$ T 细胞也有免疫疲劳。现在认为免疫疲劳是限制 T 细胞反应过大，防止自身免疫反应的一种机制；但是，也可能由此而损伤抗持续性感染反应和抗肿瘤的免疫效应。

二、免疫损伤的临床和流行病学意义

近 20 年来，随着人类肿瘤病毒病因的研究进展，HPV 致癌性的确定，已经研制出两价（HPV-16 和 HPV-18VLPs）和四价（HPV-16、HPV-18、HPV-6 和 11VLPs）的预防相关肿瘤的疫苗，在健康的高危年轻人群中接种后明显降低了他们的人类乳头状瘤多瘤病毒（human papillomavirus，HPV）相关的宫颈癌、舌癌和头颈部肿瘤的发病率。HIV 阳性和其他免疫损伤的青壮年人群是人类乳头状瘤多瘤病毒相关肿瘤的高危人群，在防治艾滋病的同时降低 HPV 相关肿瘤的发病率有临床和流行病学意义，正在研究中。

沙门菌感染在人类可引起伤寒、副伤寒和非伤寒沙门菌（non-typhoidal salmonella serovars，NTS）感染，后者有大量的型别可引起腹泻。伤寒仅发生于人类，病情严重，与免疫损伤无关；NTS 的宿主广泛，包括多种脊椎动物和家禽、家畜，对处于免疫损伤状态的成人特别敏感，尤其是有 IL-12/IL-23/IL-17 缺陷的慢性肉芽肿病和艾滋病患者，可以形成化脓性病灶和导致原发性细菌性疾病的复发，死亡率很高。艾滋病患者的蔓延性周期性 NTS 菌血症可能传播至家禽、家畜和其他人群，可能导致 NTS 流行，已引起了广泛关注。

第四节　肿瘤的发展与免疫编辑和免疫雕塑

肿瘤的发生、发展是一种新生物在机体有限的空间和时间内的演化过程，肿瘤细胞的基因组在肿瘤生活的微环境中与机体免疫系统磨合，共进化博弈，生存、发展或被限制、消灭。免疫系统在防御外来生物入侵的同时还承担着维护机体（细胞社会）的内部稳定，对于异常的或丧失功能的细胞及时反应、处理，教科书上称为免疫监督（immunosurveillance）。

免疫监督的概念已经提出数十年，但是近10年来才得到严格的验证，用基因剔除技术在小鼠获得实验证明，人类获得众多的旁证。在肿瘤发生的早期就引起机体免疫细胞的注意，肿瘤组织中除了免疫细胞浸润外还有肿瘤抗原特异性免疫反应。临床观察资料分析表明，免疫抑制（immunosuppressed）患者的肿瘤发病率明显升高。深入研究的结果表明免疫系统在肿瘤发展中起双刃剑作用。除非免疫系统将功能失调的组织或细胞及时根除，慢性的免疫监督可以导致肿瘤免疫雕塑（immunosculpting），使肿瘤细胞的基因型和表型逐渐改变，是肿瘤适应机体免疫机制，共进化博弈的重要方面，其结果可以通过两个途径进化：免疫逃逸和侵袭，即通过免疫编辑（immunoediting）导致肿瘤免疫逃逸；通过不完全的炎症反应促进肿瘤生长，两种机制相互作用促进肿瘤的发展（图13-5）。

近10年来的研究表明，固有免疫效应细胞和获得性免疫细胞及其产物（如细胞因子），不仅能杀伤肿瘤细胞，也能改变肿瘤细胞，即免疫雕塑。最著名的如巨噬细胞，最早进入肿瘤组织，但是多数人类肿瘤的肿瘤浸润巨噬细胞数与预后呈负相关，即浸润的巨噬细胞数越多预后越差。肿瘤组织释放多种细胞因子和趋化因子（如GM-CSF、TGF-β1、CCL3）影响巨噬细胞的分化表型和浸润，成为肿瘤相关的巨噬细胞，即叛变机体为肿瘤服务的巨噬细胞，产生各种因子使肿瘤细胞更具侵袭性（详见第七章）。中性粒细胞也能雕塑肿瘤细胞使之更具侵袭性。损伤的肿瘤组织产生IL-8趋化吸引中性粒细胞至肿瘤微环境，中性粒细胞产生多种生长因子、细胞因子上调肿瘤细胞的趋化因子受体。

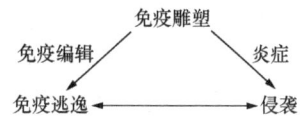

图13-5 免疫监督失败导致肿瘤发展

虽然通过免疫雕塑导致肿瘤细胞增强侵袭活性（浸润、迁移等）和免疫耐受（如耐受凋亡）的机制尚未完全阐明，对于上皮肿瘤的上皮细胞向间充质细胞转化（epithelial to mesenchymal transition，EMT）的研究较多，包括发生多种表型变化，如黏附性、细胞运动能力等。体内EMT是在复杂的细胞外信号介导下发生的，包括多种生长因子（TGF-β、FGF、HGF、EGF）、细胞因子和细胞外基质。近年来还发现TNF-α在体外能诱导TGF-β对人类结肠癌细胞的EMT效应。

肿瘤的免疫雕塑可以是可逆性的（由某些表观遗传学机制引起），也可以是持续的（由突变和不可逆的表观遗传学事件引起）。EMT可以是可逆性的，即肿瘤细胞也可能从间充质细胞转化为上皮样细胞（MET）。

除免疫抑制外，肿瘤可以通过降低免疫原性（immunogenicity）逃避免疫攻击，导致了免疫编辑假设。Shanakaran等观察到将有淋巴细胞缺陷（T和B细胞都有缺陷）小鼠生长的MCA诱发的肉瘤移植到野生型小鼠遭排斥；但是，在野生型小鼠移植MCA诱发的肉瘤从不出现排斥反应，提示淋巴细胞改变了肿瘤细胞的免疫原性，由此提出了免疫编辑假设。研究表明免疫编辑降低肿瘤的 MHC Ⅰ 型抗原表达，并丧失对 IFN-γ 的反应性。近 10 年来有许多人类肿瘤缺乏 MHC Ⅰ 型抗原表达的报道，包括 B 细胞淋巴瘤、结肠直肠癌、卵巢癌、乳腺癌、黑色素瘤、肺癌和肾癌。但是在人类肿瘤中 MHC Ⅰ 型表达缺陷并非免疫编辑的决定性证据，因为 MHC Ⅰ 型抗原表达缺陷的分子机制是多方面的。现有的资料表明获得性免疫系统能免疫编辑肿瘤的表型，导致免疫识别分子的丢失。在肿瘤的免疫治疗中应该考虑肿瘤的免疫编辑和免疫雕塑的影响和作用。

（丛秀丽　吴克复）

参 考 文 献

Akbar A N, Henson S M. 2011. Are senescence and exhaustion intertwined or unrelated processes that compromise immunity? Nature Rev Immunol, 11: 289-295

Alvarez E, Ruiz-Gutierrez V, Sobrino F, et al. 2001. Age-related changes in membrane lipid composition, fluidity and respiratory burst in rat peritoneal neutrophiles. Clin Exp Immunol, 124: 95-102

An L L, Ma X T, Yang Y H, et al. 2005. Marked reduction of LL-37/hCAP-18, an antimicrobial peptide, in patients with acute myeloid leukemia. Int J Hematol, 81: 45-47

Arnold C R, Wolf J, Brunner S, et al. 2011. Gain and loss of T cell subsets in old age—age-related reshaping of the T cell repertoire. J Clin Immunol, 31 (2): 137-146

Biagi E, Candela M, Fairweather-Tait S, et al. 2012. Ageing of the human metaorganism: The microbial counterpart. Age, 34 (1): 247-267

Bijl M, Kalleberg C G M, Assen S V. 2011. Vaccination of immune-compromised patients with the focus on patients with autoimmune-inflammatory diseases. Netherlands J Med, 69: 5-13

Bulati M, Buffa S, Candore G, et al. 2011. B cells and immunosenescence: A focus on IgG$^+$IgD$^-$ CD27$^-$ (DN) B cells in aged humans. Ageing Res Rev, 10: 274-284

Cook C H, Trgovcich J. 2011. Cytomegalovirus reactivation in critically ill immunocompetent hosts: A decade of progress and remaining challenges. Antiviral Res, 90: 151-159

Dorshkind K, Montecino-Rodriguez E, Signer A J. 2009. The ageing immune system: Is it ever too old to become young again? Nature Rev Immunol, 9: 57-62

Gordon M A. 2008. Salmonella infections in immunocompromised adults. J Infection, 56: 413-422

Huang M C, Greig N H, Luo W M, et al. 2011. Prefrential enhancement of older human T cell cytokine generation, chemotaxias, proliferation and survival by lenalidomide. Clin Immunol, 138: 201-211

Mehr R, Melamed D. 2011. Reversing B cell ageing. Aging, 3 (4): 438-443

Palefsky J M, Gillison M L, Strickler H D. 2006. Chapter 16: HPV vaccine in immunocompromised women and men. Vaccine, Suppl 3: S3/140-146

Panda A, Arjona A, Sapey E, et al. 2009. Human innate immunosenescence: Causes and consequences for immunity in old age. Trends Immunol, 30 (7): 325-333

Pawelec G, Derhovanessian E. 2011. Role of CMV in immune senescence. Virus Res, 157: 175-179

Reiman J M, Kmieciak M, Manjili M H, et al. 2007. Tumor immunoediting and immunosculpting pathways to cancer progression. Semin Cancer Biol, 17: 275-287

Sansoni P, Vescovini R, Fagnoni F, et al. 2008. The immune system in extreme longevity. Experim Gerontol, 43: 61-65

Shankaran V, Ikeda H, Bruce A T, et al. 2001. IFNgamma and lymphocytes prevent primary tumour development and shape tumour immunogenicity. Nature, 410: 1107-1111

Shaw A C, Joshi S, Greenwood H, et al. 2010. Aging of the innate immune system. Current Opin Immunol, 22: 507-513

Shaw A C, Panda A, Joshi S R, et al. 2011. Dysregulation of human Toll-like receptor function in aging. Ageing Res Rev, 10 (3): 346-353

第十四章　髓系白血病的免疫状态和免疫治疗

免疫逃逸是肿瘤发展的一个重要机制。依靠完整的免疫系统治愈肿瘤的经典例证就是异基因干细胞移植后的移植物抗白血病效应（GVL），但这种治疗方法的适用患者有限，毒副作用较大。其他免疫治疗策略包括疫苗和过继 T 细胞免疫治疗。免疫治疗成功与否和对肿瘤细胞对宿主免疫系统影响的了解密切相关。白血病是了解肿瘤细胞对宿主免疫系统影响的理想模型。

第一节　急性髓系白血病患者 T 细胞的作用

一、急性髓系白血病患者治疗前淋巴细胞的特点

未治疗的急性髓系白血病（AML）患者外周血总的淋巴细胞中 $CD3^+$ T 细胞比例较健康个体低，但外周血 T 淋巴细胞绝对值增加，其中 $CD8^+$ 细胞增加幅度高于 $CD4^+$ 细胞（没有发现 AML 患者的 $CD8^+$、$CD4^+$ T 细胞比例与健康人有显著不同）；尤其值得注意的是 $CD3^+CD56^+$ 细胞显著增多（骨髓中并未表现出这一特点，AML 患者骨髓中 $CD3^+CD56^+$ 细胞比例、绝对值均与健康人无差别）。AML 患者 $CD3^+CD56^+$ 细胞中效应细胞比例增高，而初始细胞或记忆细胞比例下降。但 T 细胞并不是恶性克隆的一部分，AML 患者或健康人的 T 细胞中均未发现克隆性 T 细胞群（呈寡克隆性）。AML 患者外周血 T 细胞数量的增加可能说明：①对周围环境生长信号（继发于髓系原始细胞增殖）的反应导致 T 细胞的特异性增殖；②T 细胞的重新分布（由于骨髓中原始细胞的大量增殖，T 细胞被挤出骨髓）。

未治疗的 AML 患者外周血促炎细胞 Th17 细胞水平和 IL-17 的血浆浓度也是增加的；但和调节 T 细胞（Treg）不同，当取得完全缓解时这些细胞水平降至正常范围。免疫抑制性 $CD4^+$ Treg 细胞是移植效应 T 细胞和 NK 细胞。

Ersvaer 等曾分析不同阶段 AML 患者的 T 细胞亚群：①治疗前；②化疗抑制期严重血细胞减少时；③治疗后造血恢复时。分析的细胞亚群包括：①分泌 IFN-γ 的 $CD8^+$ 细胞毒 T 细胞（Tc1）；②$CD4^+$ 辅助 T 细胞（Th1）；③分泌 IL17A 的 $CD4^+$ 辅助细胞（Th17）；④$CD4^+CD25^+F_{ox}P3^+$ 的调节 T 细胞（Treg）。AML 未治疗时、化疗抑制期严重血细胞减少时、治疗后恢复期 $CD4^+CD25^+F_{ox}P3^+$ 的调节 T 细胞（Treg）数量增加。循环中 Tc1 和 Th1 细胞水平在化疗抑制期严重血细胞减少的患者是下降的；健康人群 Th1、Th17 数量男性高于女性，而化疗抑制期严重血细胞减少时未发现这一性别差异。Th17 细胞是促炎 T 辅助细胞的一个亚群，在抗肿瘤免疫反应中起重要作用；未治疗的 AML 患者 Th17 细胞水平基本正常，在化疗后严重血细胞减少阶段仍可检测到有功能的 Th17 细胞（与健康对照无明显差别）。

二、AML 患者化疗后淋巴细胞的变化

AML 强烈化疗后会导致一段时间严重的全血细胞减少，包括淋巴细胞绝对值的减少。但是，这些淋巴细胞减少患者会保留一群功能性 T 细胞：①表达激活标志（CD25、CD69、HLA-DR）的循环 T 细胞比例明显增高；②循环 $CD4^+$ 和 $CD8^+$ T 细胞受体（TCR）$\alpha\beta^+$ T 淋巴细胞，包括小部分可分泌广谱免疫调控细胞因子的克隆性细胞，AML 患者这些克隆性细胞的比例常常低于健康人群；③循环 T 细胞对多种细胞因子有反应，但最强的反应常常在 IL-2 或 IL-15 存在的情况下才可检测到。基于这些发现，靶向 T 细胞的免疫治疗在 AML 患者成为可能，甚至是在接受强烈化疗后、白细胞还没有恢复的情况下即可进行。

未治疗的 AML 淋巴细胞中 $CD3^+$ T 细胞的相对数量与白血病化（leukemization）程度有关，化疗后全血细胞减少期间（正常造血恢复前）比例增高。另外，在强化疗前或化疗后均没有发现 AML 患者的 $CD8^+$、$CD4^+$ T 细胞比例与健康人有显著不同；相反，外周血分泌 IFN-γ 的 $CD4^+$（Th1）和 $CD8^+$（T_c1）T 细胞相对数量在正常造血恢复前的血细胞减少期降低；这一现象也反映在血细胞减少期间 T_c1/Treg 和 Th1/Treg 比例的下降。这些结果均说明化疗相关的淋巴细胞减少不是一个随机的现象，不同淋巴细胞亚群对强化疗的敏感性不同，$CD3^+$ 的 T 淋巴细胞较髓系细胞、其他淋巴细胞亚群（B 细胞、NK 细胞）对强化疗的敏感性低。

AML 化疗后中性粒细胞/血小板恢复的规律和淋巴细胞绝对计数（ALC）的恢复没有直接关系，说明造血恢复和免疫学恢复具有不同的动力学机制。诱导化疗后造血恢复与 AML 的预后相关性争议较大，而免疫学恢复和预后的关系一致性较大。AML 患者诱导化疗后 ALC 的恢复与 AML 的预后密切相关。Beh1 等于诱导化疗后的第 15、第 21、第 28 天和第一次巩固治疗前分析了 ALC 的恢复情况。在所有时间点 ALC 均≥500 细胞/μl 的患者总生存（OS）和无白血病生存（LFS）均优于没有达到这一标准的患者（OS 中位值分别为未达：13 个月，$P<0.0001$；LFS 中位值为未达：11 个月，$P<0.0001$）。多变量分析证明在上述各时间点 ALC 均≥500 细胞/μl 是 AML 患者生存状况的独立预后因素之一。

三、AML 淋巴细胞的特征和功能

AML 患者淋巴细胞的基因表达谱与同年龄段的健康人不同。与 AML 患者 T 细胞激活有关的细胞骨架肌动蛋白（actin cytoskeleton）和细胞极化相关基因调控发生改变。$CD4^+$ 细胞中，WASL、WAVE、AB11、ARP2、IQGAP1、SNX9 和 CAPZA1 均与肌动蛋白有关或参与肌动蛋白的重塑；而 CTBP2 是一种细胞骨架调控因子，CTNNA1 是细胞骨架的成分之一。$CD8^+$ 细胞则不同，涉及的基因较少；ACTN1 和 CAPZA1 是肌动蛋白结合蛋白，FILIP1 与细丝蛋白 1 相互作用，参与细胞内的迁移过程；PLEC1 是一种细胞骨架的组织者。说明 T 细胞的信号转导和激活途径发生改变；进一

步提示 AML 患者 T 细胞异常激活。

功能分析证明 T 细胞/AML 原始细胞免疫突触形成受损（能力下降），当 AML 患者的 CD8$^+$ 细胞与自身的原始细胞黏附时，突触募集磷酸化酪氨酸信号分子显著下降。不论是 T 细胞与髓系原始细胞相互作用，还是形成复合物，随之而来的下游信号事件（包括肌动蛋白重组形成免疫突触）受损、与 AML 患者 T 细胞的异常激活有一定关系。这些研究说明，尽管 AML 患者的 T 细胞可以识别恶性细胞，但它们诱导有效的抗肿瘤免疫反应的能力下降。

另外，AML 患者达完全缓解后，外周血 CD3$^+$CD56$^+$ 细胞群与健康人没有差别。但尽管 CD56$^+$ 细胞表达某些 NK 受体，但这些细胞并不是真正的自然杀伤 T 细胞；它们属于效应性细胞毒 T 细胞，高表达激活标志，而细胞毒作用却受损（细胞毒颗粒表达较健康人降低）。这些细胞具有抗肿瘤的细胞毒作用，但是免疫监视机制的功能异常。

Wendelbo 等的研究证明：①来源于 AML 化疗后 T 细胞减少状态患者的外周血白细胞的 T 细胞辅刺激活性降低；②来源于血细胞减少时期 AML 患者的 T 细胞功能与正常 T 细胞不同；③外源性细胞因子的存在可以增强抗 CD3 抗体刺激的细胞增殖；④AML 和 ALL 患者的 T 细胞反应性不同（ALL 患者的反应性明显低于 AML）。

四、调节 T 细胞与急性髓系白血病

大量研究证明肿瘤细胞对宿主免疫系统具有抑制作用，肿瘤的进展与免疫细胞的功能损伤有关。调节 T 细胞（Treg）是一种功能呈异质性的 T 淋巴细胞亚群，在维持免疫耐受中起关键作用。Treg 是组成性表达高水平 IL-2 受体 α 链（CD25）的 CD4$^+$ 淋巴细胞；CD4$^+$CD25^{high} Treg 也可以表达叉头家族转录因子（Foxp3），该因子在 Treg 的发育过程和功能发挥中起重要作用。Treg 功能相关的另一转录因子是活化 T 细胞核因子（NEAT），与 Foxp3 形成复合物，调控包括 IL-2 基因在内的几种重要基因的转录。Treg 也表达 CTL 相关的抗原 4（CTLA-4）、CD45RO、CD39、CD73 和糖皮质激素诱导的肿瘤坏死因子（GITR），在不同的肿瘤患者这些标志的表达水平不一。但是，到目前为止，人类 Treg 还没有肯定的生物标志，"功能定义"仍是最可靠的定性方法。

越来越多的证据表明 Treg 在人类肿瘤的进展过程中发挥重要作用。Treg 介导的免疫抑制是肿瘤浸润的关键机制之一，可能与肿瘤患者对免疫治疗无效有关。体外实验证明，选择性清除 CD4$^+$CD25$^+$T 细胞可以导致小鼠肿瘤生长的抑制，甚至肿瘤的缩小。相反，过继转移 CD4$^+$CD25$^+$T 细胞与抗肿瘤免疫的抑制有关，导致肿瘤进展。

Treg 介导的抗肿瘤免疫作用抑制的可能机制有：①激活穿孔素或粒酶 B 依赖的途径；②IL-10 和转化生长因子 β1（TGF-β1）的生成；③Treg 上调抗原递呈细胞吲哚胺-2,3-双加氧酶的表达；④ATP 水解作用等。

已经证明，未治疗的 AML 患者循环中免疫抑制性 CD4$^+$CD25^{high} Treg 细胞增加，这一现象在化疗后持续存在，直到取得血液学完全缓解。AML 患者和健康对照人群的 CD4$^+$CD25^{high} Treg 绝大多数（>95%）表达细胞内 Foxp3，不表达 CD127。AML 患者外周血 CD4$^+$CD25$^+$Foxp3$^+$ 细胞属于 CD4$^+$CD25$^+$NFAT1$^+$。和健康人群对比，AML

患者的 $CD4^+CD25^{high}$ Treg 细胞膜表面 GITR、CTLA-4 表达增加，细胞内表达穿孔素和粒酶 A；而 HLA-DR、CD62L 和 CD95 表达降低；细胞表面 CD45RO 和趋化因子受体 CCR7、CCR4 或细胞内 Foxp3 表达无明显差异。

AML 患者外周血 Treg 的比例与细胞遗传学危险度分组无关；但治疗前 Treg 细胞的水平可以预示治疗反应，诱导化疗后完全缓解患者诊断时外周血 $CD4^+CD25^{High}$ Treg 比例、$CD4^+Foxp3^+$ 细胞比例明显低于治疗失败的患者。完全缓解患者的 $CD4^+CD25^{High}$ T 细胞和 $CD4^+Foxp3^+$ T 细胞的比例较治疗前增高，诊断时不同的膜表面和细胞内 Treg 标志在取得完全缓解后无明显变化。诱导化疗后 Treg 比例与其介导的免疫抑制作用依然是增高的（即使是完全缓解的患者），说明化疗并未降低 Treg 比例或功能，它们的持续存在影响白血病的复发。

五、AML 患者的淋巴细胞在治疗中的意义

淋巴细胞是宿主对白血病细胞免疫反应的有效防线，细胞毒性 T 细胞和 NK 细胞在急性白血病（包括急性髓系白血病和急性淋巴细胞白血病）化疗后的免疫监视中均起重要作用。Mackall 等 1994 年即已发现肿瘤化疗后 NK 细胞数量可以恢复正常，而 T、B 淋巴细胞维持较低水平。诱导化疗后 ALC（尤其是 NK 细胞数量）恢复对生存的影响不仅对以后免疫治疗的开发十分重要，而且也是宿主免疫系统状态的反映，也应该密切监测。最近，Lowdell 等报道 AML 患者化疗后的长期缓解有赖于 NK 细胞的自身溶解能力，这种能力称之为"白血病细胞溶解活性"（leukemia cytolytic activity，LCA）。目前在 AML 中有多种临床前和临床试验阶段的免疫治疗方法，包括单克隆抗体、基因治疗、树突细胞疫苗、肿瘤坏死因子（TNF）相关的凋亡诱导配体（TRAIL）的全身治疗、NK 细胞利用的细胞毒性细胞因子等。

正常 T 细胞的作用也包括白血病特异的反应，增强 T 细胞的这种反应有可能成为 AML 治疗的方法之一。抗原特异的 T 细胞激活需要抗原识别和辅助刺激信号（如辅助细胞上 B7 分子与 T 细胞表达的 CD28 之间的相互作用）的存在。AML 的原始细胞一般并不表达 B7（CD80 和 CD86）辅刺激分子，对 AML 原始细胞递呈的白血病特异抗原的识别有可能导致 T 细胞的无反应性（anergy）。无反应能力的诱导可以被外源性 T 细胞生长因子阻止，靶向 T 细胞的细胞因子治疗有可能防止白血病特异的无反应性。

AML 化疗后早期（尤其是治疗相关的血细胞减少阶段）的免疫事件对于抗白血病免疫反应十分重要，化疗后淋巴的快速重建有助于提高患者的无病生存。化疗后早期的免疫学事件具有重要的临床意义；即使在治疗导致严重淋巴细胞减少的情况下 T 细胞系统仍在发挥作用。淋巴重建和生存的相关性可见于传统强烈化疗后、自体干细胞移植后、异基因干细胞移植。这一相关性的机制还不清楚，但可能涉及：①治疗诱发的免疫原细胞死亡——由内皮钙网织蛋白（endo-calreticulin）向细胞表面移位，诱导抗白血病 T 细胞反应；②在化疗后低白血病负荷的时间段，提高抗白血病免疫反应的效能；③治疗诱导的免疫调控网络的改变。化疗后血细胞减少期残存的淋巴细胞对于这种抗白

血病作用十分重要。

IL-2 是目前唯一用于 AML 治疗的 T 细胞生长因子，多数临床试验认为 IL-2 治疗仅对少数低 AML 细胞负荷的患者有效。Wendelbo 等的研究结果建议强烈化疗可以和靶向 T 细胞的抗白血病免疫治疗联合，提高急性白血病的疗效。IL-2 的用药经验表明，低白血病负荷的情况下免疫治疗效果更好；因此，在化疗后早期开始免疫治疗可能更有效。IL-16 和 IL-17 是另外两种可能用于临床的 T 细胞生长因子；IL-17 是一种促炎细胞因子，而 IL-16 对 T 细胞反应的影响很复杂，不同 T 细胞亚群间不同。体外实验证明，IL-16 和 Il-17 可以作为急性白血病患者和化疗导致白细胞减少患者的免疫刺激细胞因子，但 IL-16/IL-17 对增殖性 T 细胞反应的最终作用受局部免疫调控网络的调节。

结论：AML 患者外周血 T 细胞亚群分布发生改变，主要与疾病本身和化疗诱导有关。表明 Treg 细胞对强化疗相对耐药，在整个血细胞减少阶段持续高水平。Treg 细胞可能与 AML 的预后和免疫表型特点有关。

第二节 AML 的免疫耐受 (immune surveillance)

尽管免疫耐受的概念已经被广泛接受，但 AML 的免疫耐受证据多为间接的，通过治疗结果和免疫参数、白血病免疫逃脱后的自我适应性变化 (adaptive changes) 等之间的相互关系来揭示的，这和病毒诱发的恶性肿瘤不同。前文已提到，AML 免疫调控作用的直接证据主要来源于诱导化疗后淋巴细胞的恢复预示这一发现。T 细胞在化疗后减少，但保留了快速克隆化 (clonogenic) 的能力，可以迅速恢复。化疗后 6 周内淋巴细胞数量越高复发的概率越小，淋巴细胞计数正常者长生存的机会较大。说明完整的免疫系统可以预防疾病的复发，但不能肯定是通过 T 细胞还是 NK 细胞来实现。

一、AML 如何逃脱免疫控制

AML 在诊断时和复发时均有不同的免疫监视异常，提示白血病可以在免疫监视下发生，白血病细胞可以击败免疫控制而获得新的性状。由于 AML 在强化疗后或异基因造血干细胞移植后具有较高的复发率，复发后疾病进展往往很快，说明白血病细胞可以逃脱自身免疫系统的监视。遗传学研究认为 AML 可以在完整免疫系统存在的情况下发生，AML 患者辅刺激分子细胞毒性淋巴细胞抗原-4 (CTLA-4) 独特基因型的发生率增加，抑制性 KIR 分子 KIR2DL2 在 AML 表达更常见。也有证据表明 AML 可以发生突变、逃逸免疫控制。

起病时 AML 细胞可以表现出许多异常，提示免疫的压力选择变异体 (variant) 从而逃脱免疫监视：①AML 可以表达糖皮质激素诱导的肿瘤坏死因子相关蛋白的配体 (GITRL)，这一配体可以通过直接启动 NK 细胞上的 GITR 或通过可溶性的 GITRL 阻断 NK 功能；②AML 原始细胞一般弱表达辅刺激分子，有利于它们逃脱 T 细胞介导的杀伤作用，同时表达 CD80 和 CD86 的患者无病生存的可能性最大；③AML 细胞可以隐藏辅刺激分子的配体（如 4-1BB 配体），使白血病细胞可以通过可溶性配体与 T 细胞的结合阻断 T 细胞的攻击。

Ⅱ类抗原相关的固定链自身肽（CLIP）在 AML 表达不同。CLIP 下调可以增强 AML 细胞的抗原性（通过解除携带自身抗原的 MHC Ⅱ类抗原），增强 CD4 反应。AML 原始细胞 CLIP 与 HLA-DR 结合越少缓解期越长。AML 细胞可以分泌可溶性因子，这些因子与 T 细胞、NK 细胞功能缺陷有关。通过细胞的髓系倾向（亲缘关系），AML 细胞在体内外均可产生白血病树突细胞，起到抗原递呈细胞（APC）的作用。然而，AML 树突细胞是不正常的，它们可以诱导 CTL、诱导 T 细胞的能力缺失、支持调控性 T 细胞的产生（这些细胞在 AML 增加）。AML 的 T 细胞是不正常的：①胸腺内的迁移减弱，提示胸腺功能的缺陷；②T 细胞表型和基因型的异常导致 AML 免疫突触的缺陷；③AML 微环境有利于 AML 生存——白血病患者的间充质基质细胞可以提供免疫抑制环境、骨髓骨内膜保护区，这些均有利于白血病干细胞的生存。

二、AML 患者免疫系统的异常

AML 患者免疫系统的异常还包括 NK 细胞功能缺陷和树突细胞功能缺陷等。

1. NK 细胞功能缺陷

AML 细胞容易成为固有免疫和获得性免疫反应的靶标。因为，AML 细胞表达Ⅰ类和Ⅱ类主要组织相容性复合物（MHC），这使它们容易被 T 细胞识别和攻击。AML 细胞同样也表达主要免疫原复合物（MIC）-A/B，即激活的 NK 细胞受体 NKG2D 的配体。T 细胞和 NK 细胞通过穿孔素-粒酶释放、TNF 相关的凋亡诱导配体（TRAIL）与靶标上的死亡受体间的相互作用导致凋亡而发挥细胞毒作用，间接通过细胞因子 TNF 和干扰素的产生发挥细胞毒作用。

NK 细胞通过监测细胞表面的人类白细胞Ⅰ类抗原（HLA）识别病毒感染和细胞的转化。NK 细胞的激活是抑制和激活信号平衡的结果，抑制信号是通过与 HLA Ⅰ类分子的相互作用提供的。正常生理情况下，正常细胞受 NK 细胞溶解作用的保护，这是因为它们表达足够数量的 HLA Ⅰ类分子、可以抑制 NK 细胞毒作用。不存在这些抑制信号的情况下，活化受体通过与靶细胞表面的配体结合激活 NK 细胞毒作用。到目前为止已报道多种活化受体。NKG2D 是 NK 细胞甚至所有细胞毒 T 淋巴细胞表达的活化受体，在 NK 细胞介导的针对某一靶细胞的细胞毒作用中起重要作用。FcγRⅢ受体 CD16 与 NK 细胞介导的抗体依赖的细胞毒作用（ADCC）有关，也可以介导目前尚未确定的一些配体的细胞毒作用。NK 细胞表达的另一重要激活受体是 2B4/CD244，该受体属于 CD2 超家族，所有细胞溶解性淋巴细胞均可表达，在抗 EB 病毒感染的过程中起重要作用。在各种激活受体中，自然细胞毒性受体（NCR）NKp30、NKp44、NKp46 是 NK 细胞限制性的。

AML 患者 NK 细胞功能缺陷和细胞因子产生的异常与早期复发有关。NK 细胞可以表达膜结合型热休克蛋白 70（HSP70），后者与自身 NK 细胞溶解作用的敏感性有关。另外，NK 细胞可以黏附于骨髓纤维母细胞，与 AML 细胞竞争与微环境的结合，从而抑制白血病细胞的生长。由于 NK 细胞的抗白血病作用，这样就提出一个问题：为什么患者会复发、逃脱免疫介导的抗肿瘤反应？最近研究证明，白血病细胞 NCR 受体表达较低，而且正常髓系细胞也可以表达这些受体，这就干扰了 AML 患者 NK 细胞的功能。另一假设是，AML 患者 NK 细胞表达 NCR 的缺陷（即所谓的 NCR^{dull} 表型）导致了具有抗肿瘤作用的细胞毒活性的缺陷；这一表型缺陷还与不成熟树突细胞（iDC）的杀伤作用减弱有关，导致 iDC 介导的 AML-T 细胞耐受。Fauriat 等于 2007 年报道了 AML 患者诊断时、达完全缓解后的 NK 表型，分析了 NCR 表达与临床疗效的关系。结果发现，AML 诊断时绝大多数为 NCR^{dull} 表型，约 15% 的患者为 NKp30^{dull}/NKp46^{bright} 或 NKp30^{bright}/NKp46^{dull}。而正常人群的特点是 NKp30 和 NKp46 的表达水平是平行的，只有 NKp30^{dull}/NKp46^{dull}（NCR^{dull}）或 NKp30^{bright}/NKp46^{bright}（NCR^{bright}）表型的 NK 细胞。说明 AML 患者 NKp30 和 NKp46 的下调依赖于不同的机制，绝大多数患者的 NCR 表达是可以部分（NKp30）或完全（NKp46）恢复的，NCR 的恢复基本见于取得完全缓解的患者；而白血病复发的患者 NCR 表达又下调。提示 NCR^{dull} 表型与白血病原始细胞的存在具有正相关性。TGF-β1 可以诱导 NKp30 的表达下调，AML 患者 TGF-β1 水平低于正常对照人群，白血病原始细胞的上清液中几乎测不到 TGF-β1。说明，TGF-β1 可能不是 AML 患者 NCR 下调的介导物。由于 TGF-β1 的过表达只能解释 NKp30，而不能解释 NKp46，推测可能存在另一机制导致 NKp46 的表达下调。研究证明，白血病细胞可以干扰 NK 细胞分化的初始阶段。将成熟的外周血正常的 NCR^{bright} NK 细胞与白血病细胞共培养可以诱导 NKp30 的显著下调，而不影响 NKp46 表达。由于 AML 患者的 NK 细胞 NKp30 和 NKp46 表达均下调，结果说明白血病细胞可以影响 NK 细胞的子代和成熟的 NK 细胞，下调 NCR。NCR 下调涉及白血病细胞和 NK 细胞间的细胞-细胞接触，NCR 的下调足以降低 NK 细胞的细胞毒作用。

  NCR^{dull} 表型与白血病的临床进展有关。NKp30^{bright} 或 NKp46^{bright} 的患者生存期较 NKp30^{dull} 或 NKp46^{dull} 的患者长，NCR^{bright} 的患者生存期较 NCR^{discordant} 患者长，后者比 NCR^{dull} 患者长。NCR 表达可以作为 AML 总生存的预后因素之一。这些结果也促使了一种新型免疫治疗的产生，即通过恢复 NCR 表达从而恢复 NK 细胞的细胞毒作用。

  约 80% 的 AML 患者低表达 NKp30（属于 NKp30^{dull} 表型），而健康正常对照人群却高表达 NKp30（属于 NCR^{bright} 表型）；少数（20% 左右）AML 与健康对照相似，其 NK 细胞属于 NCR^{bright} 表型。CD16 是 AML-NK 细胞正常水平表达的启动分子。体外实验中，NKp30^{dull} AML-NK 细胞对抗 NKp30 单克隆抗体的反应性明显低于对抗 CD16 单克隆抗体的反应性。相反，健康人群的 NCR^{bright} NK 细胞却对抗 NKp30 单克隆抗体有反应。NK 细胞属于 NCR^{bright} 表型的 AML 患者对抗 NKp30 和 CD16 单克隆抗体均表现出有效的细胞溶解反应。

  Lowdell 报道 AML 缓解期的延长依赖于 NK 细胞自身细胞溶解作用（autologous cytolytic activity），这种能力称之为"白血病细胞溶解活性"（leukemia cytolytic activity，LCA）。AML 复发患者 LCA 明显低于持续缓解的患者。基于这些发现，Lowdell 认为 AML 持续缓解与这种免疫反应有关，而与化疗的关系可能并不密切。

2. 树突细胞功能缺陷

一种特异性免疫反应的发生需要 T 淋巴细胞与成熟树突细胞（mDC）的相互作用，因为未成熟的树突细胞（iDC）不能有效地向 T 淋巴细胞递呈抗原。无效的抗原递呈导致 T 淋巴细胞特异的耐受，过多的未成熟树突细胞诱导耐受性（tolerogenic）T 淋巴细胞的出现。因此，白血病患者 DC 亚群的异常分布与免疫缺陷有关。为避免与 T 淋巴细胞不合适的相互作用，iDC 可以被诱导成熟或者是死亡。控制 mDC 和 iDC 间的平衡与免疫治疗方案有关。

iDC 的清除至少部分由 NK 细胞介导。当 NK 细胞在数量上超过 iDC 时，NK 细胞就可以杀死 iDC，这种杀伤作用是 iDC 低表达的 HLA Ⅰ类抗原允许的，主要依赖于自然细胞毒性受体（NCR）NKp30 启动分子。近期研究证明，人类 NK 细胞可以杀死自身和异基因的单核细胞起源的 iDC，这一功能依赖于目前尚未肯定的 DC 表达的细胞配体导致的 NKp30 植入。健康对照来源的 NK 细胞可以以 NKp30 依赖的方式有效杀死 iDC，而 NKp30^{dull} AML-NK 细胞作为效应细胞时对 iDC 的杀伤作用受损。大多数 AML 患者的 NK 细胞杀伤正常未成熟单核细胞起源的 DC（Mo-DC）细胞或未成熟白血病细胞起源的 DC（LA-DC）细胞的能力均存在缺陷，这一缺陷与 NCR 表达的异常有关，而与配体的缺失无关。在这两种情况下，iDC 清除的异常调控可以导致 iDC 和 T 淋巴细胞异常相互作用的诱导、诱导对 iDC 递呈的肿瘤抗原的耐受。

第三节 AML 免疫治疗的发展

AML 患者的免疫治疗目前还是一种辅助治疗措施，主要通过激活 NK 细胞和白血病特异的 T 细胞发挥作用。所谓白血病特异的 T 细胞指对白血病细胞表达抗原（白血病相关抗原，LAA）有反应的 T 细胞。理想的是正常组织不表达或仅低表达这些抗原，这样活化的特异 T 细胞则仅作用于白血病细胞，而不作用于非白血病细胞。已报道有几种肿瘤抗原（TAA）可以在肿瘤患者（包括 AML）诱导免疫反应，这些抗原包括人类端粒酶逆转录酶、蛋白酶 3、WT1 蛋白、黑色素瘤优先表达抗原（PRAME）、存活素（survivin）、癌-睾丸抗原、透明质酸介导的能动性受体（RHAMM）和 M 期磷酸蛋白 11 受体等。其他可以作为 AML 特异免疫治疗靶的分子还有 CD33、CD45、次要组织相容性抗原（mHAgs）。

AML 的免疫治疗的目的是激发患者的免疫系统或赋予 T 细胞、NK 细胞或单克隆抗体的免疫性，达到持续缓解的目的。免疫治疗分为主动免疫治疗和被动免疫治疗。主动免疫治疗是在患者体内诱导免疫反应、发挥抗肿瘤作用；被动免疫，指体外产生大量效应分子（抗体）或细胞（T 和 NK 细胞），进入体内后可以直接、特异地杀伤白血病细胞；被动免疫治疗不产生免疫记忆。

目前已经在临床探索的免疫治疗包括细胞因子、可以激发 T 细胞免疫性的疫苗、直接攻击 AML 细胞的抗体或淋巴细胞等。

一、被动免疫治疗

1. 单克隆抗体

抗体介导的免疫治疗即抗体与白血病细胞特异结合，通过抗体介导的细胞毒作用（ADCC）或补体激活而清除白血病细胞。如果抗体的靶抗原仅表达于白血病细胞，抗体与肿瘤细胞可以特异性结合。这种免疫治疗方法的局限性是抗体只能靶向膜相关抗原。抗体与毒素结合可以降低毒素的毒性、增强抗体的作用。

最常用于 AML 治疗的抗体是抗 CD33 抗体，CD33 表达于 90% 的 AML 原始细胞。免疫黏附的 gemtuzumab ozogamicin（GO）单抗，是目前最常用的抗 CD33 单抗。GO 是抗 CD33 抗体与 calicheamicin 毒素结合，可以更有效地清除白血病细胞。但由于其毒性的问题于 2010 年在美国市场退市。

2. T 细胞的过继免疫

20 世纪 90 年代供体淋巴细胞输注（DLI）用于治疗异基因干细胞移植后复发的 AML 患者，临床证明 DLI 可以诱导 GVL 效应（移植物抗白血病作用），同时由于 DLI 可以攻击非白血病宿主细胞导致移植物抗宿主病作用（GVHD）。而特异性针对白血病细胞表达抗原的 T 细胞过继免疫则可以降低 GVHD 的风险。T 细胞过继免疫的难点是体外产生足够量的、高亲和性的、白血病相关抗原特异的 T 细胞。如何在体内保证细胞毒 T 淋巴细胞（CTL）的持续存在和迁移仍是一大难题。

为了解决这些问题，目前靶向 WT1 和 CD45 的特异性 T 细胞研究已广泛开展。体外实验证明，WT1 可以作为 CTL 针对白血病前体细胞的特异靶标。WT1 特异的 T 细胞可以利用多肽和（或）APC 等产生。T 细胞治疗的另一靶抗原是 CD45，过继免疫治疗所用的 CD45 特异细胞毒性、HLA-A2 阳性的 T 细胞是通过多肽触发的 APCs 产生的。这些同种限制性的 CTL 只适用于特定的条件：①在 HLA-A2 不匹配的单倍体移植（HLA-A2 阳性的移植物、HLA-A2 阴性供体）后恢复 GVL 效应；②在 HLA-A2 阳性宿主达到宿主清除。

3. 同种反应 NK 细胞

NK 细胞受主要组织相容性复合物（MHC）Ⅰ类分子特异的、抑制性受体的负性调控。如果细胞缺乏可以与抑制性 NK 受体结合的 MHC Ⅰ类分子表达，就不会抑制 NK 细胞介导的细胞毒作用。相类似，当遇到不匹配的异基因细胞时，NK 细胞可以识别自身 MHC Ⅰ类分子的表达丧失。这一过程导致 NK 细胞介导的同种反应，也就是所谓的丧失自我识别能力；NK 细胞通过抑制性杀伤细胞免疫球蛋白样受体（KIR）来识别自身 MHC Ⅰ类分子的表达丧失。NK 细胞同种反应产生于 KIR 不匹配的个体之间。

NK 细胞介导的同种反应主要是在造血干细胞移植后研究的较多。同种反应性 NK 细胞在特异性清除 AML 细胞的过程中起重要作用，尚需大量的临床试验来评估 KIR

配体不合的供体移植可以提高 AML 疗效。

二、主动免疫治疗

1. 细胞因子

淋巴因子白细胞介素-2（IL-2）在 T、NK 细胞的细胞反应诱导中起关键作用，这一作用通过刺激增殖、使细胞活化来达到。目前已有临床试验来检验 IL-2 通过诱导抗白血病免疫反应、达到非特异免疫治疗作用的可能性。IL-2 于 20 世纪 80 年代开始应用于临床，可以激活 T 细胞和 NK 细胞功能，防止 AML 复发、延长生存。但是，由于单核细胞白血病表达 IL-2 受体，应用 IL-2 治疗理论上有增加复发危险的可能。Romero 等 2009 年报道，低剂量 IL-2 与组胺二盐酸吐根碱联合通过组成性表达活化受体 NKG2D 和 NKp46 而增强 NK 杀伤作用。

IL-15 是靶向 IL-2 受体 γ 链的另一淋巴因子，作为淋巴细胞清除化疗后 T 细胞和 NK 细胞生长的关键因子，可以促进 NK 细胞毒作用。AML 中应关注的其他因子包括粒-巨噬细胞集落刺激因子（GM-CSF）（可以增强白血病的抗原递呈）、干扰素（可以增强淋巴细胞的细胞毒作用，上调肿瘤细胞的 MHC 表达、抑制肿瘤细胞的增殖）。

2. 多肽

已经在小鼠模型中检验了相当于 LAA 表位的多肽诱导 LAA 特异 T 细胞活化的能力，也有临床试验来探索多肽诱发 T 细胞反应的能力。多肽的优势是可以建立应用广泛、实用的 AML 疫苗；局限性是：①仅适用于已确定的 LAA 表位；②仅适用于表达相应单倍体的患者；③HLA 多肽复合物的半衰期较短；④白血病细胞可以出现抗原丢失现象，导致免疫逃匿。因此，可以通过制备多肽疫苗复合物，激活 $CD4^+$ 和 $CD8^+$ T 细胞来增强多肽疫苗的作用。

目前研究较多的多肽有 WT1 多肽、PR1 多肽等。

3. 全肿瘤细胞疫苗

给 AML 患者接种灭活的全肿瘤细胞可以诱导同时抗多种肿瘤相关抗原（TAA）的免疫反应，而不需要事先确定 TAA。抵消有效抗白血病免疫反应的因素包括白血病细胞的免疫逃匿机制和非炎性的白血病微环境［包括免疫抑制因子和（或）缺乏危险信号］。因此，全肿瘤细胞治疗途径试图通过修饰白血病细胞、增强它们的抗原递呈能力和（或）增加微环境中的炎症信号数量来克服这些因素。

全肿瘤细胞疫苗包括：

（1）未修饰的白血病细胞。AML 患者第一个主动免疫治疗由 Powles 等于 20 世纪 70 年代报道，基本做法是照射过的 AML 细胞与卡介苗的联合注射。这个临床试验即属于未修饰的白血病细胞疫苗。

（2）体外修饰的白血病细胞。对 AML 细胞的修饰主要通过基因导入方法，转导的基因可以编码——检测基因导入效率的分子、增强 T 细胞作用的辅刺激分子（如 CD80、CD137 配体）、促炎细胞因子（如 IL-2、GM-CSF、肿瘤坏死因子 α 等）、促进 AML 细胞分化为效应 APC 的免疫调节剂等。通过体外修饰，AML 可以表达增强 T 细胞刺激作用的因子。

（3）白血病细胞起源的树突细胞（DC）。因为 AML 细胞与 DC 起源于相同的前体细胞，通过与细胞因子［GM-CSF、IL-4、肿瘤坏死因子 α、IL-3、干细胞因子和（或）FLT3 配体］联合培养 10～14 天，AML 细胞可以向 DC 分化。AML 细胞来源的 DC 可以持续表达患者特异的 LAA。

（4）单核细胞或骨髓起源的树突细胞。属于让非白血病性 APC（绝大多数为 DC）负载 LAA。可采用的方法有：与来源于 LAA 的多肽共孵育，将编码 LAA 的 DNA 或 RNA 转入 DC，让 DC 与白血病细胞溶解物、凋亡的白血病细胞或坏死的白血病细胞结合，肿瘤细胞与 DC 杂交体的形成。

异基因干细胞移植和供体淋巴细胞输注确实具有清除白血病细胞的作用，但是也伴随着 GVHD 的发生和较高的治疗相关死亡率。免疫治疗的目的是通过激活免疫系统清除残留的白血病细胞。尽管体外实验已证明主动和被动免疫治疗的抗白血病作用，但尚需临床试验在体内证明它们具有抗白血病的免疫反应，达到延长 AML 患者生存的目的，从而使这种方法成为一种有效的辅助治疗。

第四节　慢性粒细胞白血病的免疫状态和免疫治疗

慢性粒细胞白血病（CML）是一种多能造血干细胞受累的恶性骨髓增殖性肿瘤，基本特征是 Ph 染色体的出现，即 t（9；22）和 BCR/ABL 融合基因。CML 的主要治疗手段包括干扰素、酪氨酸激酶抑制剂（TKI）、异基因干细胞移植等。由于免疫调节（如干扰素 α 和供体淋巴细胞输注）治疗 CML 有效，说明 CML 的免疫防御机制并非完全缺失。临床和实验室证据均表明免疫机制在控制 CML 慢性期克隆进展及进展期的控制中起重要作用。

一、不同治疗药物对 CML 患者免疫状态的影响

（一）CML 患者自然杀伤细胞（NK）的异常

CML 患者的 NK 细胞严重缺乏 NK 细胞的活性，在疾病进展过程中 NK 细胞数量明显下降；自晚期 CML 患者分离的新鲜 NK 细胞细胞毒作用明显减弱；CML 的 NK 细胞对 IL-2 刺激的增殖反应降低。

NK 细胞在抗肿瘤和病毒感染细胞的免疫监视中起重要作用。NK 细胞识别、溶解靶标的机制十分复杂，可以涉及黏附受体、活化和抑制受体的整合平衡（决定靶目标是否被杀灭的正性和负性信号）。其中当 I 类主要组织相容性复合物（MHC）被识别时杀手免疫球蛋白样受体（KIR）和 CD94/NKG2 凝集素样受体可以传递激活或抑制信

号；自然细胞毒受体（NCR）和 2B4 不能识别 MHC 分子，主要是活化作用。

体外实验证明，药理浓度的酪氨酸激酶抑制剂伊马替尼（Imatinib）、达希纳（Nilotinib）、达沙替尼（Dasatinib）均可降低活化的免疫受体 NKG2D 的配体表达，从而导致 NK 细胞的细胞毒作用减弱和 IFN-γ 产生减少。具体说，Imatinib 不直接影响 NK 细胞的反应性，但可以通过调控 NKG2D 配体、GM1 表达和突触形成来降低 BCR/ABL 靶标对 NK 细胞介导的溶解作用的敏感性。Dasatinib 通过阻断 NK 细胞的细胞毒作用和细胞因子产生，抑制远端信号转导事件，导致对于 NK 细胞反应性至关重要的 PI3K 和 ERK 磷酸化下降。Nilotinib 不改变细胞毒作用，但高浓度时可以改变 NK 细胞因子产生，可以促进分泌细胞因子的 $CD56^{bright}CD16^-$ NK 细胞亚群的死亡（这可以部分解释 Nilotinib 对 NK 细胞因子产生的影响）。Imatinib 和 Nilotinib 对 NK 细胞的 PI3K 或 ERK 活性均无影响。

（二）免疫机制在 CML 干扰素治疗中的作用

由于 BCR-ABL 易位，CML 细胞对凋亡信号耐受。但这种耐受并非绝对，可以通过免疫介导途径的增强来克服，如异基因干细胞移植后的移植物抗白血病作用（GVL）、IFN-α 治疗等。在这些有效的机制中，T 淋巴细胞介导的、通过 Fas 受体（Fas-R）启动的靶细胞杀伤在恶性细胞的清除过程中起重要作用。

干扰素 α（IFN-α）可以大幅上调 Fas-R 表达，而 Fas-L 表达水平不受影响，这样就可以提高 CML 细胞被免疫系统清除的可能性。IFN-α 治疗 CML 的疗效与 CML 细胞对 Fas 诱导细胞凋亡的反应有关。但也发现，和 CML 慢性期比较，急变期患者的细胞对 Fas 介导的凋亡相对耐受，与 Fas 表达水平无关，说明免疫介导的选择压力可以导致获得性的 Fas 耐受。增强免疫识别、清除 CML 细胞将是未来治愈 CML 的有效方法。

IFN-α 还可以诱导免疫改变，包括抗原递呈细胞（APC）主要组织相容性抗原（MHC）的表达上调，淋巴细胞抗肿瘤细胞的作用增强。但是，细胞免疫反应和 IFN-α 所产生的临床反应之间的直接证据很少。部分资料表明，表达 TCRVβ 基因家族的 T 细胞扩增与 IFN-α 治疗的 CML 患者的临床反应有关。

IFN 治疗 CML 过程中免疫介导的作用可总结为：①调控免疫球蛋白产生；②抑制 T 细胞的细胞毒作用；③下调干扰素保守序列结合蛋白（ICSBP）；④调控自然杀伤细胞活性；⑤产生自身抗体。

（三）酪氨酸激酶抑制剂治疗过程中 CML 患者的免疫改变

酪氨酸激酶抑制剂是标准的治疗选择，目前临床应用的酪氨酸激酶抑制剂主要有 Imatinib、Nilotinib、Dasatinib 等。Imatinib 是第一个被批准应用于 CML 各期的酪氨酸激酶抑制剂，是标准的一线治疗选择；Nilotinib、Dasatinib 属于二代药物。体外实验已证明上述三种酪氨酸激酶抑制剂均可以抑制 T 细胞的增殖和激活。

Dasatinib 除抑制 BCR/ABL1 激酶外，还可以抑制其他多种激酶，如 SRC 和 TEC

激酶等；而这些激酶是免疫反应的关键调控因素。例如，Src 激酶参与正常细胞的多种细胞过程，多种底物可以被 Src 激酶磷酸化（如与 TCR 活化有关的 Lck）。Dasatinib 由于抑制 SRC 激酶的作用更强，可以阻断 T 细胞的增殖、激活、细胞周期进展、分泌各种促炎症细胞因子、通过 T 细胞受体（TCR）干扰信号转导等。但是 dasatinib 不诱导 T 细胞凋亡，因而不影响细胞活性。

$CD4^+CD25^+$ 调控 T 细胞（Treg）占 $CD4^+$ T 细胞群的 5%～10%，组成性表达 CD25。$CD4^+CD25^+$ 调控 T 细胞具有抑制异常免疫反应、调控外周 T 细胞体内平衡的作用，在诱导和维持免疫耐受中起关键作用。这一主动免疫调控不仅对于控制自身抗原的免疫反应、预防自身免疫性疾病有关，而且在被动免疫中控制非自身分子的反应十分重要。Dasatinib 可以以剂量依赖的方式抑制 Treg 和 $CD4^+CD25^-$ T 细胞的增殖，治疗浓度的 Dasatinib 可以抑制 Treg 和 $CD4^+CD25^-$ T 细胞的增殖和功能。Dasatinib 对 Treg 的抑制作用较对 $CD4^+CD25^-$ T 细胞的抑制作用更强。应用 Dasatinib 治疗的 CML 患者的 Treg 抑制 $CD4^+CD25^-$ T 细胞增殖的反应较未用 Dasatinib 治疗的患者明显减弱。Dasatinib 处理的 Treg 和 $CD4^+CD25^-$ T 细胞对于抗 CD3 和抗 CD28 刺激所导致的 Lck、Src Tyr416、Src Tyr527 和 NF-κB p65 磷酸化（NF-κB 控制多种对免疫反应至关重要的基因表达）明显下降。因此，Dasatinib 对 Treg 和 $CD4^+CD25^-$ T 细胞的抑制作用至少部分是由于下调 Src 和 NF-κB 信号级联反应，可能与对 $CD8^+$ T 细胞的反应相似。这一作用和相应的细胞因子产生减少有关，具体机制包括①细胞周期停滞于 G_0/G_1 期；②下调转录因子叉头盒 P3；③糖皮质激素诱导的肿瘤坏死因子受体；④细胞毒性 T 淋巴细胞相关蛋白 4 及抑制通过 Src 和核结合因子 κB 的信号事件。Dasatinib 对 $CD8^+$ T 细胞的作用较 Imatinib 和 Nilotinib 都强。

最近越来越多的报告证明，Dasatinib 治疗的 CML 和 Ph^+ 急性淋巴细胞白血病患者外周血出现慢性单克隆/寡克隆的大颗粒淋巴细胞（LGL）增多症；这种细胞免疫反应具有抗白血病抗原的作用，LGL 扩增与良好治疗反应明显相关。Dasatinib 相关的淋巴细胞增多症［淋巴细胞可达 $(4～20)\times10^9/L$］平均发生于治疗开始 3 个月，可以在整个治疗过程中持续存在；停药的患者可以逐渐下降。扩增的淋巴细胞表型为 $CD3^+CD8^+$ 的效应 T 细胞或 $CD3^{neg}CD16/CD56^-$ 的 NK 细胞。推测其机制可能是 Dasatinib 阻断 SRC 激酶，导致 NK 或 NK/T 细胞活化的调控异常，促进 NK 或 NK/T 细胞的增殖和（或）激活，进而调控 LGL 攻击 CML 干细胞。这一猜测还需进一步的研究证实。

一般认为 TCR 基因重排主要见于 T 细胞，但并非 T 细胞专有。Fronkova 等即在 NK 细胞中发现了 TCRδ 基因重排；Kreutzman 等在 NK 表型的 LGL 增多症患者的 NK 细胞中也检测到克隆性的 TCRδ 基因重排，发现达 83% 的 CML 患者在诊断时即存在克隆性 TCR 重排的淋巴细胞。

与 T 细胞表型一样，Dasatinib 相关的、NK 表型的 LGL 淋巴细胞增多患者也属于克隆性或寡克隆现象。Dasatinib 治疗中出现淋巴细胞增多的患者较没有淋巴细胞增多的患者更易出现克隆性 TCRδ 基因重排（90%：10%），也提示淋巴细胞增多的患者扩增的是 $\gamma\delta^+$ T 细胞或 NK 细胞。$\gamma\delta^+$ T 细胞或 NK 细胞在肿瘤免疫监视中的功能和重要性目前还不清楚。而免疫系统中能够固有的这些细胞在控制血液肿瘤的过程中起重要作用，可以清除 CML 患者的微量残留白血病。

Imatinib 治疗可以使几乎所有 CML 患者达血液学缓解，75% 左右的患者取得细胞遗传学缓解。但是，停用 Imatinib 后患者易复发，也可以出现耐药。因此，需要其他方法提高 Imatinib 疗效，将 Imatinib 与免疫治疗结合是理想的途径之一。由于 ABL 激酶启动的细胞内信号分子与免疫细胞的激活途径有关，Imatinib 对免疫重建、T 细胞的增殖、功能、激活均有作用。目前的确发现，绝大多数 Imatinib 治疗后取得血液学和遗传学缓解的 CML 患者存在抗白血病的 T 细胞反应。这种反应主要是 $CD4^+$ T 细胞产生 TNF-α（约占患者 $CD4^+$ T 细胞的 40%）。这些细胞不仅有助于维持 $CD8^+$ T 细胞的反应，也可以通过 T 辅助细胞间的合作决定 $CD8^+$ T 细胞的抗白血病反应。

CD40 和 OX40 辅刺激分子是 T 细胞活化过程中起关键作用的两个分子，机制之一是 CD^+ T 辅助细胞表面 CD40L 和 CD28、OX40 的上调导致与 APC 表面的 CD40 结合，进而导致 APC 表达 OX40L 增加，从而更有效地将 LAA 递呈给 $CD4^+$ 和 $CD8^+$ T 细胞。缓解期 CML 患者特异 $CD4^+$ T 细胞产生的 TNF-α 和 IFN-γ 是维持抗白血病 T 细胞增殖所必需的，尤其是 TNF-α 对于维持抗白血病记忆 T 细胞的长期生存十分重要。另一机制是，TNF-α 和 IFN-γ 可以上调 APC 表面的 MHC Ⅰ类和 MHC Ⅱ类分子，使 LAA 更好地递呈给 T 细胞。产 TNF-α 的 T 细胞可以通过 TNF-α 和 TNF-α 受体（白血病细胞高表达）间的相互作用和产生其他促炎细胞因子（如 IL-1、IL-2、IL-6、IL-8 等）发挥清除白血病细胞的作用。因此，单纯分析抗白血病 T 细胞 IFN-γ 的产生并不能揭示整个免疫反应；其他细胞因子，如 TNF-α 和 IL-2 对于抗白血病 T 细胞的反应也十分重要。

Imatinib 可以下调 BCR/ABL 阳性细胞的 NKG2D-L 表达，导致对 NK 细胞的溶解作用不敏感。在 Imatinib 治疗期间，克隆性 TCR 重排的淋巴细胞克隆处于低水平。

Nilotinib 是一种 ABL/BCR-ABL、CSF-1R、DDR、KIT、PDGFR 等酪氨酸激酶的选择性抑制剂，在 CML 治疗中较 Imatinib 更有效。Nilotinib 也是通过与 BCR-ABL 的 ATP 结合位点竞争性结合，抑制 BCR-ABL 介导的细胞内信号转导相关蛋白的酪氨酸磷酸化。体外实验证明，治疗剂量的 Nilotinib 不影响 $CD4^+CD25^+$ T 细胞和 $CD4^+CD25^-$ T 细胞的增殖和功能；只有在高于 $10\mu mol/L$ 的浓度下，Nilotinib 才可以抑制 $CD4^+CD25^+$ T 细胞或 $CD4^+CD25^-$ T 细胞。Nilotinib 对 TCR、Src、NF-κB 信号转导途径没有明显影响。

二、CML 患者的免疫治疗

血液系统肿瘤的恶性细胞主要在血液和淋巴系统循环，这就使得白血病细胞较其他类型肿瘤细胞更容易成为免疫治疗的靶标。在 CML 等几种白血病中多种免疫治疗策略已进入临床试验，主要是靶向肿瘤相关抗原（TAA）。CML 患者表达多种 TAA，包括 WT1、蛋白酶 3（proteinase 3，PR3）、BCR-ABL 和 HAGE（helicase antigen）等。

BCR-ABL 是导致 CML 发生的特异性肿瘤抗原，利用抗肿瘤特异性抗原（BCR-ABL）的疫苗为 CML 患者提供了一个独一无二的开发主动免疫治疗策略的机会。BCR-

ABL 编码蛋白 p210 的连接区含有一个新的氨基酸序列，该序列在其他正常造血干细胞是没有的；跨越断裂点区的独特序列使其成为理想的免疫治疗靶。但是，连接区有免疫原性的位点却有限。通过筛选大量多肽连接区序列，发现 p210/b3a2 融合蛋白的氨基酸序列可以与不同的 I 类 HLA 抗原分子结合。CML 细胞可以递呈内源性 b3a2 多肽，HLA 有助于这些多肽成为 I 类 HLA 限制性 T 细胞细胞毒作用的靶标。其他 bcr-abl 剪接变体也成为 I 类免疫多肽的可能来源，目前确定的有 HLA-A2 和 HLA-A3 多肽。

CML 第二个相关的抗原是 HAGE，50% 以上的髓系白血病过表达，但这个抗原的功能及与在 CML 中的重要性还不清楚，但它在肿瘤细胞 RNA 代谢中起关键作用，且与肿瘤细胞增殖有关。因此，HAGE 有可能是适用于大多数 CML 患者的、较好的免疫治疗靶。

WT1 是一种锌指转录因子，过表达于大多数人类白血病（急性髓系白血病、CML、急性淋巴细胞白血病）和实体瘤，是一个有吸引力的疫苗免疫治疗靶；目前已确定了几个 I 类限制性表位。例如，Ohminami 等报道，已产生可识别 HLA-A24 限制性 WT1 多肽的 $CD8^+$ CTL，具有选择性杀伤 WT1 阳性白血病细胞的作用。另外，至少还有 4 种不同的 WT1 HLA-0201 限制性表位已确定，这些多肽存在的情况下产生的 CTL 可以选择性溶解 WT1 阳性白血病细胞。最近还报道了可以杀伤自身 WT1 阳性肿瘤的 HLA-A1 表位。另一种疫苗是 WT1-DNA 疫苗，也可以诱导 WT1 特异的 CTL，而不累及造血干细胞。还确定了几种 WT1 的 II 类多肽（HLA-DRB10401、HLA-DP-5、DRB10405），可以诱导多肽特异的反应。

PR3 是中性粒细胞初级颗粒中的中性蛋白酶，在 AML 和 CML 白血病前体细胞中过表达。PR3 特异的细胞毒 T 细胞选择性溶解髓系细胞，抑制粒-巨噬细胞集落形成单位的形成，这种作用呈 HLA-A0201 限制性。HSCT 后缓解的 CML 患者可以检测到 PR3 特异的 $CD8^+$ T 细胞，缓解期患者的这些 CTL 可以杀死 HLA 相合的 CML 细胞，而对正常骨髓细胞无作用。

多种来源于这些抗原的多肽已进入临床试验，它们可以激活 CML 特异的 T 细胞反应，这些反应根据利用的表位不同分为特异性的 $CD4^+$ T 细胞增殖反应和（或）多肽特异的 $CD8^+$ T 细胞 IFN-γ 的产生。

目前开发的用于白血病治疗的肿瘤疫苗包括基于 DNA、树突细胞和多肽的疫苗及过继免疫治疗。编码肿瘤抗原的 DNA 可以直接用作疫苗，DNA 疫苗可以诱导体液免疫和细胞介导的免疫反应，也可以有助于避免免疫优势和已经存在的免疫力。但是这种疫苗在体内打破免疫耐受的能力有限，也很难提供长期的免疫力。DC 疫苗可以诱导较强的特异免疫反应，加入 GM-CSF 和 IL-4 体外培养患者的单核细胞或 $CD34^+$ 细胞可以获得大量的自身 DC，体外携带上多肽或肿瘤细胞碎片的自身 DC 可以有效地将 TAA 递呈给 T 细胞。由于白血病的前体细胞表达所有的 TAA（如 CML 细胞的 BCR-ABL），DC 疫苗已成为白血病治疗的方法之一，可用来产生 APC；用 b3a2 型 BCR-ABL 多肽孵育（pusled）的自身 DC 已用于 CML 治疗。

白血病治疗中应用的另一种疫苗是多肽疫苗。它们在体内将合成的多肽负载于 MHC 分子。这种疫苗有不同的方案，如单一表位、多表位、I 类和 II 类表位等。多肽还可以被修饰，以增强与 TCR 的结合和相互作用。这种疫苗比较经济，而且免疫反应容易检测。主要问题是它们是 HLA 限制性的，常靶向单一抗原，容易诱发免疫耐受。

CML 细胞还可以高表达其他几种抗原，如 hyaluronan 介导的运动受体（RHAMM）/CD168、人端粒酶逆转录酶（hTERT）、黑色素瘤优先表达抗原（PRAME）、CML28、CML66 和 survivin 等。在 CML 的不同阶段可以表达不同的抗原，或者各抗原出现序贯表达，这一规律对于开发新的免疫治疗方法十分重要。RHAMM/CD168、PR3、PRAME 在 CML 加速、急变期表达上调，进一步分析不同的干细胞亚群发现 WT1 和 PRAME 在晚期患者高表达，而 PR3 主要表达于慢性期，这一特点强调了未来设计疫苗时应把几种抗原结合。

总之，有效的免疫治疗目的有两个：①产生有效的全身免疫反应，清除残存的恶性细胞；②提供持久的免疫监视能力，预防疾病复发。WT1、PR3、CML 特异融合蛋白 BCR-ABL 在白血病疫苗开发中起关键作用；以细胞为基础的疫苗（如分泌 GM-CSF 的疫苗、DC 触发的疫苗）主要依靠抗未知肿瘤抗原的免疫力调控。随着对 TKI 和免疫系统相互作用的了解，未来有希望把这些药物作为免疫治疗的手段。

（秘营昌）

参 考 文 献

Barrett A J, Le Blanc K. 2010. Immunotherapy prospects for acute myeloid leukemia. Clin Exp Immunol, (6) 1-10

Behl D, Porrata L F, Markovic S N, et al. 2006. Absolute lymphocyte count recovery after induction chemotherapy predicts superior survival in acute myelogenous leukemia. Leuk, 20: 29-34

Bruserud Ø, von Volkman H L, Ulvestad E. 2000. The cellular immune system of patients with acute leukemia and severe chemotherapy-induced leucopenia: Characterization of T lymphocyte subsets responsive to IL-16 and IL-17. Acta Haematol, 104: 80-91

Cebo C, Rocha S D, Wittnebel S, et al. 2006. The decreased susceptibility of BCR/ABL targets to NK cell-mediated lysis in response to Imatinib mesylate involves modulation of NKG2D ligands, GM1 expression, and synapse formation. J Immunol, 176: 864-872

Chen C, Maecker H T, Lee P P. 2008. Development and dynamics of robust T-cell responses to CML under imatinib treatment. Blood, 111 (11): 5342-5349

Chiorean E G, Dylla S J, Olsen K, et al. 2003. BCR/ABL alters the function of NK cells and acquisition of killer immunoglobulin-like receptors (KIRs). Blood, 101 (9): 3527-3533

De Angulo G, Yuen C, Palla S L, et al. 2008. Absolute lymphocyte count is a novel prognostic indicator in ALL and AML. Cancer, 112: 407-415

Ersvaer E, Liseth K, Skavland J, et al. 2010. Intensive chemotherapy for acute myeloid leukemia differentially affects circulating T_C1, T_H1, T_H17 and T_{REG} cells. BMC Immun, 11: 38-44

Fauriat C, Just-Landi S, Mallet F, et al. 2007. Deficient expression of NCR in NK cells from acute myeloid leukemia: evolution during leukemia treatment and impact of leukemia cells in NCR[dull] phenotype induction. Blood, 109: 323-330

Fauriat C, Moretta A, Olive D, et al. 2005. Defective killing of dendritic cells by autologous natural killer cells from acute myeloid leukemia patients. Blood, 106: 2186-2188

Fei F, Yu Y, Schmitt A, et al. 2008. Dasatinib inhibits the proliferation and function of $CD4^+CD25^+$ regulatory T cells. Br J Haematol, 144: 195-205

Fei F, Yu Y, Schmitt A, et al. 2010. Effects of nilotinib on regulatory T cells: The dose matters. Molecular Cancer, 9: 22

Fujii S. 2000. Role of interferon-alpha and clonally expanded T cells in the immunotherapy of chronic myelogenous leukemia. Leuk Lymphoma, 38 (1): 21-38

Kim P S, Lee P P, Levy D. 2008. Dynamics and potential impact of the immune response to chronic myelogenous leukemia. PLoS, 4 (6): 1-17

Kreutzman A, Juvonen V, Kairisto V, et al. 2010. Mono/oligoclonal T and NK cells are common in chronic myeloid leukemia patients at diagnosis and expand during dasatinib therapy. Blood, 116 (5): 772-782

Mustjoki S, Ekblom M, Arstila T P, et al. 2009. Clonal expansion of T/NK-cells during tyrosine kinase inhibitor dasatinib therapy. Leukemia, 23: 1398-1405

Pinilla-Ibarz J, Shah B, Duboovsky J A. 2009. The biological basis for immunotherapy in patients with chronic myelogenous leukemia. Cancer Control, 16 (2): 141-152

Riley C L, Mathieu M G, Clark R E, et al. 2009. Tumour antigen-targeted immunotherapy for chronic myeloid leukemia: is it still viable? Cancer Immunol Immunother, 58: 1489-1499

Salih J, Hilpert J, Placke T, et al. 2010. The BCR/ABL-inhibitors imatinib, nilotinib and dasatinib differentially affect NK cell reactivity. Int J Cancer, 127: 2119-2128

Schmitt M, Casalegno-Garduno R, Xu X, et al. 2009. Peptide vaccines for patients with acute myeloid leukemia. Expert Rev Vaccines, 8 (10): 1415-1425

Szczepanski M J, Szajik M, Czystowska M, et al. 2009. Increased frequency and suppression by regulatory T cells in patients with acute myelogenous leukemia. Clin Cancer Res, 15 (10): 3325-3332

Wendelbo Ø, Nesthus I, Sjo M, et al. 2004. Functional characterization of T lymphocytes derived from patients with acute myelogenous leukemia and chemotherapy-induced leukopenia. Cancer Immunol Immunother, 53: 70-747

第十五章　异基因造血干细胞移植与免疫学

异基因造血干细胞移植（allo-HSCT）是治愈各种血液病、遗传性疾病或免疫性疾病的有效方法之一。充分认识 allo-HSCT 过程中的免疫机制，包括供受者 HLA 匹配程度、移植物植活、移植物抗宿主病（GVHD）、移植物抗白血病（GVL）作用、移植后免疫重建等重要环节，充分阐明供者造血干细胞（HSC）在受者体内植入过程所引起的免疫反应是 allo-HSCT 成功的关键。

allo-HSCT 与大多数器官移植有本质上的区别。在实体器官移植中，移植的器官通常只包含有少量的具有免疫功能的细胞，移植后重点是预防受者免疫反应引起的移植物排斥，通常需要终生应用免疫抑制剂。allo-HSCT 前应用的预处理方案可以清除受者免疫系统大部分前体细胞和成熟细胞。而移植物中包含了供者大量的前体和成熟的免疫细胞。因此，allo-HSCT 后受者的免疫系统产生于移植物，即为供者来源。因此，allo-HSCT 后临床上不仅要注重预防移植物排斥，更主要是预防供者细胞引起的免疫介导的受者损伤，即移植物抗宿主病（GVHD），同时要促进 allo-HSCT 后免疫重建和控制病原菌感染等。allo-HSCT 后应用免疫抑制剂的目的主要是为了预防发生 GVHD。最终，多数患者免疫抑制剂应用一定时间后可停用。此后，移植物持续植活而不发生 GVHD，并伴随宿主免疫防护能力的恢复，表明患者获得并建立了供者和受者之间的免疫耐受状态。

主要组织相容性复合物（MHC）编码的产物称为人类白细胞抗原（HLA），供-受者 HLA 的匹配程度与 allo-HSCT 的移植物排斥和 GVHD 的发生密切相关。同胞之间即使 HLA 匹配时也存在相当多的次要组织相容性抗原（mHA）差异，是导致发生 GVHD 的另一重要原因。allo-HSCT 后的移植物排斥可以表现为初始移植物不能植活，或移植物初始植活后再发生全血细胞减少和骨髓衰竭。动物模型显示，受者的自然杀伤（NK）细胞和 T 细胞都能介导同种异基因的移植物排斥。移植物植入失败的风险依赖于供者和受者之间的遗传学差异。尤其是在无关供者 allo-HSCT 中，供受者之间 HLA Ⅰ类分子的差异影响较大。

GVHD 的发生与否在很大程度上决定了 allo-HSCT 的疗效。急性 GVHD（aGVHD）由供者 T 细胞识别受者 APC 上的不同 MHC Ⅰ类、MHC Ⅱ类同种抗原或 mHA 触发。其病理生理过程可以概括为三步：预处理方案对组织细胞的损伤、供者 T 细胞激活及克隆性扩增、效应细胞和促炎症反应因子的组织损伤。allo-HSCT 的治疗优势不仅在于提供高强度的治疗，还在于移植物介导的抗肿瘤效应（GVT）。多因素分析显示，供者 T 细胞导致的移植物抗白血病（GVL）效应可以不依赖于 GVHD 症状的出现。在移植后白血病复发的患者中，可以通过停用免疫抑制剂、输注供者淋巴细胞（DLI）等方法再获得 GVL 效应。从临床的观点来看，关键的问题是 GVL 能否与 GVHD 分离。allo-HSCT 后的免疫重建与 GVT 效应、GVHD 发生、移植后感染等均有密切关系。移植后第一个月就开始了 NK 细胞等的固有免疫重建，随后开始获得性免疫重建。T 细胞是细胞免疫、体液免疫的调节细胞与效应细胞，在移植后的免疫重建中具有重要作用。

尽管本章要论述 allo-HSCT 的免疫学，以组织相容性、GVHD、GVT 作用、免疫重建、树突细胞 (DC) 和 NK 细胞作用为重点，但是，这些都是整体免疫过程的高度关联的不同方面。因此，对 allo-HSCT 免疫过程进行一个方面的干预时，也要细察免疫反应其他方面的变化。

第一节 组织相容性

人类主要组织相容性复合物 (MHC) 编码的产物称为人类白细胞抗原 (HLA)。人体内几乎所有有核细胞的表面均可表达 HLA，它对移植物的排斥及 GVHD 发生起决定性作用。MHC 位于第 6 号染色体短臂，包含 300 多个基因，其中 30% 与免疫功能相关。MHC 的发现始于 1944 年的动物移植实验，1958 年从经产妇血清中发现了白细胞凝集素，1964 年发明了细胞毒检测方法，取代了白细胞凝集试验，同年第一届国际组织相容性研讨会召开，自此，HLA 及其检测方法逐渐为人们所认识。HLA Ⅰ类和 HLA Ⅱ类基因的特点为多基因性、共显性和多态性。

一、HLA 基因的结构和功能

HLA 为位于 6 号染色体短臂 p21.3 区域的紧密相连的 MHC 基因的编码产物，此区域 1999 年被首次排序，称为经典 MHC 区域，包含大约 400 万个 DNA，相当于人体基因组的 0.1%。组成经典 MHC 的基因分为三类，即Ⅰ类、Ⅱ类、Ⅲ类（图 15-1），HLA Ⅰ类区域位于端粒侧，HLA Ⅱ类区域位于中央着丝粒侧，HLA Ⅲ类区域位于 HLA Ⅰ类和Ⅱ类区域之间。Ⅰ类和Ⅱ类区域内的基因编码的 HLA 产物（表 15-1 和表 15-2）具有抗原呈递功能，并显示极为丰富的多态性，直接涉及移植中 T 细胞的识别、分化及组织相容性。Ⅱ类基因编码的Ⅱ类抗原分布于 APC 及活化的 T 细胞上，而经典的Ⅰ类抗原分布于所有有核细胞上。

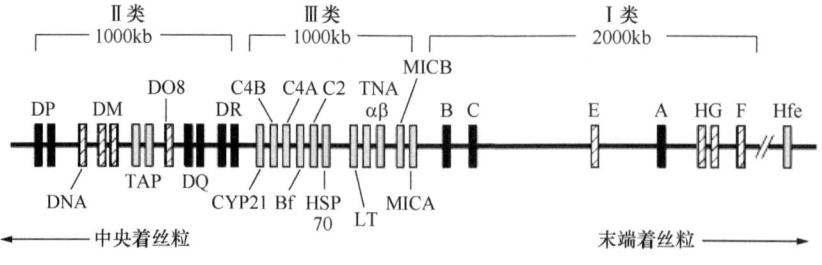

图 15-1 HLA 基因结构简图

表 15-1 经典的 HLA Ⅰ类抗原和等位基因

A 位点		B 位点				C 位点	
抗原†	等位基因	抗原	等位基因	抗原	等位基因	抗原	等位基因
A1	A*0101-10	B7	B*0702	B52(5)	B*5201-03	Cw1	Cw*0102-04
A2	A*0201-75	B703	B*0703	B53	B*5301-02	Cw2	Cw*0202-04
A3	A*0301-14	B8	B*0801-13	B54(22)	B*5401-02	Cw10	Cw*0302;0304
A23	A*2301-12	B13	B*1301-07	B55(22)	B*5501-10	Cw9	Cw*0303
A24	A*2402-49	B14	B*1401-06	B56(22)	B*5601-07	Cw3	Cw*0305-12
A9	A*2410;19;22	B15	B*1501-64	B57(17)	B*5701-07	Cw4	Cw*0401-08
A25	A*2501;02	B18	B*1801-05	B58(17)	B*5801-06	Cw5	Cw*0501-04
A26	A*2601-17	B27	B*2701-07	B59	B*5901	Cw6	Cw*0602-07
-§	A*2503;04	B27	B*2708	B67	B*6701-02	Cw7	Cw*0701-14
A11	A*1101-21	B35	B*3501-37	B73	B*7301	Cw8	Cw*0801-09
A29	A*2911-04	B37	B*3701-05	B78	B*7801-05	-§	Cw*1202-07
A30	A*3001-09	B38	B*3801-07	B81	B*8101-01	-§	Cw*1301
A31	A*3101-05	B39	B*3901-24	-§	B*8201-01	-§	Cw*1402-04
A32	A*3201-06	B40	B*4001-35	-§	B*8301	-§	Cw*1502-10
A33	A*3301-06	B41	B*4101-05			-§	Cw*1601-02
A34	A*3401-04	B42	B*4201-02			-§	Cw*1701-03
A36	A*3601-02	B44	B*4401-24			-§	Cw*1801-02
A43	A*4301	B45	B*4501-04				
A66	A*6601-04	B46	B*4601-02				
A68	A*6801-02	B47	B*4701-03				
A69	A*6901	B48	B*4801-07				
A28	A*6803;12	B49	B*4901-03				
A74	A*7401-05	B50	B*5001-02				
A80	A*8001	B51	B*5101-24				

注：†：抗原为同种抗血清方法上的定义；§：表示同种血清学方法或细胞学方法未检测到的 HLA 抗原，但 DNA 方法可以检测到。

表 15-2 经典的 HLA Ⅱ类抗原和等位基因

DRB1 位点		DQB1 位点		DPB1 位点	
抗原†	等位基因	抗原	等位基因	抗原	等位基因
DR1	DRB1*0101-07	DQ5 (1)	DQB1*0501-04	DPw1	DPB1*0101
DR15 (2)	DRB1*1501-11	DQ6 (1)	DQB1*0601-17	DPw2	DPB1*0201-02
DR16 (2)	DRB1*1601-08	DQ2	DQB1*0201-03	DPw3	DPB1*0301
DR17 (3)	DRB1*0301;0304-05	DQ7 (3)	DQB1*0301;0304	DPw4	DPB1*0401-02
DR18 (3)	DRB1*0302-03	DQ8 (3)	DQB1*0302;0305;0310	DPw5	DPB1*0501

续表

DRB1 位点		DQB1 位点		DPB1 位点	
抗原[†]	等位基因	抗原	等位基因	抗原	等位基因
DR3	DRB1*0306-18	DQ9（3）	DQB1*0303	DPw6	DPB1*0601
DR4	DRB1*0401-38	DQ3	DQB1*0306-09	-[§]	DPB1*0801-8901[¶]
DR11（5）	DRB1*1101-41	DQ4	DQB1*0401-02		
DR12（5）	DRB1*1201-07				
DR13（6）	DRB1*1301-47				
DR14（6）	DRB1*1401-40				
DR7	DRB1*0701-04				
DR8	DRB1*0801-23	DQA1 位点		DPA1 位点	
DR9	DRB1*0901				
DR10	DRB1*1001	-[§]	DQA1*0101-06	-[§]	DPA1*0103-07
		—	DQA1*0201	—	DPA1*0201-03
		—	DQA1*0301-03	—	DPA1*0301-02
		—	DQA1*0401	—	DPA1*0401
		—	DQA1*0501-05		
		—	DQA1*0601		

注：[†]：抗原为血清学命名，括号内的抗原指抗原分裂为一个或更多亚抗原；[§]：同种血清学方法或细胞学方法未检测到的 HLA 抗原，但 DNA 方法可以检测到；[¶]：已经命名了的 81 个其他的 DPB1 等位基因（DPB1*0801-8901），但这些基因的相应的同种血清学方法还未命名。

（一）HLA I 类区域

1. 经典的 HLA 基因

HLA I 区域拥有包括假基因在内的 17 个位点（图 15-1），其中编码同种异体抗原 HLA-A、HLA-B 和 HLA-C 的三个位点为 Ia 型基因。至 2007 年 6 月，HLA-B 位点已经确定了 830 个等位基因，成为人类高度多态性的基因（表 15-1）。HLA I 类分子是由一条具有 338~341 残基长度的多态性单链（重链）与 β2-微球蛋白轻链非共价键结合形成的异二聚体，实际上，I 类基因只编码 I 类分子异二聚体中的重链（又称 α 链），编码轻链 β2-微球蛋白的基因位于 15 号染色体上的 HLA 复合体外部。I 类分子全长可分为三个部分：胞外段、跨膜段和胞内段，胞外段包含 3 个结构域，为 α1、α2、α3。I 类分子的多态性是由 α 链氨基酸序列的变异引起的，变异主要集中在构成两端闭合的抗原结合槽的 α1、α2 结构域内。另外，77~80 个 HLA-C 分子的多态性残基及 77~83 个 HLA-B 分子的多态性残基（后者组成 Bw4 抗原表位）决定了 NK 细胞受体识别 HLA-B 和 C 配体的特异性。

2. 非经典的 HLA 基因

HLA Ⅰ区域还包括 3 种非经典基因（即 Ib 类基因包括 HLA-E、HLA-F 和 HLA-G）以及两种 Ⅰ类样基因（MICA 及 MICB）。Ib 类分子大多限制性分布，表达最广泛的为 HLA-E；HLA-G 特异性表达于胎盘组织中；HLA-F 表达于膀胱、肝脏、胎盘和淋巴样干细胞。Ib 型分子的功能还未完全明确，可能有助于 NK 细胞配体的连接及调节 NK 细胞的功能。MICA 及 MICB 基因与经典的 Ⅰ类基因具有同源的氨基酸序列，但不同之处在于缺乏 β2-微球蛋白的连接，因肽沟槽太浅而缺乏肽段连接功能。有研究者指出供-受者的 MICA 及 MICB 匹配程度与患者移植疗效相关，但这两个基因的确切作用还未明了。

（二）HLA Ⅱ类区域

20 世纪 70 年代中期发现了 HLA Ⅱ类基因，其结构最为复杂，包括 9 个基因：DRA、DRB1、DRB3、DRB4、DRB5、DQA、DQB、DPA 和 DPB，也包括功能相关的基因（TAP 和 LMP，在 Ⅰ类分子连接肽段的过程中起重要作用）。Ⅱ类基因依据其序列的同源程度及在 HLA-D 区域内部的位置分为 5 个家族，即 DR、DQ、DO、DN、DP。每一个 DR 分子都带有一个 α 基因 DRA 和一个 β 基因 DRB，构成不同的单倍型（或称为遗传单位），其产物显示不同的 DR 抗原特异性，包括 DR1、DR15、DR16、DR3、DR4、DR11、DR52 等。

HLA Ⅱ 类分子的结构为：一条多态性 α 链（DQ 和 DP）或一条非多态性 α 链（DR）与一条多态性 β 链非共价结合形成异二聚体，β 链分别由 DRB、DQB、DPB 基因编码。α 及 β 链均为跨膜蛋白，每条链分为胞外段、跨膜段和胞内尾端三部分。α 及 β 链的胞外段各含有 2 个结构域，分别称为 α1、α2 及 β1、β2，α1 和 β1 结构域位于远膜端，形成两端开放的抗原结合槽，决定了 Ⅱ类分子的多态性和基因特异性（表 15-2）。Ⅱ类基因中 DRB1 及 DQB 基因编码的抗原对 HSCT 中的免疫反应有较强的刺激作用。

（三）HLA Ⅲ类区域

Ⅲ类区域包含 700kb DNA 组成的 60 个基因，是人类基因组中基因最密集部位。Ⅲ类区域基因具有连锁不平衡性（LD），其特异的单倍型多态性被称为 xMHC 单倍型。Ⅲ类区域与诸多疾病易感性相关，包括 Graves' 病、Crohn 氏病及系统性红斑狼疮等。此区域的功能包括：编码补体 C2、C4 及 Bf，肿瘤坏死因子（TNF）、定向转输蛋白、热休克蛋白等。Ⅲ类区域细胞因子基因的重要作用在于影响 allo-HSCT 后发生 GVHD 的风险。

二、HLA 的命名及实验室检测方法

20 世纪 50 年代至第一届国际组织相容性会议召开之前，HLA 的检测均采用白细

胞凝聚法，1964 年提出的补体依赖的细胞毒实验逐步取代了白细胞凝聚法，随后出现微量细胞毒法。第一次国际研讨会提出了检测组织相容性的体外混合淋巴细胞培养（MLC）的方法，其增殖反应的强度可以表现出具有特定 HLA 抗原的两群细胞的差异性。第 3 次 HLA 会议（1967 年）成立了 HLA 命名委员会。至第 4 次 HLA 会议召开时，已经确定了 11 个 HLA-A 特异性位点。1975~1984 年，专注于确定Ⅱ类区域决定子的血清学方法，另外细胞学方法也有所发展，初步确认了 HLA 的高度多样性。第 6 次会议以后，WTO 命名委员会建议"HL-A"改为"HLA"，并明确表明 HLA 为包含 A、B、C、D 多个位点的整体遗传的基因区域。

1960 年后，MLC 一直作为当时 allo-HSCT 中选择供者的方法。20 世纪 80 年代中期，应用单克隆抗体技术后，随着大量高度特异性 HLA 抗血清的积累，血清学检测方法更加精简。但是 HLA 血清学分型存在着标准抗血清的制备难度大、分型的准确性低等局限性，并且不能预测严重急性 GVHD 的发生风险。

20 世纪中叶聚合酶链反应（PCR）技术的出现将 HLA 的检测推进到了 DNA 时代。随后出现三种不同 DNA 检测技术，包括序列特异性引物（SSP）法、序列特异寡核苷酸探针法杂交法（SSOP）、直接自动测序法（SBT）。第 10 次会议上还介绍了 HLA 命名的新指南，新命名为：等位基因（如 DRB1 * 0405）以基因位点（DRB1）命名，B1 表示 β 链上的特异性，星号后面的等位基因前两位数字表示对应的血清学特异组（04），后两位数字（05）表示分子学分辨的特异性。1994 年识别了第一个 HLA 无效等位基因，DRB4 * 01012N。HLA 杂志及 IMGT 数据库每个月都在更新 HLA 的命名。从 2002 年开始，HLA 的等位基因命名位数增到 8 位。

第 13 届会议（2002 年）的重要贡献在于建立了公共数据库（dbMHC）。此数据库当前作为国际上基因型及抗原表位的查询系统。第 14 届会议（2005 年）继续 HLA 遗传学方面的协作研究。这一时期以 DNA 为基础的检测方法继续发展的同时，提出了作为选择最佳匹配供者的辅助检查的几种方法。其中包括有限稀释法，为改良的 MLC 可以预测 GVHD 和排斥发生的风险。

三、MHC 的特征：连锁不平衡（LD）及单倍体 LD

1. 连锁不平衡（LD）

至 2011 年 4 月数据库中已包含 6543 个 HLA 等位基因，如果每一个等位基因都随机出现，则在人群中可能存在 3×10^{23} 以上独立的 HLA 基因组合数（表现型）。实际上 HLA 不同基因座位的各等位基因在人群中以一定的频率出现，如 HLA-DRB1 * 0901 和 DQB1 * 0701 在北方汉族人中的频率分别为 15.6% 和 21.9%，按照随机分配的规律，两者同时出现的概率应为两个频率的乘积，即 3.3%，而实际上两者同时出现的频率为 11.3%。此现象称为连锁不平衡（LD）。这表明，处于 LD 状态中的等位基因往往连在一起，由此引入单元型也称为单倍体、单倍型的概念，即染色体上 MHC 不同基因座上的等位基因的特定组合。在对缺乏整个家系资料的无关供者的研究时，LD 经常能精确的预测人群中已知的表现型或基因型的频率的偏差。

HLA-B、HLA-C 之间及 HLA-DR、DQ 之间的 LD 会增加供-受者匹配的概率，因为 HLA-C、DQ 的匹配会伴有 HLA-A，B 及 DR 的匹配。相反，HLA-B 或 HLA-DR 不匹配会增加 HLA-C 或 DQ 各自不匹配的概率。中国汉族人中具有的特征性的 HLA 单倍型主要包括：A2-B46-Cw3-DR9-DQ9-Dw23 和 A33-B17-Cw2-DR3-DQ2-Dw3。受者遗传的等位基因的单倍型复合体能够起到成功识别合适的无关供者的作用。当受者为稀有组合的等位基因的单倍型时，部分位点相合而不是全部位点相合时也可以作为供者。

2. 单倍型

HLA 等位基因作为一个单倍型在同一条 DNA 链上整体遗传。只有通过家系研究确认各个家系的不同标记才能精确的鉴定出单倍型。家系研究对于早期计划 allo-HSCT 具有重要意义，可以最终确定患者的基因型及决定在 HLA 基因型的几个同胞供者中应选择哪一个作为供者。HLA 系统以经典的孟德尔遗传法则遗传，患者及其同胞从父母那里遗传两条相同染色体的概率为 25%（图 15-2），遗传一条相同染色体的概率为 50%（单倍同一性），两条染色体都不同的概率为 25%。HLA 基因型全相同的同胞不仅具有同样的 HLA 等位基因及抗原，并且所有与单倍体相连的变异也相同。在极少情况下，父亲或母亲的基因重组事件可能使两个在其他方面均匹配的同胞出现 HLA 不匹配（图 15-2）。

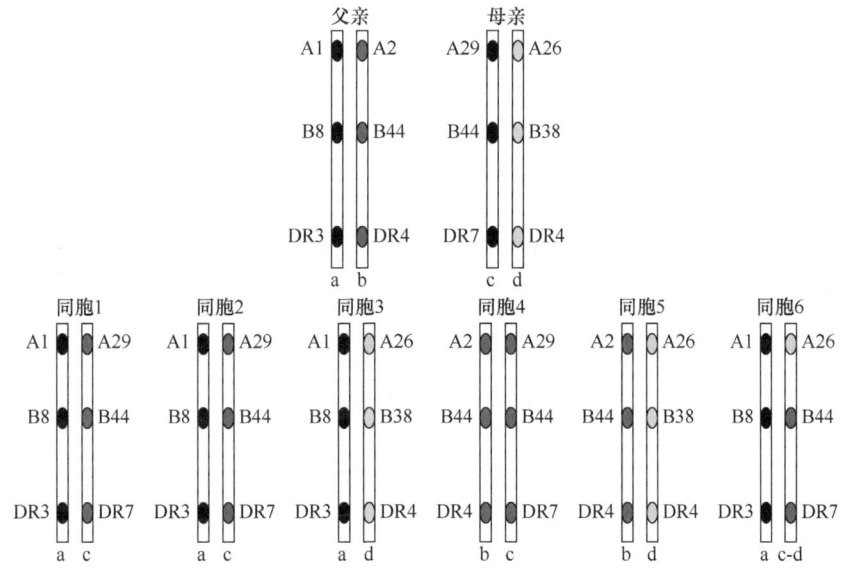

图 15-2　家系研究

假设同胞 1 为受者，其他同胞为供者，则同胞 2 为 a/c（全相合），同胞 3 为 a/d（半相合），同胞 4 为 b/c（半相合），同胞 5 为 b/d（完全不合），同胞 6 为 a/c-d（来自母亲的 c-d 重组）。同胞 1 和同胞 4 在 GVH 方向的 HLA-B 位点不合；同胞 1 和 6 在 GVH 和 HVG 方向仅 HLA-A 位点不合，因为来自母亲的重组的半倍体使得他们 HLA-B 至 DR 相合。

当不能进行家系研究而要考虑无关供者时，可以根据已知的人群中的 HLA 等位基因和抗原的频率，应用统计学工具来评价单倍型。目前已经深入估算了全世界登记的供者 HLA 基因和单倍型频率及鉴定合适供者的可能性。单倍型包括已知的连接在同一条

DNA 链上的 HLA 等位基因，还包括未检测到的位点之间的变异。"祖先单倍型"及"保守的扩充单倍型"指特定的延展的保守 DNA 序列，可能由原始祖先遗传而来。现在已经明确某些单倍型与移植疗效之间的关系，HLA-DR15 阳性的单倍型与降低 allo-HSCT 后 aGVHD 发生率相关，这表明特异性的单倍型可能会影响移植疗效。

四、HLA 在临床上的应用

1. DNA 时代选择 HSCT 的供者

DNA 为基础的检测方法根据对 HLA 等位基因的核苷酸序列的辨别水平有所不同而分为三个层次。当用来鉴定血清学定义上的抗原时（如 HLA-A2），称为"低分辨"。采用 SSOP 杂交法，提供的信息多于血清学水平，但只能提供 HLA 基因的部分序列信息，少于等位基因水平，称为"中分辨"。在扩增的 DNA 样本中鉴定出 HLA-A*0201 或 *0209，但不能鉴别出一个等位基因与另一个基因的差别。这种中分辨的结果可能会以"HLA-A*02"或"HLA-A*0201/09"为特征。能够鉴定出精确的核苷酸序列的分型方法称为"高分辨"（如 HLA-A*0201）。高分辨分型法可以采用直接自动检测 HLA 基因的序列（SBT），或采用大嵌板寡核苷酸探针在基因内部检测所有已知的变异区。为了选择合适的供者，需要选择适当分辨水平的方法。受者和供者通过低分辨检测的 HLA-A 和 B 抗原匹配时，实际上 HLA-A 和（或）B 等位基因可能并不匹配。

2. 不相容的方向

HLA 相容性方向（有时称为不匹配的倾向）包括宿主抗移植物（HVG）和移植物抗宿主（GVH）的异基因反应。1994 年，Anasetti 等阐明了 HLA 相容性方向与相关供者半倍体移植后 GVHD 发生及植入失败的发生风险之间的关系。HVG 的免疫反应的识别机制为，受者体内缺乏供者的抗原或等位基因。而供者缺乏受者的抗原或等位基因则构成了 GVH 的免疫反应基础。表 15-3 列出了 HVG 和 GVH 方向不匹配的情况。

表 15-3 不匹配的方向

方向	定义	举例 供者	受者
HVG	受者不表达供者的等位基因或抗原	B*0801, 4402[†]	B*0801, 4405
		B*0801, 4402[§]	B*0801, 0801
GVH	供者不表达受者的等位基因或抗原	B*0801, 4402[†]	B*0801, 4405
		B*0801, 0801[§]	B*0801, 4405

注：[†]：双向不匹配（HVG 和 GVH 都存在）；[§]：单向不匹配。

如果在给定的 HLA 位点 HVG 或 GVH 方向都存在，则供者和受者之间的不匹配可以称为"双向"不匹配。如果 HVG 或 GVH 只存在一种，则供受者之间的不匹配称为"单向"不匹配。当供者为纯合子，受者为杂合子并与供者一个等位基因或抗原相合时，会出现 GVH 方向的单向不匹配（如受者 A*0201、*0205，而供者为 A*0201、

*0201）。当受者为纯合子，供者为杂合子并与受者一个等位基因或抗原相合时，会出现 HVG 方向的单向不匹配（如受者 A*0201、*0201 而供者 A*0201、*0205）。

3. 相关供者的组织相容性检测

选择供者要对受者的家庭成员进行整体评估开始（图 15-2）。当有一个以上相同的合适的相关供者时，要考虑的其他的选择标准，如来自母亲或父亲的不匹配的单倍体的 HLA 差异、HLA 杀伤性免疫球蛋白样受体（KIR）配体的纯合性。单倍体同胞供者的非共有的单倍体是否能匹配，依赖于母亲或父亲的 HLA 单倍体是否能意外的编码相同的 HLA 抗原或等位基因。受者对在子宫内已经接触过的源自母亲的非共享单倍体上的抗原耐受，而对于来自父亲的非共享单倍体的抗原则具有免疫反应性。与父亲作为供者进行 allo-HSCT 相比较，母亲作为供者对子女移植后有助于降低急性及慢性 GVHD 及移植相关死亡的发生风险。除去母亲和父亲共有的 HLA 抗原，家庭成员半倍体的选择还要考虑由 HLA-B、HLA-C、HLA-A 的特定等位基因编码的不匹配的 HLA KIR 配体。高分辨配型检测受者的 HLA Ⅰ 类等位基因可以决定受者 Bw4 位点阳性或阴性，及受者是否为 C1/C2 杂合子，C1/C1 纯合子或 C2/C2 纯合子。

4. 无关供者组织相容性检测

1990 年以前，选择无关供者的标准为 HLA-A、HLA-B 及 HLA-DR 抗原血清学的匹配。1990 年以后，由于 DRB1 的出现，及经典移植抗原 HLA-C 及 HLA-DQB1 的功能的发现，选择无关供者的标准增加到 5 个位点，包括：HLA-A、HLA-B、HLA-C、DRB1、DQB1。"10/10 等位基因匹配"指供者和受者 5 个位点共有 10 个相同等位基因。当三个位点——HLA-A、HLA-B、DRB1 匹配时，称为"6/6"，指供者和受者低分辨定义的 HLA-A、HLA-B、DR 抗原相合。如果 DRB1 的分型应用高分辨法，6/6 则指 HLA-A 和 B 抗原及 DRB1 等位基因相匹配。"8/8"指 HLA-A、HLA-B、HLA-C 和 DRB1 4 个位点高分辨相合。

另外，对于 HLA 匹配的无关供者，移植前检测受者血清中是否存在 HLA 抗体极其重要，因为移植前交叉配型阳性会明显增加植活失败的风险。至今，全世界已经有 1100 万登记在册的无关供者，从正式开始寻找无关供者到需求干细胞的中位时间为 51 天。目前认为，无关供者及受者 HLA 等位基因完全匹配即"8/8"或"10/10"匹配时，接近于同胞供者之间的 HLA 全相合。

第二节　NK 细胞与 HSCT

NK 细胞为表达 CD56 而不表达 CD3 的大颗粒淋巴细胞，占外周血淋巴细胞的 10%～15%，起源于 $CD34^+$ 祖细胞。NK 细胞是执行固有免疫的主要细胞，如果缺乏 NK 细胞或其功能丧失则会发生危及生命的病毒感染。NK 细胞也负责肿瘤监视，其细胞毒活性无需先启动抗原或细胞因子的刺激就可以直接杀伤肿瘤细胞，并且不损伤正常细胞。这些功能有赖于其表面的非重排受体。NK 细胞还能分泌细胞因子向获得性免疫系统细胞反馈信息，或者与T细胞或B细胞直接作用。作为allo-HSCT后最早恢复的淋巴细胞亚群，NK细胞在allo-HSCT后早期免疫反应中发挥最重要的作用。

根据CD56和CD16的表达强度，NK细胞分为两个亚群：一群为$CD56^{dim}CD16^+$，占NK细胞的85%～90%；另一群为$CD56^{bright}CD16^{-/+}$，占10%～15%。$CD56^{dim}$细胞低表达IL-2受体，不表达干细胞生长因子（SCF）受体，但高KIR表达；$CD56^{bright}$NK细胞表达高亲和力的IL-2受体，同时表达SCF受体，弱表达KIR。在功能上$CD56^{bright}$NK细胞分泌更多的细胞因子，如IFN-γ、TNF-α、TNF-β，以及IL-12，IL-15等。$CD56^{dim}$NK细胞具有比$CD56^{bright}$细胞多约十倍的细胞毒分子（穿孔素和颗粒酶B）。简言之，$CD56^{bright}$细胞可以分泌细胞因子，$CD56^{dim}$细胞具有更强的细胞毒效应。

一、NK细胞的受体

1. MHC特异性的NK细胞抑制性受体：KIR和CD94/NKG2A

研究显示，肿瘤细胞和病毒感染的靶细胞是因为缺失了MHC I类分子的表达（即"丢失自我"）而对NK细胞的杀伤作用敏感，此即为NK细胞的"丢失自我"识别模式。在人类，已经鉴定出两组MHC特异性受体系统：①KIR家族；②C凝集素受体：由NKG2A、NKG2C、NKG2E分子和CD94异二聚体复合体组成（图15-3）。KIR基因座位于人类染色体19q13.4，根据细胞外蛋白的Ig区域的数量，KIR基因可分为KIR2D、KIR3D；根据细胞内信号区域的长度，KIR分为长受体和短受体。KIR长的细胞内信号区域包含有免疫受体酪氨酸结合抑制基序（ITIM）区域，吸引抑制信号蛋白，导致NK细胞激活明显减弱，具有抑制NK细胞的活性作用。而短尾KIR缺乏ITIM，转为与适应性蛋白联合，以调节激活NK细胞的信号，具有激活NK细胞的作用。

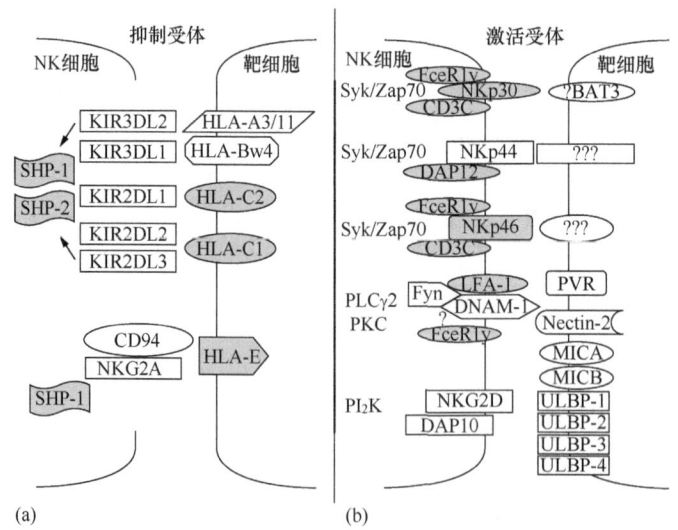

图15-3 NK细胞的受体和配体
(a) 抑制性受体及其配体；(b) 激活性受体及其配体以及相关的衔接蛋白和细胞内信号途径。

X射线衍射晶体分析法显示，KIR与MHC分子表面的相互作用的部位大多在MHC肽结合槽的右手侧和外侧。这正好适应HLA-B的77～83位和HLA-C的80位氨基酸的保守延展的基序，这些延展的氨基酸整齐排列为两个不同的组别，即HLA-B的Bw4和Bw6；HLA-C的C1、C2两组。KIR基因座为多基因家族，而每个个体拥有KIR基因的数量又不同。Uhrberg等发现所有的个体都含有KIR3DL3、KIR2DL4和KIR3DL2。KIR系统的复杂性还表现在个体之间的每一个基因都显示了相当高的多态性，这一点与HLA等位基因不同。

NKG2A是大部分NK细胞都表达的另外一种MHC特异性抑制性受体，为12号染色体上NKG2基因家族成员之一。NKG2A在细胞表面与CD94共价连接形成了异二聚体CD94/NKG2A。与抑制性KIR相似，NKG2A在胞质尾区段包含两个ITIM区域，强烈抑制了NK细胞的细胞毒作用。与KIR识别经典的MHC Ⅰ类蛋白（HLA-A、HLA-B、HLA-C）相反，CD94/NKG2A识别HLA-E作为自己的配体。

2. NK细胞激活受体：NKG2D与NCR

相对于抑制性受体，对KIR激活性受体的研究比较滞后。激活性受体NKG2D（图15-3）的发现，在NK细胞领域成为重大的突破。NKG2D作为同型二聚体存在于NK细胞和T细胞表面。NKG2D与其配体或抗体之间的相互作用输送的信号阻止了抑制性KIR受体信号的作用。NKG2D的配体有MICA/B、UL16连接蛋白、ULBP1-4等。MICA/B是MHC Ⅰ类多肽相关序列A和B，存在于MHC基因复合体内部。MICA的启动区域包含热休克蛋白样成分，在细胞发生转化时表达MICA和MICB，如放射性诱导的基因毒性、肿瘤转化、感染。

Moretta研究组发现了自然细胞毒受体（NCR），鉴定出三种功能相似的NK细胞激活性受体，即NKp46、NKp30、NKp44。研究表明，NCR在识别及杀伤肿瘤靶细胞中起到最关键的作用，但NCR所识别的配体至今未确定。

二、NK细胞杀伤白血病靶细胞

NK细胞识别骨髓中的肿瘤细胞，增强了GVL作用，这对于allo-HSCT尤为重要。大多数体外研究显示急性髓系白血病（AML）细胞较急性淋巴细胞白血病（ALL）对NK细胞更敏感，其原因为ALL患者表达数量更多的MHC Ⅰ类分子（即KIR的配体[KIR-L]）。NK细胞也需要来自激活性受体的信号来溶解靶细胞，关于NK细胞激活性受体的配体目前知之甚少。但间接方法显示肿瘤细胞系也表达激活性受体的配体。Salih等发现50%以上的AML、ALL和CML患者表达NKG2D的配体。最近，有研究观察到初诊时，60%以上的AML患者表现为NCR弱阳性表现型。研究者们一直在探索克服白血病细胞耐NK细胞毒性作用的方法。例如，用组蛋白脱乙酰基酶抑制剂A处理白血病患者的细胞时，会增加NKG2D的配体（MICA和MICB）表达，从而增强NK细胞的杀伤作用。同样，以IFN-γ处理AML细胞时会导致NCR配体表达水平的增加，而增强NK细胞毒作用。

三、Allo-HSCT 后 NK 细胞的重建

Allo-HSCT 后 NK 细胞的重建受许多因素的影响。多项研究显示，不管干细胞来源、预处理强度如何，NK 细胞都会在移植后一个月内恢复，为移植后最早恢复的淋巴细胞。Shilling 等对 18 例 HLA 匹配的相关供者或无关供者移植后随访 3 年，结果发现移植后早期，大部分患者高水平表达 CD94/NKG2A，KIR 数量较低，随后 KIR 数量缓慢增加（大部分在移植后 6～9 个月内恢复与供者相似的 KIR 模式）。GVHD 预防和治疗也会影响 NK 细胞重建和功能。Giebel 等发现应用强的松预防 GVHD 的患者移植后 390 天时 NK 细胞数量少于未用强的松的患者；而抗胸腺细胞球蛋白（ATG）对移植后患者外周血 NK 细胞数量影响不大。Wang 等发现环孢菌素 A 对移植后 $CD56^{dim}$ NK 细胞增殖有明显抑制作用，对两群 NK 细胞的功能无明显影响。Cooley 等发现移植后 100 天时，与 T 淋巴细胞去除的患者相比，未行 T 淋巴细胞去除的患者 KIR 数量较多和分泌 IFN-γ 的 NK 细胞比例较高。

四、NK-DC 细胞之间的相互作用

新近研究显示，单个 NK 细胞和 DC 细胞之间由可溶性因子调节，以细胞和细胞接触的形式相互作用。与成熟或不成熟的 DC 细胞共培养时，NK 细胞开始增殖、表达活性标记（CD25）、获得细胞毒活性。同时，NK 与不成熟 DC 细胞共培养也会促使 DC 细胞成熟，并具有启动同种异体反应性 T 淋巴细胞反应的能力。NK 细胞诱导的 DC 细胞的成熟过程一部分是通过 NKp30 和其配体（在 DC 细胞上）的连接作用实现的。另一些研究显示，NK 细胞上的 NKG2D 和 DC 细胞上的 MICA/MICAB 之间的相互作用对两种细胞之间的作用也很重要。

但 NK 细胞也可能会杀伤 DC 细胞。NK：DC 比率过高可能会导致 DC 细胞被杀伤，而 NK：DC 比率过低则会使两者相互激活。另外，DC 细胞的成熟状态也会影响 NK 细胞的杀伤敏感性。与成熟的 DC 细胞相比，不成熟的 DC 细胞表面 MHC Ⅰ类分子的表达水平较低，对 NK 细胞的杀伤更为敏感。在 allo-HSCT 中，因为受者源的 DC 细胞能够向供者 T 细胞呈递从而诱导 GVHD，所以 NK 细胞和 DC 细胞之间的信息交通非常重要。近年的鼠模型研究显示，供者源的 NK 细胞可以清除宿主源的 DC 细胞从而防止 GVHD 发生，所以 NK 细胞可以下调 GVHD 的发生。

五、临 床 研 究

因为 NK 细胞能诱导 GVL 并且不引起 GVHD，因此在过去的 5～10 年里，NK 细胞的同种反应性受到了研究者们极大关注。每个 KIR 受体识别特异的 HLA 等位基因决定子，KIR 与 HLA 之间的这种作用可能在移植后 GVL 效应中具有重要影响。但这个过程非常复杂，目前尚未完全明了。单倍体相合的移植可能会出现三种结果：①在

GVH方向出现NK细胞同种反应性，则有助于GVL作用；②NK细胞同种反应性出现在HVG方向，则会导致移植物被排斥；③供者和受者之间HLA抗原表位组织相容，无同种反应性发生。

在对移植后NK细胞同种反应性的最初研究中，Ruggeri等发现单倍体移植后大部分同种反应性NK细胞克隆对HLA-C都有反应性。供受者KIR-L不匹配移植后，会在所有的受者中检测到这些抗受者的NK细胞克隆。AML患者接受KIR-L不匹配的供者移植，移植后5年复发率为0，而接受KIR-L匹配的供者移植的AML患者，移植后5年复发率高达75%，但供受者KIR-L匹配与否对ALL患者移植后复发率无影响。上述的NK细胞同种反应性一直被称为"配体-配体"模式，应用这一模式可以作为供者与受者在HVG方向HLA-B和HLA-C等位基因的抗原表位相似性的分析方法。然而，上述方法作用有限，因为它必须假设每一个供者表达相应配体的KIR受体。Leung等改良了上述方法，提出受体-配体模式，不仅要考虑到供者和受者HLA-B和HLA-C等位基因是否不同，也要考虑供者是否表达HLA I类等位基因（即KIR-L）的不匹配的KIR受体。研究者发现，应用受体-配体模式，如果接受KIR-L不匹配移植，且供者表达适当的KIR，则AML和ALL患者移植后复发率都较低。

但并非所有的研究都表明AML患者接受KIR-L不匹配的单倍体移植后都能受益。多项回顾性研究分析了KIR-L不匹配是否影响无关供者移植的疗效，结果并不一致。Bornhauser等分析了一组MDS和AML患者进行无关供者移植的疗效，发现KIR-L不匹配的移植后应用ATG预防GVHD的患者复发率增加。此外，KIR-L不匹配移植除对复发率有影响外还影响移植相关并发症的发生。例如，Schaffer等发现KIR-L不匹配移植严重感染发生率较高。Santis等对于HLA-C位点的影响进行研究表明，供-受者C1和C2位点不匹配发生在GVH方向时，患者II-IV级严重GVHD发生率增加。相反，如果不匹配发生在HVG方向，则移植物排斥发生率增加。然而，Farag等对大系列（$n=1571$）的病例资料进行分析后发现，KIR-L在两个方向不匹配的移植对复发率均无明显影响。

除KIR-L不匹配对allo-HSCT疗效有影响外，研究者们还分析了供者特异性KIR的存在与否或KIR受体的表达量与移植疗效相关性。当供者表达KIR2DS1和KIR2DS2时则移植后患者会因复发率降低而提高疗效。Chen等发现匹配的相关供者表达较多的KIR时会降低移植相关死亡率而提高生存率（OS）。与此相反，Kroger等发现无关供者移植后，供者激活性KIR低表达的受者复发率低于供者激活性受体高表达者。进一步研究显示，在无关供者移植中KIR2DS2的存在致使GVHD发生率增加从而降低OS和无病生存率（DFS）。

六、NK细胞的过继性治疗

同种反应性NK细胞启动抗肿瘤活性可以通过过继细胞治疗途径得到。其实现方法之一为体外扩增NK细胞，但体外扩增常存在细胞易凋亡、归巢能力改变等弊端，较为理想的方法是体内扩增。Miller等进行了体内扩增NK细胞的实验，证实了此方法的安全性和有效性。在其研究中，对 43 例患多发性转移性黑色素瘤、难治性 AML 等疾病的患者输入相关单倍体相合的供者 NK 细胞，随后进行 IL-2 治疗。结果，15 例可评价疗效的患者中的 8 例 NK 细胞扩增成功（细胞毒功能也较强），且 19 例晚期 AML 患者治疗后 5 例患者获得了完全缓解。目前，异基因 NK 细胞的过继性治疗的应用仍存在诸多限制，如淋巴细胞去除后的采集物中 NK 细胞数量有限、NK 细胞在体内扩增的成功与否无法预测，并且扩增的 NK 细胞的生存时间短暂、NK 细胞趋向肿瘤细胞部位的归巢信号尚未完全阐明。

第三节　移植物抗宿主病

移植物抗宿主病（GVHD）是 allo-HSCT 后的主要并发症之一，从病理生理学的观点看 GVHD 是体内供者源免疫活性细胞介导的攻击宿主细胞和器官的一种过度的炎症反应。当供-受者 MHC 不匹配时，供者 T 淋巴细胞与受者 APC 相结合是发生免疫反应最关键之处；当 MHC 匹配同时次要组织相容性抗原（mHA）不同，供者源的 APC 细胞会在 T 细胞刺激与增殖中发生重要作用。与 APC 上的抗原结合后，T 细胞广泛增殖，释放各类淋巴细胞因子，并分化至 T 效应细胞；这一过程即发生了 GVH 反应（进展或不进展至 GVHD）。虽然目前 GVHD 的发病机制尚未完全阐明，由于有较好的急性 GVHD（aGVHD）动物模型，因此 aGVHD 的研究比慢性 GVHD（cGVHD）相对要深入得多。

一、急性 GVHD 发生的三个步骤

aGVHD 的病理生理过程为涉及固有免疫和获得性免疫的三个步骤（图 15-4）：①预处理方案的放疗或（和）化疗对宿主组织的损伤；②供者 T 淋巴细胞激活及克隆性扩增；③效应细胞和促炎症反应因子导致组织损伤。

（一）第一步：HSCT 前预处理等致宿主组织损伤作用

基础疾病、感染、针对基础疾病的放化疗移植前预处理方案均可严重损害宿主组织与细胞，并导致宿主细胞释放炎性细胞因子，包括 TNF-α、IL-1、IL-6 等。同时，预处理对消化道黏膜的损害有助于细菌和（或）细菌内毒素进入血液循环，其裂解产物脂多糖（LPS）引起巨噬细胞分泌炎性细胞因子，上调黏附分子和 MHC 抗原的表达，从而促进供者 T 细胞对宿主 MHC 和 mHA 的识别。

（二）第二步：激活供者 T 细胞和分泌细胞因子

1. 供者 T 淋巴细胞激活

宿主抗原蛋白质分子被 APC 消化为小肽段，这些抗原肽段与 MHC 分子结合为肽-

MHC 复合物，呈递在 APC 细胞表面，T 细胞通过 MHC 抗原特异性识别这种复合物。在 mHA 差异所致的 GVHD 中，TCR 识别供者 APC（即间接递呈）占主导地位。人类 T 细胞识别的 5 个具有特征性的 mHA（HA-1、HA-2、HA-3、HA-4 和 HA-5）与 HLA-A1 和 HLA-A2 相关。单独 HA-1 不匹配，在引起Ⅱ-Ⅳ aGVHD 中起重要作用。黏附分子介导 T 细胞和 APC 的初始结合。除去 TCR 信号，T 细胞完全激活还需要 APC 提供的共刺激信号，两个主要的共刺激途径通过 CD28 或 TNF 受体传输信号（图 15-4）。

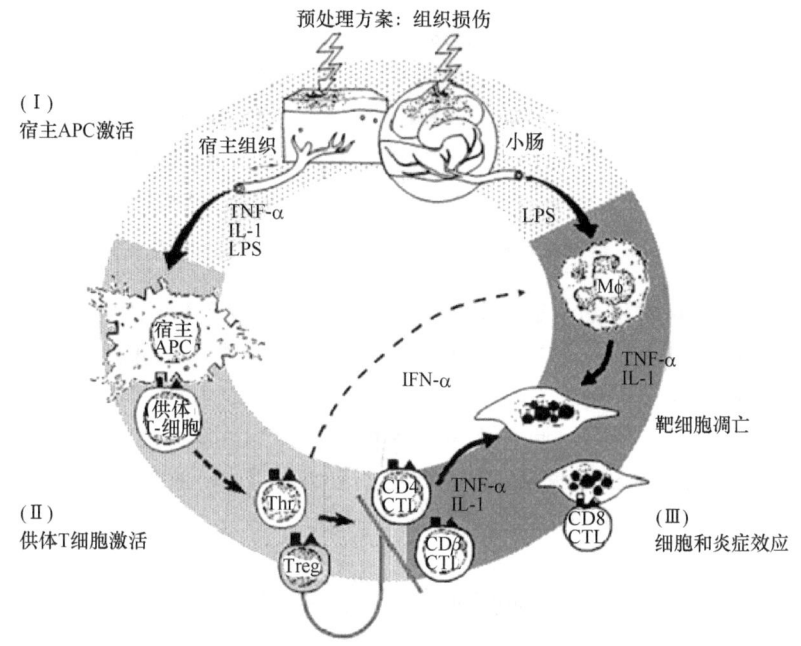

图 15-4 急性 GVHD 发生的三个步骤

2. 供者 T 淋巴细胞分泌细胞因子

抗原递呈导致 T 淋巴细胞迅速发生细胞内生物化学变化，活化为 T 辅助细胞（Th）。分泌细胞因子的活性 $CD4^+$ T 淋巴细胞通常分为 Th1（分泌 IL-2 和 IFN-γ），Th2（分泌 IL-4、IL-5、IL-10、IL-13），其中 Th1 细胞的功能起核心作用（图 15-5 为 GVHD 病理生理和 GVT 活性中 T 细胞的极化和产生的细胞因子）。新近的动物实验显示，体外分化的 Th17 能引发致死性 GVHD，尤其皮肤和肺部病理损伤严重。IL-2 在控制和放大对同种异基因抗原的免疫应答时起关键作用。IL-2 诱导自身受体的表达，并刺激其他表达受体的细胞增殖。移植后早期输注低剂量的 IL-2 会增加 GVHD 的严重性和死亡率。

IFN-γ 为另一种在 GVHD 发病机制中有重要作用的细胞因子，其调节作用为：增加 GVHD 发生中诸多分子的表达，如黏附分子、Fas；使消化道和皮肤的靶细胞更易被损伤；介导 GVHD 相关的免疫抑制；IFN-γ 可以促进巨噬细胞产生促炎症反应因子和 NO。但在 HSCT 后早期，IFN-γ 相反会通过加强 Fas 介导的活性导致供者 T 淋巴细胞

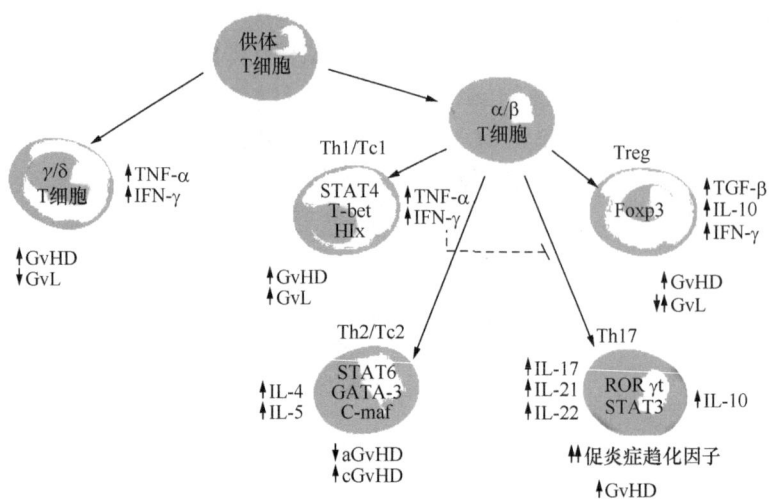

图 15-5 GVHD 病理生理和 GVT 活性中 T 细胞的极化和产生的细胞因子

的凋亡来降低 GVHD 发生率，中和 IFN-γ 的作用可以使接受致死性照射的受者 GVHD 加重。Th2 细胞在 allo-HSCT 后具有调节 Th1 应答的能力。通过预先对供者应用 G-CSF 使供者 T 细胞向 Th2 极化，也会减轻 GVHD 严重程度。但输注 Th2 细胞因子 IL-4 或 IL-10 以预防 GVHD，通常无效。Treg 通过产生抑制性细胞因子（IL-10 和 TGF-β）来抑制固有和获得性免疫，从而预防 GVHD。Treg 通过接触依赖抑制 APC 的功能，还通过直接细胞作用对抗抗原递呈的 B 细胞。

（三）第三步：效应细胞和炎性因子介导宿主组织病理损害

Th 的活化促进 T 细胞进一步活化、增殖、分化为细胞毒性 T 淋巴细胞（CTL），同时激活 NK 细胞。CTL 和 NK 细胞溶解靶细胞的主要效应机制为 Fas/FasL 途径和穿孔素/颗粒酶途径。在发生 aGVHD 期间，$CD4^+$ CTL 优先使用 Fas/FasL 途径，而 $CD8^+$ CTL 主要使用穿孔素/颗粒酶途径。实验中，FasL 有缺陷的供者 T 细胞能明显减轻肝脏、皮肤和淋巴器官的 GVHD。FasL 和 Fas 途径在肝脏 GVHD 中尤其重要。Fas 缺失的受者不发生肝脏 GVHD，但其他器官可能会发生 GVHD。

在 aGVHD 的效应阶段，炎症反应因子和效应细胞协同作用，扩大局部组织的损伤。TNF-α 在 aGVHD 组织损伤中起重要作用，其机制为：引发极度消瘦、诱导 DC 激活、通过诱导炎症反应因子，募集效应细胞迁移至靶器官、通过诱导凋亡和坏死直接引起组织损伤。TNF-α 尤其在肠道 GVHD 中起关键作用，也能引起皮肤、肝脏的 GVHD。IL-1 是另一种可以引起 GVHD 毒性反应的细胞因子，在 GVHD 效应阶段，脾脏和皮肤细胞分泌 IL-1。巨噬细胞产生大量的 NO 也具有激活 GVHD，抑制损伤组织修复的作用。巨噬细胞在接触抗原，被第二信号刺激后也能分泌细胞因子。这种刺激可以由 LPS 和其他细菌产物产生的 Toll 样受体（TLR）提供。因为消化道对细胞因子的损伤尤为敏感，所以在 GVHD 效应阶段胃肠道的损伤可以形成正反馈回路，在这一反馈中加强了 LPS 的易位，进一步产生细胞因子，更加重肠道的损伤。因此，胃肠道为 aGVHD 特征性的"细胞因子风暴"传播的关键部位。

近期，在小鼠 GVHD 模型中，已经观察到 GVHD 效应阶段包含炎性趋化因子及其受体。表达炎性趋化因子的炎性组织专门募集效应细胞，如 T 细胞。趋化因子受体触发趋化信号后，效应细胞迁移至靶组织，介导靶组织的病理损伤。例如，巨噬细胞抑制蛋白-1α 能够募集 CCR5$^+$CD8$^+$ T 淋巴细胞进入肝脏、肺和脾脏。淋巴细胞归巢至表达胸腺趋化因子（CCL25）受体的小肠，CCL25 在小肠中产生，而皮肤不会产生。

二、慢性 GVHD

传统上认为，移植后 100 天为 aGVHD 和 cGVHD 的分界线。然而，aGVHD 症状也可能发生在移植 100 天之后，典型的 cGVHD 症状可能发生在移植后 100 天之内。因此，要优先考虑患者的症状和体征而不是发生症状的时间。

cGVHD 被视为一种自身免疫性疾病，临床表现与许多自身免疫性疾病有相似之处。cGVHD 发病机制与移植后胸腺功能受损有关。胸腺的正常功能是清除自身反应性 T 淋巴细胞并诱导免疫耐受，胸腺受损导致体内具有自身反应性的供者 T 细胞逃逸胸腺的阴性选择，且以 Th2 细胞占优势。这些自身反应性 T 淋巴细胞识别宿主 APC 呈递的 MHC II 类分子抗原，促进 B 淋巴细胞合成针对宿主组织抗原的多种抗体，触发和介导靶器官损害。有研究者发现，cGVHD 与供者 B 淋巴细胞对受者 mHA 产生的高效价 mHA 抗体密切相关。胸腺受损的原因与预处理方案、aGVHD 以及年龄相关的胸腺退化和萎缩有关。此外，正常情况下能失活或消除这些自身反应性 T 淋巴细胞的 Treg 已在预处理放化疗中被清除。由于对 cGVHD 进行深入研究的动物模型较少，因而对其发病机制的了解比对 aGVHD 少得多。

三、GVHD 预防

目前，GVHD 的预防和治疗策略仍然受对 GVHD 发病机理了解的限制。应用大剂量免疫抑制剂在控制 GVHD 临床症状与体征的同时，常带来机会性感染、淋巴增殖性疾病或诱发肿瘤发生等。因此，长远的目标应为减少 GVHD 相关的非特异性组织的损伤，同时使患者免疫功能恢复正常。

（一）降低预处理强度

在降低预处理（RIC）方案并且受者已接受供者淋巴细胞输注的模型中观察到，GVHD 的严重性和发生率都有所下降。其机制为减少了组织细胞本身的损伤，以及因减轻黏膜损伤而减少了内毒素的暴露。但部分研究显示，RIC 预处理方案与传统强度预处理方案的 GVHD 发生率相近，但 GVHD 的发生时间有所延迟，并且急慢性 GVHD 常重叠发生。这表明，大剂量预处理所致的最初的组织损伤加速了 GVHD 的发展，

RIC 不能降低 cGVHD 发生率。因此，尽管数据显示 RIC 可以减少细菌繁殖定居和减轻组织损伤，并且支持上述的推论，但在人 RIC 移植中化/放疗剂量的减小还不足以控制 GVHD。

（二）供者 T 淋巴细胞的调节

1. 减少 T 淋巴细胞数量和改变 T 细胞的表达

非药物去除 T 细胞的方法有：应用单克隆抗体、免疫毒素（如抗 IL-2 受体免疫毒素）、外源凝集素、$CD34^+$ 柱或物理技术等。通常未处理的骨髓回输物会输入大约 $1×10^7$ 个 T 淋巴细胞/（kg 受者体重）。流式淘洗的研究显示输入 $1×10^6$ 个 T 淋巴细胞/kg 联合环孢菌素 A（CSA）与单独应用 CSA 预防 GVHD 相比，GVHD 发生率两者相近，但输入 $5×10^5$ 个 T 细胞/kg 联合 CSA 则 GVHD 发生率低至 22%。近期研究显示，超高剂量的 HSC 联合输注少于 $3×10^4 CD3^+$ T 淋巴细胞/kg 可以使半倍体 allo-HSCT 后不发生 GVHD。

目前，已经弃用了应用单克隆抗体进行总体 T 淋巴细胞去除的方法，因为此方法会增加移植物排斥的风险，即使去除 T 淋巴细胞亚群也必须谨慎。单独去除 $CD4^+$ T 淋巴细胞或 $CD8^+$ T 淋巴细胞与移植物排斥率高相关，但去除 $CD5^+$ 或 $CD6^+$ T 淋巴细胞则不引起移植物排斥。从某种程度上讲，增加预处理方案的强度、移植后再输入 T 淋巴细胞，或应用免疫抑制剂可以降低排斥率。与 T 淋巴细胞去除相关的其他问题包括：EB 病毒诱导的淋巴增殖性疾病、GVL 作用的削弱及随后复发率的增加和免疫恢复延迟。T 淋巴细胞去除通常并不能提高 OS，一项多中心无关供者 HSCT 的研究也没有发现 T 淋巴细胞去除可以提高 OS。ATG 和抗 CD52（阿伦单抗）治疗都可以起到体内去除 T 淋巴细胞的作用。

目前正在探索限制供者 T 淋巴细胞为效应或记忆细胞亚群（CD62L-或 CD44 高表达）的动物实验，来预防 GVHD 同时不减弱 GVL 作用。同样，可能与诱导记忆细胞相关，异基因致敏的供者 T 淋巴细胞对白血病细胞或宿主细胞都能增强 GVL 作用，同时减轻 GVHD。

2. 减少 T 淋巴细胞的激活

CSA 和他克莫司（FK506）都能抑制 T 淋巴细胞激活。CSA 与环孢嗜素靶点结合，FK506 与 FKBP12 结合。随后形成药物、结合蛋白和钙、钙调蛋白、神经钙蛋白的复合体，抑制了神经钙蛋白的磷酸酶活性。此种效应可以预防脱磷酸化作用和活化 T 淋巴细胞的核因子易位，即细胞核内启动生成淋巴因子（如 IL-2 和 IFN-γ）的基因转录的成分。结果 T 淋巴细胞的活化被抑制。与单药相比，CSA 或 FK506 联合甲氨蝶呤（MTX）明显降低了 GVHD 发生率，提高 OS。两药联合后再加入泼尼松则 GVHD 发生率无明显变化，OS 也无改善。DC 在 aGVHD 发展中非常关键；Campath 为抗 CD52 单克隆抗体，移植前应用 Campath 时，宿主 DC 会被选择性的清除，而供者 DC 则在受者体内生长，具有改善 GVHD 的作用。

3. 抑制 T 淋巴细胞增殖

第一个被认可用于预防 GVHD 的方案为间断应用小剂量 MTX，但长周期应用 MTX 会增加间质性肺炎和黏膜炎的发生率，自开始联合应用 CSA 后就缩短了 MTX 的应用周期。移植后立即应用 CTX 对于急慢性 GVHD 都有预防作用。麦考芬酸酯（MMF）为另一种能预防 GVHD 的药物，它可以抑制鸟嘌呤核苷的从头合成途径，从而抑制 T 淋巴细胞对促有丝分裂和异基因刺激的增殖反应，与 MTX 相比它可以减少黏膜炎和骨髓毒性。

西罗莫司为大环内酯类免疫抑制剂，其结构与 FK506 和 CSA 相似。西罗莫司与 FKBP12 结合成复合体，通过干扰信号转导和细胞周期而抑制 T 细胞增殖。与 CSA 和 FK506 相比，西罗莫司对淋巴细胞的影响阶段偏晚。西罗莫司-FKBP12 的复合体与雷帕霉素靶点（mTOR）相结合，之后可以阻滞 IL-2 介导的信号转导通路，从而阻止细胞周期 G_1/S 期的转变。另外，西罗莫司与 FK506 具有协同作用。西罗莫司也会通过抑制 CD28 介导的阻断对核因子 kappa B 的抑制和 c-Rel 向细胞核的易位来干扰共刺激，从而促使大量的 T 细胞凋亡，而使用 CSA 不会出现这种效应。因为西罗莫司-mTOR 复合体不会结合钙神经蛋白，所以西罗莫司没有肾毒性和神经毒性。临床试验结果表明，西罗莫司为相关和无关供者 allo-HSCT 后另一种具有防治 GVHD 作用的药物。

调节性 T 细胞（Treg）通过分泌细胞因子（IL-10 和 TGF-β）和直接接触来抑制 T 淋巴细胞活化增殖，并通过表达 CD25 与效应 T 淋巴细胞竞争性结合 IL-2，小鼠模型显示 Treg 在抑制 GVHD 同时不减轻 GVL 作用。$CD4^+$ NKT 细胞通过依赖 IL-4 的机制抑制 T 细胞增殖。目前研究者正在研究输注供者 NKT 和 Treg 细胞来预防 GVHD 的合适剂量和疗效。Vela-Ojeda 等给予 15 例行 HLA 匹配同胞供者 allo-HSCT 患者输注供者的 iNKT 和 Treg 细胞，结果中位随访 2 年半时，I～Ⅱ度及Ⅲ～Ⅳ度 aGVHD 发生率分别为 33%、26%，aGVHD 发生率为 54%，其中输注 iNKT $<0.6\times10^6$/kg 和 Treg $>4\times10^6$/kg 的剂量的患者生存期明显较长。

（三）阻断炎症反应的刺激和效应

减少受者对微生物的暴露可以预防 GVHD，如在无菌的小鼠移植模型中，没有观察到 GVHD 发生，而加入革兰氏阴性菌后则出现了 GVHD。如前所述，TNF-α 水平的增加能够预测并发症的严重性和总 OS。小鼠的抗 TNF-α 单克隆抗体或 $F(ab)'_2$ 碎片对于激素耐药 GVHD 治疗有一定的作用。依那西普（TNF-α 拮抗剂）的 Ⅱ 期临床试验显示：对于 aGVHD 患者的初始治疗，依那西普联合全身应用糖皮质激素，具有较好的疗效。大约 70% 的患者在 1 个月内 GVHD 症状完全缓解，而单用糖皮质激素治疗的患者则缓解率仅为 33%。

在 GVHD 期间，阻断趋化因子可以防止淋巴细胞的募集、定位和激活。阻止淋巴细胞进入次级淋巴器官，阻止其适当的归巢和黏附、进入靶组织，都可以降低 GVHD 发生率。

（四）蛋白酶体抑制剂和间充质干细胞

硼替佐米通过免疫调节作用影响核转录因子 κB 的活性，减轻 TLR4 介导的 APC 激活，从而抑制 T 细胞活化、增殖，硼替佐米还具有直接的细胞毒作用。在 GVHD 小鼠模型中，硼替佐米被证实可预防 GVHD 而不影响干细胞植入。目前正在进行硼替佐米预防和治疗急性 GVHD Ⅰ 期及 GVHD Ⅱ 期临床试验。

间充质干细胞（MSC）是一种具有高度自我更新能力和多向分化潜能的成体干细胞，主要来源于骨髓和脂肪组织，其取材方便、体外能大量扩增。MSC 没有特定的单一标志，骨髓来源的 MSC 表达 CD44、CD105、CD106 等。多项体外实验和动物实验证实，MSC 具有低免疫原性及免疫抑制性，尤其是抑制 T 细胞增殖，具有促进 allo-HSCT 植活、预防和治疗 GVHD 的作用，大部分 Ⅱ 期临床研究也肯定了 MSC 对 GVHD 的防治作用，但 MSC 输注的量和时机还有待进一步探索。MSC 在临床应用中的安全性仍不是很清楚，如是否会转化为肿瘤或促进肿瘤增殖等。

第四节 移植物抗肿瘤作用

allo-HSCT 后的肿瘤细胞清除作用主要源于移植物中包含或衍生于供者 HSC 的免疫细胞介导的移植物抗肿瘤（GVT）效应。GVT 效应与 GVHD 的发生发展密切相关，尤其是 cGVHD，但出现 GVHD 不一定会带来 GVT 作用。有三种独立的证据证明了 GVT 效应的存在：首先，对于 allo-HSCT 后复发的血液肿瘤患者，停用免疫抑制剂后，肿瘤再次缓解；其次，DLI 可以使移植后未缓解或复发的血液病患者获得缓解；再次，采用 RIC 方案 allo-HSCT 直接抗肿瘤作用较弱，但也能获得供者 HSC 稳定植活，而且能够使晚期血液肿瘤患者获得持续完全缓解。

一、Allo-HSCT 中的 GVT 效应特征

1. MHC 匹配的 HSCT 中的 GVT 作用

供受者 MHC 基因位点的差异，为 allo-HSCT 后发生严重、致命性 GVHD 的最重要的危险因素，因此大多数移植都为 MHC 匹配的移植。研究证实，行 TCD 后 MHC 匹配的供者移植后，供者 $CD4^+$ 和 $CD8^+$ T 细胞识别受者体内细胞表面肽-MHC 复合物，为介导 GVT 活性的关键细胞。目前，很少有直接证据证实 NK 细胞介导 T 淋巴细胞去除的 MHC 匹配的 allo-HSCT 中的 GVT 活性，但研究表明供者 NK 细胞上的 KIR 位点的基因型与复发风险相关。

2. 半倍体和 MHC 不匹配的 allo-HSCT 中的 GVT 活性

在半倍体和 MHC 不匹配的 allo-HSCT 中，供者 NK 细胞在 GVT 活性中起关键作用，尤其是为预防致死性 GVHD 需要行 TCD 时，NK 细胞的作用尤为关键。实验和临

床的研究都表明，在抑制性 KIR 不匹配，即受者不表达任何供者 NK 细胞表达的抑制性 KIR 的 MHC Ⅰ 类分子时，NK 细胞在体外具有抗受者淋巴细胞和白血病细胞的细胞毒活性，而且主要针对淋巴细胞，而不包括非造血细胞，这就解释了在缺乏明显的临床 GVHD 时仍存在 GVT 活性的原因。在供者和受者不匹配的移植模式中，供者 T 淋巴细胞对 GVT 效应有明显作用，供者 T 淋巴细胞和 NK 细胞的作用是由 T 淋巴细胞去除的程度和 MHC 位点的特性和数量来决定的。供者 T 细胞尤其在供受者 MHC Ⅱ 类基因不匹配时作用更大，因为研究已经证实 NK 细胞同种反应的特异性主要由 MHC Ⅰ 类基因决定。

3. 次要组织相容性抗原（mHA）

即使在 TCD 的 MHC 匹配供者 HSCT 中，仍存在一定程度 GVHD 和 GVT 活性，因此，MHC 以外的基因差异在引起 GVHD 和 GVT 功能中也具有重要作用，mHA 正是这种基因。mHA 为来源于细胞内蛋白质或吞噬的外源性蛋白的溶酶体的降解物，由多态性基因编码，经过加工与 MHC Ⅰ 和 MHC Ⅱ 类分子组成复合物后被运送至细胞表面。目前已经鉴定了位于 MHC Ⅰ 类分子上的、由 $CD8^+$ T 细胞识别的人类 mHA 的大部分分子，而对 $CD4^+$ T 细胞识别的 mHA 认识相对较少。编码 mHA 的基因分为两种类型，第一类型为相对数量较少的 Y 染色体上的基因，编码男性特异的 mHA（H-Y 抗原），在性别不匹配的 allo-HSCT 中成为女性供者 T 细胞的靶点。第二大类基因位于常染色体基因座，广泛分布于整个基因组。在体外，发现有意义的 mHA 成分表达只限于造血细胞，实验表明白血病干细胞表达 mHA，并且能够成为 mHA 特异性 CTL 的靶细胞。

目前已经发现了几种 mHA 可以作为 GVT 的靶标，包括容易鉴定的抗原，如 HA-1。在 HLA-A*0201$^+$（呈现 H-Y 抗原）的 Ph^+ ALL 或 CML 患者 allo-HSCT 后，已经观察到了特异性 $CD8^+$ T 细胞的体内扩增与临床缓解相关。研究者们对大量 HLA 匹配的 HSCT 患者进行回顾性分析，以了解移植后复发或缓解的供-受者在 mHA 基因上的差异。对于 Y 染色体的 mHA，两项大系列的回顾性分析显示：在 CML、AML 和 ALL 患者，HLA 匹配的女性供者 allo-HSCT 移植物（女供男）与其他供-受者性别类型相比，复发率较低，甚至未发生 GVHD 的患者复发率也明显较低。而对于常染色体 mHA 的研究，结论不明确。

4. T 细胞对非多态性过表达的抗原的应答

越来越多的证据显示，白血病细胞中过表达的非多态性抗原，也是 HLA 匹配 allo-HSCT 后 GVT 作用中 T 淋巴细胞应答的靶点。HLA-A*0201-限制性肽，即 PR1，来自于蛋白水解酶-3 和弹性蛋白酶的产物。在 HLA 匹配 allo-HSCT 后获得缓解的 HLA-A*0201$^+$ 的 CML 患者的外周血中，可以检测到对 PR1 特异的 $CD8^+$ CTL 的频率增加。WT1 基因的蛋白质产物可能也是移植后 GVT 应答的靶标。但新近有研究显示，10 例 ALL 患者移植后 5 例检测出 $CD8^+$ WT1 特异的 CTL。小鼠实验研究表明，供者 T 淋巴细胞对肿瘤相关的抗原，如 PR1 和 WT1 的应答，可能由发生在移植后早期的 GVHD

相关的同种反应所引起。目前不少学者正致力于探索对 PR1 和 WT1 的免疫应答以强化移植后 GVT 活性。

5. B 细胞对 GVT 的作用

对 allo-HSCT 后患者的血清进行分析，发现大多数患者体内存在供者来源的对受者抗原的体液应答，部分患者这种体液应答对 GVT 具有明显的促进作用。早期对采取女供男 allo-HSCT 的男性患者进行分析，发现在 50% 的患者体内可以检测到对 Y 染色体液应答的高效价 IgG。研究表明，对 Y 染色体基因产物的体液应答可能为 MHC 匹配的女性供者 allo-HSCT 后出现选择性 GVL 作用的一个标记。目前体液应答直接针对的细胞表面的分子大部分仍未知，仅在移植后对 DLI 有疗效的多发性骨髓瘤（MM）患者的血清中发现 B 细胞成熟抗原（BCMA）的抗体。包含抗 BCMA 抗体的血清，能够诱导转染 BCMA cDNA 的肿瘤细胞系发生补体介导的溶解作用和抗体依赖的细胞毒作用，这表明 BCMA 可能为 MM 患者的 GVT 活性的重要靶标。

二、强化 GVT 应答的策略

（一）供者的选择

为强化 GVT 作用，对于同时存在几个可用供者时，应该选择与患者的"GVT 位点"不合的供者。例如，在行 TCD 的半倍体 allo-HSCT 中，同种反应 NK 细胞为 GVT 应答的主要细胞，因此要选择特异性 KIR 基因型和 MHC Ⅰ类抗原不匹配的供者。依据供-受者 KIR-MHC 基因型选择供者，也可能会成为不匹配的无关供者 allo-HSCT 的选择供者的依据，但尚需大系列研究证实供-受者 KIR 配体的不匹配和复发率之间的相关性。

（二）供者或受者的免疫接种

具有强化 GVT 效应作用的免疫治疗的接种策略包括：在移植前对供者进行免疫接种或移植后对受者进行免疫接种。免疫接种策略用来放大供者 T 淋巴细胞对特异性受者 mHA 的应答反应，或者对肿瘤特异性或表达于肿瘤细胞表面的肿瘤相关抗原的应答反应。目前各临床试验中的免疫原包括全蛋白，即特异性肽、肽混合物、DNA 和整体细胞，还包括肿瘤细胞和 DC，为强化其免疫原性可对其中一部分经过基因或生物化学修饰。已经报道的临床试验结果显示，疫苗接种较为安全，它能触发体液或细胞疫苗特异性免疫应答。

研究显示，移植后复发的 CML 患者进行 BCR-ABL 融合蛋白的接种后，在几例患者体内检测到了 CD4$^+$ BCR-ABL 融合肽特异性 T 淋巴细胞的应答。在移植后复发的 AML、CML 患者中，成功的接种了包含 PR1 肽的疫苗，结果有几例患者获得了持续的完全缓解。在体外以选择性细胞因子培养，获得具有 DC 特性的 CML 和 AML 患者的白血病细胞,并能够刺激 CTL 应答,这表明此类白血病细胞可以用作白血病细胞疫苗。细胞疫苗由自身白血病细胞与转导了编码人 IL-2 和 CD40L 的腺病毒载体的皮肤成纤维细胞混合,将这种疫苗应用于 allo-HSCT 后缓解的患者,以刺激供者 CD8$^+$ 和 CD4$^+$ T 淋巴细胞对受者白血病细胞的免疫应答。其他的细胞疫苗包括全细胞疫苗的初步试验正在进行中。

(三) 过继性细胞治疗

1. 供者淋巴细胞

DLI 对于治疗 allo-HSCT 后肿瘤复发具有显著的疗效,但 GVHD 和骨髓抑制等副作用也较常见。研究证实,输注剂量渐增的 CD3$^+$ 供者 T 淋巴细胞为治疗 CML 患者 HSCT 后复发的有效方法,一般输注 $(1\sim2)\times10^7$/kg 受者体重 CD3$^+$ 供者 T 淋巴细胞临床疗效较好而 GVHD 发生率较低。对这一级别初始剂量无效的患者,通常加大剂量后仍可有效,但 GVHD 发生风险也增加。众多学者认为 DLI 治疗 CML 患者的疗效与 CD4$^+$ T 淋巴细胞的活性相关,而 GVHD 的发生与输注的 CD8$^+$ T 淋巴细胞的活性相关。基于这一推论,目前不少学者采用 DLI 治疗 CML 和多发性骨髓瘤患者移植后复发时,输注的供者淋巴细胞常去除 CD8$^+$ T 淋巴细胞。Ciceri 等的 I 期临床试验显示,在 28 例高危(其中 16 例为无关供者或同胞供者 HLA 不匹配移植,12 例为同胞 HLA 匹配供者移植)患者行去除供者 CD8$^+$ T 淋巴细胞的 DLI 预防治疗,所有患者均达完全供者嵌合,只有 5 例患者发生 II-IV 度 GVHD。但目前还不能确定 GVHD 发生率的降低是否与 CD8$^+$ T 细胞的去除有明确的相关性。

目前正在探索增强 DLI 抗肿瘤疗效的方法,如在 DLI 时同时输注细胞因子,以及在回输之前体外激活 DLI 产物。研究证明,输注 IL-2 能够增强 DLI 的抗肿瘤作用;应用 IFN-α 不能明显改善 DLI 的疗效,但 DLI 和 IFN-α 联合 GM-CSF,对于对单纯 DLI 无效或 DLI 联合 IFN-α 无效的患者,具有一定的疗效。目前,输注体外由 CD3-CD28 共刺激来激活和扩增的供者淋巴细胞,已经与化疗和传统的 DLI 联合,用以治疗移植后未缓解或复发的肿瘤患者。在 I 期临床试验中,接受上述治疗的 18 例患者中 8 例获得完全缓解。

2. 以抗原特异性的效应细胞进行的过继性细胞治疗

为进一步增强过 DLI 的疗效,并避免其中致严重 GVHD 不良作用,研究者进行体外选择性扩增效应细胞中对肿瘤细胞有活性的细胞亚群。通过反复体外刺激供者外周血单核细胞与患者的 CML 细胞,之后输注供者源特异性 CTL 细胞系,初步结果显示对传统 DLI 无效的 allo-HSCT 后复发的加速期 CML 患者,治疗后获得完全缓解。目前学者们认为肿瘤细胞上表达的靶抗原有三大类型:多态性 mHA、肿瘤特异性抗原、源自肿瘤细胞过表达或异常表达的非多态性蛋白的抗原。针对三类靶抗原的过继性细胞治疗,都既有优势,又有弊端。

mHA 选择性表达于正常和肿瘤造血细胞。对 MHC I 类抗原限制性 mHA 特异的

CD8$^+$T 淋巴细胞的过继性 T 细胞治疗，其应用只限于 allo-HSCT 中与其供者 mHA 表达不同的受者。因为存在罕见的 MHC Ⅰ类等位基因递呈的 mHA，或者由次要等位基因频率较低的单核苷酸多态性（SNP）形成的 mHA，这就提示我们，符合这些标准的过继性 T 细胞治疗只适合于极少数的 allo-HSCT 的受者。

能够成为过继性 T 细胞治疗靶点的肿瘤特异性抗原包括融合肽，如由肿瘤特异的染色体易位导致的 BCR-ABL 和 PML-RARα，B 淋巴肿瘤特异的 Ig，和 AML 患者常见的由 FLT3 内部串联重复序列突变形成的肽序列。然而其临床疗效高度依赖于不同患者的这些突变在肿瘤细胞内发生的频率。

3. 调节性 T 细胞的过继性治疗

人 T 淋巴细胞中具有抑制体外 CD8$^+$、CD4$^+$ T 淋巴细胞或 NK 细胞活性的细胞亚群，有证据显示这些细胞能够调节体内的免疫反应。但目前还很难确定人 allo-HSCT 后 GVHD 和 GVT 中的此类细胞。小鼠研究显示，MHC 不匹配的 allo-HSCT 后，过继性转移 CD4$^+$CD25$^+$ 调节性 T 淋巴细胞可以选择性抑制 GVHD，同时保护 GVT 效应。而人保护 GVT 同时抑制 GVHD 的过继性输注调节性 T 细胞的试验还在探索研究中。

4. 基因修饰的细胞过继性治疗

为增加过继性细胞治疗的安全性和效率，对供者淋巴细胞进行基因修饰，为当前研究的热点。为治疗移植后复发或 EB 病毒相关性淋巴增殖性疾病，对供者淋巴细胞转导自杀基因，如单纯疱疹病毒胸苷激酶基因（TK 基因），必要时再以阿昔洛韦或更昔洛韦清除体内转移的细胞。其过程应用了具有抗肿瘤作用的效应细胞，结果虽然具有增加 GVHD 发生的风险，如果确实发生了临床上的 GVHD，还可以迅速去除这些效应细胞。2009 年 Ciceri F 等的 Ⅰ~Ⅱ期临床试验显示，对于行半倍体 allo-HSCT 的急性白血病患者，输注表达 TK 自杀基因的供者淋巴细胞可以促进 GVT 活性和免疫重建，控制 GVHD，降低晚期死亡率。

第五节 allo-HSCT 后的免疫重建

Allo-HSCT 患者自身淋巴免疫系统已被预处理化/放疗及强烈免疫抑制药物所清除。移植后依靠输注的供者 HSC 及淋巴细胞重建免疫系统，患者免疫功能恢复正常对于移植的成功至关重要，否则患者发生机会性病原菌感染和白血病复发的风险就会增加。

一、移植后正常的淋巴系统的发育

免疫功能由 T 淋巴细胞、B 淋巴细胞和 NK 细胞来介导。抗原特异性的 T 淋巴细胞在人抗感染免疫中具有关键性作用。HSC 植活后会生成淋巴祖细胞（CLP），CLP 再产生 T 淋巴细胞和 B 淋巴细胞、NK 细胞。CLP 迁移至胸腺，在胸腺基质内重新经历一次 T 细胞的发育过程。其中,当受者 MHC 分子表达于胸腺基质细胞时,引起对肽段特异性的 T 淋巴细胞的发生扩增(阳性选择)。如果 CLP 和胸腺的功能完整,allo-HSCT 后约 3 个月时,可以在外周血中发现供者移植物 HSC 来源的 $CD3^+$、$CD4^-$ 和 $CD8^-$ 的淋巴细胞。

年龄较大、接受照射或化疗、严重感染和 GVHD 等是引起胸腺功能减退的因素。这些因素都可以导致胸腺的体积缩小,以及胸腺基质细胞产生细胞因子减少,尤其是胸腺增殖和分化所必需的 IL-7 和干细胞因子(SCF)分泌的减少。除 TCD 的供者 HSC,正常供者的 HSC 产物中都包含抗原特异性的 T 淋巴细胞、初始 T 淋巴细胞和 CLP。因此,胸腺功能降低的受者也能获得相对正常数量的成熟 T 淋巴细胞,这些 T 淋巴细胞不是来自移植物中的 HSC,而是来自输注的少数的 T 淋巴细胞的稳定扩增,因此形成了有限的多样性 TCR,TCR 的组分可能不完全。目前已经具有检测胸腺生长发育的方法:应用免疫表型分析来测量新近迁移至胸腺的细胞(初始 T 淋巴细胞)。此外,可以采用 PCR 法测定包含有 TCR 删除 DNA 环(TREC)的 T 淋巴细胞的出现频率,TREC 是初始 T 淋巴细胞的标志,可作为胸腺再生输出的指标。

胸腺还可以产生具有调节功能,表达 FoxP3 的 $CD4^+CD25^+$ T 淋巴细胞,Treg 的增殖由胸腺髓质细胞表达的 AIRE 基因控制。$CD4^+CD25^+$ Treg 在预防和控制急性和慢性 GVHD 方面具有重要作用。B 淋巴细胞也源自 CLP,随后在骨髓中分化。未成熟的 B 淋巴细胞与特异性抗原相互作用,并与抗原特异性的 T 淋巴细胞协同作用,分化为表达抗原特异性的 IgG 的成熟 B 淋巴细胞,然后迁至外周淋巴器官,成为能生成抗体的浆细胞。因此,抗原特异性的 T 淋巴细胞的缺陷也会影响特异性抗体的产生。因为在 HSC 回输物中不含浆细胞,移植后很少有抗体生成细胞能输入受者体内。研究显示,在移植后一年还可以检测到残存的受者浆细胞产生的抗体。然而,当发生再次免疫和感染时,成功的长期抗体生成需要抗原特异性的供者 T 细胞和成熟的供者 B 细胞。NK 细胞的免疫重建在 NK 细胞一章中有专门介绍。

二、影响免疫重建的因素

(一)造血干细胞来源

1. HLA 同胞匹配供者 allo-HSCT

与自体 HSCT 相比,HLA 匹配同胞供者 allo-HSCT 后 $CD4^+$ 和 $CD8^+$ T 淋巴细胞的恢复都明显延迟。$CD8^+$ T 淋巴细胞计数恢复正常较 $CD4^+$ T 淋巴细胞迅速,致使 CD4:CD8 比例倒置,这一比例在移植后 6~9 个月才恢复正常。$CD8^+$ T 淋巴细胞可以在稳定的内环境中增殖,而 $CD4^+$ T 淋巴细胞的扩增则需要胸腺的发育。在移植后第一个月 NK 细胞是主要的免疫细胞。输注未经处理的骨髓的受者在移植后 2~3 个月时能检测到对丝裂原的反应,但因移植后早期 IL-2 产生不足,所以还需要加入外源性 IL-2。一般在再次免疫或者发生感染后才能检测到供者源的抗原特异性 T 细胞。

目前还没有前瞻性研究探讨 HLA 匹配同胞供者 allo-HSCT 受者能够对新的抗原刺

激产生反应的确切时间点。移植 2 个月后,可以检测到对病原体包括疱疹病毒的抗原特异性的 T 细胞。对人合胞病毒的发生反应一般在水痘带状疱疹病毒和 CMV 之后。TREC 分析显示胸腺功能呈现为年龄依赖性的下降,成人患者 CD4$^+$T 淋巴细胞计数的恢复比儿童延迟。近 15 年,异基因外周干细胞移植(allo-PBSCT)应用较异基因骨髓移植(allo-BMT)日益广泛,但与 allo-BMT 受者相比,allo-PBSCT 受者移植后 CD4$^+$T 淋巴细胞计数恢复明显迅速。但 allo-PBSCT 受者的机会感染发生率并没有明显下降,其部分原因可能与 allo-PBSCT 患者 cGVHD 发生率高有关。

移植后 B 淋巴细胞也重新经历了个体的生长发育过程,根据对细胞表面 IgG 或 CD20 的表达的检测,尽管 B 淋巴细胞的数量在 allo-HSCT 后 1~2 个月时即恢复到正常水平,而受者体内 IgG、IgA、IgM 的水平在移植后 6 个月也均低于正常。

2. 无关供者 allo-HSCT

与同胞供者 allo-HSCT 相比,无关供者移植后受者 T 淋巴细胞的免疫功能的恢复明显延迟,其部分原因与强烈免疫抑制剂应用有关。儿童患者 CD4$^+$T 淋巴细胞计数在移植后 1 年恢复正常,而成人患者在移植后 2 年只有一部分患者 T 细胞计数能达到正常。根据 CD4、CD45RA 或 TREC 的检测,成人患者胸腺的发育成熟较儿童患者明显延迟与缓慢,这表明,成人患者移植后稳态下的扩增是其免疫重建的重要机制。接受无关供者移植的受者最大的问题是缺乏产生保护性水平的抗多糖抗体的能力,而抗多糖抗体对防止受者呼吸道病原菌感染至关重要。

3. TCD 的 allo-HSCT

移植物 TCD 可以降低 GVHD 的发生率和严重性,但会增加移植物排斥的风险。采用 TCD 的 allo-HSCT 后的最初 3 个月,采用免疫表型分析在患者体内检测不到 T 淋巴细胞,随后可以逐渐检测到 CD3 弱阳性和 CD3$^+$T 淋巴细胞。只有加入外源性 IL-2 才能检测到 T 淋巴细胞对丝裂原刺激的增殖反应,这表明从最开始患者就存在细胞因子产生的缺陷。因为移植物中绝大部分 T 淋巴细胞已经去除,因此移植后免疫重建几乎都来自于移植物中新近输注的 HSC。因此,胸腺功能的缺陷会使 TCD 的 allo-HSCT 的成人受者长期处于机会感染的风险中。大剂量放疗后,TCD 的半倍体 allo-HSCT 的成人受者 CD4$^+$T 淋巴细胞严重低下,直至移植后 1~2 年。这正是此类患者易患病毒(CMV)感染和真菌(曲霉菌)感染的原因。

4. 脐带血移植

未经处理的脐带血中不含任何抗原特异性淋巴细胞。因此,脐带血移植没有输注抗原特异性 T 淋巴细胞,结果会使受者机会感染的风险增加。儿童受者的免疫表型分析显示,NK 细胞计数在移植后 3~6 个月恢复正常,CD3$^+$ 和 CD4$^+$T 淋巴细胞计数在移植后 12 个月达正常。与成人受者相比,儿童受者正常的 TCR 多样性恢复较快。功能分析显示,尽管无关脐带血移植的受者可以在移植后 1 个月内产生抗原特异性 T 淋巴细胞,但也发现缺乏抗多糖抗体。

（二）移植物抗宿主病

除 HSC 来源外，影响免疫重建的另一个重要因素为发生急慢性 GVHD。尽管 aGVHD 对淋巴系统重建速度影响较小，但 aGVHD 的发生为 cGVHD 的主要不良因素，且两者均对胸腺功能有损伤，甚至在 cGVHD 症状消失后仍有影响。cGVHD 更易发生于胸腺功能低下的年龄较大的患者，从而使患者体内产生新的 T 淋巴细胞的能力进一步下降。发生 cGVHD 的受者，未能检测到 TREC 细胞，这表明胸腺功能有缺陷，缺乏来自于自身稳定扩增的成熟 T 淋巴细胞，同时也导致了患者体内的 TCR 多样性受限。cGVDH 病史的患者体内检测不到抗多糖抗体。治疗 GVHD 的免疫抑制剂进一步损伤了受者的胸腺功能，增加各种病原菌感染的风险。

1. 免疫抑制剂的应用

用于预防或治疗急慢性 GVHD 的免疫抑制剂对于移植后的免疫重建均有影响。甲氨蝶呤（MTX）通过破坏供-受者组织相容性差异发挥作用；但回输物中供者源的抗原特异性 T 淋巴细胞也遭受了 MTX 的破坏。因此，在自体 HSCT 患者移植物中可以检测到抗原特异性 T 淋巴细胞，而在应用 MTX 的 allo-BMT 患者中却不能检测到此类细胞。糖皮质激素作为 aGVHD 和 cGVHD 的一线治疗用药已使用多年。类固醇可以破坏全身的淋巴系统，还具有选择性对抗 $CD8^+$ 抗原特异性 T 淋巴细胞功能（产生 TNF-α）的作用。因此，使用类固醇激素的患者易发生真菌或病毒感染。

CSA 主要作用机制为抑制 IL-2 的产生，使对受者组织相容性抗原特异的供者源 T 淋巴细胞增殖能力下降。尽管应用 CSA 后 allo-HSCT 患者也能产生抗原特异性 T 淋巴细胞，但 CSA 对环境中病原体特异的 T 淋巴细胞的增殖也有抑制作用。小鼠模型显示，CSA 能明显抑制 $CD4^+CD25^+$ T 淋巴细胞的功能，这表明应用 CSA 会终止调节性 T 淋巴细胞对 aGVHD 的预防作用。此外，CSA 还可以降低 MHC Ⅱ 类分子在胸腺的表达，从而降低阳性和阴性选择作用，致使患者对病原体特异的 T 淋巴细胞的扩增减少，同时降低了对 cGVHD 患者中自身反应性 T 淋巴细胞的清除。

2. 抗体治疗

针对 T 淋巴细胞相对特异性的抗体治疗，如抗胸腺球蛋白（ATG）、抗 CD3、CD25、CD52 单克隆抗体在 GVHD 预防与治疗中具有重要作用。输注的抗 T 淋巴细胞抗体能够通过补体介导的和抗体依赖的细胞毒作用破坏靶细胞群。即使患者没有发生 GVHD，应用 ATG 也可以降低对肿瘤抗原的初次应答能力，其体内 T 淋巴细胞数量明显下降，CMV 再激活的发生率显著增加。阻断 IL-2 和 IL-2 受体之间的相互作用的抗体或杀伤 CD25 表达细胞的抗体治疗，也会阻断病原体抗原特异的 T 淋巴细胞的增殖。

（三）预处理方案

传统的大剂量预处理方案具有对患者免疫系统及造血系统的清除作用。RIC方案降低了化/放疗剂量，加强了免疫抑制剂的应用，但不能致患者免疫与造血细胞完全清除。RIC后依赖供者T淋巴细胞清除残存的受者免疫细胞以及残存的HSC。移植后患者往往成为混合造血嵌合，但在大多数情况下，移植后3～4个月时患者体内的淋巴细胞100%为供者源。建立供者淋巴和髓系混合嵌合状态后，常给予患者进行DLI。停止使用免疫抑制剂和（或）进行DLI后aGVHD发生率较高，且相当一部分患者会发生cGVHD。因此，很多中心都不再单独应用DLI来改善嵌合状态。RIC与清髓性预处理后allo-HSCT相比免疫重建无明显不同，但前者可能重建速度较快。

三、过继性细胞治疗

DLI能够成功治疗白血病复发与移植后淋巴增殖性疾病，因此研究者们也尝试应用DLI来治疗病毒，尤其是腺病毒和CMV感染及侵袭性真菌的感染。为了降低DLI中同种反应性T淋巴细胞的应答，研究者们建立了病毒和真菌特异性的非同种反应性T淋巴细胞克隆。这种过继性免疫治疗能够成功的预防或治疗CMV、腺病毒和曲霉菌感染，而患者不发生GVHD。降低供者特异性T淋巴细胞的同种反应性的方法包括输注前使用抗CD25免疫毒素清除具有同种反应活性的T淋巴细胞，或者通过阻断共刺激（抗-B7.1和抗-B.72）来使其失能。非同种反应性和体外抗原特异性（WT1和PR1）T淋巴细胞的联合扩增，可以预防和治疗移植后免疫缺陷期间的病毒感染，降低感染发生率和肿瘤的复发率。另外，输入非同种反应性正常供者淋巴细胞，也能提供具有宽泛TCR组分的T淋巴细胞。在小鼠HSCT模型中，输注$CD4^+CD25^+$调节性T淋巴细胞可以预防aGVHD，同时不降低其GVT作用。目前临床试验正在评价输注$CD4^+CD25^+$T淋巴细胞预防GVHD的疗效。

四、改善HSCT后免疫重建

改善HSCT后免疫重建的策略有：通过抗原特异性T淋巴细胞的体内传代来增加重建速度；通过扩增新传代的T淋巴细胞的组分来加大TCR多样性幅度。动物实验结果显示，输注角化细胞生长因子保护IL-7的产生，使胸腺能免受照射或马利兰的损伤。临床试验目前正在验证，在移植前后输注角化细胞生长因子能否加速免疫重建。在动物实验中，HSCT后输注IL-7使免疫重建在T淋巴细胞表型上和功能上都有所改善。在年长的动物，抗雄激素受体可以增强胸腺功能。目前正在进行验证移植时输注IL-7或雄激素受体对抗物是否能改善移植后免疫重建的临床试验。既然移植后最少3个月才能产生新的T淋巴细胞，那么输注大量的体外扩增的CLP可能会使移植后更早的出现新的T淋巴细胞，从而加速免疫重建。

五、疫苗接种

既然缺乏从正常供者向受者的抗原特异性的 T 淋巴细胞和 B 淋巴细胞的相关的转移，研究者建议 allo-HSCT 的受者以正常的儿童期的疫苗再免疫。因为还不能确定受者对活疫苗的免疫反应，所以在移植后的最初两年内不建议应用活疫苗，对于因为发生 cGVHD 而持续应用免疫抑制剂的患者也不建议应用（表 15-4）。

表 15-4 allo-HSCT 后的免疫接种

疫苗	未患慢性 GVHD 的患者	患有慢性 GVHD 的患者
白喉-破伤风毒素	6~12 个月	12 个月
口服脊髓灰质炎病毒	不建议使用	不建议使用
灭活的脊髓灰质炎病毒	6~12 个月	如果不是 IVIG 则不建议使用
流感疫苗	每年一次	每年一次
流感嗜血杆菌（Hib）	6~12 个月	6~12 个月
肺炎球菌多糖疫苗	12 个月	12 个月
乙型肝炎病毒	6~12 个月	6~12 个月
麻疹-腮腺炎-风疹病毒	1~2 年	不建议使用
水痘	2 年	不建议使用

注：IVIG：静脉使用的免疫球蛋白。

第六节 树突细胞在 allo-HSCT 中作用

DC 为一类专职的抗原递呈细胞（APC）。DC 的特征为：表达造血细胞的标记——CD45 和 MHC Ⅱ 类分子，不表达 T 淋巴细胞、B 细胞、单核细胞和 NK 细胞系的大多数标记。DC 按照来源分为两类：源于髓系的传统的 DC 和源于淋系的浆细胞样 DC（PDC）。DC 的组织分布代表了其抗原环境的不同，可以分成两类：分布于淋巴组织包括脾脏、淋巴结、胸腺的 DC；分布于外周非淋巴组织的 DC，包括皮肤、黏膜或内部器官，如肝脏的 DC。人和小鼠 DC 的标记有重叠但不完全一样（表 15-5）。

表 15-5 鼠和人的 DC 的表型

	CD45	CD11c	MHC Ⅱ	CD11b	CD8α	Langerin	Siglec-H	BDCA2	BDCA4
鼠 DC	+	++	+	CD8$^-$ 亚群+	CD8$^-$ 亚群+	表皮 L++ CD8$^+$ 亚群+	—	—	—
人 DC	+	++	+	+/-	—	表皮 LC++			
鼠 PDC	+	+/-	+	—	激活的 PDC	—	+		
人 PDC	+	—	+	—	—	—		+	+

注：LC：朗格汉斯细胞。

一、几种树突细胞的特性

皮肤中的DC包括表皮DC，也称为朗格汉斯细胞（LC），还包括真皮或间隙DC。LC具有耐放射作用。

定居于淋巴组织的DC可以分为两类：$CD11b^+CD8^-DC$和$CD11b^-CD8^+DC$。尽管人DC缺乏$CD8^+$这一标记，但$CD8^+$的标记近年来在DC的研究中占据中心地位，因为$CD8^+DC$很容易负载交叉递呈的抗原。一些研究者推测：组织中DC主要运输组织抗原至引流淋巴结，而外周血DC主要负责将细胞相关抗原交叉递呈至T淋巴细胞。

浆细胞DC（PDC）也表达MHC Ⅱ类分子。人PDC表达CD4和CD45RA，高表达IL-3受体（CD123），极低水平表达CD11c。小鼠PDC表达低水平CD11c、CD45RA，表达PDC抗原-1和siglec-H。在稳定的状态下，PDC在骨髓中生成，循环至外周血，进入淋巴结并在副皮质区聚集。因此，PDC的迁移模式与淋巴细胞相近，但与DC明显不同。当淋巴结引流部位发生炎症时，PDC至淋巴结的迁移加强。非淋巴外周组织中，如稳态时的皮肤中不存在PDC，但当发生炎症反应时，会出现PDC。

二、树突细胞的功能

DC是抗原递呈能力最强的APC，是混合淋巴细胞反应中最重要的刺激细胞，尤其是髓系DC。不成熟的DC具有选择性摄取抗原的能力。成熟后的DC具有原位加工抗原的能力。在接近抗原加工结束时，DC具备了迁移至引流淋巴结和衔接初始T淋巴细胞的能力，从而使初始T淋巴细胞与外周抗原相接触。最近几项研究发现，DC除可以诱导免疫应答外，还在诱导中枢和外周免疫耐受中发挥重要作用。目前已经明确DC能够独特的执行诱导免疫应答和免疫耐受两个关键的功能。维持耐受的机制为：通过成熟的组织来源的DC至引流淋巴结T淋巴细胞区的持续稳定的流动，清除自身反应性T淋巴细胞和（或）扩增调节性T淋巴细胞。

过去一直认为DC只有在炎症环境下才能成熟。目前已经明确成熟DC在稳态下可出现在淋巴结中，这说明DC的成熟可以不依赖炎症信号而独立发生。在稳态下DC的免疫功能成为诸多研究者研究的焦点。表达高水平MHC Ⅱ类分子的DC细胞群，专门负责递呈外来抗原衍生肽，而MHC Ⅰ类分子途径为内源性细胞抗原提供递呈，两种细胞群也存在抗原的交叉递呈。

人和小鼠PDC的一个重要的功能是对病原菌反应时产生大量的IFN-α。IFN-α除具有抗菌作用，还可以促进Th1型细胞的分化，导致自身免疫性疾病。多项研究正在检验PDC摄取和递呈抗原至T淋巴细胞的能力。激活之后的人和小鼠PDC能够分化至成熟的DC，具有高强度刺激MHC Ⅱ类分子和共刺激分子及T淋巴细胞的活性。人新分离的PDC可以诱导对各种抗原特异的$CD4^+$T淋巴细胞克隆的失能。因此，PDC不成熟时，具有致耐受性功能。

三、树突细胞对预处理的反应

临床研究显示,外周血中 DC 和 PDC 与粒细胞相似在清髓性预处理后大部分被迅速清除。而 RIC 对 DC 的影响尚不十分清楚,但可能清除 DC 作用较清髓性预处理差。组织中的 DC 对预处理的反应则不同,小鼠模型的研究显示,移植后 3~5 天内,血液中、淋巴结和肝脏中的 DC 均被清除,而皮肤中的 DC 包括表皮 LC,真皮 DC 中的一部分则能够耐受照射治疗。LC 在几个星期之后几乎是排他性的从宿主局部恢复。迄今为止,预处理对人组织 DC 的影响的研究仅限于皮肤。预处理对 DC 的性质也有所影响:放射治疗诱导共刺激分子和 IL-12 表达的瞬时上调。受者 DC 在 RIC 后可能会"静止",但也有证据显示,在某些 RIC 作用后晚期 GVHD 累积发生率增加。

四、移植后稳态下的树突细胞

(一) 回输移植物中的 DC

供者移植物中包含 DC 前体细胞和成熟 DC。采用 G-CSF 动员的 PBSC 中 PDC 较髓系 DC 含量高 5 倍,而未处理的 BM 中 PDC 和 DC 的数量基本相当,采用 G-CSF 动员的 PBSC 中的 Th2 期细胞明显高于 BM,所以尽管 PBSC 中的 $CD3^+$ T 淋巴细胞总含量较 BM 高 10 倍,但 allo-PBSCT 与 allo-BMT 相比较两者 aGVHD 的发生率无明显差异。尽管 PBSC 移植物中 DC 总含量与 $CD34^+$ 细胞含量及较好预后相关,但有一项研究显示,allo-PBSCT 的受者,接受较高比率 PDC 者移植后复发率高。脐带血移植后相对低的 GVHD 发生风险可能与脐带血中 DC 的未成熟和耐受状态相关。

(二) 移植后 DC 数量的恢复

Allo-HSCT 后髓系 DC 比 PDC 恢复快,且较快的 DC 重建可以获得较好的 OS。外周血中 DC 数恢复与良好骨髓功能及未发生 GVHD 相关,而 DC 恢复速度与输注移植物中 $CD34^+$ 细胞数多少无明显相关性。从早期对皮肤的研究中可以看出,在移植后数月时 LC 的数量仍低于正常。对外周血液中的 DC 计数发现 DC 数增高会明显抑制 GVHD 的发生。一项研究表明,在 aGVHD 发生时,外周血中所有 DC 亚群都瞬时增加。目前还未完全清楚 DC 激活的机制,但激活的 DC 可能为 IL-12 的来源,监测 IL-12 的血清水平也可以预测 GVHD 的发生。

(三) DC 的嵌合状态

几项关于患者 allo-HSCT 后外周血中 DC 嵌合状态的研究显示,与粒细胞的植活相似,移植后供者 DC 迅速的重建,少数患者外周血中持续存在少量的受者源 DC。近期的两项清髓性预处理的大样本研究没有发现 DC 的植活和预处理方案、供者类型或 GVHD 明确相关性。RIC 后 DC 混合嵌合出现的频率可能较清髓性预处理移植高。一项关于单核细胞源 DC 的研究显示，供者 DC 的植活与发生 GVHD、降低复发率相关。

有两个因素决定组织中的 DC 供者嵌合状态，放射敏感性或预处理清除的程度，以及移植物中供者 T 淋巴细胞的同种反应性。因此，在 allo-HSCT 中，在供者 T 淋巴细胞的同种反应作用下，动物研究显示混合髓系嵌合状态可以通过 DLI 逆转为完全供者嵌合。GVHD 的靶器官-皮肤中自我更新的局部 LC 祖细胞被清除，由炎症反应性单核细胞来代替。人组织 DC 的嵌合则难以检测，目前的研究只限于皮肤。在早期的研究中发现，受者 LC 可存活至移植后 120 天。近期利用 LC 迁移研究发现，尽管 RIC 移植后 LC 植活较慢，清髓性移植后 100 天时供者 LC 可达完全嵌合。移植后 100 天时发现，之前发生过 GVHD 具有促进 LC 植活的效应，没有发生过 GVHD 的患者体内常潜伏少量的受者 LC，直到移植后 1 年。

（四）DC 在 GVHD 中的作用

1. 急性 GVHD

Shlomchik 等的动物实验证实：受者的 APC 对于 $CD8^+$ T 淋巴细胞有效介导 mHA 不匹配的 GVHD 是必需的。其原因为：受者 APC 对与 MHC Ⅰ类抗原相关的内源性 mHA 的递呈明显比供者 APC 更有效，供者 APC 必需交叉递呈外源性获得的同样的抗原。值得注意的是，实验中缺乏 $CD4^+$ T 淋巴细胞，这表明 $CD8^+$ T 淋巴细胞可以独立介导 GVHD。GVHD 的分布具有组织特异性，受者 DC 与皮肤 GVHD 有关，而供者 DC 与肠道 GVHD 有关。

部分 APC，特别是患者表皮的 LC，在 allo-HSCT 后不是一定会被供者源的 LC 所代替。在行 TCD MHC 不匹配的 allo-HSCT 后，几乎所有的受者 LC 都保留下来，在采用供者 T 淋巴细胞输注和二次炎症损伤，如照射治疗后能够介导 aGVHD。在实验中观察到激活的 T 淋巴细胞能够清除残存的受者 APC，这对于将 aGVHD 的诱导视为自限性过程非常重要。需要进一步探索是否可以从以下方法中获得这种选择性处理所带来的益处：靶向去除组织残存的 DC，尤其是自我更新的 DC 细胞群如 LC，而同时保留脾脏和肝脏中的 DC。但目前仍不能准确鉴定专职诱导 aGVHD 的 APC。动物研究显示，去除了巨噬细胞虽然减弱了 GVHD，但 DC 足以诱导 GVHD。

2. 慢性 GVHD

cGVHD 更依赖于供者源的 APC。研究者们一致认为，供者 DC 的植活为 aGVHD 向 cGVHD 进展奠定了基础。在小鼠，依赖于受者 APC 的 $CD8^+$ T 淋巴细胞介导 aGVHD，而 $CD4^+$ T 淋巴细胞介导亚急性 GVHD，单独供者 APC 引起亚急性 GVHD。MHC 匹配的小鼠移植模型中，递呈给 $CD8^+$ T 淋巴细胞的直接 MHC Ⅰ类抗原是自身限制性的，当受者 APC 被清除时，MHC Ⅰ类抗原递呈减少。相反，MHC Ⅱ类抗原继续由供者 APC 无限制的递呈给供者 $CD4^+$ T 淋巴细胞。因此 aGVHD 会加速 cGVHD

发生，其途径为增加被供者 DC 激活的供者 CD4$^+$ T 淋巴细胞的抗原化。更复杂的 cGVHD 模型需要使胸腺失去功能，主要是缺失阴性选择。aGVHD 可以导致阴性选择功能减弱。成人胸腺的恢复随着年龄的增长而减慢，成熟的同种反应性 T 淋巴细胞会在完全不依赖胸腺的情况下诱导 cGVHD。在很多动物模型中，成熟的 T 淋巴细胞也不依赖胸腺而独立介导 cGVHD 综合征。

人 cGVHD 研究之中尚缺乏组织中 DC 嵌合状态数据，推测 cGVHD 可能是长期生存但逐渐减少的受者 DC 连续免疫激活的结果。尽管绝大部分患者移植后 100 天时可以获得 90% 以上的 LC 供者嵌合，但有 1/3 以上的患者在移植 1 年后仍可检测到受者 LC。这些细胞的慢性同种异体刺激可以解释 cGVHD 易出现皮肤和黏膜损伤的原因。

（五）DC 在 GVL 效应中的作用

动物研究确认了受者 APC 在 GVL 反应中的重要性，功能健全的受者 APC 为 CD4$^+$ 和 CD8$^+$ T 淋巴细胞介导的 GVL 效应所必需。但在低肿瘤负荷时，供者 APC 也能够介导部分 CD8$^+$ T 淋巴细胞依赖的 GVL 作用，但同时引起 GVHD。在小鼠和人 allo-HSCT 后采用的剂量逐渐增加 DLI 研究中发现，GVL 效应比 GVHD 发生的阈值低，这表明在 GVL 和 GVHD 之间存在一个窄的治疗窗。在受者体内改变宿主 DC 的局部分布或数量，可能会促进 GVL 作用。而在缺乏炎症反应时，供者同种反应 T 淋巴细胞不会浸润到受者外周组织。内脏 DC 在启动 GVL 效应时不引起 GVHD，而外周 DC 则不具备此种选择性。

五、树突细胞作为 HSCT 治疗中的靶细胞

常用免疫抑制剂，如神经钙蛋白抑制剂、马替麦考酚酯、糖皮质激素等都通过 DC 的调节来介导其部分活性，所以 DC 可以作为 allo-HSCT 治疗中的靶细胞。20 年以前，有学者提出清除受者 DC 可以预防 GVHD，但其主要缺陷是可能会丧失 GVL 效应。也有学者持相反观点，认为不同部位的 DC 细胞群诱导 GVHD 的倾向性不同。例如，通过以脂质体氯磷酸盐去除肝脾 APC 可以预防肝脏 GVHD。

对于去除受者 DC 造成的 GVH 反应的减弱，其可能的弥补方法为移植后通过输注受者 DC 来刺激供者免疫，实验模型支持这一推论。近期有研究者将此方法应用于 HLA 匹配的 allo-HSCT 后患者，这就需要移植前保存患者自身 DC。这种方法可能对脐带血造血干细胞移植较为有用，因为这类患者移植后不可能再得到供者细胞。有报道显示，在 MHC 不匹配的移植中，来自于受者的调节性或致耐受性 DC 可以用来治疗 GVHD。

靶向 DC 的治疗具有强大的抑制同种异体反应的作用。抗体，如 CMRF-44 识别所有部位激活的 DC，在补体存在时还能够溶解血液中 DC 和 LC。多年来，阻断共刺激受体一直作为减弱 DC 和 T 淋巴细胞间相互作用的方法。新发现的小分子，如 FTY720（一种鞘氨醇受体拮抗剂）对 DC 有特异性作用，可以阻止 DC 迁移至淋巴结，目前已

有采用 FTY720 选择性治疗 GVHD 的报道。因为 Fms 样酪氨酸激酶-3（Flt3）受体与 c-kit 和 CSF-1 相关，而 c-kit 和 CSF-1 为 DC 细胞群分化和维系提供所必需的因子，所以 Flt3 抑制剂也可靶向作用 DC，Flt3 抑制剂在实验中已经显示了改善自身免疫性脑脊髓炎的活性。有报道称另一种新的复合制剂 NK026680 也可以干扰 DC 的活性。

（冯四洲　张桂新）

参 考 文 献

韩忠朝. 2000. 造血干细胞理论与移植技术. 郑州：河南科学技术出版社.

Amos D B. 1968. Human histocompatibility locus HLA. Science, 159：659-660

Auffermann-Gretzinger S, Lossos I S, Vayntrub T A, et al. 2002. Rapid establishment of dendritic cell chimerism in allogeneic hematopoietic cell transplant recipients. Blood, 99：1442-1448

Bacigalupo A, Lamparelli T, Barisione G, et al. 2006. Thymoglobulin prevents chronic graft-versus-host disease, chronic lung dysfunction, and late transplant-related mortality：long-term follow-up of a randomized trial in patients undergoing unrelated donor transplantation. Biol Blood Marrow Transplant, 12：560-565

Bahceci E, Epperson D, Douek D C, et al. 2003. Early reconstitution of the T-cell repertoire after non-myeloablative peripheral blood stem cell transplantation is from post-thymic T-cell expansion and is unaffected by graft-versus-host disease or mixed chimaerism. Br J Haematol, 122：934-943

Balas A, Garcia-Sanchez F, Vicario J L. 2011. Characterization of three novel HLA-DRB1 alleles, DRB1 * 03：55, * 11：46：02 and * 04：92, by exon 2, 3 and 4 sequencing-based typing. International J Immunogenet, 38：435-436

Bogunovic M, Ginhoux F, Wagers A, et al. 2006. Identification of a radio-resistant and cycling dermal dendritic cell population in mice and men. J Exp Med, 203：2627-2638

Calvin Li S, Zhong J F. 2009. Twisting immune responses for allogeneic stem cell therapy. World J Stem Cells, 31：30-35

Carlson M J, West M L, Coghill J M, et al. 2009. In vitro-differentiated TH17 cells mediate lethal acute graft-versus-host disease with severe cutaneous and pulmonary pathologic manifestations. Blood, 113：1365-1374

Cathcart K, Pinilla-Ibarz J, Korontsvit T, et al. 2004. A multivalent bcr-abl fusion peptide vaccination trial in patients with chronic myeloid leukemia. Blood, 103：1037-1042

Chao N J, Snyder D S, Jain M, et al. 2000. Equivalence of 2 effective graft-versus-host disease prophylaxis regimens：results of a prospective double-blind randomized trial. Biol Blood Marrow Transplant, 6：254-261

Chorny A, Gonzalez-Rey E, Fernandez-Martin A, et al. 2006. Vasoactive intestinal peptide induces regulatory dendritic cells that prevent acute graft-versus-host disease while maintaining the graft-versus-tumor response. Blood, 107：3787-3794

Ciceri F, Bonini C, Stanghellini M T, et al. 2009. Infusion of suicide-gene-engineered donor lymphocytes after family haploidentical haemopoietic stem-cell transplantation for leukaemia (the TK007 trial)：a non-randomised phase Ⅰ-Ⅱ study. Lancet Oncol, 10：489-500

Davies J K. 2011. Costimulatory blockade with monoclonal antibodies to induce alloanergy in donor lymphocytes. Int J Hematol, 93：594-601

Dickinson A M, Wang X N, Sviland L, et al. 2002. In situ dissection of the graft-versus-host activities of cytotoxic T cells specific for minor histocompatibility antigens. Nat Med, 8：410-414

Domenig C, Sanchez-Fueyo A, Kurtz J, et al. 2005. Roles of deletion and regulation in creating mixed chimerism and allograft tolerance using a non-lymphoablative irradiation-free protocol. J Immunol, 175：51-60

Dufour J H, Dziejman M, Liu M T, et al. 2002. IFN-gamma-inducible protein 10 (IP-10；CXCL10)-deficient mice reveal a role for IP-10 in effector T cell generation and trafficking. J Immunol, 168: 3195-3204

Durakovic N, Radojcic V, Powell J, et al. 2007. Rapamycin promotes emergence of IL-10-secreting donor lymphocyte infusion-derived T cells without compromising their graft-versus-leukemia reactivity. Transplantation, 83: 631-640

Falzarano G, Krenger W, Snyder K M, et al. 1996. Suppression of B-cell proliferation to lipopolysaccharide is mediated through induction of the nitric oxide pathway by tumor necrosis factor-alpha in mice with acute graft-versus-host disease. Blood, 87: 2853-2860

Flomenberg N, Baxter-Lowe L A, Confer D, et al. 2004. Impact of HLA class I and class II high resolution matching on outcomes of unrelated donor bone marrow transplantation: HLA-C mismatching is associated with a strong adverse effect on transplant outcome. Blood, 104: 1923-1230

Goldberg G L, Alpdogan O, Muriglan S J, et al. 2007. Enhanced immune reconstitution by sex steroid ablation following allogeneic hemopoietic stem cell transplantation. J Immunol, 178: 7473-7484

Gratwohl A, Baldomero H, Schwendener A, et al. 2009. The EBMT activity survey 2007 with focus on allogeneic HSCT for AML and novel cellular therapies. Bone Marrow Transplant, 43: 275-291

Hadeiba H, Sato T, Habtezion A, et al. 2008. CCR9 expression defines tolerogenic plasmacytoid dendritic cells able to suppress acute graft-versus-host disease. Nat Immunol, 9: 1253-1260

Horton R, Wilming L, Rand V, et al. 2004. Gene map of the extended human MHC. Nat Rev Genet, 5: 889-899

Jakubowski A A, Small T N, Young J W, et al. 2007. T cell depleted stem-cell transplantation for adults with hematologic malignancies: sustained engraftment of HLA-matched related donor grafts without the use of antithymocyte globulin. Blood, 110: 4552-4559

Kawahara T, Shimizu I, Ohdan H, et al. 2005. Differing mechanisms of early and late B cell tolerance induced by mixed chimerism. Am J Transplant, 5: 2821-2829

Kawase T, Matsuo K, Kashiwase K, et al. 2009. HLA mismatch combinations associated with decreased risk of relapse: implications for the molecular mechanism. Blood, 113: 2851-2858

KimT D, Terwey T H, Zakrzewski J L, et al. 2008. Organ-derived dendritic cells have differential effects on alloreactive T cells. Blood, 111: 2929-2940

Kloosterboer F M, van Luxemburg-Heijs S A, van Soest R A, et al. 2005. Minor histocompatibility antigen-specific T cells with multiple distinct specificities can be isolated by direct cloning of IFN gamma-secreting T cells from patients with relapsed leukemia responding to donor lymphocyte infusion. Leukemia, 19: 83-90

Koyama M, Hashimoto D, Aoyama K, et al. 2009. Plasmacytoid dendritic cells prime alloreactive T cells to mediate graft-versus-host disease as antigen-presenting cells. Blood, 113: 2088-2095

Kroger N, Binder T, Zabelina T, et al. 2006. Low number of donor activating killer immunoglobulin-like receptors (KIR) genes but not KIR-ligand mismatch prevents relapse and improves disease-free survival in leukemia patients after in vivo T-cell depleted unrelated stem cell transplantation. Transplantation, 82: 1024-1230

Leveson-Gower D B, Olson J A, Sega E I, et al. 2011. Low doses of natural killer T cells provide protection from acute graft-versus-host disease via an IL-4-dependent mechanism. Blood, 17: 3220-3229

Malkki M, Gooley T A, Horowitz M M, et al. 2007. Mapping MHC-resident transplantation determinants. Biol Blood Marrow Transplant, 13: 986-995

Marsh S G E, Albert E D, Bodmer W F, et al. 2010. Nomenclature for factors of the HLA system. Tissue antigens, 75: 291-455

Merrell K T, Benschop R J, Gauld S B, et al. 2006. Identification of anergic B cells within a wild-type repertoire. Immunity, 25: 953-962

Miklos D B, Kim H T, Miller K H, et al. 2005. Antibody responses to H-Y minor histocompatibility antigens correlate with chronic graft-versus-host disease and disease remission. Blood, 105: 2973-2978

Nencioni A, Schwarzenberg K, Brauer K M, et al. 2006. Protea-some inhibitor bortezomib modulates TLR4-induced dendritic cell activiation. Blood, 108: 551-558

Nowbakht P, Ionescu M C, Rohner A, et al. 2005. Ligands for natural killer cell-activating receptors are expressed upon the maturation of normal myelomonocytic cells but at low levels in acute myeloid leukemias. Blood, 105: 3615-3622

Olson J A, Leveson-Gower D B, Gill S, et al. 2010. NK cells mediate reduction of GVHD by inhibiting activated, alloreactive T cells while retaining GVT effects. Blood, 115: 4293-4301

Orti G, Lowdell M, Fielding A, et al. 2009. Phase I study of high-stringency CD8 depletion of donor leukocyteinfusions after allogeneic hematopoietic stem cell. Transplantation, 88 (11): 1312-1318

Ottinger H D, Beelen D W, Scheulen B, et al. 1996. Improved immune reconstitution after allotransplantation of peripheral blood stem cells instead of bone marrow. Blood, 88: 2775-2779

Paris F, Fuks Z, Kang A, et al. 2001. Endothelial apoptosis as the primary lesion initiating intestinal radiation damage in mice. Science, 293: 293-297

Parkman R, Cohen G, Carter S L, et al. 2006. Successful immune reconstitution decreases leukemic relapse and improves survival in recipients of unrelated cord blood transplantation. Biol Blood Marrow Transplant, 12: 919-927

Patel D D, Gooding M E, Parrott R E, et al. 2000. Thymic function after hematopoietic stem-cell transplantation for the treatment of severe combined immunodeficiency. N Engl J Med, 342: 1325-1332

Pegram H J, Ritchie D S, Smyth M J, et al. 2011. Alloreactive natural killer cells in hematopoietic stem cell transplantation. Leukemia Res, 35 : 14-21

Pende D, Cantoni C, Rivera P, et al. 2001. Role of NKG2D in tumor cell lysis mediated by human NK cells: Cooperation with natural cytotoxicity receptors and capability of recognizing tumors of nonepithelial origin. Eur J Immunol, 31: 1076-1086

Pende D, Marcenaro S, Falco M, et al. 2009. Anti-leukemia activity of alloreactive NK cells in KIR ligand-mismatched haploidentical HSCT for pediatric patients: Evaluation of the functional role of activating KIR and redefinition of inhibitory KIR specificity. Blood, 113 : 3119-3129

Reddy P, Negrin R, Hill G. 2008. Mouse models of bone marrow transplantation. Biol blood Marrow Transplant, 14: 129-135

Reddy P, Sun Y, Toubai T, et al. 2008. Histone deacetylase inhibition modulates indoleamine 2, 3-dioxygenase-dependent DC functions and regulates experimental graft-versus-host disease in mice. J Clin Invest, 118: 2562-2573

Rezvani K, Price D A, Brenchley J M, et al. 2007. Transfer of PR1-specific T-cell clones from donor to recipient by stem cell transplantation and association with GvL activity. Cytotherapy, 9: 245-251

Robinson J, Malik A, Parham P, et al. 2000. IMGT/HLA database-a sequence database for the human major histocompatibility complex. Tissue Antigens, 55: 280-287

Ruggeri L, Capanni M, Urbani E, et al. 2002. Effectiveness of donor natural killer cell alloreactivity in mismatched hematopoietic transplants. Science, 295: 2097-2100

Sangiolo D, Leuci V, Gallo S, et al. 2011. Gene-modified T lymphocytes in the setting of hematopoietic cell transplantation: Potential benefits and possible risks. Expert Opin Biol Ther, 11: 655-666

Sawitzki B, Kingsley C I, Oliveira V, et al. 2005. IFN- {gamma} production by alloantigen-reactive regulatory T cells is important for their regulatory function in vivo. J Exp Med, 201: 1925-1935

Schnare M, Barton G M, Holt A C, et al. 2001. Toll-like receptors control activation of adaptive immune responses. Nat Immunol, 2: 947-950

Seddiki N, Santner-Nanan B, Martinson J, et al. 2006. Expression of interleukin (IL)-2 and IL-7 receptors discriminates between human regulatory and activated T cells. J Exp Med, 203: 1693-1700

Shilling H G, Guethlein L A, Cheng N W, et al. 2002. Allelic polymorphism synergizes with variable gene content to individualize human KIR genotype. J Immunol, 168: 2307-2315

Shilling H G, McQueen K L, Cheng N W, et al. 2003. Reconstitution of NK cell receptor repertoire following HLA-matched hematopoietic cell transplantation. Blood, 101: 3730-3740

Slavin S, Nagler A, Naparstek E, et al. 1998. Nonmye-loablative stem cell transplantation and cell therapy as an alternative to conventional bone marrow transplantation with lethal cytoreduction for the treatment of malignant and nonmalignant hematologic diseases. Blood, 91: 756-763

Spencer C T, Gilchuk P, Dragovic S M, et al. 2010. Minor histocompatibility anti-gens: presentation principles, recognition logic and the potential for a healing hand. Curr Opin Organ Transplant, 15: 512-525

Steinman R M, Banchereau J. 2007. Taking dendritic cells into medicine. Nature, 449: 419-426

Stelljes M, Strothotte R, Pauels H G, et al. 2004. Graft-versus-host disease after allogeneic hematopoietic stem cell transplantation induces a $CD8^+$ T cell-mediated graft-versus-tumor effect that is independent of the recognition of alloantigenic tumor argets. Blood, 104: 1210-1216

Stephens R, Horton R, Humphray S, et al. 1999. Gene organisation, sequence variation and isochore structure at the centromeric boundary of the human MHC. J Mol Biol, 291: 789-799

Trowsdale J. 2005. HLA genomics in the third millennium [Review]. Curr Opin Immunol, 17: 498-504

Vela-Ojeda J, Montiel-Cervantes L, Granados. Lara P, et al. 2010. Role of $CD4^+CD25^+$ high $Foxp3^+CD62L^+$ regulatory T cells and invariant NKT cells in human allogeneic hematopoietic stem cell transplantation. Stem Cells Dev, 19: 333-340

Wang D G, Fan J B, Siao C J, et al. 1998. Large-scale identification, mapping, and genotyping of single-nucleotide polymorphisms in the human genome. Science, 280: 1077-1082

Wekerle T, Kurtz J, Ito H, et al. 2000. Allogeneic bone marrow transplantation with costimulatory blockade induces macrochimerism and tolerance without cytoreductive host treatment. Nature Med, 6: 464-469

Willemze R, Rodrigues C A, Labopin M, et al. 2009. KIR-ligand incompatibility in the graft-versus-host direction improves outcomes after umbilical cord blood transplantation for acute leukemia. Leukemia, 23: 492-500

Wilson J, Cullup H, Lourie R, et al. 2009. Antibody to the dendritic cell surface activation antigen CD83 prevents acute graft-versus-host disease. J Exp Med, 206: 387-398

Yokoyama W M, Kim S. 2006. Licensing of natural killer cells by self-major histocompatibility complex class I. Immunol Rev, 214: 143-154

Yon Bonin M, Sttflzel F, Goedecke A, et al. 2009. Treatment of refractory acute GVHD with third-party MSC expanded in platelet lysate-containing medium. Bone Marrow Transplant, 43: 245-251

Zeiser R, Nguyen V H, Beilhack A, et al. 2006. Inhibition of $CD4^+CD25^+$ regulatory T-cell function by calcineurin-dependent interleukin-2 production. Blood, 108: 390-399